DICTIONNAIRE

DES

SCIENCES NATURELLES.

TOME XIX.

GLA — GRZ.

DICTIONNAIRE

DES

SCIENCES NATURELLES,

DANS LEQUEL 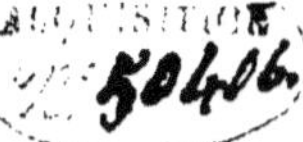

ON TRAITE MÉTHODIQUEMENT DES DIFFÉRENS ÊTRES DE LA NATURE, CONSIDÉRÉS SOIT EN EUX-MÊMES, D'APRÈS L'ÉTAT ACTUEL DE NOS CONNOISSANCES, SOIT RELATIVEMENT A L'UTILITÉ QU'EN PEUVENT RETIRER LA MÉDECINE, L'AGRICULTURE, LE COMMERCE ET LES ARTS.

SUIVI D'UNE BIOGRAPHIE DES PLUS CÉLÈBRES NATURALISTES.

Ouvrage destiné aux médecins, aux agriculteurs, aux commerçans, aux artistes, aux manufacturiers, et à tous ceux qui ont intérêt à connoître les productions de la nature, leurs caractères génériques et spécifiques, leur lieu natal, leurs propriétés et leurs usages.

PAR

Plusieurs Professeurs du Jardin du Roi, et des principales Écoles de Paris.

TOME DIX-NEUVIÈME.

F. G. LEVRAULT, Éditeur, à STRASBOURG,
et rue des Fossés M. le Prince, N.° 33, à PARIS.

LE NORMANT, rue de Seine, N.° 8, à PARIS.

1821.

Liste des Auteurs par ordre de Matières.

Physique générale.

M. LACROIX, membre de l'Académie des Sciences et professeur au Collége de France. (L.)

Chimie.

M. CHEVREUL, professeur au Collége royal de Charlemagne. (Ch.)

Minéralogie et Géologie.

M. BRONGNIART, membre de l'Académie des Sciences, professeur à la Faculté des Sciences. (B.)

M. BROCHANT DE VILLIERS, membre de l'Académie des Sciences. (B. de V.)

M. DEFRANCE, membre de plusieurs Sociétés savantes. (D. F.)

Botanique.

M. DESFONTAINES, membre de l'Académie des Sciences. (Desf.)

M. DE JUSSIEU, membre de l'Académie des Sciences, prof. au Jardin du Roi. (J.)

M. MIRBEL, membre de l'Académie des Sciences, professeur à la Faculté des Sciences. (B. M.)

M. HENRI CASSINI, membre de la Société philomatique de Paris. (H. Cass.)

M. LEMAN, membre de la Société philomatique de Paris. (Lem.)

M. LOISELEUR DESLONGCHAMPS, Docteur en médecine, membre de plusieurs Sociétés savantes. (L. D.)

M. MASSEY. (Mass.)

M. POIRET, membre de plusieurs Sociétés savantes et littéraires, continuateur de l'Encyclopédie botanique. (Poir.)

M. DE TUSSAC, membre de plusieurs Sociétés savantes, auteur de la Flore des Antilles. (De T.)

Zoologie générale, Anatomie et Physiologie.

M. G. CUVIER, membre et secrétaire perpétuel de l'Académie des Sciences, prof. au Jardin du Roi, etc. (G. C. ou CV. ou C.)

Mammifères.

M. GEOFFROY, membre de l'Académie des Sciences, professeur au Jardin du Roi. (G.)

Oiseaux.

M. DUMONT, membre de plusieurs Sociétés savantes. (Ch. D.)

Reptiles et Poissons.

M. DE LACÉPÈDE, membre de l'Académie des Sciences, professeur au Jardin du Roi. (L. L.)

M. DUMERIL, membre de l'Académie des Sciences, professeur à l'École de médecine. (C. D.)

M. CLOQUET, Docteur en médecine. (H. C.)

Insectes.

M. DUMERIL, membre de l'Académie des Sciences, professeur à l'École de médecine. (C. D.)

Crustacés.

M. W. E. LEACH, membre de la Société royale de Londres, Correspondant du Muséum d'histoire naturelle de France. (W. E. L.)

Mollusques, Vers et Zoophytes.

M. DE BLAINVILLE, professeur à la Faculté des Sciences. (De B.)

———

M. TURPIN, naturaliste, est chargé de l'exécution des dessins et de la direction de la gravure.

MM. DE HUMBOLDT et RAMOND donneront quelques articles sur les objets nouveaux qu'ils ont observés dans leurs voyages, ou sur les sujets dont ils se sont plus particulièrement occupés. M. DE CANDOLLE nous a fait la même promesse.

M. F. CUVIER est chargé de la direction générale de l'ouvrage, et il coopérera aux articles généraux de zoologie et à l'histoire des mammifères. (F. C.)

DICTIONNAIRE

DES

SCIENCES NATURELLES.

GLA

GLABRARIA. (*Bot.*) Ce genre de Linnæus, examiné plus récemment, nous a paru devoir être rapporté à la famille des laurinées, et réuni au genre Litsé, *litsea* : ce que Linnæus prenoit pour calice ou corolle, doit être considéré comme un involucre entourant plusieurs fleurs, et chacun des fascicules d'étamines est plutôt une fleur dont Linnæus n'avoit pas vu le calice propre, qui est peut-être très-caduc. (J.)

GLABRE (*Bot.*), dont la superficie est dépourvue de villosité. (Mass.)

GLACE. (*Min.*) L'eau, devenue solide par suite de l'abaissement de la température jusqu'au point zéro des thermomètres, ou au-delà, prend le nom de glace ; dans cet état elle a la cassure et l'aspect vitreux, sa transparence est parfaite ; elle est incolore dans les petites pièces, et d'un bleu verdâtre dans les grandes masses ; les fentes des glaciers présentent cette couleur à une certaine profondeur, et elle va toujours en augmentant d'intensité à mesure que ces crevasses deviennent plus profondes. La glace, qui n'est que l'eau cristallisée, est plus légère que l'eau liquide, puisqu'elle nage à sa surface. Sa contexture est ordinairement compacte, rarement lamelleuse quand elle cristallise seule, mais souvent fibreuse quand elle se forme à travers le sable ou le gravier : on la voit toujours sous cette forme dans les terrains légers que la gelée soulève ; je l'ai remarquée ainsi pendant tout un hiver aux environs d'Autun, où le sol est composé de sable ou de gravier granitique. Elle affecte toutes les formes des concrétions connues en minéralogie, et même, à ce qu'il paroit, celles d'un ou deux solides rectilignes. Mais les grands fragmens rectangulaires de glace que Saussure rencontra lors de sa première ascension au sommet du Mont-Blanc (§. 1975 et 1981), paroissent être étrangers aux lois de la cristallisation, et tenir à l'effet du retrait ou simplement de la cassure ; il en est tout autrement des cristaux en prismes hexaèdres observés par MM. Cordier et Hassenfratz. (Voyez Eau, Gaz, Gelée.)

Non seulement l'eau se consolide périodiquement dans toutes les parties septentrionales du globe, mais il est probable qu'il en existe des masses, vers l'extrémité des pôles, qui n'ont pas changé d'état, depuis que la marche de l'univers est telle que nous la voyons aujourd'hui. (Brard.)

GLACE. (*Chim.*) C'est le nom de l'eau qui a pris l'état solide par abaissement de température. On donne aussi le nom de glace à l'espèce de verre dont on fait les miroirs ; ce verre est principalement formé de silice, de soude et de chaux. Il ne contient pas d'oxide de plomb ; c'est ce qui le distingue du verre appelé cristal. (Ch.)

GLACIALE. (*Bot.*) Le *mesembryanthemum cristallinum*, espèce de ficoïde, est ainsi nommé, parce que la surface de ses tiges et de ses feuilles est couverte de petites vésicules transparentes, ayant la forme de glaçons, qui sont produites par la transsudation de la séve sous l'épiderme, laquelle est d'autant plus abondante que l'action du soleil est plus forte (J.)

GLACIALES, [Plantes] (*Bot.*), qui végètent au milieu des glaciers et des neiges des hautes montagnes ou des pôles (*ranunculus glacialis ; saxifraga groenlandica*, etc.). (Mass.)

GLACIÈRES NATURELLES. (*Min.*) Quelques grottes ont la propriété de conserver la glace pendant l'été ; l'on a même remarqué que la quantité en augmente sensiblement à l'époque des plus grandes chaleurs, de sorte qu'elles en sont continuellement pourvues. Telle est la glacière naturelle des environs de Besançon, située au village de la Beaume.

Cette espèce de dépôt de glace, qui a été décrit en 1685

par l'abbé Boizot, et depuis par Cossigni, Giraud-Chantrans et autres, est situé dans le calcaire compact du Jura. Son entrée est large et élevée; sa forme intérieure est ovale, et l'eau qui s'y glace continuellement, tombe du sommet de la voûte en forme de pluie, et se congèle sur le sol, sur les parrois de cette caverne, en y formant des couches assez épaisses, des stalactites qui pendent au plafond, des stalagmites qui s'élèvent du sol, et qui, finissant par se joindre, forment des espèces de colonnes absolument analogues à celles qu'on rencontre dans les grottes d'albâtre, mais qui augmentent en été et diminuent en hiver : ce qui semble contraire aux lois naturelles qui président ordinairement à l'acte de la congélation.

La glace est tellement abondante dans cette caverne qu'en 1727, les glacières artificielles de Besançon ayant été épuisées, on eut recours à celle du village de la Beaume, et que deux des grosses stalactites qu'elle renfermait suffirent à l'usage du camp de la Saône et à la consommation de la ville et des environs.

On croit assez généralement que la température de l'intérieur de la terre est constante, et qu'elle se tient stationnaire à dix degrés du thermomètre en quatre-vingts parties. Mais les observations faites dans les mines et les cavernes par Saussure, Gensanne, Trebra et MM. d'Aubuisson et Hassenfratz, prouvent au contraire qu'une foule de circonstances la portent au-delà ou en-deçà de ce degré tempéré. On trouve peu d'accord dans les résultats de ces savans observateurs, si ce n'est, cependant, une augmentation sensible et graduelle de chaleur à mesure qu'on s'est porté à de plus grandes profondeurs ; mais encore ne peut-on point considérer cette élévation de température comme parfaitement prouvée et comme devant conduire à conclure qu'il existe quelque foyer ardent au centre du globe. D'ailleurs ces résultats sont contraires aux observations faites par les navigateurs sur la température des grandes profondeurs de la mer, et même des lacs, qui diminue constamment à mesure qu'on atteint à des points plus éloignés de la surface. Le travail de Peron sur la mer, et de Saussure sur les lacs, sont concluans et presque comparatifs. Mon but n'est point de traiter cette question délicate ; je me contenterai d'indiquer quelles sont les causes réfrigérantes qui produisent un froid remarquable dans certaines cavernes, et qui les mettent en état de conserver l'eau glacée pendant toute l'année. Ces causes sont, 1.° des jets ou courans d'air qui sortent de l'intérieur de la terre par des crevasses, et qui sont d'autant plus forts que la température extérieure est plus élevée et plus différente de celle des grottes du fond desquelles ils s'échappent ; 2.° l'humidité et surtout l'eau divisée en forme de pluie, qui présente une grande surface à l'air et une grande prise à l'évaporation ; 3.° une contexture poreuse et fendillée dans le terrain au milieu duquel sont ces grottes ; 4.° une latitude telle, que l'eau soit susceptible de se congeler en hiver à l'extérieur ; et il paroît que cette dernière condition est de rigueur, puisqu'on trouve bien dans les pays chauds des grottes fraîches, comme nous le dirons bientôt, mais jamais de glacières. On pourroit peut-être ajouter une cinquième cause, ce seroit la nature du terrain ou la présence de quelques substances salines réfrigérantes ; mais il n'existe point encore assez de preuves à l'appui pour qu'on puisse l'admettre. Pallas prétend bien avoir éprouvé un froid particulier dans les cavernes gypseuses. On sait, à la vérité, que la solution de quelques sels et du muriate d'ammoniaque en particulier abaisse sensiblement la température de l'eau ; mais Saussure a observé des grottes réfrigérantes, dans le grès, dans la stéatite, dans les matières volcaniques ; notre glacière de Besançon est dans le calcaire, et les caves du Monte-Testaceo, près Rome, sont creusées dans un énorme tas uniquement composé de débris d'amphores, d'urnes et autres vases antiques en terre cuite. Il n'y a donc que les quatre premières causes qui soient admissibles, savoir : les courans d'air et l'humidité, comme conditions essentielles, et la contexture poreuse des roches, jointe à une exposition convenable et à une latitude tempérée, comme causes accessoires et favorables, mais non pas indispensables. Il est probable qu'il existe encore quelque cause cachée qui a échappé jusqu'à ce jour aux observateurs : car Saussure est bien parvenu par des expériences directes à expliquer la basse température des caves du Monte-Testaceo, de la grotte d'Ischia, de la ville de Cesi en Italie, celle des Cantines ou caves de

Chiavenna dans les Grisons ; mais il n'a point atteint au terme de la congélation parfaite, qui caractérise les glacières proprement dites. En attendant que de nouvelles recherches aient complétement expliqué ce phénomène , admettons, avec le savant observateur Génevois, que la chaleur de l'été ne pénètre la terre à trente pieds que vers le milieu de l'hiver, et que par conséquent l'époque des chaleurs est celle où le froid acquiert le plus d'intensité dans les grottes , ce qui rendroit assez bien compte de l'augmentation des glaces dans les cavernes pendant les mois de juillet et d'août. (Brard.)

GLACIERS. (*Min.*) Les glaciers sont des amas de neige endurcis qui couvrent les plateaux élevés des plus hautes montagnes, ou qui descendent en suivant le fond des vallées creuses qui sillonnent leurs revers; c'est même plus particulièrement à ces derniers que l'on donne le nom de glaciers proprement dits. Ces espèces de courans glacés sont les prolongemens, les appendices ou les déversoirs des masses immenses de neige qui couvrent éternellement les sommités élevées des Andes, des Alpes, des Pyrénées et de toutes les montagnes dont l'élévation atteint et surpasse la région des neiges permanentes; région qui varie de hauteur, comme on le sait, à raison de la latitude sous laquelle on l'observe : or, comme il ne peut point y avoir de glaciers s'ils ne se rattachent à un réservoir, c'est-à-dire à un amas de neige perpétuel, on conçoit qu'ils doivent suivre la même règle que ces neiges. Ainsi il peut exister des glaciers, en Laponie , sur des montagnes dont la hauteur atteindroit à peine la région des sapins et des mélèzes de nos Alpes et de nos Pyrénées; cette zone des neiges perpétuelles sur ces limites d'Espagne et d'Italie , d'où une foule de glaciers prennent naissance , répond tout au plus, à son tour, à la zone des chênes ou des dernières cultures sur les Andes et les montagnes du Mexique, etc. (1) On ne parle ici que de la source des glaciers et non de leurs prolongemens ; car on verra bientôt qu'ils s'avancent dans les Alpes jusqu'au milieu des champs cultivés , et qu'ils tendent à couper les vallées transversales les moins élevées.

Les glaciers ne sont point formés par de la glace analogue

---

(1) Humboldt, Geographiæ Plantarum Lineamenta.

à celle qui provient de la congélation ordinaire de l'eau : leur masse est composée de la neige qui tombe dans les régions élevées pendant neuf mois; car, durant cette portion de l'année, toutes les fois qu'il pleut dans la vallée, il neige sur la montagne. Le soleil des beaux jours d'été, les vents chauds, quelques grandes averses, ramollissent et fondent la surface de ces neiges; l'eau qui en provient pénètre dans leur intérieur, s'y congèle pendant les nuits, et les convertit à la longue en une glace spongieuse beaucoup moins dure que la glace commune, sur laquelle on peut marcher sans glisser, et dont on peut facilement entailler la surface. Cette neige, solidifiée par une addition d'eau, se durcit encore par le tassement, et surtout par la pression incalculable qu'elle éprouve en tout sens ; c'est en partie même cette pression qui force les glaciers à s'acheminer dans les gorges et dans les vallées qui leur servent de lit, et leur marche est d'autant plus accélérée que le plan sur lequel ils reposent est plus fortement incliné.

Les glaciers ont un mouvement de translation qui les porte à s'éloigner continuellement de leur source, et à s'avancer vers le pied des montagnes. Arrivés dans les parties les plus basses, et parvenus quelquefois jusqu'au milieu des terrains cultivés, les glaciers éprouvent une température beaucoup plus élevée que celle à laquelle ils étoient exposés vers leurs sources; le soleil est ardent, les nuits sont moins froides, les pluies plus fréquentes, et la terre, dont la température est toujours supérieure à celle de la congélation agit efficacement aussi, et opère la fonte de toutes les parties du glacier qui sont en contact avec elle. Il résulte de là que la tête des glaciers ou leur partie la plus avancée est placée de manière à fondre assez rapidement, puisqu'elle est attaquée sur l'une et l'autre face; or, si cette diminution n'étoit pas compensée par l'avancement successif de la masse supérieure dont l'effort tend constamment à pousser les glaciers en avant, il est évident qu'ils ne tiendroient pas dans une telle position, et qu'ils seroient bientôt repoussés dans les régions supérieures et glacées.

Le froid excessif qui règne au sommet des grandes montagnes, et les courts intervalles de dégel qui s'y font sentir, suffisent pour dégrader et attaquer les roches qui les composent; aussi les glaciers sont-ils couverts des débris de ces grands colosses, et nous apportent-ils les échantillons des arêtes et des pics inaccessibles qu'ils traversent et qu'ils côtoient. S'il pouvoit donc rester encore quelques doutes sur le mouvement réel de ces fleuves glacés, ce transport journalier des quartiers de granit qui nous sont amenés par eux en deviendroit la preuve la plus évidente et la plus incontestable.

Ces sables ou ces rochers mobiles qui sont portés à la surface de la glace, et qui y forment souvent des lignes ou files continues et parallèles dont la couleur noirâtre tranche sur celle du glacier, ont aidé à déterminer la marche ou la vitesse de ces courans glacés. Le Glacier des Bois, par exemple, situé au fond de la vallée de Chamouni, et plus connu par le surnom de *mer-de-glace*, est souvent parsemé de belles masses de protogines grises dont on a quelquefois assigné la position par un alignement jalonné, et qui se sont trouvées quelques jours après beaucoup plus bas qu'elles ne l'étoient au moment de l'observation. Ces mêmes corps étrangers ont également contribué à prouver que les glaciers fondent à leur surface, puisque, dans les parties qui sont couvertes par ces pierres, la glace est quelquefois de vingt pieds plus élevée que dans les portions qui sont exposées à nu aux rayons du soleil et à l'action de l'air. Enfin ce sont encore ces mêmes pierres, dont le transport est lent mais continuel, qui s'accumulent sur l'un et l'autre bord, et qui viennent échouer à l'extrémité inférieure des glaciers en formant des amas énormes qu'on nomme *moraines*, qui ont appris, à ne pouvoir en douter, que certains glaciers avoient séjourné long-temps sur des points plus avancés que ceux sur lesquels ils s'arrêtent aujourd'hui; qu'ils ne s'étoient point retirés tout à coup, mais en faisant des stations plus ou moins longues, et en laissant à chaque halte le produit de leurs transports, c'est-à-dire, des accumulations énormes de déblais. Ce fait est extrêmement facile à vérifier sur le glacier des bois dont on vient de parler; car Saussure, à qui rien n'échappoit, avoit observé une ancienne moraine bien caractérisée à cinq cents pas plus bas que n'est aujourd'hui la tête de cet énorme glacier, et il en existe plusieurs intermédiaires. Besson fit la même remarque sur celui d'où s'échappe la source du Rhône.

Nous avons eu de nos jours des exemples contraires à la retraite des glaciers ; plusieurs se sont avancés beaucoup plus loin qu'on ne les avoit jamais vus : les uns se sont arrêtés ; d'autres continuent leur marche, et font craindre aux propriétaires des champs voisins, l'envahissement complet de leurs héritages. Le glacier des Bossons, le premier qu'on rencontre en remontant la vallée de Chamouni, descendoit d'une manière inquiétante en 1816, et paroît avoir continué depuis cette époque à se porter en avant. Il est un préjugé reçu parmi les habitans des Alpes : c'est que les glaciers avancent pendant sept ans, et reculent pendant sept autres. Il est bien certain qu'ils avancent et qu'ils reculent alternativement, mais non pas régulièrement et périodiquement, comme ces bonnes gens le prétendent. Leurs empiétemens et leurs retraites dépendent de la quantité de neige qui tombe sur les montagnes d'où ils descendent, et de la chaleur plus ou moins forte et plus ou moins prolongée de l'été ; car, si pendant plusieurs hivers consécutifs il tombe une très-grande quantité de neige, ce qui arrive souvent en Suisse, en Valais, en Savoie, et que les étés soient courts et peu chauds, ce qui est encore assez commun dans ces pays montagneux, il est bien sûr que tous les glaciers seront poussés en avant avec plus d'effort, et que les causes qui en opèrent la fonte ordinairement dans les vallées, ne compenseront point leur avancement, que la saison du froid arrivera bientôt, ralentira encore cette fonte, et que toutes les chances enfin seront en faveur de leurs progrès ; tandis que, lorsqu'il ne sera tombé qu'une quantité médiocre de neige à la source des glaciers, que les étés se seront trouvés plus chauds et plus prolongés, le mouvement de translation ne sera point aussi fortement secondé par la pression des masses supérieures, l'action du soleil et de la chaleur souterraine l'emporteront sur lui, et les glaciers reculeront jusqu'à ce que les causes qui les portent en avant soient reproduites de nouveau.

Ce qui a pu faire méconnoître, aux habitans même des montagnes, la véritable raison de ces mouvemens contraires, c'est que l'effet ne suit pas immédiatement la cause, qu'un hiver très-abondant en neige ne fera sentir son influence sur l'avancement des glaciers que plusieurs années après qu'il sera passé ; qu'un hiver contraire, par la même raison, n'influera pas sur la masse des glaciers qui est en marche, et qui se trouve encore sollicitée par le produit des hivers précédens, etc.

On a dit que les glaciers ne fondoient que par les points qui touchent à la terre ; c'est une erreur qui tient à ce que l'eau qui est produite par la fonte extérieure s'infiltre en grande partie, à mesure qu'elle se forme, à travers le tissu lâche de cette espèce particulière de glace, et atteint promptement la partie inférieure en suivant les crevasses dont elle est traversée dans toute son épaisseur. La différence de hauteur qu'on remarque entre la surface nue et la surface qui est couverte de pierres, est la preuve écrite de ce que l'on avance ici ; ce qui est vrai, c'est que la fonte souterraine n'est point interrompue pendant l'hiver, tandis que l'autre doit nécessairement cesser pendant cette saison : aussi les torrens qui s'échappent du dessous des glaciers sont-ils beaucoup moins forts en hiver qu'en été ; et comme la terre recouverte d'une couche énorme de glace ne varie pas de température avec les saisons, le volume d'eau qui sort des glaciers devroit toujours être le même, si la fonte extérieure étoit nulle. Il résulte de l'action de la terre sur le dessous de ces amas de glace un intervalle assez considérable qui les sépare l'un de l'autre, et qui permet à l'eau de couler entre eux ; de plus, cet isolement des glaciers produit nécessairement des porte-à-faux et des ruptures transversales qui facilitent la descente des glaciers vers la base des montagnes.

Les glaciers ne peuvent point se former sur les pentes excessivement rapides et sur les pics isolés, parce que la neige molle ne peut y séjourner assez long-temps pour y acquérir quelque consistance ; à peine est-elle tombée qu'elle glisse en avalanches, et si, parvenue sur des plans moins inclinés ; elle peut souvent braver plusieurs étés sans disparoître en entier, on ne peut cependant pas confondre ces restes d'avalanches avec les glaciers proprement dits, ni même avec ces neiges accumulées dans les vallées supérieures, dont on distingue aisément les accroissemens successifs aux couches superposées dont se composent ces amas, et qui sont d'autant plus denses qu'elles sont plus anciennement tombées.

L'épaisseur des glaciers est très-variable ; mais elle atteint quelquefois plusieurs centaines de pieds, ainsi qu'on s'en est assuré en sondant ces grandes crevasses qui les partagent transversalement, et qui sont produites par les inégalités du sol sur lequel ils reposent, par le vide qui les sépare de la terre, ou par toutes autres causes accidentelles. Ces crevasses sont vides ou remplies d'une eau cristalline et pure ; mais on remarque, dans l'un et l'autre cas, que la glace d'une grande épaisseur, et surtout vers le fond de ces fissures, est d'un bleu verdâtre semblable à certaines eaux limpides et profondes, telles que celles de la fontaine de Vaucluse, celles du Rhône à sa sortie du lac, etc.

Les glaciers occupent ordinairement toute la largeur des vallées qui leur servent de lit ; ils se bifurquent quelquefois, descendent directement ou en zigzags, et se développent sur une étendue de plusieurs lieues. Le *Glacier des Bois*, que je cite plus particulièrement pour exemple, parce qu'il est connu dans toute l'Europe sous le nom de *Mer - de - glace*, a, suivant Saussure, plus de cinq lieues de long et une de large. Le *Glacier des Bossons*, qui se fait remarquer par la hauteur de ses pyramides et par sa blancheur éclatante qui contraste avec les pins noirs dont il est bordé, descend directement du Mont-Blanc, s'avance au milieu des champs cultivés, se développe aussi sur une étendue de plusieurs lieues, et est devenu célèbre par les difficultés qu'il oppose à ceux qui entreprennent l'ascension du Mont-Blanc. Les glaciers du Grindelwald en Suisse, celui du Rhône, et beaucoup d'autres qui sont plus étendus encore, peuvent être considérés comme les réservoirs ou les sources d'un grand nombre de rivières et de plusieurs fleuves.

La tête des glaciers, ou l'extrémité la plus éloignée de leur source, se termine ordinairement par un talus de glace qui n'est point adhérent à la terre, et d'où naît un courant d'eau plus ou moins volumineux ; quelquefois cette eau sort d'une voûte de glace surbaissée dont la largeur est peu considérable ; tels sont les glaciers du Rhône et d'Argentière : mais de toutes ces voûtes la plus digne de fixer l'attention des voyageurs est celle qui termine le Glacier des Bois près Chamouni, et d'où s'écoule le torrent blanchâtre de l'Arveyron, dont le sable est aurifère.

Que l'on se figure une profonde caverne dont l'entrée est une arcade de glace qui a quelquefois cent pieds de hauteur(1), et dont la largeur est proportionnée à cette élévation; que l'on se représente cette grotte creusée naturellement dans une immense épaisseur de glace d'un bleu céleste; que l'on place pour corniche et pour entablement à ce singulier édifice l'un des glaciers les plus gigantesques que l'on connoisse, et dont la surface est hérissée de hautes pyramides de neige endurcie; que l'on encadre cette grande scène par les forêts noires du Montanvert et les aiguilles pelées qui s'élancent dans les airs en se détachant sur la neige et sur l'azur, et l'on n'aura qu'une très-foible idée de l'un des sites les plus remarquables de la vallée de Chamouni.

Cette grotte de l'Arveyron n'existe point en hiver; elle s'écroule même à plusieurs reprises en été, et se renouvelle toujours sans le secours de l'art. Il paroit, comme le pensoit Saussure, que le torrent qui sort de dessous le glacier ronge les bords de son lit; que le milieu de la glace, en cessant d'être soutenu, commence à tomber, et continue en s'élevant toujours insensiblement jusqu'à ce que le plafond ait acquis la forme voûtée. Cet effet est analogue à celui *des cloches* ou *des fontis* qui se forment dans les carrières souterraines. Lorsque ce grand monument de glace vient à s'écrouler, les débris suspendent le cours de l'Arveyron jusqu'à ce que ses eaux, en s'amassant dans la grotte, aient acquis assez de force pour se faire jour à travers ces singuliers décombres. Il arrive cependant quelquefois, mais cela est rare, que le torrent, au lieu de sortir par le pied du glacier, est arrêté dans son cours par quelque obstacle souterrain, et qu'il est forcé de se précipiter d'assez haut en partant du bord droit du glacier. Cette scène extraordinaire, cet assemblage bizarre d'une cascade volumineuse qui se précipite à travers des rochers de glace, eut lieu dans le courant de l'été de 1815, au grand étonnement des habitans de toute la vallée de Chamouni.

Les glaciers qui reposent sur des pentes peu rapides ne sont point d'un accès difficile; plusieurs sont praticables en été aux

---

(1) Bourrit porte la hauteur de cette voûte à 160 pieds. ITINÉRAIRE, pag. 88.

hommes, aux mulets et aux chevaux chargés; tels sont ceux des vallées de Viége et de la Saas en Valais, sur lesquels on passe ordinairement dans la bonne saison pour aller en Piémont avec des mulets chargés de marchandises (1). Tous les ans on fait traverser le grand glacier des Bois par un troupeau de vaches qui va manger l'herbe de la montagne qui fait face au Montanvert : on a fait remonter le même glacier à des moutons pour les conduire en pacage au lieu dit le *Courtil* ou jardin qui est une espèce d'île de verdure située au milieu de cette mer de glace ; cet isolement ne les mit cependant pas à l'abri du loup, qui traversa le glacier à son tour, et fit carnage de ce troupeau presque entièrement composé de mérinos et de métis.

Les nombreuses crevasses qui traversent les glaciers, et qui sont si souvent recouvertes par des voûtes ou des ponts de neige, sont assez ordinairement situées dans le même sens et dans la même direction. Cependant le danger qu'elles présentent aux voyageurs est si éminent que l'on ne se hasarde pas sur les glaciers sans avoir pris au préalable toutes les précautions qui sont dictées par la prudence et par l'expérience des gens du pays : des crampons de fer, de grands bâtons ferrés, des câbles, des échelles, des haches, des crêpes noirs, etc., sont les provisions indispensables du voyageur qui veut atteindre les sommets élevés des Alpes en remontant les glaciers transversaux, franchissant ceux des vallées longitudinales et les plateaux glacés qui leur donnent naissance. Douze à quinze guides sont nécessaires à l'ascension du Mont-Blanc ; Saussure en avoit dix-huit et un domestique, mais il avoit quelques instrumens à porter. Ces hommes courageux et robustes, exercés dès leur enfance à braver les précipices et les glaciers en poursuivant les chamois jusque sur les crêtes les plus escarpées, prennent cependant la sage précaution de s'attacher les uns aux autres avec de fortes cordes et à d'assez grandes distances, pour que ceux qui suivent ou qui précèdent celui qui viendroit à tomber dans une crevasse cachée puissent le retenir suspendu sur l'abîme, et lui porter des secours : c'est ce qui arriva à l'un des guides que Saussure avoit envoyés à

---

(1) Schiner, Description du Valais, pag. 105.

la découverte de la route à suivre, lors de sa première ascension au sommet du Mont-Blanc.

Les grappes ou crampons de fer s'attachent aux souliers, et empêchent de glisser sur les neiges durcies, sur les roches polies, les gazons secs, etc.

Les bâtons ferrés servent à sonder la profondeur des neiges, à prêter un point d'appui, et à former, en les réunissant les uns à côté des autres, des ponts volans sur les petites crevasses.

Les haches sont destinées à tailler des marches sur les glaçons escarpés.

Les échelles aident à franchir les murs ou les glaces coupées à pic.

Enfin, les crêpes noirs préservent la figure, et surtout les yeux, de l'action de l'air et de la lumière réfléchie par la surface brillante des neiges, etc.

Malgré les dangers, les fatigues et tous les accidens qui peuvent arriver dans de pareilles entreprises, il est pourtant vrai que deux hommes seuls parvinrent les premiers à la cime du Mont-Blanc; et que, dans ces dernières années, une femme de Chamouni suivit les guides, et arriva au sommet sans accident; mais il falloit être né dans le pays, et avoir la force du docteur Paccard et celle de Balmat, surnommé Mont-Blanc, pour avoir osé s'engager seuls dans un pareil voyage; il faut connoître la force et l'agilité des femmes de Chamouni, qui passent une grande partie de leur vie dans les chalets, pour concevoir la possibilité que l'une d'elles ait été assez hardie pour affronter les précipices affreux du glacier qui conduit au dernier plateau de la plus haute montagne de l'ancien monde, dont la cime est élevée, d'après les dernières mesures, de 2450 toises au-dessus du niveau de la mer.

Quelques accidens déplorables n'ont que trop prouvé la circonspection avec laquelle les étrangers doivent s'engager sur les glaciers.

La voûte du Glacier des Bois, en arrêtant par sa chute le torrent de l'Arveyron, occasionne bientôt une débâcle si épouvantable qu'il faut s'empresser de se mettre hors de son atteinte, car l'effet en est beaucoup plus rapide qu'on ne pourroit se l'imaginer. Deux personnes ont été victimes de ce débordement subit, et plusieurs ont été grièvement blessées. D'autres ont tiré un coup de pistolet sous cette même voûte, qui n'est jamais très-solide, et elles ont cruellement payé cette fatale épreuve.

Quelques voyageurs ont été blessés d'une manière très-grave en s'approchant trop près des rochers que les glaciers transportent, et qui sont souvent en équilibre sur des pivots de glace amincis par l'action du soleil et de l'air.

Mais, de tous les événemens qui sont arrivés sur les glaciers, celui dont on conservera le plus long souvenir, puisqu'il est consacré par le monument funèbre du malheureux qui fut victime de son imprudence, est l'accident fatal qui coûta la vie à F. A. Eschen, âgé de vingt-trois ans, né à Eutin, dans l'évêché de Lubeck. Quelques passages de la relation qu'en a donnée M. Pictet dans la Bibliothèque Britannique, se rattachant à l'histoire des glaciers, ne seront pas déplacés ici. Puissent-ils servir d'instruction aux voyageurs qui seroient tentés de parcourir les glaciers en méprisant les avis ou l'expérience de leurs guides!

M. d'Eymar, préfet de l'ancien département du Léman, visitant avec M. Pictet la vallée de Chamouni, apprit en y entrant qu'un jeune étranger s'étoit précipité la veille dans une crevasse du glacier qui termine la montagne du Buet, que l'on nomme aussi *la Mortine*. Ce glacier, qui diffère, sous différens rapports, de ceux qui suivent les pentes et les revers des montagnes, appartient, ce me semble, aux glaciers de la seconde espèce de M. Saussure, qui ne présentent point un aussi grand nombre de crevasses, et qui, en donnant une sorte de sécurité, n'en sont souvent que plus dangereux pour ceux qui les traversent. A cette triste nouvelle le préfet donne ordre à l'homme le plus intelligent et le plus intrépide de la vallée, à *Marie Deville*, d'aller de suite à la recherche du malheureux Eschen, ou plutôt d'aller arracher son cadavre au gouffre affreux qui l'avoit englouti.

Deville et ceux qu'il s'étoit adjoints pour remplir la pénible commission qui lui avoit été donnée, ayant découvert après plusieurs heures de recherches sur le glacier un trou carré dans la neige, de deux pieds de côté, dont on ne voyoit pas le fond, ne doutèrent point que ce ne fût là le lieu où l'événement étoit arrivé : ils sondèrent avec une pierre attachée au bout d'une corde, et reconnurent, à cent et quelques pieds, la présence d'un corps qui leur parut étranger à la glace et à la neige ; ils descendirent un crampon de fer, qui leur apporta quelques lambeaux de linge, des cheveux, un chapeau, ce qui leur donna la certitude que le cadavre étoit arrêté à cette profondeur. L'un des fils de Deville se fit attacher à un câble, se fit dévaler dans la crevasse, et parvint jusqu'au point où elle n'avoit plus que huit pouces de large, et où il touchoit la tête de l'infortuné avec un bâton de cinq pieds de long. Deville père, s'étant fait descendre le lendemain, et s'étant armé d'une hache à manche court, élargit le couloir étroit où son fils avoit été arrêté la veille ; parvint, après trois heures d'un travail opiniâtre et dans la position la plus gênante, à dégager le cadavre qui étoit gelé et fortement engagé entre les parois de cette crevasse, lui passa une corde sous les bras, et réussit à l'amener au jour, au moyen d'un câble et d'un tour qu'on avoit fabriqué à la hâte.

Les dépouilles mortelles de F. A. Eschen furent déposées dans une place distinguée, près de laquelle tous les voyageurs qui vont à Chamouni sont forcés de passer, et qui se trouve aussi à l'entrée de la gorge qui conduit au Buet. Un cippe en marbre fut élevé par ordre de M. d'Eymar ; des inscriptions françoises rappellent la date de l'événement, le nom de la victime, le lieu de sa naissance, et celui de sa mort. Quelques conseils dictés par la prudence, et appuyés de ce triste exemple, sont gravés sur les côtés du monument.

J'ai connu ce Marie Deville qui fut chargé de cette triste expédition ; il m'a confirmé souvent tous les détails qu'on vient de lire, en m'assurant que le séjour qu'il avoit été forcé de faire dans la glace avoit sensiblement altéré sa santé, et que son fils, qui y avoit demeuré moins long-temps que lui, et qui étoit jeune et robuste alors, s'en étoit toujours ressenti, que ses dents et ses cheveux étoient tombés peu de temps après, etc. Deville père étoit un de ces montagnards intelligens qui se distinguent par des dispositions rares et une facilité toute particulière pour l'étude. On lui doit le premier relief représentant le Mont-Blanc, ses aiguilles et ses glaciers ; il l'exécuta trigonométriquement sous les yeux d'Exchaquet, ancien directeur des mines de Servoz, et le modela ensuite avec beaucoup de précision. Ce premier relief étoit en terre cuite, et a servi de modèle aux sculpteurs de Chamouni, qui exécutent maintenant ces mêmes reliefs en bois d'arol (*pinus cembra*). Deville, enfin, qui avoit embrassé la révolution avec trop de chaleur, ce qui l'avoit détourné de l'étude et de son goût pour la science, avoit quelques idées géologiques assez remarquables : en voyageant avec lui, il me les communiquoit, et me disoit, en parlant des glaciers, qu'il croyoit bien qu'ils avoient eu autrefois une étendue incomparablement plus considérable que celle qu'ils ont aujourd'hui ; que c'étoit eux qui avoient apporté ces masses de *protogine* qu'on trouve sur quelques éminences de la vallée de Chamouni, et il me montroit des espèces de sillons parallèles sur quelques roches schisteuses qui étoient, suivant lui, l'effet du frottement des glaciers et des rochers qu'ils avoient entraînés.

Plusieurs naturalistes ou géographes suisses ont écrit sur les glaciers : tels sont, Merian, Simler, Hottinger, Scheuchzer et Gruner surtout, qui publia un ouvrage *ad hoc* en trois volumes, dont nous avons une traduction françoise, et auquel Saussure rend la plus grande justice en parlant lui-même des glaciers dans ses Voyages géologiques, §. 519, et en en traitant d'une manière très-détaillée et qui laisse peu de chose à désirer.

Ayant habité moi-même pendant cinq années consécutives cette vallée de Chamouni, si riche en grands effets, et où aboutissent plusieurs glaciers qui descendent du Mont-Blanc ou des aiguilles qui l'entourent ; ayant passé cinq hivers au milieu des neiges qui s'y accumulent pendant plusieurs mois, et dont l'épaisseur varie de quatre à douze pieds, je me suis trouvé à même d'observer par goût et par devoir tout ce qui tient aux grands amas de neige, aux avalanches, aux glaciers, aux torrens et à tous les phénomènes qui s'y rattachent : je puis donc rendre hommage à l'extrême exactitude des observations et des descriptions de Saussure, qui sera toujours avec MM. Pictet et Deluc, le guide inséparable des naturalistes qui parcourront les Alpes, comme l'Itinéraire du respectable Bourrit restera long-temps encore celui des curieux qui abondent de toutes parts dans cette délicieuse vallée. (Brard.)

GLACIES MARIÆ. (*Min.*) C'est un des nombreux synonymes du mica transparent laminaire, et de la chaux sulfatée gypse, que l'on confondoit autrefois sous la dénomination de *talc.* (Brard.)

GLADA (*Ornith.*), nom suédois du milan, *falco milvus*, Linn. (Ch. D.)

GLADIÉ. (*Bot.*) Voyez Ensiforme. (Mass.)

GLADIOLUS. (*Bot.*) Voyez Glayeul. (L. D.)

GLADIUS. (*Conchyl.*) C'est le nom que Klein, *Tentam. ostracol.*, p. 59, a proposé pour le genre que M. de Lamarck a nommé Rostellaire. Voyez ce mot. (De B.)

GLADIUS (*Ichthyol.*), mot latin. Voyez Espadon. (H. C.)

GLÆNTE. (*Ornith.*) On nomme ainsi, en Danemarck, le milan, *falco milvus*, Linn. (Ch. D.)

GLAÏEUL. (*Bot.*) Voy. Glayeul (L. D.)

GLAIREUX. (*Bot.*) Ces champignons forment l'une des familles établies par Paulet dans le genre *Agaricus*, Linn. Ils se font remarquer par leur surface humide, couverte d'une mucosité glaireuse, un peu épaisse, qui la rend visqueuse au toucher; leurs feuillets rayonnent régulièrement; ils ne sont point malfaisans. On en compte cinq espèces que Paulet désigne ainsi:

La limace gorge-de-pigeon ;

Le petit aurore bleu ;

Le roux glaireux ;

Le balayeur ou le glaireux grisâtre ;

Et le glaireux rayonné.

Les trois premières espèces seront mentionnées à leurs articles; la quatrième est l'*agaricus glutinosus*, Batsch : Dec., Fl. Fr. ; et, comme nous l'avons déjà dit à l'article Balayeur, l'*agaricus clypeatus*, Linn., est le glaireux grisâtre de Paulet, Trait. des Champ., 2, pag. 194, pl. 87, fig. 3. On trouve ce dernier dans les bois de Ville d'Avray, près Versailles, et ailleurs.

Le Glaireux rayonné, Paul., 2, p. 194, pl. 87, fig. 4 ; il est de couleur rousse, et ses feuillets sont plus régulièrement rayonnés et entremêlés de tiers de feuillets à la même distance.

Dans sa synonymie des espèces de champignons, Paulet établit sous le n.º 156, et sous le nom de champignons glaireux, un groupe qui comprend sept espèces divisées ainsi qu'il suit :

a. A chapeau bombé ou sinueux, d'un roux flave.

1. Partout de même couleur : *agaricus viscidus*, Scop., n° 1521.

2. A feuillets bruns : *agaricus lubricus*, Scopoli.

b. A chapeau mamelonné.

1. De couleur pâle : *agaricus clypeatus*, Linn., et *glutinosus*, Batsch.

2. Gris ou verdissans, *fungus*, n.° 57, et *fungus*, n.° 61, Vaillant.

3. *Id*. à tige en navet : *agaricus macrourous*, Scop.

c. Brun dessus, blanc dessous : *fungus esculentus*, Mich., p. 154, n.° 4.

d. Rougeâtre ou pourpre, à feuillets roux ou flaves, *agaricus viscidus*, Linn., ou *purpureus*, Schæff., tab. 254. (Lem.)

GLAIS (*Bot.*), nom vulgaire du glayeul dans quelques lieux. (J.)

GLAISE. (*Min.*) C'est le nom vulgaire de notre argile figuline, dont les usages sont nombreux et importans : c'est elle qui sert à la fabrication des briques, de la poterie commune, à la distillation de l'eau-forte, à la préparation du meilleur de tous les cimens, à former les enduits ou *conrois* qui s'opposent aux filtrations des bassins ; c'est elle qui sert aux sculpteurs pour modeler leurs ouvrages ; qui reçoit les premiers élans du génie de ces artistes ; qui, plus ductile que le marbre, obéit à la pensée, et conserve, en durcissant, ce premier jet qui disparoît toujours dans les ouvrages finis et soignés. La glaise se trouve en couches très-puissantes aux environs de Paris : c'est elle qui sépare le calcaire coquillier, pierre à bâtir, des bancs de craie, dont l'épaisseur est inconnue, et c'est encore elle qui retient les différens niveaux d'eau qu'on rencontre en traversant toute sa masse qui est composée de plusieurs lits. Voy. Argile figuline. (Brard.)

GLAIVANE, *Xiphidium*. (*Bot.*) Genre de plantes monocotylédones, à fleurs incomplètes, de la famille des iridées, de la *triandrie monogynie* de Linnæus, offrant pour caractère essentiel : Une corolle à six pétales, trois intérieurs plus petits ; point de calice ; trois étamines opposées aux trois pétales intérieurs ; un ovaire supérieur marqué de trois sillons, surmonté d'un style et d'un stigmate simple. Le fruit est une capsule presque en baie, à trois sillons, à trois loges polyspermes ; les semences attachées à un réceptacle globuleux.

Glaivane bleue : *Xiphidium cœruleum*, Aubl., *Guian*, pag. 33, tab. 11 ; Lamk., *Ill. gen.*, tab. 36, pag. 80 ; *Ixia xiphidium*, Loest., *Itin.*, 239. Plante, découverte par Aublet dans la Guiane, dont la racine est rampante, fibreuse, géniculée : elle produit une tige cylindrique de la grosseur du petit doigt, haute d'un pied, légèrement pileuse, un peu plus courte que les feuilles. Celles-ci sont alternes, ensiformes, un peu étroites, alongées, vaginales à leur base, à nervures longitudinales, finement denticulées à leur contour, pileuses vers leurs bords. Les fleurs sont disposées en un panicule lâche, terminale; chaque fleur soutenue par un pédoncule court, sortant de l'aisselle d'une petite écaille, et munie de deux autres vers son sommet, un peu au-dessous de la fleur : elle n'a point de calice. Sa corolle est bleue, assez petite, composée de six pétales, dont trois extérieurs, qui semblent former un calice, sont ovales, aigus, verts en dehors, bleus en dedans ; trois intérieurs plus petits, plus minces, tout-à-fait bleus ; trois étamines attachées sous l'ovaire, un peu plus longues que la corolle, opposées aux trois pétales intérieurs ; les filamens glabres, soutenant des anthères oblongues et jaunâtres ; un ovaire supérieur, velu, arrondi, marqué de trois sillons ; le style triangulaire ; le stigmate un peu épais et trigone. Le fruit consiste en une capsule ovale, à trois sillons, divisée intérieurement en trois loges, contenant plusieurs semences noires, arrondies. Elle fleurit dans le mois de décembre.

Glaivane blanchatre : *Xiphidium albidum*, Lamk., *Ill. gen.*, n°. 615 ; *Xiphidium floribundum*, var., Swartz, *Flor. Ind. occid.*, pag. 80 ; *Xiphidium album*, Willd., *Spec.*, 243. Cette plante, observée dans l'Amérique méridionale, diffère peu de l'espèce précédente, dont elle paroît n'être qu'une simple variété. Ses fleurs sont blanches ; les pétales linéaires, lancéolés ; les feuilles glabres, quelquefois un peu velues, et très-légèrement denticulées. (Poir.)

GLAIVE. (*Ichthyol.*) Voyez Espadon. (H. C.)

GLAMA (*Mamm.*), un des noms américains du Lama. Voyez ce mot. (F. C.)

GLAMMER. (*Ornith.*) Ce nom et celui de *glammet* sont donnés à la mouette tachetée ou kutgeghef, *larus tridactylus*, Linn. (Ch. D.)

GLAND, *Glans*. (*Bot.*) Fruit simple, ne s'ouvrant point, et accompagné d'une cupule : quelquefois cette cupule n'en enveloppe que la base (chêne, noisetier); quelquefois elle le couvre complétement (châtaignier); dans le zamia, l'if, etc., elle est de deux substances, l'une ligneuse intérieure, l'autre succulente extérieure, ce qui donne au fruit l'apparence d'un drupe. Voyez CALYBION. (Mass.)

GLAND (*Conchyl.*), nom vulgaire d'une espèce de cône, *conus glans*, Linn. (De B.)

GLAND DE MER (*Conchyl.*), nom donné, presque dans toutes les langues, aux coquilles du genre Balane, à cause d'une grossière ressemblance avec le fruit du chêne. (De B.)

GLAND DE TERRE. (*Bot.*) Champignon du genre *Clavaria*, Linn., et de celui nommé *Geoglossum*, par Persoon, et qui n'est qu'un démembrement du premier. Le gland de terre appartient à la famille des clavaires-truffons du docteur Paulet. C'est le *clavaria atropurpurea*, Batsch, *Elem.*, t. 2, fig. 48, et le *geoglossum atropurpureum*, Pers., *Obs. myc.*, 2, p. 62, t. 3, fig. 5. Il croît à terre dans l'herbe : sa couleur est le noir lavé de pourpre ; il a la forme d'une massue glabre, sillonnée, quelquefois très-ventrue, et rarement divisée. Paulet donne une figure de ce champignon : Traité 2, p. 429, pl. 196, fig. 1. (Lem.)

Gland terrestre, ou Gland de terre. (*Bot.*) On donne aussi ce nom à la gesse tubéreuse, *lathyrus tuberosus*, dont on mange la racine. Théophraste la nommoit, suivant Columna, *arachidna*, nom transporté depuis à la pistache de terre, autre genre de la même famille. Le ben, *moringa*, est nommé dans quelques livres *glans unguentaria*. (J.)

GLANDÈRES. (*Ornith.*) En Italie, suivant Belon, cette dénomination et celle de *glandaiez* désignent le geai, *corvus glandarius*, Linn. (Ch. D.)

GLANDES, *Glandulæ*. (*Bot.*) Organes particuliers de sécrétion ; on en distingue facilement huit espèces :

1°. Les glandes miliaires : ce sont les plus nombreuses et les plus petites ; elles paroissent sur l'épiderme détaché de la plante, et opposé à la lumière, sous la forme d'une aire ronde ou elliptique, ayant à son centre une ligne, tantôt obscure, tantôt transparente. Les glandes miliaires couvrent en général les parties vertes des végétaux : elles sont plus multipliées à la surface inférieure des feuilles qu'à leur surface supérieure ; elles n'existent qu'en petit nombre sur les plantes étiolées, et ne se montrent que très-rarement sur les pétales, les filets des étamines, les pistils, de même que sur les feuilles et les tiges développées sous l'eau. Elles sont disposées en séries longitudinales sur l'épiderme des feuilles du pin, du sapin, du mélèze, des graminées, etc.; mais dans la plupart des végétaux, elles sont semées sans aucun ordre. Il est permis de soupçonner que les glandes miliaires sont des poils très-courts dont le sommet, comprimé latéralement, offre sous la lentille du microscope cette ligne obscure ou transparente que beaucoup d'observateurs ont prise pour un pore.

2.º Les glandes vésiculaires : ce sont des vésicules logées dans le tissu de l'enveloppe herbacée, et remplies d'huile essentielle. Elles paroissent comme des poils transparens sur les feuilles, les pétales, les étamines et les fruits de l'oranger; les feuilles du myrte, celles du *cacalia porophyllum*, etc.

3.º Les glandes globulaires : celles-ci sont tout-à-fait sphériques ; elles n'adhèrent à l'épiderme que par un point de leur périphérie. Elles forment une poussière brillante sur le calice, la corolle, les anthères de beaucoup de labiées. Ce sont de toutes les glandes les plus simples, car elles sont évidemment produites chacune par la dilatation d'une seule cellule. Les petites vessies alongées en massue, qui garnissent l'orifice de la corolle du *nepeta crispa*, et d'une foule d'autres plantes, ont beaucoup de rapports avec les glandes globulaires.

4.º Les glandes utriculaires ou ampullaires : ce sont des espèces d'ampoules formées par la dilatation de l'épiderme, et remplies d'une lymphe incolore. Telles sont les glandes de la glaciale.

5.º Les glandes en mamelon ou papillaires: elles couvrent ordinairement la surface inférieure des feuilles des labiées, qui ont une odeur piquante. Elles paroissent sous la forme de mamelons, et elles sont logées dans des fossettes; ce qui fait que M. Kreker les compare, pour l'aspect, aux papilles de la langue de l'homme. Elles sont composées de plusieurs rangs de cellules placées circulairement. C'est, je pense, à cette espèce de glande qu'il faut rapporter les mamelons qui brillent comme des pointes de diamant, sur les deux surfaces des feuilles du *rhododendrum punctatum.*

6.° Les glandes lenticulaires : elles forment de petites saillies rondes ou oblongues à la surface des tiges du *psoralea glandulosa,* du *ptelea trifoliata,* et de beaucoup d'autres dicotylédons. Ce sont des lacunes remplies de sucs huileux ou résineux, qui ne diffèrent des vaisseaux propres solitaires que parce qu'elles sont beaucoup plus petites.

7.° Les glandes à godet, ou cyathiformes : ce sont des disques charnus, creusés d'une fossette à leur centre, et qui distillent souvent une liqueur visqueuse. Quelquefois elles reposent sur un petit support. Ces glandes sont très-visibles au bord des dents inférieures des feuilles de la plupart des peupliers et des saules, sur les pétioles du ricin, sur ceux des arbres fruitiers à noyau, et sur un grand nombre de légumineuses arborescentes. Une glande de cette nature est toujours placée au bas de chaque pétiole du *plumbago rosea.*

8.° Les glandes florales ou nectaires : elles existent dans les fleurs, et sécrètent ordinairement des sucs mielleux que récoltent les abeilles ; elles sont, par leur structure interne, beaucoup plus compliquées que les autres, et se rapprochent davantage des glandes des animaux. (Voyez au mot NECTAIRE.)

La plupart des glandes ne diffèrent des poils que par leurs formes. (MIRBEL , Elémens de Physiologie végétale , etc.) (MASS.)

GLANDÉS ARDOISIERS (*Bot.-Champ.*) Petite famille établie dans les agarics par Paulet ; il y place les *agaricus gludiferus ,* Batsch , *Flor. fung.*, tab. 18 , fig. 86 ; *atrocyaneus ,* Batsch , fig. 87 , et *cynophalis ejusd.*, tab. 17 , fig. 85. Ces deux derniers champignons peuvent être des variétés, jeunes ou non encore développées, de l'*agaricus polygrammus ,* Bull., Herb., tab. 39 et 18, fig. H ; son *Fung.*, tab. 222. Ces agarics ont le chapeau conique, glandiforme, et une couleur gris-bleuàtre ou noiràtre cyrempre, comme celle de l'ardoise. (LEM.)

GLANDIOLE , *Glandiolus.* (*Conchyl.*) M. Denys de Monfort nomme ainsi un très-petit corps crétacé, figuré par Soldani, *Test.*, tab. 17, var. 244, r., et en fait un genre de coquilles eloisonnées univalves, qu'il caractérise d'une manière tranchée. Le fait est qu'il est assez difficile de s'en faire une idée bien juste; il paroit que c'est une série de petites cupules glandiformes, droites, symétriques, s'emboîtant les unes les autres, et dont la dernière offre une ouverture dont les bords sont sinueux, quoique réguliers. Cette petite coquille, que M. Denys de Montfort nomme le glandiole étagé, *glandiolus gradatus*, a une demi-ligne de long ; elle est transparente, irisée, et se trouve dans la Méditerranée. (De B.)

GLANDITES. (*Foss.*) On a donné autrefois ce nom à certaines pointes d'oursines qui ont la forme d'un gland, ainsi qu'aux balanes fossiles. (D. F.)

GLANDULARIA. (*Bot.*) Le *verbena longiflora*, ou *verbena aubletia*, distingué des autres espèces par une corolle plus alongée, un stigmate divisé en deux lobes, l'un aigu et l'autre obtus, avoit été séparé du genre par Rosier, dans le Journal de Physique, sous le nom d'*Aubletia* ; ensuite l'existence d'un corps glanduleux, dans la bifurcation du stigmate, lui avoit fait donner par Gmelin le nom de *glandularia* adopté par Michaux. Moench l'a aussi désigné sous celui de *billardiera* ; mais il ne savoit pas que les caractères indiqués nécessitent la séparation de cette espèce d'avec son genre primitif. (J.)

GLANDULIFERA. (*Bot.*) Voyez Diosma. (J.)

GLANDULIFERE (*Bot.*), portant une ou plusieurs glandes. Les pétioles du *viburnum opulus*, du prunier, etc. ; les pétales de l'épine-vinette, de la renoncule ; les filets des étamines de la fraxinelle ; les anthères du *leonurus cardiaca* ; les poils du *rosa maxima*, de la fraxinelle, du *croton penicillatum*, etc., sont glandulifères. (Mass.)

GLANDULIFOLIA. (*Bot.*) Wendl., Toll., pl. 1, table 10. Ce genre diffère très-peu des *diosma*, desquels cependant Willdenow l'a séparé, mais sous le nom d'Adenandra. Voyez ce mot au Suppl. du tom. 1.er, pag. 56. (Poir.)

GLANDULITE. (*Min.*) Jean Pinkerton, dans ses Remarques sur la nomenclature des roches, prétend que Saussure donne le nom de *glandulites* aux roches qui contiennent des noyaux de la même substance, d'une formation contemporaine, et que par conséquent le granitel globuleux de Corse, composé de quarz et de hornblende, devroit porter ce nom. Nous trouvons dans Saussure (§. 1444), qu'il donne le nom de *roches glan-duleuses* à des trapps qui sont pénétrés de noyaux calcaires analogues à ceux du Drac, d'Oberstein ou de Darmstadt, et qui deviennent poreux à leur surface par la destruction des globules spathiques. (§. 1825.) Saussure, en passant au pont de Tremola près du Saint-Gothard, observa les tranches verticales d'une roche micacée qui renferment des nœuds ou des glandes de quarz qui se prolongent quelquefois au point de former des couches de quarz pur entre des couches de schiste micacé, et il pense que ces glandes ont été déterminées par une plus grande facilité ou une plus grande promptitude dans la cristallisation de la pierre qui les forme ; il les considère, enfin, comme des cristaux imparfaits. Les roches globuleuses de Corse, car on en connoît plusieurs aujourd'hui, pourroient bien effective-ment se rattacher à ce mode de formation. (Brard.)

GLANÉE. (*Avicept.*) Voyez, sous le mot Filets, la manière de dresser le piége qui porte ce nom, et à l'aide duquel on prend des canards, des poules d'eau et d'autres oiseaux aqua-tiques. (Ch. D.)

GLANO (*Ichthyol.*), nom que l'on donne au glanis dans les environs de Constantinople. Voyez Silure. (H. C.)

GLANS. (*Conchyl.*) Belon, *Aquat.*, pag. 396, dit que les anciens donnoient ce nom à la coquille que l'on nomme vul-gairement aujourd'hui *arche de Noé ;* mais c'est évidemment à tort, Aristote et Pline n'ayant jamais entendu par là que les *balanes.*

C'est encore le nom spécifique d'une espèce de bulime, *bulimus glans*, Brug. (De B.)

GLANUS. (*Mamm.*), un des noms que les Grecs donnoient à l'hyène. Aristote l'emploie comme celui de *hyonah.* (F. C.)

GLAPHYRE, *Glaphyros.* (*Entom.*) M. Latreille a donné ce nom de genre à une division des hannetons, ou du genre Mélolonthe, qui ont les mandibules dentées et la lèvre supé-rieure saillante, tels que la mélolonthe maure et la serratule. Voyez Mélolonthe. (C. D.)

GLAREANA. (*Ornith.*) L'oiseau, ainsi nommé dans Aldro-vande et dans Gesner se rapporte à l'alouette spipolette, *alauda campestris*, Linn. (Ch. D.)

GLAREOLE. (*Ornith.*) Cet oiseau a reçu d'abord plusieurs

dénominations également impropres. Les uns en ont fait une hirondelle marine, à cause de sa queue fourchue, de la grande envergure de ses ailes coupées en pointes, et de la nature de son vol; les autres, une perdrix de mer, d'après quelque ressemblance dans la forme du bec et dans la gorge, qui présente une collerette. Kramer, qui en a vu un grand nombre dans de **vastes** prairies bordant un lac de la Basse-Autriche, et qui a vainement tenté de trouver une place convenable pour cette espèce dans un genre connu, lui a donné, dans son *Elenchus animalium Austriæ inferioris*, p. 381, le nom de *pratincola;* mais, comme elle fréquente plutôt les grèves ou rives sablonneuses de la mer que les bords vaseux des marais et des ruisseaux, ce nom a été changé en celui de *glareola*, et l'on en a formé un nouveau genre, dont voici les caractères : Bec court, robuste, sans échancrure, très-fendu; la mandibule supérieure convexe, un peu comprimée vers la pointe, et recourbée sur l'inférieure, qui est droite en dessous et plus courte; narines elliptiques et situées obliquement à la base du bec; cuisses à demi nues; tarse long, grêle, écussonné; l'extérieur des trois doigts de devant uni, par une courte membrane, à celui du milieu, qui est dentelé; pouce plus petit, mais posant à terre; ongles étroits et subulés; ailes très-longues, et la première rémige surpassant les autres; queue composée de douze pennes.

GLARÉOLE A COLLIER : *Glareola torquata*, Meyer, et *Hirundo pratinsola*, Linn., édit. 12; pl. enl. de Buffon, n.° 882. Cette espèce, dont la grosseur est celle de la grive draine, a neuf pouces trois lignes de longueur. Sa queue est fourchue, et ses ailes, lorsqu'elles sont pliées, l'excèdent de quatre lignes. La tête et les parties supérieures du corps sont d'un gris brun; l'espace entre l'œil et le bec est noir; la gorge et le devant du cou, d'un blanc roussâtre, sont encadrés dans un cercle noir qui se termine derrière l'œil; le bas du cou et la poitrine sont d'un gris teint de roux; le ventre et les plumes anales et uropygiales sont blancs; les pennes des ailes sont noires, et celles de la queue, blanches dans une partie de leur étendue, sont brunes à leur extrémité; son bec, rougeâtre à sa base, est noir dans le surplus; les pieds, qui, suivant Brisson, sont également rougeâtres, ont une couleur plombée, selon Kramer.

Cette espèce est sujette à des variations assez considérables dans le plumage, dont les teintes sont plus ou moins foncées ; dans la bande du cou, qui est tantôt d'un noir plus profond, tantôt accompagnée d'une petite ligne blanche, ou seulement indiquée par de petites taches noires. Chez les jeunes, on remarque, sur le dos, des ondes plus foncées et des bordures blanchâtres ; la gorge, plus terne, offre des taches brunes, qui se retrouvent également aux parties inférieures.

M. Temminck pense que les *glareola austriaea*, *nævia* et *senegalensis* de Gmelin, les perdrix de mer à collier, grise, brune, et la giarole de Buffon, édition de Sonnini, ainsi que les perdrix de mer des Maldives, de Coromandel et de Madras, de Sonnerat, Voy. aux Indes, tom. II, pag. 216, ne forment qu'une seule espèce, dont les différences sont dues à l'âge des individus, à l'époque de l'année à laquelle ils ont été tués, ou seulement à des causes accidentelles ; et les oiseaux riverains, notamment le combattant, présentent, en effet, tant de variations de cette nature, que l'opinion du naturaliste hollandois paroît fondée. Cependant M. Vieillot penche à regarder comme une espèce particulière la glaréole de Madras, d'un tiers plus petite que les autres.

Au reste, les glaréoles paroissent exister dans tout le nord de l'ancien monde ; elles ne sont que de passage dans quelques provinces de l'Allemagne, en France, en Suisse, en Italie. Elles volent en troupes, et en criant au bord des eaux. Les vers et les insectes aquatiques font leur nourriture. Leur propagation est peu connue ; mais on prétend qu'elles nichent à terre, et que leur ponte est de cinq à sept œufs.

On a trouvé dans l'Australasie une espèce dont la queue est carrée. C'est la glaréole isabelle, *glareola isabella*, Vieill., de la même taille que la nôtre, et dont tout le plumage a une nuance isabelle, quoiqu'il offre, sur les différentes parties du corps, les couleurs suivantes. Quelques teintes d'un gris pâle, qui se trouvent sur un fond blanc aux côtés de la gorge, au devant du cou, et sur le haut de la poitrine, semblent indiquer un collier, et l'aile se fait remarquer par l'extrême longueur de la première penne, qui est très-grêle et subulée à son extrémité. Le ventre, les couvertures de la queue, plusieurs de ses pennes latérales, et les bords de l'aile sont blancs ; les rémiges et les rectrices du centre sont noires ; les flancs sont d'un roux très-foncé. Les pieds et la base du bec sont rouges, le reste du bec est noir. L'oiseau, avant son état adulte, est revêtu de couleurs plus ternes, et présente sur tout le corps des taches de gris brun. (Ch. D.)

GLASSTEIN. (*Min.*) Voy. Axinite. (Brard.)

GLASTIVIDA. (*Bot.*) Suivant Pona et quelques auteurs anciens, ce nom est donné dans l'île de Crète à deux plantes épineuses fort différentes, qui sont le *verbascum spinosum* et l'*euphorbia spinosa*. (J.)

GLASTUM. (*Bot.*) La plante qui portoit anciennement ce nom est le pastel, *isatis*, qui est aussi nommé *guadum* dans les œuvres de Césalpin. On y trouve aussi la dentelaire, *plumbago*, sous le nom de *glastum sylvestre*. Le même nom est donné par Anguillara à une saponaire commune dans les blés, *saponaria vacaria*, dont Adanson et Mœnch font leur genre *Vaccaria*. Daléchamps mentionne encore un *glastum montanum*, qu'on ne peut rapporter à aucun genre connu. (J.)

GLATT-DICK. (*Ichthyol.*) Les Allemands donnent ce nom au grand esturgeon, *acipenser huso*, lorsqu'il manque d'écussons osseux sur le dos. Voyez à l'article Esturgeon. (H. C.)

GLATTLEIB, (*Ichthyol.*) nom allemand de l'Aspredb. Voyez ce mot. (H. C.)

GLAUBERITE. (*Min.*) Quoique ce minéral paroisse fort peu répandu dans la nature, il est du nombre de ceux qui fixent l'attention des minéralogistes, par quelques faits remarquables ou par quelques caractères tranchés.

Le glaubérite, dont nous devons la découverte à M. Duméril, et qui a été décrit et analysé par M. Brongniart, se présente sous la forme de cristaux rhomboïdaux déprimés qui rappellent ceux de l'axinite ; il est d'un blanc jaunâtre ou d'un jaune pâle ; sa cassure est vitreuse ; il est translucide, et raye la chaux sulfatée seulement.

Le glaubérite a la réfraction simple ; il s'électrise résineusement par le frottement quand il est isolé, ainsi que l'a observé M. Haüy : sa pesanteur spécifique est de 2,73. Il décrépite et se fendille sur les charbons ardens ; mais, chauffé graduellement au chalumeau, il s'y fond en un émail blanc : plongé dans l'eau, sa surface y devient laiteuse ; mais il ne se dissout qu'en partie, ce qui suffit toutefois pour changer son aspect et sa couleur extérieure. Sa poussière ne verdit point le sirop de violette; et enfin l'analyse a démontré que ce minéral est composé de chaux sulfatée anhydre, 49, et soude sulfatée anhydre, 51.

Jusqu'à présent l'on ne connoît qu'une seule variété de forme régulière, que M. Haüy a nommée *quaternaire*. C'est un prisme oblique à bases rhombes de 75°, 32′, et 104°, 28′, dont l'incidence sur les pans du prisme est de 142°, 14′; ce qui donne à ces cristaux l'aspect lenticulaire qui les fait reconnoitre au premier abord.

M. Brongniart considère ce minéral comme étant le premier exemple de la combinaison réelle de deux sels complets formant une espèce tranchée et suffisamment caractérisée par sa forme primitive prismatico-rhomboïdale.

M. Haüy, dans son Tableau comparatif, semble aussi partager cette opinion, en admettant, comme cela n'a rien d'impossible, que les molécules intégrantes du sulfate de soude anhydre, qui nous est encore inconnu, se sont arrangées avec celles du sulfate de chaux également anhydre, mais de manière à ce que les premières l'ont emporté sur les secondes, ont influencé pour ainsi dire la cristallisation, et l'ont forcée à produire un solide qui leur est entièrement subordonné. Quelques expériences cristallo-techniques de MM. Leblanc et Beudant viennent à l'appui de cette supposition. M. de Bournon seroit tenté de ne voir dans ce minéral qu'une combinaison triple entre l'acide sulfurique, la chaux et la soude. C'est aux chimistes à répandre du jour sur cette question, car la minéralogie semble avoir donné tous les éclaircissemens qui étoient de son ressort.

Le gisement du glaubérite ne pourroit-il point avoir aussi quelque part à la discussion? car, puisqu'il s'est trouvé engagé dans l'intérieur même du sel gemme à Oscagna dans la Nouvelle-Castille, et que le gypse est toujours associé au muriate de soude, comme on le sait parfaitement, il est au moins remarquable que les bases et l'acide de ce minéral étoient en présence, quoique séparés, et que l'on peut, sans forcer le raisonnement, concevoir sa formation par un jeu d'affinité que la solubilité des deux sels auroit facilité. En attendant, les minéralogistes ont toujours agi avec beaucoup de prudence en plaçant cette espèce à la suite des substances acidifères, et le nom qui lui a été donné est d'autant mieux choisi, qu'il rappelle avec adresse l'un de ses principes constituans, sans qu'on puisse y attacher trop d'importance. (BRARD.)

GLAUCE (*Bot.*), *Glaux*, Linn. Genre de plantes dicotylédones, de la famille des salicaires, Juss., et de la *pentandrie monogynie* de Linnæus, dont les principaux caractères sont d'avoir : Un calice monophylle, campanulé, coloré, à cinq découpures; point de corolle ; cinq étamines, à filamens attachés au réceptacle, portant des anthères arrondies ; un ovaire supérieur, surmonté d'un style simple et terminé par un stigmate en tête; une capsule globuleuse, à cinq valves, à une seule loge, contenant cinq graines ou plus, attachées à un placenta central et creusé d'alvéoles. Ce genre ne comprend qu'une seule espèce, qui croît en France et en Europe, sur les rivages de la mer ou sur les bords des marais salins.

GLAUCE MARITIME ; *Glaux maritima*, Linn., *Spec.*, 301. *Flor. Dan.*, tab. 548. Sa tige est rameuse dès sa base, longue de trois à six pouces, divisée en rameaux nombreux, étalés, glabres, garnis de feuilles petites, pour la plupart opposées, ovales-lancéolées, un peu charnues et glauques. Ses fleurs sont très-petites, couleur de chair, sessiles, et le plus souvent solitaires dans les aisselles des feuilles. (L. D.)

GLAUCIENNE ou GLAUCIER (*Bot.*); *Glaucium*, Tournef.; Juss. Genre de plantes dicotylédones, de la famille des papavéracées, Juss., et de la *polyandrie monogynie*, Linn., dont les principaux caractères sont les suivans : Calice de deux folioles ovales, concaves, caduques ; corolle de quatre pétales ovales-arrondis, planes, ouverts, caducs ; étamines nombreuses ; à filamens portant des anthères droites ; ovaire cylindrique, à stigmate sessile, bifide ou trifide ; capsule siliqueuse, linéaire, à deux loges polyspermes, s'ouvrant en deux ou trois valves.

Les glauciennes sont des plantes herbacées à feuilles alternes, plus ou moins découpées, et à fleurs solitaires, opposées aux feuilles ou terminales. On n'en connoît que trois espèces indigènes de l'Europe. Le genre *Glaucium*, d'abord établi par Tournefort, avoit été réuni par Linnæus aux *chelidonium*; mais M. de Jussieu l'en a de nouveau séparé.

Glaucienne jaune ou Glaucier jaune : vulgairement Chélidoine cornue, Pavot cornu ; *Glaucium luteum*, Smith, *Flor. Brit.*, 563 ; *Chelidonium glaucium*, Linn., *Spec.*, 724 ; *Flor., Dan.*, tab. 585. Sa racine, fusiforme, vivace, produit une tige cylindrique, lisse, simple inférieurement, rameuse dans sa partie supérieure, haute d'un pied à un pied et demi, d'une couleur glauque, ainsi que toute la plante. Ses feuilles radicales sont alongées, pinnatifides, dentées, pubescentes, rétrécies en pétiole à leur base ; les supérieures beaucoup plus courtes, presque glabres, simplement sinuées en leurs bords. Ses fleurs sont d'un beau jaune d'or, larges de deux pouces, solitaires sur de courts pédoncules, et opposées aux feuilles de la partie supérieure des tiges et des rameaux. Les capsules ont cinq à huit pouces de longueur. Cette plante croît dans les lieux sablonneux, en France, en Angleterre, en Allemagne et autres parties de l'Europe.

Le suc de la glaucienne jaune est âcre et caustique ; il étoit usité comme médicament chez les anciens ; mais il n'est plus employé aujourd'hui. On assure qu'il peut causer le délire et les convulsions. Dans quelques cantons, les gens de la campagne appliquent les feuilles de cette plante, broyées, sur les ulcères des chevaux.

Glaucienne écarlate : *Glaucium phœniceum*, Smith, *Flor. Brit.*, 564 ; *Chelidonium corniculatum*, Linn., *Spec.*, 724. Ses tiges sont rameuses, hautes d'un pied et plus, assez abondamment velues, ainsi que les feuilles qui sont pinnatifides, sessiles dans la partie inférieure de la plante, et amplexicaules vers son sommet. Les fleurs sont d'un rouge vif, avec une tache d'un violet foncé en leur onglet, moitié plus petites que dans l'espèce précédente. Ses fruits ont quatre à six pouces de long. Cette plante croît en France, en Allemagne, en Angleterre ; elle est annuelle.

Glaucienne violette : *Glaucium violaceum*, Smith, *Flor. Brit.*, 565 ; *Chelidonium hybridum*, Linn., *Spec.*, 724. Sa tige est rameuse, hérissée de quelques poils, haute de six à douze pouces. Ses feuilles, profondément découpées, deux ou trois fois pinnatifides, à divisions presque linéaires, sont pétiolées dans la partie inférieure et moyenne de la tige, sessiles dans la supérieure. Ses fleurs sont assez grandes, violettes, avec une tache noirâtre en l'onglet de leurs pétales. Les siliques ont deux à trois pouces de long , et elles s'ouvrent par trois valves. Cette espèce croît dans les champs, en France, en Angleterre, en Espagne ; elle est annuelle. (L. D.)

GLAUCION. (*Ornith.*) Le canard auquel Belon, pag. 166 , a appliqué ce nom et celui de *glaucus*, est un jeune garrot ; mais ces dénominations et celle de *glaucium* sont rapportées par divers naturalistes au morillon, *anas fuligula*, Linn. (Cʜ. D.)

GLAUCIUM. (*Bot.*) La plante citée sous ce nom par Dios-coride a, selon lui, les feuilles du pavot cornu, qui sont rem-plies d'un suc de couleur safranée. Il résulte de cette indica-tion , 1.° que cette plante ne peut être le *papaver corniculatum*, le *glaucium* des modernes, puisque c'est à lui que Dioscoride compare sa plante , et que d'ailleurs aucune espèce de ce *glau-cium* ne donne un suc coloré ; 2.° que la description s'applique exactement au pavot épineux , *argemone mexicana*, qui a des feuilles approchant de celles du pavot cornu et remplies d'un suc jaunâtre. Cependant on pourroit objecter, que si l'*argemone* est originaire du Mexique, il ne pouvoit pas être connu de Dioscoride. Mais il n'est pas certain que cette plante ne soit pas originaire de l'ancien monde. La chélidoine , qui donne un suc non safrané, mais jaune, ne peut être la plante en ques-tion, puisqu'en outre elle est citée ailleurs nommément par Dioscoride. Suivant C. Bauhin, quelques personnes ont cru que le glaucium ancien pouvoit être le lycopersicon de Galien, *solanum lycopersicon* de Linnæus ; mais cette opinion n'est qu'hasardée. (J.)

GLAUCOÏDES. (*Bot.*) La plante que Micheli nommoit ainsi à cause de ses rapports avec le *glaux*, avoit été regardée , par Vaillant et d'autres, comme congénère de ce dernier ; mais Linnæus l'a distinguée, avec raison, sous le nom de *peplis portula*. (J.)

GLAUCOPE. (*Ornith.*) L'oiseau de la Nouvelle-Zélande qui a d'abord été décrit par Forster et Latham sous le nom de *callæas*, et ensuite par Gmelin et par Illiger sous celui de *glaucopis*, a pour caractères génériques un bec épais, assez gros, dont la mandibule supérieure, voûtée, recouvre les bords de l'inférieure, laquelle est plus courte et porte à sa base

deux caroncules ou fanons charnus; des narines déprimées et à
demi couvertes par une membrane; la langue un peu cartilagineuse, tronquée et bifide à la pointe, dentelée et ciliée sur
ses bords; les tarses alongés, et les pieds écussonnés; quatre
doigts, dont le postérieur, presque égal à l'interne, a l'ongle
courbé et plus long que celui des doigts de devant; la queue
composée de douze pennes.

Le Glaucope cendré, *Glaucopis cinerea*, Gmel., ou, en anglois, *cinereous wittle-bird*, pl. 14 de Lath., *Synopsis*, tom. I.ᵉʳ,
pag. 264, est de la taille d'une pie, et a quatorze à quinze
pouces de longueur, depuis l'extrémité du bec jusqu'à celle
de la queue, qui est longue, étagée, et dont les ailes n'atteignent que l'origine. Il y a entre l'œil et le bec une tache noire,
et le reste du plumage est d'un cendré foncé et plus sombre
sur la tête. La double caroncule est bleue à sa base, et devient ensuite d'un jaune orangé. L'iris est d'un bleu éclatant;
le bec est fort noir, et les pieds sont noirâtres. Cet oiseau se
perche quelquefois sur les arbres; mais on le rencontre le
plus souvent sur la terre, où il cherche sa nourriture, qui
consiste en insectes, en vers et en baies: on prétend aussi
qu'il dévore des petits oiseaux, mais cela est peu probable.
Sa voix est une sorte de sifflement qu'un murmure assez
agréable accompagne quelquefois; sa chair est, dit-on, savoureuse et délicate. On n'a pas encore de détails sur ce qui concerne la propagation de cette espèce, qui, jusqu'à présent,
est la seule de son genre. (Cʜ. D.)

GLAUCOPIDE. (*Entom.*) Fabricius a formé, sous le nom
latin de *glaucopis*, lequel, emprunté du grec, signifie ayant les
yeux bleus d'azur ou verts, un genre d'insectes lépidoptères de
la famille des fusicornes qu'il a séparés des *zygènes*, parce que
leurs antennes sont disposées en double peigne dans les deux
sexes. Ils forment, avec les sphinx et les sésies le passage naturel aux familles des papillons nocturnes. Voyez Zʏɢèɴᴇ.
(C. D.)

GLAUCOS. (*Ichthyol.*) Aristote paroît avoir désigné un
squale par le nom grec de γλαυκος. Voyez Sǫᴜᴀʟᴇ. (H. C.)

GLAUCUS. (*Malacoz.*) Genre de mollusques établi, par
Poli, Test. des Deux-Siciles, pour les animaux des Lɪᴍᴇs et des
Aᴠɪᴄᴜʟᴇs proprement dites; il lui donne pour caractère: Un

siphon abdominal ; l'abdomen ovale , comprimé , sans pied ;
les branchies séparées, ouvertes ; le manteau bordé de cils,
sans oscules ni muscles rameux ; un seul muscle adducteur, gros
et central. (De B.)

GLAUCUS. (*Malacoz.*) Genre de mollusques établi par Forster, dans le 5e volume du Magasin de Voigt, pour un très-joli
mollusque observé depuis fort long-temps dans les mers des
pays chauds, et même dans la Méditerranée, par un assez grand
nombre de naturalistes, qui se sont plu, successivement, à en
donner des figures ou des descriptions plus ou moins exactes,
et cependant jamais d'une manière assez complète pour que
les zoologistes méthodiques aient pu le placer convenablement
dans le système. Ainsi, quoique M. Cuvier, qui ne l'avoit pas
vu, ait soupçonné avec raison qu'il devoit faire partie de son
ordre des gastropodes, M. Péron en faisoit un genre de celui
des ptéropodes, en supposant qu'il n'avoit pas de disque musculaire ou de pied pour ramper. M. Bosc, qui avoit eu occasion
de l'observer, mais, à ce qu'il paroît, d'une manière incomplète,
le confondit avec la scyllée pélasgique, qui en diffère beaucoup, comme il se plaît à l'avouer dans la seconde édition du
Nouveau Dictionnaire d'Histoire naturelle. Enfin, tous les naturalistes, jusqu'au Mémoire que j'ai publié sur l'ordre des
mollusques que j'ai nommés polybranches, ont décrit et figuré
cet animal sens dessus dessous, en ce que tous, jusqu'au mémoire précité, ont dit que les organes de la génération et l'anus
se terminoient dans un tubercule commun, situé à gauche,
terminaison qui, d'après mon observation, ne se trouve dans
aucune espèce de mollusques, à moins qu'elle ne soit ce qu'on
nomme gauche, c'est-à-dire, dans un état véritablement ano-
mal. C'est à l'amitié de M. le Sueur que je dois l'occasion de
décrire le glaucus d'une manière un peu plus complète qu'il
ne l'a été jusqu'ici, et de pouvoir ainsi rectifier quelques erreurs qui m'avoient toujours semblé de véritables anomalies.
En effet, la description que je vais en donner, montrera
que le glaucus a un véritable pied, et que la terminaison des
organes de la génération et du canal digestif est à droite.

Le corps de ce petit mollusque paroît susceptible de se
rétracter sur lui-même, beaucoup plus encore que celui des
autres mollusques que je connoisse, du moins, si j'en puis juger

d'après les figures qui le représentent; car, dans l'état de conservation dans l'alcool, le corps proprement dit, au lieu d'avoir un peu la figure d'un petit lézard, est seulement ovale, alongé, déprimé, obtus à son extrémité antérieure, comme tronqué et terminé en arrière par une sorte de pointe plate ou de queue, ce qui prouve que, dans l'état frais, la masse des viscères est bien loin de se prolonger dans cet appendice, à peu près comme dans les clios. Aussi, la peau qui recouvre le corps est beaucoup plus large que les viscères qui ne forment qu'une assez petite masse placée dans la partie antérieure. La face supérieure ou le dos de l'animal est large, bombée et lisse; du reste elle n'offre rien à remarquer, si ce n'est que c'est elle que tous les auteurs ont regardée jusqu'ici comme le ventre ou l'inférieure. Celle-ci, qu'au contraire ils nomment la supérieure, parce que l'animal nage ordinairement renversé, est un peu plus étroite. Dans toute son étendue règne un véritable pied de mollusque gastropode, c'est-à-dire, une saillie musculaire peu élevée, à stries transverses; plus large en avant et formant en arrière de la bouche comme deux espèces d'oreilles, il se rétrécit ensuite, puis, après un nouvel élargissement, il va toujours en diminuant jusqu'à l'extrémité de la queue qu'il compose presque entièrement. Cette partie, dans le vivant, d'après le récit des observateurs, est d'un bleu magnifique, bordé d'argent. Cette couleur sous forme d'un enduit épais, produit une espèce de pigmentum, et reste encore après la mort de l'animal, même long-temps après qu'il a été conservé dans l'esprit de vin. La tête, assez peu distincte, est séparée du reste du corps par un léger rétrécissement; de chaque côté, on y voit deux tentacules coniques, fort courts, rétractiles, et dont une paire est très-inférieure. De cette tête, qui semble former une sorte de prépuce, sort une bouche ou masse buccale en forme de trompe courte, large, dirigée obliquement, en bas et à la base de la fente verticale de laquelle est une langue cornée. Je n'ai pu apercevoir aucune trace d'yeux; mais un auteur ancien en fait mention, et je n'ai aucun doute sur leur existence. De chaque côté du corps se voient des appendices digités qui servent bien certainement à la natation, et très-probablement aussi à la respiration; ils sont rangés en groupes et d'une manière symétrique; mais le nombre des digitations qui

forment chaque paire d'appendices, n'est pas toujours le même
à droite qu'à gauche. Le nombre de ces paires d'appendices
paroît aussi un peu varier, puisque l'on trouve des auteurs qui
en figurent trois de chaque côté, tandis que dans l'individu que
j'ai examiné, il n'y en avoit que deux; on voyoit cependant à
la terminaison du corps proprement dit, une ou deux petites
digitations, indices d'une troisième paire. Quant à la nature
de ces appendices, les digitations sont tout-à-fait rondes,
coniques en forme de doigt, obtuses ou peu pointues à leur extrémité. Je n'ai pu apercevoir, même à la loupe, aucune strie
qui indiquât l'existence d'un tissu branchial a leur superficie.
En les coupant transversalement, on voit qu'elles sont formées
par une enveloppe cutanée, assez résistante, et que l'intérieur
est rempli par une substance comme charnue, dans l'axe de
laquelle m'a semblé être un canal pour le passage des vaisseaux; en sorte que, comme il est certain que ces organes
servent à la locomotion, je supposerois volontiers que le milieu
est musculaire, et que l'enveloppe sert de branchies qui ne
s'aperçoivent peut-être que dans l'état frais. Le canal central
serviroit alors au passage de l'artère et de la veine branchiale.

Dans les individus que j'ai observés, et qui avoient été conservés depuis assez long-temps dans l'esprit de vin, je ne me
suis pas aperçu que les groupes de digitations fussent portés
sur de longs pédicules, comme cela est représenté dans la
plupart des figures du glaucus; cependant le corps étoit un
peu renflé dans l'endroit de leur origine.

Enfin, on trouve au côté droit de l'animal ainsi observé,
et un peu à la face inférieure, un tubercule assez saillant. A
la partie antérieure et droite de sa racine, est un orifice pour
les organes de la génération, et l'ouverture du tubercule même,
dirigé en arrière, est probablement la terminaison du canal
digestif.

Quoique je n'aie pu faire qu'assez incomplètement l'anatomie
d'un si petit animal, je vais rapporter ce que j'ai vu, d'autant
plus que personne encore ne l'a tentée.

Quand on a enlevé la peau de la partie supérieure du corps,
ce qu'il est très-aisé de faire sans rien endommager d'essentiel,
on trouve deux poches ou cavités bien distinctes, séparées par
une cloison presqu'aussi épaisse que la peau: l'une postérieure,

beaucoup plus grande, se porte tranversalement de la racine de chaque groupe d'appendices à l'autre, dans laquelle elle pénètre évidemment, mais sans que la cavité des appendices eux-mêmes y communique. Cette grande cavité est remplie par une masse de même forme qu'il est aisé de voir être formée par les viscères de la digestion, entortillées d'une manière fort serrée. Dans l'autre cavité, qui est antérieure, sont les principaux organes de la circulation et ceux de la génération.

Les organes de la digestion ou de la première cavité sont une masse buccale fort considérable, ayant des muscles antero et postero-tracteurs, comme dans presque tous les mollusques céphalophores, et qui est formée en grande partie de fibres transverses ou propres.

L'œsophage qui en part est fort court.

Les glandes salivaires m'ont paru être contournées à la partie postérieure de la masse buccale.

Quant au reste de l'appareil digestif, il m'a été assez difficile de séparer le foie, du canal intestinal proprement dit, avec lequel il forme une masse ovale transversalement : cependant l'estomac est membraneux ; il est contenu dans le foie qui l'entoure de toutes parts. Le canal intestinal en sort, forme une circonvolution dans la partie postérieure du foie, et se dirige ensuite vers l'anus.

Dans la cavité postérieure, on trouve d'abord un petit organe à peu près lenticulaire, situé dans la ligne médiane, et de chaque côté duquel part un vaisseau qui se porte à droite et à gauche. Parvenu dans l'intervalle qui sépare les deux paires d'appendices, il m'a paru se renfler et se terminer dans une sorte de cœur latéral qui reçoit probablement la veine branchiale ; ainsi ce seroit une oreillette. De la partie antérieure du cœur part un gros vaisseau qui est l'aorte antérieure. Je n'ai pas vu la postérieure.

En arrière de ce cœur et remplissant toute la partie postérieure du corps, étoit un organe d'un blanc-jaunâtre, granuleux, conique, la base en avant, la pointe en arrière : c'est l'ovaire. De sa partie antérieure naît un oviducte extrêmement court qui se porte vers les testicules. Celui-ci est un organe en forme de disque plissé concentriquement : on en voit sortir un assez gros canal qui s'accole bientôt à un autre beaucoup plus gros, d'un brun presque noir, qui est le canal intestinal ; le premier se termine ensuite à la racine de la verge. Celle-ci, qui m'a paru assez grosse, étoit entièrement à l'intérieur, formant une sorte d'anneau alongé.

D'après la description externe et interne que je viens de donner du glaucus, on voit qu'il rentre tout-à-fait dans la forme générale et dans la même disposition de parties que l'on trouve dans tous les mollusques, et spécialement dans les mollusques polybranches. On ne peut cependant cacher qu'il offre quelques rapports avec les ptérobranches ; aussi, dans ma classification des mollusques, est-il placé au commencement de l'ordre des polybranches.

On sait assez peu de chose sur les mœurs et les habitudes du glaucus ; nous apprenons seulement, de Dupont et des autres observateurs, qu'il ne se trouve que dans la haute mer à une grande distance des côtes, et que souvent il se tient à la surface de l'eau, où il nage renversé comme les planorbes, les lymnées et beaucoup d'autres mollusques, en rampant à l'aide de son petit pied ; en effet André Dupont dit que la ligne moyenne de ce qu'il nomme dos, et qui est le ventre, paroissoit comme une feuille d'argent, et étoit dans un mouvement continuel d'ondulation. Ce petit animal, d'un peu plus d'un pouce de long, à cause de sa belle couleur bleue, argentée sous le pied et à l'extrémité des digitations, et surtout de sa forme, paroît être de la plus grande élégance quand il nage dans un temps calme à la surface de la mer. Le nom qu'on lui a donné vient de sa couleur.

Quelques personnes paroissent penser qu'il y a plusieurs espèces de glaucus, et elles se fondent sur ce que le nombre des appendices, et surtout de leurs digitations, diffère ; mais, à ce que m'a dit M. le Sueur, les variations dans le nombre de ces dernières sont extrêmement considérables, au point que rarement deux individus sont entièrement semblables sous ce rapport. C'étoit donc bien à tort que M. Péron se proposoit, dans la Relation du Voyage aux Terres australes, de faire un genre particulier, sous le nom d'*eucharis*, d'un individu auquel il avoit trouvé trois paires bien distinctes d'appendices. (De B.)

GLAUMET. (*Ornith.*) On connoît sous ce nom, dans le département de la Seine-Inférieure, le pinson commun, *frin-gilla cœlebs*. (Ch. **D.**)

GLAUQUE (*Ichthyol.*), nom spécifique d'un Squale et d'un Caranx. Voyez ces mots. (H. C.)

GLAUQUE. (*Bot.*) Couvert d'une matière pulvérulente couleur vert de mer. Le *chlora perfoliata*, la fumeterre officinale, le *chelidonium glaucum*, etc.; la tige du *cucubalus behen*; les feuilles du chou commun, etc., en offrent des exemples. (Mass.)

GLAUSCHE (*Ichthyol.*), nom du chabot en Esclavonie. Voyez Cotte. (H. C.)

GLAUX. (*Ornith.*) Aristote, *Hist. anim.*, lib. 8, cap. 16, désigne sous ce nom le chat-huant, *strix aluco* et *stridula*, Linn. (Ch. D)

GLAUX. (*Bot.*) Dioscoride donnoit ce nom, suivant Clusius, à la plante qui est maintenant l'*astragalus glaux*. Gesner le donnoit au sainfoin, *onobrychis* : Lobel, à une plante dont C. Bauhin fait un *glycyrrhiza;* Anguillara, à une espèce de *lotus;* Morison, à l'*isuardia* : il est resté à la plante nommée par C. Bauhin , *glaux maritima*. Une autre espèce, qui lui étoit jointe par Tournefort, constitue maintenant le genre *Peplis* (J.)

GLAYCOS (*Ichthyol.*), nom spécifique d'un centronote. (H.C.)

GLAYET. (*Bot.*) Voyez Glayeul. (L. **D.**)

GLAYEUL (*Bot.*), *Gladiolus*, Linn. Genre de plantes monocotylédones, de la famille des iridées de Jussieu, et de la *triandrie-monogynie* de Linnæus, offrant pour caractères essentiels : Une corolle monopétale, infondibuliforme, à limbe irrégulier, profondément découpé en six divisions, dont trois supérieures, souvent conniventes, et trois inférieures, ouvertes ou réfléchies en dehors; trois étamines à filamens insérés sur le tube de la corolle, portant des anthères linéaires, cachées sous les trois divisions supérieures de la corolle; un ovaire inférieur, surmonté d'un style, terminé par un stigmate trifide; une capsule à trois valves et à trois loges, contenant chacune plusieurs graines arrondies, enveloppées d'une arille, ou munies d'une membrane en leurs bords.

Les glayeuls sont des plantes herbacées, vivaces, à racines bulbeuses, à feuilles ensiformes ou linéaires, alternes, communément engaînantes à leur base, et à fleurs enveloppées chacune avant leur épanouissement dans une spathe, et disposées le plus souvent en grappe ou en épi terminal, d'un aspect agréable. Ce genre, dont Linnæus ne connoissoit que dix espèces en 1762, s'est considérablement accru depuis, et celles qui lui ont été réunies en ont porté le nombre à une centaine, qui toutes, excepté deux ou trois, ont été trouvées au cap de Bonne-Espérance : mais plusieurs de ces nouvelles espèces, n'ayant pas les caractères aussi bien prononcés que les premières connues, ont détruit les limites déjà assez imparfaites qui existoient entre ce genre, les *Antholyza* et les *Ixia*. Les botanistes modernes ont cherché à remédier à cet inconvénient en créant plusieurs genres intermédiaires : ainsi ont été formés par MM. de Lamarck, de Jussieu, Decandolle, etc. les genres *Babiana*, *Diasia*, *Lemoinia*, *Merianella*, *Monbretia*, *Lapeyrousia* et *Watsonia*. La nature de ce Dictionnaire ne nous permettant pas d'entrer dans de plus grands détails à ce sujet, nous ne parlerons ici que des glayeuls les plus remarquables, et qui sont le plus fréquemment cultivés dans les jardins.

Glayeul commun : *Gladiolus communis*, Linn., *Spec.*, 52; Bull., Herb., t. 8. Sa tige est haute d'un à deux pieds, simple, garnie de feuilles ensiformes, glabres, nerveuses, et terminée par un épi de six à douze fleurs purpurines, alternes, sessiles, ordinairement tournées du même côté; leurs corolles sont horizontales, à tube court et courbé. Cette plante est commune dans les champs du midi de la France et de l'Europe. On la cultive dans les jardins à cause de la beauté de ses fleurs, qui paroissent en avril et mai dans les contrées méridionales, et en juin dans celles du Nord. On recommandoit autrefois ses bulbes pilées et appliquées en cataplasme pour guérir les écrouelles. Ce moyen insuffisant n'est plus en usage maintenant. Ces mêmes bulbes sont recherchées par les cochons, qui les mangent. Râpées dans l'eau, elles donnent une fécule analogue à celle de la pomme-de-terre, et qu'on pourroit de même employer comme aliment; mais le peu de volume de ces tubercules, et la petite quantité de fécule qu'ils pourroient produire font qu'ils n'offriront jamais qu'une bien foible ressource pour la nourriture de l'homme.

Glayeul velu ; *Gladiolus hirsutus*, Jacq., *Icon. rar.*, 2, t. 250.

Sa tige est foible, glabre. haute de douze à quinze pouces, garnie de feuilles ensiformes, pubescentes, à gaines velues. Ses fleurs sont roses, campanulées, alternes, en petit nombre ; elles ont les divisions de leur corolle ovales, un peu ondulées. Cette espèce est originaire du cap de Bonne-Espérance.

GLAYEUL CHANGEANT ; *Gladiolus versicolor*, Andrew , *Bot. Rep.*, t. 19. Ses feuilles sont linéaires ; ses fleurs sont grandes, remarquables par les nuances variées qu'elles prennent à différentes heures du jour : brunes le matin, elles changent insensiblement de couleur dans le cours de la journée, de manière qu'à sa fin elles deviennent d'un bleu d'éclair. Cette plante est originaire du cap de Bonne-Espérance.

GLAYEUL MUCRONÉ ; *Gladiolus mucronatus*, Jacq., *Icon. rar.*, 2, t. 253. Sa tige est simple ou rameuse, glabre, un peu flexueuse, garnie de feuilles ensiformes, plissées, velues, terminées à leur base par des gaines longues, presque en forme de pétiole. Les fleurs sont grandes, enveloppées avant leur épanouissement dans des spathes à trois valves lancéolées et velues ; les trois divisions supérieures de la corolle sont d'un pourpre violet, et les inférieures jaunâtres. Ce glayeul croît naturellement au cap de Bonne-Espérance.

GLAYEUL MULTIFLORE ; *Gladiolus floribundus*, Jacq., *Icon. rar.*, 2, t. 254. Sa tige est flexueuse, garnie de feuilles ensiformes, glabres et terminées par un épi de fleurs sessiles, distantes, nombreuses, longues de trois pouces, d'un jaune pâle, avec une ligne purpurine sur chacune des divisions de leur corolle. Leur spathe est à deux valves. Cette espèce a été trouvée au cap de Bonne-Espérance.

GLAYEUL CARDINAL ; *Gladiolus cardinalis*, Curt., *Bot. Mag.*, t. 135. Sa tige est haute de deux à trois pieds, garnie de feuilles ensiformes, glabres, striées, lâches, un peu glauques ; elle se termine par un épi de fleurs distantes, grandes, d'un rouge éclatant, ayant trois de leurs divisions marquées à leur base d'une large tache blanche. Chacune de ces fleurs est munie à sa base d'une spathe à deux valves. Cette espèce, qui est une des plus belles de ce genre, est, comme les quatre précédentes, originaire du cap de Bonne-Espérance.

Le glayeul commun est très-rustique ; on le cultive dans les jardins en pleine terre : mais les espèces exotiques sont plus délicates ; on ne peut les conserver qu'en pot, et en les rentrant dans l'orangerie pendant la saison froide ; ou, si on les met en pleine terre, il faut que ce soit dans du terreau de bruyère, sous une bache que l'on abrite de la gelée par une large couche de litière sèche mise tout autour, et par des châssis vitrés que l'on ajuste dessus, pour les fermer chaque nuit, ou même le jour quand il gèle, et si le froid devient trop fort, on met encore par dessus quelques paillassons. Les glayeuls se multiplient facilement par les caïeux qu'ils produisent en général abondamment ; on peut aussi les obtenir de graines ; mais les jeunes bulbes de semis ne fleurissent guère que la cinquième ou sixième année, ce qui fait qu'on emploie rarement ce moyen de multiplication. (L. D.)

GLAYEUL, *Gladiolus*. (*Bot.*) Ce nom, affecté particulièrement à un genre de la famille des iridées, a été aussi donné à d'autres plantes. Ainsi le glayeul puant est l'*iris fœtidissima* ; le glayeul jaune ou des marais est l'*iris pseudoacorus* ; le glayeul bleu est l'*iris germanica* ; le glayeul fleuri de Breynius est l'*antholyza*. Des plantes d'autres familles ont aussi reçu ce nom. Le *butomus* et le *sparganinca* sont nommés *gladiolus palustris*, par Tragus et Tabernæmontanus. Le *lobelia dortmanna* étoit le *gladiolus stagnalis* de Clusius. Le *pontedevia* est le *gladiolus lacustris* de Petiver, et le *basilius canna* est le *gladiolus indicus* de Camerarius. (J.)

GLE. (*Bot.*) Dans quelques cantons on donne ce nom à l'iris d'Allemagne. (L. D.)

GLEAD (*Ornith.*), nom anglois du milan, *falco milvus*, Linn., qu'on appelle aussi *kite* et *glente*. (Cн. D.)

GLÈBE, *Gleba*. (*Arachnod.*) Bruguières se proposoit d'établir sous ce nom un petit genre d'animaux probablement de la famille des méduses, du moins si l'on peut en juger d'après la planche 89 des Vers de l'Encyclopédie méthodique, dont le texte n'a pas été publié ; mais nous n'en connoissons que la figure. (Dᴇ B.)

GLECHON, GLICHON (*Bot.*), noms sous lesquels Dioscoride désigne le pouliot, *mentha pulegium*, qui, suivant Ruellius, a été aussi nommé *galeopsis* par quelques auteurs. (J.)

GLÉCOME, *Glechoma*, Linn. (*Bot.*) Genre de plantes dicotylédones, de la famille des labiées, Juss., et de la *didynamie gymnospermie* de Linnæus, qui offre les caractères suivans : Calice monophylle, tubulé, strié, à cinq dents inégales ; corolle monopétale, une ou plusieurs fois plus longue que le calice, à limbe partagé en deux lèvres dont la supérieure bifide, et l'inférieure à trois lobes dont le moyen est plus grand et échancré ; quatre étamines didynames, ayant leurs anthères rapprochées deux à deux en forme de croix, et placées sous la lèvre supérieure ; un ovaire supérieur à quatre lobes, surmonté d'un style filiforme, à stigmate bifide ; quatre graines nues, au fond du calice persistant.

Les glécomes sont des herbes à tiges rampantes, garnies de feuilles opposées, pétiolées, et à fleurs axillaires. On n'en connoît que deux espèces.

Glécome hédéracé : vulgairement Lierre terrestre, Herbe de la Saint-Jean, Rondotte, Terrette ; *Glechoma hederacea*, Linn., *Spec.*, 807 ; Bull., Herb., t. 241. Sa racine est vivace ; elle produit plusieurs tiges grêles, quadrangulaires, divisées en rameaux opposés, redressés, hauts de quatre à six pouces, garnis de feuilles réniformes ou en cœur, crénelées. Ses fleurs sont purpurines ou bleuâtres, disposées une à trois ensemble dans les aisselles des feuilles supérieures. Cette plante est commune dans les bois ; elle fleurit en mai et juin.

Le lierre terrestre a une odeur aromatique et une saveur amère ; il est un peu tonique, et légèrement excitant. C'est principalement comme pectoral qu'il a été préconisé, et on l'emploie beaucoup sous ce rapport ; mais il ne faut en faire usage qu'à la fin des maladies aiguës de la poitrine, lorsque la période inflammatoire est passée : il convient aussi dans les affections catarrhales chroniques. On l'emploie à la dose d'une ou deux pincées dans une pinte d'eau, et en infusion théiforme.

Glécome a grandes fleurs ; *Glechoma grandiflora*, Decand., Fl. Fr., 3, p. 538. Sa tige est hérissée de poils, divisée dès sa base en rameaux grêles, redressés, longs de quatre à six pouces, garnis de feuilles ovales en cœur, crénelées, pubescentes. Ses fleurs sont portées sur de courts pédoncules et solitaires dans les aisselles des feuilles supérieures ; leur corolle est blanche, trois fois plus grande que le calice. Cette espèce a été trouvée en Corse. (L. D.)

GLEDITSIA. (*Bot.*) Voyez Février. (Poir.)

GLEICHEINIA. (*Bot. Fougères.*) Ce genre, établi par Smith, et adopté par Swartz, Bernhardi et Willdenow, est ainsi caractérisé : Fructification formée par des capsules réunies en manière d'étoile, trois ou quatre ensemble, et formant des paquets ou sores, presque ronds, à moitié enfoncés dans des creux hémisphériques, situés à la surface inférieure de la fronde ; capsules nues, c'est-à-dire, non recouvertes par un tégument ou *indusium*, s'ouvrant par une fente longitudinale, uniloculaires, remplies de séminules arrondies. Ce genre est absolument voisin de celui que Willdenow et Swartz nomment *mertensia*, qui est le *dicranopteris* de Bernhardi. Il n'en différoit, selon Willdenow, que par ses capsules bivalves, striées transversalement au sommet. Robert Brown ne fait aucune difficulté de joindre ces deux genres ; cependant il fait remarquer que le *dicranopteris* diffère par ses capsules en nombre indéterminé dans chaque groupe ou sore, nombreuses, presque pédicellées, et par la nudité des divisions inférieures des stipes.

On ne compte qu'un très-petit nombre d'espèces de *gleicheinia*. Willdenow en décrit trois, et R. Brown huit, dont six nouvelles ; les deux autres sont une des trois de Willdenow, et le *mertensia dichotoma* du même auteur. Ne considérant dans cet article que le genre *Gleichenia* de Smith, nous signalerons seulement les trois espèces qui le composent. (Voyez pour de plus grands développemens, l'article MERTENSIA.)

GLEICHEINIA POLYPODIOIDES ; *Gleichenia polypodioides*, Swartz, Willd., *Sp.*, pl. 5, p. 70. Fronde dichotome, à rameaux, deux fois pinnatifide, dernières découpures, et rachis glabre ; trois capsules dans chaque sore. Cette fougère, qui ressemble au polypode, croît au cap de Bonne-Espérance : c'est l'*onoclea polypodioides* de Linnæus, qui lui attribue des capsules trivalves, opinion adoptée par Bernhardi ; mais ce sont trois capsules seulement très-rapprochées.

GLEICHEINIA GLAUQUE ; *Gleichenia glauca*, Sw., Willd. Cette espèce est deux fois plus grande que la précédente ; à rachis glabre, à fronde dichotome, à rameaux rapprochés et à pennules glauques en dessous. Son pays natal n'est pas connu.

GLEICHEINIA ARRONDIE : *Gleicheinia circinata*, Sw., Willd., Rob. Brown, *Pr. Nov. Holl.*, 1, p. 60. Ses frondes sont pu-

bescentes en dessous, ses rachis velus, et ses capsules quater-
nées ; du reste elle est dichotome, et deux fois ailée, comme
les précédentes. (Lem.)

GLEITERON. (*Bot.*) Voy. Glouteron. (J.)

GLETTERON (*Bot.*), nom vulgaire de la lampourde glouteron. (L. D.)

GLIB (*Ornith.*), nom norwégien de l'huîtrier, *hœmatopus
ostralegus*, Linn. (Ch. D.)

GLIDA (*Ornith.*), nom qui, suivant Charleton, est donné
par les Anglo-Saxons au milan noir, *falco ater*, Gmel., et *milvus
œtolius*, Savig. (Ch. D.)

GLIERO (*Mamm.*), un des noms italiens du loir. (F. C.)

GLIMMER. (*Min.*) C'est le nom allemand du *mica*, qui a
été donné par erreur à l'urane oxidé vert, que sa contexture
feuilletée avoit fait regarder comme étant un mica coloré par
du muriate de cuivre. Voyez Mica, Urane. (Brard.)

GLINOLE, *Glinus*. (*Bot.*) Genre de plantes dicotylédones,
à fleurs complètes, polypétalées, régulières, de la famille
des ficoïdes, de la *dodécandrie pentagynie* de Linnæus, offrant
pour caractère essentiel : Un calice à cinq divisions conniventes, persistantes, colorées en dehors, inégales; cinq pétales
divisés à leur sommet ; douze à quinze étamines ; un ovaire
supérieur, pentagone, chargé de cinq styles et d'autant de
stigmates simples: une capsule recouverte par le calice, à cinq
loges, à cinq valves; des semences petites, tuberculées, attachées à un placenta central.

Ce genre comprend des plantes herbacées, rampantes, à
rameaux alternes; les feuilles simples, alternes, presque opposées ; les fleurs réunies en paquets axillaires.

Glinole lotoide : *Glinus lotoides*, Linn.; Burm., *Ind.*, tab. 36,
fig. 1 ; Lamk., *Ill. gen.*, tab. 413, fig. 2 : *Portulaca bœtica*, etc.,
Barrel., *Icon.*, 336; *Anthyllis seu Alsine*, etc., Pluk., tab. 12,
fig. 3 ; *Alsine lotoides*, Bosc, *Sic.*, 21, tab. 11. Plante herbacée qui a le port du trianthème, hérissée de poils courts sur
toutes ses parties ; de couleur cendrée ; dont les tiges sont
longues d'environ un pied, rameuses, tombantes ou étalées
su r la terre, dichotomes à leur sommet, garnies de feuilles
inégales, presque verticillées au nombre de trois à cinq,
ovales, ou presque orbiculaires, un peu acuminées à leur

sommet, rétrécies en coin à leur base, entières, légèrement ondulées à leurs bords. Les fleurs sont agglomérées dans les aisselles des feuilles, les unes sessiles, d'autres pédicellées, de longueur inégale : le calice se divise en cinq découpures profondes, elliptiques, verdâtres en dehors ; les deux intérieures blanches, en forme de pétales. La corolle est composée de dix à douze pétales blancs, filiformes, quelquefois simples, plus souvent à deux ou trois divisions au sommet ; les étamines, au nombre de quinze à seize, plus courtes que le calice, insérées sur un disque hypogyne ; les filamens planes, subulés ; les anthéres petites, oblongues, à deux loges distinctes; un ovaire supérieur, velu, à cinq côtes; les styles courts. Le fruit est une capsule pentagone, recouverte par le calice, à cinq valves, à cinq loges polyspermes : les semences sont petites, nombreuses, presque réniformes, brunes, entourées d'un cordon ombilical sétacé, attachées à un réceptacle cylindrique et central.

Cette plante croît en Sicile, en Egypte, dans la Barbarie et l'Espagne. On la cultive au Jardin du Roi. On la sème en place au printemps ; la plus mauvaise terre est pour elle la meilleure : elle ne demande d'autre culture que des sarclages et quelques arrosemens pendant les chaleurs de l'été. Comme elle s'étale beaucoup sur terre, il faut la semer clair, et enlever successivement plusieurs pieds pour donner de la place aux autres.

Glinole a feuilles rondes : *Glinus dictamnoides*, Linn., *Mant.*; Lamk., *Ill. gen.*, tab. 403, pag. 1 ; *Alsine lotoides*, etc., Pluk., *Amalth.*, 10, tab. 356. Espèce originaire de l'Egypte, où elle a été découverte par Lippi, et qui croît également dans l'Inde ; elle ressemble beaucoup par son port à l'espèce précédente , mais elle en est distinguée par la forme de ses feuilles plus arrondies, nullement acuminées. Ses tiges sont longues d'un pied, velues, fort rameuses, étalées ; les rameaux blancs, alternes, garnis de feuilles pétiolées, opposées, orbiculaires ou ovales-arrondies, d'un vert blanchâtre, couvertes de poils courts, un peu âpres au toucher; les plus jeunes presque cotonneuses ; les poils fasciculés ou en étoile. Les fleurs sont disposées en paquets axillaires; les calices abondamment chargés de poils blancs.

GLINOLE SÉTIFLORE : *Glinus setiflorus*, Forsk., *Ægypt.*, pag. 95, n.° 97; Vahl, *Symb.*, 3, pag. 64. Plante recueillie dans l'Arabie, aux lieux autrefois inondés, dont les tiges sont diffuses-ascendantes, rudes, velues, articulées, enflées aux articulations, garnies aux nœuds de feuilles verticillées, presque orbiculaires, ondulées sur leurs bords, longuement pétiolées. Les fleurs sont presque sessiles, agglomérées en paquets axillaires; les trois folioles extérieures du calice grandes, vertes, planes, ovales, velues; les deux intérieures plus petites, opposées, lisses, jaunâtres, plissées en deux; la corolle jaune; les pétales nombreux, linéaires, divisés, à leur sommet, en trois ou quatre filets sétacés de la longueur de la corolle; l'ovaire ovale, chargé de cinq styles divergens et d'autant de stigmates aigus. Le fruit consiste en une capsule globuleuse, à cinq sillons, à une loge, contenant un grand nombre de semences noires et luisantes, attachées à un placenta filiforme, contourné.

Le *glinus cristallinus* de Forskal, est la même plante que l'*aizoon canariense* de Linnæus. Peut-être faudroit-il réunir au même genre le MILTUS de Loureiro. Voyez ce mot. (POIR.)

GLINON, GLAINOS (*Bot.*), noms donnés par quelques auteurs, suivant Daléchamps, à l'érable ordinaire, *acer campestre*. (J.)

GLINUS. (*Bot.*) Voyez GLINOLE. (POIR.)

GLIS (*Mamm.*), nom latin du LOIR. Voyez ce mot. (F. C.)

GLOBBÉE, *Globba*. (*Bot.*) Genre de plantes monocotylédones, à fleurs monopétales, de la famille des amomées, de la *diandrie monogynie* de Linnæus, dont le caractère essentiel consiste dans un calice supérieur, court, persistant, d'une seule pièce, divisé en trois lobes à son sommet; une corolle (calice intérieur, Juss.), tubulée, divisée à son bord en trois lobes égaux; deux étamines; les filamens courts, filiformes; les anthères attachées dans toute leur longueur sur les filamens; un ovaire inférieur, chargé d'un style sétacé et d'un stigmate aigu. Le fruit consiste en une capsule arrondie, couronnée, à trois valves, à trois loges, contenant plusieurs semences.

La plupart des espèces qui entrent dans la composition de ce genre ne sont encore que très-médiocrement connues, d'où résultent quelques doutes sur leur détermination précise. Ce sont des plantes herbacées, originaires des Indes orientales, à feuilles simples, alternes; les fleurs disposées en épi latéral ou terminal.

Les globbées, dit M. Bosc, dont deux espèces se cultivent dans nos jardins, savoir, le *globba nutans*, Linn., et le *globba erecta*, Decand., sont de très-belles espèces, surtout la première, remarquable par ses feuilles très-grandes et par ses fleurs nombreuses. Toutes demandent la même culture, savoir, une terre consistante, mais légère, c'est-à-dire un mélange de terre franche et de terre de bruyère, mise dans des pots destinés à recevoir des pieds de globbées. En automne on enlève à cette plante les rejetons qui poussent ordinairement en abondance de ses racines, pour les mettre dans ces pots. La plus petite quantité de chevelus suffit pour en assurer la reprise, au moyen des arrosemens et de la chaleur d'une serre ou d'une couche, encore mieux d'une bache. Tous les ans, à la même époque, les gros pieds qui ne fleurissent pas doivent être changés de pots, pour leur donner plus d'espace et de la nouvelle terre : il est même nécessaire de faire également cette opération au printemps, pour les pieds qui annoncent devoir porter des fleurs; mais alors il faut y procéder avec de grands ménagemens, sans quoi on arrêteroit la floraison. Il ne faut jamais couper les racines, quelque surabondantes qu'elles puissent être, mais les placer dans un plus grand pot, après avoir redressé celles qui sont courbées. Ces plantes fleurissent en été, et veulent alors être renfermées dans les serres ; mais les pieds qui ne fleurissent pas peuvent avec avantage être mis en plein air, à une exposition chaude : ils doivent être arrosés fréquemment dans cette saison, mais non en hiver.

GLOBBÉE PENDANTE : *Globba nutans*, Linn., *Mant.*; Redouté, *Lil.*, tab. 60; Rumph, *Amb.*, 6, pag. 140, tab. 62 et 63; *Alpinia nutans*, Smith, *Exot.*, tab. 106 ; *Renealmia nutans*, Andr., *Bot. Rep.*, tab. 360 ; *Catimbium*, Juss., *Gen.*; *Zerumbet speciosum*, Wendl., *Sert. Han.*, tab. 19. Très-belle plante, qui exhale de toutes ses parties une odeur agréable ; elle croît aux Moluques et dans les Indes orientales. Ses racines sont un assemblage de tubercules très-irréguliers, adhérens entre eux, blancs en dedans, charnus, d'environ un pouce d'épaisseur, poussant inférieurement de grosses fibres alongées, horizontales, cylindriques, d'où s'élève une tige droite, glabre, cylindrique haute, de cinq à six pieds et plus, garnie de feuilles alternes, vaginales et médiocrement rétrécies en pétioles à leur base, lancéolées, presque ensiformes, longùes d'environ deux pieds, larges de quatre à six pouces, très-entières, acuminées à leur sommet, striées, munies à leurs bords de poils roides, très-courts et un peu accrochans, pourvues à leur base d'une longue gaîne cylindrique. Les fleurs sont disposées, à l'extrémité de la tige, en une grappe épaisse, inclinée, longue de six à neuf pouces, sortant d'une spathe brune, alongée, à deux ou trois valves, presque semblables aux feuilles, mais plus petites, enveloppant la grappe avant son épanouissement, en forme de cône, puis caduques. Les pedicelles sont courts, cylindriques, hérissés de poils très-courts, à une, rarement à plusieurs fleurs, munis d'une bractée très-caduque, blanchâtre, rouge à son sommet : les fleurs blanchâtres, teintes de rouge à la partie supérieure ; la corolle un peu courbée, une de ces divisions en forme d'appendice en cornet, large, évasé, jaune en dehors, d'un jaune orangé en dedans, rayé de lignes d'un très-beau rouge; un filament plane, marqué d'un sillon profond, offrant l'apparence de deux filamens connivens, terminés par deux anthères ; l'ovaire velu ; le style placé dans le sillon des filamens, dépassant les anthères, terminé par un stigmate orbiculaire, obtus, hérissé. Le fruit est une capsule ovale, à trois loges polyspermes. Cette belle plante est cultivée au Jardin du Roi ; on la conserve pendant l'hiver dans la serre tempérée; elle fleurit très-bien en plein air au mois de juillet. L'espèce d'appendice qu'offre la corolle dans cette plante, et quelques autres particularités ont déterminé plusieurs auteurs à la séparer des *globba* pour en former un genre particulier.

GLOBBÉE DROITE : *Globba marantina*, Linn., *Mant.*, 170. Cette espèce offre dans son port, et particulièrement dans ses feuilles, le port du galanga. Ses tiges sont simples, herbacées ; ses feuilles alternes, pétiolées, ayant leur pétiole engaîné et membraneux; les gaînes tronquées à leur sommet. Les tiges supportent à leur sommet un bel épi, droit, alongé, composé de fleurs distantes les unes des autres, enveloppées chacune d'une bractée ovale, plus longue que la fleur. Le calice est divisé en trois lobes à son limbe; la corolle monopétale, cylindrique, plus longue que le calice, à trois découpures égales. Cette plante croît dans les Indes orientales. Faut-il y rapporter le *globba erecta* de Redouté, vol. 1, tab. 3, et que l'on cultive au Jardin du Roi?

GLOBBÉE UNIFORME: *Globba uniformis*, Linn., *Mantiss.*, 171; Rumph, *Amboin.*, 6, pag. 138, tab. 59, fig. 2. Ses racines sont dures, épaisses, tuberculées, articulées, obliques, munies de fibres courtes, charnues: les tiges hautes de six à huit pieds, quelquefois beaucoup plus, simples, droites, de la grosseur du doigt, nues à leur partie inférieure, pubescentes et garnies à leur partie supérieure de feuilles pétiolées, alternes, lancéolées, aiguës, vertes en dessus, velues en dessous, longues de quinze à seize pouces; la nervure du milieu très-saillante. Les fleurs sont blanchâtres; elles viennent sur une grappe droite, courte, qui sort latéralement de la partie nue de la tige, et aux fleurs succèdent des fruits semblables à des grains de raisin, de couleur blanchâtre, qui noircissent en se desséchant. Cette plante croît aux lieux humides dans les champs, à Amboine, et dans les Indes orientales. Au rapport de Rumph, les enfans s'amusent à manger ses fruits mûrs; ils apaisent la soif: ses semences, disposées en chapelets, se portent en amulettes. Dans certaines contrées, les naturels emploient les feuilles pour la couverture de leurs cabanes; ailleurs ces feuilles, quand elles sont jeunes et tendres, entrent parmi les plantes potagères. On croit que les fruits sont favorables dans la colique, et que les racines en décoction soulagent dans les diarrhées.

GLOBBÉE A GRAPPES; *Globba racemosa*, Smith, *Exot.*, tab. 117. Plante des Indes orientales, dont les tiges sont simples, droites, hautes de trois pieds, garnies de feuilles alternes, entières, oblongues, lancéolées, terminées à leur sommet en un rétrécissement en forme de queue, velues en dessous sur leurs nervures. Les fleurs sont d'un rouge pâle, disposées en une longue grappe terminale, le filament prolongé à son sommet en un fil en forme d'appendice. Thunberg, dans sa Flore du Japon, pag. 23, cite une espèce particulière à ce pays, sous le nom de *globba japonica*. Ses feuilles sont en forme de lame d'épée, très-entières; ses fleurs disposées en une grappe inclinée et terminale. Il y rapporte la *san-djoska*, *vulgo jamme mjoga*, Kæmpf., *Amœn. exot.*, *Fasc.* 5, pag. 327.

On trouve, parmi les plantes *du Coromandel* de Roxburg, quelques autres espèces de *globba*, mais qui ne sont pas encore connues en Europe, telles que le *globba pendula*, tab. 228: *globba orixensis*, tab. 229; *globba radicalis*, tab. 230. Il faut rapporter à cette dernière espèce le *mantisia saltatoria*, *Bot. Magaz.*, tab. 1320. (Poir.)

GLOBE (*Géol.*) Voyez Terre. (B.)

GLOBE (*Actinoz.*), nom vulgaire d'une très-petite espèce d'oursin, *echinus nucleus*, et d'une espèce de volvoce, *volvox globulus*. (De B.)

GLOBE (*Ichthyol.*), nom vulgaire anglois du guara, *diodon hystrix*, poisson du genre Diodon. (Voyez ce mot.) En françois on appelle également ainsi, à cause de sa forme arrondie, le *tetraodon lineatus*. (H. C.)

GLOBES DE FEU. (*Géol.*) Les corps brillans et enflammés qui traversent l'atmosphère avec une rapidité prodigieuse, qui sont plus volumineux que ceux auxquels on a donné le nom d'*étoiles tombantes*, d'*étoiles volantes*, etc., sont généralement ppelés *globes de feu*.

Il ne faut point confondre ces météores qui sillonnent les hautes régions du ciel en laissant à leur suite une longue traînée lumineuse, et qui éclatent souvent dans l'air avant de s'abattre à terre, avec ces émanations gazeuses qui sortent des lieux marécageux et des endroits où des matières animales sont en putréfaction, non plus qu'avec ces aigrettes électriques qui ont souvent brillé à la pointe des mâts, à la croix des clochers, à la lance des paladins, etc. Les *feux follets* voltigent à une petite hauteur du lieu qui les produit, et les aigrettes ou *feux de Saint-Elme* sont attachés aux corps pointus qui les attirent. Le phénomène dont il s'agit ici, et que nous désignons par une dénomination aussi vague que les idées qui s'y rapportent, semble avoir beaucoup d'analogie avec la chute de corps pierreux dont la réalité n'est plus mise en doute. (Voyez Météorites, *fer natif*.)

Toutes les fois qu'on a pu reconnoître la place où ces globes de feu se sont précipités, on y a trouvé une matière visqueuse, d'un jaune pâle, et plus souvent encore une substance rouge, semblable à du sang coagulé. Il seroit du plus grand intérêt que les chimistes pussent analyser ces produits particuliers de l'atmosphère, avec tout le soin et toute la sagacité qu'ils ont apportés dans l'analyse des pierres météoriques; car, si leurs résultats ne nous apprenoient rien relativement à l'origine des *globes de feu*, il est probable au moins que la science y gagneroit la connoissance de quelques substances ou de quelques combinaisons nouvelles. Nous devons donc, dans l'intérêt de cette science, engager les personnes que le hasard mettroit à même de recueillir cette substance, d'en envoyer une quantité suffisante à quelques uns de nos savans chimistes de France, d'Angleterre, d'Allemagne ou d'Italie.

Les chutes des matières ignées ne sont point rares : on en a observé dans l'antiquité la plus reculée; mais le phénomène n'a réellement commencé à fixer sérieusement l'attention des physiciens qu'à l'époque récente de 1803, où il tomba une grande quantité de pierres à Laigle, département de l'Orne. M. Biot, qui fut député par l'Institut national pour aller sur place détruire ou confirmer le fait, fit à son retour un rapport à ce sujet, qui ne laisse aucun doute sur son existence. Depuis lors on a publié plusieurs catalogues, où toutes les chutes mentionnées par les historiens et les voyageurs sont rangées par ordre chronologique. Parmi ces listes, il faut distinguer le nouveau catalogue publié en octobre 1818, par M. Chladni, qui n'est que le prodrome d'un ouvrage plus étendu que ce savant distingué promet aux minéralogistes et aux physiciens(1). Celui-ci est d'autant plus remarquable qu'il renferme non seulement la notice de toutes les chutes de pierres arrivées depuis 1478 ans avant notre ère jusqu'au moment où il a été imprimé, mais encore celles des substances molles, sèches ou humides, qui sont également tombées du ciel, et que nous présumons être les produits des *globes de feu*.

Les *globes de feu*, qui ne se font guère apercevoir qu'à la fin du jour ou dans la nuit, jettent ordinairement l'épouvante dans les campagnes, surtout quand ils sont volumineux comme

---

(1) JOURNAL DE PHYS., t. 77, oct. 1818.

ceux qui parurent en 1802, et mieux encore, comme celui qui fut aperçu au même instant le 17 juillet 1771 à Paris, à Londres, à Tours, à Lyon. et qui se termina par une forte explosion accompagnée d'un grand éclat de lumière. Guillaume de Normandie, surnommé le Conquérant, tira parti d'un météore de ce genre pour encourager ses compagnons dans l'exécution de sa descente en Angleterre, en le leur présentant comme le présage de la victoire. (Brard.)

GLOBIFERA (*Bot.*), nom donné par Gmelin à un des genres anonymes de Walther, que Michaux décrit sous celui de *micranthemum*, plus généralement adopté. Ce genre a une grande affinité avec la lysimachie, dont il diffère par le nombre des étamines réduit à deux. Le genre *Hoppea* de Willdenow, *Hort. Berol*, et de Vahl, *Enum. plant.*, paroit être congénère, différant seulement parce qu'un de ses deux filets d'étamines est stérile, que les divisions du calice sont plus égales, et que la tige est dichotome. (J.)

GLOBOSITE. (*Foss.*) Ce nom a été donné, par les anciens oryctographes, aux coquilles univales fossiles qui ont une forme globuleuse telle que celle des tonnes ou des bulles. (D. F.)

GLOBULAIRE (*Bot.*): *Globularia*, Linn. Genre de plantes dicotylédones, de la *tétrandrie monogynie* de Linnæus, que M. de Jussieu avoit placé à la fin des primulacées, comme ayant de l'affinité avec cette famille, et dont M. Decandolle a fait le type d'une famille particulière sous le nom de *globulariées*. Ses principaux caractères sont les suivans : Calice monophylle, tubulé, persistant, à cinq divisions; corolle monopétale, tubuleuse inférieurement. partagée à son limbe en cinq divisions formant deux lèvres, dont la supérieure comprend les deux divisions plus étroites et plus courtes ; quatre étamines insérées sur la corolle ; un ovaire supérieur, surmonté d'un style simple, à stigmate obtus ; une graine ovale, recouverte par le calice.

Les globulaires sont des plantes herbacées ou frutescentes, à feuilles alternes, dont les fleurs sont environnées d'un involucre polyphylle, et réunies plusieurs ensemble sur un réceptable commun garni de paillettes, en forme de tête globuleuse ou presque globuleuse, d'où le nom de *globularia* leur a été donné. On en connoit dix espèces, qui sont presque toutes indigènes de l'Europe. Les suivantes sont les plus remarquables.

GLOBULAIRE A LONGUES FEUILLES : *Globularia longifolia*, Willd., *Spec.*, 1 , p. 539 ; Nouv. Duham., vol. 5, p. 138 , t. 40. Cette espèce est un arbrisseau de sept à huit pieds de hauteur, dont la tige se divise en rameaux anguleux, garnis de feuilles sessiles, lancéolées-linéaires, glabres, luisantes, persistantes, rapprochées les unes des autres. Ses fleurs, d'un bleu très-clair, forment des têtes portées sur des pédoncules axillaires, pubescens, chargés de plusieurs bractées. La lèvre supérieure de leur corolle est presque nulle, et les calices sont velus, ainsi que les paillettes du réceptacle. Cette globulaire est originaire de l'île de Madère ; on la cultive dans quelques jardins, où elle fleurit en septembre et octobre ; il faut la rentrer dans l'orangerie pendant l'hiver.

GLOBULAIRE NAINE : *Globularia nana*, Lamck., Dict. enc., 2 , p. 731 ; Nouv. Duham., 5, p. 139, t. 41 , f. 2. La tige de cette plante est une souche ligneuse, divisée en rameaux nombreux, tortueux, étalés et couchés sur la terre ou appliqués contre les rochers. Ses feuilles sont ovales-spatulées, un peu pliées en gouttière, assez écartées sur les jeunes rameaux, rapprochées les unes des autres, et formant des espèces de rosettes sur les rameaux plus anciens. Ses fleurs sont bleues, réunies en têtes terminales, pédonculées. La lèvre supérieure de la corolle est partagée en deux divisions linéaires ; les dents du calice et les paillettes du réceptacle sont glabres. Cette espèce croît dans les Pyrénées et sur les montagnes du midi de l'Europe.

GLOBULAIRE TURBITH : *Globularia alypum*, Linn., *Spec.*, 139 : Nouv. Duham., 5, p. 138, t. 41 , f. 1. Cette globulaire est un petit arbrisseau de deux à trois pieds de haut, dont les rameaux sont grêles, redressés, garnis de feuilles lancéolées, rétrécies en pétiole à leur base, glabres, persistantes, entières ou munies d'une à deux dents vers leur sommet, qui est très-aigu. Ses fleurs sont bleuâtres, réunies au sommet des rameaux dans un involucre cilié en son bord ; elles forment une petite tête souvent solitaire et terminale, mais quelquefois il y a deux ou trois de ces têtes dans les aisselles des dernières feuilles. La lèvre supérieure de la corolle est très-courte , presque nulle. Cet arbrisseau croît spontanément aux lieux arides, pierreux, et sur les collines exposées au soleil dans le midi de la France, en Espagne, en Portugal, en Italie, sur les côtes de Barbarie.

Les botanistes du seizième siècle ont attribué, sans aucun fondement, les propriétés les plus malfaisantes à la globulaire turbith, accusant ses feuilles de purger avec une violence extrême, et de causer des superpurgations dangereuses ; ils ont donné à cette plante les noms d'*herba terribilis*, *frutex terribilis*. La plupart des auteurs, venus depuis, ont copié ces faussetés sans examen ; Nissole, dans une notice sur cette plante, insérée dans les Mémoires de l'Académie des Sciences, année 1712, les répète et les affirme, et on les trouve encore dans les ouvrages de botanique imprimés de nos jours. Cependant on lit dans Clusius, que les empiriques employoient en Portugal la décoction des feuilles de la globulaire turbith contre la maladie vénérienne, et qu'ils le faisoient sans inconvénient. Garidel, dans son Histoire des Plantes des environs d'Aix, assure aussi qu'en Provence les paysans en prenoient pour se purger, sans en être incommodés ; et, depuis cet auteur, quelques médecins du même pays ont fait sur cette plante des expériences positives dont les résultats se sont trouvés entièrement opposés à ce que les anciens botanistes avoient avancé. Enfin, pour éclaircir encore plus un fait qui paroissoit mériter de l'être, nous avons fait nous-mêmes de nouvelles expériences qui nous ont prouvé que non seulement la globulaire turbith n'étoit pas un purgatif terrible et dangereux, mais que c'étoit au contraire un purgatif très-doux et beaucoup moins actif que le séné, dont on fait un usage si fréquent en médecine. Les feuilles de notre plante indigène n'agissent qu'à double dose de la drogue exotique ; et, en général, leur usage est exempt de tous les désagrémens propres aux préparations de séné. Celles-ci, sans parler de leur couleur noire qui déplaît à l'œil, ont une odeur et un goût si désagréables et si nauséabonds, que beaucoup de malades ne peuvent les supporter. Les infusions ou décoctions de globulaire sont, au contraire, claires et légèrement verdâtres ; elles n'ont qu'une saveur amère, assez prononcée, il est vrai, mais qu'il est assez facile de corriger avec du sucre ou du miel. Enfin, la globulaire cause beaucoup plus rarement des coliques que le séné.

Globulaire commune: *Globularia vulgaris*, Linn., *Spec.*, 139; *Globularia*, Clus., *Hist.*, 2, p. 6. Sa racine est fibreuse, vivace; elle produit une tige haute de quatre à huit pouces, garnie dans sa longueur de feuilles lancéolées, glabres, petites et nombreuses. Les feuilles radicales sont beaucoup plus grandes, ovales-spatulées, rétrécies en pétiole à leur base. et étalées en touffe ou en rosette sur la terre. Les fleurs sont bleues, disposées en une petite tête globuleuse, solitaire au sommet de la tige. Les écailles de l'involucre commun sont ciliées. Cette plante croît naturellement dans les prés secs et montagneux. Ses feuilles ont une saveur amère; elles ont passé pour vulnéraires et détersives; elles sont purgatives comme celles de l'espèce précédente; mais leur action est encore plus foible. (L. D.)

GLOBULE (*Bot.*); *Globulus Tuberculum*, Ach. Réceptacle des corps reproducteurs de certains lichens (*isidium*), globuleux, enchâssé à moitié dans la substance de son support, et se détachant dans sa maturité. (Mass.)

GLOBULICORNES. (*Entom.*) Nous avons réuni sous ce nom, comme correspondant à celui de *ropalocères*, qui signifie antennes en massue, toutes les espèces de lépidoptères à antennes ainsi conformées, et qui correspondent au genre Papillon de Linnæus, dont les chenilles ont le plus souvent dix-huit pates; qui se changent en chrysalides sans se filer un cocon, mais seulement en s'attachant à quelque corps solide par la partie du corps qui est opposée à la tête: tels sont les *papillons*, les *hespéries*, les *hétéroptères*, etc. Voyez Ropalocères. (C. D.)

GLOBULINA. (*Bot.*) C'est le nom que Linck, dans sa nouvelle classification des algues, donne à la seconde division du genre *Conjugata* de Vaucher, dont il fait un genre particulier; dans ce genre la matière verte forme des globules ou des étoiles. (Lem.)

GLOBULITES. (*Entom.*) M. Latreille a désigné sous ce nom une division de la famille des clavipalpes parmi les coléoptères voisins des *érotyles*, dont les palpes ne sont pas terminés, comme dans ces derniers, par un article en forme de croissant. (C. D.)

GLOBUS. (*Conchyl.*) Klein, *Tent.*, p. 173, désigne sous ce nom, et à cause de leur forme un peu sphérique, quelques coquilles qui forment maintenant le genre Chame des conchyliologistes modernes. (De B.)

GLOCHIDION. (*Bot.*) Genre de plantes dicotylédones, à fleurs incomplètes, monoïques, de la famille des euphorbiacées de Jussieu, de la *monoécie triandrie* de Linnæus, qui a des rapports avec les *andrachne*: offrant pour caractère essentiel : Des fleurs monoïques : les mâles sont dépourvues de calice ; leur corolle est composée de six pétales concaves presque égaux : trois étamines : les anthères presque sessiles, réunies en un corps cylindrique ; point de pistil : dans les fleurs femelles, le calice est semblable à celui des mâles : la corolle est à six divisions, dont trois intérieures ; point d'étamines ; un ovaire supérieur à six sillons ; point de styles ; six ou huit stigmates très-petits, connivens. Le fruit est une capsule arrondie, aplatie en dessus, à douze stries, à six valves, à six loges ou six ou huit coques ; deux semences dans chaque coque.

Gærtner a donné à ce genre, établi d'abord par Forster, le nom de *bradleia*, avec quelques réformes dans le caractère essentiel.

Glochidion ramiflore : *Glochidion ramiflorum*, Forst., *Nov. Gen.*, 114, tab. 57, et *Prodr.*, n.° 361 ; Lamk., *Ill. gen.*, tab. 772, fig. 3; *Bradleia glochidion*, Gærtn., *de Fruct. et Sem.*, 2, pag, 128, tab. 109. Cette espèce, découverte par Forster dans les îles de la mer du Sud, aux îles de la Société et des Nouvelles Hébrides, n'est encore connue que par ses fleurs et ses fruits. Il paroît que ses tiges sont ligneuses, mais la forme des feuilles et l'inflorescence sont ignorées. Son fruit consiste en une capsule orbiculaire, très-comprimée à son sommet, à six ou huit côtes, formant autant de coques élastiques qui ne se séparent point les unes des autres ; deux semences d'un rouge vif dans chaque coque.

Glochidion de Chine : *Glochidion sinense*, Lamk., *Ill. gen.*, tab. 772, fig. 1; *Bradleia sinica*, Gærtn., l. c., tab. 109, fig. 1: *Arbuscula sinica*, etc., Pluk., *Amalth.*, 35, tab. 568, fig. 1. Arbrisseau dont les tiges se divisent en rameaux glabres, alternes, élancés, presque cylindriques, garnis de feuilles alternes, sessiles, glabres, lancéolées, entières, un peu sinuées à leurs bords, aiguës, à nervures fines et ramifiées. Les fleurs sont axillaires, solitaires, soutenues par des pédoncules simples, uniflores, beaucoup plus courts que les feuilles. Le fruit consiste en une capsule dure, petite, globuleuse, comprimée, ombiliquée tant en dessus qu'en dessous, à six ou huit côtes composées d'autant de coques bivalves, renfermant chacune deux semences placées l'une sur l'autre, anguleuses, arrondies, d'un rouge écarlate. Cette plante croît en Chine.

GLOCHIDION DE CEYLAN : *Glochidion zeylanicum*, Lamk., *Ill. gen.*, tab. 772, fig. 2; *Bradleia zeylanica*, Gærtn., l. c., tab. 109. Cette espèce, ainsi que la première, n'est encore connue que par ses fruits. La corolle est d'une seule pièce, à cinq divisions persistantes : les capsules légèrement pédicellées sur un pédoncule commun, globuleuses, un peu comprimées, striées, non toruleuses, glabres, à six coques; chaque coque a deux valves contenant deux semences arrondies, convexes d'un côté, planes de l'autre. Cette plante croit dans l'île de Ceylan.

GLOCHIDION DES PHILIPPINES : *Glochidion philippicum*, Encycl., Supp.; *Bradleia philippica*, Cavan., *Icon. rar.*, 4, pag. 48, tab. 371. Grand arbrisseau observé aux îles Philippines, dont les tiges s'élèvent à la hauteur de douze pieds, et se divisent en rameaux nombreux, tomenteux dans leur jeunesse, garnis de feuilles médiocrement pétiolées, alternes, lancéolées, très-entières; les fleurs nombreuses, fort petites, pédonculées, agglomérées dans les aisselles des feuilles; le calice divisé en six folioles ovales, blanchâtres, persistantes : dans les fleurs femelles un ovaire globuleux plus long que le calice; un style très-court, surmonté d'un stigmate à six rayons. Le fruit est une capsule orbiculaire, très-comprimée tant en dessus qu'en dessous, à six côtes; six loges ou coques, renfermant chacune deux semences lenticulaires rougeâtres et luisantes. (POIR.)

GLOIONEMA. (*Bot.*) Genre de plantes cryptogames, de la famille des algues, établi par Agardh, et caractérisé par lui ainsi qu'il suit : Filamens gélatineux, tenaces, continus, remplis de sporanges ou conceptacles elliptiques, et disposés en lignes droites. Trois espèces y sont rapportées par Agardh; savoir :

Le *Gloionema paradoxum*, espèce qui a le port d'une conferve, qui est muqueuse, luisante, à filamens simples, capillaires, très-arqués, entrelacés, élastiques par contraction, remplis à l'extrémité d'une matière verte; à conceptacles verts dans le centre, transparens sur le bord, renfermant de petites séminules ou sporules verts. Cette plante adhère fortement au papier lorsqu'on la dessèche ; on la trouve dans les rivières et les étangs en Suède.

Lyngbye pense que cette espèce de *gloionema* seroit peut-être mieux placée dans son genre *Bangia*. Agardh n'ose décider dans lequel des deux règnes, animal ou végetal, on doit la rapporter.

Le *Gloionema fœtidum* d'Agardh est une autre espèce très-douteuse ; c'est le *conferva fœtida* de Dillw., tabl. 104, et très-probablement le *bangia quadripunctata* de Lyngbye, et l'*ulva fœtida* de Vaucher, tabl. 17, f. 13, et de Decandolle, Fl. Fr. : cependant la plante de Vaucher est d'eau douce, et celle de Lyngbye marine. Agardh ne décrivant pas cette espèce, il en résulte qu'il y a nécessairement de la confusion dans les synonymes que lui et Lyngbye donnent respectivement. Il suffit pour cela de comparer les figures données par Vaucher, Dillwin et Lyngbye, qui nous semblent appartenir à trois espèces différentes.

Le *Gloionema chtonoplastes* est proprement l'espèce qui a servi de type pour ce genre, à M. Agardh dans son *Synopsis* ; c'est le *conferva chtonoplastes* de la Flore Danoise, tabl. 1485, que Hofman-Bang (*de usu conf.*, p. 19, Ic.), et Lyngbye (*Tentam.*, p. 92, tabl. 19), placent dans les *oscillatoria*, et désignent par *oscillatoria chtonoplastes*. Cette espèce forme de petites couches horizontales à la surface du sable humide ; elle a le port d'un oscillatoire, et augmente chaque année. Les filamens sont, d'après Lyngbye, simples, roides, extrêmement fins, verts, transparens, et renfermés en grand nombre et très-serrés dans une gaine glissante, presque transparente ; quelquefois les filamens sont repliés en spirale, et quelquefois aussi ils sont privés de gaine : c'est dans cet état qu'Agardh paroit avoir observé cette plante, qui croit dans le golfe de Bothnie, sur les bords de la mer, dans les lieux exposés au flux et au reflax. Lyngbye considère comme une variété de cette espèce l'*oscillatoria vaginata* de Vaucher, tabl. 15, t. 15, ou *conferva vaginata*, Dillw., tabl. 99, et Sowerby, Engl. Bot., tabl. 1995. Cette variété se trouve sur le bord des eaux douces et des eaux thermales dans presque toute l'Europe. (LEM.)

GLOMERARIA. (*Foss.*) Luid a donné ce nom à une espèce d'alcyon de forme globuleuse ; *Lith. Brit.*, n.° 110. (D. F.)

GLOMÉRIDE, *Glomeris* (*Entom.*), nom donné par M. Latreille à une division du genre Cloporte, de l'ordre des insectes aptères, et de la famille des *myriapodes* ou millepieds.

Ce nom de *glomeris* est emprunté de Pline, qui exprime par ce mot un peloton de fil ; car, en parlant d'un labyrinthe, liv. 36, chap. 13, il dit : *Quo si quis improperet, sine glomere lini exitum invenire nequeat.* M. Cuvier, qui avoit établi ce genre dans le Journal d'Histoire naturelle, pag. 27 du tom. II, l'avoit désigné sous le nom d'une espèce ARMADILLE, qui est un nom espagnol donné aux tatous en Amérique. Voyez ce dernier nom, sous lequel les espèces de ce genre se trouvent décrites, pages 115 et suivantes du tome troisième de ce Dictionnaire. (C. D.)

GLONNAEZ (*Ichthyol.*), nom polonois du chabot, *cottus gobio.* Voyez COTTE. (H. C.)

GLOOUJOOU (*Bot.*), nom provençal de l'iris ordinaire, suivant Garidel. (J.)

GLORIA MARIS. (*Conchyl.*) Dénomination que les riches amateurs de coquilles ont donnée à une espèce ou variété de cône extrêmement rare, et par conséquent fort chère. On dit qu'elle n'existe que dans trois ou quatre collections. Voyez CÔNE. (DE B.)

GLORIEUSE. (*Ichthyol.*) Suivant M. Bosc, c'est un des noms sous lesquels est connue la raie aigle, *raja aquila*, Linn. Voyez MOURINE et MYLIOBATE. (H. C.)

GLORIOSA (*Bot.*) ; *Methonica*, Juss. Genre de plantes monocotylédones, à fleurs incomplètes, polypétalées, régulières, de la famille des liliacées, de l'*hexandrie monogynie* de Linnæus, qui a des rapports avec les *erythronium ;* caractérisé par une corolle à six pétales très-longs, ondulés, totalement réfléchis ; point de calice ; six étamines ; les filamens réfléchis ; les anthères oblongues, horizontales, à deux loges ; un ovaire supérieur ; le style oblique, ascendant, trifide au sommet. Le fruit est une capsule ovale, trigone, à trois valves, à trois loges ; plusieurs semences dans chaque loge, disposées sur deux rangs.

GLORIOSA DU MALABAR : *Gloriosa superba*, Linn., *Spec.* ;

Lamk., *Ill. gen.*, tab. 247; Redouté, lib. 1, tab. 229; Andr..
Bot. Repos., 129; *Eugona*. Salisb.; *Methonica superba*, Juss. et
Hort. Paris.; Mendoni, Rheed.. *Malab.*. 7, tab. 57; *Lilium zeylanicum*, etc., Commel., *Hort.*, 1, tab. 35; Rudb., *Elys.*, 2, tab. 7;
Methonica Malabarorum. Herm., *Lugdb.*, tab. 689; Pluk., *Almag.*,
tab. 116, fig. 3; vulgairement la Glorieuse ou la Superbe du
Malabar. Cette belle plante, quoiqu'elle ait beaucoup de
rivales et même de plus brillantes dans la famille des liliacées,
n'est pas moins remarquable par l'élégance de ses fleurs. Sa
racine est grosse, tubéreuse, formée de deux branches ouvertes en équerre, d'une saveur amère, désagréable. Il s'en
élève une tige foible, herbacée, glabre, sarmenteuse, cylindrique, qui rampe ou s'élève en grimpant à la hauteur de six
à dix pieds; simple ou rameuse, garnie dans toute sa longueur
de feuilles sessiles, alternes, vertes, glabres, oblongues-lancéolées, très-minces, longues de six à huit pouces, larges de
deux, finement striées dans leur longueur, rétrécies à leur
extrémité, et terminées par un filet grêle, contourné en spirale ou en vrille accrochante. Vers l'extrémité de la tige ou des
rameaux, il sort, de l'aisselle des feuilles, de longs pédoncules
courbés à leur sommet, portant une fleur assez grande, inclinée vers la terre, d'abord peu colorée avant son développement; mais bientôt les pétales se réfléchissent totalement, se
colorent de jaune à la base, d'un beau rouge de feu vers le
haut, et présentent, en quelque sorte, l'aspect des flammes qui
s'élèveroient d'un brasier; leur couleur devient ensuite plus
intense, plus uniforme; c'est celle de l'aurore à son lever. Le s
pétales sont linéaires-lancéolés, un peu connivens à leur
base, aigus, sinués; les filamens rouges, renversés comme les
pétales. Le fruit est une capsule coriace, un peu turbinée,
marquée de trois sillons, longue d'environ deux pouces, à
trois valves, à trois loges, renfermant des semences globuleuses, d'un beau rouge. Cette plante croit au Malabar. Ses
feuilles passent pour astringentes : l'on soupçonne que ses
racines sont vénéneuses.

M. Adanson a rapporté du Sénégal une plante assez semblable
à celle que je viens de décrire; mais ses fleurs sont d'un tiers
plus petites, remarquables surtout par la largeur des pétales
très-peu ondulés à leurs bords; les feuilles d'ailleurs n'offrent

que très-peu de différence. M. de Lamarck croit qu'elle n'est qu'une variété de l'espèce précédente.

Pour obtenir la jouissance des fleurs de cette belle plante, il faut la tenir en serre chaude dans un grand pot, afin de lui donner le moyen de produire des caïeux, qu'on n'a pas la peine de séparer : très-souvent ils se détachent d'eux-mêmes. Il faut une bonne terre substantielle, ou un mélange d'un tiers de terreau consommé et de deux tiers de terre de bruyère ou de terreau de feuilles. Dès le printemps, il faut la mettre dans la tannée, si l'on veut en obtenir des fleurs, qui paroitront de juillet à octobre, suivant qu'elle aura été bien soignée et chauffée. Tant qu'elle végète, elle exige des arrosemens assez fréquens ; il ne lui en faut aucun pendant son temps de repos, quelque sèche que soit la terre : on peut alors la retirer de la tannée, même du pot, et garder les racines dans du sable sec, à l'abri de toute gelée, depuis novembre jusqu'en février. Elle se multiplie par ses caïeux, qu'on traite de même que la plante. Après les avoir mis chacun dans un pot, et plongé le pot dans la tannée, il faut la pourvoir d'une rame au moins de trois à quatre pieds de haut pour supporter ses tiges et favoriser leur extension.

GLORIOSA DU SÉNÉGAL : *Gloriosa simplex*, Linn., *Spec.*; *Gloriosa cœrulea*, Mill., Dict., n.° 2. Cette plante a été découverte dans le Sénégal : elle est facile à distinguer de la précédente par la couleur bleue de ses fleurs, et par ses feuilles dépourvues de vrilles. Sa tige est foible, sarmenteuse : ses feuilles lisses, alternes, ovales-lancéolées, acuminées, longues de trois pouces sur deux de large ; leur pointe très aiguë. Au rapport de Miller, elles exhalent, lorsqu'on les manie, une odeur fort désagréable, qui occasionne des maux de tête lorsqu'on en approche de trop près. (*Voir.*)

GLOSSARIPHYTE. (*Bot.*) Dans le système de Necker, qui divise tout le règne végétal en cinquante-quatre genres, la famille des synanthérées forme les trois premiers, qu'il nomme *actinophytum*, *glossariphytum* et *siphoniphytum*. Le genre Actinophyte correspond aux radiées de Tournefort; le Glossariphyte aux semi-flosculeuses, et le Siphoniphyte aux flosculeuses. Remarquez que, dans ce bizarre système, Necker appelle genre ce que tous les autres botanistes nomment classes, ordres ou familles, et qu'il appelle espéces ce que les autres nomment genres. (H. Cass.)

GLOSSATES. (*Entom.*) Fabricius a donné ce nom de Glossates à l'ordre des insectes lépidoptères de Linnæus. Il en a fait une classe, dont le caractère consiste dans une langue plus ou moins longue, roulée entre deux palpes garnis de poils fins ou de petites écailles. Voyez Lépidoptères et Bouche dans les insectes. (C. D.)

GLOSSOCARDE, *Glossocardia*. (*Bot.*) [*Corymbifères*, Juss.; *Syngénésie polygamie superflue*, Linn.] Ce genre de plantes, que nous avons proposé dans le Bulletin de la Société philomathique, de septembre 1817, appartient à la famille des synanthérées, à notre tribu naturelle des hélianthées, et à la section des hélianthées-coréopsidées, dans laquelle nous le plaçons auprès de l'*heterospermum*.

La calathide est semi-radiée, composée d'un disque pauciflore, régulariflore, androgyniflore, et d'une demi-couronne uniflore, liguliflore, féminiflore. Le péricline, accompagné à sa base de deux ou trois bractéoles, est subcylindracé, à peu près égal aux fleurs du disque, et formé de cinq squames a peu près égales, bisériées, elliptiques, foliacées, membraneuses sur les bords. Le clinanthe est petit, plane, pourvu de squamelles linéaires-lancéolées, membraneuses, caduques. Les cypsèles sont alongées, étroites, obcomprimées, et munies de quatre côtes qui sont hérissées de longs poils fourchus : leur aigrette est composée de deux squamellules triquètres-filiformes, pointues, épaisses, cornées, lisses, formées par la prolongation des deux côtes latérales de la cypsèle. La corolle de la couronne a sa languette courte, large, obcordiforme, rayée ; les corolles du disque sont à quatre divisions.

Glossocarde a feuilles linéaires ; *Glossocardia linearifolia*, H. Cass., Bull. Soc. philom., septembre 1817. C'est une plante herbacée, basse, diffuse, glabre ; sa tige est rameuse, cylindrique, striée ; ses feuilles sont alternes, linéaires, bipinnées, à pinnules linéaires-acuminées, à pétiole long, membraneux, dilaté à la base, semi-amplexicaule ; les calathides, composées de fleurs jaunes, sont solitaires au sommet de petits rameaux nus, pédonculiformes.

Nous avons étudié cette plante dans l'Herbier de M. Desfontaines, où elle étoit étiquetée *zinnia bidens*, Retz. Mais en
lisant, dans les *Observationes botanicæ* de Retzius, la description de son *zinnia bidens*, nous avons reconnu qu'il étoit fort
différent de notre *glossocardia*. (H. Cass.)

GLOSSODERME. (*Malacoz.*) Dénomination employée par
Poli dans son système de classification des animaux mollusques,
pour désigner la coquille ou l'enveloppe de son genre *Glossus*,
qui comprend plusieurs espèces de cardium. (De B.)

GLOSSODIA. (*Bot.*) Genre de plantes monocotylédones, à
fleurs incomplètes, irrégulières, de la famille des orchidées,
de la *gynandrie diandrie* de Linnæus, offrant pour caractère essentiel : Une corolle à six pétales ; cinq étalés, presque égaux,
le sixième en forme de lèvre très-courte, entière, dépourvue
de glandes ; un appendice bifide entre cette lèvre et la colonne
des organes sexuels, membraneuse et dilatée ; l'anthère à
deux loges, renfermant, dans chaque loge, deux paquets de
pollen.

Ce genre, très-voisin des *caledonia*, en diffère par la lèvre de
la corolle dépourvue de glandes, par l'appendice qui se trouve
entre cette lèvre et la colonne ; enfin, par la forme de la corolle, qui à peine offre deux lèvres. Les espèces renfermées dans
ce genre sont des herbes terrestres, pileuses ; les racines sont
pourvues de bulbes entières, à enveloppe lamelleuse ; elles ne
produisent qu'une seule feuille radicale, enveloppée à sa base
d'une gaîne membraneuse. Les hampes se terminent par une,
rarement par deux fleurs, accompagnées chacune d'une
bractée, outre les feuilles florales : la corolle est bleue ; son
appendice en forme de langue de serpent.

M. Rob. Brown, auteur de ce genre, n'en distingue que
deux espèces, savoir : 1.° *Glossodia major*, Brown., *Nov. Holl.*,
1, pag. 326 ; 2.° *Glossodia minor*, Brown., l. c. Ces deux espèces croissent dans la Nouvelle Hollande, et se caractérisent
d'après la forme de leur appendice. Dans la première, il se
divise jusqu'à sa moitié en deux lobes étalés, aigus ; dans la
seconde, ces lobes sont plus profonds, parallèles et obtus.
(Poir.)

GLOSSOMA. (*Bot.*) Schreber donne ce nom au *votomita*
d'Aublet, nommé aussi *guillelminia* par Necker, genre rap-

porté avec doute aux rhamnées. Voyez l'article ci-après. (**J.**)

GLOSSOMA (*Bot.*) : *Votomita*. Aubl. Genre de plantes dicotylédones, à fleurs complètes, régulières, de la famille des rhamnées, de la *tétrandrie monogynie* de Linnæus, qui a des rapports avec les *aucuba*, et présente pour caractère essentiel : Un calice à quatre dents, adhérent avec l'ovaire ; quatre pétales insérés sur le disque de l'ovaire ; quatre étamines *insérées sur* les pétales ; les anthères rapprochées en cylindre ; l'ovaire surmonté d'un disque et d'un style qui traverse le tube des anthères et supporte quatre stigmates. Le fruit est un drupe presque pyriforme, couronné par les dents du calice, à une seule loge, renfermant une semence striée.

GLOSSOMA ARBORESCENT : *Glossoma arborescens*, Willd., *Spec.*, 1, pag. 664 ; *Votomita guianensis*, Aubl., *Guian.*, vol. 1, pag. 91, tab. 35. Cette plante s'élève à la hauteur de cinq à six pieds, sur une tige droite, ligneuse, d'environ six pouces de diamètre, revêtue d'une écorce brune. Le bois est dur, compacte, jaunâtre ; les rameaux nombreux, épars, noueux, tétragones, garnis de feuilles opposées, pétiolées, fermes, épaisses, vertes, glabres, ovales, oblongues, acuminées, longues de quatre à six pouces sur deux pouces et plus de large ; les pétioles courts, accompagnés à leur base de deux stipules aiguës, très-caduques. Les fleurs sont blanches, axillaires, réunies en cône, et en une sorte d'ombelle lâche à l'extrémité d'un pédoncule commun de la longueur des pétioles ; les pédicelles un peu plus courts, uniflores, garnis à leur base d'une petite bractée en écaille. Le calice est d'une seule pièce, faisant corps avec l'ovaire, surmonté de quatre dents ; la corolle composée de quatre pétales étroits, alongés, aigus, réfléchis en dehors ; les filamens des étamines très-courts ; les anthères droites, fort longues, rapprochées en tube, terminées par un feuillet membraneux, s'ouvrant en deux loges dans l'intérieur du tube : l'ovaire couronné par un petit disque du centre duquel s'élève un style grêle, qui traverse le tube des anthères, et se termine par quatre stigmates alongés, aigus. Le fruit est un drupe à une seule loge. Cet arbrisseau a été découvert dans les grandes forêts de la Guiane, près les habitations des Galibis. Il fleurit dans le courant du mois de septembre. (**Poir.**)

GLOSSOPETALUM (*Bot.*), nom donné par Schreber et Willdenow au genre *Goupia* d'Aublet, rapporté aux rhamnées, mais que Schreber et Vahl croient être congénère de *l'aralia* dans les araliacées. L'observation sur la plante vivante peut seule décider la question. (J.)

GLOSSOPÈTRES. (*Foss.*) On a désigné sous ce nom et sous ceux d'*icthyodontes*, *lamiodontes*, *carchariodontes*, *lycodontes*, *conichtyodontes*, *batrachites*, *chelonites*, *falcatulæ*, *bufonites*, etc., les dents de poissons que l'on trouve à l'état fossile.

Quelques anciens auteurs ont cru que ces dents croissoient dans la terre comme des champignons, ou qu'elles étoient des jeux de la nature, et ils leur attribuoient beaucoup de vertus; d'autres pensoient qu'elles prenoient naissance dans le cou ou dans la tête des crapauds, ou dans l'estomac des hirondelles, ou qu'elles étoient des langues d'oiseaux pétrifiées, etc. Pline les avoit mises dans la classe des bélemnites, et croyoit qu'avec le temps elles en prenoient la forme.

Il est bien reconnu aujourd'hui qu'elles ont appartenu à des poissons; et, si l'on ne reconnoit pas les espèces dont elles ont dépendu, il en est un très-grand nombre que l'on croit pouvoir rapporter au genre auquel elles ont appartenu.

On en rencontre presque partout, dans les craies, dans le calcaire coquillier, et dans les couches les plus nouvelles; mais il paroit qu'elles sont plus rares dans les couches plus anciennes que dans celles de la craie. On en a trouvé principalement dans toutes les couches coquillières des environs de Paris, dans la Touraine, la Calabre, la Toscane, le territoire de Sienne, le Plaisantin, les environs de Bruxelles, la montagne de Saint-Pierre de Maestricht, les environs de Londres, de Montpellier, l'île de Wigth, et surtout à Malte, où l'on rencontre les plus grandes, et où, a-t-on dit, saint Paul avoit détruit les serpens dont ces dents étoient les langues et les yeux pétrifiés.

Pallas a trouvé à Kamenskoï, sur les bords de l'Iset en Russie, des morceaux de bois changés en charbons, et coupés par des veines de pyrites, avec des os d'éléphans pourris. Ces bois et ces os étoient accompagnés de dents de requins et de glossopètres, de toutes formes et de toutes grosseurs, qui étoient d'un noir bleuàtre.

La racine des dents fossiles, et leur noyau, sont souvent pétrifiés ; mais la partie qui sortoit de la mâchoire, s'est conservée dans un état qui paroit être celui où elle se trouvoit avant de passer à l'état fossile. L'intérieur présente souvent le tissu fibreux qui est propre aux os : elles sont susceptibles de se pénétrer de substances minérales. Quelques unes sont ferrugineuses, et d'autres sont devenues des turquoises en se pénétrant d'oxide de cuivre.

Dans certaines localités, comme à Longjumeau près de Paris, celles qu'on trouve dans une couche supérieure de sable quarzeux ont presque toutes perdu leur racine et leur noyau, et sont vides jusqu'à la pointe.

Ces dents se présentent sous beaucoup de formes différentes, mais elles ne signalent pas autant d'espèces particulières de poissons auxquelles elles auroient pu appartenir, car celles d'une même mâchoire diffèrent très-souvent entre elles.

Les plus remarquables par leur grandeur sont celles dont la forme est triangulaire, à bords finement dentelés, à pointe droite ou un peu relevée, et quelquefois mousse, plates d'un côté, et un peu convexes de l'autre, terminées par une base droite ou échancrée, et dont quelques unes ont quatre pouces de hauteur. L'espèce vivante à laquelle ces dents paroissent se rapporter le mieux, est le requin (*carcharias verus* de Bl., *squalus carcharias*, Linn.). En calculant la hauteur des plus grandes de ces dents comparativement à celles des requins de nos mers, on a trouvé que les énormes poissons auxquels elles ont appartenu, devoient avoir eu plus de soixante-douze pieds de longueur, sur un contour de trente-quatre pieds environ.

On trouve ces dents en Suisse, en Sicile, à Vestena-Nuova, en Angleterre, à Bruxelles, à Maestricht, dans la Caroline, dans les environs de Soulanges (Maine et Loire), à Rome, sur le mont Marius et dans l'île de Malte. On leur a donné les noms de *lamiodontes*, *serellæ*, et *carchariodontes*. On en voit des figures dans l'ouvrage de Knorr, vol. 2, pl. H, I, a ; dans celui de Scilla, *Corp. marin.*, pl. 3, fig. 1 ; dans celui de Parkinson, tom. 3, pl. 19, fig. 11, etc.

Quelques unes de ces dents que l'on trouve à Malte et aux environs de Bruxelles, portent de chaque côté à la base une petite dent ou oreillette arrondie et denticulée comme le reste des bords. M. de Blainville pense qu'elles ont dû appartenir à une espèce de squale inconnue, à laquelle il a donné le nom de *squalus auriculatus*. On trouve la figure d'une de ces dents dans l'Oryct. de Bruxelles, par Burtin; et je crois qu'on peut y rapporter celle de la cinquième planche de l'ouvrage de Scilla, fig. 1.

Certaines dents alongées, et dont la pointe est tournée sur un des côtés, portent de fortes dentelures sur les bords, jusqu'à une certaine distance de la pointe; mais celle-ci est unie et tranchante : leur longueur est de huit lignes.

D'autres, plus épaisses et un peu plus longues, portent seulement quatre dentelures de chaque côté sur le milieu de leur bord.

On trouve à Néhou, département de la Manche, dans une couche de calcaire coquillier, des dents plates, à bord finement dentelé, dont la pointe est penchée sur un des côtés où il se trouve un fort sinus; ces dents ont sept à huit lignes de hauteur, et paroissent avoir quelque analogie avec les dents latérales du squale marteau (*squalus zygæna*, Linn.).

Quelques dents à bords finement dentelés, et que l'on trouve dans des couches de craie, ont quelque rapport avec les dents supérieures du squale pantouflier (*squalus tiburo*, Linn.). On voit une figure de ces dents dans l'ouvrage de Parkinson, tom. 3, pl. 19, fig. 3.

Une sorte de dents fossiles que l'on trouve en Sicile, à Malte et dans le Hampshire en Angleterre, a les plus grands rapports avec celles du squale griset (*squalus vacca*, *columbinus* ou *griseus*), qui vit dans la Méditerranée. Leur base est fort large, presque droite; le bord tranchant offre une série de sept à huit pointes tranchantes, recourbées, décroissantes de hauteur en arrière, et d'un nombre pareil de dentelures en avant. On voit des figures de ces dents dans l'ouvrage de Parkinson, t. 3, pl. 18, fig. 10; dans celui de Brander, fig. 111, et dans celui de Scilla, pl. 4, fig. 1. J'ai sous les yeux une de ces dents fossiles, et une autre à l'état frais, et je trouve que cette dernière ne diffère que par un plus grand nombre de pointes tranchantes, et parce que toute la partie antérieure est finement dentelée; mais il paroît que les dents de cette espèce à l'état frais, diffèrent

5.

beaucoup entre elles, en sorte que de la différence qui existe entre la dent fossile et l'autre, on ne pourroit conclure qu'il n'y a pas analogie d'espèce.

Les dents du squale féroce qui vit dans la Méditerranée, portant à leur base une ou deux pointes de chaque côté, il semble que l'on soit bien fondé à rapporter à cette espèce, ou à quelque autre qui s'en rapproche, une classe de dents fossiles à bords tranchans, plus ou moins alongées, tout-à-fait droites ou un peu recourbées en arrière, et qui portent une pointe d'un côté, et très-souvent une de chaque côté. On trouve de ces dents fossiles dans la Touraine, à Vauxbuin près de Soissons, dans le Hampshire et à Malte ; on les a nommées *glossopetræ tricuspidati*. On en voit des figures dans l'ouvrage de Brander, fig. 113, et dans celui de Scilla, fol. 7, fig. 2.

L'espèce la plus commune dans nos contrées comprend celles qui, plus ou moins étroites ou alongées, sont pointues, à bords tranchans, plates en dedans, un peu convexes en dehors, souvent deux fois courbées sur leur plat, et la base très-souvent échancrée. Les anciens oryctographes les ont nommées *subulati*, *cuspidati*, *ornithoglossæ*, *recurvi rostro*, etc. On en trouve dans les différentes couches du calcaire coquillier des environs de Paris, à Meudon, Grignon, Fontenai-Saints-Pères près de Mantes, dans une couche supérieure de sable quarzeux à Longjumeau, à Néhou, Soulanges, Dax, Valognes, Laugnan près de Bordeaux, Mollans (Drôme), en Italie, aux environs de Montpellier, et dans le Hampshire. Elles se trouvent figurées dans l'ouvrage de Brander, fig. 114 ; dans celui de Knorr, p. 2, pl. H, I, fig. 7 et 9 ; dans celui de Parkinson, tom. 3, pl. 19, fig. 8, etc.

Quelques unes de ces dents paroissent avoir une très-grande analogie avec celles du squale long-nez (*squalus cornubicus*, Linn.), qui est commun dans toutes les mers d'Europe. Comme elles diffèrent beaucoup entre elles pour leur largeur et leur courbure, il est probable qu'elles ne dépendent pas toutes de la même espèce.

On trouve en Italie des dents fossiles à racine droite qui ont beaucoup de rapports avec des dents incisives de l'espèce humaine, et n'en diffèrent que parce qu'elles sont un peu concaves en dedans, et parce qu'on voit à leur bord supérieur une petite ligne enfoncée qui semble les diviser dans leur épaisseur. Elles sont brunes, et leur racine est noire. Il y a lieu de croire que c'est aux dents de cette espèce qu'on a donné anciennement le nom de dents de sorcières. M. Duméril pense qu'elles dépendent de quelque poisson du genre des balistes.

On trouve en différens lieux des dents qu'on peut rapporter à celles des raies-aigles : quelques unes, qui ont été trouvées dans le Plaisantin et sur le mont Antelaus, sont composées de pièces courbées en chevrons dont la pointe est en avant. D'autres, qui paroissent différer peu de celles de la raie-aigle commune, ont été trouvées aux environs de Montpellier, et sont figurées dans les Mémoires de l'Académie des Sciences pour l'année 1708, et dans l'Oryctographie de Bruxelles, pl. 11, fig. 7.

Quoiqu'on ne connoisse rien à l'état vivant qui soit analogue à des portions de palais que l'on trouve dans différentes couches marines, on croit pouvoir aussi les rapporter au genre des raies. Quelques unes de ces portions, composées de sept bandes transversales, tout-à-fait droites, ont trois pouces de longueur sur deux de largeur ; chacune des bandes a environ six lignes de largeur sur neuf lignes d'épaisseur : elles sont d'une couleur brun-marron, plates et luisantes, ou parsemées d'un très-grand nombre de petits pores en dessus, et un peu bombées en dessous ; elles se joignent entre elles par une sorte d'engrènement très-fin, et le dessous est couvert de stries transverses. On trouve ces portions de palais dans le Hampshire et dans l'île de Shepey en Angleterre, et l'on en voit des figures dans l'ouvrage de Brander, fig. 117, et dans celui de Parkinson, tom. 3, pl. 19, fig. 16.

Je possède différentes portions de ces palais, qui sont évidemment du même genre, mais qui diffèrent tellement entre elles, qu'on peut croire qu'elles proviennent d'espèces différentes ; j'en ai trouvé dans le calcaire coquillier, à Grignon, et dans le banc d'huîtres de deuxième formation marine à Sceaux ; on en trouve à La Rochelle et dans d'autres endroits. Une partie d'une de ces bandes que je possède, ressemble un peu à une portion de peigne à dents courtes et serrées.

On trouve, en Italie, des morceaux fossiles qui ont la forme d'un triangle inéquilatéral, et qui sont composés de dents très-rapprochées, de différentes grosseurs, formant une sorte de mosaïque. Ils ont neuf lignes par le côté le plus large, et six lignes de longueur par chacun des autres. Ils sont composés chacun de cent cinquante dents environ. M. de Lacépède croit que ces fossiles ont été des palais d'une sorte de raie.

On a donné anciennement le nom de bufonites à un grand nombre de corps fossiles que l'on croyoit engendrés dans le cou ou dans la tête des crapauds, et qui ne sont que des portions de palais ou des dents de poissons. Ils sont plus ou moins arrondis et luisans ; quelques uns sont orbiculaires, hémisphériques, souvent concaves en dessous ; leur couleur est brune, et leur grandeur varie depuis un pouce jusqu'à deux lignes de diamètre. On en voit des figures dans l'ouvrage de Knorr, vol. 5, suppl., pl. 8, a , fig. 9, 10 et 12 ; dans celui de Scilla, pl. 2, fig. 3, etc. D'autres sont un peu aplatis et d'une forme oblongue. On trouve de ces différens corps dans les environs de Querfurt, dans le Mecklembourg, en Angleterre, dans le calcaire compact des environs de Valognes, dans le Jura, la Sicile, et dans l'île de Malte. Quelques uns de ceux que l'on trouve dans cette île sont cerclés d'une couleur plus foncée au milieu, avec une tache plus claire au centre. On leur a donné autrefois le nom d'yeux-de-serpens. J'en possède qui sont de la grosseur d'un gros pois, très-luisans, et dont la couleur est d'un blanc sale ; mais j'ignore où ils ont été trouvés.

Il est bien reconnu aujourd'hui que ces corps ont la plus grande analogie avec les plaques maxillaires de la dorade (*sparus auratus*), sur la mâchoire de laquelle on en trouve de chaque côté dix-neuf à vingt de différentes grandeurs, et de forme plus ou moins oblongue ; ou avec celles de l'anarrhique-loup, *anarrhycas lupus*. M. de Blainville pense qu'on pourroit plutôt les rapporter à celles d'une espèce de poisson fossile trouvé au Mont-Bolaca, et auquel il a donné le nom de *palæobalistum*.

On trouve dans les couches crayeuses des environs de Paris et en Angleterre, des corps fossiles de couleur brune, qui ont le tissu spongieux des os, et qui ont été aussi désignés par les oryctographes sous le nom de bufonites à dos sillonné. Leur forme est à peu près carrée : le dessous paroît avoir été adhérent à quelque partie osseuse; mais on les trouve toujours isolés. Le dessus est luisant, sillonné, souvent chagriné sur les bords, et plus ou moins bombé. Quelques uns, qui ont presque deux pouces de diamètre, portent dix sillons à dos aigu, qui s'étendent sur tout le dessus; on voit la figure d'un de ces corps dans l'ouvrage de Parkinson, tom. 3, pl. 19, fig. 18, et dans celui de Knorr, p. 2, pl., H, I, a, fig. 4. Je possède un de ces corps qui est plus bombé que le précédent, et sur lequel il se trouve quinze à seize sillons plus petits et plus courts, et dont les bords sont granulés. Un autre morceau pareil, trouvé dans le comté de Sussex en Angleterre, n'a que six à sept lignes de longueur sur chacune de ses quatre faces. Il est extrêmement relevé vers le milieu, où il se trouve six à sept sillons, et les bords en sont chagrinés. On voit une figure d'un pareil morceau dans l'ouvrage de Parkinson, tom. 3, pl. 18, fig. 12, et dans celui de Knorr, planche ci-dessus citée, fig. 5; ce dernier auteur rapporte ces palais au genre des chiens marins ou des squales, et à celui du cachalot celles des dents ci-dessus décrites, qui paroissent évidemment avoir appartenu à des squales.

Quoiqu'on ne connoisse rien à l'état vivant qui soit analogue à ces morceaux fossiles, quelques savans croient qu'on doit les regarder comme des palais de quelques espèces de raies.

Deluc a trouvé dans les roches calcaires du Mont-Voisons, près de Genève, des corps de deux sortes qu'il a regardés comme des bufonites. Les uns sont en plaques minces, cunéiformes, de deux pouces de longueur environ sur presque autant de largeur à l'un des bouts. Le dessus est bombé et couvert de petits pores; le dessous n'est pas visible, étant empaté dans une gangue très-dure; l'autre espèce, qui n'est également visible que d'un côté, à cause de son adhérence à la gangue, présente dans sa forme quelque rapport avec une nageoire pectorale de poisson. J'ai compté sur l'un de ces morceaux jusqu'à vingt rayons un peu courbés à leur extrémité. Je ne connois à l'état vivant aucun corps qui puisse se rapporter à ces fossiles.

On trouve, dans l'île d'Aix et aux environs de Rochefort, des morceaux fossiles que quelques savans avoient cru pouvoir être rapportés à des palais de grands poissons ; mais il y a bien des raisons de douter qu'ils aient cette origine. Ceux que j'ai vus sont subcylindriques, de la longueur de cinq à six pouces sur un pouce de diamètre, et paroissent former des portions de cercles de six pouces de rayon. Ces fossiles sont les moules intérieurs de corps qui ont été dissous. La cavité de ces corps avoit été remplie par du sable grossier, ou, dans quelques uns, par une cristallisation terreuse ; et il en est résulté que tout ce qui étoit en creux dans leur intérieur se trouve en relief sur ces moules, qui portent des espèces de moulures extérieurement.

Dans le quatrième volume des Mémoires sur différentes parties des Sciences et des Arts, Guettard a parlé de ces corps, qu'il a appelés crucroïdes ou pierres circulaires, et il en a donné une figure, pl. 28, fig. 2. Cette figure représente un cercle parfait ; et quoique Guettard n'eût vu comme nous que des portions de ces cercles, Favannes, qui lui en procura le dessin, lui donna l'assurance qu'on trouvoit ces cercles semblables à cette figure. Cependant on en peut douter, quand on voit que sur ces portions de cercles il se trouve, de neuf en neuf lignes environ, des divisions semblables à celles des cloisons des nautiles, mais qui diffèrent de toutes celles des coquilles cloisonnées connues jusqu'à ce jour. Ces divisions sont transverses jusqu'à la moitié de l'épaisseur du moule, et ensuite, en remontant de cinq à six lignes, elles coupent un peu obliquement l'autre moitié de cette épaisseur. L'on peut croire que ces sections sont les traces de cloisons qui ont été détruites, comme dans les baculites. Alors ces corps n'auroient pas dû être circulaires ; mais nous devons attendre que le hasard procure de ces morceaux plus entiers pour être assurés de la véritable place que ces fossiles doivent occuper.

Les anciens oryctographes avoient mal à propos regardé les dentales fossiles comme des dents de poissons, et avoient donné le nom de *falcatulæ* à une espèce figurée dans le Traité des pétrifications de Bourguet, pl. 56, fig. 365. Cette figure se trouve citée sous ce nom dans le Dictionnaire oryctologique, au mot *Glossopètres*; mais l'on voit évidemment que ce corps, dont le dessin représente la forme d'une lame de faux, appartient au genre des dentales.

Tous les objets décrits ci-dessus se trouvent dans ma collection. (D. F.)

GLOSSOSTEMON. (*Bot.*) Genre de plantes dicotylédones, à fleurs complètes, polypétalées, régulières, de la famille des liliacées, de la *polyadelphie polyandrie* de Linnæus, qui a de grands rapports avec le *sparmannia*, et caractérisé par un calice à cinq divisions ; cinq pétales acuminés ; les étamines nombreuses, réunies en cinq paquets ; les filamens attachés sur les bords d'une lanière pétaloïde, lancéolée, tuberculée ; un ovaire supérieur ; un style ; cinq stigmates soudés ensemble ; une capsule à cinq valves.

Ce genre a été établi par M. Desfontaines pour une plante conservée dans les herbiers du Muséum d'histoire naturelle, découverte aux environs de Bagdad par MM. Bruguières et Olivier.

GLOSSOSTEMON DE BRUGUIÈRES ; *Glossostemon Bruguieri*, Desf., Mém. du Mus. d'Hist. nat., 3, pag. 238, tab. 11. Ses tiges sont ligneuses, divisées en rameaux cannelés, couverts, ainsi que les feuilles et le calice, de poils courts, étoilés. Les feuilles sont alternes, pétiolées, longues de six à sept pouces, presque aussi larges, arrondies ou ovales, anguleuses ou un peu lobées, à dentelures inégales, traversées par cinq grosses nervures divergentes ; la base du pétiole accompagnée de deux stipules terminées par un prolongement filiforme. Les fleurs sont nombreuses, disposées en corymbes sur des pédoncules solitaires, placés dans les aisselles des feuilles supérieures, adhérens à la base du pétiole ; les pédicelles munis de bractées filiformes. Le calice est divisé en cinq découpures ovales, aiguës ; la corolle large d'un pouce, composée de cinq pétales roses, ouverts, alternes avec les divisions du calice, veinés dans leur longueur, terminés par une longue pointe filiforme ; les étamines au nombre de ving-cinq à trente ; les filamens rouges, comprimés, disposés en cinq phalanges, très-remarquables par leur situation sur les bords d'une lanière pétaloïde, rouge, lancéolée, aiguë, parsemée de tubercules visibles à la loupe. Ces lanières, dit M. Desfontaines, peuvent être considérées comme autant d'étamines avortées, portant les étamines fertiles, dont les anthères sont jaunes, arquées, à deux loges ; un ovaire supérieur surmonté d'un style qui porte cinq stigmates soudés ensemble ; l'ovaire est globuleux, hispide, à cinq loges polyspermes ; les ovules attachées longitudinalement au bord interne des cloisons ; le fruit, non mûr, est une capsule à cinq valves, hérissée de poils roides. (Poir.)

GLOSSUS. (*Malacoz.*) Genre d'animaux mollusques, établi par Poli (Histoire des Moll. des Deux-Siciles), et auquel il donne pour caractères : Deux trous remplaçant les siphons ; branchies réunies au-delà de l'abdomen, qui est ovale et comprimé ; le pied en forme de langue. Il comprend plusieurs espèces d'Isocardes. (Voyez ce mot.)

M. Ocken a admis ce genre, mais il n'y renferme que le *chama cor.* (De B.)

GLOTIDÆ. (*Foss.*) On a autrefois donné ce nom aux dents fossiles de poissons, quand on a trouvé qu'elles avoient la forme d'une alêne. Voyez Glossopètres. (D. F.)

GLOTSMŒL. (*Ichthyol.*) Valentin et Renard ont donné, sous ce nom hollandois, un poisson des Indes orientales, qui est le *sparus insidiator* de Linnæus. Voyez Filou. (H. C.)

GLOTTE. (*Ornith.*) On appelle ainsi l'ouverture de la trachée-artère ; cette ouverture est bouchée, dans l'homme et dans les mammifères qui ont l'œsophage derrière la trachée, par un des cartilages du larynx situé à la base de la langue, afin d'empêcher que les alimens ne s'y introduisent. Ce cartilage, nommé épiglotte, n'existe pas chez les oiseaux, dont l'œsophage est situé latéralement, et chez lesquels, d'ailleurs, la glotte se ferme elle-même par une contraction particulière de ses bords, qui s'appliquent immédiatement l'un contre l'autre. Au bas de la trachée-artère les oiseaux ont encore un appareil vocal, une glotte inférieure où la voix commence à se former avant de subir la modification qu'elle éprouve en montant de l'une à l'autre ; et c'est ainsi qu'un canard auquel on a coupé la tête, peut encore crier ou produire des sons qu'un mammifère, dans cet état, ne sauroit plus faire entendre. (Ch. D.)

GLOTTIDES (*Ornith.*), nom donné par Forster, *Enchiridion historiæ naturali inserviens*, p. 54, à un ordre d'oiseaux ayant la langue très-longue, et comprenant les pics, le torcols, les grimpereaux, les colibris, les huppes, les guépiers, les alcyons, les sitelles. (Ch. D.)

GLOTTIDIUM. (*Bot.*) Cette plante, qui avoit été placée successivement parmi les *æschynomene*, les *sesbania*, les *dalbergia*, a été convertie en genre par M. Desvaux, sous le nom de *glottidium* (Journ. bot., 3, pag. 119), offrant pour caractère essentiel : Un calice à deux lèvres, à cinq dents ; une gousse elliptique, comprimée, à deux semences, à une seule loge, se partageant en deux valves. C'est le *dalbergia polyphylla*, Poir., Encyc. suppl.

Ses rameaux sont grêles, cylindriques, glabres, striés, garnis de feuilles longues, alternes, composées d'un très-grand nombre de petites folioles alternes, pédicellées, vertes, linéaires, glabres, obtuses, rétrécies en pointe à leur base, longues de trois à quatre lignes. Les fleurs sont disposées en grappes lâches, latérales, axillaires, longuement pédonculées ; les gousses pédicellées, comprimées, lancéolées, aiguës à leur sommet et à leur base, terminées par une pointe droite, subulée, roide, un peu piquante : elles s'ouvrent à une de leurs sutures ; les parois internes sont doublées, dans toute leur longueur, d'une pellicule mince, très-blanche, qui se détache et offre l'apparence d'une cloison ; ces gousses renferment deux semences brunes. M. Bosc a découvert cette plante dans la Caroline. (Poir.)

GLOTTIS. (*Ornith.*) Aristote parle, au livre 8, chap. 12, de son Histoire des Animaux, d'un oiseau qu'il appelle *glottis*, nom que Gaza traduit en latin par *lingulaca*. L'auteur grec ajoute qu'à leur départ de ce pays, les cailles sont accompagnées par cet oiseau, qui a la langue fort alongée, et la tire beaucoup hors du bec. Belon, Aldrovande et Gesner ont tenté, par plusieurs rapprochemens, de déterminer l'espèce à laquelle ce passage s'applique. Le premier a supposé (Nature des Oiseaux, p. 196) qu'il pouvoit être ici question du flammant ; mais il a abandonné, à l'article des *cailles*, p. 263, cette opinion, qui depuis a encore été combattue par Cetti, *Uccelli di Sardegna*, p. 311 ; et, en effet, elle n'étoit aucunement soutenable.

Gesner, après s'être occupé d'une barge, *limosa*, traite,

p. 5o1 , du *glottis*, et cite, à cette occasion, le *glout* ou *gluff* des Allemands, à cause de la ressemblance des termes. Ce dernier oiseau est rapporté par Gmelin, p. 702, à son *fulica fistulans*, le même que le *gallinula fistulans*, Lath., et le *porphyrio fuscus* de Brisson. Le nom de *glottis* avoit précédemment été donné par Linnæus et par Latham à une espèce du genre *Scolopax* correspondante à la barge variée de Buffon. Or, MM. Meyer et Temminck croient que ce *scolopax glottis* doit être rayé de la liste nominale des oiseaux, comme s'appliquant à de jeunes individus de l'espèce de chevalier par eux nommée *totanus glottis*. La question relative au glottis d'Aristote reste ainsi sans solution. (Ch. D.)

GLOUPICHI. (*Ornith.*) Krascheninnikow, dans sa Description du Kamtschatka, parle d'oiseaux aquatiques nommés *starikis* et *gloupichis*, en annonçant que leur bec et leurs narines sont semblables à ceux des *procellariæ* ou oiseaux de tempêtes ; et, sans faire de distinction entre eux, il les dit de la grosseur d'un pigeon, et ajoute qu'ils ont le bec bleuâtre, avec des soies autour des narines ; que leur tête, portant vers les oreilles quelques petites pennes blanches, longues et effilées, est, dans le reste, noire avec des teintes bleues ; que le haut du cou est noir, et le bas tacheté de noir et de blanc, cette dernière couleur occupant la totalité du ventre ; que les ailes sont courtes, et leurs plumes, ainsi que celles de la queue noires, et les pieds rouges. Krascheninnikow, qui paroît n'avoir eu en vue dans cette description qu'une espèce de stariki, en indique ensuite une autre, dont le bec est d'un rouge de vermillon, et qui a sur la tête une huppe blanche et courbée. On trouve en outre, dans ses notes, les phrases par lesquelles Steller a caractérisé ces deux espèces, et qui sont ainsi conçues : 1.° *mergus marinus niger, ventre albo, plumis angustis albis cristatus*; 2.° *mergus marinus totus niger, cristatus, rostro rubro*. La première de ces espèces paroît se rapporter à l'*alca psittacula*, alque ou pingouin-perroquet de Pallas (*Spicil.*, *fasc.* 5, pag. 13, tab. 2, et tab. 5, fig. 4-6) de Gmelin et de Latham ; et la seconde à l'*alca cristatella* des mêmes, qui est décrite par Pallas, dans l'ouvrage cité, *fasc. id.*, pag. 18 et suivantes, et figurée pl. 3 et 5, n.ºs 7 - 9.

A l'égard des *gloupichis*, ou *glopisha*, suivant la traduction d'Eïdous, leur taille est comparée, dans la version de ce dernier (Histoire de Kamstchatka), à celle d'un *cormoran de rivière ordinaire*, et dans la description du même pays qui forme le troisième volume in-4.º du Voyage en Sibérie de l'abbé Chappe d'Hauteroche, à celle des *hirondelles de rivière*. Suivant les deux versions, il y en a de gris, de blancs et de noirs : leur nom, synonyme de *stupide* dans la langue kamtschadale, paroît venir de leur habitude de se poser sur les vaisseaux qu'ils rencontrent. Steller en a vu d'aussi gros qu'une oie et même qu'un aigle, lesquels avoient le bec crochu et jaunâtre, les yeux très-grands, le plumage d'une couleur d'ombre, avec des taches blanches sur tout le corps.

Le terme impropre d'*hirondelle de rivière* pouvant d'autant plus faire supposer une faute dans la seconde version, que l'on trouve dans la première le mot *cormoran*, oiseau dont la taille est bien plus rapprochée de celle de l'oie, citée dans le même article, on est fondé à penser que les gloupichis ne sont pas de la même espèce que les starikis, et que si les premiers appartiennent au même genre, c'est-à-dire aux alques ou pingouins, ils ont plus de rapport avec la grande espèce, *alca impennis*, Pall., Lath. et Gmel. ; mais leur description est si succincte qu'on ne peut rien décider sur ce point ; et comme ni le texte de Krascheninnikow, ni le vocabulaire qui le suit, ne contiennent de rapprochemens synonymiques, il paroît prudent de suspendre, à leur égard, un jugement que des éclaircissemens ultérieurs pourroient infirmer.

Quoi qu'il en soit, les starikis et les gloupichis se retirent pendant la nuit sur les rochers, où ils font aussi leurs petits, et les habitans des îles Kouriles, qui les prennent facilement, en employant, pour cet effet, divers artifices assez grossiers, expriment de leurs corps, par la simple pression de la peau, une graisse qu'ils emploient à l'éclairage. (Ch. D.)

GLOUSSEMENT. (*Ornith.*) On appelle ainsi le cri plaintif par lequel la poule marque son tendre attachement à ses poussins, et les rappelle près d'elle dans les momens de danger. (Ch. D.)

GLOUT. (*Ornith.*) Voyez Glottis. (Ch. D.)

GLOUTERON, (*Bot.*), un des noms vulgaires de la bardane, *arctium lappa* de Linnæus, *lappa* de Tragus, Césalpin et Tournefort, laquelle doit conserver ce dernier nom, soit pour être distinguée de l'arctium de Daléchamps, autre genre de composée ; soit parce qu'ayant une fructification hérissée, elle sert en quelque manière de type pour des fructifications chargées d'aspérités ou pointes, désignées en latin sous le nom de *fructus lappaceus*. On nomme encore petit glouteron le *xanthium strumarium*, plus connu sous la dénomination de lampourde.

Ces deux plantes sont encore dans quelques livres sous le nom de *glouteron*. On donne aussi ce nom au caille-lait accrochant. (J.)

GLOUTON. (*Mamm.*) Ce nom a été donné à l'animal qui le porte, à cause de l'idée exagérée qu'on s'étoit faite de sa voracité ; et de nom propre il est devenu commun, c'est-à-dire, celui du genre dont le glouton proprement dit fait partie.

Les gloutons sont des animaux dont la chair fait la principale nourriture. Leur taille est médiocre, ils sont bas sur jambes, leurs formes sont épaisses, leur tête est large et obtuse, et leurs allures sont assez lourdes : c'est qu'ils ne marchent point sur l'extrémité des doigts, comme les carnassiers dont les mouvemens sont légers, mais sur la plante entière du pied comme les ours. Leur pelage est épais ou rare, fin ou dur, suivant les contrées qui sont propres à chaque espèce ; mais tous sont remarquables par la différence tranchée qui existe entre la couleur des parties inférieures de leur corps et celle des parties supérieures. Ils ressemblent aux martes par les organes de la mastication : chez tous on trouve une molaire tuberculeuse à chaque mâchoire, et les carnassières ordinaires ; mais le nombre des fausses molaires varie. Ils ont six incisives à l'une et à l'autre mâchoire, et deux canines. Comme nous l'avons déjà dit, ils marchent sur la plante entière du pied, et ils ont aux membres antérieurs comme aux postérieurs, cinq doigts armés d'ongles propres à fouir. Leurs autres organes extérieurs ne sont point connus d'une manière générale, une seule espèce ayant été examinée avec quelques détails. Ce sont des animaux très-carnassiers, très-féroces, qui vivent d'une manière analogue aux martes, et quelques uns se fouissent des terriers. Ils ne paroissent point difficiles à apprivoiser. On n'en connoît encore que trois espèces : l'une habite les régions boréales, et les autres la zone torride.

Le Glouton, *Ursus gulo*, Linn.; Buffon, Supp., t. III, pl. 48. Il a la taille d'un chien de moyenne grandeur; sa longueur, du bout du nez à l'origine de la queue, est d'environ deux pieds. Tout son corps est couvert d'un poil épais qui fait de sa peau une assez bonne fourrure. Les poils laineux sont blanchâtres; les soyeux, qui donnent la couleur à cet animal, sont noirs sur le dos, sur la queue, sur les quatre jambes et sous le ventre, et roux sur les épaules et les côtés du corps; la tête qui, comme les jambes, est revêtue de poils ras, est variée de noir et de blanc, et l'on trouve encore des traces de cette couleur sous la gorge et sur la poitrine. La queue est très-touffue. Voici ce que Buffon dit du naturel d'un glouton qui lui avoit été envoyé du nord de la Russie, et qu'il a gardé pendant dix-huit mois : « Il étoit si fort privé qu'il ne faisoit « de mal à personne. Sa voracité a été aussi exagérée que sa « cruauté ; il est vrai qu'il mangeoit beaucoup, mais il n'im-« portunoit vivement ni fréquemment quand on le privoit « de nourriture. Lorsqu'il avoit bien mangé, et qu'il restoit « de la viande, il avoit soin de la cacher dans sa cage et de « la couvrir de paille. En buvant il lappe comme un chien. Il « n'a aucun cri. Quand il a bu, il jette avec ses pates ce qui « reste d'eau par-dessous son ventre; il est rare de le voir « tranquille, parce qu'il remue toujours; il mange goulu-« ment, et auroit mangé quatre livres de viande si on les « lui eût données. » Il est bien vraisemblable que cette espèce se trouve en Amérique, et que c'est un glouton de ce continent qu'Edwards a fait représenter, pl. 103, sous le nom de *wolverenne*, et dont Gmelin a fait son *ursus luscus*.

Le Grison, *Viverra vittata*, Linn.; Hist. nat. des Mammifères, par Ant. Geoffroy-Saint-Hilaire et Fréd. Cuvier. C'est dans cet ouvrage qu'on trouve la seule bonne figure du grison, parce que c'est la seule qui ait été faite d'après un animal vivant.

Le grison a vingt pouces de l'origine de la queue à l'extrémité du museau, et sa queue a sept pouces ; sa hauteur est de neuf pouces environ. La plante de ses pieds est nue, et ses doigts sont réunis par une membrane jusqu'à la dernière phalange. Sa verge se dirige en avant, et le scrotum est libre et nu ; le museau est terminé par un mufle, sur les côtés duquel s'ouvrent les narines ; les oreilles, très-petites, sont simples et sans lobules ; la langue est rude ; les yeux à pupilles rondes, et les moustaches naissent de chaque côté du museau sur la lèvre supérieure. Il a les deux sortes de poils: le laineux est gris, le soyeux noir ou annelé de noir et blanc ; il est très-long sur le dos, les flancs et la queue, et beaucoup plus court sur le museau, la tête et les pates. Les fausses molaires sont au nombre de deux à la mâchoire supérieure, et de quatre à l'inférieure. Il est d'un gris sale, provenant des poils annelés de noir et de blanc, sur la tête et le cou, sur le dos, les flancs, la croupe et à la queue ; toutes les autres parties sont noires ; enfin, du gris blanchâtre forme une ligne de chaque côté de la tête, qui vient se perdre sur les côtés du cou. On le trouve dans les parties chaudes de l'Amérique méridionale.

Allamand a le premier fait connoître cet animal, mais par une figure imparfaite. Buffon en a aussi parlé sous le nom de fouine de la Guiane (Supp., t. III, pl. 23, p. 250). Le capitaine Stedmann nous a ensuite appris, dans son Voyage, qu'à Surinam on nomme le grison craboudago, et M. d'Azara nous donne sur cette espèce de glouton quelques détails intéressans. (Mémoires du Paraguai, traduction françoise, t. 1, p. 190.)

Ces animaux se creusent des terriers. Les mâles et les femelles sont semblables, et les jeunes ressemblent aux adultes ; lorsqu'on les irrite, ils répandent une forte odeur de musc : les femelles paroissent mettre bas en octobre, ce qui reporteroit l'époque de l'accouplement en été ; elles ont huit mamelles.

Le Tayra, *Mustella barbata*, Linn. ; Buff., Supp. VII, fig. 60. Marcgrave (Hist. nat. du Brés., p. 234) a le premier fait connoître cet animal sous le nom de *carigueibeiu*. Brown ensuite, dans son Histoire naturelle de la Jamaïque, en a parlé sous le nom de *galera*, et en a donné une figure. Buffon, à son tour, l'a figuré et décrit avec la dénomination de grande marte de la Guiane ; et, enfin, M. d'Azara en a décrit plusieurs individus avec beaucoup de détails. Ce sont là les sources principales de l'histoire du tayra.

La grandeur de cet animal est de vingt à vingt-quatre pouces depuis l'extrémité du museau jusqu'à l'origine de la queue, et celle-ci a de quatorze à quinze pouces ; sa hauteur est d'environ neuf pouces. Son corps et ses membres sont d'un noir brun ; sa tête est grise, et le dessous de son cou, depuis la gorge jusqu'à la poitrine, est blanc. Il a les pieds de derrière palmés , la langue rude des chats, les oreilles extérieures peu développées et arrondies ; des moustaches garnissent ses lèvres ; la verge se dirige en avant, les testicules sont dans un scrotum apparent, et les mamelles sont au nombre de quatre.

Les tayras vivent dans des terriers, et répandent une forte odeur de musc ; ils portent toujours leur queue horizontalement. Ils habitent, ainsi que les grisons, dans la Guiane, le Brésil, etc. (F.C.)

GLOXINIA. (*Bot.*) Voyez CORNARET. (POIR.)

GLU, GLUAUX. (*Avicept.*) L'espèce de saule que l'on cultive en saussaies, et dont se servent les tonneliers, passe pour être la plus propre à faire de bons gluaux , lorsque les tiges sont coupées à l'époque où l'on peut en ôter les feuilles sans que leurs cimes se cassent. On doit choisir les plus minces et les plus droites. Après les avoir exposées au soleil ou dans un endroit chaud pendant deux heures, et en avoir enlevé les feuilles, on les coupe toutes de la longueur de quinze ou seize pouces, et l'on en aiguise le plus gros bout en forme de coin. Afin d'empêcher que ces bouts ne s'émoussent et ne puissent pénétrer dans les entailles des branches préparées pour recevoir les gluaux, on les endurcit en les exposant sur de la braise allumée, ou en les mettant sur des cendres fort chaudes.

La glu qu'on emploie pour enduire les tiges de saule , se fait avec de l'écorce de houx pilée, mise en fermentation, lavée et battue. On détache facilement cette écorce en faisant d'abord bouillir les branches coupées en morceaux dans un chaudron plein d'eau, et elle se broie et se pile dans des mortiers ; puis on la met dans des pots de terre, qu'on expose pendant quinze jours dans un lieu où la chaleur est concentrée. Quand l'odeur qui s'en exhale prouve que l'écorce a suffisamment fermenté, on la retire des pots, on la lave pour en nettoyer les scories, et on la bat. On fait aussi de la glu avec de l'écorce de gui, mais elle est de moins bonne qualité.

Au lieu de l'eau que certaines personnes mettent dans les pots, afin d'éviter que la glu ne s'attache aux parois, il est préférable d'employer de l'huile d'olive fraiche, en petite quantité. A défaut de cette sorte d'huile, on peut se servir d'huile de navette, de noix ou de lin; mais, si elle étoit vieille, elle pourroit produire une odeur désagréable qui écarteroit les oiseaux.

Pour engluer les tiges de saule qu'on a préparées, on s'enduit les mains d'huile, et, après avoir pris dans l'une une portion de glu de la grosseur d'une noix, on en frotte successivement les baguettes qu'on tient de l'autre, de manière qu'il n'y ait d'endroit non couvert de cette substance que la pointe effilée du gros bout et l'espace nécessaire au-dessus pour pouvoir les tendre et détendre sans en imprégner les doigts. Les gluaux ainsi préparés s'enferment dans une boite huilée.

C'est surtout pour la pipée que l'on fait usage de la glu, et on a donné sous le mot Becs-fins, tom. IV, p. 216 et suiv. de ce Dictionnaire, des détails assez étendus sur cette chasse; mais les gluaux servent encore à deux autres. La première, qui a lieu depuis le mois de septembre jusqu'au mois d'avril, se pratique en choisissant dans une pièce de terre un endroit éloigné des grands arbres et des haies : on l'appelle *chasse au buisson englué*. Après avoir fiché en terre trois ou quatre branches de taillis hautes de cinq ou six pieds, et entrelacé leurs cimes les unes dans les autres, pour leur donner l'apparence et la consistance d'un buisson, on en couvre le haut avec deux ou trois branches touffues d'épine noire; on fend avec un couteau le gros bout de cinquante à soixante petits gluaux, et on les arrange en divers endroits du buisson factice, de manière que l'oiseau ne puisse se placer dessus sans engluer ses plumes. Pour attirer les oiseaux des environs, on place à environ trois pieds de distance des individus privés, de la même espèce, sur de petites fourchettes de bois de six

pieds de hauteur, et , si l'on veut en augmenter le nombre,
on attache ceux qu'on a pris les premiers sur quelques baguettes du haut du buisson ; après quoi l'on s'écarte à quarante
pas avec une ficelle tenant à ces baguettes, que l'on fait ainsi
remuer.

La seconde chasse, celle de l'*abreuvoir englué*, se pratique
vers la fin de juillet, époque à laquelle les oiseaux sont plus
altérés, en plantant beaucoup de gluaux, longs d'un pied,
sur les bords d'une mare fréquentée par les oiseaux. Ces
gluaux, placés à distances égales, se couchent à deux doigts
d'élévation de terre, sans les faire toucher, et l'on environne
de petites branches les côtés de la mare où l'on n'en a pas
mis. Comme les oiseaux qui viennent boire ne descendent que
par degrés vers l'endroit de la mare qui leur semble le plus
propice, des chasseurs expérimentés placent, en outre, à
l'endroit le plus apparent des environs de la mare, trois ou
quatre branches assez hautes, dont ils coupent les rameaux
du côté de l'eau, et ils les couvrent de gluaux. Les momens
les plus favorables pour cette chasse sont de dix à onze heures
du matin, de deux à trois heures après midi, et une heure
et demie avant le coucher du soleil. C'est pendant les grandes
chaleurs qu'on doit attendre le plus de succès de cette chasse,
à laquelle la rosée et la pluie sont nuisibles. (CH. D.)

GLUCINE. (*Chim.*) La glucine est une base salifiable qui
passe généralement pour être l'oxide d'un métal appelé
glucinium. Le nom de glucine vient de γλνχυς, doux, sucré,
parce que les sels solubles de glucine ont une saveur douce,
sucrée. Elle fut découverte dans l'émeraude, en 1798, par
M. Vauquelin.

Propriétés physiques.

Elle est blanche, douce au toucher. Ekeberg porte sa den-
sité à 2,967. Elle n'a ni saveur ni odeur. Elle happe à la langue,
comme tous les corps susceptibles d'imbiber l'eau.

Propriétés chimiques.

Elle est infusible et indécomposable par l'action de la chaleur, de la lumière et de l'électrité. Lorsqu'on l'expose au
feu, elle n'éprouve qu'un très-léger retrait.

6.

Les corps simples non métalliques, et vraisemblablement les métaux des 3, 4 et 5.e sections, sont sans action sur elle.

Elle est insoluble dans l'eau ; mais elle peut s'y combiner et former un hydrate.

Action des acides.

L'acide sulfurique dissout très-bien la glucine divisée, et surtout l'hydrate ; il forme un sel qui ne cristallise pas. Le sulfate de glucine diffère en cela du sulfate d'alumine, qui cristallise en petits feuillets réunis en étoiles. Le sulfate de glucine n'est pas susceptible de former un sel double cristallisable lorsqu'on mêle sa solution avec une solution de sulfate de potasse : cette propriété le distingue encore du sulfate d'alumine.

Le nitrate, l'hydrochlorate de glucine sont solubles.

Il en est de même de l'acétate ; ce sel ne cristallise pas : quand on en fait évaporer la solution, il reste une substance qui a l'aspect d'un mucilage, et qui se redissout en totalité dans l'eau. L'acétate de glucine diffère, par cette propriété, de l'acétate d'alumine, qui se réduit par l'évaporation en un sous-acétate insoluble.

La glucine forme avec l'acide oxalique un sel très-soluble.

L'acide hydrosulfurique la dissout, mais en petite quantité.

L'acide succinique forme avec elle un sel insoluble ; car Ekeberg a observé que les succinates précipitent les solutions de glucine.

Le prussiate de potasse et la noix de galle n'ont pas d'action sur les sels solubles de glucine ; c'est une ressemblance qu'ils ont avec les sels d'alumine.

Tous les sels solubles de glucine ont une saveur légèrement astringente et sucrée.

Action des alcalis et du sous-carbonate d'ammoniaque.

Les eaux de potasse, de soude, que l'on verse dans des solutions de glucine, précipitent cette base : un excès d'alcali la redissout. Pour séparer la glucine d'une solution alcaline, il faut neutraliser celle-ci par l'hydrochlorate d'ammoniaque, ou sursaturer encore la solution par les acides sulfurique, nitrique ou hydrochlorique, et y verser ensuite de l'ammoniaque. Une solution concentrée de sous-carbonate d'ammoniaque, mêlée à une solution de glucine étendue, précipite un sous-carbonate de cette base, qu'on peut redissoudre ensuite dans un excès de sous-carbonate d'ammoniaque. Cette propriété distingue la glucine de l'alumine, qui se rapproche d'ailleurs de la glucine par sa solubilité dans les eaux de potasse et de soude. On sépare la glucine du sous-carbonate d'ammoniaque, en faisant bouillir la dissolution ; le sous-carbonate alcalin se volatilise, et le sous-carbonate de glucine se précipite.

L'ammoniaque ne dissout pas sensiblement la glucine.

La glucine peut s'unir à un grand nombre de principes colorans.

Préparation de la glucine.

On pulvérise de l'émeraude de France dans un mortier de silex; on en met 1 partie dans un creuset d'argent avec 3 parties de potasse à l'alcool, et 1 partie d'eau : on fait chauffer très-doucement. et on agite les matières, afin de les mêler intimement. Lorsque toute l'eau est évaporée, on pousse la chaleur jusqu'au rouge cerise, et l'on maintient cette température pendant une demi-heure environ.

On retire le creuset du feu, on le laisse refroidir ; puis, après l'avoir bien nettoyé extérieurement, on détache avec de l'eau la matière qui y est contenue, et on la verse dans une capsule de porcelaine. La matière doit être étendue d'une quantité d'eau égale à environ 100 fois le poids de l'émeraude soumise à l'analyse : on ajoute ensuite au liquide un excès d'acide hydrochlorique ; si la pierre a été bien attaquée, tout doit être dissous. On fait évaporer la liqueur à siccité en ayant soin de remuer sur la fin de l'opération : on chasse par ce moyen l'acide hydrochlorique qui étoit en excès et celui qui tenoit la silice en dissolution ; on remet de l'eau sur le résidu, on ajoute un peu d'acide hydrochlorique, on filtre et on lave bien le résidu, qui est la silice.

Le lavage contient du chlorure de potassium, des hydrochlorates de chaux, de peroxide de fer, d'alumine et de glucine. On précipite toutes ces bases par le sous-carbonate de potasse ; on décante le liquide ; on passe une ou deux eaux sur le précipité dans le flacon même où il a été produit ; puis on le dissout dans l'acide hydrochlorique, et on mêle la solution avec un excès de potasse à l'alcool. Celle-ci dissout la glucine et l'alumine, tandis qu'elle précipite la chaux et l'oxide de fer.

On jette le tout dans un filtre ; on lave le filtre, on sursature la liqueur alcaline par de l'acide hydrochlorique ; on y verse du sous-carbonate d'ammoniaque en excès ; par ce moyen on précipite l'alumine, et on obtient une dissolution de glucine dans le sous-carbonate d'ammoniaque ; en faisant bouillir cette dernière, on précipite du sous-carbonate de glucine, qui, étant lavé, puis calciné, donne de la glucine pure. (Ch.)

GLUE DE CHÊNE (*Bot.*), nom vulgaire de la fistuline, champignon commun dans nos bois sur les troncs des gros arbres, et particulièrement sur ceux des chênes. Voyez Fistuline. (Lem.)

GLUET. (*Bot.*) Dans l'Ile-de-Bourbon, suivant Commerson, on nomme ainsi un lorante, *loranthus spicatus*. (J.)

GLUMACÉ [Périanthe simple] (*Bot.*) : d'un tissu sec et dur comme la glume des graminées ; tel est, par exemple, celui de la fleur du jonc. (Mass.)

GLUME (*Bot.*) : *Gluma*, Juss. ; *Calix*, Linn. ; *Lepicena*, Rich. ; *Tegmen*, Beauv. Enveloppe extérieure des fleurs des graminées, formée quelquefois d'une bractée (ivraie), mais ordinairement de deux bractées (seigle) minces et sèches, en forme d'écailles, ou de nacelles, ou de spathelles (petites spathes), *spathellæ*, Desv. ; *valvæ*, Linn., Juss. ; *paleæ*, Rich. ; *tegmen*, Beauv. : contenant tantôt une seule fleur (orge, etc.), tantôt plusieurs fleurs (seigle, ivraie, etc.).

Sous la glume est la Glumelle (*glumella*, Desv. ; *calix*, Linn. ; *corolla*, Juss. ; *stragula*, Beauv. ; *lepicena*, Rich.) , enveloppe immédiate de chaque fleur, et formée d'une ou de deux spathellules (*spathellulæ*, Mirb. ; *spathellæ*, Desv. ; *glumæ*, Beauv. ; *paleæ*, Rich.), façonnées comme les spathelles de la glume, et n'en différant guère que par la position.

Sous la glumelle est la Lodicule (*lodicula*, Beauv. : *glumella*, Rich. ; *glumellula*, Desv.), formée de paléoles (*paleolæ*, Rich. ; *spathellulæ*, Desv. ; *squamæ*, Linn.), très-petites écailles pétaloïdes, placées sur le réceptacle avec les organes sexuels, et n'existant que dans un certain nombre de graminées. (Mass.)

GLUMÉE [Fleur] (*Bot.*), dont les organes sexuels sont accompagnés de glumes (blé, seigle, scirpe, etc.). (Mass.)

GLUPISHA. (*Ornith.*) Voyez Gloupichi. (Ch. D.)

GLUSZEC. (*Ornith.*) Ce nom polonois du grand tetras, *tetras urogallus*, Linn., s'applique au bruant des prés, *emberiza cia*, lorsqu'il est terminé par un k. (Ch. D.)

GLUTA. (*Bot.*) Genre de plantes dicotylédones, à fleurs complètes, polypétalées, régulières, dont la famille naturelle n'est pas encore déterminée, et qui appartient à la *pentandrie monogynie* de Linnæus : son caractère essentiel consiste dans un calice membraneux, campanulé et caduc ; cinq pétales plus longs que le calice, connivens dans leur partie inférieure avec la colonne qui soutient l'ovaire, ouverts à leur sommet ; cinq étamines placées sous l'ovaire au sommet de la colonne qui le soutient ; les anthères versatiles ; un ovaire porté sur un support en forme de colonne, surmonté d'un style et d'un stigmate simple. Le fruit n'est point connu.

Ce genre, remarquable par le caractère assez singulier de ses fleurs, n'est encore que très-imparfaitement connu. Si l'on sépare les pétales de la colonne de l'ovaire, à laquelle ils semblent collés ou agglutinés, dit M. de Lamarck, la situation des étamines se présente alors sous le même aspect que dans les grenadilles : néanmoins ce genre paroît avoir de grands rapports avec les *sterculia*, beaucoup moins avec les grenadilles. Il ne renferme jusqu'à présent qu'une seule espèce.

Gluta de Java ; *Gluta benghas*, Linn., *Mant.*, 160 et 295. Arbre de l'île de Java, dont les rameaux sont chargés vers leur sommet de feuilles alternes, sessiles, élargies, lancéolées, nues, veinées, presque longues d'un pied ; les feuilles qui naissent sur les rameaux fleuris, sont plus rapprochées, plus obtuses, et n'ont que quatre pouces de longueur ; les fleurs sont pédonculées, de la grandeur de celles du chou, disposées en un panicule terminal. Leur calice est campanulé, obtus, plus court que l'ovaire ; la corolle composée de cinq pétales lancéolés ; les filamens des étamines sétacés ; les anthères arrondies et versatiles ; l'ovaire ovoïde, pédicellé ; le style médiocre. (Poir.)

GLUTAGO. (*Bot.*) Genre établi par Commerson, qui ap-

partient aux *loranthus*. Il paroît même différer très-peu
du *loranthus coriaceus*. Son calice est à cinq dents à peine
sensibles, accompagné de deux écailles à sa base. La corolle
est d'abord tubulée, puis fendue latéralement, et forme
une languette plane, divisée en cinq à son sommet ; les divisions, roulées en dehors, soutenant cinq étamines. Les baies
sont glutineuses et monospermes. Voyez LORANTHE. (POIR.)

GLUTEN et GLUTINEUX (*Chim.*), noms que l'on a donnés
au principe immédiat de la farine de froment, qui est très-
azoté. Nous préférons le nom de gluten au mot *glutineux*, par
la raison que le premier est un substantif, tandis que le second est employé dans le langage ordinaire comme adjectif.

Préparation. Elle est décrite tome XVI, pag. 185.

Propriétés physiques.

Le gluten frais, ou le gluten qui contient de l'eau, est
d'un blanc grisâtre : il a une odeur légère de sperme ; il
est insipide, difficile à mâcher ; il est doué d'une élasticité remarquable, car un morceau d'un pouce cube environ peut
s'étendre en un cylindre de dix pouces. Si, au lieu de le
tirer en deux sens opposés, on le tire en plusieurs sens à la
fois, on l'étend en une sorte de membrane satinée, brillante
et demi-transparente.

Le gluten, en perdant son eau, perd toute son élasticité ; il
devient d'un brun légèrement jaunâtre : quand on l'a desséché
en plaque mince sur un plan de porcelaine, il est translucide,
cassant ; sa cassure est vitreuse.

Nous attribuons à l'eau l'élasticité du gluten frais ; mais nous
ignorons l'état d'union de ces corps : nous ne pouvons que le
rapprocher de celui où se trouve l'eau dans le TISSU ÉLASTIQUE
JAUNE DES ANIMAUX (voyez ce mot), et dans plusieurs autres
substances organiques solides.

Propriétés chimiques.

(*a*) *Cas où le gluten agit par attraction résultante.*

Le gluten est insoluble dans l'eau froide qu'on laisse ma-
cérer avec lui pendant quelques heures ; mais, à la longue, une
portion est dissoute. Cette solution est assez visqueuse pour écu-

mer par l'agitation. Le chlore et la noix de galle en précipitent du gluten. Quand on l'expose à l'action de la chaleur, il s'en sépare des flocons.

Le gluten frais, mis dans l'eau bouillante, paroît perdre l'eau qui lui donne son élasticité ; car alors il est susceptible d'être divisé en petits morceaux.

Le gluten sec peut se conserver indéfiniment.

Lorsqu'on traite le gluten par l'alcool à la température ordinaire, on en sépare un peu d'huile, laquelle est unie à un principe colorant jaune, et à un principe volatil qui lui donne l'odeur de la farine (voyez t. XVI, pag. 185) ; mais le gluten ne se dissout pas dans l'alcool.

L'éther ne le dissout pas ; il est probable que son action se borne à dissoudre un peu d'huile.

L'acide acétique concentré le dissout sans lui faire éprouver d'altération bien sensible ; car, en neutralisant l'acide avec précaution, on peut obtenir, au moins d'une dissolution récente, un précipité floconneux dont les parties se rapprochent et finissent par se réunir en filamens qui ont l'élasticité du gluten. La solution acétique est visqueuse ; elle n'est jamais parfaitement transparente ; elle précipite abondamment par le chlore, et par l'infusion de noix de galle.

Les substances astringentes, notamment celle de la noix de galle, s'unissent au gluten, et forment des composés qui sont beaucoup moins altérables que ce dernier, et qui, sous ce rapport, peuvent être comparés à la peau tannée.

Le gluten s'unit aux principes colorans.

(b) Cas où le gluten agit par affinités élémentaires.

Suivant Fourcroy et M. Vauquelin, le gluten frais que l'on met dans l'eau de chlore, se ramollit d'abord, et semble se dissoudre ; mais il ne tarde pas à se réduire en une substance floconneuse jaunâtre, qui devient transparente et verdâtre en se desséchant. Cette substance exhale du chlore quand on la chauffe doucement ; le résidu a l'aspect du gluten non altéré : cependant il est vraisemblable que le chlore, en se fixant au gluten, en soustrait un peu d'hydrogène avec lequel il produit de l'acide hydrochlorique. L'eau a beaucoup moins d'action sur le composé de chlore et de gluten, que sur le gluten ;

car, pour peu que l'eau contienne de ce corps en dissolution, le chlore l'en précipite en flocons.

L'acide sulfurique concentré, mis avec du gluten, se colore d'abord en violet, puis en noir: il y a dégagement de gaz hydrogène, production d'eau et d'ammoniaque et du charbon à nu. (FOURCROY.)

L'acide nitrique à 32°, chauffé sur le gluten, donne lieu à un dégagement de gaz azote; le gluten disparoît peu à peu, il se convertit en eau, en acide carbonique, en ammoniaque, en acides malique et oxalique, en matière jaune amère, enfin en une substance grasse, qui ne se dissout pas dans le liquide, au moins pour la plus grande partie.

L'acide hydrochlorique un peu étendu dissout le gluten à chaud, mais celui-ci paroît éprouver quelque altération.

La potasse et la soude en dissolution dans l'eau, mises en digestion avec le gluten, forment un liquide d'un jaune brun qui n'est pas transparent; pendant cette opération, il y a un dégagement notable d'ammoniaque. Le gluten est certainement très-altéré par l'action de l'alcali; car, en neutralisant ce dernier par un acide, on sépare une matière qui n'a aucune élasticité, et qui diffère beaucoup du gluten, quoique cependant elle contienne encore de l'azote.

Le gluten distillé donne tous les produits d'une matière animale, c'est-à-dire, des gaz acide carbonique, oxide de carbone, hydrogène carburé; du sous-carbonate d'ammoniaque, dont une partie se condense en cristaux sur les parois de l'alonge adaptée à la cornue où se fait la distillation; de l'eau chargée d'acétate et de sous-carbonate d'ammoniaque; deux huiles empireumatiques, dont l'une est jaune, l'autre brune; un charbon azoté, spongieux, brillant, qui forme du cyanogène quand on le calcine avec la potasse: ce charbon contient du phosphate de chaux; il est difficile à incinérer.

Changement que le gluten abandonné dans l'eau et exposé à 12°,5 éprouve spontanément.

Rouelle, Fourcroy et M. Vauquelin ont examiné plusieurs des résultats de ce changement; M. Proust, qui a repris ce travail après ces savans, a découvert des faits importans que nous allons faire connoître: les principaux sont la découverte de deux matières, l'une qu'il appelle *acide caséique*, et l'autre *oxide caséeux*, parce que le caillé du lait, qui est principalement formé de fromage ou caséum, produit ces matières lorsqu'il est placé dans les mêmes circonstances que le gluten.

Une livre de gluten introduite dans une cloche pleine d'eau renversée dans un bain de ce liquide, a été exposée à une température de 12°,5 ; au bout de trois jours, elle avoit donné environ quarante-huit pouces cubes de gaz acide carbonique et trente-huit pouces d'hydrogène pur. (Il faut remarquer que le volume du gaz acide produit devoit être plus considérable par la raison que l'eau du bain avoit dû en dissoudre.) Le gluten a été comprimé avec une baguette de verre, abandonné plusieurs jours à lui-même, puis tiré de la cloche. Il étoit alors en une pâte grise, filante, acidule, sans mauvaise odeur. Introduit de nouveau dans la cloche, il a donné en moins de huit jours trente pouces cubes d'acide carbonique, et trente pouces cubes d'hydrogène.

M. Proust pense que ce sont ces gaz qui font lever la pâte de la farine de froment, et non les gaz produits par le sucre de cette farine. Il admet que le pain frais, outre l'acide acétique et l'ammoniaque, contient une portion d'air atmosphérique, qui a été introduite dans la pâte lorsqu'on l'a battue et malaxée.

Le gluten qui a cessé d'émettre des gaz, gardé sous quelques pouces d'eau dans un bocal couvert d'une plaque de verre, a produit du phosphate, du carbonate, de l'acétate, du *caséate* d'ammoniaque ; de l'acide hydrosulfurique ; une matière insoluble dans l'alcool, que M. Proust appelle gomme ; enfin, de l'oxide caséeux. Il arrive un moment où l'eau est tellement chargée de sels, que la décomposition du gluten s'arrête ; il est alors nécessaire de jeter la matière sur une toile, de passer de l'eau dessus, et de la remettre ensuite dans le bocal avec de l'eau pure.

Les lavages évaporés dégagent de l'acide hydrosulfurique, du sous-carbonate et de l'acétate d'ammoniaque. Quand ils sont réduits à la consistance de sirop, on couvre la masse d'alcool, et on agite ; l'*oxide caséeux* est précipité : on le lave avec l'alcool jusqu'à ce que celui-ci n'en sépare plus de matière sapide.

Les liqueurs alcooliques réunies déposent à la longue de la gomme ; on peut accélérer ce dépôt en ajoutant aux liqueurs de l'alcool concentré.

On décante la liqueur éclaircie, on la distille ; on ajoute de l'eau au résidu avec deux onces environ de sous-carbonate de plomb pur ; on fait bouillir : on obtient une solution d'acétate et de caséate de plomb, et un résidu formé de phosphate de plomb et du sous-carbonate de plomb qui étoit en excès. On filtre ; on fait passer un courant d'acide hydrosulfurique dans la liqueur pour précipiter le plomb ; on fait évaporer à consistance de sirop : l'acide acétique est volatisé, et l'acide caséique reste. On en reconnoît la pureté quand il ne trouble ni l'eau de chaux, ni les solutions de plomb, d'étain et de platine.

Oxide caséeux.

On le purifie en le faisant dissoudre dans l'eau bouillante ; on filtre, on fait évaporer : l'oxide se dépose par la concentration et le refroidissement ; on jette le tout sur un filtre, on lave l'oxide qui y reste avec un peu d'eau froide, on le fait sécher.

L'oxide caséeux est blanc, léger, comme l'agaric des drogueries, insipide ; l'eau ne le mouille pas : il se dissout dans ce liquide, à la température de 60° ; cette solution répand une odeur de mie de pain.

L'alcool bouillant n'en dissout qu'une très-petite quantité ; par le refroidissement, il dépose de petits grains cristallins.

L'éther chaud et les acides ne le dissolvent pas.

La potasse le dissout rapidement.

L'acide nitrique le dissout promptement à chaud ; il se dégage du gaz nitreux, et il se produit de l'acide oxalique et un peu de jaune amer.

Soumis à la distillation, il y en a une partie qui se sublime sans altération, et une autre qui se réduit en une huile concrète très-abondante en carbone ; il ne se produit que des traces d'eau et d'ammoniaque.

Quand on la chauffe avec le contact de l'air, elle s'enflamme facilement, et, comme les matières huileuses, sa flamme est blanche.

Acide caséique.

Il a l'aspect et la consistance d'un sirop de capillaire.

Sa saveur est acide, amère et fromageuse.

Il se congèle en une masse grenue.

Le chlore ne lui fait point éprouver de changement.

L'acide nitrique le convertit très-promptement en acide oxalique et en acide benzoïque ; il se forme ensuite du jaune amer.

Il précipite le nitrate d'argent en blanc ; le précipité jaunit, puis devient rougeàtre.

Le chlorure d'or est précipité en jaune.

Le perchlorure de mercure l'est en blanc.

Il est sans action sur les dissolutions de fer, de cobalt, de nickel, de manganèse, de cuivre et de zinc.

Il précipite en blanc par la noix de galle.

Il forme avec l'ammoniaque un composé incristallisable, dont la saveur est salée, piquante, amère, fromageuse, mêlée d'un arrière-goût de viande rôtie.

L'acide caséique donne à la distillation du sous-carbonate d'ammoniaque, de l'huile, de l'hydrogène huileux, un charbon volumineux. Pendant l'opération, il ne se manifeste pas d'odeur d'acide hydrocyanique.

Usages. Le gluten est un des principes les plus nutritifs de la farine de froment ; c'est à lui qu'elle doit la propriété de former un pàte ductile avec l'eau (voyez Farine), susceptible de lever quand elle est abandonnée à elle même. (Voyez Fermentation panaire.) On s'est servi du gluten frais pour réunir les morceaux des poteries cassées.

M. Ch. E. Cadet a proposé d'employer le gluten qui a éprouvé un commencement d'altération, à plusieurs usages. Il expose du gluten frais pendant vingt-quatre jours dans une serre humide ; puis il en sépare la couche extérieure ; la masse intérieure, qu'il appelle *gluten fermenté*, ressemble à de la glu d'un blanc grisàtre. Il traite cette masse par l'alcool ; une grande partie est dissoute : il filtre et concentre la liqueur jusqu'à la consistance sirupeuse. Par ce moyen, il obtient un vernis transparent, qui adhère fortement au papier, au bois, au verre, sur lesquels on l'applique, et qui n'a point l'inconvénient de s'écailler : on peut le colorer avec de la céruse, du minium, de l'indigo, du carmin. La solution alcoolique du gluten, fermentée, peu concentrée, mêlée avec de la chaux de manière à former une pâte molle, produit un lut excellent. (Ch.)

GLUTINARIA. (*Bot.*) Ce nom, suivant Adanson, avoit été donné par Heister à la sauge. Commerson l'avoit appliqué à une espèce de badamier, *terminalia angustifolia*, qui laissoit suinter de son écorce une résine d'abord molle, ayant quelque affinité avec le benjoin. (J.)

GLUTT. (*Ornith.*) Voyez Glottis. (Ch. **D.**)

GLUTTIER, *Sapium*. (*Bot.*) Genre de plantes dicotylédones, à fleurs monoïques, de la famille des euphorbiacées, de la *monoécie monadelphie* de Linnæus, très-voisin des *tragia* et des mancénilliers (*hippomane*), offrant pour caractère essentiel : Des fleurs monoïques : les mâles composées d'un calice campanulé, à deux, quelquefois trois dents : point de corolle ; deux étamines réunies à leur base, quelquefois en un seul filament ; les anthères à deux lobes distincts, ou à quatre, quand les filamens sont réunis : dans les fleurs femelles, un calice campanulé, très-court, à trois dents ; point de corolle ; un ovaire supérieur ; un style court ; trois stigmates ouverts, aigus. Le fruit est une capsule à trois coques, à trois loges : une semence globuleuse dans chaque loge.

Ce genre comprend des arbres lactescens, exotiques, à feuilles simples, alternes, munies de stipules ; les pétioles pourvus très-souvent de deux glandes à leur sommet ; les fleurs petites, disposées en épis, toutes unisexuelles, mais réunies sur les mêmes individus. Les fleurs mâles occupent ordinairement la partie supérieure de l'épi, et les femelles sont situées dans la partie inférieure ; quelquefois cependant elles sont solitaires, axillaires ou terminales. Quoique ce genre soit très-rapproché du mancénillier par ses fleurs, il en diffère essentiellement par ses fruits, celui du mancénillier étant une noix presque sphérique, enveloppée d'un brou épais, charnu, lactescent, renfermant un gros noyau tuberculé, divisé intérieurement en cinq à six loges monospermes. Il est plus voisin des *tragia*.

Gluttier des oiseleurs : *Sapium aucuparium*, Jacq., *Amer.*,

tab. 158 , et *Icon. pict.*, tab. 237 ; Lamk, *Ill. gen.*, tab. 792 ;
Mancanilla , etc., Plum., *Gen.*, 50, et *Amer.*, tab. 171, fig. 2 ;
Tithymalus arbor, etc., Pluk., *Almag.*, 369, tab. 220, fig. 8 ;
Hippomane biglandulosa, Linn. Arbre de l'Amérique méridionale, d'un port élégant, à cime luisante , qui s'élève à la
hauteur de trente pieds : ses rameaux sont longs, nombreux,
peu ramifiés, la plupart étendus horizontalement. Il coule
goutte à goutte, de toutes ses parties, un suc blanc, glutineux , qui passe pour vénéneux. Les feuilles sont éparses ,
situées vers l'extrémité des rameaux, ovales - lancéolées ,
acuminées, un peu coriaces , denticulées, longues de six
pouces, à nervures transversales, nombreuses, fines et parallèles ; le pétiole court, rougeâtre, muni à son sommet de
deux glandes oblongues, obtuses. Les fleurs sont disposées
en épis lâches, terminaux, verdâtres, un peu épais, longs
d'environ six pouces : les fleurs mâles occupent la partie supérieure ; les fleurs femelles celle du bas : ces fleurs sont sessiles , munies chacune à leur base de deux glandes oblongues ,
obtuses, un peu planes, d'un vert jaunâtre ; les calices d'un
noir pourpre.

Cette plante fournit, dans son pays natal, une sorte de
glu, que les Américains emploient aux mêmes usages que
celle que l'on retire en France des écorces du houx et du
gui : on entame le tronc de l'arbre, et le lendemain on ra-
masse le suc qui s'en est écoulé et qui s'est épaissi ; on s'en sert
pour attraper les perroquets et autres oiseaux. On cultive
ce gluttier dans les serres du Jardin du Roi : il exige une
forte chaleur et des arrosemens modérés. On ne peut le multiplier que par marcottes, et encore difficilement : tous les
deux ans il faut le changer de pot, et lui donner de la nouvelle terre.

GLUTTIER DE ZELAYA ; *Sapium zelayense*, Kunth, *in* Humb.
Nov. Gen. et Spec., 2, pag. 65. Cette espèce est très - rapprochée du *sapium aucuparium*. Ses rameaux sont alternes,
glabres , striés, garnis de feuilles alternes, médiocrement
pétiolées, oblongues ou ovales, acuminées , obtuses et munies de deux glandes à leur base, finement dentées en scie ,
glabres, veinées, réticulées, longues de deux pouces et plus,
larges d'un pouce ; le pétiole long de deux lignes, épaissi à

sa base ; les épis droits, grêles, presque sessiles, solitaires et terminaux, longs d'environ deux pouces et demi, munis à leur base de quelques fleurs femelles ; les fleurs mâles très-petites, pédicellées, entremêlées de bractées ; le calice glabre, campanulé, à deux lobes obtus ; deux étamines libres, très-saillantes ; les anthères en cœur, à deux lobes : dans les fleurs femelles, le calice du fruit est plan, agrandi, presque triangulaire et trilobé. Le fruit est une capsule glabre, d'un brun noirâtre, de la grosseur des fruits du prunier épineux, globuleuse, à trois coques. Cette plante croît dans les environs de Zelaya, au royaume de la Nouvelle-Grenade.

GLUTTIER RAYÉ; *Sapium lineatum*, Lamk., Encycl. 2, pag. 754 ; Commers., *Herb. et Icon.* Cette plante ressemble beaucoup au *sapium aucuparium* par ses épis de fleurs : c'est un petit arbrisseau, très-laiteux, dont les rameaux sont d'un brun grisâtre, cylindriques, cassans, marqués de cicatrices ; les feuilles éparses, rapprochées, ovales-lancéolées, légèrement crénelées sur leurs bords, glabres, luisantes, longues de cinq pouces, larges d'environ un pouce et demi, rayées par des nervures latérales, fines et parallèles ; le pétiole court, sans glandes à son sommet ; mais on observe quelquefois de petites glandes rouges entre les crénelures des feuilles ; les fleurs disposées en un épi terminal, linéaire, lâche et très-simple. D'après Commerson, les fleurs mâles ont un calice à trois divisions, trois anthères jaunes, presque sessiles ; le calice des femelles est à cinq divisions ; le style trifide ; les capsules glabres, à trois coques monospermes. Cette plante a été découverte par Commerson dans l'île de Bourbon, avec une variété à feuilles plus étroites et moins lisses.

Le *sapium lævigatum*, Lamk., l. c., diffère du précédent par ses feuilles non crénelées, ni denticulées sur leurs bords, et bien moins rayées ; elles sont d'ailleurs plus grandes, très-lisses, mais parsemées à leur face supérieure de très-petits points écailleux et luisans, qui ne sont bien visibles qu'à la loupe. Commerson l'a recueilli dans les mêmes contrées : quant au *sapium obtusifolium*, Lamk, l. c., découvert par le même à l'Ile-de-France, il se distingue par la forme de ses feuilles éparses, ovales-cunéiformes, entières, coriaces, obtuses, un peu cartilagineuses à leurs bords, souvent un peu réfléchies en dessous ; les fleurs sont sessiles , réunies en épis glabres, très-simples, terminaux ; le calice bifide dans les fleurs mâles; deux étamines à anthères à deux lobes. Le fruit est une capsule à trois loges.

GLUTTIER A FEUILLES DE SAULE : *Sapium salicifolium*, Kunth , *in* Humb. *et* Bonpl. *Nov. Gen. et Spec.*, 2, pag. 65 ; vulgairement AZUSENILLO. Arbre à suc laiteux, qui s'élève à la hauteur de vingt-quatre à trente pieds , dont les rameaux sont glabres, alternes, cylindriques; les feuilles alternes, médiocrement pétiolées, lancéolées : les plus jeunes oblongues, lancéolées, aiguës, obtuses et munies de deux glandes à leur base, finement dentées en scie à leurs bords, entourées de quelques glandes sessiles, veinées, réticulées, longues de deux à trois pouces, larges d'un demi-pouce; la nervure du milieu saillante en dessous ; le pétiole long de trois ou quatre lignes. Les fleurs sont disposées en épis terminaux, puis latéraux, solitaires, pédonculés, grêles, longs de trois ou quatre pouces; ces fleurs sont petites, presque sessiles, par paquets agglomérés, entremêlés de bractées; le calice glabre, bifide, campanulé; ses deux lobes ovales, concaves, un peu aigus : deux étamines saillantes, à filamens libres, à anthères bilobées. Cette plante croit sur les bords du fleuve de la Magdeleine, proche Moralis.

GLUTTIER A FEUILLES OBTUSES: *Sapium obtusifolium*, Kunth, l. c., pag. 63. Arbrisseau très-rameux, de douze à quinze pieds : ses rameaux sont épars, cylindriques, un peu ridés, garnis de feuilles éparses, rapprochées, très-médiocrement pétiolées, oblongues, obtuses, rétrécies à leur base, glabres, coriaces, d'un gros vert luisant en dessus, plus pâles en dessous, presque longues d'un pouce, larges au plus de quatre lignes ; les stipules subulées à leur sommet; des épis mâles, sessiles, grêles , droits, cylindriques, terminaux, longs d'un pouce ; leurs fleurs pédicellées, agglomérées; leur calice à trois divisions subulées; trois étamines libres ; les fleurs femelles solitaires, sessiles, terminales. Le fruit est une capsule globuleuse, presque trigone, à trois coques, ridée , ondulée , couronnée par le style persistant, entourée à sa base par le calice, grosse comme le fruit du prunier épineux. Cette plante croit dans les forêts des Andes du Pérou , proche Querocotillo.

GLUTTIER DES INDES : *Sapium indicum*, Willd., *Spec.*, 4, pag. 572 ; *Sapium bingerium*, Roxb., *Ined.* Plante des Indes orientales, découverte par Roxburg, qui diffère du *sapium aucuparium* par ses feuilles deux et trois fois plus courtes, dentées en scie, longues de deux pouces et plus, ovales-oblongues, acuminées : les pétioles dépourvus de glandes : on remarque seulement l'impression de deux glandes, souvent confluentes, sur le bord des feuilles à leur base. Les fleurs sont disposées en un épi axillaire, terminal. Le fruit consiste en une capsule globuleuse, de la grosseur d'une nèfle.

Willdenow a désigné sous le nom de *sapium ilicifolium*, l'*hippomane spinosa*, Linn. Mais, d'après l'observation de Swartz, il faudroit en retrancher le synonyme de Plukenet (*Almag.*, tab. 196, fig. 3), qui est le *valentinia ilicifolia* de Swartz, et non le *quercus agrifolia*, Willd. On distingue cette plante à ses feuilles ovales, dentées, épineuses à leurs bords. Elle croit dans l'Amérique méridionale. (POIR.)

GLUTTON (*Mamm.*), nom anglois du GLUTON. Voyez ce mot. (F. C.)

GLYCERATON, GLYCYPHYTON. (*Bot.*) : noms anciens de la réglisse, cités par Ruellius. (J.)

GLYCÉRIE. (*Bot.*) Genre de plantes dicotylédones, à fleurs polypétalées, rapproché de la famille des ombellifères, de la *peniandrie digynie* de Linnæus, offrant pour caractère essentiel : Des fleurs en ombelle simple ; une corolle à cinq pétales ovales, entiers, aigus, recourbés ; point de calice apparent ; cinq étamines ; deux styles très-courts, recourbés ; les stigmates oblitérés ; le fruit en rein, tronqué, comprimé latéralement ; les semences à cinq côtes, couvertes d'un tégument endurci ; les rainures striées en dedans ; un involucre à deux folioles.

M. Rob. Brown avoit établi, pour le *festuca fluitans*, un genre particulier sous le nom de *glyceria*, que M. de Beauvois avoit déjà signalé sous le nom de *Desvauxia* dans un Mémoire lu à l'Académie des Sciences. Nuttal, dans sa Flore d'Amérique, a employé le nom de *glyceria* pour un autre genre composé d'espèces qui avoient été réunies d'abord aux *hydrocotyle*. En conservant le genre de Brown, on pourroit donner à celui de Nuttal le nom de *chondrocarpus*.

Glycérie d'Asie : *Glyceria asiatica*, Nutt., *Amer.*, 2, p. 177 ; *Hydrocotyle asiatica*, Linn. ; Lamk., *Ill. gen.*, tab. 188, fig. 2 ; *Valerianella zeylanica*, etc., Herm., *Parad.*, tab. 238 ; *Codagen*, Rheed., *Malab.*, 10, tab. 46 ; *Ranunculo officinis*, etc., Pluken,, *Alm.*, 314, tab. 106, fig. 5 ; *Pes equinus*, Rumph, *Amboin.*, 5, tab. 169, fig. 1 ; *Trisanthus cochinchinensis*, Lour., *Fl. Cochin.* Plante des Indes orientales, dont les tiges sont grêles, rampantes, un peu velues, surtout vers leur sommet ; elles poussent, à leurs articulations, de petites racines fibreuses, ainsi que des feuilles et des fleurs. Les feuilles sont arrondies, réniformes, légèrement crénelées, épaisses, d'un vert clair, profondément échancrées à leur base, de cinq à sept lignes de diamètre ; les pétioles inégaux, un peu velus ; les hampes ou pédoncules courts, velus, soutenant trois ou quatre têtes de fleurs purpurines ramassées avec un petit involucre de folioles ovales.

Glycérie a feuilles de sibthorpe : *Glyceria sibthorpioides*, Nutt., l. c. ; *Hydrocotyle sibthorpioides*, Lamk., Encycl. Cette espèce est distinguée par ses feuilles très-petites, vertes, orbiculaires, à six ou sept lobes peu profonds, crénelées, échancrées, à leur base, d'environ quatre ou cinq lignes de diamètre. Les tiges sont rampantes, filiformes, rameuses, longues de quatre à six pouces ; les hampes au moins aussi longues que les pétioles, solitaires ou réunies plusieurs ensemble à chaque articulation, chacune d'elles portant à leur sommet cinq à huit fleurs verdâtres, fort petites, sessiles et ramassées en tête. Les fruits sont composés de deux semences lisses, un peu comprimées, jointes ensemble par leur bord interne. Cette espèce a été recueillie à l'Ile-de-France par MM. Sonnerat et Commerson.

Glycérie a feuilles de ficaire : *Glyceria ficarioides*, Nutt., l. c. ; *Hydrocotyle ficarioides*, Lamk., Encycl. Cette plante, découverte à l'Ile-de-France par Commerson, est glabre dans toutes ses parties, assez semblable par son port à la précédente, mais différente par ses feuilles ressemblant, en petit, à celles de la renoncule ficaire, petites, en cœur, arrondies, obscurément anguleuses. Les hampes sont solitaires ou géminées à chaque nœud, un peu plus courtes que les pétioles, portant chacune environ cinq petites fleurs blanchâtres, presque en tête. Elle se rapproche beaucoup du *valerianella altera*, etc., Herm., *Parad.*, tab. 258, fig. 2.

La plante indiquée sous le même nom par Michaux, *Flor. Amer.*, 1, pag. 161, et que M. Persoon a nommée *hydrocotyle repanda*, diffère de la précédente par ses feuilles plus grandes, sinuées et un peu anguleuses à leur contour, pileuses sur leur pétiole et leurs nervures; les fleurs réunies au nombre de trois, en une petite tête velue, pédonculée. Elle croit dans l'Amérique septentrionale et aux lieux humides dans la Caroline. C'est la même plante que l'*hydrocotyle reniformis* et *cordata* de Walterius, *Flor. Carol.*, 113.

GLYCÉRIE A TROIS FLEURS: *Glyceria triflora*, Nutt., l. c.; *Hydrocotyle triflora*, Ruiz et Pav., *Flor. Per.*, 3, pag. 24, tab. 245, fig. 6. Cette espèce croit dans les lieux humides, au Chili. Elle a, par son port, de grands rapports avec l'*hydrocotyle reniformis*. Ses tiges sont rampantes, géniculées; il sort de chaque nœud des feuilles droites, longuement pétiolées, réniformes, crénelées, à sept nervures, un peu velues dans leur jeunesse, ainsi que les pétioles; un à trois pédoncules à chaque nœud, opposés aux feuilles, trois fois plus courts que les pétioles, portant chacun trois fleurs sessiles, entourées d'un involucre à trois folioles un peu arrondies, concaves, persistantes, membraneuses: les pétales blancs; les fruits velus, à trois nervures. (POIR.)

GLYCIEIDA (*Bot.*), nom sous lequel Pline désigne la pivoine. (J.)

GLYCIMÈRE, *Glycimeris*. (*Conch.*) Genre établi par M. de Lamarck, pour un petit nombre de coquilles bivalves confondues par les auteurs linnéens avec les myes, dont elles n'ont certainement pas les caractères: Daudin avoit aussi établi ce genre sous le nom de CYRTODAIRE. Ses caractères sont : Animal inconnu, mais sans doute fort voisin de celui des solens; contenu dans une coquille équivalve, inéquilatérale plate, alongée, très-bàillante en avant comme en arrière; sommet dorsal postérieur, peu saillant: ligament externe et postérieur: nymphes saillantes au dehors: charnière sans aucune trace de dents.

Les coquilles de ce genre vivent très-probablement enfoncées dans le sable; mais c'est ce dont on n'est pas certain. M. de Lamarck n'en caractérise que trois espèces.

La Glycimère silique : *Glycimeris siliqua*, Lmck.; *Mya siliqua*, Chemnitz, *Conch.*, xi, pag. 192, t. 198, fig. 1934. Coquille ovale-oblongue, épaisse, couverte d'un épiderme noir, si ce n'est sur les sommets, qui sont décortiqués. Une sorte de disque calleux à l'intérieur. Des mers du Nord.

La Glycimère arctique : *Glycimeris arctica*, Lmck. Coquille ovale, un peu ventrue, tronquée antérieurement, étroite transversalement, avec deux côtes obtuses. Océan du Nord.

La Glycimère nacrée : *Glycimeris margaritacea*, Lmck. Coquille ovale, fort mince, nacrée à l'intérieur, tronquée et très-bâillante à l'une de ses extrémités. Fossile, à Grignon.

La Glycimère de Pallas : *Glycimeris Pallasii*; *Mya edentula*, Pallas, Voyag., trad. fr., tom. 1, append. 741. Petite coquille mince, blanche, ovale, inéquilatérale, très-bâillante à l'extrémité la plus alongée, avec des stries nombreuses plus rapprochées vers cette même extrémité. Dans les sables de la mer Caspienne.

Klein avoit aussi déjà employé ce nom de Glycimera pour placer les coquilles bivalves, fortement bâillantes des deux côtés; mais il y range de véritables Myes et des Panopées. (De B.)

GLYCINE, *Glycine*. (*Bot.*) Genre de plantes dicotylédones, à fleurs complètes, polypétalées, irrégulières, de la famille des légumineuses, de la *diadelphie décandrie* de Linnæus, qui a des rapports avec les *dolichos*, et dont le caractère essentiel consiste dans un calice à deux lèvres; la supérieure échancrée; l'inférieure trifide, plus longue : une corolle papillonacée; l'étendard réfléchi latéralement, en bosse sur le dos, repoussé par le sommet de la carène; dix étamines diadelphes; l'ovaire supérieur, surmonté d'un style roulé en spirale; une gousse alongée, polysperme.

Il est difficile de caractériser les glycines d'une manière bien tranchée, tant les espèces diffèrent les unes des autres par des caractères qui leur sont particuliers, et semblent autoriser à en former autant de genres, si la multiplication de ces derniers n'entraînoit pas de très-grands inconvéniens. On peut dire en général que les glycines se distinguent des dolics, en ce qu'elles n'ont point, comme ceux-ci, deux *callosités* à la base de l'étendard; qu'elles se distinguent des haricots en ce que leur carène n'est point contournée en

spirale. Malgré cela , on a été forcé d'en retirer plusieurs espèces pour en former des genres particuliers. (Voyez KENNEDIA ,
POIRETIA.) D'autres ont été réunies à des genres déjà connus.

GLYCINE FRUTESCENTE : *Glycine frutescens* , Linn. ; *Phasco-
loides frutescens* , etc., *Hist. Angl.* , 55 , tab. 15 ; *Apios frutescens* , Pursh , *Amer.* ; *Wistevia frutescens* , Nuttal , *Amer.* , 2.
pag. 113. Arbrisseau sarmenteux, remarquable par ses belles
grappes de fleurs bleues. Ses tiges , ligneuses à leur partie
inférieure , sont pubescentes et blanchâtres à leur partie supérieure , et s'élèvent à plus de dix pieds de hauteur sur les
plantes qui les avoisinent ; elles sont garnies de feuilles alternes, ailées avec une impaire , composées de neuf ou dix
folioles opposées , ovales-aiguës , pubescentes et presque
soyeuses dans leur jeunesse , puis vertes , entières , pédicellées , longues d'un à deux pouces et plus ; les grappes velues,
longues de trois ou quatre pouces , chargées d'écailles ovales ,
concaves , rougeâtres , caduques ; leur calice est campanulé ,
à deux lèvres ; l'étendard de la corolle élargi , vertical ; les
ailes adhérentes au sommet, bidentées à leur base ; la carène
non réfléchie sur l'étendard ; un petit tube denticulé , en-
gainant le pédicelle de l'ovaire ; une gousse toruleuse, à polysperme , à deux loges.

Ce joli arbrisseau croit dans la Caroline. Il est cultivé au
Jardin du Roi , comme plante d'ornement : on en forme de
très-jolis berceaux ; on en garnit les treillages. Ses jeunes
pousses , argentées et soyeuses , forment un contraste assez
agréable avec le vert de ses feuilles entièrement developpées ,
rélevées par de longues et belles grappes de fleurs violettes
d'un pourpre bleuâtre. Il fleurit vers la fin de l'été. On le multiplie de boutures, de drageons et de marcottes ; rarement de
graines , que l'on sème sur couches , au printemps, dans une
terre fraiche et legère : il vient dans presque tous les terrains,
et craint peu le froid. Lorsqu'il est jeune, on le couvre avec de
la paille en hiver. Sa meilleure place est contre un mur, au levant ou au midi : autrement, il manque du degré de chaleur qui lui est nécessaire pour produire des fleurs. Dans
les hivers rudes il est bon de couvrir le pied de cette plante
de litière ou de fougère : ses racines étant peu profondes,
elles sont susceptibles d'être atteintes par la gelée.

Glycine tubéreuse : *Glycine apios* , Linn.; *Apios americana* , Corn., *Canad.*, tab. 201; Stiss., *Bot.*, tab. 29; *Astragalus perennis*, etc., Moris., *Hist.*, 2, ss. 2 , tab. 9, fig. 1 ; *Apios tuberosa*, Pursh, *Amer.* Cette plante , dont on a fait, ainsi que de la précédente , un genre particulier, s'en rapproche en effet par les mêmes caractères de sa fleur. Ses racines sont composées de plusieurs tubérosités adhérentes à des fibres : il s'en élève des tiges sarmenteuses, grimpantes, qui parviennent jusqu'à la hauteur de douze à quinze pieds, garnies de feuilles ailées avec une impaire, composées de cinq à sept folioles vertes-ovales , lancéolées, aiguës , velues sur leur pédicelle, longues de deux pouces et plus. Les fleurs sont panachées de pourpre noirâtre et de couleur de chair, réunies en grappes courtes , touffues, axillaires, à l'extrémité d'un pédoncule plus court que les feuilles ; leur calice court , presque glabre ; la carène de la corolle linéaire, courbée en demi-cercle ; les ailes un peu pendantes ; les gousses courtes, mucronées, à deux loges. Cette plante croît dans la Virginie. On la cultive dans les jardins de botanique et ailleurs comme une belle plante d'agrément. C'est une plante de pleine terre, qui demande , pour fleurir, d'être placée près d'un mur à l'exposition du midi. On lui donne les mêmes soins qu'à la précédente.

Glycine souterraine : *Glycine subterranea*, Linn. fils, Dec. 37, tab. 17 ; *Mandubi de Angala*, Marcgr., *Bras.*, 43 ; *Voandzeia* ; Pt. Thou., *Madag.*, pag. 23 , n.º 77. Espèce remarquable par le caractère de ses pédoncules qui , comme ceux de l'arachide, s'enfoncent dans la terre après la floraison, et y portent des gousses arrondies, monospermes, dont les habitans de Madagascar se nourrissent , au rapport de M. du Petit-Thouars. Ses feuilles sont radicales , composées de trois folioles oblongues, un peu obtuses, munies d'un pétiole commun, long de trois ou quatre pouces. Ses tiges sont rampantes, divisées en rameaux étalés ; les pédoncules très-courts, axillaires, inclinés, portant deux fleurs sessiles ; le calice campanulé ; la corolle jaune ; les ailes oblongues, étalées horizontalement ; l'étendard ovale , strié ; le style courbé et velu. Ces fleurs sont hermaphrodites ; on en trouve aussi de femelles, dépourvues de corolle et d'étamines , d'après M. du

Petit-Thouars : leur style est court ; l'ovaire contient deux ovules. Cette plante croît au Brésil, à Surinam et dans l'île de Madagascar.

GLYCINE MONOÏQUE ; *Glycine monoica*, Linn. fils, *Dec.* 2. Cette espèce, comme le *lathyrus amphicarpos*, développe et perfectionne ses fruits sous la terre. Sa tige est grêle, cendrée, médiocrement velue, garnie de feuilles ternées ; les folioles ovales, presque en cœur, un peu aiguës, presque glabres, entières, un peu blanchâtres en dessous, pédicellées, longues au plus d'un pouce et demi ; les stipules droites, ovales ; les fleurs disposées en petites grappes d'abord opposées aux feuilles, puis distantes et placées sans feuilles vers l'extrémité du même rameau ; les grappes inférieures sont souvent uniflores, pendantes vers la terre, n'ayant que le rudiment du calice et d'une corolle mutilée, sans étamines ; un pistil qui se change en une gousse assez petite, comprimée, contenant deux ou trois semences. Dans la fleur hermaphrodite, l'étendard est d'un violet pâle, les ailes et la carène blanches ; leur pistil avorté. Cette espèce est cultivée au Jardin du Roi. Elle est originaire de l'Amérique septentrionale ; on la trouve dans les lieux humides et ombragés.

Le *glycine javanica*, Linn., a des tiges grimpantes, parsemées de poils jaunes ; les feuilles ternées, semblables à celles des haricots ; les fleurs violettes, inclinées, réunies à l'extrémité d'un long pédoncule en un épi épais, ovale-oblong, entremêlé de très-petites bractées lancéolées. Cette plante croît dans les Indes orientales. Le *glycine comosa*, Linn., se distingue par ses feuilles velues, à trois folioles ovales-lancéolées, très-aiguës. Ses fleurs sont bleues, très-rapprochées, disposées en grappes latérales ; les semences marquées de taches purpurines. Cette espèce croît aux lieux ombragés, dans l'Amérique septentrionale.

GLYCINE TOMENTEUSE : *Glycine tomentosa*, Linn. ; Dill., *Elth.*, 30, tabl. 26, fig 29. Cette plante, originaire de l'Amérique septentrionale, est molle, velue, et comme tomenteuse. Elle a des tiges grimpantes, anguleuses, trigones, garnies de feuilles ternées, à folioles ovales, un peu en cœur, légèrement cotonneuses en dessous, et à nervures saillantes, un des côtés des folioles latérales plus étroit, les feuilles inférieures simples. Les fleurs sont jaunâtres, disposées en grappes un peu touffues, les gousses comprimées, un peu velues, mucronées, contenant deux ou trois semences. Michaux en cite trois variétés : 1.° *glycine volubilis*, que je viens de décrire ; 2.° *glycine erecta*, plus fortement tomenteuse, à tige droite, les folioles plus alongées ; 3.° *glycine monophylla*, à tige très-courte ; toutes les feuilles simples, arrondies, un peu en rein. C'est le *glycine reniformis* de Pursh ; le *trifolium simplicifolium* de Walt. ; le *glycine nummularia*, qui se rapproche de cette espèce : il a aussi beaucoup de rapports avec l'*hedisarum sororium*.

GLYCINE BITUMINEUSE : *Glycine bituminosa*, Linn. ; Lamk., *Ill. gen.*, tab. 609, fig. 1 ; Herm., *Lugdb.*, tab. 493 (*mediocris ob folia perparvula*). Espèce remarquable par l'odeur bitumineuse qui s'exhale de ses feuilles. Ses tiges sont grimpantes, légèrement pubescentes, anguleuses ; ses folioles ovales, pubescentes en dessous ; les fleurs assez grandes, d'un jaune pâle, marquées de quelques lignes pourpres ou violettes, disposées en grappe un peu lâche ; les gousses velues, mucronées. Elle croît au cap de Bonne-Espérance. Linnæus fils a donné le nom de *glycine labialis* à une plante des Indes orientales, dont la corolle blanche, fort petite, paroît comme labiée. Ses tiges sont filiformes ; ses folioles ovoïdes, un peu pubescentes en dessous ; les gousses linéaires, mucronées , presque articulées, à sept ou neuf semences jaunes.

GLYCINE ODORANTE ; *Glycine suaveolens*, Linn. Arbrisseau des environs de Madras, visqueux, blanchâtre et d'une odeur agréable. Ses feuilles sont composées de trois folioles ovales , aiguës ; les pédoncules axillaires, filiformes, uniflores, articulés dans leur milieu ; les fleurs inclinées ; leur calice campanulé, à quatre découpures subulées, la supérieure bifide ; l'étendard droit, orbiculaire, jaune, marqué de stries purpurines au-dessus de son onglet. Le fruit est une gousse comprimée, courte, linéaire, blanchâtre, renfermant deux semences noires, dont l'embryon est calleux et blanchâtre. Le *glycine villosa* de Thunberg, originaire du Japon, est tomenteux sur toutes ses parties ; les tiges filiformes, fléchies en zigzag et grimpantes ; les feuilles ternées, les folioles quelquefois trilobées ; les fleurs réunies au nombre de deux à cinq sur des grappes axillaires, à peine pédonculées ; les gousses tomenteuses.

Glycine a petites fleurs ; *Glycine parviflora*, Lamk., Encycl.,
n.° 12. Plante découverte par Sonnerat dans les Indes orientales , à tige grimpante et filiforme ; les feuilles composées de
trois folioles ovales, aiguës, pileuses en dessous ; les pédoncules
velus, soutenant des grappes courtes, de très-petites fleurs rougeâtres ; les gousses étroites, linéaires, longues de plus d'un
pouce, terminées par une pointe en crochet, contenant neuf
ou dix semences. Dans le *glycine striata*, Linn. fils, *Supp.*, et Jacq.,
Hort., vol. 3, tab. 76, la tige est grimpante, couverte d'un duvet
blanchâtre, très-doux ; les feuilles ternées : les folioles oblongues, molles et velues ; les fleurs disposées en grappes axillaires, de la longueur des feuilles ; les gousses très-velues.
Cette plante croît dans les pays chauds de l'Amérique.

Glycine clandestine ; *Glycine clandestina*, Willd., *Spec.*, 3,
pag. 1654. Plante de la Nouvelle-Hollande , dont les tiges sont
grimpantes, cylindriques, soyeuses et velues ; les trois folioles
étroites, lancéolées, pileuses en dessous ; les fleurs à peine
visibles, de la grosseur d'une tête d'épingle, axillaires ; les pédoncules courts, à trois fleurs ; le calice velu, à cinq dents ;
trois pétales plus courts que le calice ; cinq étamines plus
longues que les autres ; les gousses linéaires, cylindriques, pileuses, polyspermes. Le *glycine sarmentosa*, Willd., *Spec.*, 3,
pag. 1055 (*glycine monoica*, Schkuhr, *Bot. Ann.*, 12, pag. 20,
tab. 2), a des tiges grimpantes ; trois folioles glabres, ovales,
longues d'un pouce et demi ; les fleurs très-petites, pendantes
du sommet de rameaux filiformes ; le calice velu, fermé, à
quatre dents ; point de corolle ; les gousses oblongues comprimées, courbées en faucille, longues de quatre lignes ; deux
semences grisâtres, ponctuées de noir. Cette plante croît dans
la Caroline.

Glycine a fleurs menues ; *Glycine tenuiflora*, Willd., *Spec.*, 3.
pag. 1059. Cette espèce croît aux environs de Pondichéry. Ses
tiges sont cylindriques, grimpantes et ligneuses ; les trois folioles oblongues, obtuses, mucronées, longues d'un pouce et
demi , couvertes en dessous de poils courts ; les grappes
axillaires, filiformes ; les fleurs petites, géminées, de la grandeur de celles de l'*ervum tetraspermum* ; les gousses linéaires ,
aiguës , un peu courbées en faucille , couvertes de poils courts.
Dans le *glycine hedysaroides*, Willd., les tiges sont ligneuses ,

sarmenteuses; les folioles ovales, oblongues, obtuses, pileuses en dessous, longues d'un pouce; les fleurs axillaires, au nombre de deux à cinq sur un pédoncule court; les gousses linéaires, longues d'un pouce et demi, élargies vers leur sommet. Cette espèce croît dans la Guinée.

GLYCINE RÉTICULÉE; *Glycine reticulata*, Vahl, *Symb.*, 3, pag. 88. Cette plante est remarquable par le réseau que forment, à la face inférieure des feuilles, leurs nervures saillantes et nombreuses. Ses tiges sont grimpantes, ligneuses; ses rameaux pubescens et anguleux; ses folioles ovales, épaisses, réticulées et pubescentes en dessous, longues d'un à deux pouces; les grappes axillaires, plus longues que les feuilles; le calice velu, à cinq découpures droites, lancéolées, très-aiguës; la corolle jaune ou rougeâtre, un peu plus longue que le calice; les gousses presque ovales, longues de six lignes, légèrement pileuses, à trois ou quatre semences. Elle croit à la Jamaïque et dans l'île de Saint-Thomas. La *glycine mollis*, Willd., originaire de la Guinée, diffère de la précédente par ses folioles elliptiques, très-molles, obtuses à leurs deux extrémités; par ses pédoncules uniflores, par ses gousses alongées et velues.

GLYCINE DES ANTILLES; *Glycine cariba*, Jacq., *Icon. rar.*, 1, tab. 106. Cette espèce, originaire des Antilles, et cultivée au Jardin du Roi, est un arbrisseau à tige cylindrique et grimpante. Ses folioles sont glabres, ovales, quelquefois un peu rhomboïdales, parsemées en dessous de poils rares, et en dessus de très-petits points résineux, longues d'un pouce; les pédoncules filiformes, soutenant une grappe de fleurs lâches, jaunes et rayées; le calice court, presque glabre; ses découpures courtes, ovales; la corolle une fois plus longue que le calice; les gousses petites, pileuses, mucronées, à deux ou trois semences. Dans le *glycine cana*, Willd., des Indes orientales, les tiges sont droites, ligneuses, pubescentes; les folioles ovales, arrondies, blanchâtres et pubescentes en dessous; les pédoncules axillaires et biflores; les gousses glabres, oblongues, à deux semences.

GLYCINE A FEUILLES RHOMBOÏDALES; *Glycine rhombifolia*, Willd., *Spec.*, 3, pag. 1065. Plante des Indes orientales, à tige grimpante. Ses folioles sont glabres, arrondies, rhomboïdales, parsemées en dessous de points résineux et jaunâtres;

les stipules subulées ; les grappes axillaires, longues de trois pouces, soutenant huit à dix fleurs unilatérales ; les gousses glabres, longues d'environ six lignes, aiguës, comprimées, à deux semences.

Il existe encore un très-grand nombre d'espèces de glycine, mais bien moins connues, mentionnées par Thunberg, Forster, Linnæus fils, etc. (Poir.)

GLYCYDIDERMA. (*Bot.*) Paulet propose de faire sous ce nom un genre de l'espèce de Vesse-loupe qu'il appelle *vesse-loupe en robe et en étoile*, qui est le *lycoperdon* de Micheli, *Nov. Gen.*, pl. 97, fig. 2, lequel est déjà le type du genre *Sufa* d'Adanson, et paroit être une espèce du genre *Bovista* de Persoon : mais les caractères assignés par Paulet sont les mêmes que ceux du genre *Geastrum*, d'où l'on peut croire que c'est ce genre que Paulet a voulu désigner. (Lem.)

GLYCYPICROS (*Bot.*), nom grec de la douce-amère, *solanum dulcamara*. (J.)

GLYCYRRHIZA. (*Bot.*) Voyez Réglisse. (L. D.)

GLYCYS (*Bot.*), un des noms grecs de l'aurone, suivant Ruellius et Mentzel. (J.)

GLYPHIE, *Glyphia*. (*Bot.*) [*Corymbifères*, Juss. ; *Syngénésie polygamie superflue*, Linn.] Ce genre de plante, que nous avons proposé dans le Bulletin de la Société philomathique, septembre 1818, appartient à la famille des synanthérées, et probablement à notre tribu naturelle des tagétinées, dans laquelle nous le plaçons avec doute.

La calathide est quasi-radiée, composée d'un disque multi-flore, régulariflore, androgyniflore, et d'une couronne uni-sériée, liguliflore, féminiflore. Le péricline, à peu près égal aux fleurs, et irrégulier, est formé de squames inégales, sub-bisériées, appliquées, oblongues, submembraneuses, veinées, parsemées de quelques glandes éparses. Le clinanthe est plan, hérissé de fimbrilles courtes, inégales, entre-greffées, subu-lées, membraneuses. Les ovaires sont oblongs, subcylindra-cés, striés, hispidules, et munis d'un bourrelet basilaire car-tilagineux ; leur aigrette est longue, irrégulière, composée de squamellules nombreuses, inégales, filiformes, barbellulées. Les corolles de la couronne ont le tube long, et la languette courte, large, ovale, entière, pourvue de quelques glandes oblongues.

Glyphie luisante : *Glyphia lucida*, H. Cass., Bull. Soc. philom., septembre 1818. C'est une plante très-glabre, dont la tige, probablement ligneuse, est rameuse, flexueuse, comme sarmenteuse, peut-être volubile, cylindrique, striée : ses feuilles sont alternes, presque sessiles, longues de deux pouces, ovales, acuminées au sommet, très-entières, membraneuses, luisantes, et parsemées d'une multitude de glandes transparentes assez larges ; les calathides, composées de fleurs jaunes, sont disposées, à l'extrémité des rameaux, en petits panicules, dont les principales ramifications sont accompagnées de bractées prolongées au sommet en un appendice subulé, arqué, spiniforme. Les fleurs de la couronne sont un peu plus courtes que celles du disque ; mais leur limbe se dirige en dehors ; leur corolle est un peu plus courte que le style.

Nous avons observé cette plante dans l'herbier de M. de Jussieu, où il est dit qu'elle a été recueillie à Madagascar par Commerson. (H. Cass.)

GLYPHIS. (*Bot.*) Le *Chiodecton* et le *Glyphis* sont deux genres qu'Acharius a formés aux dépens de celui nommé par lui *Tripethelium*, et qui doit se trouver imprimé dans les Actes de la Société phytographique de Gorenk. Ces trois genres sont décrits dans le *Synopsis methodica lichenum* du même auteur, et les deux genres *Glyphis* et *Chiodecton* ont été publiés en outre, en 1817, dans le douzième volume des Transactions de la Société Linnéenne de Londres, où leurs espèces sont figurées. Acharius forme avec ces trois genres un ordre particulier qu'il place entre le genre *Endocarpon* et le genre *Porina* qui est le *pertularia* de M. Decandolle, avec lequel ils ont beaucoup de rapport. Nous ne donnerons ici les caractères que des genres *Glyphis* et *Chiodecton*.

Le *glyphis* est un genre de lichen, crustacé, cartilagineux, qui forme sur l'écorce des arbres des plaques fortement appliquées, uniformes, brunâtres ou jaunâtres, ou blanches, selon l'espèce, et sur lesquelles s'élèvent des verrues colorées différemment, homogènes à l'intérieur, et qui offrent à leur sommet plusieurs conceptacles (*apothecia*) enfoncés, noirs, un peu cartilagineux, alongés, creux ou canaliculés, et qui par leur disposition font paroître les verrues comme ciselées ou sillonnées. Ce dernier caractère a suggéré le nom de ce genre, tiré du grec, *glyphis*, qu'on peut traduire ici par *ciselure* ou *entaille*.

Ce genre comprend un très-petit nombre d'espèces intéressantes à connoître, parce qu'elles ont été observées sur des écorces exotiques que la médecine emploie, et qu'ils peuvent jusqu'à un certain point servir à reconnoître ces écorces.

GLYPHIS LABYRINTHE : *Glyphis labyrinthica*, Ach., *Syn.*, 107, et Trans. Linn. Lond., 1817, vol. 12, p. 33, tab. 2, f. 1. Croûte d'un brun olivâtre; verrues d'un blanc sale, légèrement convexes, pulvérulentes, marquées de sillons (*conceptacles*) noirs, alongés, presque anastomosés ou réticulés. Cette espèce se trouve en Guinée, aux environs de Sierra-Leone, sur les écorces d'un arbre non encore décrit, appelé *duffa* dans le pays.

GLYPHIS EMBROUILLÉE : *Glyphis tricosa*, Ach., *Syn.*, l. c. et Tr., l. c. f. Croûte ferrugineuse, jaunâtre; verrues planes, difformes, cendrées, couronnées de conceptacles linéaires, flexueux, plissés, canaliculés, fort rapprochés et très-repliés. Cette espèce a été observée, sur l'écorce d'un arbre inconnu: c'est le *graphis tricosa*, Ach., *Lichen. univ. in add.*, p. 674.

GLYPHIS A CICATRICES : *Glyphis cicatricosa*, Ach., *Syn.*, l. c. et Tr., l. c., fig. 5. Croûte brunâtre cendrée, bordée de noir; verrues d'un noir cendré, à pourtour presque crénelé, munies d'un rebord cendré, planes, offrant des conceptacles élargis, arrondis, ou élargis et un peu concaves, qui imitent des cicatrices. On observe cette espèce sur les écorces du *codarium Solandri*, Vahl (*dialium guineense*, Willd.), et sur d'autres arbres en Guinée.

GLYPHIS A CELLULES : *Glyphis favulosa*, Ach., *Syn.*, l. c.; Tr., l. c., tab. 3, fig. 1. Croûte blanche, bordée de noir, à verrues difformes, arrondies, un peu aplanies, noirâtres et couvertes d'une poussière glauque; pourtour entier grisâtre; marquée d'espèces de cicatrices formées par des conceptacles à disques orbiculaires, qui représentent aussi de petites cellules. Cette espèce se rencontre sur l'écorce de la cascarille, dans les Indes occidentales.

Le *chiodecton* diffère du genre précédent par ses verrues, qui sont blanches (1), et qui contiennent les conceptacles.

______

(1) Ce qu'exprime son nom dérivé du grec : cuios, blanc, et DECTON, réceptacle.

Ceux-ci forment, à la surface, des points élevés remarquables: ils sont noirs, presque globuleux et un peu pulvérulens. Acharius n'en décrit que deux espèces.

Le Chiodecton sphéroïde : *Chiodecton sphœrale*, Ach., *Syn.*, 108 ; Trans. Linn. Lond., l. c., p. 44, tab. 3. f. 2. Croûte étalée, d'un blanc pâle, très-finement tuberculeuse; verrues presque sphériques, d'un beau blanc, contenant dans leur centre des conceptacles réunis en masse. Cette espèce s'observe sur les écorces du quinquina jaune (*cinchona flava*).

Le Chiodecton sériale : *Chiodecton seriale*, Ach., *Syn.*, l. c., et Trans. , l. c., tab. fig. 3. Croûte d'un jaune brunâtre lisse, bordée de noir; verrues oblongues, difformes, un peu convexes, renfermant les conceptacles : ceux-ci disposés en série comme des grains de chapelets. Cette espèce croît sur l'écorce connue dans le commerce sous le nom d'*écorce d'angusture*, qui, comme on le sait, est l'écorce du *bonplandia trifolia*, Willd. (Lem.)

GLYPHISODON. (*Ichthyol.*) M. de Lacépède a formé, sous ce nom, et aux dépens des *chætodon* de Linnæus, un genre de poissons qui appartient à la famille des leptosomes, et qui présente les caractères suivans :

Dents distinctes , larges , crénelées , sur une seule rangée; tète entièrement écailleuse; corps et queue très - comprimés; de très-petites écailles sur la nageoire dorsale qui est unique ; catopes thoraciques, distincts; museau plus ou moins avancé ; ligne latérale terminée entièrement vis-à-vis la fin de la nageoire dorsale.

On distinguera facilement les Glyphisodons des Dorées, des Arygreioses, des Gals et des Sélènes, dont les dents ne sont pas crénelées, quoique larges; des Acanthopodes, dont les catopes sont remplacés par des épines : des Acanthures et des Aspisures, qui ont la queue armée d'aiguillons ou munie de boucliers; des Chétodons, des Pomacentres, etc., qui ont les dents rondes. (Voyez ces mots et Leptosomes.)

Le mot *glyphisodon* est tiré du grec, γλυφις, crénelure, et 'οδους, dent. Il indique un des principaux caractères du genre.

Les espèces que celui-ci renferme, sont :

Le Moucharra : *Glyphisodon moucharra*, Lacép.; *Chætodon saxatilis*, Linn. ; *Jaguacaguara*, Marcgrave. Nageoire caudale fourchue ; deux orifices à chaque narine ; teinte gé-

nérale blanchâtre et terne ; toutes les nageoires d'un gris
noirâtre ; corps épais et un peu alongé ; ligne latérale interrompue ; cinq bandes transversales noires sur le corps. Taille
de sept à huit pouces.

Ce poisson paroît vivre dans l'ancien comme dans le nouveau continent ; on le voit dans les eaux du Brésil, de l'Arabie
et des Indes orientales. Il ne quitte guère le fond de la mer,
où il se nourrit de petits polypes au milieu des coraux et des
madrépores : aussi est-il très-difficile à prendre.

La chair du moucharra est dure, coriace et peu agréable
au goût, quoique blanche. Il est en conséquence peu recher-
ché par les pêcheurs.

Le Kakaitsel : *Glyphisodon kakaitsel*, Lacépède ; *Chætodon
maculatus*, Bloch, 427, 2. Nageoire caudale en croissant ; un
seul orifice à chaque narine ; écailles dorées ; une tache grande,
ronde, noire, et cinq ou six autres taches très-foncées sur
chacun des côtés du corps.

Cette espèce, commune aussi, dit-on, aux deux continens,
vit dans les eaux douces de Surinam, aussi bien que dans les
étangs de la côte de Coromandel. Elle se multiplie avec une
grande facilité ; mais, à raison de l'abondance de ses arêtes,
les Nègres seuls en mangent.

Le Glyphisodon macrogastère : *Glyphisodon macrogaster ;
Labrus macrogaster*, Lacépède. Ventre très-gros ; nageoire caudale en croissant ; tête et opercules couverts d'écailles semblables à celles du dos ; dents très-courtes et presque égales
les unes aux autres ; ligne latérale interrompue ; six bandes
transversales sur le corps.

Observé, ainsi que le suivant, dans le grand golfe de l'Inde,
par le célèbre Commerson.

Le Glyphisodon six-bandes : *Glyphisodon sexfasciatus ; Labrus
sex fasciatus*, Lacép. Museau avancé ; ouverture de la bouche
très-petite ; mâchoire inférieure plus longue que la supérieure ; nageoire caudale fourchue ; six bandes transversales
sur le corps ; dents très-fines.

Le Glyphisodon sargoïde : *Glyphisodon sargoides ; Chætodon
marginatus*, Bloch, 207 ; *Chætodon sargoides*, Lacép. Lèvre
supérieure grosse ; ouverture de la bouche très-petite ; un
enfoncement au-devant des yeux ; teinte générale d'un jaune

doré; une tache bleue au-dessous de chaque œil; la tête, six bandes transversales, et le bord des nageoires dorsale, anale et caudale, d'un beau violet.

Le GLYPHISODON DU BENGALE : *Glyphisodon bengalensis; Chœtodon bengalensis*, Linnæus ; Bloch , 213 , 2. Extrémité des nageoires dorsale et anale terminée en pointe; teinte générale bleuâtre ; cinq bandes jaunes, transversales et étendues jusqu'au bord inférieur du poisson ; de petites écailles sur la tête, les opercules, et la base des nageoires anale, caudale et dorsale. Ligne latérale interrompue.

Du Bengale. (H. C.)

GLYPHOMITRIUM. (*Bot.*) Bridel divise maintenant le genre *Encalypta* d'Hedwig en deux genres distincts : le premier est son *encalypta*, et comprend les espèces dont la coiffe est en forme de cylindre campanulé, lâche, lisse et plus longue que l'urne; le second, qu'il désigne par *glyphomitrium* ou *sillonnette*, renferme les espèces dont la coiffe est campanulée , sillonnée et de la longueur de l'urne. Ce dernier genre contient trois espèces, savoir :

Le GLYPHOMITRIUM TORTILLÉ (*Glyphomitrium crispatum*, Brid., Supp., 4, p. 30; *Encalypta crispata*, Hedw., *Sp. mus.*, tabl. 10, t. 1-9; Schwægr., Supp., 1, tabl. 17) : mousse observée au cap de Bonne-Espérance par Thunberg. Sa tige est droite, rameuse : ses feuilles se tortillent par la sécheresse; elles sont linéaires-lancéolées, acuminées et réfléchies; ses urnes sont cylindriques, munies chacune d'un opercule acuminé et droit ; la coiffe se fend irrégulièrement à la base.

Le GLYPHOMITRIUM PARASITE (*Glyphomitrium parasiticum* , Brid. , l. c.; *Encalypta parasitica*, Swartz; Schwægr., Supp., I, part. I, tabl. 17), qui croît à Saint-Domingue sur les rameaux du campêche et de diverses espèces d'acacie. Sa tige est droite, rameuse; ses feuilles sont imbriquées, denses , linéaires-lancéolées, concaves et comme pliées; ses pédicelles sont presque toujours géminés : ils portent chacun une urne cylindrique, à opercule en alêne , et munie d'une coiffe rétrécie, fendue sur le côté.

Le GLYPHOMITRIUM DE DAVIES (*Glyphomitrium Daviesii*, Brid., l. c.; *Encalypta Daviesii*, Smith, *Engl. Bot.*, tabl. 1281), qui croît en Angleterre, sur les rochers maritimes d'Anglesey, et en Irlande, sur les basaltes de la Chaussée des Géants. Sa tige est droite et peu rameuse ; ses feuilles sont ramassées, tubulées et crispées par la sécheresse ; ses urnes sont droites, ovales, munies chacune d'un opercule terminé par une longue pointe presque oblique ; sa coiffe est laciniée à sa base. (Lem.)

GLYPTOSPERMES. (*Bot.*) C'est sous ce nom que Ventenat, dans son Tableau du règne végétal, désigne la famille des anonées. (J.)

GMELIN, *Gmelina.* (*Bot.*) Genre de plantes dicotylédones, à fleurs complètes, monopétalées, irrégulières, de la famille des verbénacée , de la *didynamie angiospermie* de Linnæus, offrant pour caractère essentiel : Un calice très-court, persistant, à quatre dents : une corolle un peu tubulée, dilatée à son orifice en un limbe presque labié , à quatre découpures; la supérieure plus grande, un peu en voûte : quatre étamines didynames ; les anthères à deux lobes ; l'ovaire supérieur; le style simple , ainsi que le stigmate. Le fruit est une baie contenant un noyau à deux loges, à deux semences.

GMELIN ASIATIQUE : *Gmelina asiatica*, Linn. ; Lamk., *Ill. gen.*, tab. 542 ; *Michelia spinosa*, etc.; *Amm. act. petrop.*, 8, pag. 818, tab. 18 ; *Gmelina lobata*, Gærtn., tab. 56. Arbre très-épineux des Indes orientales, dont les rameaux supérieurs sont opposés, glabres, cylindriques, de couleur cendrée, très-roides, terminés par une pointe épineuse ; les autres épines courtes, opposées, supportées par les rameaux, ne me paroissent elles-mêmes que de très-petits rameaux non développés, quelquefois un peu feuillés. Les feuilles sont opposées, pétiolées, ovales, obtuses, glabres en dessus, un peu blanchâtres et pubescentes en dessous , très-entières, quelquefois munies d'un lobe obtus de chaque côté : les inférieures longues d'un pouce et plus; les supérieures et celles des jeunes rameaux beaucoup plus petites. Les fleurs sont jaunes, irrégulières, ventrues, comme celles des digitales, disposées au nombre de trois à cinq, au sommet des rameaux, en grappe fort courte, sur des pédoncules cotonneux, très-courts. Leur calice est presque tronqué à son bord, muni de quatre dents très-petites; la corolle un peu velue en dehors dans sa jeunesse, presque longue d'un demi-pouce, à tube très-court, ventrue à son orifice, à quatre découpures inégales : la supérieure plus grande, entière; les trois inférieures courtes. Le fruit est une baie un peu sèche, de la forme et de la grosseur d'une jujube.

Gmelin a petites fleurs : *Gmelina parviflora*, Roxb., *Corom.*, p. 162, tab. 32, ou *Gmelina indica?* Burm., *Fl. Ind.*, p. 332. Cette espèce a été observée par Roxburg, sur les côtes du Coromandel. Ses rameaux sont armés d'aiguillons alternes, presque droits; garnis de feuilles en ovale renversé, simples, quelquefois trifides ou à trois lobes : les fleurs sont fort petites. On attribue aux feuilles les mêmes propriétés qu'à celles du *pedalium*, que les Indiens emploient en décoction dans les fièvres inflammatoires. Roxburg a mentionné et figuré une autre espèce de *gmelina* sous le nom de *gmelina arborea*, tab. 246. Je soupçonne que le *gmelina coromandelica*, Burm., *Fl. Ind.*, pag. 132, est la même plante que le *canthium parviflorum*, Roxb., *Corom.*, tab. 51. (Poir.)

GNANCU. (*Ornith.*) Suivant Molina, ou son traducteur, pag. 215, les habitans du Chili nomment ainsi un aigle rapporté à l'aigle fauve d'Europe, *falco fulvus*, Gmel. (Ch. D.)

GNAPHALE, *Gnaphalium*. (*Bot.*) [*Corymbifères*, Juss. ; *Syngénésie polygamie superflue*, Linn.] Ce genre de plantes appartient à la famille des synanthérées, à notre tribu naturelle des inulées, et à la section des inulées-gnaphaliées.

Les anciens botanistes, qui ne consultoient guère que les apparences extérieures pour réunir les espèces en genres, confondoient sous le nom de *gnaphalium* plusieurs synanthérées ayant de l'analogie par leur surface cotonneuse, mais plus ou moins différentes par les caractères génériques. En effet, le nom de *gnaphalium*, dérivé d'un mot grec qui signifie *bourre*, *duvet*, exprime fort bien le caractère extérieur qu'ils avoient principalement considéré. Tournefort, dont la principale gloire est d'avoir le premier formé des genres réguliers, restreignit le nom de *gnaphalium* à une seule des plantes qui le portoient. Ensuite, Vaillant, animé d'un esprit de rivalité contre Tournefort, rejeta le genre établi par ce grand botaniste, et appliqua le nom de *gnaphalium* à un genre très-différent qui faisoit partie du genre *Filago* de Tournefort. Enfin, Linnæus, qui a reconstruit de fond en comble tout l'édifice de la science sur un nouveau plan, a fait un genre *Gnaphalium*, qui ne correspond ni à celui de Tournefort, ni à celui de Vaillant. Il a supprimé le genre *Gnaphalium* de Tournefort, et a rapporté successivement cette plante à trois autres genres ; et il a, comme Tournefort, appliqué le nom de *filago* au *gnaphalium* de Vaillant. La juste autorité que Linnæus s'est acquise par ses immenses travaux, s'est étendue jusque sur celles de ses réformes et de ses innovations qui auroient dû être repoussées. Un long usage, presque universel, a consacré les changemens arbitraires de nomenclature qu'il s'est permis en grand nombre, et il n'est plus possible de rétablir la nomenclature antérieure à la sienne. C'est donc en vain qu'Adanson et Gærtner ont essayé de faire revivre le genre *Gnaphalium* de Tournefort sous son ancien nom. Si l'on veut conserver ce genre, il faut le nommer *diotis*, comme a fait M. Desfontaines. On doit, avec Tournefort et Linnæus, nommer le *gnaphalium* de Vaillant *filago*, et non point *evax*, comme a fait Gærtner. Enfin, en consacrant le nom de *gnaphalium* au genre formé sous ce nom par Linnæus, on doit, à l'exemple de M. R. Brown, réformer les caractères génériques fort mal tracés par ce botaniste, et exclure de ce genre une multitude d'espèces qui y ont été mal à propos comprises, soit par lui, soit par ses successeurs. Il est à remarquer que Gærtner a décrit, sous le titre de *filago*, des caractères génériques qui s'accordent assez bien avec ceux qui sont propres au vrai *gnaphalium ;* mais en même temps il a présenté comme type de ce genre *Filago*, une plante qui offre en réalité des caractères génériques tout-à-fait différens de ceux qu'il a décrits. La confusion qui régnoit déjà dans le genre *Gnaphalium*, a été portée au comble depuis que Scopoli, Lamarck, Willdenow, Smith, Decandolle ont incorporé dans ce genre toutes ou presque toutes les espèces rapportées par Linnæus au *filago*. Essayons de débrouiller un peu ce chaos, qui provient de ce que les caractères génériques n'ont pas été vérifiés avec soin dans toutes les espèces, et de ce qu'on a craint de trop multiplier les genres, comme si ce léger inconvénient n'étoit pas mille fois préférable à tous ceux qui résultent de l'inexactitude et de la contradiction des caractères.

Le *gnaphalium pygmœum* de Lamarck doit être considéré comme le véritable type d'un genre particulier, qu'il faut nommer, avec Linnæus, *filago*, et non point *evax*, comme a fait Gærtner ; MM. Desfontaines et Decandolle ont mal à propos confondu ce genre avec le *micropus*, dont il est bien distinct. Le *gnaphalium germanicum* de Lamarck, Willdenow, Smith, et probablement aussi leur *gnaphalium pyramidatum*, constituent notre genre *Gifola*, très-différent du vrai *gnaphalium* par le péricline unisérié, par le clinanthe axiforme et squamellifère, et par les ovaires de la couronne, inaigrettés ; le *gifola* diffère également du vrai *filago*, par le disque androgyniflore, et par les ovaires du disque aigrettés. Le *gnaphalium cauliflorum* de Desfontaines constitue notre genre *Ifloga*, qui diffère du précédent par l'aigrette plumeuse, ainsi que par les squames et les squamelles scarieuses et colorées. Les *gnaphalium gallicum* et *montanum* des botanistes modernes, et probablement aussi leur *gnaphalium minimum*, appartiennent à notre genre ou sous-genre *Logfia*. Le *gnaphalium arvense* des mêmes auteurs forme notre sous-genre *Oglifa*. Les *gnaphalium leontopodium* et *leontopodioides* doivent composer un genre particulier, nommé *leontopodium*, ainsi que MM. Persoon et R. Brown l'ont déjà proposé. Le *gnaphalium orientale* de Linnæus, et toutes les autres espèces à calathide androgyniflore, à aigrette simple, et à clinanthe inappendiculé, appartiennent au genre *Elichrysum* de Gærtner, que nous écrivons *helichrysum*. Les espèces à péricline radiant, à clinanthe inappendiculé, et à aigrette plumeuse ou pénicillée, appartiennent au genre *Argyrocome* de Gærtner, que Persoon nomme *helichrysum*. Le *gnaphalium cymosum*, dont la calathide est androgyniflore, le clinanthe muni de squamelles, et l'aigrette simple, constitue notre genre *Lepiscline*. Quoique le genre *Anaxeton* de Gærtner soit, de l'aveu même de l'auteur, très-douteux, mal défini, fondé sur une variation accidentelle et sur des observations étrangères, incertaines et contradictoires, cependant ce genre, après qu'il aura été mieux défini d'après de bonnes observations, pourra revendiquer les espèces qui différeroient du *lepiscline*, soit par la présence d'une couronne féminiflore, soit par la nature ou la disposition des appendices du clinanthe. Les *gnaphalium dioicum*, *alpinum*, *carpaticum*, *plantagineum* et *margaritaceum* constituent le genre *Antennaria*, mal établi par Gærtner, mais convenablement réformé par M. R. Brown. Les *gnaphalium muricatum*, *mucronatum* et *seriphioides* sont réunis par M. R. Brown en un genre distinct, qu'il nomme *metalasia*. Notre genre *Endoleuca*, qui diffère du *Metalasia* par le péricline, se compose de deux espèces confondues par Lamarck sous le nom de *gnaphalium capitatum*. Le *gnaphalium retusum* du même auteur est devenu notre genre *Facelis*, remarquable par l'aigrette excessivement plumeuse. Le *gnaphalium muscoides* de Desfontaines est notre *lasiopogon*, qui diffère du *facelis* par le péricline, par les ovaires, et par l'aigrette caduque. Son *gnaphalium leyseroides* est notre *leptophytus*, qui diffère peu du *leysera*. Le *gnaphalium hispidum* de Willdenow constitue notre genre *Elytropappus*, parfaitement distinct de tout autre par l'aigrette double. Enfin, le *gnaphalium sordidum* de Linnæus appartient indubitablement à notre sous-genre *Phagnalon*, qui est formé des *conyza saxatilis* et *rupestris*, et qui revendique aussi sans doute le *conyza intermedia* de M. Lagasca.

Beaucoup de botanistes, effrayés de cette multitude de genres, préféreront suivre l'ancienne routine; ils conserveront le genre *Gnaphalium* de Linnæus, en lui attribuant des caractères vagues, indécis, qui ne s'appliquent exactement à aucune espèce, mais qui peuvent convenir indifféremment à près de la moitié des genres de la famille; et ils entasseront pêle-mêle dans ce genre ainsi défini, une foule d'espèces offrant des caractères génériques différens, et même opposés ou contradictoires. Quant à nous, qui sommes fort peu touché du reproche qu'on nous fait de trop multiplier les genres, et qui n'avons rien tant à cœur que de rendre les caractères génériques aussi exactement applicables aux espèces que la nature le permet, nous ne craignons pas de dire, au risque de scandaliser les botanistes, que les dix-huit genres qui viennent d'être énumérés, ne suffisent peut-être pas encore pour recevoir toutes les espèces qui méritent d'être exclues du *gnaphalium*; mais, en attendant une analyse exacte et complète de toutes les espèces connues, on peut avec assurance tracer les caractères du vrai genre *Gnaphalium*, en décrivant les caractères génériques offerts par les *gnaphalium luteo-album*, *syl-vaticum* et *uliginosum*, aussi bien que par plusieurs autres espèces analogues et réellement congénères.

Le genre *Gnaphalium*, ainsi réduit, n'a plus besoin d'être divisé en sections. Linnæus en avoit fait trois, qu'il nommoit *chrysocomæ*, *argyrocomæ*, *filaginoidea*. Cette dernière section correspond assez bien à ce qui constitue pour nous, comme pour M. Brown, le genre tout entier. M. Persoon a distribué en six divisions les cent vingt espèces qu'il a comprises dans ce genre : l'une de ces divisions, qu'il nomme *archyrocoma*, correspond, suivant lui, au *filaginoidea* de Linnæus; mais, outre qu'elle est mal caractérisée, l'auteur y admet des espèces non congénères, appartenant à l'*antennaria*, au *facelis*, etc. Nous ne sommes pas non plus parfaitement satisfait des caractères attribués par M. Brown au genre *Gnaphalium*, parce qu'ils nous paroissent incomplets, vagues, superficiellement décrits, et insuffisans pour distinguer ce genre de quelques autres, notamment du *phagnalon*. C'est pourquoi nous proposons les caractères génériques suivans.

Calathide discoïde : disque petit, pauciflore, régulariflore, androgyniflore; couronne large, multisériée, multiflore, tubuliflore, féminiflore. Péricline égal aux fleurs, ovoïde, formé de squames imbriquées, appliquées; les extérieures plus larges, ovales, appendiciformes, presque entièrement membraneuses-scarieuses; les intérieures plus étroites, oblongues, subcoriaces, pourvues d'un appendice scarieux. Clinanthe plan ou convexe, inappendiculé. Ovaires grêles, cylindriques, papillulés; aigrette composée de squamellules unisériées, égales, libres, filiformes, capillaires, à peine barbellulées, s'arquant en dehors, et caduques. Corolles de la couronne tubuleuses, très-grêles. Corolles du disque parfaitement glabres. Style androgynique à branches tronquées au sommet. Anthères pourvues de longs appendices basilaires, membraneux, subulés.

Notre *phagnalon*, qu'on peut considérer, si l'on veut, ou comme un genre distinct, ou seulement comme un sous-genre du *gnaphalium*, en diffère, 1.° par le clinanthe fovéolé, réticulé, à réseau papillulé ; 2.° par l'aigrette composée au plus de dix squamellules unisériées, distancées ; à partie inférieure longue , droite , filiforme-laminée , membraneuse , linéaire , crénelée ou denticulée sur les bords ; à partie supérieure hérissée, surtout dans les aigrettes du disque, de barbellules nombreuses, longues et fortes ; 3.° par les corolles du disque, qui sont parsemées de poils ; 4.° par les anthères dépourvues d'appendices basilaires ; 5.° par le style androgynique , à branches arrondies au sommet. Le *phagnalon* est exactement intermédiaire entre le *gnaphalium* et le vrai *conyza* : il diffère de ce dernier genre principalement en ce que l'appendice des squames du péricline est scarieux dans le *phagnalon*, tandis qu'il est foliacé dans le *conyza*, et en ce que les anthères sont dépourvues dans le *phagnalon* des appendices basilaires qui existent très-manifestement dans le *conyza*.

GNAPHALE JAUNATRE; *Gnaphalium luteo-album*, Linn. C'est une plante herbacée, annuelle, qui s'élève jusqu'à un pied et demi, et qui est revêtue d'un coton blanc sur toutes ses parties vertes; sa racine est petite; ses tiges sont cylindriques, étalées à la base, puis redressées, simples, un peu ramifiées au sommet en corymbe; ses feuilles sont alternes , demi-embrassantes, longues, étroites, oblongues-lancéolées, un peu ondulées, entières ; les inférieures élargies à leur sommet qui est obtus ; les calathides sont nombreuses, et irrégulièrement agglomérées au sommet des rameaux; leur péricline est luisant et de couleur jaune-paille. Cette plante habite les lieux un peu humides et ombragés, et se trouve dans presque toutes les parties de la France, notamment aux environs de Paris; elle fleurit en juillet et août. M. Persoon mentionne une variété beaucoup plus petite , à tige très-rameuse, à feuilles un peu courtes, lancéolées, plus larges, moins cotonneuses, à calathides plus ramassées, et à péricline brunâtre; il ajoute qu'on la trouve dans les champs.

GNAPHALE COUCHÉ ; *Gnaphalium supinum*, Linn. Sa racine est rampante, fibreuse, noire et vivace; ses tiges, herbacées, longues au plus d'environ trois pouces, sont tantôt couchées, tantôt plus ou moins dressées, simples, filiformes, laineuses; ses feuilles sont alternes, linéaires-lancéolées, très-étroites, un peu cotonneuses sur les deux faces , entières; les calathides sont peu nombreuses, éparses ou rapprochées, alternes sur la tige, dressées; les inférieures souvent pédonculées, les supérieures sessiles; leur péricline est de couleur brunâtre. Cette petite plante, qui fleurit en juillet, habite les hautes montagnes de l'Europe, et notamment, en France, celles du Dauphiné, les Pyrénées, les Monts-d'Or, où on la trouve dans les prairies exposées au nord, sur le bord des torrens et parmi les rochers. Elle varie beaucoup par les dimensions et la direction de sa tige, ainsi que par le nombre et la disposition de ses calathides : c'est pourquoi plusieurs botanistes en ont distingué trois espèces sous les noms de *supinum*, *fuscum* et *pusillum*; mais nous pensons, avec MM. Smith, Decandolle et Persoon, que ce ne sont que des variétés.

GNAPHALE DES BOIS : *Gnaphalium sylvaticum*, Linn.; Smith. La racine vivace, composée de fibres simples, noires, produit une seule tige herbacée, simple, dressée, haute d'environ six pouces, cotonneuse, garnie de feuilles alternes, lancéolées, aiguës, laineuses sur les deux faces, à base étrécie et alongée; les calathides sont nombreuses et disposées en un épi terminal, peu rameux, serré, garni de petites feuilles; leur péricline est cylindracé, formé de squames luisantes, noirâtres au sommet, qui est un peu obtus. Cette espèce habite l'Europe septentrionale, et se trouve en France dans les prairies découvertes des montagnes, où elle fleurit au mois d'août.

GNAPHALE DROIT; *Gnaphalium rectum*, Smith, *Flor. Brit.* D'une racine vivace, un peu ligneuse, à fibres simples, noirâtres, s'élève une tige herbacée, dressée, haute de deux pieds, cylindrique, cotonneuse, un peu ramifiée en panicule resserré, et garnie de feuilles entières, cotonneuses et blanches en dessous, nues et vertes en dessus; les supérieures étroites, linéaires; les inférieures un peu plus larges, linéaires-lancéolées : les calathides sont nombreuses, disposées en un panicule ou grappe terminale, composée, resserrée en forme d'épi, feuillée, longue d'un pied environ; leur péricline est brunâtre. Cette espèce, long-temps confondue avec la précédente, mais bien distinguée par Smith, est encore considérée par M. Decandolle comme une simple variété produite par un étiolement incomplet; ce qui nous paroît peu vraisemblable. Elle fleurit en août et septembre, et est assez commune aux environs de Paris, dans les bois, les buissons, les pâturages, les terrains sablonneux, et parmi les moissons.

Gnaphale des marais; *Gnaphalium uliginosum*, Linn. Plante herbacée, annuelle, à racine rameuse, à tige haute d'environ six pouces, très-ramifiée dès la base, diffuse, couverte d'un coton blanc; à feuilles alternes, linéaires-lancéolées, étrécies à la base, entières, laineuses sur les deux faces; à calathides nombreuses, disposées en petits corymbes terminaux, où elles sont rapprochées, agglomérées; les squames du péricline sont lancéolées-aiguës, brunes et jaunâtres. Cette plante, qu'on trouve communément dans les champs humides où l'eau a séjourné l'hiver, n'est pas rare dans les environs de Paris, non plus que dans les autres parties de la France, ni dans toute l'Europe. Elle fleurit dans le cours de l'été.

Les cinq espèces que nous venons de décrire, ne sont pas les seules qui appartiennent légitimement au vrai genre *Gnaphalium* : nous en avons observé nous-même plusieurs autres ; mais nous avons dû nous borner ici à faire connoître les espèces indigènes de la France, ce qui suffit pour donner une idée très-exacte du genre dont il s'agit. (H. Cass.)

GNAPHALIÉES, *Gnaphalieæ* (*Bot.*) Nous avons divisé la famille des synanthérées en vingt tribus naturelles, qui sont : 1.° les lactucées, 2.° les carlinées, 3.° les centauriées, 4.° les carduinées, 5.° les échinopsées, 6.° les arctotidées, 7.° les calendulées, 8.° les tagétinées, 9.° les hélianthées, 10.° les ambrosiées, 11.° les anthémidées, 12.° les inulées, 13.° les astérées, 14.° les sénécionées, 15.° les nassauviées, 16.° les mutisiées, 17.° les tussilaginées, 18.° les adénostylées, 19.° les eupatoriées, 20.° les vernoniées. Plusieurs de ces tribus sont susceptibles d'être subdivisées en sections également naturelles : telle est la tribu des inulées, la plus nombreuse en genres après celle des hélianthées. Nous avons donc subdivisé cette tribu en trois sections, nommées *inulées-buphtalmées*, *inulées-prototypes*, *inulées-gnaphaliées*: la première est caractérisée par le péricline non scarieux, les anthères dépourvues d'appendices basilaires, et les stigmatophores arrondis au sommet ; la seconde est caractérisée par le péricline non scarieux, les anthères pourvues d'appendices basilaires, et les stigmatophores arrondis au sommet : la troisième par le péricline scarieux en tout ou partie, les anthères pourvues d'appendices basilaires, et les stigmatophores tronqués au sommet. Remarquez que les caractères de nos sections, comme ceux de nos tribus, ne sont que des caractères *ordinaires*, c'est-à-dire sujets à exceptions. La nombreuse liste des genres appartenant à la section des gnaphaliées sera présentée, ainsi que celle des genres appartenant aux deux autres sections, dans notre article INULÉES, auquel nous renvoyons le lecteur. (H. CASS.)

GNAPHALODES. (*Bot.*) Le genre établi sous ce nom par Tournefort est aujourd'hui connu sous celui de *micropus*, que Linnæus lui a donné. Le *gnaphalium muriculatum* a été aussi nommé *gnaphaloides* par Plukenet et par Ray. (H. CASS.)

GNAPHALOIDÉES. (*Bot.*) Dans son ouvrage intitulé *General Remarks*, M. R. Brown dit que les synanthérées des Terres Australes appartiennent pour la plupart à une section des corymbifères, qu'on peut nommer *gnaphaloideæ*. Il est probable que les gnaphaloïdées de M. Brown correspondent à notre section des inulées-gnaphaliées ; mais ce botaniste n'a pas encore fait connoître les caractères qu'il attribue à ce groupe, ni la liste des genres qu'il y comprend. (H. CASS.)

GNAPHALUS. (*Ornith.*) Ce nom s'applique au jaseur de Bohème, *ampelis garrulus*, Linn. (CH. D.)

GNATHAPTÈRES. (*Entom.*) Nous avions désigné sous ce nom, dans les tableaux qui sont à la fin du premier volume des Leçons d'Anatomie comparée de M. Cuvier que nous avons rédigées, les insectes aptères qui ont des mâchoires, et non un bec ou un suçoir comme les paralises, tels que les *puces*, les *poux*, les *teignes*. (C. D.)

GNATHOBOLE. (*Ichthyol.*) M. Schneider a donné le nom de *gnathobolus* au genre de poissons dont nous traitons à l'article ODONTOGNATHE. Voyez ce mot. (H. C.)

GNATHODONTES. (*Ichthyol.*) M. de Blainville a proposé ce nom pour désigner l'ensemble des poissons osseux, chez lesquels l'implantation des dents a lieu dans l'os de la mâchoire, caractère qui les distingue immédiatement des cartilagineux, où elles semblent fixées seulement dans les parties molles. Voyez ICHTHYOLOGIE, DERMODONTES et POISSONS. (H. C.)

GNAVELLE (*Bot.*) ; *Scleranthus*, Linn. Genre de plantes

dicotylédones, de la famille des portulacées, Juss., de la *décandrie digynie*, Linn., qui offre pour caractères essentiels : Un calice monophylle, persistant, à cinq divisions; point de corolle ; dix étamines non saillantes, insérées sur le calice ; un ovaire supérieur, arrondi, chargé de deux styles à stigmates simples; une petite noix monosperme, enveloppée dans la base du calice.

Les gnavelles sont de petites plantes herbacées, à feuilles opposées, linéaires, et à fleurs pour la plupart disposées en corymbe à l'extrémité des tiges ou des rameaux. Leur port est celui des sablines. On en connoît trois espèces.

Gnavelle annuelle : *Scleranthus annuus*, Linn., *Spec.*, 580 ; *Flor. Dan.*, t. 504. Ses tiges sont divisées dès leur base en rameaux grêles, étalés, longs de trois à six pouces. Ses fleurs sont herbacées ; les divisions de leur calice sont aiguës, et restent ouvertes pendant la maturation des fruits. Cette plante est commune en Europe, dans les champs sablonneux.

Gnavelle vivace : *Scleranthus perennis*, Linn., *Spec.*, 580.; *Alchimilla gramineo folio, majori flore*, Vaill., *Bot. Par.*, p. 4, t. 1, f. 5. Cette espèce diffère de la précédente par les divisions de son calice, qui sont obtuses à leur sommet et membraneuses en leurs bords. Elle croit dans les mêmes lieux.

Gnavelle polycarpe; *Scleranthus polycarpos*, Linn., *Spec.*, 581. Les divisions du calice de cette espèce sont épineuses : c'est ce qui la distingue des deux autres. Cette plante est annuelle, et elle se trouve dans le midi de l'Europe. (L. D.)

GNEISS. (*Min.*) Le gneiss est une roche primitive, feuilletée, essentiellement composée de mica disposé en lamelles ou paillettes superposées, et de felspath lamelleux ou grenu.

Le mica forme la base du *gneiss*, et lui transmet la disposition feuilletée qui le distingue. Le felspath, qui entre aussi comme principe constituant dans cette roche, se soumet pour ainsi dire à la texture du mica, et se présente ordinairement aussi en veinules minces, droites ou ondulées, qui suivent le plus souvent les inflexions du mica : cela n'est cependant pas sans exception; car il arrive parfois que le felspath forme des espèces de nœuds, ou même de gros cristaux, qui dérangent les dispositions du mica, et le forcent à se courber pour en embrasser les contours. Ce sont ces différens accidens, et la proportion plus ou moins forte de quelques substances accidentelles, qui caractérisent les principales variétés de cette roche.

Le gneiss avoit été réuni à toutes ces roches diverses qu'on désignoit, il y a trente ans, sous la dénomination vague et banale de *granite* ; à peine en faisoit-on une variété de contexture, qu'on distinguoit par les surnoms de *granite veiné, feuilleté, schisteux*, etc. Cependant l'absence du quarz dans le gneiss, ou du moins sa rareté ou son peu d'apparence, l'en distingue suffisamment : en effet, il existe beaucoup de gneiss où l'on n'aperçoit point de quarz à l'œil nu, de sorte que cette substance, qui est essentielle au granite, n'est qu'accessoire et accidentelle dans le gneiss, comme la tourmaline, le disthène, le grenat et quelques autres minéraux qui s'y rencontrent aussi. Il étoit donc important de séparer ces deux roches dans la méthode, en admettant toutefois qu'elles passent de l'une à l'autre, comme on le verra plus bas.

Tantôt le gneiss est subordonné au granite, et tantôt c'est le gneiss qui prédomine. Dans le premier cas, il appartient aux derniers membres de la formation la plus ancienne du granite ; dans l'autre, il fait partie de la seconde : mais, dans l'une et l'autre circonstance, il forme des bancs parallèles à ceux du granite ou du micaschiste, avec lequel il est souvent associé aussi. D'autres fois il paroît composer des montagnes entières, et il se fait surtout remarquer dans les cimes élevées des aiguilles et des crêtes les plus escarpées. Les montagnes de gneiss sont riches en filons métalliques.

Sans doute on a abusé en minéralogie, et surtout en géognosie, des mots *passage* et *transition* ; mais ce n'est point une raison pour s'en priver quand leur application est juste : ainsi, par exemple, il est certain que le gneiss passe au granite, quand sa texture devient moins feuilletée, et que le quarz entre dans sa composition ; que le granite, en devenant plus micacé, passe à son tour au gneiss, qui devient lui-même un micaschiste par un excès de mica. L'on a dit que le gneiss étoit composé des détritus d'un granite préexistant. Saussure a combattu cette erreur grossière, qui mérite à peine aujourd'hui d'être citée, et qui n'a jamais compté qu'un très-petit nombre de partisans. L'on a dit aussi que le gneiss se trouvoit en fragmens anguleux dans le gra-

nite, et qu'il renfermoit quelquefois lui-même des quartiers de
cette roche; mais un examen plus attentif a prouvé que les parties d'apparence hétérogènes n'étoient autre chose que des
places où le mica s'étoit rassemblé en excès, et avoit produit la
texture feuilletée au milieu du granite, et que, dans le cas contraire, le quarz et le felspath, en s'amassant pour ainsi dire en
groupes, avoient donné naissance à un véritable granite au milieu du gneiss. Ces accidens prouvent une formation contemporaine évidente du granite et du gneiss, et non autre chose.
Telle est l'opinion généralement reçue parmi les géognostes;
telle est surtout celle de M. Brongniart, à qui nous devons
une nouvelle classification des roches, dans laquelle le gneiss
forme la première espèce du quatrième genre des roches mélangées. On y remarque les variétés suivantes, qui sont les plus
tranchées, et les mêmes qui ont été citées par M. de Bonnard,
dans son article *Roches* du Nouveau Dictionnaire d'Histoire
naturelle, où il a cru devoir adopter la classification proposée
par M. Brongniart, que nous suivons aussi dans ce Dictionnaire
des Sciences naturelles.

Gneiss commun. Peu ou point de quarz visible à l'œil nu.
Exemple : la plupart des gneiss de Freyberg en Saxe.

Gneiss quarzeux. Du quarz abondant très-apparent. Exemple :
celui de Todstein en Saxe.

Gneiss talqueux. Felspath grenu ; mica luisant et talqueux.
Exemples : ceux de Pierre-Encise à Lyon, des mines de Saint-
Bel de Wisbaden, et ceux de la vallée de Chamouni en Savoie,
qui offrent selon moi le passage à la protogine.

Gneiss porphyroïde. Felspath en cristaux volumineux, disséminés dans la masse. Exemples : les gneiss de Cévin en Taren-
taise, de Kringeln en Norwège, etc.

M. de Bonnard propose d'admettre une nouvelle variété de
gneiss, où le graphite est abondant, et paroît quelquefois *remplacer le mica*. Je ferai observer à ce sujet qu'il seroit peut-être
dangereux de donner l'exemple de conserver son nom à une
roche qui auroit perdu le principe constituant qui la caractérise le plus essentiellement. On m'objectera les passages insensibles, et la difficulté de placer la ligne de démarcation entre
l'une et l'autre : j'en conviendrai sans peine, puisque nous en
avons de nombreux exemples dans la nature ; mais, comme nos

méthodes et nos classifications ne sont faites que pour soulager
notre esprit , leurs coupes doivent être tranchées et pré-
cises, comme s'il n'existoit aucune transition. Les collections
sont là pour recevoir les passages et les anomalies ; et il vaut
mieux créer quelques espèces de plus, que d'admettre dans la
même des individus dont les principes seroient en opposition
manifeste avec les caractères spécifiques. Je n'insiste au reste
sur cette remarque que parce qu'elle m'a été suggérée par la
haute considération que nous avons tous pour les connoissances géognostiques de M. de Bonnard, dont l'opinion est
bien digne de faire autorité. (Brard.)

GNEMON. (*Bot.*), nom sous lequel Rumph désigne le genre
Gnetum de Linnæus. (J.)

GNÉPHOSIDE, *Gnephosis*. (*Bot.*) [*Cinarocéphales ?* Juss. ;
Syngénésie polygamie séparée , Linn.] Ce genre de plantes,
que nous avons proposé dans le Bulletin des Sciences , mars
1820 , appartient à l'ordre des synanthérées, à notre tribu
naturelle des inulées, et à la section des inulées-gnaphaliées,
dans laquelle nous le plaçons auprès des genres *Siloxerus* et
Hirnellia.

La calathide est ovoïde, incouronnée, équaliflore, uni-bi-
tri-quadriflore, régulariflore, androgyniflore. Le péricline ,
ovoïde et supérieur aux fleurs , est double : l'extérieur plus
court, persistant, formé de quatre squames égales , subunisériées , appliquées , elliptiques , membraneuses , colorées
supérieurement; l'intérieur plus long , caduc , formé de
quatre squames égales, subunisériées, appliquées, oblongues,
membraneuses , surmontées d'un appendice radiant, arrondi,
scarieux , coloré. Le clinanthe est ponctiforme, inappendiculé. Les ovaires sont courts, larges, épais, obovoïdes, très-
glabres, lisses ; leur aigrette est stéphanoïde, très-petite ,
presque imperceptible, très-caduque, annulaire, planiuscule, submembraneuse, blanchâtre, profondément divisée en
lanières filiformes, inégales, irrégulières. Les corolles ont le
tube grêle, et le limbe obconique, quinquéfide. Les styles
sont filiformes.

Les calathides sont réunies en capitules : chaque capitule
est obovoïde, et composé de calathides nombreuses. Le ca-
lathiphore est filiforme, et garni de longs poils épars ; il porte

des bractées squamiformes, nombreuses, régulièrement imbriquées, appliquées, suborbiculaires ou rhomboïdales, larges, scarieuses, colorées ; leur partie inférieure est triangulaire, cunéiforme, concave, coriace, veinée ; leurs bords sont membraneux, souvent un peu déchirés irrégulièrement : chaque bractée accompagne et couvre une calathide axillaire, pédicellée. Le pédicelle de la calathide est greffé inférieurement avec la base de la bractée ; les bractées inférieures sont vides par l'effet de l'avortement des calathides.

Gnéphoside grêle ; *Gnephosis tenuissima*, H. Cass., Bulletin des Sciences, mars 1820. C'est une plante herbacée, annuelle, toute glabre ; sa racine longue, simple, pivotante, flexueuse, cylindrique, porte sur son sommet une ou plusieurs tiges hautes d'environ quatre pouces, dressées, cylindriques, grêles, rameuses, fléchies en zigzag à chaque point de division. Les branches sont alternes, filiformes, presque capillaires, subdivisées en rameaux longs, capillaires, dont l'ensemble compose une sorte de panicule corymbiforme. Les feuilles sont alternes, éparses, sessiles, longues d'environ six à huit lignes, larges d'une demi-ligne, linéaires, étrécies à la base, un peu obtuses au sommet, uninervées, scabres, probablement charnues sur la plante vivante, excessivement fragiles et caduques sur les échantillons secs. Les capitules, longs de trois à quatre lignes, et solitaires à l'extrémité des derniers rameaux pédonculiformes, sont composés de bractées, de périclines et de corolles plus ou moins colorés en jaune doré.

Nous devons à la bienveillance de M. Desfontaines la communication de cette jolie plante, remarquée par lui dans un herbier de la Nouvelle-Hollande, faisant partie de la riche collection du Muséum d'Histoire naturelle de Paris. Les échantillons sont accompagnés de notes indiquant qu'ils ont été recueillis, au Port-Jackson, à la baie des Chiens-Marins.

Après avoir soigneusement analysé les caractères génériques de cette plante, nous fûmes d'abord tenté de la considérer seulement comme une espèce nouvelle du genre *Siloxerus* de M. Labillardière, avec lequel elle a beaucoup d'analogie ; mais l'examen que nous avons fait ensuite du *si-*

loxerus, dans l'herbier de M. de Jussieu, nous a persuadé que les deux plantes, quoique très-voisines, différoient génériquement par l'ovaire, par l'aigrette, par la corolle, par le style, et par plusieurs autres parties que nous n'avons pu toutefois étudier qu'imparfaitement sur le *siloxerus*, à cause du mauvais état de l'échantillon.

M. de Jussieu, dans une liste manuscrite qu'il a bien voulu nous communiquer, range le *siloxerus* parmi ses cinarocéphales anomales, caractérisées par la réunion des calathides en capitules. Respectant les vues de cet illustre botaniste, nous attribuons à la même section de sa méthode notre *gnephosis*, inséparable du *siloxerus*. Mais ce classement des deux genres dont il s'agit, dans l'ordre des cinarocéphales, nous paroît évidemment contraire aux rapports naturels, qui fixent invariablement les *siloxerus*, *gnephosis*, *hirnellia*, dans une section de notre méthode ayant pour type le genre *Gnaphalium*. (H. Cass.)

GNET, *Gnetum*. (*Bot.*) Genre de plantes dicotylédones, à fleurs incomplètes, monoïques, très-rapprochées des *thoa*, de la famille des urticées, de la *monoécie monadelphie* de Linnæus, offrant pour caractère essentiel : Des fleurs monoïques, disposées en chaton, dépourvues de corolle; le calice est remplacé dans les fleurs mâles par une écaille ovale, très-petite, colorée, un seul filament terminé par deux anthères réunies. Dans les fleurs femelles, les écailles sont difformes, déchirées ; point de corolle ; un ovaire ovale, enfoncé dans le réceptacle, de la longueur des étamines, surmonté d'un style conique, terminé par trois stigmates. Le fruit est un drupe ovale, contenant une noix oblongue, striée.

Gnet de Indes : *Gnetum Gnemon*, Linn.; *Gnetum domestica*, Rumph, *Amb.*, 1, pag. 181, tab. 71 et 72. Arbre des Indes orientales et des îles Moluques, pourvu d'un tronc droit, uni, noueux et comme articulé. Ses rameaux sont élancés, articulés, élargis sous chaque articulation, garnis de feuilles opposées, glabres, ovales-lancéolées, acuminées, très-entières, luisantes et comme vernissées en dessus, plus pâles en dessous, longues d'environ cinq à six pouces; les pétioles courts. Les fleurs sont placées sur des chatons axillaires, pédonculés, souvent géminés, entourés de fleurs verticillées.

monoïques; les verticilles épais, distans, fort petits, composés chacun d'un involucre ou d'une bractée orbiculaire, très-entière, perfoliée par l'axe du chaton, calleuse en dessus, chargée du même côté de fleurettes nombreuses et sessiles: les fleurs femelles occupent la partie supérieure du verticille, au nombre de six ou sept; les fleurs mâles situées dans la partie inférieure du même verticille, vers le bord. Le fruit est une baie ovale, assez semblable à une olive, uniloculaire, renfermant sous une chair peu épaisse une amande blanche, oblongue, bonne à manger. Ces fruits deviennent rouges dans leur maturité. On les mange dans le pays, ainsi que les feuilles, mais seulement après les avoir fait cuire; car, lorsqu'on les mange crus, ils excitent une démangeaison dans la bouche.

Rumph paroit indiquer, d'après les deux figures qu'il donne de cet arbre, que ses fleurs sont dioïques. A la vérité, dans la deuxième, tab. 72, on ne voit que des rameaux chargés de fruits; mais sur la première, tab. 71, qu'il donne comme un individu mâle, il se trouve quelques fruits. Peut-être, si l'*abutua* de Loureiro étoit mieux connu, faudroit-il le rapporter à ce genre.

GNET A FEUILLES OVALES : *Gnetum ovalifolium* , Poir., Encycl., Supp.; *Gnemon sylvestris*, Rumph, *Amb.*, 1, pag. 183, tab. 73. Cette espèce diffère de la précédente par ses feuilles beaucoup plus petites, ovales-lancéolées, rétrécies, aiguës et non arrondies à leur base, à peine acuminées à leur sommet, glabres à leurs deux faces, mais point luisantes ni vernissées en dessus. D'après Rumph, cet arbre s'élève beaucoup plus haut que le précédent; la chair de ses fruits est armée de poils piquans. Il est, ainsi que ses fruits, employé aux mêmes usages. M. Delabillardière en a rapporté des échantillons de l'île de Java. (POIR.)

GNIDA-PURA-UTAN (*Bot.*), nom du *convolvulus vitifolius* à Java, suivant Burmann fils. (J.)

GNIDIENNE, *Gnidia*. (*Bot.*) Genre de plantes dicotylédones, à fleurs incomplètes, de la famille des thymélées, de l'*octandrie monogynie* de Linnæus, rapproché des passérines et des garoux, offrant pour caractère essentiel : Un calice coloré (une corolle selon quelques auteurs), filiforme, alongé; le tube terminé par un limbe à quatre découpures;

quatre écailles en forme de pétales insérés à l'orifice du calice, alternes avec ses divisions. Point de corolle : huit étamines attachées sur le tube du calice; un ovaire supérieur;
un style latéral; un stigmate. Le fruit est une noix monosperme, renfermée au fond du calice.

Ce genre comprend de jolis arbustes exotiques, la plupart
originaires du cap de Bonne-Espérance, à feuilles simples,
opposées ou alternes, à fleurs tubulées, ordinairement sessiles
et terminales, quelques unes remarquables par leur agréable
odeur. Malgré la délicatesse de ces arbrisseaux difficiles à conserver pendant l'hiver, dont l'humidité leur est contraire, on
en cultive plusieurs espèces dans les jardins de botanique,
surtout le *gnidia simplex*, qui se multiplie assez facilement,
se reproduit de marcottes et de boutures, et donne de bonnes
graines dans les serres d'orangerie. La terre de bruyère, presque
pure, est la seule qui leur convienne; il faut tous les ans la
renouveler par moitié en automne ou au printemps. En été,
époque de leur floraison, on place les pots contre un mur
à l'exposition du midi, et on les arrose abondamment : il
faut en hiver les tenir dans l'endroit le plus sec de l'orangerie, les arroser très-peu, aérer la serre toutes les fois que le
temps le permet, pour éviter que l'humidité ne se prolonge
trop long-temps dans l'intérieur de l'orangerie.

GNIDIENNE A FEUILLES DE PIN: *Gnidia pinifolia*, Lamk., *Ill*.
gen., tab. 291, fig. 1; Andr., *Bot. Repos.*, tabl. 32 ; Wendl.,
Obs., 13, tab. 2, fig. 11; *Rapunculus foliis nervosis*, etc., Burm.,
Afric., tab. 41, fig. 5; *Valerianella*, etc. Seb., *Mus.*, 2, tab.
32, fig. 5. Arbrisseau dont les tiges sont divisées en rameaux
glabres, cylindriques et grisâtres, garnis de feuilles éparses,
nombreuses, très-rapprochées, glabres, linéaires, mucronées, en carène sur leur dos, repliées à leurs bords, longues
d'un demi-pouce, munies d'un pétiole très-court, qui sort de
l'aisselle d'un petit tubercule décurrent. Les fleurs sont réunies en un petit bouquet terminal, garni de beaucoup de
bractées étroites, serrées, formant une sorte d'involucre :
ces fleurs sont velues en dehors, longues de sept à neuf lignes ;
le limbe beaucoup plus court que le tube; les quatre écailles
de l'orifice du calice couvertes de poils blancs, un peu plus
courtes que les divisions du limbe.

Dans le *gnidia radiata*, Linn. et Wendl., *Obs.*, 15, tab. 2, fig. 12, très-voisin de l'espèce précédente, les tiges sont glabres, prolifères; les feuilles glabres, mucronées, à trois côtés; les fleurs sessiles, réunies en têtes terminales, accompagnées de bractées lancéolées, plus larges que les feuilles étalées en rayons; le limbe du calice de la longueur du tube; les écailles très-pileuses; quatre des étamines saillantes, les quatre autres placées à l'orifice du tube. Ces deux plantes croissent au cap de Bonne-Espérance; la première est cultivée au Jardin du Roi.

GNIDIENNE A TIGES SIMPLES : *Gnidia simplex*, Linn.; *Thymelæa æthiopica*, etc., Breyn., *Cent.* 10, tab. 6; *Bot. Magaz.*, tab. 812, Petit arbuste du cap de Bonne - Espérance, dont les tiges se divisent en rameaux inégaux, presque simples, pileux surtout vers leur partie supérieure, garnis de feuilles étroites, éparses, linéaires, aiguës, d'un vert cendré. Les fleurs sont pileuses en dehors, d'un jaune pâle, sessiles, réunies en tête terminale, longues de six lignes et plus; les divisions du limbe ovales, aiguës; les écailles oblongues, acuminées; quatre étamines plus longues que les autres. On cultive cette plante au Jardin du Roi. J'ai lieu de soupçonner que le *gnidia subulata*, Lmk., Encycl., est une autre espèce distinguée par le petit nombre de ses fleurs, de deux à trois dans chaque tête; par les réceptacles propres, hérissés de beaucoup de poils blancs.

GNIDIENNE A FEUILLES DE GENEVRIER ; *Gnidia juniperifolia*, Lmk., Encycl. Arbrisseau à rameaux lâches, glabre sur toutes ses parties, garni de feuilles éparses, peu serrées, planes, linéaires, subulées, un peu convexes sur leur dos. Les fleurs sont terminales, solitaires ou géminées, longues de trois ou quatre lignes, environnées de quelques feuilles florales, semblables aux autres feuilles de la plante; le tube grêle, dilaté vers le limbe, très-glabre; les divisions du limbe droites, aiguës, presque aussi longues que le tube. Cette espèce, originaire du cap de Bonne-Espérance, paroît appartenir au *gnidia pinifolia* de Linnæus fils, mais non à celle de Linnæus, *Spec.*, pl. 2, pag. 312.

GNIDIENNE PONCTUÉE; *Gnidia punctata*, Lmk., Encycl. Arbuste rameux, qui a le feuillage d'un petit myrte, dont les rameaux sont d'un pourpre noirâtre, un peu velus, chargés

de feuilles nombreuses, imbriquées, ovales-lancéolées, aiguës, vertes, glabres en dessus, parsemées en dessous de
petits points élevés, chargés chacun d'un petit poil assez long,
caduc. Les fleurs sont sessiles, soyeuses et blanchâtres en
dehors, réunies trois ou quatre ensemble au sommet des rameaux ; le tube grêle, long de sept à huit lignes ; les divisions
du limbe ovales, un peu aiguës ; les écailles courtes. Cette
espèce paroît un peu différente du *gnidia tomentosa*, Linn.,
et *pubescens*, Berg., dont les feuilles sont glabres, ovales-
oblongues, rondes à leurs bords. Le *gnidia racemosa* de Thunb.,
Prodr., 76, est remarquable par ses fleurs disposées en grappes
axillaires ; les feuilles sont glabres, lâches, ovales-lancéolées.
Ces plantes croissent au cap de Bonne-Espérance.

GNIDIENNE SOYEUSE : *Gnidia sericea*, Linn.; Lmk., *Ill. gen.*,
tab. 291, fig. 3. Arbrisseau à tige très-rameuse, velue, garnie de feuilles ovales-oblongues, un peu obtuses, couvertes
à leurs deux faces de poils couchés, soyeuses dans leur jeunesse, les supérieures opposées, les inférieures éparses ou
alternes ; les fleurs petites, sessiles, velues, soyeuses et blanchâtres à l'extérieur, réunies trois ou quatre ensemble à l'extrémité des rameaux ; le tube grêle ; le limbe à quatre découpures ovales, concaves, petites ; l'orifice garni de huit
écailles (ou peut-être quatre bifides), plus courtes que les
découpures ; quatre étamines renfermées dans le tube, quatre
autres à l'orifice.

GNIDIENNE A FEUILLES OPPOSÉES : *Gnidia oppositifolia*, Linn.;
Lmk., *Ill. gen.*, tab. 291, fig. 2; *Thymelæa foliis planis*, etc.,
Burm., *Afr.*, 137, tab. 43, fig. 3 ; Pluken., tab. 323, fig. 7.
Cette plante est glabre sur toutes ses parties ; ses tiges hautes
d'environ deux pieds, chargées de rameaux effilés, droits,
divisés, alongés, garnis de feuilles sessiles, opposées, glabres,
ovales, ou ovales-oblongues, aiguës à leurs deux extrémités,
longues de quatre à cinq lignes ; les supérieures quelquefois
un peu purpurines à leur sommet, ainsi que les rameaux.
Les fleurs sont sessiles, velues en dehors, une fois plus longues
que les bractées, réunies quatre à six au sommet des rameaux ; les divisions du limbe un peu obtuses ; les quatre
écailles très-étroites ; quatre étamines à l'orifice du tube ; les
quatre autres plus intérieures.

GNIDIENNE LISSE: *Gnidia lævigata*, Thunb., *Prodr.*, 67; Wendl., *Obs.*, 17, tab. 2, fig. 14. Petit arbuste assez semblable, par son port, à l'espèce précédente, dont les tiges se divisent en rameaux d'un gris cendré, chargés de feuilles nombreuses, sessiles, opposées, presque en croix, assez ressemblantes par leur forme à celles d'un petit myrte, un peu épaisses, planes, glabres à leurs deux faces, très-lisses, ovales-aiguës, longues au plus de quatre lignes. Les fleurs sont réunies presque en tête à l'extrémité des rameaux. Cette espèce croît au cap de Bonne-Espérance.

On trouve encore mentionnées dans quelques auteurs, particulièrement dans Thunberg, *Prodr. Cap. B. Spei*, plusieurs autres espèces de *gnidia*, moins connues, telles que le *gnidia biflora*, Thunb., à rameaux étalés; les feuilles glabres, éparses, lancéolées; les feuilles latérales deux à deux: le *gnidia argentea*, Thunb., à feuilles éparses, en ovale renversé, tomenteuses et argentées; les fleurs ramassées en tête. Le *gnidia imberbis*, Ait., edit. nov., est le *gnidia simplex*, Andr., *Bot. Repos.*, tab. 70, non Willd., et le *gnidia pinifolia*, Wendl., *Obs.*, 15, tab. 2, fig. 11, non Linn. Le *gnidia filamentosa*, Linn. et Willd., est le *lachnæa glauca*, Ait., edit. nov.; *Buxifolia*, Andr., *Bot. Rep.*, tab. 624. Voyez RACHNÉE. (POIR.)

GNIDIUM GRANAN. (*Bot.*) Voyez COCCOGNIDIUM. (J.)

GNIP. (*Ornith.*) Ce terme, et ceux de *gnep* ou *sgnep*, désignent, en Piémont, la double bécassine, *scolopax major*, Gmel. (CH. D.)

GNISION. (*Ornith.*) Suivant Belon, p. 89, ce terme, synonyme de légitime, désigne, d'après Aristote, l'aigle royal, *falco chrysaetos*, Linn. (CH. D.)

GNOME (*Entom.*), nom donné par Fabricius à une réunion de quatre espèces de LAMIES coléoptères, à quatre articles, à tarses, et de la famille des xylophages ou lignivores. Voyez LAMIE. (C. D.)

GNOMESILON. (*Bot.*) Je lis dans l'Index de Mentzel, que ce nom grec étoit chez les Romains un de ceux de leur *muscus marinus*, ou *bryon thalassion* des Grecs. Adanson pense que c'est une des plantes rapportées aux conferves de son temps; mais il est très-difficile et même impossible d'en déterminer l'espèce: probablement que les anciens ont entendu parler, sous ces noms, de ce mélange de plantes marines que nous employons encore en médecine, sous la dénomination de *mousse de Corse*. (Lem.)

GNOTURIS (*Bot.*), un des noms anciens du marrube noir, *ballota*, suivant Ruellius. (J.)

GNOU (*Mamm.*), nom donné par les Anglois, qui le prononcent *niou*, à une espéce d'Antilope. Voyez ce mot. (F. C.)

GNOUROUMI. (*Mamm.*) C'est le nom que les Guaranis donnent au fourmilier tamanoir, suivant M. d'Azara. Voyez Fourmilier. (F. C.)

GOA AIGE. (*Mamm.*) C'est, dit-on, le nom du putois mâle chez les Lapons. (F. C.)

GOACHE. (*Ornith.*) Ce nom, qu'on écrit aussi *gouache*, désignoit, en vieux françois, la perdrix grise, *tetrao cinereus*, Linn. (Ch. D.)

GOACONAZ. (*Bot.*) Suivant Oviédo, cité par C. Bauhin, on nommoit ainsi à Cuba l'arbre qui fournissoit le baume du Pérou, ou un autre baume analogue. (J.)

GOAD-GANG. (*Ornith.*) Cette espèce de pigeon de la Nouvelle-Hollande est la colombe lumachelle de M. Temminck, Hist. nat. des Pigeons, etc., tom. 1, in-8.°, pag. 103 et 369 ; *columba chalcoptera*, Lath. (Ch. D.)

GOAN. (*Bot.*) Clusius, dans ses *Exoticæ*, parle d'un arbre de ce nom, croissant dans la Perse et près d'Ormuz, lequel, suivant le rapport à lui fait par un marchand instruit, donnoit, étant brûlé, des cendres qui, transportées d'Ormuz à Alexandrie, fournissoient la véritable tutie d'Alexandrie, transportée de là en Europe, et généralement regardée comme un produit de vapeurs métalliques rassemblé, sous forme de suie ou de cristaux particuliers, dans les cheminées des fourneaux de fonderies. (J.)

GOANGULARIS et GONGULARIS (*Bot.*) : noms qu'on trouve dans l'Index de Mentzel et dans le Pinax de C. Bauhin, et qui ne sont que des altérations, dues sans doute à l'imprimeur, du nom de *Gongolara*, qu'Imperato donne à une espèce de fucus. Voyez Gongolara. (Lem.)

GOAS (*Ornith.*), nom suédois de l'oie commune, *anas anser*, Linn., qu'on appelle en breton *goaz*. (Ch. D.)

GOAT (*Mamm.*), nom anglois du bouc. (F. C.)

GOAT-SUCKER (*Ornith.*), nom anglois de l'engoulevent, *caprimulgus europæus*, Linn. (Cu. D.)

GOAZ. (*Ornith.*) Voyez Goas. (Cu. D.)

GOBAURA. (*Bot.*) Herbe du Brésil, citée dans le recueil des Voyages, dont la cendre, répandue sur les plaies, les mondifie et fait renaître de nouvelles chairs, suivant le narrateur, qui ne donne aucune autre indication propre à la faire reconnoître. (J.)

GOBE-ABEILLES. (*Ornith.*) Eidous, dans sa traduction des Voyages d'Hasselquist au Levant, tom. 2, pag. 21, rend ainsi les mots *merops apiaster*, par lesquels Linnæus a désigné le guêpier commun. (Cu. D.)

GOBELET D'EAU. (*Bot.*) C'est la même plante que l'écuelle d'eau, *hydrocotyle*. (J.)

GOBE-MOUCHERONS. (*Ornith.*) Buffon a donné ce nom à deux espèces de gobe-mouches de la plus petite taille, qui sont les *muscicapa minuta* et *pygmæa* de Gmelin et de Latham. (Cu. D.)

GOBE-MOUCHES. (*Bot.*) On donne vulgairement ce nom à une espèce d'apocyn. (L. D.)

GOBE-MOUCHES. (*Ornith.*) Les nombreux oiseaux, que comprend cette dénomination, sont destinés à détruire les insectes ailés qui rempliroient l'air et envahiroient le domaine de l'homme, surtout dans les contrées chaudes et humides de l'Amérique, si rien ne s'opposoit à leur propagation. Ils forment plutôt une grande famille qu'un genre, et, s'il existe, entre les tyrans et les gobe-mouches proprement dits, des caractères suffisans pour les isoler sous certains rapports, ces signes sont bien moins marqués entre les gobe-mouches et les moucherolles. Aussi Buffon s'est-il borné à indiquer la taille comme fournissant un moyen de division de ces oiseaux, d'après lequel le nom de *gobe-mouches* seroit restreint aux espèces moins grandes que le rossignol, pour appliquer celui de *moucherolles* aux espèces qui égalent la taille de cet oiseau ou la surpassent peu, et le nom de *tyrans* aux espèces de la grandeur de la pie-grièche rousse, ou même plus fortes.

Tous les gobe-mouches ont, dans différentes proportions, le bec déprimé horizontalement, élargi, garni de poils à sa base, et la pointe plus ou moins crochue et échancrée. Les plus foibles passent d'une manière insensible à la forme des becs-fins. Si la force et la longueur du bec des tyrans, la pointe subitement crochue de leur mandibule supérieure, tandis que celle de l'inférieure est retroussée, offrent des différences sensibles avec le bec moins fort et la mandibule inférieure droite des gobe-mouches et des moucherolles, la dépression moins prononcée dans le bec de ceux-là, qui d'ailleurs est plus étroit que celui des moucherolles, ne présente de modifications bien saillantes que dans les espèces de ces dernières chez lesquelles l'aplatissement et l'élargissement du bec sont extrêmes, raison qui les a fait nommer *platyrhynques.*

Plusieurs auteurs ont formé un genre particulier de ces dernières espèces, et l'on n'a, en général, établi que des divisions entre les gobe-mouches et les moucherolles, qui ne portent, en latin, que le même nom de *muscicapa*, et dont on formera seulement deux sections sous le mot MOUCHEROLLES, qui a l'avantage de n'être pas un terme composé. (CH. D.)

GOBICHEN (*Ichthyol.*), nom hollandois du chabot, *cottus gobio.* Voyez COTTE. (H. C.)

GOBIE, *Gobius.* (*Ichthyol.*) Genre de poissons osseux holobranches thoraciques, de la famille des plécopodes. Il est nombreux en espèces, et offre les caractères suivans :

Catopes réunis sur toute leur longueur, et même en avant, de manière à former un disque concave; deux nageoires dorsales; corps alongé; tête médiocre, arrondie; joues renflées; yeux rapprochés.

M. Cuvier a placé les gobies dans la seconde famille des acanthoptérygiens, celle des gobioïdes. Belon et Rondelet ont cru reconnoître en eux les *gobius* des anciens, ce qui est loin d'être prouvé, tandis qu'Artédi a prétendu retrouver dans l'Océan les espèces mal déterminées par ces deux auteurs dans la mer Méditerranée. Il en est résulté une confusion inextricable, que Linnæus n'a point su débrouiller, et à laquelle M. le comte de Lacépède semble avoir en partie remédié en établissant les nouveaux genres GOBIOÏDE, GOBIOMORE et GOBIOMOROÏDE, aux dépens de celui des gobies, dont Gronou et Bloch ont aussi séparé les genres ELÉOTRIS et PÉRIOPHTHALME. (Voyez ces divers mots, ainsi que PLÉCOPODES et ELEUTHÉROPODES.)

On distinguera facilement les gobies des GOBIOÏDES et des GOBIOMOROÏDES, qui n'ont qu'une nageoire dorsale ; des GOBIOMORES et des ÉLÉOTRIS, qui ont les catopes distincts.

Ces poissons se tiennent ordinairement sur le sable ; souvent même ils s'y cachent entièrement. La plupart des espèces ont recours à la ruse pour se procurer leur nourriture. Leur corps gluant se recouvre de limon, et, ainsi masqués, ils s'approchent lentement des petits animaux qui doivent devenir leur proie.

On prétend aussi que l'espèce d'entonnoir produit par la réunion des catopes, fait chez ces animaux l'office d'une ventouse, à l'aide de laquelle ils se tiennent ancrés sur les corps solides qu'ils rencontrent au fond des eaux.

Parmi les gobies, on distingue principalement les espèces suivantes :

Le BOULEREAU NOIR : *Gobius niger*. Linn. ; *Gobius boulerot*, Lacép. ; Bloch., 38. Mâchoires également avancées et armées de deux rangs de petites dents ; langue un peu mobile ; des dents très-fines dans la gorge ; bouche grande ; lèvres épaisses ; yeux petits, tournés en haut ; écailles dures ; catopes noirs ; un appendice derrière l'anus ; nageoire caudale arrondie ; corps d'un brun noirâtre, nuancé de gris en dessus et sur les côtés ; ventre blanc, pointillé de jaune clair ; yeux bruns avec des taches rouges et dorées ; nageoires du dos marbrées de gris, de brun, de rougeâtre, de jaune et de violet léger ; catopes et nageoire anale d'un gris uniforme : celle-ci rayée transversalement ; ceux-là variés de jaune pâle.

Les bandes noires ou d'un brun foncé, qui traversent le dos de ce poisson, lui ont mérité le nom de *gobie* ou *goujon noir*, nom qu'il conserve dans beaucoup d'ouvrages d'ichthyologie, et qui pourroit le faire confondre facilement avec une autre espèce, le *gobie noir*, du grand golfe des Indes, dont M. de Lacépède a donné la description d'après les manuscrits de Commerson. Voilà la raison pour laquelle notre savant naturaliste a désigné en latin le boulereau noir sous le nom de *gobius boulerot*, réservant celui de *gobius niger* à l'espèce exotique.

Quoi qu'il en soit, l'animal dont nous parlons parvient ordinairement à la longueur de cinq à sept pouces. Il fréquente toutes les mers d'Europe, où il se nourrit de petits poissons et de vers marins. Commun dans l'Océan atlantique boréal, où il vient frayer au printemps, sur les côtes et à l'embouchure des grands fleuves, il habite également plusieurs mers de l'Asie; il est très-répandu dans celle de l'Archipel du Levant. On le prend aisément à la ligne.

La chair de ce poisson a beaucoup de rapport, pour la saveur, avec celle de la perche. On la mange aujourd'hui généralement partout; mais Juvénal nous apprend que, sous les premiers empereurs de Rome, et dans le temps du plus grand luxe de cette capitale du monde, elle ne paroissoit guère que sur la table du riche et de l'homme somptueux:

> Nec mullum cupias, cum sit tibi gobio tantùm
> In loculis;

ce que Martial semble confirmer quand il dit, dans le treizième livre de ses Epigrammes, celui qu'il a intitulé *Xenia*:

> In Venetis sint lauta licet convivia terris,
> Principium cœnæ gobius esse solet.

Ce même poisson étoit connu d'Aristote et d'Athénée; l'un et l'autre de ces auteurs en ont parlé sous la dénomination de τραγὸς, c'est-à-dire, de *bouc*, parce que ses catopes noirs et réunis représentoient à leurs yeux une barbe, comme celle qui garnit la gorge de ce quadrupède.

Dans un temps où chaque être de la nature devoit fournir au moins un médicament propre à soulager l'homme des maux auxquels il est en proie, Paul d'Egine considéroit la chair du boulereau noir comme laxative, et en faisoit préparer des pilules. Que de médecins aujourd'hui ignorent même l'existence de cet animal!

Le GOBIE Bosc; *Gobius Bosc*, Lacépède. Les quatre premiers rayons de la première nageoire dorsale terminés par un filament; tête plus large que le corps; mâchoires égales; dents très-petites; yeux proéminens; orifices des narines saillans; opercules terminés en pointe; écailles non apparentes; teinte générale grise, pointillée de brun; sept bandes transversales irrégulières et d'une nuance plus pâle, étendues sur les côtés et les nageoires du dos, qui d'ailleurs sont brunes comme les autres nageoires.

Ce poisson, qui ne parvient pas à la taille de plus de quatre pouces, a été observé, décrit et dessiné par M. Bosc, dans la baie de Charlestown, dans l'Amérique septentrionale. On ne le mange point.

Le GOBIE DORÉ; *Gobius auratus*, Risso. Tête grande; bouche ample; langue lisse; mâchoire inférieure un peu avancée; yeux ronds, à iris d'un vert jaunâtre, à prunelle améthyste; corps d'un beau jaune doré, couvert de petits points noirs; nageoires d'un rouge métallique; une tache brune à la base des pectorales.

Ce poisson a été décrit et figuré pour la première fois par M. Risso. Il est assez commun dans la mer de Nice, où on l'appelle *gobou jaune*. Sa plus grande dimension est de quatre à cinq pouces. Sa chair est fort bonne.

Il vit dans les rochers, et on le pêche spécialement en février, en juillet et en septembre.

Le GOBIE DE PLUMIER; *Gobius Plumierii*, Bloch, 178, 3. Mâchoire supérieure avancée; tête grande; bord des lèvres charnu; ligne latérale droite; nageoire caudale arrondie; écailles petites et peintes de très-riches couleurs; dos d'un jaune doré foncé; côtés d'un jaune clair; ventre blanc; toutes les nageoires jaunes; celles de la queue et de la poitrine bordées de noir.

Le père Plumier a dessiné ce poisson, qui habite la mer des Antilles, et dont la chair est d'une saveur agréable. C'est d'après les dessins de ce zélé voyageur, que Bloch, à Berlin, d'une part, et M. de Lacépède, à Paris, de l'autre, l'ont fait connoître aux naturalistes.

Le BOULEREAU BLANC : *Gobius minutus*, Pallas; Linnæus. Corps d'un fauve pâle; nageoires blanchâtres, rayées en travers de lignes fauves; des taches ferrugineuses sur le dos; de petites lignes brunâtres sur le ventre; nageoire caudale rectiligne.

Long de deux à trois pouces, ce gobie vit sur nos côtes méditerranéennes.

Le GOBIE LANCÉOLÉ : *Gobius lanceolatus*, Linn.; *Gobius syrmatophorus*, Gronou; *Gobie lancette*, Bonnaterre; *Gobius oceanicus*, Pallas; Bloch, 38, 1. Queue très-longue et terminée par une nageoire dont la forme est celle d'un fer de lance; corps très-alongé ; mâchoire supérieure un peu avancée ; écailles petites et arrondies ; anus beaucoup plus près de la gorge que de la nageoire caudale ; rayons de la première nageoire du dos s'élevant au-dessus de la membrane qui les réunit ; nageoires pectorales et caudale d'un jaune plus ou moins mêlé de vert, et bordées de bleu ou de violet ; une tache bleue à bords rouges de chaque côté de la tête ; une tache brune, à droite et à gauche, à l'endroit où les deux dorsales se touchent ; teinte générale, d'un jaune pâle en dessus, et d'un gris blanc en dessous.

On trouve ce poisson dans les fleuves et les petites rivières de la Martinique. C'est immédiatement après lui que, dans un système ichthyologique complet, il faudroit placer l'*elcotris lanceolata* de M. Schneider, que M. Cuvier fait, avec raison, rentrer dans le genre Gobie, sous le nom de *gobius elongatus*. (Voyez la planche 15 de l'ouvrage de M. Schneider sur les poissons.)

Le Gobie tête-de-lièvre : *Gobius lagocephalus*, Pallas ; Kœlreuter ; Linn. Mâchoire supérieure très-arrondie par devant ; lèvres épaisses, la supérieure double et fendue en deux ; tête courte, alépidote ; quelques dents crochues et plus longues que les autres à la mâchoire inférieure ; palais hérissé de dents menues et très-serrées ; yeux très-rapprochés l'un de l'autre et recouverts par un prolongement de l'épiderme ; un appendice alongé au-delà de l'anus, qui est aussi loin de la gorge que de la nageoire caudale ; ligne latérale non visible ; nageoire de la queue arrondie ; teinte générale composée de gris, de brun et de noir. Longueur du doigt.

Ce poisson, dont on ne connoît point encore la patrie, est figuré dans les *Spicilegia zoologica* de Pallas, 8, tab. 11, fig. 6, 7.

Le Gobie cyprinoïde ; *Gobius cyprinoides*, Pallas. Une crête triangulaire et noirâtre, placée longitudinalement sur la nuque ; écailles grandes et un peu frangées ; dos gris ; ventre blanchâtre ; tête plus large que le corps, et recouverte d'une peau traversée par plusieurs lignes très-déliées qui forment une sorte de réseau ; un appendice alongé et arrondi par le bout au-delà de l'anus. Taille de deux à trois pouces.

On trouve ce poisson dans les eaux de l'île d'Amboine. Pallas l'a également figuré dans le huitième cahier de ses *Spicilegia*, tab. 1.

Le Gobie Boddaert; *Gobius Boddaerti*, Pallas, *ibid.*, tab. 2, fig. 4, 5. Rayons de la première nageoire du dos filamenteux; le troisième beaucoup plus long que les autres ; dos d'un brun bleuâtre ; ventre d'un blanc rougeâtre ; des taches brunes et blanches répandues sur la tête ; nageoire caudale blanche, nuancée de bleu ; quatorze taches brunes, sur deux rangs, de chaque côté du corps ; un cercle noir autour de l'ouverture de l'anus ; des points blancs sur la première nageoire du dos.

Ce poisson, qui ne parvient pas à plus d'un demi-pied de longueur, est de la mer des Indes.

Il a été dédié au naturaliste Boddaert.

Le Gobie pectinirostre ; *Gobius pectinirostris*, Linn. ; *Apocryptes chinensis*, Osbeck. Presque toutes les dents de la mâchoire inférieure couchées horizontalement, et donnant au museau de l'animal quelque ressemblance avec un peigne demi-circulaire.

Des eaux de la Chine.

L'aphye ; *Gobius aphya*, Linn. Yeux très-rapprochés l'un de l'autre ; corps alongé, un peu cylindrique, d'un blanc sale, varié par quelques taches noires ; ligne latérale à peine visible ; des bandes brunes sur les nagoires du dos et de l'anus. Taille de trois à quatre pouces.

Ce poisson, dont la chair est fort bonne, vit dans le Nil et dans la mer Méditerranée. On le prend quelquefois dans les rochers de Nice. Presque tous les naturalistes anciens et modernes en ont parlé, et Aristote (*Hist. Anim.*, lib. 6, cap. 15) en fait mention sous le nom d'ἀφυὴ κωϐῖης. Quelques anciens auteurs l'ont encore appelé *loche de mer*.

Le Gobie paganel ; *Gobius paganellus*, Linn. Première nageoire dorsale bordée de jaune ; la seconde et l'anale pourprées à leur base ; dos d'un vert obscur ; ventre d'un blanc jaunâtre, tacheté de noir avec des traits verdâtres ; ligne latérale peu marquée ; une lunule noire sur les nageoires pectorales ; nageoire caudale rectiligne. Taille de neuf à dix pouces.

Ce gobie, que, dans plusieurs contrées de l'Italie, on appelle *paganello*, vit au milieu des rochers de la mer Méditerranée. C'est près des rivages qu'il va déposer ses œufs, comme dans l'endroit où il trouve l'eau la plus tiéde, suivant l'expression de Rondelet, l'aliment le plus abondant et l'abri le plus sûr contre les grands poissons : ces œufs sont aplatis.

La chair du paganel est sèche et maigre.

Le Gobie ensanglanté ; *Gobius cruentatus*, Linn. Nageoires colorées de brun, de jaune et de rouge ; teinte générale d'un blanc sale ; la bouche, la gorge et les opercules tachetés de rouge ; catopes bleuâtres ; rayons des deux nageoires dorsales plus élevés que les membranes qui les lient entre eux ; nageoire caudale arrondie, avec des bandes noires. Taille de sept à huit pouces.

Ce poisson, qui habite les rochers profonds de la mer Méditerranée, a une chair délicate. Brunnich en a donné une fort bonne description.

Le Gobie noir - brun ; *Gobius bicolor*, Linn. Dessus du corps d'un brun obscur, passant par diverses nuances au verdâtre azuré sur la gorge et sur l'abdomen ; nageoires noires ; tête grande ; yeux foncés ; iris doré ; nageoire caudale arrondie. Taille de trois à quatre pouces.

Ce gobie habite les mêmes mers que les deux précédens ; il est très-commun aux environs de Nice.

Le Goujon d'Arabie : *Gobius arabicus*, Linn. : *Gobius anguillaris*, Forskal. Les cinq derniers rayons de la première nageoire dorsale deux fois plus longs que la membrane qui les unit, et terminés par un filament rouge ; teinte générale d'un brun verdâtre, avec des points bleus et des taches violettes agglomérés et répandus spécialement sur les nageoires ; peau molle ; écailles petites fortement attachées. Longueur du petit doigt de la main.

Forskal a découvert ce poisson dans la mer Rouge, sur les côtes d'Arabie.

Le Gobie jozo : *Gobius jozo*, Linn. ; *Gobius albus*, Gesner ; *Gobius albescens*, Gronou. Tête comprimée ; mâchoires égales ; bouche moyenne ; corps blanchâtre, nuancé sur le dos d'une légère teinte brune ; nageoire caudale parsemée de points bruns ocellés de jaune ; ligne latérale noire ; catopes bleus. Taille de quatre à cinq pouces.

Ce poisson vit dans la mer Méditerranée et dans l'Océan

atlantique boréal. Il n'est pas rare dans la mer Baltique. Il fréquente les rivages, et y dépose ses œufs dans les endroits dont le fond est sablonneux.

Sa chair est molle et fade ; plusieurs gades en font leur nourriture habituelle.

Le Gobie bleu ; *Gobius cœruleus*, Lacép. Le dernier rayon de la seconde nageoire du dos deux fois plus long que les autres ; nageoire caudale rouge, bordée de noir et arrondie : corps du plus beau bleu possible. Taille de deux à trois pouces.

Cet animal a été observé par Commerson dans la mer qui baigne l'Afrique orientale, à l'embouchure des fleuves de l'île de Bourbon. On ne le mange point, et les Nègres ne s'en servent que comme d'appât pour prendre de plus grands poissons.

Le Gobie awaou : *Gobius ocellaris*, Gmelin ; *Gobius awaou*, Lacép. Mâchoire supérieure avancée ; corps comprimé et alongé ; écailles ciliées ou frangées ; tête petite et creusée en gouttière par-dessus ; dents inégales ; ventre vert ; dos olivâtre, nuancé de noir ; catopes noirâtres ; une tache noire œillée près du bord postérieur de la première nageoire dorsale.

On trouve ce gobie dans les ruisseaux d'eau douce qui arrosent l'île de Taïti, au milieu du grand Océan équinoxial. Broussonnet, qui en a vu un individu dans la collection de Banks, l'a figuré dans la seconde planche de sa Décade ichthyologique. (H. C.)

GOBIE CÉPHALE. (*Ichthyol.*) Synonyme de *gobie de Plumier*. Voyez Gobie. (H. C.)

GOBIE PUSTULEUX. (*Ichthyol.*) Bonnaterre nomme ainsi le poisson que nous avons décrit sous le nom de *gobie ensanglanté*. Voyez Gobie. (H. C.)

GOBIE GOUJON-BLANC. (*Ichthyol.*) Quelques auteurs ont ainsi appelé le *jozo*, *gobius jozo*. Voyez Gobie. (H. C.)

GOBIE KŒLREUTER et GOBIE SCHLOSSER. (*Ichthyol.*) Pallas a ainsi nommé deux poissons que nous décrirons à l'article Périophthalme. (H. C.)

GOBIÉSOCE, *Gobiesox*. (*Ichthyol.*) M. de Lacépède a formé sous ce nom un genre de poissons qui appartient à la famille des céphalotes, suivant l'auteur de la Zoologie analytique, et à celles de discoboles de M. Cuvier. Ce genre est distingué par les caractères suivans :

Catopes non réunis l'un à l'autre ; une seule nageoire dorsale, très-courte et placée au-dessus de l'extrémité de la queue, très-près de la nageoire caudale ; tête très-grosse et plus large que le corps.

On distinguera aisément, et à l'aide de ces notes, les gobiésoces des Scorpènes, qui ont la nageoire dorsale longue ; des Cottes, qui l'ont double ; des Gobies et des Godioïdes, qui ont les catopes réunis. (Voyez ces divers mots et Céphalotes.)

Le Gobiésoce testar : *Gobiesox cephalus*, Lacépède. Lèvres doubles et très-extensibles ; nageoire de la queue arrondie ; tête déprimée et arrondie en avant ; yeux très - rapprochés l'un de l'autre ; une concavité sur la nuque, et un enfoncement sur le dos ; ventre très-saillant ; nageoire anale au-dessous de l'extrémité de la queue ; teinte générale d'un roux plus foncé sur le dos que sur le ventre, sans raies, ni bandes, ni taches ; yeux d'un bleu de saphir.

Ce poisson a été observé dans les rivières de l'Amérique méridionale par le père Plumier, et c'est d'après un dessin de ce voyageur que M. le comte de Lacépède l'a fait connoître aux naturalistes. Le nom de gobiésoce, par lequel il l'a désigné, indique les rapports de conformation qui le lient et aux gobies et aux ésoces.

M. Cuvier pense que le *gobiésoce testar* pourroit bien être le même poisson que le *lepadogaster dentex* de M. Schneider, figuré par Pallas dans la planche première de son septième cahier, et que le *cyclopterus nudus*, décrit par Linnæus dans le Muséum du Prince Adolphe-Frédéric. Nous avons parlé de ces deux espèces à l'article Cycloptère, auquel nous prions le lecteur de recourir.

Le Gobiésoce bimaculé : *Gobiesox bimaculatus* ; *Cyclopterus bimaculatus*, Pennant, *Brit. Zool.*, pl. 22, fig. 1. Nageoires pectorales situées vers le derrière de la tête, qui est déprimée et plus large que le corps, et d'un rouge tendre, comme le ventre de l'animal ; une tache noire et arrondie de chaque côté du corps ; nageoire caudale terminée par une ligne droite ; toutes les nageoires d'un très-beau blanc.

Pennant a le premier fait connoître ce poisson, qu'on rencontre près des côtes d'Angleterre, et qui n'atteint que de petites dimensions.

Le *cyclopterus littoreus* de M. Schneider paroît être un gobiésoce. (H. C.)

GOBIO (*Ichthyol.*), mot latin. Voyez Chabot, Goujon et Cotte. (H. C.)

GOBIOÏDE, *Gobioides*. (*Ichthyol.*) M. le comte de Lacépède a donné ce nom à un genre de poissons de la famille des plécopodes , et qui ne diffère de celui des gobies que par la présence d'une seule nageoire dorsale et une forme de corps plus alongée. Voyez Gobie et Plécopodes.

Le mot de *gobioïde* est grec et formé de γωϐιὸς, *gobie*, et εἶδος, *forme*, *figure ;* il indique un rapport marqué avec les gobies.

Le Gobioïde anguilliforme : *Gobioides anguilliformis*, Lacép. ; *Gobius anguillaris*, Gmel. ; *Goujon anguillard*, Daubenton. Mâchoires garnies de petites dents ; nageoire de l'anus et du dos fort longues et s'avançant presque jusqu'à celle de la queue ; nageoires pectorales petites et arrondies ; peau visqueuse, à demi transparente et imprégnée d'une liqueur huileuse : toutes les nageoires d'un rouge vif.

Des eaux de la Chine.

Le Gobioïde smyrnéen : *Gobioides smyrnensis* , Lacép. ; *Goujon smyrnéen* , Bonnaterre. Bord des mâchoires formé par une lame osseuse sans dents ; tête grosse et parsemée de pores très-sensibles ; nageoires pectorales très-larges ; celle du dos d'autant plus élevée qu'elle est plus voisine de la queue.

On ne connoît point la patrie de cet animal , qui est figuré dans les *Nov. Comment. Petropolit.*, IX, tab. 9, fig. 5.

Le Gobioïde de Broussonnet ; *Gobioides Broussonnetii* , Lacép., II, pl. XVII, 1. Corps et queue très-alongés et comprimés ; des dents aux mâchoires ; nageoires du dos et de l'anus très-rapprochées de celle de la queue, qui est pointue ; catopes réunis en forme d'entonnoir profond ; nageoires pectorales petites et arrondies ; rayons des nageoires dorsale et anale, dépassant la membrane qui les lie entre eux ; peau transparente.

On ignore la patrie de ce poisson, que M. de Lacépède a dédié au naturaliste Broussonnet, aussi célèbre par son instruction que par ses malheurs et son courage. Nous l'avons fait figurer dans notre atlas, d'après un individu qui faisoit partie de la collection cédée à la France par la Hollande.

Le Gobioïde queue-noire : *Gobioides melanurus*, Lacép.; *Gobius melanuros*, Gmelin. Queue d'un noir plus ou moins foncé.

Broussonnet a décrit cette espèce dans sa première Décade ichthyologique. On croit qu'elle vient de la mer du Sud. (H. C.)

GOBIOMORE , *Gobiomorus*. (*Ichthyol.*) C'est encore à M. de Lacépède qu'on doit l'établissement de ce genre de poissons, formé aux dépens de celui des Gobies de Linnæus, et appartenant à la famille des Éleuthéropodes. On reconnoît les espèces qui le composent aux caractères suivans:

Catopes non réunis entre eux ; deux nageoires dorsales ; tête petite ; yeux rapprochés ; opercules soudés dans une grande partie de leur contour.

On distinguera facilement les gibiomores des Gobies et des Gobioïdes , qui ont les catopes réunis, et on ne pourra les confondre avec les Gobiomoroïdes, qui n'ont qu'une seule nageoire dorsale. (Voyez ces mots et Éleuthéropodes et Plégopodes.)

Le mot *gobiomore* , tiré du grec, γωϐιός, *gobie*, et ὄμορος, *analogue*, indique la ressemblance de ce genre avec celui des gobies.

Parmi les espèces rapportées à ce genre on distingue :

Le Gobiomore taiboa : *Gobiomorus taiboa*, Lacép. ; *Gobius strigatus*, Broussonnet, Gmelin. Corps comprimé et très-alongé ; écailles presque carrées et un peu crénelées ; tête comprimée et cependant plus large que le corps ; mâchoire supérieure un peu avancée ; dents inégales ; langue et palais lisses ; gosier hérissé de dents aiguës , menues et recourbées en arrière ; nageoire caudale large et arrondie ; rayons de la première dorsale très-longs et très-élevés ; dos d'un vert bleuâtre ; ventre blanc ; tête d'un jaune plus ou moins mêlé de vert ; des raies d'un brun plus ou moins foncé auprès des nageoires pectorales ; des taches rougeâtres de chaque côté du corps et de la queue ; des points bruns sur la tête ; nageoires d'un vert mélangé de jaune et parcourues par des raies rouges, droites ou courbées.

Broussonnet a le premier décrit ce gobiomore d'après des individus conservés dans la collection de Sir Joseph Banks, et pris sur les rivages de l'île d'O-Taïti. M. Cuvier le rapporte à son genre ELÉOTRIS. (Voyez ce mot.)

Le gobiomore gronovien de M. de Lacépède appartient à la famille des scombres (voyez PASTEUR). Son gobiomore dormeur est probalement un PLATYCÉPHALE (voyez ce mot). Enfin, le gobiomore kælreuter est un PÉRIOPHTHALME (voyez ce mot). (H. C.)

GOBIOMOROIDE, *Gobiomoroides*. (*Ichth.*) M. de Lacépède a fait, sous ce nom, un genre de poissons, qui appartient à la famille des éleuthéropodes, et qui ne diffère de celui des gobiomores, que par la présence d'une seule nageoire dorsale. (Voyez ÉLEUTHÉROPODES et GOBIOMORE.)

La seule espèce connue dans ce genre est

Le GOBIOMOROÏDE PISON : *Gobiomoroides Piso*, Lapécède; *Gobius Pisonis*, Gmelin; *Gobius amorea*, Walbaum; *Amore pixuma*, Marg., 166; *Eleotris*, Gronou. Mâchoire inférieure plus avancée que la supérieure ; yeux rapprochés ; tête aplatie; les deux mâchoires garnies de plusieurs rangées de dents fortes et aiguës; nageoire de la queue arrondie.

On trouve ce poisson dans l'Amérique méridionale. Son nom spécifique rappelle le souvenir du médecin Pison, qui a publié sur l'Amérique australe un ouvrage dans lequel il parle de notre gobiomoroïde. (H. C.)

GOBIONARIA. (*Ichthyol.*) Quelques anciens auteurs ou commentateurs, Gaza et Ray, en particulier, ont désigné sous ce nom l'aphye, *gobius aphya*. Voyez au mot GOBIE. (H. C.)

GOBIOS. (*Ichthyol.*) Les Grecs modernes donnent ce nom au paganel, espèce de gobie. Voyez GOBIE. (H. C.)

GOBIOS MELAS. (*Ichthyol.*) Les Grecs donnent ce nom, γωϐιὸς μέλας, ou plutôt celui de Κωϐιὸς μέλας, à notre boulereau noir. Voyez GOBIE. (H. C.)

GOBIUS (*Ichthyol.*), mot latin. Voyez GOBIE. (H. C.)

GOBO (*Bot.*), nom japonois de la bardane, suivant Thunberg. (J.)

GOBOU. (*Ichthyol.*) Sur les côtes du midi de la France, on nomme ainsi le gobie aphye, et généralement toutes les autres espèces de ce genre de poissons. (H. C.)

GOBOU NÈGRE. (*Ichthyol.*) A Nice, on appelle ainsi le boulereau noir. (H. C.)

GOBOUS. (*Ichthyol.*) M. Cuvier désigne sous ce nom, et sous ceux de *boulereaux* et de *goujons de mer*, une famille de ses poissons acanthoptérygiens. Elle renferme les genres Gobie, Gobioïde, Tænioïde, Périophthalme et Éléotris. Tous ces genres se reconnoissent sur-le-champ à leurs catopes placés sous le thorax, et réunis, soit dans toute leur longueur, soit au moins vers leurs bases, en un seul disque plus ou moins infundibuliforme. Les épines de leur nageoire dorsale sont flexibles; l'ouverture de leurs ouïes, pourvue de quatre rayons seulement, est généralement peu grande, ce qui fait que les poissons de la famille des gobous peuvent, comme les blennies, vivre quelque temps hors de l'eau. Leur estomac est sans cul-de-sac, et leur canal intestinal sans cœcum. Les mâles ont un petit appendice derrière l'anus, et quelques espèces sont vivipares. D'une petite taille, ils se tiennent tapis sous les côtes des rivages. Leur vessie aérienne est simple le plus communément. (H. C.)

GOCARNI (*Bot.*), nom brame du *schanga-cuspi* du Malabar, cité et figuré par Rhéede, lequel paroît être une espèce de *clitoria*. (J.)

GOCHET. (*Conchyl.*) Adans., Sénég., p. 177, pl. 13. Une belle espèce de natice, dont Gmelin fait son *turbo fulminea*. (De B.)

GOCHNATIE, *Gochnatia.* (*Bot.*) [*Corymbifères ?* Juss. ; *Syngénésie polygamie égale*, Linn.] Ce genre de plantes, établi par M. Kunth, en 1818, dans le quatrième volume de son ouvrage intitulé, *Nova Genera et Species Plantarum*, appartient à la famille des synanthérées, et à notre tribu naturelle des carlinées, dans laquelle nous le plaçons auprès des *Chuguiraga, Bernadesia, Diacantha, Bacazia, Turpinia*. Voici les caractères que l'auteur attribue à ce genre, et que nous n'avons pas pu vérifier.

La calathide est incouronnée, équaliflore, pluriflore, régulariflore, androgyniflore; le péricline, campanulé, est formé de squames imbriquées, appliquées, spinescentes au sommet. Le clinanthe est inappendiculé; les ovaires sont garnis de poils soyeux; leur aigrette est composée de squamellules filiformes, simples. Les corolles sont à cinq divisions égales : les étamines ont le filet glabre, l'anthère pourvue d'un appendice apicilaire, alongé, et de deux appendices basilaires, filiformes, barbus. Le style est divisé au sommet en deux lobes rapprochés.

GOCHNATIE VERNONIOÏDE ; *Gochnatia vernonioides*, Kunth, *Nov. Gen. et Sp. Plant.*, tom. 4, in-f.°, pag. 15. La tige est ligneuse; les feuilles sont alternes, très-entières, à face inférieure, cotonneuse et blanche; les calathides, composées de fleurs de couleur jaune-pâle, sont sessiles au sommet de petits rameaux. Cette espèce, qui est la seule du genre, a été découverte par MM. de Humboldt et Bonpland, dans l'Amérique équinoxiale.

Le volume dont nous avons extrait les caractères génériques et spécifiques ci-dessus n'est point encore publié; mais il est imprimé dans le format in-f.°, et M. Kunth en a présenté et déposé le premier exemplaire à l'Académie des Sciences, le 26 octobre 1818 ; il a bien voulu nous en communiquer un autre exemplaire, le 1.er décembre de la même année, ce qui nous a procuré le moyen de prendre connoissance de ses nouveaux genres pour en enrichir ce Dictionnaire.

L'auteur place le *gochnatia* entre le *chuquiraga* et le *triptilium*, dans sa section secondaire des barnadésies, laquelle est composée des genres *Barnadesia*, *Dasyphyllum*, *Chuquiraga*, *Gochnatia*, *Triptilium*. Selon lui, le *gochnatia* est analogue, sous plusieurs rapports, aux *barnadesia*, *chuquiraga* et *dasyphyllum*, et, sous d'autres rapports, au *vernonia*.

Les barnadésies de M. Kunth paroissent correspondre à notre tribu des carlinées, qui a été établie et publiée long-temps avant la présentation et le dépôt de son quatrième volume à l'Académie des Sciences. Il en est de même de presque toutes les autres parties de sa clasification des synanthérées, qui semble à peu près calquée sur la nôtre, antérieure de six ans à la sienne. Voyez dans ce Dictionniare notre article EUPATORIÉES, et dans le Journal de Physique, de juillet 1819, notre analyse critique et raisonnée du quatrième volume de l'ouvrage de M. Kunth, intitulé : *Nova Genera et Species Plantarum*.

Le genre *Gochnatia* est dédié à M. Gochnat, auteur d'un opuscule sur les chicoracées. (H. CASS.)

GOCI. (*Bot.*) Dans quelques parties de l'ouest de la France on donne ce nom à une variété de froment. (L. D.)

GODAL. (*Bot.*) Adanson ramène dans ce genre des espèces de bysses, de moisissures et de conferves des anciens auteurs. Ces espèces sont mucides, aqueuses, charnues ou coriaces, formées de filets cylindriques, non articulés, élevés et ramifiés en buissons. Les espèces citées par Adanson sont les *byssus*, fig. 15, 16 et 17 de la table première de la Muscologie de Dillenius, et les conferves, fig. 6 à 24, pl. 2, 3 et 4, du même ouvrage, parmi lesquelles sont l'*himanthia candida*, Persoon, le *dematium petreum*, Pers., et diverses autres plantes placées dans les *byssus* par Linnæus, mais qui appartiennent maintenant à d'autres familles, et non à celle des champignons. Ce genre très-artificiel n'a pas été adopté, et avec raison. (LEM.)

GODALIOS. (*Ornith.*) Suivant Scaliger, dans ses *Exercit. in Cardanum*, on appeloit ainsi, en Gascogne, l'hirondelle de fenêtre, *hirundo urbica*, Linn. (CH. D.)

GODDE (*Mamm.*), nom du renne chez les Lapons du nord de la Norwège. (F. C.)

GODDE-SAPAN (*Mamm.*), nom du lemnieng chez les Lapons du nord de la Norwège. (F. C.)

GODE (*Ichth.*), altération de GADE, que l'on trouve dans quelques auteurs. (H. C.)

GODE. (*Ornith.*) Denys, dans son Histoire de l'Amérique septentrionale, parle, sous ce nom, d'un oiseau blanc et noir qui vole aussi vite qu'une flèche. Seroit-il question de l'oiseau de tempête, ou de quelque autre espèce de pétrels? (CH. D.)

GODETS. (*Bot.*) Paulet donne ce nom à deux espèces de champignons, à cause de leur forme.

La première, celle qu'il désigne par les GODETS MONTÉS, est figurée par lui (Tr., 2, p. 223, pl. 104, f. 1, 8 et 9). C'est une petite espèce d'agaric, de la famille des mousserons godailles, de couleur de noisette, qui croit ordinairement trois ou quatre individus ensemble : son chapeau a un pouce de diamètre; il est porté sur un stipe long de quatre à cinq pouces. La substance de ce champignon est sèche, légèrement parfumée, comme celle des mousserons. On le trouve en automne dans les bois, et on le vend avec les autres mousserons. Donné aux animaux, il ne les a pas incommodés.

La seconde espèce est le Godet crotinier, Paul., Tr., 2, p. 402, pl. 184, fig. 8, qui constitue le genre *Poronia* de Gleditsch, et qui est le *peziza punctata* de Linnæus, qu'on ne trouve que sur le crottin de cheval, et dont la forme est celle d'une soucoupe grande comme une lentille, d'une couleur grise, et dont la surface est parsemée de petits grains qui la rendent rude au toucher. Paulet nomme aussi ce champignon *godet piqué*, et *petit godet crotinier*. (Lem.)

GODJUVA (*Bot.*). nom brame signifiant langue de vache, donné, suivant Rhéede, à l'*aneschovadi* des Malabares, qui est l'*elephantopus scaber*. (J.)

GODOE-AMBADO (*Bot.*), nom brame de l'Ambalum du Malabar. Voyez ce mot. (J.)

GODOLYE (*Mamm.*), nom hongrois de la chèvre. (F. C.)

GODOVIA. (*Bot.*) Le nom du genre *Godoya* de la Flore du Perou est ainsi transcrit par M. Persoon. (J.)

GODOYA. (*Bot.*) Genre de plantes dicotylédones, à fleurs complètes, polypétalées, régulières, de la famille des hypéricées, de la *polyadelphie pentagynie* de Linnæus, offrant pour caractère essentiel : Un calice à cinq folioles ; cinq pétales ; des cils nombreux disposés alternativement sur cinq rangs entre le calice et les pétales ; dix étamines et plus ; les anthères munies de deux pores à leur sommet ; un ovaire supérieur, couronné par un stigmate sessile, à cinq angles. Le fruit est une capsule à cinq loges, contenant des semences ailées et imbriquées.

Ce genre renferme des arbres découverts dans le Pérou par MM. Ruiz et Pavon, qui en ont mentionné deux espèces seulement d'après leur caractère spécifique, sans autre description. 1.° *Godoya obovata*, *Syst. Flor. Per.*, pag. 101 : fort bel arbre, dont le bois est très-dur ; les feuilles en ovale renversé, crénelées à leur contour ; les étamines au nombre de dix. 2.° *Godoya spathulata*. Les feuilles sont en forme de spatule et crénelées ; les fleurs renferment plus de quarante étamines. Le bois est employé pour la fabrication de plusieurs ustensiles.

Dans l'une et l'autre espèce, les fleurs offrent un calice coloré, à cinq folioles ovales, concaves, échancrées, imbriquées et caduques. La corolle est composée de cinq pétales en ovale renversé, caducs, échancrés, alternant avec cinq rangs de cils nombreux. Les filamens des étamines sont courts, comprimés, insérés sur le réceptacle; les anthères oblongues, linéaires, lançant leur poussière par deux pores situés à leur sommet; l'ovaire est oblong, linéaire, pentagone, un peu courbé, sans style, couronné par un stigmate à cinq angles. Le fruit consiste en une capsule alongée, pentagone, à cinq loges, à cinq valves ligneuses, linéaires, membraneuses à leurs bords. s'ouvrant en dehors; les semences sont oblongues, nombreuses, imbriquées,' entourées d'une aile lancéolée; cinq réceptacles filiformes, garnis latéralement de petits cils presque opposés, attachés extérieurement au bord des valves. (POIR.)

GODRILLÉ (*Ornith.*), nom du rouge-gorge, *motacilla rubecula*, Linn., en vieux françois. (CH. D.)

GODWIT (*Ornith.*), nom anglois des barges. (CH. D.)

GOÉLAND. (*Ornith.*) Les caractères génériques des goélands et des mouettes étant les mêmes, ces oiseaux ne différant entre eux que par la taille, et la dénomination latine de *larus* leur étant commune, leur histoire et leur description se trouveront sous le mot MOUETTE, employé généralement pour désigner les espèces les plus nombreuses. MM. de Lacépède et Temminck ont donné au genre le nom de Mauve, synonyme de mouette dans plusieurs ouvrages ; mais, comme ce terme désigne une famille de plantes, on croit devoir l'écarter des dénominations ornithologiques. (CH. D.)

GOÉLETTE. (*Ornith.*) Les marins donnent le nom de goélettes ou croiseurs aux hirondelles de mer ou sternes. Suivant Salerne, p. 593, la grande hirondelle de mer, *sterna hirundo*, Linn., est l'espèce qu'on désigne particulièrement sous ce mot à Nantes. (CH. D.)

GOELON. (*Ornith.*) Ce nom, qui se trouve tom. 1, p. 89 des Mémoires historiques de Dumont sur la Louisiane, désigne vraisemblablement les goélands, *larus*. (CH. D.)

GOEMON (*Bot.*), nom général donné à plusieurs varecs, *fucus*, sur diverses côtes maritimes. (J.)

GOE-RE-GANG. (*Ornith.*) L'oiseau ainsi appelé à la Nouvelle-Hollande est le *chionis* ou COLÉORANPHE. Voyez ce dernier mot. (CH. D.)

GOERTAN (*Ornith.*), nom donné, au Sénégal, à une espèce de pic, *picus goertan*, Linn. et Lath. (Ch. **D.**)

GOES (*Ornith.*), nom flamand de l'oie femelle; on l'écrit en anglois *poese* ou *goose*.

GOETTREUSE. (*Ornith.*) Voyez Goitreuse. (Ch. **D.**)

GOETZIA (*Entozoaire.*), nom de genre proposé par Zeper, qui l'a ensuite remplacé par celui de *cholcum*, pour deux espèces de vers intestinaux, dont l'une a été établie en genre par M. Rudolphi sous la dénomination de Liorynchus, et dont l'autre forme le genre Prionoderme du même auteur. Voyez ces deux mots. (De B.)

GOG. (*Ornith.*) Ce terme, qui en vieux françois signifie *coq*, est employé par Pontoppidan, *Natural Hist. of Norway*, tom. 2, p. 75, comme désignant le *coucou*. (Ch. **D.**)

GOGGLE-EYE (*Ichthyol.*), nom anglois du spare gros-œil, *sparus macrophthalmus*, Linn. Voyez Denté. (H. C.)

GOGNIER. (*Bot.*) Dans les environs de Boulogne, le noyer porte ce nom. (L. **D.**)

GOGOLI. (*Ornith.*) Cette espèce de canard du Kamtschatka est désignée, p. 494 de la traduction de Krascheninnikow, à la suite du Voyage de l'abbé Chappe en Sibérie, comme correspondant au *fuligula pedibus miniaceis*, et à l'*anas fera capite subrufo minore*, de Steller. (Ch. **D.**)

GOHKATHU. (*Bot.*) Voyez Ghoraka. (J.)

GOHORIA. (*Bot.*) Necker donne ce nom générique au *visnaga* de Rivin, plante ombellifère que Linnæus avoit réunie à la carotte sous le nom de *daucus visnaga*, et que Gærtner a rétablie sous le nom de Rivin. (J.)

GOHU (*Mamm.*), nom du cerf commun, chez les Burates. (F. C.)

GOID, Goit ou Goet (*Bot.*), nom africain de la coriandre, suivant Mentzel et Adanson. (J.)

GOIFFON (*Ichthyol.*), un des noms vulgaires du goujon; c'est celui sous lequel ce poisson est connu en Bourgogne. (H. C.)

GOIFUGL. (*Ornith.*) Ce nom, et celui de *goirfugel* et *geirfugl*, désignent, en Islande, le grand pingouin, *alca impennis*, Linn. (Ch. **D.**)

GOILAND, GOISLAND (*Ornith.*) Voyez Goéland. (Ch. **D.**)

GOINTI (*Bot.*), nom brame du *karivi-valli*, plante cucurbitacée du Malabar, qui paroît appartenir au genre Momordica. (J.)

GOIRAN. (*Ornith.*) L'oiseau décrit et figuré sous ce nom par Belon, p. 101 et 102, est la buse bondrée, *falco apivorus*, Linn. (Cʜ. D.)

GOI-SAGGI (*Ornith.*). nom japonois du héron commun, *ardea major et cinerea*. (Cʜ. D.)

GOISNON (*Ichthyol.*), nom du goujon dans plusieurs cantons. (H. C.)

GOISON. (*Ichthyol.*) Voyez Goiffon. (H. C.)

GOITRE. (*Erpétol.*) On appelle ainsi un renflement guttural que l'on observe chez plusieurs sauriens, comme les anolis, les iguanes et les dragons, et qui est soutenu par des prolongemens de l'os hyoïde. (H. C.)

GOITREUSE. (*Ornith.*) Ce nom, qui est écrit dans certains auteurs *goettreuse*, désigne le pélican, *pelecanus onocrotalus*, Linn. (Cʜ. D.)

GOITREUX (*Erpétol.*), nom vulgaire de l'iguane commun. (H. C.)

GOIVO. (*Bot.*) Selon Vandelli, la giroflée jaune est ainsi nommée en Portugal. (J.)

GOKWAN, Koᴋᴡᴀɴ ou Koǫᴜᴀɴ (*Bot.*), nom japonois. diversement écrit, de l'*acacia arborea*, suivant Thunberg. (J.)

GOLA (*Mamm.*), nom du chacal aux Indes, dit-on. (F. C.)

GOLA. (*Bot.*) Voyez Cola. (J.)

GOLAB (*Ornith.*), nom polonois du pigeon, qui s'écrit aussi *golar* et *golub*. (Cʜ. D.)

GOLAN-PORTULAN (*Bot.*), nom du pourpier à Java, suivant Burmann fils. (J.)

GOLAR. (*Conchyl.*) Adans., Sénég., pag. 257. pl. 19. C'est une espèce de solen. *solen strigillatus*, Gmel. (Dᴇ B.)

GOLD. (*Ornith.*) Ce terme et celui de golden, qui signifient or et d'or, précèdent, dans les langues angloise et allemande, les noms de plusieurs oiseaux dont le plumage est jaune en partie ou en totalité. Tels sont, en allemand, le *goldammer* bruant commun, *emberiza citrinella*, Linn.; le *goldamsel* ou *goldmerle*, qui est le loriot d'Europe, *oriolus galbula*, Linn., en anglois, le *goldfinch*, chardonneret or linaire, *fringilla carduelis*, Linn.;

le *golden bird of paradise*, d'Edwards, rollier de paradis, *oriolus aureus*, Gmel.; le *golden eagle*, grand aigle, *falco chrysactos*, Linn., etc. (Ch. D.)

GOLDAUGE (*Ichthyol.*), nom allemand du *lutjanus chrysops* de Bloch. (H. C.)

GOLDBRASSEN (*Ichthyol.*), nom allemand de la daurade, *sparus aurata*. (H. C.)

GOLDEN SAMPHIRE. (*Bot.*) Petiver, cité par M. Lamarck, nomme ainsi l'*inula crithmoides*, dans un catalogue de plantes d'Angleterre. (J.)

GOLD-EYE. (*Ichthyol.*), nom anglois du *lutjanus chrysops* de Bloch. (H. C.)

GOLDFANO. (*Bot.*) Voyez Golfan. (J.)

GOLDFORELLE (*Ichthyol.*), un des noms allemands de la truite. (H. C.)

GOLDSINNY. (*Ichthyol.*) Bonnaterre a donné ce nom au *labrus cornubius* de Linnæus. Pennant, dans sa *Brit. Zool.*, 3, pag. 209, n.° 6, l'avoit déjà désigné sous celui de *goldsinny Cornubiensium*. (H. C.)

GOLDWOLF (*Mamm.*), nom allemand qui signifie loup doré, et qui appartient au chacal. (F. C.)

GOLÉIAN (*Ichthyol.*), nom spécifique d'un cyprin, *cyprinus rivularis*, Linn.; *cyprinus goleian*, Pallas. C'est un fort petit poisson, d'une teinte argentée, à corps et à queue tachetés, à nageoires pâles. (H. C.)

GOLETTE-FOU (*Bot.*), nom caraïbe, suivant Nicolson, du palétuvier rouge des Antilles, espèce de *rhizophora*. (J.)

GOLFAN Y MYNYOD. (*Ornith.*) C'est, en gallois, le friquet, *fringilla montana*, Linn. (Ch. D.)

GOLFAN (*Bot.*), nom portugais du nénuphar jaune, selon Vandelli; du nénuphar blanc, selon Grisley. Clusius le nomme *golsum*. Une espèce à fleurs blanches, qui est l'*aguapa* du Brésil, est nommée *goluaon* par les Portugais, suivant Marcgrave. Ce qui tient à la différente prononciation du même mot. Les Italiens nomment le nénuphar *goldfano*, suivant Mentzel. (J.)

GOLIA. (*Bot.*) Adanson désigne sous ce nom le genre *Solda* des autres botanistes. (J.)

GOLIA-KOREM. (*Bot.*) Ce nom hongrois, qui signifie ongle

de cigogne, est donné au *geranium colombinum*, suivant Clusius. (J.)

GOLIATH (*Entom.*), nom d'une espèce de coléoptère du genre Utoine, dont M. le professeur Lamarck a fait un genre pour y comprendre toutes les espèces dont le chaperon, ou la partie avancée du front, est prolongé et comme fendu. Voyez tom. 8 de ce Dictionnaire, pag. 35, la première division de genre, qui comprend ces espèces sous les noms de Goliath, Cacique, Polyphème, Eclatante. (C. D.)

GOLIN. (*Bot.*) Suivant M. Richard, on nomme ainsi à Cayenne l'*heymassoli* d'Aublet, rapporté au genre *Ximenia*. (J.)

GOLO-BEOU (*Ornith.*), nom que porte, à la Nouvelle-Zélande, un merle à gros bec, *turdus crassirostris*, Linn. (Ch. D.)

GOLOCKS (*Mamm.*), nom du gibbon au Bengale. (F. C.)

GOLONDRINA. (*Bot.*) La plante du Pérou que Feuillée décrit et figure sous ce nom, avec des feuilles opposées et de petites fleurs rassemblées en têtes sphériques, paroît avoir beaucoup de rapport avec le genre *Opercularia*. (J.)

GOLONDRINA. (*Ornith.*) Les Espagnols donnent ce nom et celui d'*andorinha* aux hirondelles. (Ch. D.)

GOLONGA, Golunga, Goulonga. (*Mamm.*) Quelques voyageurs désignent par ce nom un ruminant qui ressemble à un bouc, dont le pelage est roussâtre, moucheté de blanc, et qui offre une nourriture agréable. Il est sacré pour les Nègres du Congo. Voilà tout ce qu'on connoît de cet animal. (F. C.)

GOLSPINCK. (*Ornith.*) Les Smolandois appellent ainsi le bruant commun, *emberiza citrinella*, Linn. (Ch. D.)

GOLUAON. (*Bot.*) Voyez Golfan. (J.)

GOLUB. (*Ornith.*) Voyez Golab. (Ch. D.)

GOMALA, GOMELA. (*Mamm.*) C'est, dit-on, un des noms que le rhinocéros porte aux Indes. (F. C.)

GOMARA. (*Bot.*) Genre de plantes dicotylédones, à fleurs complètes, monopétalées, irrégulières, de la famille des personnées, de la *didynamie angiospermie* de Linnæus; offrant pour caractère essentiel : Une corolle irrégulière, à lobes concaves; un appendice membraneux, en forme de coupe; quatre étamines didynames ; un stigmate en tête ; une capsule à deux loges.

GOMARA A GRAPPES ; *Gomara racemosa*, Ruiz et Pav., *Syst. Prodr. Fl. Per.*, 162. Plante découverte dans les grandes forêts du Pérou. Ses tiges sont ligneuses ; les rameaux garnis de feuilles oblongues, lancéolées, denticulées à leur partie supérieure ; les fleurs disposées en grappes. Chacune d'elles offre un calice alongé, persistant, à cinq découpures glabres, droites, lancéolées, aiguës ; une corolle monopétale, irrégulière ; le tube courbé, dilaté à sa partie inférieure, resserré dans son milieu ; l'orifice velu, élargi : le limbe à cinq découpures oblongues, obtuses, concaves ; les quatre supérieures egales ; l'inférieure plus profonde, plus arrondie : un appendice en forme de coupe, court, membraneux, persistant ; les filamens courts, filiformes, insérés à l'étranglement du tube ; les anthéres ovales : l'ovaire supérieur alongé ; un style très-court, persistant : le stigmate simple en tête. Le fruit est une capsule ovale obscurément tétragone, à deux sillons, à deux loges, à deux valves ; les valves bifides ; plusieurs semences petites, oblongues. (Pois.)

GOMARA (*Bot.*), nom donné par Adanson au genre *Crassula* de Dillen et de Linnæus. (J.)

GOMARI (*Mamm.*), nom de l'hippopotame, en Abyssinie, dans l'Amhara. (F. C.)

GOMART. *Bursera.* (*Bot.*) Genre de plantes dicotylédones, à fleurs complètes, polypétalées, régulières, de la famille des térébinthacées, de l'*hexandrie monogynie* de Linnæus, dont le caractére essentiel consiste dans un calice caduc, fort petit, à trois, quelquefois à cinq divisions : trois pétales, quelquefois cinq ; six étamines, quelquefois huit ou dix ; un ovaire supérieur ; le style très-court ; un stigmate en tête ; le fruit est une baie capsulaire, presque trigone, à une loge, à trois valves charnues, renfermant d'un à cinq osselets, recouverts d'une pellicule pulpeuse.

D'après cet énoncé, on reconnoît, dans le nombre des divisions du calice, de la corolle, dans celui des étamines, des variétés qui ne permettent point d'établir sur elles un caractére constant. C'est particulièrement dans le pistil et le fruit qu'il le faut chercher ; encore y trouve-t-on quelques difficultés.

Ils constituent plutôt une baie coriace, drupacée, qu'une véritable capsule, ordinairement monosperme, probablement par avortement, puisqu'il en est où l'on rencontre deux, trois, et même cinq noyaux, d'après l'observation de M. de Lamarck. Il paroît aussi que quelques individus offrent des fleurs polygames ou dioïques. D'après Jacquin, les fleurs ont quelquefois le stigmate trifide. Voilà bien des variations et des incertitudes qui exigeroient l'examen de ce genre sur des individus vivans, avant de prononcer sur sa validité, ou peut-être avant de le réunir aux *icica* et aux *amyris*.

GOMART GOMMIER : *Bursera gummifera*, Linn.; Lamk., *Ill. gen.*, tab. 256; Jacq., *Amer.*, tab. 65, et *Icon. pict.*, tab. 96; *Terebinthus major*, etc., Sloan, *Jam. Hist.*, 2, t. 199: *Betula arbor*, etc., Pluk., *Alm.*, 67, tab. 151, fig. 1; vulgairement Sucrier de montagne, Chibou, Cachibou, Gommier, Bois à cochon. Grand arbre qui s'élève droit sur un tronc terminé par une cime très-rameuse : il est revêtu d'une écorce très-lisse à l'extérieur, mince, brune ou grisâtre, et qui se détache par lambeaux; elle contient à l'intérieur un suc glutineux, balsamique, d'une odeur approchant de celle de la térébenthine, et qui s'épaissit à l'air sous la forme d'une gomme. Les feuilles tombent tous les ans; elles sont alternes, ailées avec impaire, composées de cinq, sept, quelquefois neuf folioles opposées, pedicellées, glabres, entières, ovales, acuminées, un peu luisantes en dessus, arrondies, un peu en cœur à leur base, longues de trois pouces et plus, larges au moins de deux. Les fleurs sont petites, blanchâtres, inodores, disposées en grappes un peu lâches, axillaires vers l'extrémité des rameaux. Les fruits sont verdâtres, de la grosseur d'une noisette, un peu teints de pourpre à l'époque de leur maturité, odorans, résineux, couverts d'une écorce charnue et pulpeuse, contenant un, deux, quelquefois trois osselets ou noyaux très-blancs, un peu comprimés, qui renferment chacun une amande.

Cet arbre, qu'il seroit si intéressant de pouvoir cultiver, croît dans le continent méridional de l'Amérique, à la Jamaïque, à Saint-Domingue, etc. Le suc balsamique qui distille de son écorce est regardé comme un excellent vulnéraire, que l'on emploie pour la guérison des plaies. Quelques uns ont cru que cet arbre fournissoit la gomme *élemi* du commerce; mais il a été reconnu depuis qu'elle provenoit de l'*amyris elemifera*. Il paroit que l'*icica* porte également le nom de *bois à cochon*, ainsi nommé, dit-on, parce que l'on prétend devoir aux cochons l'efficacité du baume qui en découle. C'est cette même résine qui a fait donner, dans l'Ile-de-France, le nom de *bois de colophane* au gomart. Commerson en avoit fait un genre sous le nom de *colophania*. La dénomination vulgaire de *cachibou*, est encore employée, d'après Aublet, chez les Caraïbes, pour désigner le galanga jaune, *maranta lutea*.

On a essayé la culture du gomart; mais on n'est pas encore parvenu, dans nos serres d'Europe, à en obtenir des fleurs. On le multiplie de graines apportées de son pays natal, qu'on sème au printemps sur couche et sous châssis, ou mieux dans une bonne bache. Les individus qui en résultent, sont placés dans des caisses ou des pots proportionnés à leur grosseur: on les change de terre tous les ans en automne.

GOMART PANICULÉ : *Bursera paniculata*, Lamk., Encyl., n.° 2; *Colophonia*, Commers., *Icon. et Mss.* Cet arbre est très-gros et s'élève très-haut. Son tronc a quelquefois trois ou quatre coudées de circonférence. Il découle naturellement, par les crevasses de son écorce, une résine abondante et blanchâtre: ses rameaux sont tuberculés, chargés de cicatrices, et souvent couverts d'une nébulosité noirâtre. Les feuilles sont grandes, alternes, ailées avec une impaire, composées de cinq ou sept folioles pédicellées, glabres, entières, ovales, aiguës, à nervures saillantes en dessous ; les fleurs petites, nombreuses, d'un pourpre agréable, disposées en grappes paniculées et terminales. longues de plus de six pouces. Leur calice est petit, à trois lobes: trois pétales élargis à leur base, obtus, légèrement mucronés; six filamens courts, presque connivens; les anthères brunes. oblongues, à trois sillons: ces fleurs sont quelquefois polygames. Cet arbre croît à l'Ile-de-France, où il a été découvert par Commerson. Il est regardé comme un des plus propres à faire des pyrogues.

GOMART A FEUILLES OBTUSES : *Bursera obtusifolia*, Lamk., Encyel., n.° 5 ; *Marignia*, Commers., *Herb.*, *Icon. et Mss.*; *Dammora*, Gærtn., *de l'ruct.*, 2, pag. 100, tab. 103. Arbre résineux, assez élevé, qui a presque l'aspect d'un pistachier, pourvu des feuilles éparses, alternes, composées de cinq, sept, quelquefois neuf folioles opposées, pédicellées, ovales, oblongues, obtuses, glabres, luisantes en dessus, coriaces, un peu épaisses, longues d'environ trois pouces, sur un pouce et demi de large. Les fleurs sont petites, nombreuses, blanchâtres, disposées en grappes très-rameuses, paniculées, axillaires et terminales. Leur calice est à cinq divisions ; la corolle à cinq pétales ovales-lancéolés, très-ouverts ; dix étamines courtes ; les anthères arrondies ; l'ovaire globuleux, couronné par un stigmate presque sessile. Le fruit est une baie coriace, drupacée, de la grosseur d'une noisette, renfermant, sous une pulpe peu épaisse, d'un à cinq noyaux osseux, convexes sur le dos, anguleux du côté opposé. Cet arbre a été découvert par Commerson, dans les bois à l'Ile-de-France.

GOMART ACUMINÉ ; *Bursera acuminata*, Willd., *Spec.*, 4, pag. 1120. Arbre des environs de Caracas, dont les feuilles sont ailées avec une impaire, longues d'un pied et demi, composées de folioles oblongues, très-entières, acuminées, longuement pédicellées, rétrécies en angle aigu à leur base, acuminées à leur sommet, glabres à leurs deux faces, longues de trois pouces et plus. Les fleurs sont disposées en grappes axillaires ; les fruits n'ont point été observés. (POIR.)

GOMBARAN (*Ornith.*), nom arabe de l'alouette des prés ou farlouse, *alauda pratensis*, Gmel.; *anthus pratensis*, Bechst. (CH. D.)

GOMBAUT, GOMBO, GUINCAMBO. (*Bot.*) Ces noms sont donnés à un ketmie, *hibiscus esculentus*, dont le jeune fruit est bon à manger. (J.)

GOMBAY. (*Bot.*) Marsden cite sous ce nom, à Sumatra, un arbrisseau à fleurs monopétales étoilées, en faisceaux, couleur de pourpre, dont les feuilles sont employées dans les douleurs d'entrailles. Cette courte description, trop incomplète, peut s'appliquer à l'*ixora coccinea*. (J.)

GOME, KOME, MOTSI (*Bot.*), noms divers donnés au riz dans le Japon, suivant Kæmpfer. (J.)

GOMÈSE, *Gomesa*. (*Bot.*) Genre de plantes monocotylédones à fleurs incomplètes, de la famille des orchidées, de la *gynandrie diandrie* de Linnæus ; offrant pour caractère essentiel : Une corolle presque à deux lèvres, à six divisions profondes ;

les deux antérieures conniventes avec les intérieures , placées sous la lèvre inférieure ; celle-ci est entière, sessile, non éperonnée, à deux crêtes , faisant corps avec la base d'une colonne libre , non ailée : une anthère mobile, terminale, deux paquets de pollen à deux lobes, avec un sillon oblique, connivens à leur sommet avec le prolongement du stigmate.

Gomèse recourbée ; *Gomesa recurva*, *Bot. Magaz.*, tab. 1948. Cette plante , originaire du Brésil , a ses racines pourvues d'une bulbe ovale , comprimée, amincie à son bord supérieur. Les feuilles sont toutes radicales, lancéolées, oblongues , élargies à leur partie supérieure ; quelques unes couronnent la bulbe ; d'autres partent de la base et enveloppent une partie de cette bulbe, ainsi que les hampes qui sont à peu près de la longueur des feuilles , soutenant un bel et long épi recourbé de fleurs d'un vert jaunâtre , très-médiocrement pédicellées, accompagnées de bractées ovales-concaves , membraneuses ; les trois divisions supérieures plus ou moins droites , concaves, obtuses , ondulées à leurs bords : les deux inférieures soudées ensemble, pendantes , formant comme une seconde lèvre quelquefois plus longue que les autres ; la lèvre plus courte que la division inférieure , marquée d'un double sillon , unie avec la colonne privée d'appendices. Ce genre a été dédié au docteur Gomès , auteur de très-bonnes observations médicales qu'il a publiées sur les plantes du Brésil. (Poir.)

GOMEZIA , GOMOZIA. (*Bot.*) Mutis avoit fait sous le premier de ces noms un genre que Linnæus fils a imprimé sous le second. M. Smith , qui a étudié les échantillons de Mutis , dit que sa plante est le nerteria de Gærtner et de la Flore du Pérou, à loges monospermes, dont le caractère est différent de celui que donne Linnæus fils, qui indique des loges polyspermes. Son *gomozia* ne peut d'ailleurs être assimilé au *tula* d'Adanson et de Feuillée, puisqu'il a quatre étamines au lieu de cinq, et un fruit charnu et non capsulaire comme dans ce dernier. Ces observations font présumer que M. Smith peut avoir raison de regarder le genre *Gomozia*, comme n'ayant pas existé. L'*erytrodhianum* de M. du Petit-Thouars paroît devoir aussi être rapporté au *nerteria*. (J.)

GOMI (*Bot.*), nom japonois du chalef ou olivier de Bohème, *elæagnus*, appliqué plus spécialement à l'*elæagnus crispa* de

Thunberg. Son *elæagnus umbellata* est le *gawa-siro-homi*; son *elæagnus macrophylla*, le *fon goni*; son *elæagnus pungens*, le *akin-gomi*. (J.)

GOMMA, KOB. (*Bot.*) Le sesame d'Orient porte ces noms au Japon, suivant Kæmpfer et M. Thunberg. (J.)

GOMME ADRAGANTE (*Chim.*) Voyez Gommes et Astragale. (Ch.)

GOMME AMMONIAQUE. (*Bot.*) Voyez Gommes résines. (L. D.)

GOMME ANIMÉE. (*Chim.*) Voyez Résine animée. (Ch.)

GOMME ARABIQUE. (*Chim.*) Voyez Gommes. (Ch.)

GOMME D'AFRIQUE. (*Bot.*) Gomme résine produite par le bubon gommifère. (L. D.)

GOMME DE CÈDRE. (*Bot.*) Substance résineuse produite par le cèdre du Liban, et qui diffère peu de la térébenthine du mélèse; elle est mieux nommée Résine de cèdre. Voyez cet article. (L. D.)

GOMME DE CERISIER. (*Bot.*) Voyez Gomme de pays. (L. D.)

GOMME DE GAYAC. (*Chim.*) Voyez Gaïac, Gaïacine. (Ch.)

GOMME DE LIERRE. (*Chim.*) Voyez Gommes résines. (Ch.)

GOMME D'OLIVIER. (*Chim.*) Voyez Oliville. (Ch.)

GOMME DE PAYS. (*Chim.*) C'est la gomme qui exsude de nos arbres indigènes. (Ch.)

GOMME ÉLASTIQUE. (*Chim.*) Voyez Caoutchouc. (Ch.)

GOMME ÉLÉMI. (*Chim.*) Voyez Résine élémi. (Ch.)

GOMME EN LARMES. (*Bot.*) On désigne quelquefois sous ce nom le *galbanum*. (L. D.)

GOMME GUTTE. (*Chim.*) Voyez Gommes résines. (Ch.)

GOMME OPOPANAX. (*Bot.*) Voyez Panais. (L. D.)

GOMME TAQUAMAQUE. (*Bot.*) Voyez Peuplier baumier. (L. D.)

GOMMES. (*Chim.*) Genre de principes immédiats de nature végétale.

Caractères essentiels. Les espèces de ce genre donnent de l'acide saccholactique, et de l'acide oxalique quand on les traite par l'acide nitrique.

Elles se dissolvent dans l'eau, ou bien, en absorbant ce liquide, elles se gonflent, et produisent un mucilage plus ou moins épais.

Propriétés qui appartiennent à toutes les espèces du genre. Ces espèces de gommes sont insipides, inodores, plus ou moins transparentes, incolores à l'état de pureté. La couleur qu'elles ont souvent ne doit pas surprendre, puisqu'en général elles exsudent des arbres à l'état liquide ou mucilagineux, et qu'alors elles se mêlent aux principes colorés avec lesquels elles se trouvent en contact.

Elles ne cristallisent pas.

L'alcool et l'éther ne les dissolvent point.

Lorsqu'on les distille, on obtient des gaz acide carbonique, oxide de carbone, hydrogène carburé, de l'eau, de l'acide acétique, un peu d'huile, enfin du charbon.

Abandonnées, dans l'eau aérée, à la réaction de leurs élémens, elles se moisissent sans exhaler l'odeur fétide que répandent les matières azotées dans les mêmes circonstances.

Elles ne sont pas susceptibles de passer à la fermentation alcoolique.

GOMME ARABIQUE.

Composition :

	Poids.			Poids.
Oxigène	5o,84			
Carbone	42,23	ou Carbone		42,23
Hydrogène	6,93	Eau		57,77

(Gay-Lussac et Thénard.)

	Poids.	Volume.
Oxigène	51,3o6	12
Carbone	41,9o6	13
Hydrogène	6,788	24

(Berzélius.)

	Poids.		Poids.
Oxigène	48,26	ou Oxigène	7,o5
Carbone	45,84	Carbone	45,84
Hydrogène	5,46	Eau	46,67
Azote	o,44	Azote	o,44

(Th. de Saussure.)

La gomme arabique exsude de plusieurs espèces de *mimosa*, particuliérement du *mimosa nilotica*.

Propriétés physiques. Elle est sous la forme de morceaux arrondis, incolores ou colorés en jaune léger, dont le volume varie depuis celui d'une petite noix jusqu'à celui d'un pois. On peut la pulvériser dans un mortier.

(a) *Cas où la gomme agit par affinité résultante.*

La lumière ne lui fait éprouver aucun altération ; seulement on remarque que les morceaux colorés, qui sont exposés à cet agent, perdent leur couleur.

Elle se dissout assez bien dans l'eau ; cette solution concentrée peut se conserver long-temps dans des vases fermés. On l'emploie pour donner du lustre aux rubans, aux étoffes, etc. Elle laisse, sur ces substances, un enduit extrêmement mince qui ressemble à un vernis, mais qui s'enlève par le contact de l'eau. On emploie aussi la solution concentrée pour coller les petits morceaux de papier.

La solution aqueuse de gomme est précipitée par l'alcool.

Suivant Tomson, le nitrate de protoxide de mercure forme, avec la solution de gomme, un précipité blanc, qui disparoît par l'agitation, et qui reparoît par l'addition d'eau ; le sous-acétate de plomb la précipite abondamment : ce précipité est un composé d'oxide de plomb et de gomme. Tomson dit aussi que le silicate de potasse la précipite en flocons blancs, légers ; il prétend même que c'est le réactif le plus sensible qu'on puisse employer pour reconnoître la présence d'une substance appartenante au genre des gommes.

Une eau gommée a la propriété de faire passer au travers des filtres de papier des substances solides qui n'y passeroient pas si elles étoient suspendues dans l'eau pure. C'est ainsi que le charbon divisé ne peut être séparé de l'eau gommée par la filtration ; si l'on augmente prodigieusement la quantité de charbon, celui-ci retient la gomme, suivant l'observation de Lowitz.

M. Berzélius a observé qu'en ajoutant un peu d'ammoniaque à une solution de gomme filtrée et bouillante, puis mêlant à ce liquide une solution bouillante de sous-nitrate de plomb, l'ammoniaque s'emparoit de l'acide nitrique, tandis que la gomme se précipitoit avec l'oxide de plomb à l'état d'une combinaison formée de

Gomme........ 61,75 100
Massicot........ 38,25 62,105

Tomson dit que les eaux de potasse , de chaux et d'ammoniaque dissolvent la gomme sans l'altérer , et que l'eau de potasse , avant de la dissoudre , la convertit en une substance qui a l'aspect du lait caillé.

(b) *Cas où la gomme arabique agit par ses affinités élémentaires.*

L'acide sulfurique concentré décompose la gomme au moins au-delà d'une certaine température ; il se produit de l'eau et de l'acide acétique, suivant Fourcroy et M. Vauquelin, et du charbon est mis à nu. M. Hatchett dit que par ce moyen on peut en obtenir 28 de 100 de gomme.

L'acide nitrique à 30 degrés, ainsi que nous l'avons dit, convertit la gomme en acide saccholactique , en acide malique et en acide oxalique ; 31 grammes de gomme , traités par 186 grammes d'acide nitrique , ont donné à M. Cruikshanks 14 grammes d'acide oxalique et 0,588 d'oxalate de chaux.

Suivant Fourcroy et M. Vauquelin, le chlore que l'on fait passer dans une solution de gomme, convertit celle-ci en acide citrique. Mais nous devons faire observer que ce fait a besoin d'être confirmé avant d'être admis, parce que les propriétés desquelles ces chimistes ont tiré leur conclusion, peuvent appartenir à d'autres acides que le citrique.

Cruikshanks a obtenu de 31 grammes de gomme arabique distillés,

     gr.
Hydrogène carburé et acide carbonique............. 10,617
Acide acétique uni à de l'huile et un peu d'ammoniaque. 13,521
Charbon.. 6,215
Chaux phosphatée et carbonatée................... 0,647

100 parties de gomme arabique. brûlées par M. Vauquelin. ont laissé 3 parties de cendres formées d'oxide de fer, et de carbonate et de phosphate de chaux. Cet illustre chimiste pense que la chaux du carbonate étoit dans la gomme à l'état d'acétate et de malate.

Usages. La gomme arabique sert à donner du lustre à

certaines étoffes. Elle est employée dans la peinture. On la fait entrer dans des sirops et des potions adoucissantes, etc.

GOMME DU SÉNÉGAL.

Elle provient de deux arbres qui croissent au Sénégal : l'un est appelé *nerek*, et l'autre *nébueb*. La gomme que fournit le premier est incolore. Celle que donne le second a une couleur orangée. Elle est en morceaux arrondis, de la grosseur d'un œuf de perdrix. A en juger par les usages auxquels on l'emploie, cette gomme paroît avoir les plus grands rapports avec la gomme arabique ; mais, comme un examen chimique n'a point encore prononcé sur cette identité, nous avons séparé ces deux gommes.

GOMME ADRAGANTHE.

Cette gomme exsude de l'*astragalus creticus*, de l'*astragalus tragacantha*.

Propriétés physiques. Elle est sous forme de petits morceaux minces qui sont roulés sur eux-mêmes ; il y en a qui sont blancs, d'autres sont colorés en jaune ou en rougeâtre. Cette gomme n'a jamais la transparence de la gomme arabique. Elle en diffère encore en ce qu'on ne peut que très-difficilement la réduire en poudre, parce qu'elle jouit d'une sorte de ductilité.

Propriétés chimiques. La gomme adraganthe n'est pas soluble en totalité dans l'eau froide, quelle que soit la proportion de ce liquide. Bucholz a vu que 1 partie de gomme suffisoit pour rendre 360 parties d'eau mucilagineuse, et que 1 partie épaississoit autant 100 parties d'eau que le faisoient 25 parties de gomme arabique qu'on y dissolvoit.

L'eau bouillante la dissout ; mais elle change alors de nature, suivant Bucholz.

L'acide sulfurique concentré, en agissant sur 100 parties de gomme adraganthe, met, suivant Hatchett, 22 parties de charbon à nu.

L'acide nitrique réagit sur cette gomme de la même manière que sur la gomme arabique ; mais on obtient avec la première une plus grande quantité d'acide saccholactique.

Cruikshanks, en distillant 31 gr de gomme adraganthe, a obtenu :

Gaz acide-carbonique et hydrogène-carboné..... 8,40 $^{gr.}$
Eau et acide acétique contenant de l'huile et sensi-
blement plus d'ammoniaque que le même produit
obtenu de la gomme arabique............... 15,83
Charbon.................................... 6,00
Chaux et phosphate de chaux............... 0,77

M. Vauquelin a obtenu de 100 de gomme adraganthe 3,5 de cendres formées de carbonate, de phosphate et de sulfate de chaux, ainsi que d'une petite quantité de potasse et de fer.

Nous rapporterons plus bas les observations importantes que Bucholz a faites sur la gomme adraganthe, en la traitant par l'eau froide.

GOMME DE PAYS.

On désigne par cette dénomination la gomme qui exsude du *prunus cerasus*, du *prunus avium*, du *prunus domestica*, etc.

Elle est presque toujours colorée, soit en jaune léger, soit en orangé brun; elle acquiert à la longue une ténacité que M. Tomson compare à celle de la gomme adraganthe.

La gomme du pays ne cède à l'eau qu'une très-petite quantité de matière que M. Tomson a fait connoître.

Cette matière forme avec l'eau une dissolution mucilagineuse, qui est plus colorée et beaucoup moins visqueuse que celle de la gomme arabique. L'alcool et le silicate de potasse n'y font pas de précipité; le sous-acétate du plomb la précipite à la longue, l'hydrochlorate de péroxide de cuivre la précipite en gelée; l'acétate de plomb et le nitrate de mercure n'y font rien. Cette solution, traitée par l'acide nitrique, donne de l'acide saccholactique.

GOMME OU MUCILAGE DE GRAINE DE LIN.

M. Vauquelin a fait des observations intéressantes sur cette gomme et les substances qui l'accompagnent.

Suivant lui, quand on traite 100 parties de graines de lin par 400 parties d'eau bouillante, à trois reprises, et qu'on passe le liquide dans un tamis de soie, on obtient, en faisant évaporer à siccité, 15 parties de matière qu'il appelle *mucilage sec*.

Ce mucilage épaissit l'eau considérablement; cette liqueur

ne précipite, ni par la noix de galle, ni par le chlore. Elle est acide; M. Vauquelin pense qu'elle doit cette propriété à de l'acide acétique. Elle est précipitée par le sous-acétate de plomb.

Ce mucilage, traité par l'acide nitrique, jaunit comme les matières azotées, et donne de l'acide saccholactique, de l'acide oxalique, et une matière jaune, plus abondante que celle obtenue de la gomme arabique.

100 parties de mucilage sec, distillées, donnent des gaz; un produit liquide formé d'eau, d'acide acétique, d'acétate d'ammoniaque, d'un peu d'huile brune; 29 parties de charbon, qui laissent après la combustion 2,75 de cendres formées de carbonate, de sulfate et de phosphate de potasse, de carbonate et de phosphate de chaux, de silice. Suivant M. Vauquelin, les carbonates proviennent de la décomposition des acétates de potasse et de chaux qui accompagnent le mucilage.

Le mucilage de graine de lin contient une quantité notable d'azote, puisque le produit liquide dont nous avons parlé, distillé avec la chaux, a donné une quantité d'ammoniaque qui exige 8 à 10 parties d'acide sulfurique pour être saturée, et que 100 parties de charbon de mucilage, calcinées avec la potasse, donnent une quantité d'acide prussique, qui est représentée par 2 parties 215 de bleu de Prusse.

M. Vauquelin pense que le mucilage de graine de lin est formé d'une *substance gommeuse* (c'est elle qui donne l'acide saccholactique), et d'une *substance animale azotée* (que M. Vauquelin soupçonne être analogue au *mucus animal*, par la raison que le mucilage de graine de lin n'est pas précipité par le chlore et la noix de galle : c'est cette substance qui donne au mucilage la propriété de jaunir par l'acide nitrique, de donner de l'ammoniaque à la distillation et un charbon azoté, d'épaissir beaucoup l'eau); d'*acide acétique libre*; d'*acétates de potasse et de chaux*; de *sulfate de potasse*; de *chlorure de potassium*; de *phosphates de potasse et de chaux*; de *silice*.

Observations sur les espèces qui doivent composer le genre des Gommes.

Nous avons distingué plusieurs espèces de gommes, parce que la gomme arabique se dissout en totalité dans l'eau froide, tandis que la gomme adraganthe ne s'y dissout qu'en partie, suivant l'observation de Bucholz ; parce qu'elles doivent varier par la proportion de leurs élémens, puisqu'elles donnent à la distillation des quantités inégales de carbone et d'azote, en supposant que la gomme arabique soit réellement azotée : nous avons réuni ces espèces en un seul genre, parce qu'elles ont plusieurs propriétés analogues, très-distinctes de celles des autres principes immédiats.

Mais, une chose qu'il importe de remarquer, c'est que la gomme adraganthe ne peut être considérée comme une espèce, puisqu'en la traitant par l'eau froide Bucholz a dissous 57 d'une matière qui paroît très-analogue à la gomme arabique, et 43 d'une matière insoluble qui forme avec l'eau une gelée très-volumineuse et qui se dissout dans l'eau bouillante en éprouvant un changement de nature. Malheureusement Bucholz n'a pas examiné si ces deux matières donnoient de l'acide saccholactique par l'acide nitrique ; c'est ce qui nous a empêché de décrire ces matières séparément comme espèces bien déterminées. Les expériences de Tomson paroissent établir de la ressemblance entre la gomme adraganthe et la gomme de pays, au moins sous le rapport de la manière dont ces substances se comportent avec l'eau froide.

Il seroit utile que l'on s'occupât d'examiner comparativement les différentes substances qui possèdent les propriétés que nous avons considérées comme essentielles au genre des gommes. Il faudroit déterminer jusqu'à quel point se rapprochent de la gomme arabique, les substances solubles que l'on peut séparer des gommes qui ne se dissolvent qu'incomplétement dans l'eau froide. Il faudroit également déterminer si les parties de ces gommes insolubles dans l'eau sont toutes identiques, et jusqu'à quel point elles se rapprochent de la gomme de Bassora, que nous avons décrite sous le nom de BASSORINE (au Supplément du tome 4). Ce ne sera qu'après ces déterminations que l'on pourra décrire les espèces qui doivent composer définitivement le genre des gommes, et qui sans doute se réduiront à un très-petit nombre.

Les substances que nous avons rangées dans le genre des gommes se trouvent disséminées, dans le Système de chimie de Tomson, dans trois genres, savoir :

1.º Le genre *Gomme*, qui comprend la gomme arabique, la gomme du Sénégal, la gomme du *stertulia urens;*

2.º Le genre *Muqueux*, qui comprend le mucilage de graine de lin, celui des graines de coing, celui des racines de *hyacinthus non scriptus*, de l'*althea officinalis*, celui de beaucoup de *fucus* et de beaucoup de *lichens;*

3.º Le genre *Cérasine*, qui comprend la gomme adraganthe et la gomme de pays. Mais Tomson ne donne aucun caractère pour distinguer les espèces de chacun de ces groupes, et cela étoit cependant absolument nécessaire, puisqu'il reconnoit que les espèces des deux premiers genres sont solubles dans l'eau, puisque les espèces des trois genres donnent de l'acide saccholactique, et, enfin, que toutes ne cristallisent pas et que toutes rendent l'eau plus ou moins visqueuse. L'insuffisance de nos connoissances pour définir les espèces comprises dans le genre des gommes, est une raison pour ne pas établir de nouvelles distinctions entre les substances qu'on y range, et d'attendre, pour le faire, de nouveaux travaux ; car, autant il est utile de faire les réformes qui sont basées sur des expériences, autant il y a d'inconvénient de vouloir les établir avant celles-ci. Nous ferons une dernière observation sur les gommes de Tomson, c'est qu'il paroît avoir compris la gelée des lichens dans son second genre ; or, cette substance (en supposant qu'elle soit dans tous les lichens de la même nature que celle du *lichen islandicus* (voyez GELÉE VÉGÉTALE), ne donne pas d'acide saccholactique par l'acide nitrique, et M. Berzélius a vu qu'elle avoit les plus grands rapports avec l'amidon. (Ch.)

GOMMES-RÉSINES. (*Chim.*) Sous ce nom on a réuni un grand nombre de substances médicamenteuses, qui ont pour caractère principal de se dissoudre en partie dans l'alcool, en partie dans l'eau, et de produire avec ce dernier liquide une sorte d'émulsion. Cette seule propriété auroit dû faire sentir aux savans qui ont mis les gommes-résines au nombre des principes immédiats des végétaux, qu'une telle classification étoit contraire aux analogies les plus simples, parce qu'il n'y avoit nulle parité entre le sucre de canne, l'amidon de pomme de terre, qu'ils considéroient à juste titre comme des espèces de PRINCIPES IMMÉDIATS (voyez ce mot), et les gommes-résines évi

demment formées de deux principes au moins, l'un soluble
dans l'eau, et l'autre soluble dans l'alcool; principes qui, loin
d'être assujettis à une proportion fixe l'un à l'égard de l'autre,
sont souvent même à l'état de simple mélange. Nous avons
étendu cette manière de voir aux huiles fixes, aux résines,
aux baumes, dans des Considérations sur les principes immédiats, qui ont été imprimées, en 1814, dans les Elémens de Botanique de M. Mirbel. Les analyses que plusieurs chimistes
ont faites des gommes-résines prouveront, nous osons le penser, que notre manière de voir est fondée.

Aloès.

Nom collectif de plusieurs sucs épaissis, qui proviennent
des aloès, particulièrement de l'*aloe succotrina*, de l'*aloe vulgaris* et de l'*aloe perfoliata*. On distingue dans le commerce trois
sortes de sucs épaissis d'aloès : l'*aloès succotrin*, l'*aloès hépatique*
et l'*aloès caballin*. Ces distinctions sont plutôt basées sur le degré de pureté de l'aloès, que sur l'espèce d'aloès d'où les sucs ont
été extraits : l'aloès succotrin est le plus pur ; l'aloès caballin
est le moins estimé : aussi n'est-il guère employé que dans la
médecine vétérinaire.

Aloès succotrin.

Il est en masse résineuse, d'un rouge foncé ; il se réduit
en poudre jaune par la trituration, plus facilement en hiver
qu'en été, par la raison que la chaleur le ramollit et lui donne
de la ductilité. Il est fusible à 100° environ. Il a une odeur
aromatique et une saveur très-amère. Il est purgatif, balsamique, stomachique, anthelmintique.

Il a été successivement examiné par Tromsdorff, M. Braconnot et MM. Bouillon-Lagrange et Vogel.

1 kilog. d'aloès réduit en poudre, délayé dans un litre
d'eau, étant soumis à la distillation, donne une eau odorante sur laquelle nage une *huile volatile*, d'un jaune verdâtre,
ayant l'odeur du mélilot. Cette huile est le principe odorant
de l'aloès, car elle communique l'odeur de cette substance à
l'eau dans laquelle on la dissout. (Bouil.-Lagr. et Vogel.)

Lorsqu'on traite l'aloès en poudre par l'eau à 8°, ainsi que
l'ont fait MM. Bouillon-Lagrange et Vogel, jusqu'à ce que ce

liquide n'ait plus d'action, on réduit l'aloès en deux substances fixes : l'une soluble, qu'ils regardent comme de l'extractif; l'autre insoluble, qu'ils regardent, ainsi que M. Tromsdorff, comme étant de nature *résineuse*.

Matière soluble. L'eau à 8°, qui a macéré sur l'aloès, mousse par l'agitation, est d'un rouge foncé, odorante; elle rougit le papier de tournesol, elle est amère. Les alcalis en foncent la couleur sans la troubler. Les acides minéraux y forment un précipité jaune. Les sels métalliques des trois dernières sections y font des précipités plus ou moins colorés; les sulfates de fer la précipitent en brun noirâtre : c'est ce qui a fait penser à Tromsdorff qu'il y avoit de l'acide gallique dans l'aloès; mais, comme MM. Bouillon-Lagrange et Vogel le font remarquer, cette propriété ne suffit pas pour démontrer l'existence de cet acide.

Le lavage aqueux de l'aloès, évaporé lentement, laisse un résidu brun, transparent, fusible, d'un jaune doré quand il est réduit en poudre, d'une saveur amère, et d'une odeur d'aloès; ce résidu est entièrement soluble dans l'eau et dans l'alcool. L'éther hydratique rectifié n'a qu'une foible action sur lui.

Ce résidu se dissout dans l'acide nitrique à 36°, et le colore en vert; cette solution est à peine troublée par l'eau.

Matière insoluble. Elle est molle, grisâtre, très-élastique quand elle vient d'être obtenue; desséchée, on peut la réduire en poudre grisâtre. Elle est insoluble dans l'eau à 10°, elle se dissout au contraire dans l'alcool et dans l'éther. Mise dans l'acide nitrique à 36°, elle s'y dissout et le colore en rouge; l'eau ajoutée à cette dissolution en précipite une matière gluante résineuse.

MM. Bouillon-Lagrange et Vogel regardent l'aloès succotrin comme étant formé de

Extractif...	68	Ces deux substances ne paroissent point azotées; car les produits de leur distillation ne contiennent qu'une trace d'ammoniaque.
Résine.....	32	

Mais nous ferons observer qu'il contient en outre de l'huile volatile; et que ce qu'ils appellent extractif paroît être une réunion de plusieurs principes, savoir :

1°. *Un acide libre* au moins en partie, qui lui donne la propriété de rougir le tournesol;

2.° *De l'huile volatile;* car il seroit absurde de penser que cet extractif a par lui-même l'odeur de l'huile qu'on obtient en distillant l'aloès avec de l'eau.

3.° *Un principe colorant.*

Enfin il est possible que les propriétés médicamenteuses de l'aloès soient dues à un principe distinct des précédens.

M. Tromsdorff pense que l'aloès succotrin est formé :

Extractif particulier ou principe savonneux, amer.. 75
Résine... 25
Acide gallique.................................... trace.

Il a fait son analyse en traitant l'aloès par l'eau bouillante: tout a été dissous: mais, par le refroidissement, la résine s'est précipitée. Nous pensons qu'il en reste une portion en dissolution, et que, sous ce rapport, le procédé de MM. Bouillon-Lagrange et Vogel est préférable à celui de Tromsdorff.

M. Braconnot, n'ayant pu séparer plusieurs substances de l'aloès en le traitant par l'eau à 32° Réaumur, en a conclu que cette substance étoit un principe immédiat pur, qu'il a appelé *résino-amer;* il a observé que l'aloès perdoit sa propriété purgative lorsqu'on le mêloit avec la noix de galle.

M. Braconnot, en traitant 10^{gr} d'aloès par 80^{gr} d'acide nitrique à 36°, a vu que l'action des matières étoit très-forte, qu'il se dégageoit de l'acide nitreux, et enfin qu'il se produisoit un liquide d'un jaune foncé, qui laissoit déposer en refroidissant un acide, qu'il a appelé *aloétique,* et qui retenoit en dissolution un peu de cet acide, une quantité d'acide oxalique représentée par 3^{gr}, 5 d'oxalate de chaux sec, et 1^{gr} d'acide malique sirupeux.

L'acide aloétique, sur lequel nous reviendrons au mot Substances astringentes artificielles, a les propriétés suivantes.

Il est jaune, très-amer, il cristallise, ainsi que je m'en suis convaincu.

A la température de 12°.5.0^{gr}, 2 demandent 250^{gr} d'eau pour se dissoudre, et cette solution est d'un beau rouge:

15^{gr} d'alcool à 33° en dissolvent 0^{gr},5. La liqueur est d'un rouge très-foncé.

Cet acide détone par la chaleur, en produisant du gaz nitreux, de l'acide prussique, etc.

Il forme, avec les bases salifiables, des sels rouges qui détonent avec force.

Nous avons considéré cet acide comme un composé d'acide nitrique et d'une matière végétale très-abondante en hydrogène et en carbone.

Aloès hépatique.

Suivant M. Tromsdorff, il est formé de

Principe savonneux amer.................... 81,25
Résine..................................... 6,25
Albumine.................................. 12,50
Acide gallique............................ trace.

100,00

Ce savant dit qu'on peut le distinguer de l'aloès succotrin par le résidu d'albumine qu'il abandonne lorsqu'on le fait bouillir dans l'eau, ou qu'on le traite par l'alcool.

Suivant MM. Bouillon-Lagrange et Vogel, l'aloès hépatique est formé de

Extractif.............. 52
Résine................ 42
Matière insoluble...... 6

100

Ces savans n'ont pu obtenir d'huile volatile en distillant un kilog. d'aloès hépatique avec un kilog. d'eau. Le produit de cette distillation a une odeur nauséabonde qui approche de celle de l'acide hydrocyanique.

Ammoniaque (Gomme).

On dit qu'elle provient d'une plante de la famille des ombellifères, dont l'espèce n'a point encore été déterminée par les botanistes. Elle nous est apportée de la Libye.

La gomme ammoniaque est en masse ou en larmes légèrement colorées en jaune; elle a une odeur désagréable, mais qui n'est pas très-forte, et une saveur amère et nauséabonde.

M. Braconnot dit qu'elle est composée de

Gomme................. 18,4
Résine 70,0
Bassorine.......... (1)   4,4
Eau 6,0
Perte 1,2
                ———
             100,0

M. Braconnot a vu que la partie gommeuse de la gomme ammoniaque donnoit, par l'acide nitrique, de l'acide saccholactique, de l'acide oxalique et un peu d'acide malique.

ASSA FŒTIDA.

Elle provient du suc qui sort des incisions que l'on fait aux racines de la *ferula assa fœtida*, qui croît aux Indes orientales.

L'*assa fœtida* est toujours en masse, d'un brun rougeâtre, opaque; elle renferme des parties blanches, qui paroissent être le siége principal de l'odeur aillacée que l'*assa fœtida* exhale.

Elle est formée, suivant M. J. Pelletier,

Résine particulière.......... 65,00
Huile volatile.............. 3,60
Gomme.................... 19,44
Bassorine................. 11,66
Surmalate de potasse....... 0,30
                ———
             100,00

M. J. Pelletier a fait des observations intéressantes sur la résine de l'*assa fœtida*.

Il a vu qu'étant exposée au contact de l'oxigène et de la lumière, elle prenoit une superbe couleur rouge, tandis qu'en l'exposant à la lumière dans le gaz hydrogène et azote, elle ne se coloroit qu'en un rose léger. M. J. Pelletier attribue cette dernière coloration à un peu d'air atmosphérique interposé entre les particules de la résine. Ce fait explique pourquoi l'assa fœ-tida se colore en rouge vif par son exposition à l'air.

---

(1) M. Braconnot a décrit cette substance sous le nom de MATIÈRE GLU-TINIFORME. M. J. Pelletier s'est assuré qu'elle étoit de la nature de la BASSORINE. (Voyez ce mot au Supplément du tome IV.)

La résine dont nous parlons a la propriété de colorer l'argent en violet foncé, et cependant M. J. Pelletier assure qu'il lui a été impossible d'y découvrir la présence du soufre.

Le même chimiste, en traitant la gomme de l'assa fœtida par l'acide nitrique, en a obtenu $\frac{12}{100}$ d'acide saccholactique.

BDELLIUM.

L'arbre qui le fournit est inconnu. Le bdellium est apporté de l'Arabie, de la Médie et de l'Inde.

Le bdellium est rougeâtre, amer ; il se ramollit par une légère élévation de température.

Il contient, suivant M. J. Pelletier,

Résine....................	59
Gomme....................	9,2
Bassorine	30,6
Huile volatile et forte......	1,2
	100,0

D'après la définition que nous avons donnée des gommes, nous ne pouvons considérer comme telle la substance à laquelle M. J. Pelletier donne ce nom, par la raison qu'elle ne produit pas, suivant lui, d'acide saccholactique lorsqu'on la traite par l'acide nitrique.

GOMME CABAGNE.

Elle nous est apportée du Mexique : l'arbre qui la fournit est appelé *tlahueliloca-quahuitl.*

Suivant M. J. Pelletier, elle est formée de

Résine.....................	96,00
Gomme.....................	0,00
Surmalate de chaux et de potasse.	0,40
Matières étrangères..........	3,60
	100,0

L'absence de la gomme dans cette substance, doit évidemment la faire placer parmi les résines.

GOMME CHIBOU OU CACHIBOU.

M. J. Pelletier s'est assuré qu'elle contenoit de la gomme et de la résine, mais il a eu trop peu de matière pour pouvoir

déterminer la proportion des principes immédiats qui la constituent.

EUPHORBE.

L'euphorbe découle des incisions que l'on fait à l'*euphorbia officinarum* et à l'*euphorbia antiquorum*.

L'euphorbe est en petites masses irrégulières, friables, d'un jaune pâle. Elle a une âcreté extrême : aussi Linnæus dit-il qu'elle est corrosive, vésicante.

Elle est formée de

	J. Pelletier.	Braconnot.
Résine	60,80	37,0
Malate de chaux	12,20	20,5
Malate de potasse	1,80	2,0
Cire	14,40	19
Bassorine et ligneux	2,	13,5 (1)
Huile volatile et eau	8,	5,0 (2)
Perte	0,80	3,0

100,00

Ainsi cette substance ne contient aucune substance végétale soluble dans l'eau, abtraction faite des sels et de l'huile volatile.

GALBANUM.

On le prépare en faisant évaporer à siccité le suc qui découle des incisions que l'on a pratiquées au collet de la racine du *bubon galbanum*, qui croît en Ethiopie.

Le galbanum est en masses roussâtres à l'extérieur, blanchâtres à l'intérieur. Il a une odeur forte et une saveur âcre mêlée d'amertume. Il contient, d'après l'analyse de J. Pelletier,

Résine	66,86
Gomme	19,28
Ligneux	7,52
Eau, huile volatile et perte	6,34

100,00

M. J. Pelletier a obtenu de la gomme de galbanum [illegible] d'acide saccholactique.

---

(1) Sans bassorine.
(2) Sans huile volatile.

Gomme-gutte.

Cette substance provient du suc qui exsude des incisions que l'on a faites au *cambogia gutta*, qui croît aux Indes orientales.

Elle est remarquable par sa belle couleur jaune, quand elle est réduite en poudre. En masse elle est d'un jaune rougeâtre. Elle est opaque. Sa saveur ne se développe que peu à peu ; elle est âcre et amère.

Suivant M. Braconnot, elle contient :

Résine............................. 80
Gomme 20

On isole ces matières en les traitant par l'alcool chaud, qui dissout la première, à l'exclusion de la seconde. La résine séparée de l'alcool est transparente ; rouge, quand elle est en masse ; jaune, quand elle est divisée ; insipide. Sa solution alcoolique, mêlée à l'eau, forme une émulsion qui ne se prend point en flocons.

Cette résine s'unit bien à la potasse ; le chlore paroît s'y combiner.

Nous pensons que cette résine contient au moins deux corps : un principe résineux, et un principe jaune qui colore le premier.

Quant à la gomme, M. Braconnot la compare à celle du prunier : elle est acide.

La gomme - gutte est employée en médecine et dans la peinture.

Gomme gayac.

Voyez Gayac et Gayacine. Ce n'est point une gomme résine.

Labdanum.

Elle provient du *cistus creticus.*

Elle est formée, suivant M. J. Pelletier, de

Résine............................. 20
Gomme retenant du malate de chaux. 3,60
Cire............................... 1,90
Acide malique..................... 0,60
Huile volatile et perte........... 1,90
Sable ferrugineux................. 72
____
100,00

12.

Nous ne considérons point comme gomme la substance à laquelle M. J. Pelletier a donné ce nom, par la raison qu'elle ne produit pas d'acide saccholactique.

Laque.

Elle a été considérée comme une gomme-résine; mais elle appartient plutôt aux Résines. (Voyez ce mot.)

Gomme de lierre.

Elle provient de l'*hedera helix*.

Elle contient, suivant J. Pelletier,

Résine retenant un peu d'huile volatile,	23
Gomme..............................	7
Acide malique........................	0,30
Ligneux très-divisé...................	69,70
	100,0

La gomme ne donne pas d'acide saccholactique : par conséquent nous lui refusons ce nom.

Myrrhe.

Elle provient du suc qui exsude des incisions que l'on a faites à un arbre qui croît dans l'Arabie et l'Ethiopie.

Elle est en larmes ou en grains, dont la couleur varie du roux au jaune brun. Elle est transparente, sa cassure résineuse; elle a une odeur agréable, et une saveur amère et légèrement âcre.

M. Braconnot pense qu'elle est composée, pour la plus grande partie, d'une gomme particulière, qui est azotée, car elle donne de l'ammoniaque à la distillation et de l'azote quand on la traite par l'acide nitrique. Lorsqu'on concentre sa solution par la chaleur, ses particules se rapprochent; elle devient en partie insoluble dans l'eau.

Suivant M. J. Pelletier, elle est formée de

Résine...........	34
Gomme..........	66
Acide malique....	trace

La gomme ne donnant pas d'acide saccholactique, nous lui refusons ce nom.

M. J. Pelletier a observé qu'elle se redissolvoit dans l'eau après en avoir été séparée par l'évaporation, ce qui est contraire à ce que dit M. Braconnot.

Oliban ou Encens.

Il provient du *bosvellia thurifera*, qui croît dans l'Inde.

L'oliban est en larmes ou en masses. Il est demi-transparent, jaunâtre, peut se pulvériser, a une saveur amère et nauséabonde ; exhale, lorsqu'on le jette sur un charbon, une odeur suave, qui le fait employer comme parfum.

M. Braconnot en a retiré :

Résine....................	61,2
Gomme....................	30,0
Huile volatile et perte.......	8,8

La gomme lui a donné $\frac{1}{3}$ de son poids d'acide saccholactique.

Opoponax.

Il provient du suc qui exsude des incisions que l'on fait à la racine du *pæstinaca opoponax*.

Il est en larmes ou en grains colorés en jaune rougeâtre à l'extérieur, en blanc roussâtre à l'intérieur. Il est opaque, susceptible d'être pulvérisé ; son odeur est forte et désagréable ; sa saveur est âcre et amère.

M. J. Pelletier en a retiré :

Résine....................	42
Gomme....................	35,4
Ligneux....................	9,8
Amidon....................	4,2
Acide malique et malate.,....	2,8
Matière jaune amère........	1,6
Cire....................	0,3
Huile volatile et perte.......	5,9
Trace de caoutchouc........	

La gomme donne les $\frac{15}{100}$ de son poids d'acide saccholactique.

Sagapenum.

Il provient d'une plante que l'on croit être une espèce de férule. Il nous est apporté de Perse et d'Alexandrie.

Suivant M. J. Pelletier, il est formé de

Résine...................... 54,26
Gomme..................... 31,74
Bassorine.................. 1,60
Matières étrangères........ 0,40
Huile volatile, eau et perte.. 11,80

La gomme produit les $\frac{14}{100}$ de son poids d'acide saccholactique.

SARCOCOLLE.

Tomson en a fait un principe immédiat. (Voyez SARCOCOLLE.)

Elle provient du *penea sarcocollæ*.

SCAMMONÉE.

Dans le commerce on distingue la scammonée d'Alep et celle de Smyrne : la première, beaucoup plus estimée que la seconde, est d'un gris cendré, légère, friable, transparente lorsqu'elle est en morceaux minces ; la seconde est noire, et moins friable que l'autre. Toutes deux proviennent du *convolvulus scammonia*.

MM. Bouillon-Lagrange et Vogel ont retiré de ces deux substances :

	Scammonée d'Alep.	Scammonée de Smyrne.
Résine..............	60	29
Gomme.............	3	8
Extractif...........	2	5
Matière étrangère....	35	58

La gomme donne de l'acide saccholactique quand on la traite par l'acide nitrique.

Réflexions sur les Gommes-résines.

Si nous attachons un sens rigoureux à l'expression de gommes-résines, il est clair que l'on ne devra donner ce nom qu'à celles dont la partie soluble dans l'eau produit de l'acide saccholactique, lorsqu'on la traite par l'acide nitrique : sous ce rapport la *gomme ammoniaque*, l'*assa fœtida*, l'*oliban*, l'*opopanax*, le *sagapenum*, la *scammonée*, et peut-être la *gomme-gutte*, seront des gommes-résines. Si l'on étend cette expression à tous les sucs épaissis qui sont principalement formés d'une résine et d'une matière soluble dans l'eau qui peut tenir la première en suspension dans ce liquide et former ainsi une émulsion, on pourra ajouter aux substances précédentes, le *bdellium*, le *galbanum*, le *labdanum*, la *gomme de lierre*, la *myrrhe*, et même l'*aloès* ; mais la *gomme caragne*, la *laque* et l'*euphorbe* (1) devront être rangées parmi les résines. Quant au *gayac* et à la *sarcocolle*, ils sont bien distincts des gommes - résines. (Ch.)

GOMMIER BLANC. (*Bot.*) Dans les Antilles on donne ce nom, vérifié dans des herbiers, soit au gomart, *bursera gummifera*, soit au *bursera balsamifera* de M. Persoon, que Swartz nomme *hedwigia balsamifera*, et qui est le bois-cochon des colons de Saint-Domingue, le *chibou* ou *chiboué* des naturels du pays. Jacquin et Nicolson nomment simplement gommier le premier *bursera*, qui est le gommier rouge de Desportes, auteur d'un ouvrage sur les plantes de Saint-Domingue. De l'écorce de ces arbres suinte, non une gomme, mais un baume très-vulnéraire, et l'on dit que les cochons sauvages blessés vont se frotter contre cette écorce, pour guérir leurs blessures. (J.)

GOMORTEGA. (*Bot.*) Genre de plantes dicotylédones, à fleurs polypétalées, de la *décandrie monogynie* de Linnæus, offrant pour caractère essentiel : Une corolle à six pétales ; dix étamines disposées sur trois rangs, graduellement plus petites à chaque rang ; deux glandes à la base de chaque filament ; un style cannelé ; deux ou trois stigmates. Le fruit est un drupe contenant une noix très-dure, à deux ou trois loges ; les noyaux comprimés.

Ce genre, établi par les auteurs de la Flore du Pérou, paroît avoir de très-grands rapports avec le *lucuma* de Molina, non de Jussieu, et même se rapprocher beaucoup du *lucuma keule*, Molin., *Chil.*, *edit. gall.*, pag. 161. M. Persoon a substitué le nom d'*adenostenium* à celui de *gomortega* ; mais

---

(1) Si la bassorine ne donne pas d'acide saccholactique par l'acide nitrique ; car, si elle en donne, il est évident que l'euphorbe sera une gomme-résine.

Forster avoit déjà nommé *adenostema* une plante des mers du Sud, que l'on a depuis appelée *lavenia*.

GOMORTEGA LUISANT: *Gomortega nitidum*, Ruyz et Pav., *Syst. veg.*, 108 : *Adenostemum nitidum*, Pers., *Synops.*, 1, pag. 467. Arbre toujours vert, qui s'élève à la hauteur de soixante ou quatre-vingts pieds et plus. Son bois est dur, pesant, d'une longue durée, traversé par de belles veines panachées : les habitans du Chili l'emploient dans la construction de leurs bâtimens, pour faire des poutres ; ils en fabriquent aussi des tables et autres meubles élégans. Les feuilles sont oblongues, lancéolées, luisantes ; frottées entre les doigts, elles répandent une odeur résineuse, approchant de celle de la lavande ou du romarin ; elles sont astringentes et balsamiques, s'enflamment très - aisément. Les fruits sont peu charnus ; leur chair est jaunàtre, très-agréable au goût. Cet arbre croît au Chili dans les grandes forêts : il fleurit au mois de mars, et reste une grande partie de l'année chargé de fleurs et de fruits. Il paroît qu'il en existe encore une autre espèce, à fruits plus petits, d'après le rapport des auteurs de la Flore du Pérou, et le récit des habitans du Chili. (POIR.)

GOMOSIE, *Gomosia*. (*Bot.*) Genre de plantes dicotylédones, à fleurs complètes, monopétalées, régulières, de la famille des rubiacées, de la *tétrandrie monogynie* de Linnæus, offrant pour caractère essentiel : Un calice fort petit, à quatre dents à peine sensibles ; une corolle campanulée, à quatre divisions ; quatre étamines insérées à la base de la corolle ; les anthères arrondies ; un ovaire inférieur ; un style bifide, quelquefois quadrifide ; les stigmates velus. Le fruit est une baie ombiliquée, à deux, quelquefois à quatre semences.

Ce genre avoit été d'abord présenté par Linnæus fils avec des caractères qu'on a rectifiés depuis : il le croyoit privé de calice, et les fruits polyspermes. M. de Jussieu, le premier, soupçonna avec raison qu'il devoit y avoir un calice dont la petitesse avoit échappé à Linnæus fils : M. Smith confirma cette observation ; Gærtner reconnut qu'il n'y avoit que deux semences dans le fruit. Ne pouvant en conséquence rapporter son genre au *gomosia*, il lui donna le nom de *nerteria*, qui fut adopté par Smith : mais on a aujourd'hui la certitude que ces deux genres n'en font qu'un, et qu'il y a eu erreur dans la description de Linnæus fils. Il paroit au reste que le nombre des semences varie selon les espèces; M. Kunth, dans le *Nov. Gen. et Spec. Humb. et Bonpl.*, en cite une à quatre semences, comme on le verra plus bas. M. du Petit-Thouars, qui a recueilli deux espèces de ce genre dans l'île de Tristan d'Acugna, est très-persuadé que le *gomosia* et le *nerteria* appartiennent au même genre, ce qui ne l'a pas empêché de le désigner sous un nom nouveau, celui d'*erythrodanum*, employé par Dioscoride et Théophraste pour la garance, à cause de la propriété qu'ont ses racines de teindre en rouge. Il étoit plus naturel de conserver le nom de Linnæus fils, en rectifiant le caractère du genre.

GOMOSIE DE GRENADE : *Gomosia granadensis.*, Linn. fils, *Supp.*, 129; Lamk., *Ill. gen.*, tab. 26; *Nerteria depressa*, Gærtn., tab. 26; Smith, *Icon. ined*, Fasc. 2, tab. 28 ; *Erythrodanum alsineforme*, Pet. Th., Fl. de Trist. d'Acugna, pag. 42. Petite plante dont les tiges sont herbacées, rampantes, étalées en gazon sur la terre, radicantes, à rameaux courts, opposés, garnis de feuilles pétiolées, opposées, ovales en cœur, entières, un peu aiguës, assez semblables à celles de la morgeline, glabres, d'un vert gai. Les fleurs sont fort petites, presque sessiles, solitaires, terminales, d'une couleur pâle : elles produisent un petit fruit rouge, d'un goût assez désagréable. Mutis, le premier, en a fait la découverte à la Nouvelle-Grenade, puis MM. Bancks et Solander aux Terres antarctiques ; enfin M. du Petit-Thouars dans l'île de Tristan d'Acugna. Elle croît également dans les lieux les plus bas, comme dans les plus escarpés.

GOMOSIE REDRESSÉE : *Gomosia assurgens*, Poir.; *Nerteria assurgens*, Encycl., Supp.; *Erythrodanum majus*, Pt. Th., Fl. de Trist. d'Acug., p. 42, tab. 13. Cette plante, plus grande dans toutes ses parties que la précédente, a le port du *cerastium aquaticum*. Ses tiges sont rampantes seulement à leur base, puis redressées, presque simples, garnies de feuilles ovales, presque sessiles, ondulées à leur contour, avec un rebord calieux. Les fleurs sont solitaires, axillaires, pédonculées. Cette espèce a été découverte à l'île de Tristan d'Acugna, par M. du Petit-Thouars.

GOMOSIE A QUATRE SEMENCES : *Gomosia tetrasperma*, Poir.; *Nerteria tetrasperma*, Kunth, *in* Humb. *et* Bonpl. *Nov. Gen.*, 3, pag. 379. Espèce découverte dans le royaume de Quito, dont les tiges sont rampantes, filiformes, rameuses, quadrangulaires ; les feuilles rapprochées, opposées, pétiolées, très-petites, ovales, un peu aiguës, décurrentes sur le pétiole à leur base, d'un vert glauque, longues d'une ligne et demie. Les fleurs sont sessiles, solitaires, terminales, de la grandeur de celles du caille-lait, blanches, glabres ; le style à quatre divisions profondes, capillaires, étalées. Le fruit est une baie drupacée, rouge, un peu globuleuse, de la grosseur d'un grain de chenevis, à quatre noyaux triangulaires, monospermes. (POIR.)

GOMPHENA. (*Ornith.*) Ce mot est ainsi écrit dans l'Ornithologie d'Aldrovande, liv. 20, à l'article où il traite de la grue. Voyez GROMPHENA. (CH. **D.**)

GOMPHIE, *Gomphia*. (*Bot.*) Genre de plantes dicotylédones, à fleurs complètes, polypétalées, de la famille des ochnacées, de la *décandrie monogynie* de Linnæus, offrant pour caractère essentiel : Un calice coloré, à cinq folioles ; cinq pétales ; dix, quelquefois huit étamines à anthères presque sessiles ; un ovaire supérieur ; un style ; deux à cinq drupes monospermes, insérés sur un réceptacle charnu.

Ce genre, aujourd'hui très-nombreux en espèces, est tellement rapproché des *ochna*, qu'il pourroit être facilement confondu avec eux ; mais, dans les *ochna*, les étamines sont toujours en nombre indéterminé, et il n'y a point de corolle, tandis que, dans les *gomphia*, les fleurs sont pourvues d'une corolle, et les étamines en nombre déterminé. Le genre *Correya* de Vandelli et le *Philomela* de M. du Petit-Thouars doivent être placés parmi les *gomphia*, ainsi que toutes les espèces d'*ochna* dont les étamines sont en nombre déterminé.

GOMPHIE A FEUILLES GLABRES ; *Gomphia glaberrima*, Pal. Beauv., Fl. d'Ow., vol. 2, tab. 71. Petit arbrisseau, fort élégant par ses épis et par la couleur de ses fleurs, d'un jaune éclatant. Ses feuilles sont alternes, médiocrement petiolées, glabres, oblongues, lancéolées, aiguës, dentées en scie à leur moitié supérieure, longues de quatre à six pouces et plus ; les fleurs pédonculées, distantes, disposées en une grappe lâche, terminale ; les pédoncules accompagnés d'une petite bractée : les cinq folioles du calice lancéolées, aiguës ; la corolle assez grande ; les pétales en cœur renversé ; huit étamines; les authères presque sessiles, s'ouvrant à leur sommet par un pore ; cinq drupes globuleux et monospermes.

M. de Beauvois a découvert cette plante dans l'intérieur du royaume d'Oware, ainsi que le *gomphia reticulata*, Beauv., l. c., tab. 72. Il n'est peut-être qu'une variété de l'espèce précédente, moins élevée ; à fleurs plus petites, disposées en grappes presque paniculées, plus touffues; les nervures des feuilles sont plus saillantes, comme réticulées.

GOMPHIE A FEUILLES ÉTROITES ; *Gomphia angustifolia*, Vahl, *Symb.*, 2, pag. 49. Plante des Indes orientales, glabre sur toutes ses parties : ses tiges sont ligneuses, garnies de feuilles sessiles, alternes, membraneuses, lancéolées, aiguës à leurs deux extrémités, longues de deux pouces, dentées en scie à leur moitié supérieure, à nervures fines, réticulées; les fleurs globuleuses avant leur épanouissement, disposées en une panicule terminale, longue de deux pouces; les folioles du calice arrondies; la corolle à cinq pétales, plus longue que le calice; dix étamines.

GOMPHIE LUISANTE : *Gomphia nitida*, Vahl, l. c., pag. 49; Swartz, *Fl.*, 2, pag. 759 ? Arbrisseau de la Jamaïque, dont les rameaux sont glabres, cylindriques, un peu bruns, flexueux vers leur sommet; les feuilles ovales-lancéolées, acuminées, longues de deux ou trois pouces, lisses, coriaces, à peine veinées, munies vers leur sommet de dentelures mucronées. Les fleurs sont disposées en une panicule roide, étalée, longue de trois ou quatre pouces; les divisions du calice lancéolées; la corolle jaune, de la longueur du calice; les filamens tuberculés, très-courts; l'ovaire pentagone.

GOMPHIE LISSE ; *Gomphia lævigata*, Vahl, l. c. Ses rameaux sont alternes, revêtus d'une écorce cendrée ; ses feuilles éparses, lancéolées, obtuses, très-entières, aiguës à leur base, échancrées à leur sommet, luisantes, longues de deux pouces, larges de six lignes; les pétioles courts, renflés à leur insertion ; les fleurs disposées en une panicule étalée, purpurine, un peu courbée ; les folioles du calice lancéolées, de la longueur de la corolle. Cette plante croît dans les Indes orientales.

Le *gomphia laurifolia*, Vahl, l. c., se rapproche de l'espèce précédente : mais ses feuilles sont oblongues, acuminées à leurs deux extrémités, luisantes, très-entières; les rameaux d'un brun cendré; les grappes terminales et rameuses, longues d'un à deux pouces; les ramifications courtes, étalées; les pédicelles filiformes; le réceptacle petit, charnu, arrondi, soutenant de trois à cinq drupes globuleux. Cette espèce a été découverte sur les montagnes de la Jamaïque.

GOMPHIE DU MEXIQUE; *Gomphia mexicana*, Humb. et Bonpl., Pl. Equin., 2, pag. 21, tab. 74. Arbre d'un aspect très-agréable, découvert au Mexique. Il s'élève à la hauteur de huit à dix pieds : son tronc est revêtu d'une écorce lisse et grisâtre; ses feuilles ovales-lancéolées, glabres, aiguës, finement denticulées, d'un beau vert, longues de deux ou trois pouces; les fleurs réunies en petits paquets à l'extrémité des jeunes rameaux, formant des grappes plus courtes que les feuilles; les folioles du calice concaves, lancéolées; la corolle jaune, de la longueur du calice; les pétales arrondis; dix étamines; les anthères presque sessiles, oblongues, un peu arquées, avec des rides transverses, se partageant en quatre, et s'ouvrant au sommet; cinq ovaires distincts, placés sur un disque charnu.

GOMPHIE A GRAPPES PENDANTES; *Gomphia dependens*, Dec., Ann. Mus., 17, pag. 416, tab. 6. Ses rameaux sont raboteux; ses feuilles oblongues, lancéolées, un peu dentées, longues de six à sept pouces, accompagnées, un peu au-dessus de leur aisselle, d'une stipule persistante. Les grappes sont pendantes, latérales, très-simples; les divisions du calice ovales, obtuses; la corolle à peine plus longue que le calice; les pétales jaunes, en ovale renversé. Dans le *gomphia angulata*, Dec., l. c., tab. 7, les feuilles sont oblongues, rétrécies en coin à leur base, échancrées en cœur à leur sommet, un peu dentées; les stipules aiguës, élargies à leur base; les grappes droites, anguleuses, paniculées, munies de petites bractées; les divisions du calice ovales-oblongues, un peu obtuses; la corolle jaune, un peu plus longue que le calice; les pétales ovales, en forme de coin. Ces deux plantes ont été recueillies par M. du Petit-Thouars à l'île de Madagascar.

GOMPHIE DU MALABAR : *Gomphia malabarica*, Dec., l. c., pag. 416; *Puatjetti*, Rhéed., *Malab.*, 5, tab. 52. Arbrisseau toujours vert, haut de dix pieds, et qui fleurit deux fois l'année. Son bois est blanc; son écorce rougeâtre; ses rameaux verts, garnis de feuilles amères, ovales - oblongues, luisantes, longues de cinq pouces , larges de deux; les grappes terminales et rameuses; les fleurs jaunes, les divisions du calice vertes; cinq baies rougeâtres. Cette plante croît dans les Indes orientales, aux lieux montueux et pierreux, dans les environs de Kandenate.

GOMPHIE A FEUILLES DE CHATAIGNIER : *Gomphia castaneæfolia*, **Dec.**, l. c., pag. 417, tab. 11; *Correra*, n.° 1, Velloz, *in Roem. Script. Lusit. et Bras.*, pag. 106. Cette belle espèce, originaire du Brésil, tient le milieu entre l'*ochna guianensis* et le *longifolia*, deux plantes à placer parmi les *gomphia*; elle s'en distingue par ses feuilles plus petites, ovales - oblongues, aiguës à leurs deux extrémités, à dentelures aiguës, longues de quatre à cinq pouces. Les grappes sont amples, terminales , paniculées; leurs ramifications alongées, munies de bractées membraneuses; les pédicelles articulés à leur base ; les divisions du calice ovales - lancéolées , membraneuses à leurs bords; la corolle aussi longue que le calice ; les pétales en ovale renversé. Le *gomphia ilicifolia*, **Dec.**, l. c., se rapproche de cette espèce; il croît à l'île de Saint-Domingue.

GOMPHIE ÉCAILLEUSE ; *Gomphia squamosa*, **Dec.**, l. c., tab. 12. Cette espèce est remarquable par ses rameaux couverts à leur sommet d'écailles sèches, formées par les stipules persistantes : elle se rapproche , par son port, du *gomphia jabotapita*. Ses feuilles sont ovales-lancéolées, aiguës à leurs deux extrémités, à peine dentées, longues de huit à neuf pouces, larges de deux et demi; les fleurs jaunes, disposées en une panicule lâche, rameuse, terminale ; les pétales onguiculés, presque orbiculaires, un peu plus longs que le calice ; l'ovaire pentagone ; une baie presque globuleuse , de la grosseur d'un petit pois. Cette plante croît à l'île de Tabago.

GOMPHIE A FLEURS JAUNES : *Gomphia jabotapita*, **Dec.**, l. c.; *Ochna jabotapita*, **Linn.**; **Lamk.**, *Ill. gen.*, tab. 472 , fig. 2; *Jabotapita*, **Plum.**, *Amer.*, 42; *Icon.*, 153; **Marcgr.**, *Brasil.*, 101. Arbre d'une médiocre grandeur, dont l'écorce est grisâtre; les rameaux souples et plians; les feuilles presque sessiles , d'un vert clair, ovales-lancéolées, aiguës, dentées en scie ; les fleurs jaunes, d'une odeur agréable, disposées en grappes terminales; la corolle beaucoup plus longue que le calice ; les baies ovales - obtuses, de couleur noire. Au rapport de Pison, on en retire une huile bonne à manger. Cette espèce croît dans l'Amérique méridionale.

Gomphie du Mexique ; *Gomphia mexicana*, Humb. et Bonpl., Pl. Equin., 2 , tab. 74. Plante de la Nouvelle-Espagne, dont les rameaux sont glabres, cylindriques ; les feuilles alternes, à peine pétiolées, glabres, ovales - lancéolées, aiguës, dentées en scie, rétrécies à leur base ; les fleurs jaunes, disposées en grappes courtes et touffues ; les pétales orbiculaires, rétrécis en onglet à leur base, de la longueur du calice ; les filamens courts ; les anthères droites, alongées.

Gomphie a petites fleurs ; *Gomphia parviflora*, Dec., l. c., tab. 16. Espèce du Brésil, dont les rameaux sont grêles, d'un gris-cendré : les feuilles presque sessiles, longues de trois à quatre pouces, larges d'un pouce, oblongues, entières, luisantes en dessus, à peine dentées ; les fleurs jaunes, paniculées, fort petites ; les pétales obtus. Le *gomphia grandiflora*, Dec., l. c., tab. 17, est remarquable par ses fleurs grandes et jaunes, disposées en grappes terminales ; les pétales presque orbiculaires ; les divisions du calice aiguës, presque aussi longues que la corolle ; les feuilles lancéolées, presque entières, longuement acuminées, obtuses à leur base. Cette plante croit au Brésil, sur les bords du Rio-Negro.

Gomphie a feuilles de cassine ; *Gomphia cassinæfolia*, Dec., l. c., tab. 18. Arbrisseau du Pérou, qui ressemble par ses feuilles à l'*andromeda cassinæfolia* ; elles sont à peine pétiolées, luisantes, les plus jeunes ovales, les plus anciennes presque en cœur à leur base, obtuses au sommet, longues de deux pouces et demi, larges de deux. Les grappes sont simples, terminales, alongées ; les pédicelles articulés à leur base ; les drupes ovales, alongés. (Poir.)

GOMPHOCARPE, *Gomphocarpus*. (*Bot.*) Genre de plantes dicotylédones, établi par Rob. Brown, pour quelques espèces d'*asclepias*, dont elles diffèrent par le pollen distribué en dix paquets lisses et pendans ; la couronne des étamines simple, à cinq folioles en capuchon, munies chacune d'une dent de chaque côté ; la corolle réfléchie ; cinq étamines, deux styles. Le fruit consiste en deux follicules hérissées d'épines molles.

Ce genre appartient à la famille des apocinées, et à la *pentandrie digynie* de Linnæus. Parmi les espèces qu'il comprend on distingue les suivantes :

GOMPHOCARPE ARBORESCENT : *Gomphocarpus arborescens*, Rob. Brown, *Asclep.*, 26 ; Ait., *Hort. Kew.*, *edit. nov.*, 2, pag. 79 ; *Asclepias arborescens*, Linn. ; Burm., *Afr.*, 31, tab. 13 ; Pluken., *Amalth.*, 18, tab. 359, fig. 3. Arbrisseau du cap de Bonne-Espérance, cultivé au jardin du Roi. Il s'élève peu. Ses rameaux sont courts, épais et velus, chargés de feuilles opposées, très-rapprochées, glabres, vertes, ovales, très-obtuses, un peu mucronées, à veines transparentes, médiocrement pétiolées. Les fleurs sont blanches, disposées en ombelles pédonculées et latérales : il leur succède des follicules renflées, ovoïdes, verdàtres, sillonnées dans leur longueur, hérissées, le long des sillons, d'épines molles, noiràtres.

GOMPHOCARPE ARBRISSEAU : *Gomphocarpus fruticosus*, Brown, l. c., et Ait., *Hort. Kew.*, l. c. ; *Asclepias fruticosa*, Linn. ; Herm., *Parad.*, tab. 24 ; Pluken., *Almag.*, tab. 138, fig. 2. Cet arbrisseau s'élève à la hauteur d'environ six pieds, sur des tiges droites, effilées ; ses rameaux sont longs, grêles, pubescens ; ses feuilles opposées, alongées, linéaires - lancéolées, étroites ; les pétioles courts ; les fleurs sont blanches, disposées en ombelles latérales et pédonculées ; les pédoncules pubescens ; les follicules enflées, d'un vert pâle, hérissées de pointes molles, un peu longues, sétacées. Cette plante croît en Barbarie, dans les terrains incultes et un peu secs. On la cultive au jardin du Roi : on la multiplie de drageons et de graines qu'il faut semer sur couches ; on l'abrite l'hiver dans l'orangerie.

GOMPHOCARPE CRÉPU : *Gomphocarpus crispus*, Brown, l. c. ; Ait., *Hort. Kew.*, l. c. ; *Asclepias crispa*, Linn. ; Commel., *Rar.*, t. 17. Plante du cap de Bonne-Espérance, dont les tiges sont droites, cylindriques, un peu velues, hautes de deux pieds, garnies de feuilles opposées, presque sessiles, vertes, linéaires-lancéolées, aiguës, ondulées et crépues à leurs bords ; les inférieures plus longues. Les fleurs sont d'un vert jaunàtre, disposées au sommet des rameaux en une petite ombelle nue et terminale ; la corolle velue extérieurement ; les fruits hérissés. (POIR.)

GOMPHOLOBE, *Gompholobium*. (*Bot.*) Genre de plantes dicotylédones, à fleurs complètes, polypétalées, irrégulières, de la famille des légumineuses, de la *décandrie monogynie* de Linnæus, très-voisin des *podalyria*, caractérisé par un calice campanulé, à cinq découpures presque égales; une corolle papillonacée; dix étamines libres; un stigmate simple, aigu; une gousse ventrue, bivalve, à une seule loge; plusieurs semences pédicellées.

Ce genre comprend des arbrisseaux de la Nouvelle-Hollande, à feuilles simples, ailées ou ternées; les fleurs sont axillaires, solitaires, quelquefois fasciculées. Depuis la publication de ce genre par MM. Delabillardière et Smith, on en a retranché quelques espèces qui sont devenues le type de quelques autres genres, tels que le Burtonia, Cyclopia, Jacksonia, Oxilobium. (Voyez ces mots.)

Gompholobe a larges feuilles : *Gompholobium latifolium*, Labill., *Nov. Holl.*, 1, tab. 133; *Gompholobium fimbriatum*, Smith, *Exot.*, tab. 58; *Gompholobium psoraleæfolium*, Salisb., *Parad.*, tab. 6.; *Zorille*, Encycl. Arbuste dont les tiges sont à peine hautes d'un pied; les rameaux grêles, alternes, un peu anguleux, surtout sous la base des pétioles, ramifiés à leur partie supérieure; les feuilles alternes, ternées, médiocrement pétiolées; les folioles planes, ovales-oblongues, glabres, entières, un peu repliées à leurs bords; deux stipules très-petites, subulées; les fleurs solitaires ou géminées, longuement pédonculées, avec quelques écailles en forme de bractées; le calice divisé à son limbe en cinq découpures égales, tomenteuses à leurs bords; la corolle jaune; les pétales médiocrement onguiculées; les ailes appendiculées; l'étendard plus long, échancré; la carène plus courte, tomenteuse, frangée à ses bords: les gousses globuleuses, contenant huit à seize semences en rein, attachées à la suture supérieure par un cordon ombilical alongé.

Gompholobe tomenteux; *Gompholobium tomentosum*, Labill., l. c., tab. 134. Arbrisseau découvert par M. Delabillardière sur les côtes de la Nouvelle-Hollande, distingué du précédent par ses feuilles ailées, par le duvet blanchâtre qui revêt les rameaux et les branches, par ses fleurs plus petites; les pédoncules axillaires, uniflores, plus courts que les feuilles; celles-ci composées de deux à quatre paires de folioles avec une impaire, sessiles, opposées, linéaires, très-étroites, accom-

pagnées de deux petites bractées d'un jaune pâle, subulées.
Le fruit est une gousse globuleuse, bivalve, à une loge polysperme.

GOMPHOLOBE A GRANDES FLEURS; *Gompholobium grandiflorum*,
Smith, *Exot. Bot.*, 1, tab. 5. Espèce remarquable par ses
grandes fleurs, d'un jaune brillant : ses tiges s'élèvent à la
hauteur de trois pieds, et se divisent en rameaux glabres,
anguleux, garnis de feuilles ternées, presque sessiles, à trois
folioles glabres, étroites, linéaires, très-aiguës, longues d'un
pouce et plus; les fleurs à peine pédonculées, au nombre de
deux ou trois, munies d'une petite bractée concave; le calice
est large, un peu pubescent à ses bords; l'étendard de la
corolle très-large; le fruit renflé, globuleux, à deux valves,
à une seule loge, de la grosseur d'un pois.

M. Rob. Brown a ajouté quelques autres espèces à ce genre,
tels que, 1.º *Gompholobium marginatum*, Brown, *in* Ait. *Hort.*
Kew., *ed. nov.*, 3, pag. 11. Les feuilles ternées; les folioles
planes, en ovale renversé, échancrées au sommet; les stipules
de la longueur des pétioles; la corolle de la longueur du
calice. 2.º *Gompholobium polymorphum*, l. c. Les feuilles sont
composées de trois ou de cinq folioles linéaires, recourbées à
leurs bords, quelquefois dilatées à leur sommet; la tige tom-
bante ou grimpante. 3.º *Gompholobium venustum*, Brown, l. c.
Les feuilles sont ailées, à folioles nombreuses, subulées, veinées, réfléchies à leurs bords, glabres, ainsi que les calices;
les fleurs purpurines, assez nombreuses, disposées en un
corymbe pédonculé. (POIR.)

GOMPHOSE, *Gomphosus*. (*Ichthyol.*) Genre de poissons os-
seux, holobranches, thoraciques, de la famille des léiopomes
de M. Duméril, et de celle des labroïdes de M. Cuvier.
Commerson l'avait établi sous le nom d'élops, et c'est M. de
Lacépède qui lui a donné celui sous lequel nous le décrivons.
On reconnoît ce genre aux caractères suivans:

Dents en rang simple; museau prolongé en tube, et brusquement
dilaté à son extrémité; ouverture de la bouche très-petite; tête
entièrement lisse.

La forme du museau doit, au premier coup d'œil, faire
distinguer ce genre de tous les autres genres de la famille
des léiopomes, et le nom qu'il porte, tiré du grec γομφος,

et signifiant *clou*, indique fort bien le caractère essentiel qui le distingue.

On prend les gomphoses dans la mer des Indes, et certaines espèces fournissent, dit-on, un aliment délicieux.

Le Gomphose bleu; *Gomphosus cœruleus*, Lacépède. Corps entièrement bleu, sans taches; nageoires pectorales d'une teinte plus foncée; toutes les autres nageoires plus claires; prunelle bordée d'un cercle blanc; iris couleur d'émeraude; les deux dents antérieures de la mâchoire supérieure plus grandes que les autres; nageoire caudale en croissant très-alongé; écailles assez larges et comme ciselées. Taille de la tanche.

Ce poisson a été découvert par Commerson, qui le regarde comme un manger médiocre.

Le Gomphose varié; *Gomphosus variegatus*, Lacépède. Teinte générale mêlée de jaune, de rouge et de bleu.

Commerson a encore observé cette espèce sur les bords de l'île de Taïti. (H.C.)

GOMPHRENA. (*Bot.*) On trouve, dans Dalechamps, ce nom attribué primitivement à la plante qu'il croyoit être le *symphonia* de Pline, et que C. Bauhin rapporte à l'espèce d'amaranthe nommée maintenant *amaranthus tricolor*, cultivée dans les jardins, à cause de la variété de couleurs de ses feuilles. Ce nom a été employé par Linnæus pour désigner un autre genre de la même famille. (J.)

GOMPHUS. (*Bot.-Crypt.*) Genre que M. Persoon propose d'établir pour y placer le *merulius claviformis*. Voyez Merulius. (Lem.)

GOMUTO (*Bot.*), nom malais du *gomutus* ou *saguerus* de Rumph, espèce de palmier, connu plus généralement sous celui d'Areng (voyez ce mot), et dont Rumph détaille les usages dans un long article. (J.)

GON. (*Entom.*) On cite ce nom comme étant employé vulgairement pour désigner quelques espèces de charançons ou de calandres. (C. D.)

GONA COLA. (*Bot.*) Voyez Ghonakola (J.)

GONAKÉ (*Bot.*), nom sous lequel est connu, chez les Ouolofs voisins du Sénégal, au rapport d'Adanson, une espèce qui paroît tenir le milieu entre les *acacia horrida* et *tortuosa*. Il dit que ses fleurs rassemblées en tête ont beaucoup d'étamines; ses feuilles sont bipennées ; leur pétiole est accompagné à sa base de deux longues et fortes épines. Il suinte de son écorce un suc gommeux, rougeâtre et transparent. (J.)

GONAKI (*Bot.*), nom arabe, suivant Rumph , d'un rotang , *calamus petræus*, déjà désigné précédemment sous celui de *cheisaran*. (J.)

GONAMBOUCH. (*Ornith.*) L'oiseau d'Amérique que les habitans de Surinam appellent *gonambucho* , et dont Séba donne la description et la figure, tom. 1, pag. 174 et pl. 110, n.° 6 , paroît être le bruant de Surinam, *emberiza grisea*, Lath. ; et Buffon se trompe vraisemblablement lorsqu'il regarde , tom. 6, in-4.°, pag. 2, ce terme , employé par Léry et Thevet, comme une corruption du mot *guainumbi*, qui, chez les Brésiliens, désigne les colibris et les oiseaux-mouches. D'un autre côté, M. d'Azara compare son troglodyte basacaraguay , n.° 150 , au gonambucho de Séba ; mais on ne sauroit admettre ce rapprochement d'un bec-fin insectivore, et d'un oiseau qui a le bec assez robuste pour se nourrir de maïs. (Ch. D.)

GONANDIMA. (*Bot.*) Marcgrave parle d'un arbre de ce nom qui croît au Brésil. Il le dit fort élevé, et laissant suinter, des incisions faites à son écorce, un suc jaune et inodore qui se durcit à l'air : ses feuilles sont opposées, et ses fleurs sont disposées en espèce d'ombelle , et ressemblent à celles du giroflier. Il ne fait aucune mention du fruit. On seroit porté à croire que cet arbre appartient à la famille des myrtées. (J.)

GONATOCARPUS. (*Bot.*) Voyez Conocarpe. (Poir.)

GONDIR (*Mamm.*), nom de l'ours chez les Ostiaques. (F. C.)

GONDOLE. (*Conchyl.*) On donne quelquefois ce nom à une coquille fort commune, *bulla ampulla*, Lmk., plus connue sous celui de muscade ou de bulle.

(La grande) ou la Gondole papyracée : c'est encore une grande bulle, mais dont M. Denys de Montfort fait son genre Atys. Voyez ce mot, Supplément du troisième volume. (De B.)

GONDOULI. (*Bot.*) Ce nom indien, qui signifie petite boule, est donné dans l'Indoustan à une variété de riz presque sphérique , qui, au rapport de Cossigny, dans son ouvrage sur les Colonies, est originaire de Penche-Abe, une des pro-

vinces du Mogol ; il ajoute que c'est un riz sec et non aquatique, inodore, d'un blanc mat tirant un peu sur le jaune,
plus productif que le *bena foulé* ou riz aquatique, lequel est
plus long, plus blanc et d'une odeur suave lorsqu'il est cuit.
(J.)

GONE, *Gonium*. (*Agast.*) Genre de corps organisés microscopiques, ou de molécules vivantes, n'ayant aucune trace d'organes distincts, sans estomac ni appendice quelconque, et entièrement formés par une petite membrane plate, courte, anguleuse. On les trouve dans l'eau pure ou d'infusion. C'est à
Muller que la science doit la découverte de ces animaux, si
toutefois on peut les regarder comme tels, et l'établissement
de ce genre. Il contient cinq espèces :

La GONE PECTORALE : *Gonium pectorale*, Mull., *Infus.*, tab. 16,
fig. 11 ; Encycl. méthod, pl. 7, fig. 1, 3. Quadrangulaire,
pellucide et comme formée de seize globules, entourée d'une
membrane. Se trouve dans les eaux pures.

La GONE COUSSINET : *Gonium pulvinatum*, Mull., *Inf.*, tab. 16,
fig. 12-15 ; Encycl., pl. 7, fig. 4, 7. Opaque, quadrangulaire.
Eau de fumier.

La GONE RIDÉE : *Gonium corrugatum*, Mull., *Inf.*, tab. 16,
fig. 16 ; Encycl., pl. 7, fig 8. Subquadrangulaire, blanche avec
une ride longitudinale. Diverses infusions, et surtout celle de
la poire.

La GONE RECTANGLE : *Gonium rectangulum*, Mull., *Inf.*, t. 16,
fig. 17 ; Encycl., pl. 7, fig. 9. Rectangulaire, le dos arqué.
Commune dans les eaux pures.

La GONE OBTUSANGLE : *Gonium obtusangulum*, Mull., *Inf.*,
tab. 16, fig. 18 ; Encycl., pl. 7, fig. 10. Ne diffère de la précédente que parce que les angles de son corps sont obtus. Dans
les mêmes eaux, mais plus rarement. (DE B.)

GONENION, *Gonenion*. (*Ichthyol.*) M. Rafinesque-Schmaltz
a établi, sous ce nom, un genre de poissons qui doit rentrer
dans la famille des léiopomes, et qui se rapproche de celui
des diptérodons. Les caractères que le naturaliste que nous
venons de citer lui assigne, sont les suivans :

*Corps très-comprimé, tranchant; tête anguleuse et tranchante
en arrière, et traversée par une suture qui unit les opercules; deux
nageoires dorsales.*

Ce genre ne renferme qu'une seule espèce, et l'auteur, qui la regarde comme nouvelle, la nomme *gonenion serra*. C'est un poisson de quatre à cinq pouces de longueur, d'une couleur argentée, ayant la queue bifurquée.

Sur les côtes de la Sicile, où il a été observé, on l'appelle *pesce serra imperiali*. (H. C.)

GONENY (*Mamm.*), nom du putois dans la langue hongroise. (F. C.)

GONEPLACE, GONOPLACE (*Crust.*); *Gonoplax*, Leach. Genre de crustacé décapode, voisin des gécurcins, des ériphiles et des potamophiles. (Voyez DÉCAPODES.) Ils ont pour caractères principaux : Les yeux portés sur de longs pédoncules, qui peuvent se reployer dans un sillon étroit ; les quatre antennes apparentes, et le têt rhomboïdal plus large en devant ; ils ont, avec les ériphiles et les potamophiles, le troisième article des pieds-mâchoires extérieurs inséré à l'extrémité interne et supérieure de l'article précédent. Ces animaux se trouvent sur les bords de la mer, et se tiennent habituellement dans l'eau : on en connoît trois espèces.

La GONEPLACE TRANSVERSE, qui est de la Nouvelle-Hollande. Son têt est large de plus du double que long ; et, sur ses bords sous-dentés, se remarquent surtout trois dents plus fortes aux angles antérieurs ; le dos est fortement chagriné, et les serres ont des dentelures ; l'index a aussi deux fortes dents.

La GONEPLACE RHOMBOÏDE : *Gonoplax rhomboides ; Cancer rhomboides*, Linn. ? Herbst, *Conc.*, tab. 1, fig. 12. Têt du double plus large que long, ses angles se prolongent en épines ; les cuisses des quatre dernières pates ont une dent vers leur extrémité supérieure, et l'on en voit aussi une vers le milieu du dessus des bras des serres. Elle a le corps blanchâtre, avec une légère teinte rougeâtre, et le bout des doigts est noir. On la trouve dans la Méditerranée, et elle se tient toujours à d'assez grandes profondeurs.

La GONOPLACE BI-ÉPINEUSE, Leach, *Malacoz. Britan.*, tab. 13 ; *Cancer angulatus*, Fabricius, etc., ressemble beaucoup à la rhomboïde : seulement elle a sur le bord latéral du têt, dans sa partie moyenne, une dent ordinairement aiguë, quelquefois oblitérée. Elle se trouve aussi dans la Méditerranée. (F. C.)

GONEPLACE, GONOPLACE. (*Foss.*) Ce genre fournit, à

l'état fossile, plusieurs espèces qui viennent pour la plupart des Indes orientales, et surtout des Philippines. Voici celles que l'on connoît.

GONEPLACE DE LATREILLE; *Goneplax Latreillii*, Desm. Ce crustacé a quelquefois deux pouces de largeur sur dix-sept lignes de longueur. La carapace est couverte de petits points ronds, élevés; ses bords sont garnis d'un cordon formé de ces mêmes points. On voit, sur sa surface supérieure, les différentes régions marquées par des enfoncemens. Le chaperon, qui est avancé, s'élargit à son extrémité, et il est marqué d'un sillon à son milieu dans sa longueur. Il se trouve, au bord latéral, trois épines aplaties, dont la dernière termine ce bord vers le devant. Les pièces du plastron, ainsi que celles de la queue du mâle, sont chagrinées; mais ces dernières sont lisses dans la femelle. Les jambes sont triangulaires et chagrinées vers les angles. Les pinces sont légèrement comprimées, et ne sont armées que d'une seule dent au milieu du doigt mobile.

On trouve ce crustacé dans les îles Philippines, à Manille, où il doit être abondant, car on en voit beaucoup dans les collections. Il est souvent empâté d'une argile grise, assez dure. On peut rapporter à cette espèce la figure que l'on voit dans l'ouvrage de Parkinson, tom. 3, pl. 17, fig. 12.

Les tremblemens de terre et les volcans changeant souvent la face du terrain des îles Philippines, on peut croire que les crustacés qu'on y trouve si abondamment, ont été élevés du fond de la mer au-dessus des eaux avec le terrain sur lequel ils se trouvoient.

GONEPLACE LUISANTE; *Goneplax nitida*, Desm. La forme anguleuse de la carapace de ce crustacé l'a fait regarder comme dépendant du genre Goneplace; mais il se rapproche des ocypodes par son chaperon qui n'est qu'une pointe peu prolongée, par le rapprochement des cavités des yeux, par ses pinces qui sont très-grosses et par son corps épais. Sa largeur est de dix-huit lignes au bord antérieur, et de huit lignes au bord postérieur; sa longueur est de neuf lignes; le dessus est d'un noir luisant sans inégalités autres que celles formées par les différentes régions. Les angles latéraux extérieurs du têt sont terminés par une pointe aiguë, dirigée de côté. Ce crustacé fossile, qui se trouve dans la Collection du Muséum, n'a conservé que la pince gauche qui est grosse. On ignore où il a été trouvé.

GONEPLACE INCISÉE : *Goneplax insecta*, Desm.; Knorr, tom. 1, pl. 16, A. B. La carapace de cette espèce est granuleuse vers ses bords et presque lisse au milieu. Sa largeur est de quatorze lignes, et sa longueur de onze lignes. Le milieu du chaperon est sillonné longitudinalement, et son contour est rebordé. L'angle latéral antérieur de la carapace est comme tronqué, et dans cette partie il se trouve une échancrure profonde. Les angles postérieurs sont très-obtus. Les pièces du plastron et les jambes sont lisses. Ces dernières sont triangulaires dans l'individu que je possède. Cette espèce vient des Indes, et l'argile grise dans laquelle elle est empâtée prouveroit qu'elle se trouve à Manille, comme la goneplace de Latreille.

GONEPLACE ÉCHANCRÉE ; *Goneplax emarginata*, Desm. Cette espèce est de moitié plus petite que la précédente avec laquelle elle a beaucoup de rapports. Le bord antérieur de la carapace est plus sinueux et forme deux saillies à la base du chaperon. Les pates sont carrées et un peu rugueuses. La queue des femelles est extrêmement large et suborbiculaire ; les pièces qui la composent sont étroites, et présentent une inflexion dans le milieu. Ce crustacé est brun et empâté d'argile grise. Il y a lieu de croire qu'il vient des Indes comme les précédentes.

GONEPLACE ENFONCÉE; *Goneplax impressa*, Desm. La carapace de ce crustacé est chagrinée, déprimée et rebordée antérieurement, mais sans cordon. Elle n'a que sept lignes, et est presque carrée. Son chaperon est à peu près carré, rebordé et sillonné longitudinalement au milieu. Le bord antérieur se relève vers l'angle latéral, et présente immédiatement après une échancrure peu profonde. Les pédoncules des yeux sont minces, un peu en massue et dirigés de côté. Les pièces sont médiocrement épaisses ; leur face externe est lisse, et présente deux lignes longitudinales enfoncées. Le doigt mobile n'a qu'une seule dent du côté intérieur près de l'articulation, et le doigt immobile en a une pareille, plus éloignée de cette articulation. Ce fossile fait partie de la collection du Muséum d'Histoire naturelle ; sa couleur et l'argile grise dont il est empâté font croire qu'il a été rapporté des Philippines ou du Malabar. (D. F.)

GONGAY. (*Bot.*) Dans l'Ile de Banda, suivant Rumph, on nomme ainsi un arbrisseau qu'il nomme *nuga sylvarum*, et qui paroît appartenir au genre Cniquier, *guilandina*. (J.)

GONGESCHECK. (*Ornith.*) Suivant Gesner et Aldrovande, c'est le nom que porte, en Perse, le moineau domestique, *fringilla domestica*, Linn. (Cн. D.)

GONGOLARA. (*Bot.*) Imperato figure et nomme ainsi le *fucus* que Donati a désigné par *phytocoma*. Ce *fucus* a les rameaux vésiculeux de distance en distance; c'est le *fucus ercoïdes* des auteurs, ou peut-être le *fucus barbatus*, et probablement l'*abies marina* de Théophraste. (Lem.)

GONGORA. (*Bot.*) Genre de plantes monocotylédones, à fleurs incomplètes, de la famille des orchidées, de la *gynandrie diandrie* de Linnæus, très-voisin des *epidendrum*, offrant pour caractère essentiel : Une corolle irrégulière, étalée, renversée, à six pétales; l'inférieur ou la lèvre concave, redressé en bosse sur le dos; les deux pétales latéraux, convexes, cornus à leur sommet; une anthère double, caduque, operculée.

Ce genre est borné à une seule espèce mentionnée par les auteurs de la Flore du Pérou, sous le nom de *gongora quinquenervis*, Ruiz et Pav., *Syst. veget. Flor. Per.*, pag. 227. Plante parasite qui croît sur les arbres, dans les grandes forêts du Pérou, et qui fleurit en automne. Ses racines sont pourvues de bulbes alongées, anguleuses; ses hampes flexueuses; ses feuilles lancéolées, traversées dans toute leur longueur par cinq nervures. (Poir.)

GONGROS. (*Ichthyol.*) Aristote a, dans son Histoire naturelle des Animaux, désigné le congre, par le mot de γογγρος. Voyez Congre. (H. C.)

GONGYLE. (*Bot.*) Terme employé par Gærtner, à la place de celui de graine, pour désigner les corps réproducteurs des cryptogames. Voyez Séminules. (Mass.)

GONIE, *Gonius*. (*Entom.*) M. Jurine nomme ainsi un petit genre d'insectes hyménoptères, de la famille des oryctères ou fouisseurs qui réunit plusieurs espèces du genre *Larra* de Fabricius ou palares de M. Latreille, dont les antennes sont très-courtes et les yeux très-rapprochés entre eux par derrière. (C. D.)

GONIOCAULE, *Goniocaulon.* (*Bot.*) [*Cinarocéphales* , Juss. ; *Syngénésie polygamie égale*, Linn.] Ce génre de plantes, que nous avons proposé dans le Bulletin de la Société philomathique de février 1817, et que nous avons plus amplement décrit dans le Bulletin de décembre 1818, appartient à la famille des synanthérées, à la tribu naturelle des centauriées, et à la section des centauriées chryséidées, dans laquelle nous le plaçons auprès des *cryseis*, *chyanopsis* et *volutaria*, dont il diffère principalement par l'absence des fleurs neutres.

La calathide est incouronnée, équaliflore, pauciflore, régulariflore, androgyniflore, oblongue, cylindracée. Le péricline, à peu près égal aux fleurs et cylindracé, est formé de squames imbriquées, appliquées, ovales, aiguës, glabres, striées, coriaces, membraneuses sur les bords. Le clinanthe est très-petit, garni de fimbrilles membraneuses, longues, inégales. Les ovaires sont glabres ; leur aigrette est longue, composée de squamellules très-nombreuses, multisériées, très-régulièrement imbriquées, laminées-paléiformes, roides, coriaces, submembraneuses, scarieuses, inappendiculées, finement denticulées en scie sur les bords : les extérieures courtes, étroites, linéaires ; les intérieures longues, larges, un peu élargies de bas en haut, arrondies au sommet ; il n'y a point de petite aigrette intérieure. Les corolles ont le tube court, et le limbe long. Les étamines ont le filet hérissé de poils, et l'anthère munie d'un long appendice apicilaire corné. Le style a ses deux stigmatophores libres.

Goniocaule glabre : *Goniocaulon glabrum*, H. Cass., Bull. Soc. philom., décembre 1818. La tige est herbacée, haute de deux pieds au moins, droite, rameuse, glabre, très-lisse, munie de côtes saillantes, cartilagineuses. Les feuilles supérieures sont alternes, sessiles, semi-amplexicaules, longues, étroites, presque linéaires, aiguës, glabres, munies sur les bords de quelques dents spinuliformes, très-petites et très-écartées les unes des autres : les feuilles inférieures manquent sur l'échantillon que nous décrivons. Les calathides sont rassemblées en fascicules à l'extrémité des rameaux, et composées chacune de quatre à six fleurs, dont la couleur, altérée par la dessiccation, paroît avoir été jaunâtre ou rougeâtre.

Nous avons observé l'échantillon dont il s'agit, dans l'her-

bier de M. de Jussieu, où il est dit qu'il lui a été donné par
Vahl en 1799, et qu'il vient de Tranquebar. (H. Cass.)

GONION. (*Ichthyol.*) Voyez Goujon. (H.C.)

GONIOSPORA. (*Bot.*) Linck ramène dans ce genre, qui est
de sa création, les espèces de *trichia* (capillines), sessiles, qui
se déchirent diversement, et qui contiennent des filets
embrouillés, très-élastiques, sur lesquels sont disséminés des
spores ou séminules sexangulaires. (Lem.)

GONNELLE, *Murænoides.* (*Ichthyol.*) M. le comte de Lacépède a établi, sous le nom de *murénoïde*, un genre de poissons
que M. Cuvier a conservé sous le nom de *gonnelle*, et qui correspond au genre *Centronotus* de M. Schneider. Dans l'article
qui concerne ce dernier, nous avons exposé les raisons qui
nous ont fait rejeter la dénomination proposée par le professeur allemand : nous y renvoyons donc le lecteur.

Quoi qu'il en soit, ce genre, formé aux dépens de celui des
blennies, appartient à la famille des auchénoptères, et présente les caractères suivans :

Corps nu ; catopes très-petits et formés d'un seul rayon ; tête très
petite ; corps alongé et comprimé en forme de lame d'épée ; dos garni
tout du long d'une nageoire égale dont tous les rayons sont épi-
neux ; dents courtes et pointues, éparses sur deux rangées dont la
première est plus grande ; yeux latéraux.

Les Gonnelles ou Murénoïdes diffèrent donc des Uranoscopes
et des Batrachoïdes, qui ont les yeux très-verticaux ; d s
Oligopodes qui ont le corps revêtu d'écailles ; des Blennies,
qui ont deux ou quatre rayons aux catopes. (Voyez ces différens mots, et Auchénoptères dans le Supplément du troisième
volume de ce Dictionnaire.)

Les gonnelles ont l'estomac et les intestins tout d'une venue.

Le Sujef : *Murænoides sujef*, Lacép. ; *Blennius murænoides*,
Gmel. Mâchoires également avancées ; peau alépidote ; tête
couverte de petits tubercules, triangulaire et un peu convexe en dessus ; trois rayons à la membrane des branchies ;
ouverture de l'anus vers le milieu de la longueur du corps ;
teinte d'un gris cendré qui s'éclaircit et se change en blanchâtre sur la tête et sur le ventre. Taille d'environ sept
pouces.

Ce poisson a été décrit et figuré dans les *Act. Acad. Petropol.*,

1779, 2, p.195, tab. VI, fig. 1. Son nom spécifique rappelle celui du savant qui l'a fait connoître.

Le GUNNEL : *Murœnoïdes gunnellus*, N.; *Blennius gunnellus*, Linn. Corps comprimé, très-alongé; nageoires du dos, de la queue et de l'anus, distinctes l'une de l'autre; neuf à dix taches rondes ou ovales, d'un beau noir, souvent entourées d'un cercle blanc, et placées à demi sur la base de la nageoire dorsale, et à demi sur le dos même de l'animal; teinte générale d'un gris jaunâtre et souvent olivâtre sur le dos; ventre blanchâtre; nageoires dorsale et caudale jaunes, pectorales et anale d'un bel orangé; mâchoire inférieure plus avancée que la supérieure; anus plus éloigné de la nageoire caudale que de la gorge. Taille de dix à quatorze pouces.

Ce poisson a la tête petite; ses écailles sont aussi peu apparentes que celles de l'anguille, et une humeur visqueuse arrose la surface de son corps. Il nage avec une extrême vivacité, et vit dans l'Océan d'Europe. On le trouve fréquemment dans la mer du Nord, et dans la Baltique, aux environs de Hambourg et de Lubeck. Il se nourrit d'œufs de poissons, de vers et d'insectes, près des rivages et au milieu des plantes marines.

Sa chair est dure et généralement méprisée. Elle ne sert que comme appât.

M. Cuvier pense qu'il pourroit bien ne pas différer sensiblement du précédent. Le même savant rapporte encore aux gonnelles le *blennius lumpenus*, Walb., tab. 3, fig. 6. (H. C.)

GONOCARPE, *Gonocarpus*. (*Bot.*) Genre de plantes dicotylédones, à fleurs incomplètes, de la famille des cercodiennes, de la *tétrandrie monogynie* de Linnæus, caractérisé par un calice (une corolle selon Thunberg), supérieur, persistant, à quatre divisions; corolle souvent nulle; quatre ou huit étamines insérées sur le calice; un ovaire inférieur; un ou quatre styles. Le fruit est un drupe fort petit, à huit pans, uniloculaire, couronné par le calice, renfermant une ou quatre semences.

GONOCARPE A PETITES FLEURS: *Gonocarpus micranthus*, Thunb., *Flor. Jap.*, 5; Lamk., *Ill. gen.*, tab. 73. Petite plante qui a le port d'une véronique, dont les racines sont annuelles et fibreuses; les tiges grêles, tétragones, couchées à leur partie inférieure, puis redressées, rameuses à leur sommet, à peine hautes de sept pouces, garnies de feuilles opposées, glabres, fort petites, ovales, dentées, aiguës, portées sur des pétioles très-courts. Les fleurs sont très-petites, unilatérales, pendantes, réunies en épis grêles et lâches, disposés en une panicule terminale. Cette plante croit au Japon, près de Naugasaki : elle fleurit au mois d'août.

Gonocarpe a quatre styles ; *Gonocarpus tetragyna*, Labill. Espèce découverte par M. Delabillardière au cap Van-Diémen : elle s'élève à la hauteur de six à quinze pouces sur une tige presque droite, rameuse, tétragone, garnie de feuilles presque sessiles, fort petites, ovales, aiguës, dentées en scie, rudes en dessus ; les inférieures opposées, un peu plus grandes ; les supérieures alternes, longues de trois lignes ; les fleurs sessiles, petites, axillaires, solitaires : le calice persistant, à quatre divisions ovales-lancéolées, recourbées à leur sommet ; quatre pétales oblongs, hérissés de poils caducs ; huit filamens courts, opposés aux divisions du calice et aux pétales ; les anthères tétragones, à deux loges ; l'ovaire surmonté de quatre styles courts ; les stigmates en pinceau. Le fruit est une capsule drupacée, presque globuleuse, à quatre loges ; les semences ovales, solitaires dans chaque loge ; l'embryon entouré d'un périsperme charnu et friable ; la radicule supérieure. (Poir.)

GONOCARPUS. (*Bot.*) Kœnig, pour éviter de confondre dans la diction le *gonocarpus* de Thunberg avec le *goniocarpus*, genre d'une autre famille, l'a nommé *goniocarpus*, et Willdenow *gonatocarpus*. Le premier de ces changemens seroit préférable, comme plus ancien. (J.)

GONOGEONA. (*Bot.*), un des noms anciens de la mandragore, suivant Ruellius. (J.)

GONOLEK. (*Ornith.*) L'oiseau auquel les Nègres donnent ce nom, qui signifie mangeur d'insectes, et que M. Poivre a envoyé du Sénégal sous le nom de pie-grièche rouge de cette contrée, a été placé à la suite des espèces mieux connues de ce genre par Buffon, qui l'a fait figurer dans ses planches enluminées, n.° 56 ; il est devenu, dans le système de M. Vieillot, le type d'un genre particulier, nommé en latin *lanarius* par ce naturaliste, qui lui a donné pour caractères : Un bec nu à la base, un peu grêle, convexe en dessus, droit, comprimé ; la mandibule supérieure échancrée et crochue vers le bout, l'inférieure aiguë et retroussée à la pointe; la bouche ciliée; les ailes à penne bâtarde; la deuxième rémige la plus longue. Les espèces, toutes d'Afrique ou de l'Inde, que l'auteur a accolées à celle dont on vient de parler, sont le *gonolek bacbakiri* ou à plastron noir, Lev., Ois. d'Afr., pl. 67; le *gonolek à cravate blanche*, Lev., pl. 115; le *gonolek oliva*, Lev., pl. 75, fig. 1 et 2, et pl. 76, fig. 1; le *gonolek à ventre rouge*; le *gonolek vert à collier*, le même que le merle vert à collier, de l'édition de Buffon donnée par Sonnini. Voyez Pie-grièche. (Ch. D.)

GONOLETA. (*Bot.*) Suivant Ruellius, les anciens Daces nommoient ainsi le gremil, *lithospermum*. (J.)

GONOLOBE. *Gonolobus*. (*Bot.*) Genre de plantes dicotylédones, à fleurs complètes, monopétalées, de la famille des apocynées, de la *pentandrie monogynie* de Linnæus, offrant pour caractère essentiel : Une corolle en roue à cinq divisions profondes; une couronne en anneau au fond de la corolle, lobée, ondulée ou filamenteuse ; cinq étamines ; un style très-court, discoïde, à cinq pans; les follicules à côtes ou anguleux ; les semences chevelues.

Gonolobe a fleurs planes : *Gonolobus planiflorus*, Brown; *Cynanchum planiflorum*, Linn.; Jacq., *Amer.*, tab. 55, et *Icon. pict.*, tab. 81. Ses tiges sont glabres, cylindriques et grimpantes ; ses feuilles opposées, pétiolées, en cœur, entières, presque glabres, un peu cotonneuses en dessous; les pétioles munis, vers leur base, de cils très-courts, roides et ferrugineux; les fleurs couleur de rouille, planes, disposées en grappes corymbiformes, peu garnies, pédonculées et latérales ; le calice d'un blanc verdâtre, presque aussi long que la corolle; celle-ci large d'un demi-pouce. Cette plante croît dans les environs de Carthagène.

Gonolobe subéreux : *Gonolobus suberosus*, Brown; *Cynanchum suberosum*, Linn.; Dill., *Elth.* 308, tab. 229, fig. 296. Plante des pays chauds de l'Amérique, remarquable par la partie inférieure de sa tige, couverte d'une écorce molle, épaisse, assez semblable à du liége; cette tige est velue, grimpante dans sa partie supérieure : les feuilles molles, en cœur, acuminées, pubescentes et un peu blanchâtres en dessous; les deux lobes de leur base arrondis; les fleurs petites.

Gonolobe a grandes feuilles : *Gonolobus macrophyllus*, Mich.,

Fl. Bor. Amer., 1, pag. 119; *Vincetoxicum gonocarpus*, Walt., *Carol.*, 104. Cette plante, découverte dans les forêts de la Caroline, a des tiges grimpantes, sarmenteuses, hérissées de poils courts, garnies de feuilles fort amples, pétiolées, opposées, ovales en cœur, acuminées, légèrement pubescentes; les divisions de la corolle ovales-lancéolées; la couronne ouverte en étoile; les follicules pendans, à côtes saillantes, anguleuses.

Gonolobe velu : *Gonolobus hirsutus*, Mich., l. c.; *Vincetoxicum acanthocarpos*, Walt., *Carol.*, 104. Cette plante, découverte dans les mêmes lieux que la précédente, a des tiges rameuses, hérissées de poils nombreux, garnies de feuilles opposées, pubescentes à leurs deux faces, acuminées par une pointe alongée; les pétioles velus; les divisions de la corolle ovales, oblongues, obtuses; les follicules pendans, élargis, parsemés de poils roides et piquans.

Gonolobe lisse ; *Gonolobus lævis*, Mich., l. c. Ses tiges sont grimpantes, presque glabres, garnies de feuilles opposées, médiocrement pétiolées, en cœur, un peu coniques, rétrécies en pointe, glabres à leurs deux faces, un peu pubescentes sur leurs nervures; la corolle glabre; ses divisions ovales-oblongues, un peu obtuses; les follicules lisses. Cette plante a été découverte sur les bords du Mississipi.

Gonolobe uniflore : *Gonolobus uniflorus*, Kunth, *in* Humb. et Bonpl. *Nov. Gen.*, 3, pag. 207, tab. 238. Plante du Mexique, dont les tiges sont grimpantes, pubescentes, légèrement striées; les feuilles opposées, pétiolées, ovales, oblongues, très-acuminées, en cœur à leur base, pubescentes, longues d'un pouce et demi; les pédoncules uniflores; le calice hérissé; ses découpures lancéolées, une fois plus courtes que la corolle; celle-ci presque en roue, hérissée en dehors, à cinq découpures ovales-oblongues, acuminées, barbues à un de leurs côtés; les anthères surmontées d'une membrane presque orbiculaire.

Gonolobe des rivages ; *Gonolobus riparius*, Kunth, l. c., pag. 208. Ses tiges se divisent en rameaux pileux; ses feuilles sont ovales, acuminées, légèrement pileuses en dessous, longues de trois pouces; les pédoncules pubescens, chargés de plusieurs fleurs pédicellées; le calice à peine pileux; ses découpures oblongues, lancéolées, aiguës; la corolle verte , trois fois plus longue que le calice, à cinq découpures glabres, oblongues, aiguës. Cette plante croît sur les bords du fleuve de la Madeleine.

GONOLOBE A FEUILLES D'ARISTOLOCHE; *Gonolobus aristolochioides*, Kunth , l. c. Plante de l'Amérique méridionale; ses tiges sont grimpantes, un peu anguleuses, pubescentes; les feuilles ovales, médiocrement acuminées, échancrées profondément en cœur à leur base, veinées, réticulées, pubescentes en dessous, longues de trois pouces; les fleurs jaunâtres, presque en ombelle; la corolle glabre, au moins trois fois plus longue que le calice; les découpures ovales, oblongues, aiguës; le stigmate petit, à cinq angles.

GONOLOBE BARBU ; *Gonolobus barbatus*, Kunth, l. c., tab. 239. Espèce découverte au Mexique; ses tiges sont grimpantes; ses rameaux anguleux et pubescens; ses feuilles glabres, ovales , acuminées, presque à cinq nervures; les pédoncules axillaires, chargés de cinq à sept fleurs fasciculées en ombelle; la corolle une fois plus longue que le calice, à cinq divisions ovales, obliques, barbues à un de leurs côtés; l'orifice garni d'une laine épaisse.

GONOLOBE A FLEURS BLANCHES; *Gonolobus albus*, Cavan., *Ic. rar.*, 4, pag. 5 , tab. 310, *sub asclepiade*. Cette espèce, originaire du Pérou, se rapporte plutôt à ce genre qu'aux asclépiades, par la forme de sa couronne et son style. Ses tiges sont grimpantes ; ses feuilles ovales, aiguës, blanches en dessous; les fleurs nombreuses, disposées en ombelles solitaires; la corolle en roue, d'un blanc sale. (POIR.)

GONOLOBUS. (*Bot.*) Voyez GONOLOBE. (POIR.)

GONORHINQUE, *Gonorhinchus*. (*Ichthyol.*) Gronou avoit établi sous ce nom un genre de poissons qui n'a point été adopté par les ichthyologistes ses successeurs, et que l'on a fait rentrer dans celui des cyprins. M. Cuvier vient de l'en séparer de nouveau, et lui assigne les caractères suivans :

Corps et tête alongés et couverts, ainsi que les opercules et même la membrane des ouïes , de petites écailles ; museau saillant au-dessus d'une petite bouche sans dents et sans barbillons; trois rayons aux ouïes , et une petite dorsale sur les catopes.

Ce genre appartient à la famille des gymnopomes de la

Zoologie analytique. Il ne renferme encore qu'une espèce. C'est un poisson du cap de Bonne-Espérance, que Gmelin a désigné sous le nom de *cyprinus gonorhynchus*, et que Daubenton et Haüy ont appelé *cyprin sauteur*. Il a été figuré par Gronou dans son *Zooph.*, tab. x, fig. 2, et mal copié dans la planche 78.ᵉ de M. Schneider. (H. C.)

GONSALY. (*Bot.*), nom brame, suivant Rhéede, du *picinna* du Malabar, que Cavanilles rapporte à son *luffa fœtida*. (J.)

GONSANA. (*Bot.*) Adanson nomme ainsi le *subularia* de Linnæus, pour que ce genre ne soit pas confondu avec le *subularia* de Dillen, genre très-différent, qui cependant est regardé généralement comme n'existant pas, et n'étant qu'une espèce d'*isoetes* mal décrite. (J.)

GONSII, GUNSII (*Bot.*), nom brame du *mandsjadi* des Malabares, *adenanthera* des botanistes. C'est sous le premier de ces noms qu'Adanson désigne ce genre. (J.)

GONTUA (*Bot.*), nom brame du *coletta veetla* des Malabares, qui est le *barleria priomitis*. (J.)

GONUS. (*Bot.*) Ce genre, établi par Loureiro dans sa Flore de la Cochinchine, est très-voisin du *brucea*. Tous deux doivent être réunis au TETRADIUM. Voyez ce mot. (POIR.)

GONYCLADON. (*Bot.*) C'est un nouveau nom que Linck donne au genre *Lemanea* de Bory, fondé sur le *conferva fluviatilis*, Linn. Nous devons rappeler que ce même botaniste l'avoit déjà nommé *nodularia*. (LEM.)

GONYE (*Mamm.*), nom de la laie dans la langue hongroise. (F. C.)

GONYPE. (*Entom.*) Ce nom donné par M. Latreille à un genre de diptères à suçoir corné, de la famille des sclérostomes, voisins des asiles avec lesquels on avoit rangé l'espèce principale, qui est remarquable par la forme linéaire de son abdomen, et par les trois articles qui terminent ses tarses. C'est le *dasyopogon tipuloide* de Fabricius, et le *leptogaster* décrit et figuré sous ce même nom spécifique par Meigen, dans son ouvrage allemand sur la classification des diptères, in-4.°, tom. 1, fig. 16 de la planche 12. Geoffroy a décrit aussi cet insecte, tom. 2, pag. 474 et 17. Voyez tom. 3 de ce Dictionnaire, pag. 209, n.° 6, ASILE TIPULOIDE. (C. D.)

GONYTRICHIUM. (*Bot.*) Nées, dans ses Observations sur les plantes de la famille des champignons (*Nov. Act. Nat.*, cur., 9, pag. 244), établit ce genre, et le caractérise ainsi : Fibres embrouillées, rameuses, noueuses, articulées ; petits rameaux presque verts, ciliés ; spores globuleux, épars, très-nombreux. Ce genre, très-voisin d'un autre qui est le *circinotrichum* de Nées, forme avec lui un groupe ou une série dans les mucédinées.

Le *gonytrichium* brun-bleu (*gonytrichium cœsium*, Nées, l. c., pl. 5, fig. 14), est la seule espèce de ce genre ; elle forme sur le bois mort et à demi pourri, de petits coussinets d'un brun bleuâtre. (Lem.)

GONZALA. (*Bot.*) Ce genre, de la famille des champignons, est ainsi défini par Adanson, son auteur : Champignon charnu, ferme, en forme d'écusson orbiculaire, appliqué par toute sa surface inférieure ; à graines répandues à la surface supérieure, et sphériques. Le *fungus numismatalis* de Battara, tom. 3, fig. H, est le type de ce genre, auquel se rapportent les espèces du genre *Peziza*, qui sont planes, orbiculaires et sessiles. (Lem.)

GONZALAGUNIA. (*Bot.*) Genre de plantes rubiacées de la Flore du Pérou, dont le nom est abrégé avantageusement par M. Persoon, qui l'a appelé *gonzalea*. Il faut lui réunir, 1.º le *buena* de Cavanilles, de l'aveu de cet auteur lui-même ; 2.º le *barleria hirsuta*, figuré dans les Observations de Jacquin ; 3.º peut-être aussi le *tepesia* de M. Gærtner fils ; 4.º le *lygistum spicatum* des Illustrations de M. Lamarck, t. 236, dont le port est le même que celui du *buena* et du *barleria*, et dont il faut éloigner le *lygistum* de P. Brown, nommé par Linnæus *petesia lygistum*, par Lamarck *lygistum axillare*, qui est décrit comme ayant deux loges remplies chacune de deux graines, et qui paroit d'après cela devoir être placé dans une autre section de la famille. (J.)

GONZALE (*Bot.*) : *Gonzalea*, Pers.; *Gonzalagunia*, Fl. Pér. Genre de plantes dicotylédones à fleurs complètes, monopétalées, de la famille des rubiacées, de la *tétrandrie monogynie* de Linnæus, offrant pour caractère essentiel : Un calice campanulé, à quatre dents ; une corolle en entonnoir ; le tube alongé ; le limbe à quatre lobes ; quatre étamines non saillantes ; un ovaire inférieur ; un style : un stigmate à quatre lobes. Le fruit est un drupe globuleux, couronné par le calice, à quatre noix uniloculaires, polyspermes.

Ce genre comprend des arbrisseaux, la plupart originaires de l'Amérique méridionale, à feuilles opposées, munies de stipules : les fleurs sont éparses ou fasciculées, réunies en épis ou en panicules terminales, accompagnées de bractées.

Gonzale tomenteuse : *Gonzalea tomentosa*, Humb. et Bonpl., *Pl. Æquin.*, tab. 647 ; Poir., *Ill. Supp.*, tab. 915. Arbrisseau du Pérou, dont les tiges parviennent à la hauteur de dix à douze pieds, munies de rameaux opposés, comprimés à leurs nœuds tomenteux et blanchâtres ; les feuilles pétiolées, glabres en dessus, oblongues, lancéolées, acuminées, d'un beau vert, blanches et tomenteuses en dessous, entières, longues de quatre pouces, accompagnées de deux stipules opposées, triangulaires, persistantes ; les fleurs disposées en grappes paniculées, terminales, plus longues que les feuilles ; les pédicules très-courts ; le calice tomenteux, à quatre dents ; la corolle blanche, tomenteuse en dehors, deux fois plus longue que le calice ; le tube cylindrique ; le limbe à quatre lobes ovales, obtus ; l'orifice hérissé ; le fruit est un drupe sphérique, tétragone, presque à quatre coques, tomenteux, de la grosseur d'un grain de poivre, renfermant quatre petites noix polyspermes ; les semences brunes, fort petites, anguleuses, rudes et ponctuées.

Le *Gonzalagunia dependens* des auteurs de la Flore du Pérou, vol. 1, tab. 86, fig. A, paroît très-rapproché de cette espèce : ses rameaux sont longs et pendans : ses feuilles ovales, légèrement crénelées, luisantes en dessus, lanugineuses en dessous ; les stipules subulées ; les grappes très-longues, pendantes, lanugineuses, munies de bractées éparses, subulées ; les pédicelles courts, chargés de deux à quatre fleurs d'un rouge-pourpre : le calice et la corolle lanugineux ; les fruits noirâtres, lanugineux, comprimés à leurs deux extrémités ; les noix jaunes : les semences brunes.

Gonzale a feuilles de cornouiller : *Gonzalea cornifolia*, Kunth in Humb. *et* Bonpl. *Nov. Gen.*, 3, pag. 416 ; *Buena panamensis?* Cavan., *Icon. rar.*, 6, pag. 50, tab. 571. Arbrisseau de la Nouvelle-Grenade, dont les rameaux sont cylindriques, pu-

bescens, garnis de feuilles oblongues ou ovales-oblongues,
très-entières, rétrécies à leur base, aiguës au sommet, d'un
vert-gai, plus pâles et pubescentes en dessous sur leurs nervures, longues de quatre pouces et plus ; les stipules ovales,
subulées, pubescentes ; les fleurs disposées en épis terminaux,
pédonculés, grêles, pendans et pubescens ; les bractées linéaires ; le calice couvert de poils couchés ; ses découpures
ovales, un peu aiguës ; la corolle un peu pileuse ; le tube cylindrique, sept à huit fois plus long que le calice ; l'orifice
élargi, pileux, pubescent ; les lobes du limbe oblongs, une
fois plus courts que le tube ; les anthères linéaires, mucronées au sommet ; l'ovaire presque globuleux et pileux, à quatre
loges polyspermes.

Le *Gonzalea pulverulenta*, *Pl. Æquin.*, l. c., est une espéce
peu connue, remarquable par ses feuilles pulvérulentes, ainsi
que ses rameaux : les stipules subulées ; les feuilles lancéolées, obtuses à leur base, pubescentes. Elle croît au Pérou.
(Poir.)

GOODENIA (*Bot.*) ; *Zarolle*, Encycl. Genre de plantes dicotylédones, à fleurs complètes, monopétalées, irrégulières, de la
famille des lobéliacées, de la *pentandrie monogynie* de Linnæus,
qui a des rapports avec les *scævola*, et offre pour caractére
essentiel : Un calice à cinq divisions profondes ; une corolle
labiée, fendue longitudinalement pour donner passage aux
organes sexuels ; la lèvre supérieure à deux divisions ; l'inférieure plus grande, à trois divisions ; cinq étamines insérées
au fond du calice ; un ovaire placé sous la corolle ; un style ;
un stigmate urcéolé. Le fruit est une capsule bivalve, à deux
loges, à demi enveloppée par la partie inférieure du calice ;
plusieurs semences attachées à une cloison parallèle aux
valves.

Ce genre comprend des herbes, toutes originaires de la
Nouvelle-Hollande, la plupart remarquables par l'élégance de
leurs fleurs, munies de feuilles alternes, rarement opposées ;
les fleurs situées dans l'aisselle des feuilles. Rob. Brown a
ajouté beaucoup d'espéces à ce genre ; il en a retranché plusieurs qui se trouvent placées dans d'autres genres, parmi
les Scævola, Dampiera, Euthales *seu* Veleia, Labill., etc.
(Voyez ces mots.) Plusieurs espéces sont cultivées dans les

jardins de botanique, telles que la *goodenia ovata*, *grandiflora*, *lævigata*, etc. Elles fleurissent pendant une grande partie de la belle saison, et passent l'hiver dans l'orangerie.

GOODENIA A FEUILLES OVALES : *Goodenia ovata*, Smith., *Trans. Linn.*; Vent., *Jard. de Cels*, tab. 3; Andr., *Bot. Rep.*, tab. 68; Cavan., *Icon rar.*, 6, tab. 526. Arbrisseau à tiges droites, tétragones, presque simples, hautes de deux pieds; les jeunes rameaux parsemés d'une poussière blanchâtre, garnis de feuilles alternes, pétiolées, ovales, finement denticulées, glabres, un peu rudes, blanchâtres en dessous; les pétioles munis à leur base d'une touffe de poils roux. Les fleurs sont disposées en petites grappes latérales, axillaires, dichotomes ou trifides; leur calice un peu anguleux, à cinq divisions subulées; la corolle d'un jaune doré, attachée à l'orifice du calice; le tube court; les divisions du limbe frangées à leurs bords; les filamens arqués; les anthéres terminées par quelques poils courts; les capsules linéaires, s'ouvrant à demi en deux valves; les semences nombreuses, imbriquées, comprimées.

GOODENIA PANICULÉE: *Goodenia paniculata*, Cavanilles, *Icon. rar.*, 6, tab. 507; Smith, *Trans. Linn.*, 2, pag. 248? Ses tiges sont droites, glabres, un peu tétragones, hautes d'un pied, peu rameuses; les feuilles pileuses, lâchement dentées, sessiles, alternes, linéaires-lancéolées, tomenteuses dans leur aiselle: les fleurs disposées en panicules lâches, terminales; les divisions du calice fort petites, subulées et velues; la corolle jaune, assez grande, velue en dehors, à cinq lobes obtus, arrondis, presque égaux; l'ovaire velu; le style pileux; le stigmate urcéolé, garni à son bord de cils blanchâtres. La capsule est ovale, un peu comprimée, couronnée par les divisions du calice, à une seule loge, d'après Cavanilles; à deux valves naviculaires; les semences arrondies, bordées par une petite membrane, attachées par imbrication à un réceptacle commun.

GOODENIA HÉTÉROPHILLE; *Goodenia heterophylla*, Cavan., *Icon. rar.*, 6, tab. 508. Plante herbacée dont les tiges sont pileuses, presque simples; les feuilles radicales pétiolées, ovales, entiéres; celles des tiges entiéres ou dentées; les supérieures à trois divisions, celle du milieu très-alongée, linéaire ou lancéolée. Les fleurs sont axillaires; les pédoncules uniflores ou bifides;

le calice velu ; la corolle d'un rose tendre ; le style velu vers son sommet ; le stigmate urcéolé et cilié ; le fruit est une capsule presque ronde, couronnée par les divisions du calice, à deux valves, contenant environ quatre semences comprimées, marquées d'un sillon circulaire, attachées à un réceptacle central.

GOODENIA A LONGS PÉDONCULES : *Goodenia elongata*, Labill., *Nov. Holl.*, 1, pag. 52, tab. 75. Plante découverte par M. de Labillardière, au cap Van-Diémen, dont les racines sont menues, fusiformes ; les tiges hautes de huit à dix pouces, un peu pileuses ; les feuilles presque glabres, ovales, obtuses, entières, longues d'un pouce et demi ; les supérieures aiguës, souvent opposées ; les fleurs sont jaunes, solitaires, axillaires ; les pédoncules simples, pileux à leur base, dépourvus de bractées, longs de trois à cinq pouces ; le style et le stigmate légèrement pileux. Le fruit est une capsule ovale, à deux loges, à deux valves ; une cloison parallèle aux valves ; les semences ovales, imbriquées.

GOODENIA A FEUILLES DE LIERRE ; *Goodenia hederacea*, Smith, *Trans. Linn.*, pag. 349. Cette espèce a ses tiges couchées, garnies de feuilles alternes, pétiolées ; les unes entières, arrondies, d'autres divisées en cinq lobes, assez semblables à celles du lierre, glabres, non dentées ; les fleurs axillaires ; la corolle lanugineuse en dehors.

GOODENIA RAMPANT ; *Goodenia repens*, Labill., *Nov. Holl.*, 1, tab. 76. Petite plante à tiges courtes, rampantes, glabres, presque simples, à feuilles alternes, charnues, ovales, étroites, longues de six lignes, glabres, un peu obtuses ; les fleurs solitaires, axillaires, munies de bractées sur des pédoncules courts. La corolle est bleue, très-glabre ; le style un peu pileux ; le stigmate urcéolé ; les capsules bivalves, à deux loges.

GOODENIA RADICANT ; *Goodenia radicans*, Cavan., *Icon. rar.*, 5, tab. 474, fig. 2. Ses tiges sont couchées, pileuses ; ses feuilles glabres, presque fasciculées à la base des rameaux, spatulées, entières, obtuses, un peu aiguës ; les fleurs terminales ou axillaires ; les pédoncules simples ou biflores ; la corolle mélangée de bleu et de blanc ; le stigmate globuleux et tronqué. Le fruit est une baie ovale, turbinée, couronnée par les divisions du calice, uniloculaire, à plusieurs semences imbriquées sur quatre rangs, attachées à un réceptacle central, entourées d'une membrane scarieuse. Cette plante croît au Mexique, dans les lieux humides, sur les bords de la mer : elle s'éloigne beaucoup de ce genre par son fruit.

GOODENIA BLANCHATRE : *Goodenia albida*, Smith, *Trans. Linn.*, 2, pag. 348. Ses tiges sont pileuses : ses feuilles alternes, en ovale renversé, glabres, dentées : les fleurs blanches ; la corolle glabre tant en dedans qu'en dehors ; le style pileux. Cette espèce a été découverte au port Jackson de la Nouvelle-Hollande : elle paroît se rapprocher du *goodenia lævigata* de Curtis ; il doit être placé parmi les *scævola*.

GOODENIA A GRANDES FLEURS ; *goodenia grandiflora*, *Botan. Magaz.*, tab. 890. Ses tiges sont herbacées, glabres, cannelées, hautes de trois à quatre pieds ; ses feuilles velues, ovales, en cœur, dentées en scie ; les inférieures découpées en lobes vers leur base ; les fleurs axillaires, presque solitaires ; les divisions du calice subulées à leur sommet ; la corolle jaune ; les capsules pentagones, relevées en bosse.

M. Rob. Brown a enrichi ce genre d'un grand nombre d'espèces nouvelles découvertes sur les côtes de la Nouvelle-Hollande, qu'il a distribuées en plusieurs sections, d'après leur inflorescence, les caractères de leur corolle, etc.

I. *Corolle jaune, à deux lèvres ; les divisions en forme d'ailes ; capsule à deux loges ou presque à une loge, n'ayant qu'une cloison très-courte ; le stigmate parallèle aux lèvres de la corolle.*

A. *Pédoncules terminaux, en épis ou panicules ; les pédicelles munis de deux bractées.*

Les espèces principales à rapporter ici, sont :

Le *Goodenia stelligera*, Brown, *Nov. Holl.*, pag. 575. Les tiges sont nues ; l'épi presque simple, pubescent ; la corolle couverte d'un duvet étoilé, et de poils simples : les feuilles radicales, glabres, charnues, linéaires ou cylindriques, un peu dentées au sommet. *Goodenia humilis*, Brown. Ses feuilles radicales, oblongues, lancéolées, un peu dentées ; la panicule simple, pubescente ; l'ovaire pileux. *Goodenia gracilis*, Brown. La panicule simple ; les ovaires glabres ; la corolle pubescente et glanduleuse en dehors ; les feuilles radicales, linéaires-lancéolées, un peu épaisses. *Goodenia decurrens*. Brown. Les

épis rameux; la corolle pubescente; les feuilles caulinaires,
oblongues, dentées, décurrentes.

B. *Pédoncules axillaires simples ou trifides; les pédicelles munis
de deux bractées.*

A cette sous-division appartiennent le *Goodenia acuminata*,
Brown. La tige droite, presque ligneuse; les feuilles ovales,
acuminées, dentées en scie; les pédoncules trifides ou tricho-
tomes; les divisions du calice planes, de moitié plus courtes
que la capsule prismatique; semences imbriquées sur deux
rangs. *Goodenia varia*, Brown. Tige glabre, ligneuse; feuilles
coriaces, ovales, obtuses ou un peu aiguës, dentées; les pédoncules simples ou trifides; les divisions du calice plus courtes
que les étamines; les capsules droites. *Goodenia rotundifolia.*
La tige herbacée; les feuilles arrondies, membraneuses, incisées et dentées; le style glabre; les capsules ovales. *Goodenia
barbata geniculata-hederacea-glabra*, etc., Brown, l. c.

C. *Pédoncules sans bractées, uniflores, axillaires ou terminaux.*

Il faut y rapporter le *Goodenia mollis*, Brown. Les feuilles
sont molles, ovales, presque en cœur, aiguës, dentées en scie
et velues; les pédoncules axillaires; le tube de la corolle en
forme de bourse. *Goodenia hispida*, Brown. Hérissé de poils
roides; les feuilles caulinaires, sessiles, oblongues-lancéolées,
à peine dentées; les pédoncules longs, solitaires, axillaires;
les calices hispides. *Goodenia coronopifolia.* Entièrement glabre; à feuilles linéaires; les radicales pinnatifides, dentées;
celles des tiges entières; les pédoncules presque solitaires.
Goodenia tenella. Légèrement pubescent; les poils rares et couchés; les tiges simples, presque nulles; les feuilles radicales,
planes, lancéolées, spatulées; les pédoncules alongés, radi-
caux et terminaux. *Goodenia filiformis.* Tige simple, presque
glabre; les feuilles radicales filiformes; les caulinaires plus
petites; les pédoncules terminaux, presque en ombelle.

II. *Corolle jaune, à deux lèvres; les découpures en forme d'ailes;
une capsule à quatre loges.*

Le seul *Goodenia quadrangularis*, Brown, l. c., appartient
à cette sous-division. Ses tiges sont droites, très-glabres; ses
feuilles presque ovales, dentées; les fleurs axillaires ou disposées en épi.

III. *Corolle bleue ou purpurine, à deux lèvres; les découpures en forme d'ailes; une capsule à deux loges ou à deux demi-loges; stigmate parallèle aux lèvres de la corolle.*

On trouve cité, pour cette sous-division : le *Goodenia purpurascens*, Brown, l. c. Plante entièrement glabre, à tige nue; les feuilles radicales oblongues-lancéolées; la panicule étalée. *Goodenia pterigosperma.* Tige glabre, presque simple, à feuilles distantes; les radicales plus grandes, linéaires, un peu dentées; les fleurs alternes; les divisions du calice un peu obtuses, glabres ainsi que les ovaires. *Goodenia cærulea.* Sa tige est glabre; les rameaux presque simples; les fleurs rares; le calice aigu, glanduleux ainsi que les ovaires. *Goodenia incana.* Plante blanchâtre et tomenteuse; les feuilles distantes, oblongues, linéaires; la corolle et les ovaires lanugineux.

IV. *Corolle à une seule lèvre; découpures en forme d'ailes; st - mate à deux lobes, opposé à la lèvre de la corolle, entouré d'un tégument cilié.*

A cette sous-division appartiennent le *Goodenia scapigera*, Brown, l. c. La tige est droite, glabre; les feuilles dentées; un épi terminal pédonculé; les découpures du calice subulées, plus longues que l'ovaire. *Goodenia viscida.* Tige droite, glabre, tachetée; les feuilles lancéolées et dentées, les pédoncules très-axillaires, uniflores; le stigmate bifide.

V. *Pédoncules sans bractées; tégument du stigmate cilié; capsule membraneuse.*

Le *Goodenia pumilio*, Brown, l. c., est la seule espèce citée pour cette sous-division. C'est une plante rampante, pubescente, à feuilles ovales, membraneuses, les supérieures très-rapprochées; les pédoncules situés dans les aisselles des feuilles supérieures. (*Poir.*)

GOODIA. (*Bot.*) Genre de plantes dicotylédones, à fleurs polypétalées, papillonacées, de la famille des légumineuses, de la *diadelphie décandrie* de Linnæus, dont le caractere essentiel consiste dans un calice à deux lèvres presque égales; la supérieure aiguë, à demi bifide; la corolle papillonacée; l'étendard plane, très-grand; dix étamines diadelphes; un style; le stigmate en tête. Le fruit est une gousse comprimée, pédicellée, renfermant environ deux semences.

Goodia a feuilles de lotier : *Goodia lotifolia*, Salisb., *Parad.*, 41; *Bot. magaz.*, tab. 958 : Ait., *Hort. Kew.*, édit. nov., 4, pag. 269.

Arbrisseau de la Nouvelle-Hollande, dont les rameaux glabres, un peu roides, sont garnis de feuilles alternes, pétiolées. composées de trois folioles pédicellées, en ovale renversé, glabres à leurs deux faces, très-entières, obtuses, quelquefois un peu mucronées, particulièrement la terminale ; longues de six lignes et plus. Les fleurs sont situées à l'extrémité des tiges et des rameaux, disposées en grappes droites, très-simples; leur calice glabre, à deux lèvres, la supérieure plus courte, bidentée; l'inférieure à trois dents; la carène de la corolle tronquée ; les gousses aplaties, relevées en bosse sur leur dos. Cette plante croît à la Nouvelle-Hollande. On la cultive en Angleterre; elle porte des fleurs pendant les mois de mai, juin et juillet. On la propage de boutures et de semences.

GOODIA PUBESCENTE : *Goodia pubescens*, Bot. Magaz, tab. 1510. Cette espèce se rapproche beaucoup de la précédente, mais elle en diffère par le duvet qui en recouvre toutes les parties. Ses rameaux sont courts, alternes: ses feuilles ternées, les folioles presque en ovale renversé, entières, mucronées au sommet; les rameaux portent à leur extrémité quelques fleurs pédonculées, munies à la base des pédoncules d'une petite bractée lancéolée; les fleurs sont jaunes, tachetées de brun à la base des pétales. Cette espèce a été découverte au cap Van-Diémen. (Poir.)

GOODINACHTSET (*Mamm.*), nom kamtschatkadale de l'argali, *ovis ammon*, Linn. (F.C.)

GOODYERA. (*Bot.*) Genre de plantes monocotylédones. à fleurs incomplètes, de la famille des orchidées, de la *gynandrie diandrie* de Linnæus, dont le caractère essentiel consiste dans une corolle en gueule, à six pétales; les extérieurs placés en avant sur la lèvre inférieure, gibbeuse à sa base, entière au sommet; la colonne des organes sexuels libre; le pollen anguleux.

GOODYERA RAMPANTE : *Goodyera repens*, Brow., *in Ait. edit. nov.*; *Satyrium repens*, Linn., Jacq., *Fl. austr.*, tab. 569; *Neottia repens*, Willd., *Spec.*, 4, pag. 75; *Epipactis*, etc., Hall., *Helv.*, n.° 1295. tab. 22. Cette plante a des racines charnues, fibreuses, rampantes, point palmées. Ses feuilles sont radicales, glabres, ovales, médiocrement pétiolées, marquées de tâches brunes, noirâtres ou blanchâtres, disposées en quadrille; les hampes droites, simples, enveloppées d'écailles courtes, alternes, vaginales; les fleurs disposées en un épi grêle, terminal, alongé, toutes unilatérales; la corolle blanche; les trois pétales extérieurs pubescens, agglutinés; la lèvre lancéolée ou ovale-oblongue, munie à sa base d'une bosse naviculaire. Elle croît sur les montagnes Alpines, dans les forêts de pins.

Goodyera pubescente : *Goodyera pubescens*, Ait., *edit nov.*; *Neottia pubescens*, Willd., *Spec.*, 4, pag. 76; *Satyrium repens*, Mich., *Amer.*, pag. 157. Cette espèce est très-rapprochée de la précédente; elle en diffère principalement par ses fleurs non unilatérales; les pétales ovales; la lèvre ovale, acuminée. Les racines sont rampantes et fibreuses; toutes les feuilles radicales, plus roides, ovales, pétiolées, marquées de taches irrégulières, en réseau; la hampe pubescente ainsi que les fleurs. Cette plante a été découverte, par Michaux, dans la Floride et le Canada.

Goodyera a deux couleurs; *Goodyera discolor*, **Bot. Magaz.**, tab. 2055. Espèce originaire de Rio-Janeiro, cultivée au Jardin du Roi, dont les tiges droites, simples et glabres, sont garnies à leur base de feuilles alternes, vaginales sur la tige, rétrécies en pétiole, ovales-oblongues, un peu acuminées, très-lisses, d'un vert sombre en dessus, purpurines en dessous, très-entières; la partie supérieure de la tige munie d'écailles distantes, lancéolées, aiguës, et terminée par un long épi de fleurs sessiles, dont les pétales sont lancéolés, blanchâtres; l'ovaire velu, strié; la colonne droite, de couleur jaune. (Poir.)

GOOG-WAR-NECK (*Ornith.*), nom que les habitans de la Nouvelle-Zélande donnent, d'après son cri, à l'oiseau figuré pag. 144 du Voyage de John White à la Nouvelle-Galles du Sud, lequel est le créadion à pendeloques de M. Vieillot, *merops carunculatus*, Lath. (Ch. D.)

GOORA-A-GANY (*Ornith.*), nom donné par les naturels de la Nouvelle-Hollande à une buse, *falco connivens*, Lath., et *buteo connivens*, Vieill. (Ch. D.)

GOO-ROO-GANG. (*Ornith.*) L'oiseau de proie qui porte ce nom à la Nouvelle-Hollande, est l'épervier **gorowang** de M. Vieillot. *falco lunulatus*, Lath. (Ch. D.)

GOOSE (*Ornith.*), nom générique des oies en anglois. (Ch. D.)

GOOSITZ (*Bot.*), nom japonois du *celosia argentea*, suivant M. Thunberg. (J.)

GOOUY, DJOOUY. (*Bot.*) Dans la Nubie, ce nom et celui de horg sont donnés à l'*acacia nilotica*, suivant M. Delile. (J.)

GOPHER (*Bot.*), nom oriental du cyprès pyramidal, *cupressus sempervirens*, cité dans Rauwolf. Il est aussi nommé *saru* par les Arabes, et *saran* par les Maures. C'est le *sarou* de M. Delile. (J.)

GOR. (*Bot.*) Dalechamps parle d'un grand arbre de ce nom qui croît en Afrique sur les bords du Niger, et porte des fruits semblables à ceux du châtaignier, mais amers. On ne sait rien de plus sur cet arbre que le voyageur, Jean-Léon, a le premier fait connoître. (J.)

GOR (*Conchyl.*); Adans, *Seneg.*, pag. 187, pl. 12. C'est une espèce de troque déprimée, à tours de spire presque tranchans, et qui très-probablement appartient au genre Eperon de M. Denys de Montfort. C'est peut-être le *trochus modulus* de Linn. (De B.)

GORAB. (*Ornith.*) Ce nom, qui, suivant Forskael, est donné en Egypte à des oiseaux du genre Corbeau, s'écrit aussi *ghoràb*. (Ch. D.)

GORAMI ou GORAMY (*Ichthyol.*), nom spécifique d'un Osphronème. Voyez ce mot. (H. C.)

GORDET (*Conchyl.*); Adans, *Seneg.*, pag. 225, pl. 16. Espèce de venus, *venus africana*. (De B.)

GORDIUS (*Entoz.*), nom latin du dragonneau et de quelques espèces de vers intérieurs et extérieurs, qu'on range maintenant avec les Filaires. Voyez ce mot et Dragonneau. (De B.)

GORDONE, *Gordonia.* (*Bot.*) Genre de plantes dicotylédones, à fleurs polypétalées, régulières, de la famille des malvacées, de la monadelphie polyandrie de Linnæus, caractérisé par un calice simple, à cinq divisions; cinq pétales adhérens par leur base au tube des étamines; les étamines nombreuses, monadelphes; un style pentagone; cinq stigmates. Le fruit est une capsule à cinq valves, à cinq loges à demi bifides, renfermant chacune deux semences comprimées, garnies, d'un côté, d'une aile foliacée.

Ce genre se compose d'arbrisseaux assez élégans, à feuilles simples, alternes, dépourvues de stipules ; à fleurs solitaires, axillaires. On en cultive plusieurs espèces au Jardin du Roi, que l'on conserve dans les serres d'orangerie. La plus remarquable est le *gordonia lasianthus*. Les cultivateurs de Paris, dit M. Bosc, ont été portés à croire que le froid seul empêchoit cette plante de prospérer en pleine terre, tandis que c'est autant le manque d'eau. En Amérique elle croit exclusivement dans les eaux stagnantes, qui ne se dessèchent qu'à la fin de l'été ; mais ici on ne peut la mettre dans une telle position, parce que le froid la feroit geler pendant l'hiver. C'est dans les contrées méridionales de la France, dans les pays à riz, qu'on doit tenter de la mettre en pleine terre.

Les gordones se multiplient par le semis de leurs graines, qui doit être fait immédiatement après leur chute, ou après l'hiver, avec des graines stratifiées dans la terre humide : on les sème dans des pots remplis de terre de bruyère. Au bout de deux ans, ces plants sont mis, ou dans de plus grands pots, ou en pleine terre. On les arrose souvent et abondamment. On peut encore les multiplier de marcottes, qui ne s'enracinent que la seconde ou la troisième année, et qui ne donnent que des pieds foibles et de peu de durée.

GORDONE A FEUILLES GLABRES ; *Gordonia lasianthus*, Linn. ; Lamk., *Ill. gen.*, tab. 594 : Pluken., *Amalth.*, 7, tab. 352, fig. 3 ; Catesb., *Carol.*, 44, tab. 44 ; Mich., *Arb. Amer.*, 3, tab. 1 ; *Bot. Magaz.*, tab. 668. Grand arbrisseau très-élégant, distingué par sa forme pyramidale, par le beau vert luisant de ses feuilles, qui subsistent toute l'année, par le nombre et la grandeur de ses fleurs blanches qui, dans la Caroline, se succèdent pendant deux mois et tranchent avec les feuilles : celles-ci sont pétiolées, ovales-lancéolées, aiguës à leurs deux extrémités, dentées en scie, longues de cinq à six pouces, sur deux et plus de largeur ; les pédoncules axillaires, solitaires, uniflores, de la longueur des feuilles ; les fleurs ouvertes en rose ; les folioles du calice cotonneuses, concaves, très-obtuses, persistantes ; les pétales ovoïdes, concaves, beaucoup plus longs que le calice. Cet arbre croît dans la Caroline, dans les eaux stagnantes.

GORDONE PUBESCENTE ; *Gordonia pubescens*, Lamk., Encycl. : Cavan., *Diss.*, 6, tab. 162 : Vent., *Malm.*, 1. Icon. ; l'Illus.,

Stirp., 156. Cet arbrisseau, que M. de Lamarck a fait connoître le premier, a été cultivé autrefois en pleine terre avec succès, dans le jardin de Trianon; mais, comme il n'y fleurissoit que vers la fin de l'automne, il ne donnoit jamais de graines. Il ressemble beaucoup au précédent par son port, la forme et la disposition de ses feuilles; il en diffère par le duvet légèrement cotonneux qui couvre la surface inférieure des feuilles, surtout dans leur jeunesse; d'ailleurs les fleurs sont sessiles, grandes, solitaires, et ordinairement terminales. Cet arbrisseau croît dans la Caroline méridionale. On le cultive au Jardin du Roi.

GORDONE DE FRANKLIN : *Gordonia Franklini*, l'Herit., *Stirp.*, pag. 156; *Franklinia alatamaka*, Marsch., *Arb. Amer.*, 49; *Gordonia pubescens*, Mich., *Arb. Amer.*, 3, pag. 35, tab. 2; *Lacatea florida*, Salisb., *Parad.*, tab. 56. Cet arbrisseau se rapproche beaucoup du *gordonia pubescens;* il en diffère par ses feuilles parfaitement glabres à leurs deux faces; c'est d'ailleurs un très-bel arbrisseau qui s'élève à la hauteur de dix pieds; ses feuilles sont alternes, presque sessiles, oblongues, rétrécies à leur base, dentées en scie, serrées contre les tiges. Les fleurs sont sessiles, très-odorantes, axillaires, placées à l'extrémité des rameaux; la corolle large d'environ cinq pouces, composée de cinq pétales larges, étalés, arrondis; les capsules globuleuses. Cette plante croît dans les contrés méridionales de la Caroline.

GORDONE À BOIS ROUGE ; *Gordonia hæmatoxylon*, Swartz, *Flor. Ind. occid.* 2, pag. 1199. Grand arbrisseau de douze à seize pieds de haut, revêtu d'une écorce lisse, cendrée, un peu ferrugineuse. Son bois est dur, coloré en rouge de sang; ses rameaux cylindriques, épars, opposés; ses feuilles pétiolées, roides, ovales, glabres, acuminées, dentées en scie; les pétioles courts; les pédoncules très-courts, axillaires, solitaires, uniflores, munis d'une ou deux écailles; les fleurs grandes, d'un blanc incarnat; le calice à trois ou cinq folioles concaves, arrondis; les pétales en cœur renversé; une capsule dure, ligneuse, alongée, à cinq valves lancéolées. Cette plante croît à la Jamaïque, sur les hautes montagnes. (POIR.)

GORDYLION. (*Bot.*) Paulus Œgynete nomme ainsi le *tordylium*, plante ombellifère, suivant Dodoens. (J.)

GORÉ. (*Ichthyol.*) Voyez HYPOSTOME. (H. C.)

GORENDE. (*Erpét.*) Voyez GIARENDE. (H. C.)

GORENI-FÈRE (*Bot.*), nom hongrois de la cuscute, suivant Mentzel. (J.)

GORET (*Ichthyol.*), nom vulgaire d'un spare mal déterminé. (H. C.)

GORFOU. (*Ornith.*) Brisson a établi, sous le nom de *spheniscus*, le genre Manchot, qui ne comprend que deux espèces, et il en a formé, sous celui de *catarractes*, gorfou, un autre qui n'est consacré qu'au *phaeton demersus* de Linnæus. Gmelin a réuni, sous la dénomination d'*aptenodytes*, donnée d'abord par Forster, les différentes espèces qu'Illiger a aussi jugé convenable de ne point séparer. M. Cuvier, en conservant le nom d'*aptenodytes* au genre des manchots, l'a plus particulièrement appliqué aux manchots proprement dits, tels que le grand manchot, *aptenodytes patagonica*, Gmel., en formant des sections distinctes des gorfous, *catarractes*, Briss., quoique ce nom grec appartint anciennement à un oiseau fort différent, qui voloit très-bien, et se précipitoit de haut sur sa proie; et des sphénisques du même auteur. M. Vieillot, de son côté, a conservé le genre Manchot. et il en a formé un seul des gorfous et des sphénisques, sous la première de ces dénominations françoises, en leur appliquant en commun le nom d'*eudyptes*; et, comme la principale différence entre eux consiste dans la mandibule inférieure tronquée à l'extrémité chez les uns et arrondie chez les autres, on ne croit pas de telles variations suffisantes pour empêcher d'embrasser sous le même nom toute la famille des manchots, peu nombreuse d'ailleurs en espèces. (CH. D.)

GORGE, Faux. (*Bot.*) Orifice du tube de la corolle, du calice, etc. La gorge de la corolle est tantôt plus large que le tube (belle-de-nuit); tantôt plus resserrée (pervenche); tantôt circulaire (phlox); tantôt angulée (pervenche); tantôt nue (phlox); tantôt obstruée par des poils (thim), ou par des cils (*gentiana campestris*), ou par des bosses (cynoglosse), ou par des cornets (*symphytum tuberosum.*) (MASS.)

GORGE-BLANCHE. (*Ornith.*) Divers auteurs paroissent avoir désigné, par cette dénomination, la fauvette grise, *motacilla sylvia*, Linn. (CH. D.)

GORGE-BLEUE. (*Ornith.*) L'oiseau ainsi nommé est de la

famille des rubiettes de M. Cuvier : c'est le *motacilla suecica* , Linn. (Cʜ. D.)

GORGE-JAUNE. (*Ornith.*) On nomme ainsi le figuier aux joues noires ou fauvette trichas , *sylvia trichas* , Lath. (Cʜ. D.)

GORGE DE LION (*Bot.*) , un des noms vulgaires du muflier des jardins. (L. D.)

GORGE-NOIRE. (*Ornith.*) L'oiseau qu'on nomme ainsi est le rossignol de muraille , *motacilla phœnicurus*, Linn. (Cʜ. D.)

GORGE-NUE. (*Ornith.*) C'est la perdrix rouge d'Afrique, de Buffon, et le francolin à gorge nue, *tetrao nudicollis*, Gmel., et *perdrix nudicollis* , Linn. (Cʜ. D.)

GORGE DE PIGEON. (*Bot.*) Champignon de la famille des poivrés secs de Paulet. C'est l'*agaricus cyanoxanthos*, Scheff., tab. 93. Son chapeau se fait remarquer par le mélange de rouge, de bleu et de blanc, changeant comme celui de la gorge de pigeon. Ses feuillets sont jaunes. Cette espèce est représentée par Paulet, pl. 76 , fig. 25. Il la rapporte à l'*agaricus delicatulus* , Batsch , *Elench.* (Lᴇᴍ.)

GORGE-ROUGE. (*Ornith.*) Ce nom et celui de rougegorge appartiennent à l'espèce de becs-fins ou rubiettes qui est désignée par Linnæus sous le nom latin de *motacilla rubecula.* (Cʜ. D.)

GORGE-TRICOLORE. (*Ornith.*) L'oiseau que M. d'Azara, n.° 229 , a désigné sous ce nom, est un bec-fin faisant partie de ses *Queues aiguës.* (Cʜ. D.)

GORGÉE. (*Faucon.*) En parlant de la nourriture d'un oiseau de vol, on dit qu'il a pris une bonne gorgée, qu'on lui a donné une bonne gorgée. (Cʜ. D.)

GORGETTE. (*Ornith.*) Ce nom et celui de *gorgerette* désignent vulgairement la fauvette à tête noire , *motacilla atricapilla* , laquelle a la gorge blanche. (Cʜ. D.)

GORGINION (*Bot.*), un des noms anciens du panicaut ou chardon roulant, *eryngium*, suivant Ruellius. (J.)

GORGOLESTRO (*Bot.*), nom italien de la berle, *sium latifolium*, suivant Dodoens. Il est aussi donné au cresson, selon Tabernæmontanus. (J.)

GORGONE, *Gorgonia.* (*Zooph.*) Genre d'animaux zoophytes établi par Linnæus, et successivement de plus en plus circonscrit par les zoologistes modernes, pour des corps organisés dont la partie conservée dans les collections, autrefois rangée dans le règne végétal, étoit connue sous les noms de *litho-phytes, kcratophytes, lithoxytes*. La découverte de Peyssonell, faite sur le corail, fut promptement étendue aux gorgones ; et, depuis ce temps, ces deux genres ont toujours été dans la même famille, et en effet, il y a évidemment entre eux les plus grands rapports ; les polypes paroissent avoir tout-à-fait la même organisation : ils ont également la bouche entourée de huit tentacules pinnés, et tout leur corps est contenu et prolongé dans une sorte de chair ou de partie molle qui enveloppe ou entoure un axe central corné, composé de couches concentriques, élargi et fixé par son extrémité inférieure sur les corps sous-marins, et ramifié d'une manière très-irrégulière, ordinairement flabelliforme à la partie supérieure. Mais, ce en quoi les gorgones diffèrent essentiellement du corail, outre la nature de l'axe ou de la partie centrale, c'est que, par la dessiccation, l'enveloppe charnue se convertit en une sorte de croûte subéreuse plus ou moins épaisse, plus ou moins crétacée, ce qui doit porter à croire que, dans l'état frais, elle est moins molle, moins vivante, que dans le corail ; du reste, on a encore moins de détails un peu certains sur l'organisation des gorgones, que sur celle de ce dernier. Les polypes des gorgones sont ordinairement irrégulièrement épars sur la partie centrale ; mais, dans les espèces comprimées, ils forment constamment une série sur chaque bord tranchant. La tige ou la partie centrale offre encore beaucoup plus de variations : ainsi, outre qu'elle est quelquefois cylindrique ou comprimée, que son axe peut être noir, brun, plus ou moins clair, et même blond, elle peut n'être composée que d'une tige simple, ou d'une tige simplement ramifiée, ou enfin former une sorte de large éventail, par la manière extrêmement complexe dont les ramifications se sont anastomosées. Les gorgones vivent dans toutes les mers, surtout dans celles des pays chauds, et, à ce qu'il paroit, à des profondeurs considérables ; en effet, on en trouve qui ont plusieurs mètres de hauteur ; on en cite dont l'axe corné avoit plus de cinq centimètres de diamètre. On ne connoit en aucune manière la durée de la vie de ces singuliers zoophytes, ni leur mode d'accroissement. D'après ce qu'en dit Pallas, leur origine seroit presqu'entièrement semblable à celle du corail, puisqu'il rapporte que la gorgone commence par une papille étendue sur les corps sous-marins, et qu'elle n'est formée d'abord que de l'écorce dans laquelle se produit ensuite une lamelle cornée ; du centre de celle-ci s'élève peu à peu la tige qui reste simple, ou se ramifie différemment, suivant les espèces ; en sorte que, d'après ce célèbre observateur, l'axe proprement dit, vit, végète et s'accroît dans tous les sens, quoique les polypes ne soient vivans que vers les extrémités. Aussi trouve-t-on que l'écorce et les loges des polypes sont de plus en plus évidentes, à mesure qu'on s'approche davantage des extrémités. M. de Lamarck est d'une opinion tout-à-fait contraire à celle de Pallas, puisqu'il pense que l'axe des gorgones est une partie non vivante, exsudée, et non organisée. (Voyez Zoophytes, où nous discuterons cette manière de voir.)

Le nombre des espèces de ce genre est assez considérable. Pallas, le premier qui ait cherché à débrouiller le chaos des zoophytes dans son célèbre *Elenchus*, en caractérise trente et une espèces, qu'il partage en quatre sections, d'après leur forme réticulée, pinnée, simple ou rameuse. Gmelin, depuis la publication du grand ouvrage d'Ellis et Solander, en décrivit quarante et une ; mais il les entassa confusément, et y rangea le corail sous le nom de *gorgonia nobilis*. M. de Lamarck, d'abord dans les Annales du Muséum, et ensuite dans la seconde édition de ses Animaux sans vertèbres, porte ce nombre à quarante-huit, quoique le corail en soit séparé ; ainsi, sous ce rapport, il n'a pas cru devoir adopter les divisions génériques que M. Lamouroux a établies dans son Histoire des Polypiers flexibles, c'est-à-dire les genres Plexaure, Eunicée et Primnoa. (Voyez ces mots.)

On peut subdiviser les espèces de gorgones en deux sections principales, suivant que leur surface est hérissée d'espèces de papilles très-saillantes, que M. Lamouroux pense appartenir au corps des polypes lui-même, ou que cette surface est lisse ou presque lisse. La première division, que M. de Lamarck nomme les papillaires, correspond au genre Eunicée et Primnoa de M. Lamouroux ; elle est assez peu nombreuse : il n'en est pas de même de la seconde : aussi, pour s'y reconnoître, pourra-t-on la partager, comme Pallas, d'après la forme générale, en ayant d'abord égard à l'épaisseur de l'écorce. Les espèces dont l'écorce est extrêmement épaisse proportionément à l'axe, forment le genre PLEXAURE de M. Lamouroux. (Voyez ce mot.) Les autres, dont l'écorce est peu considérable, sont simples, pinnées, rameuses ou réticulées. Nous allons faire connoître les principales espèces de chaque section.

(a) *Espèces simples.*

1. La GORGONE JONC : *Gorgonia juncea*, Pall. ; Esp., Suppl., 2, tab. 52. Tige simple, ronde, fort longue, couverte d'une écorce ochracée, presque rouge, parsemée d'oscules nombreux un peu granuleux. Océan américain. Cette espèce a quelquefois plus d'un mètre de long.

2. La GORGONE ALONGÉE : *Gorgonia elongata*, Pallas; Esp., Suppl., 2, tab. 55. Très-élevée, à rameaux dichotomes, peu nombreux, très-droits; écorce rougeâtre, couverte de papilles disposées en quinconce. Cette espèce qui a quelquefois près de quatre pieds, vient de la Mer atlantique et septentrionale.

3. La GORGONE SÉTACÉE; *Gorgonia setacea*, Pallas. Simple, roide; axe noir, sétacé, couvert d'une écorce épaisse, calcaire, blanche, avec des pores oblongs peu saillans.

4. La GORGONE MONILIFORME; *Gorgonia moniliformis*, Lamck. Simple, filiforme, couverte d'une écorce blanche fort mince, avec des cellules éparses, saillantes, turbinées. Des mers de la Nouvelle-Hollande : par MM. Péron et Lesueur.

5. La GORGONE QUEUE-DE-SOURIS ; *Gorgonia myura*, Lamck. Simple, filiforme, blanche, avec des papilles alongées, saillantes, presque sur deux rangs. Patrie inconnue.

(b) *Espèces flabellées ou pinnées.*

6. La GORGONE PINNÉE : *Gorgonia pinnata*, Pallas; Esp., 2, tab. 17; et Soland. et Ellis. tab. 14, fig. 3. Rameuse, pinnée; les pinnules très-fines, très-nombreuses ; axe corné, brunâtre; écorce épaisse; les pores disposés par série de chaque côté. De l'océan des Antilles.

M. de Lamarck rapporte à cette espèce les *gorgonia acerosa* et *sanguinolenta* de Pallas.

7. La GORGONE VIOLETTE : *Gorgonia violacea*, Pallas: Esp., 2, tab. 12. Rameuse, les rameaux nombreux sur un même plan :

axe corné, flexible; écorce violette, dans laquelle sont percés les pores disposés en quatre séries longitudinales. Espèce commune des mers d'Amérique.

8. La Gorgone écarlate : *Gorgonia flammea*, Pall.; Sol. et Ell., 80, tab. 11. Espèce dont les rameaux nombreux, ainsi que la tige, sont comprimés; l'écorce d'un beau rouge, et les pores petits, épars et superficiels. De l'Océan indien et du Cap.

9. La Gorgone piquetée : *Gorgonia petechizans*, Pall.; Esp., 2, p. 53, tab. 13. A peu près de même forme que la précédente; mais l'écorce jaune, avec les pores submarginaux, sériaux et pourpres. Océan atlantique, mers d'Afrique.

10. La Gorgone verruqueuse : *Gorgonia verrucosa*, Linn.; Seba, *Mus.*, 3, t. 306, n.° 3. Rameaux peu nombreux, ronds, flexueux, portant des espèces de verrues dans une écorce blanche. De la Méditerranée et de l'Océan indien.

11. La Gorgone granifère; *Gorgonia granifera*, Lamck. Très-rameuse, fort aplatie; les rameaux flexueux, prolifères, un peu coalescens et portant des grains; écorce blanche. Océan indien.

12. La Gorgone couronnée: *Gorgonia placomus*, Pall.; Ell., *Corall.*, tab. 27, fig. a, A, 1, 2, 3. Assez petite espèce de nos mers, rameuse, aplatie, roide; les rameaux arrondis, couverts de verrues nombreuses, éparses.

Ellis, qui l'a trouvée dans les mers d'Angleterre, a donné des détails intéressans sur cette espèce.

13. La Gorgone lache; *Gorgonia laxa*, Lamck. Rameaux assez peu nombreux, subdéprimés, lisses; ramuscules nombreux, courbés, avec des pores submarginaux en série. Patrie inconnue.

14. La Gorgone rose ; *Gorgonia rosea*, Lamck. Rameaux subdichotomes, disposés sur un seul plan, subpinnés; ramuscules ronds, inégaux, ascendans; écorce rose, dans laquelle sont percés des pores oblongs, subsériaux. Méditerranée et Océan atlantique.

15. La Gorgone porte-sillon; *Gorgonia sulcifera*, Lamck. Espèce rameuse, plane, très-élevée, dont la tige et les rameaux offrent un sillon dans toute leur longueur; écorce mince, d'un jaune rougeâtre; verrues à peine sensibles. Océan indien.

(c) Espèces rameuses et non aplaties.

16. La Gorgone fourchue; *Gorgonia furcata*, Lamck. Très-petite espèce, rameuse, dichotome; à rameaux arrondis, courbes; écorce blanche, à pores peu visibles. Méditerranée.

17. La Gorgone gladiée : *Gorgonia anceps*, Pall. ; Esp., 2, tab. 7. Rameuse, subdichotome; rameaux comprimés, tranchans sur les bords où sont percés les pores. Mers d'Amérique et d'Angleterre.

18. La Gorgone citrine : *Gorgonia citrina*, Pall.; Esp., 2, tab. 38. Petite, très-rameuse; les rameaux à peine comprimés, granuleux; écorce d'un jaune blanchâtre. Océan américain ?

19. La Gorgone sanguine; *Gorgonia sanguinea*, Lamck. Rameuse; les rameaux droits, grêles, sétacés; écorce pourpre, avec les pores oblongs et subsériaux. Patrie ?

20. La Gorgone graminée; *Gorgonia viminalis*, Esp., 2, tab. 11. A rameaux grêles, droits, subfasciculés; à écorce blanche, parsemée de pores oblongs. Méditerranée.

21. La Gorgone penchée : *Gorgonia homomalla*, Esp., 2, tab. 29. Très-rameuse; rameaux ronds, dichotomes, verticaux; écorce épaisse, à pores assez grands et épais. Mers d'Amérique.

22. La Gorgone vermoulue : *Gorgonia vermiculata*, Lamck.; *Gorgonia porosa*, Esp., tab. 10. Rameuse, dichotome; rameaux droits, longs, ronds; écorce épaisse, parsemée d'un grand nombre d'oscules ronds et très-nombreux. Océan indien ?

23. La Gorgone sarmenteuse; *Gorgonia sarmentosa*, Esp., 2, tab. 21. Rameuse; les rameaux, minces, ronds, sillonnés, formant une espèce de panicule; écorce mince, rougeâtre, à pores assez grands, subsériaux. Méditerranée ?

24. La Gorgone alongée : *Gorgonia elongata*, Pall.; Esp., Suppl., 2, tab. 55. Dichotome, très-élevée; les rameaux en forme de série; écorce rouge; cellules papillaires, imbriquées. Océan atlantique.

(d) Espèces réticulées ou subréticulées.

25. La Gorgone flexueuse : *Gorgonia flexuosa*, Lamck.; Esp., Suppl., 1, pag. 161, tab. 44. Espèce très-rameuse, flabellée; les rameaux et les ramuscules dichotomes, flexueux, noueux,

se répandant en réseau ; écorce orangée, assez épaisse. Océan
Indien ?

26. La GORGONE SERRÉE ; *Gorgonia stricta*, Lamck. Très-rameuse, subréticulée, de couleur rouge ; rameaux nombreux,
étroits, couverts, ainsi que les ramuscules courts et étalés,
de petits grains nombreux. Patrie ?

27. La GORGONE TUBERCULÉE; *Gorgonia tuberculata*, Esp., 2,
tab. 37, fig. 2. Rameuse, flabellée, subréticulée ; les rameaux tortueux, souvent réunis, couverts de tubercules épars
et inégaux.

Méditerranée et île de Corse.

28. La GORGONE RAQUETTE : *Gorgonia retellum*, Lamck.; Esp.,
Suppl., 1, t. 41 ? Très-aplatie, rameuse, subréticulée ; les
ramuscules courts, subtransverses; écorce blanche, granulée.
Océan indien ?

29. La GORGONE UMBRACULE ; *Gorgonia umbraculum*, Soland.,
Ellis, pag. 80, tab. 10. De même forme que la précédente;
mais les ramuscules très-nombreux et de couleur rouge.
Océan de l'Inde, de la Chine.

30. La GORGONE A FILETS ; *Gorgonia reticulata*, Soland., Ellis, tab. 17. Espèce très-ample, très-rameuse ; les rameaux se
réunissant en forme de réseau, et couverts d'une écorce
blanche, avec des pores verruqueux, épars. C'est une des
plus grandes espèces de ce genre, et elle habite les mers de
l'Inde.

31. La GORGONE A RÉSEAU : *Gorgonia reticulum*, Pall. ; Esp.,
2, tab. 1. Espèce encore très-rameuse, en réseau, entièrement indivise; l'écorce rouge, à peine granulée. M. de Lamarck rapporte à cette espèce le *gorgonia clathrus* de Pallas,
provenant également de l'Océan indien.

32. La GORGONE ÉVENTAIL : *Gorgonia flabellum*, Pall.; Ellis,
Corall., tab. 26, fig. A. Espèce encore très-rameuse, très-
réticulée, comme la précédente, mais dont les rameaux sont
comprimés. C'est une espèce fort commune dans les collections, et qui paroît provenir de presque toutes les mers.
Ellis, l. c,, a donné des détails intéressans sur sa structure.

GORGONE. (*Foss.*) On voit dans l'ouvrage de Knorr sur
les Fossiles, pag. 2, pl. F, vii, 6 *, la figure d'une empreinte
de ce genre de polypiers, auquel l'auteur donne le nom de

kératophite en réseau. Ce morceau a neuf pouces de largeur
sur six pouces de hauteur : j'ignore où il a été trouvé.

L'axe central des gorgones, étant d'une nature cornée, à
peu près semblable à celle des entre-nœuds des isis, n'a pas
été plus propre à se conserver que ces derniers, qui manquent
dans les isis que l'on trouve à l'état fossile. C'est sans doute pa‑
cette raison qu'on en trouve si rarement, à moins que l'on ne
suppose que ces polypiers étoient beaucoup plus rares autre‑
fois qu'ils ne le sont aujourd'hui. (**D. F.**)

GORGONIÉES, *Gorgonieæ.* (*Zooph.*) Dénomination sous
laquelle M. Lamouroux, dans son Hist. nat. du Polyp. flex.,
p. 363, désigne une petite famille de polypiers qui contient
les espèces composées d'un axe de nature différente, mais
non articulé, entouré d'une substance corticale dans laquelle
sont les polypes, et par conséquent les genres ANTIPATHE, GOR‑
CONE et CORAIL de la plupart des zoologistes, et quelques sub‑
divisions qu'il a cru devoir introduire dans les gorgones. Cette
famille correspond en grande partie à celle des POLYPIERS COR‑
TICIFÈRES de M. de Lamarck et à notre ordre des CORALLAIRES.
(**DE B.**)

GORGONION (*Bot.*), un des noms grecs donnés, suivant
Dodoens, au gremil, *lithospermum.* (**J.**)

GORGONOCÉPHALE, *Gorgonocephalus.* (*Echinoderm.*)
M. Leach a proposé ce nom pour le genre de Stellérides que
M. de Lamarck a nommé depuis EURIALE. Voyez ce mot. (**DE B.**)

GORITA (*Bot.*), nom malais de *l'ubium polypodioides* de
Rumph, dont Loureiro fait un genre sous le nom de *stemona.*
Il appartient aux asparaginées, et a le port d'un igname ; mais
il en diffère par plusieurs caractères, et principalement par
son fruit qui est une baie dégagée du calice. (**J.**)

GORITAS. (*Ornith.*) L'oiseau, qui est désigné sous ce nom
par Ovide, est le pigeon à la couronne blanche de Florance,
Jam., p. 303, pl. 261, fig. 2, et de Catesby, Hist. de la Carol.,
tom. 1, pag. 25, pl. 25. (**CH. D.**)

GORKIME (*Ichthyol.*), un des noms norwégiens de l'able
aphye, *cyprinus aphya*, Gmel. Voyez ABLE, dans le Supplé‑
ment du premier volume de ce Dictionnaire. (**H. C.**)

GORKYTTE. (*Ichthyol.*) Voyez GORKIME. (**H. C.**)

GORLOIE. (*Ichthyol.*) Voyez GORKIME. (**H. C.**)

GORMADERA (*Bot.*), nom espagnol de la clématite, suivant Dodoens. (J.)

GORNOLOBO (*Bot.*), nom espagnol du bouillon blanc ou moléne, suivant Mentzel. (J.)

GORNOSTAI (*Mamm.*), nom polonois de l'ermine. (F. C.)

GORO. (*Ichthyol.*) A Nice, suivant M. Risso, l'on donne ce nom au spare osbeck, de M. de Lacépède. Voyez l'ICAREL et SPARE. (H. C.)

GORP (*Ornith.*), nom languedocien du corbeau. (Ch. D.)

GORQUADD (*Ichthyol.*), un des noms suédois de l'épinoche commune. *gasterosteus aculeatus.* Voyez GASTÉROSTÉE. (H. C.)

GORRION (*Ornith.*), nom qui, suivant Gesner, est donné par les Espagnols au moineau domestique, *fringilla domestica*, Linn. (Ch. D.)

GORTÉRIE, *Gorteria.* (*Bot.*) [*Corymbifères*, Juss. ; *Syngénésie polygamie frustranée*, Linn.] Ce genre de plantes, établi par Linnæus, et dédié au botaniste Gorter, appartient à la famille des synanthérées, à notre tribu naturelle des arctotidées, et à la section des arctotidées-gortériées. dans laquelle nous le plaçons immédiatement auprès de notre nouveau genre *Hirpicium*, qui n'en diffère essentiellement que par la présence d'une véritable aigrette.

Dans la troisième édition des *Species Plantarum* de Linnæus, nous trouvons cinq espèces rapportées au genre *Gorteria*. La première, nommée *gorteria personata*, doit certainement être considérée comme le véritable type du genre : en effet, le placement d'une espèce à la tête d'un genre est presque toujours, dans l'ouvrage de Linnæus, un indice infaillible, que c'est principalement et souvent uniquement sur cette espèce, que l'auteur a étudié les caractères génériques. Il est à regretter que cette remarque soit négligée par les botanistes modernes, qui divisent les genres linnéens en plusieurs genres nouveaux, et qui trop souvent donnent un nouveau nom à l'espèce primitive du genre, en même temps qu'ils conservent le nom ancien à quelque autre espèce admise postérieurement dans ce genre, ou qui ne présente pas les caractères assignés à ce même genre par Linnæus. Indépendamment de ce que le *gorteria personata* se trouve placé à la tête du genre, il suffit de lire, dans les *Genera Plantarum* de Linnæus, les caractères du genre *Gorteria* , pour se convaincre que l'auteur n'a observé et décrit que ceux de cette première espèce. Gærtner a donc eu parfaitement raison de conserver à cette seule espèce le nom de *gorteria :* M. de Lamarck, au contraire, a eu grand tort de lui donner le nouveau nom générique de *personaria*, dans ses *Illustrationes Generum* , où il a consacré mal à propos le nom de *gorteria* à l'*apuleia* de Gærtner. La seconde espèce linnéenne de *gorteria*, nommée *rigens*, diffère génériquement de la première, par la présence d'une véritable aigrette, et par la nature des squames du péricline : c'est pourquoi nous en avons fait un genre distinct que nous avons nommé *melanchrysum*, et que plusieurs botanistes, tels que M. Robert Brown, M. Persoon, et peut-être M. de Lamarck, confondent très-mal à propos avec le *gazania* de Gærtner, qui est le même genre que le *mussinia* de Willdenow (voyez notre article GAZANIA). Les troisième et quatrième espèces linnéennes de *gorteria*, nommées *squarrosa* et *ciliaris*, appartiennent au genre *cullumia* de M. R. Brown, qui se distingue du vrai *gorteria* en ce que les ovaires sont glabres, et du *melanchrysum* en ce que les ovaires sont glabres et inaigrettés. Enfin, la cinquième espèce, nommée *gorteria fruticosa*, appartient au genre *Berckheya* d'Ehrhart, que d'autres botanistes ont nommé *crocodilodes* , *bastera*, *agriphyllum* , *rohria* , *apuleia;* ce genre diffère des *gorteria* et *cullumia* par la présence d'une aigrette , et du *melanchrysum* par la nature de cette aigrette et par celle des squames du péricline.

Depuis la troisième édition des *Species Plantarum* de Linnæus, beaucoup d'autres espèces ont été rapportées au genre *Gorteria;* mais il est fort douteux qu'aucune d'elles offre les mêmes caractères génériques que le *gorteria personata*, et il est très-certain que la plupart appartiennent à des genres différens. Ainsi nous croyons que jusqu'à présent le vrai genre *Gorteria* se réduit à une seule espèce, dont nous allons décrire les caractères génériques d'après Gærtner, et les caractères spécifiques d'après Linnæus; car nous n'avons pas pu observer nous-même cette plante.

La calathide est radiée, composée d'un disque pluriflore, régulariflore, androgyniflore extérieurement, masculiflore intérieurement, et d'une couronne unisériée, liguliflore, neutriflore. Le péricline est ovoïde, piécoléphie, formé de squames nombreuses , multisériées , régulièrement imbriquées, entre-greffées inférieurement, libres supérieurement, sétacées, droites, roides , spinescentes au sommet. Le clinanthe , qui est plane , est fovéolé sous les fleurs hermaphrodites , et garni à la base des fleurs mâles, de fimbrilles courtes, sétacées, roides. Les ovaires sont obovoïdes, et revêtus , surtout en leur partie supérieure , de poils crépus, laineux ou soyeux ; il n'y a point de véritable aigrette. Les faux-ovaires des fleurs mâles sont demi-avortés.

GORTÉRIE A TÊTES DE BARDANE ; *Gorteria personata* , Linn. C'est une plante herbacée, annuelle, qui habite le cap de Bonne-Espérance, comme toutes les autres plantes de la tribu des arctotidées. Ses tiges , longues d'environ six pouces, sont dressées , peu rameuses, cylindracées, poilues : les feuilles sont alternes, sessiles, étroites-lancéolées , hispides, à face supérieure verte , à face inférieure cotonneuse et blanche ; les plus grandes ordinairement sinuées ou divisées de chaque côté par deux incisions profondes ; les autres feuilles entières : les calathides sont solitaires au sommet des tiges et des rameaux ; les squames de leur péricline sont hispides ; leur disque est jaune ; leur couronne est de la même couleur, mais avec une teinte bleue à la base et en dessous. Cette plante offre un petit phénomène assez remarquable : à l'époque de la maturité, le péricline se détache , et tombe avec les fruits qu'il contient , et qui n'auroient pu que bien difficilement en sortir, parce que son orifice est très-étroit ; il y a au plus, dans chaque péricline, cinq fruits fertiles , et souvent moins ; celui dont la graine germe la première , fait avorter les autres en les étouffant : la radicule perce le clinanthe , et semble se souder avec lui , de sorte que la nouvelle plante continue à porter sur sa racine le péricline de la plante-mère. Il n'est pas inutile de faire observer que le *didella* , qui est aussi une arctotidée-gortériée, offre un phénomène à peu près analogue, avec cette différence que le péricline et son clinanthe se partagent en trois portions, et que les fruits sont étroitement renfermés , non dans le péricline , mais dans les alvéoles du clinanthe. Le *gorteria* et le *didelta* méritent d'être cités parmi les nombreux exemples qui attestent l'admirable prévoyance de l'auteur de la nature dans le mode si varié de la dissémination des graines des végétaux. (H. Cass.)

GORTÉRIÉES, *Gorterieæ*. (*Bot.*) La sixième des vingt tribus naturelles que nous avons établies dans la famille des synanthérées, et qui comprennent tous les genres de cette immense famille, est celle des arctotidées. Nous avons subdivisé cette tribu en deux sections nommées arctotidées-prototypes et arctotidées-gortériées. La première, caractérisée par le péricline chorisolépide, ou formé de squames entièrement libres, comprend les genres *Arctotheca*, Wendl.; *Arctotis*, Linn.; *Cryptostemma*, R. Br.; *Damatris*, H. Cass.; *Heterolepis*, H. Cass. La seconde, caractérisée par le péricline plécolépide, ou formé de squames entre-greffées en tout ou partie, comprend les genres *Berckheya*, Ehrh.; *Cullumia*, R. Br.; *Cuspidia*, Gærtn.; *Didelta*, L'hér.; *Evopis*, H. Cass.; *Favonium*, Gœrtn.; *Gazania*, Gærtn.; *Gorteria*, Linn.; *Hirpicium*. H. Cass.; *Ictinus*, H. Cass.; *Melanchrysum*, H. Cass. On pourra nous demander pourquoi nous attribuons à la section des arctotidées-gortériées, l'*evopis*, dont le péricline est formé de pièces entièrement libres : c'est que nous avons tout lieu de croire que les pièces du péricline de l'*evopis* ne sont que les appendices des vraies squames qui sont totalement avortées, et qui seroient infailliblement entre-greffées, si elles existoient. Les analogies sur lesquelles nous fondons cette hypothèse paradoxale, nous inspirent une très-grande confiance. En tout cas, l'*evopis* doit être placé sur la limite des deux sections, dans l'ordre méthodique : mais ici nous avons énuméré les genres suivant l'ordre alphabétique. (H. Cass.)

GO-RUCK. (*Ornith.*) Abréviation faite par MM. Audebert et Vieillot, tom. 2 des Oiseaux dorés, pag. 126, du nom d'un grimpereau de la Nouvelle-Galles méridionale, représenté pl. 88 de cet ouvrage, et que les naturels appellent *googwar'ruck*. Le dernier de ces auteurs en a, depuis, fait son polochion go-ruck, *philemon chrysopterus*. (Ch. D.)

GORYTES. (*Entom.*) M. Latreille appelle ainsi un genre d'insectes hyménoptères, de la famille des anthophiles, formé de la réunion de quelques espèces de mellines de Fabricius et des arpactes de M. Jurine ; M. Latreille ne connoît pas leurs métamorphoses. (C. D.)

GOS-BAWK (*Ornith.*), nom anglois de l'autour, *falco palumbarius et gallinarius.* (Ch. D.)

GOSE. (*Ornith.*) Voyez Goose. (Ch. D.)

GOSREAL. (*Ornith.*) Voyez Gabon. (Ch D.)

GOSSAMPINUS. (*Bot.*) Pline parle de quelques arbres, *arbores gossampini,* existant dans l'île de Tylo, qui fournissent un duvet dont on fabrique du linge et des vêtemens plus fins que ceux de l'Inde. Bontius et Rumph pensent que cette indication peut s'appliquer à une espèce de fromager, *bombax pentandrum,* commun dans l'île de Java, dont le fruit oblong renferme, comme celui du cotonnier, un duvet moins blanc, mais plus fin. S'il se trouve dans quelques parties de l'Asie, on pourroit également le rencontrer dans le golfe Persique où est située l'île de Tylo, qui est nommée *Baryn* par Rumph, et *Bahrein* par le géographe Lacroix. (J.)

GOSSON. (*Conchyl.*) Adans., Sénég., pag. 4, pl. 1. Espèce de bulle, *bulla ampulla,* Linn.

GOSSYPIUM. (*Bot.*) Voyez Cotonnier. (Poir.)

GOSTURDUS. (*Ornith.*) Ce nom et celui de *cuzardus* sont rapportés par Gesner à l'alouette huppée ou cochevis, *alauda cristata,* Linn. (Ch. D.)

GOTHOFREDA. (*Bot.*) Genre de plantes dicotylédones, à fleurs complètes, monopétalées, de la famille des apocynées, de la *pentandrie digynie* de Linnæus, offrant pour caractère essentiel : Un calice à cinq divisions ; une corolle à tube court ; le limbe à cinq découpures très-longues, en lanières ; un appendice en couronne, inséré au sommet du tube des filamens, à cinq folioles charnues ; cinq étamines ; les anthères terminées par une membrane ; deux ovaires supérieurs ; deux styles cylindriques ; les stigmates obtus, légèrement adhérens à une gaîne charnue, à deux découpures subulées, recouvrant le pistil. Le fruit consiste en deux follicules.

Gothofreda a feuilles en cœur : *Gothofreda cordifolia,* Ventenat, Choix de Plantes, tab. 60. Arbrisseau à tiges grimpantes, rameuses, hérissées de poils courts : les feuilles sont opposées, pétiolées, ovales en cœur, longues de trois pouces, tomenteuses, très-entières ; des glandes solitaires à la base des pétioles. Les fleurs sont disposées en grappes axillaires et terminales, peu garnies ; les pédicelles pileux, inclinés, accompagnés de bractées très-courtes, lancéolées, tomenteuses; les divisions du calice lancéolées-aiguës, persistantes; la corolle blanche; le tube de la longueur du calice; les découpures du limbe longues, très-étroites, aiguës, flexueuses; l'appendice de la longueur du tube, à cinq écailles munies à leur base de deux glandes; les filamens réunis à leur base en un corps charnu, sur lequel s'élèvent cinq anthères lancéolées, adhérentes par leurs bords, munies sur les côtés d'un appendice prolongé et concave, à deux loges, formant par leur ensemble un tube cylindrique; cinq tubercules insérés au milieu de la gaîne qui recouvre le pistil, alternes avec les anthères, creusés d'un sillon, munis à leur base de deux filamens très-courts, auxquels sont suspendus par leur milieu deux corpuscules acuminés au-dessus de leur point d'attache, conformés en dessous en une masse de pollen agglutiné, et qui s'insinuent chacun dans une des loges des anthères voisines. Le pistil est recouvert d'une gaîne presque charnue, très-distincte du tube des étamines, à deux découpures subulées. Cette plante croît dans la Nouvelle-Espagne, à *Santa-Fé de Bogota*.

GOTHOFREDA DES RIVAGES : *Gothofreda riparia*, Poir.; *Oxipetalum riparium*, Kunth, *in* Humb. *et* Bonpl. *Nov. Gen.*, 5, pag. 197, tab. 231. Arbrisseau à tige grimpante, très-rameuse; des bords du fleuve Mayo, dans la Nouvelle-Grenade. Ses rameaux sont opposés, striés, pubescens dans leur jeunesse; les feuilles ovales en cœur, acuminées, très-entières, légèrement pubescentes à leurs deux faces, plus pâles en dessous, longues d'un pouce et demi; les pédoncules pubescens, axillaires, solitaires, chargés de deux ou trois fleurs pédicellées, en ombelle, munis à leur base de petites bractées linéaires; le calice pubescent; la corolle blanchâtre, pubescente; les découpures du limbe ovales, rétrécies vers leur sommet en une longue lanière. (POIR.)

GOTIM. (*Bot.*) Espèce de myrobolan de Cambaye, cité par Clusius, qui, selon lui, paroît être le même que le myrobolan bellirique. (J.)

GOTN. (*Bot.*), nom arabe, suivant Forskal, de son *phaseolus palmatus*, qui, au rapport de Vahl, est le *phaseolus aconitifolius* de Linnæus fils. (J.)

GOTTA. (*Bot.*) C. Bauhin distingue sous ce nom deux espèces de plantes : l'une, *gotne rubrum*, qu'il rapporte au *psyl-lium*; l'autre, *gotne album*, dont il fait un *plantago*. (J.)

GOTNEMSEGIAR. (*Bot.*) Le coton en arbre, *gossypium ar-boreum*, porte ce nom dans l'Egypte, suivant Prosper Alpin. (J.)

GO-TOO. (*Bot.*) Voyez GIRI. (J.)

GOTTINGA (*Bot.*), nom brame du tani des Malabares, cité par Rhéede, et non mentionné par les botanistes mo-dernes, excepté par Adanson, qui le confond avec le myrobo-lan bellirique dont il paroit différer. (J.)

GOUACHE. (*Ornith.*) L'oiseau auquel Belon (Portraits d'Oiseaux, pag. 62) applique cet ancien nom, est la perdrix grise, *tetrao cinereus*, Linn. (CH. D.)

GOUALETTE. (*Ornith.*) Suivant M. Guillemeau (Essai sur l'Histoire naturelle des oiseaux du département des Deux-Sèvres, pag. 131 et 232), c'est un des noms vulgaires de la mouette tachetée, *larus tridactylus*, ainsi que de la grande mouette cendrée, *larus canus*, Linn., que quelques uns ap-pellent aussi *goualand*. (CH. D.)

GOUAN. (*Ornith.*) Voyez GUAN. (CH. D.)

GOUANDOU. (*Mamm.*) Voyez COENDOU. (F. C.)

GOUANE, *Gouania*. (*Bot.*) Genre de plantes dicotylé-dones, à fleurs complètes, quelquefois polygames, de la fa-mille des rhamnées, de la *pentandrie monogynie* de Linnæus, offrant pour caractère essentiel : Un calice turbiné, à cinq divisions caduques, muni intérieurement d'un disque mem-braneux, à cinq découpures opposées à celles du calice ; cinq écailles, que quelques auteurs considèrent comme autant de pétales, recouvrant chacune une étamine ; un ovaire infé-rieur; un style; trois stigmates. Le fruit est une capsule tri-gone, à trois ailes, à trois loges qui se séparent en trois coques monospermes.

Ce genre comprend des arbrisseaux sarmenteux, garnis de vrilles à l'extrémité des rameaux, à feuilles simples, al-ternes, accompagnées de stipules ; les fleurs petites, la plu-part hermaphrodites, quelques unes dépourvues de pistil. On en cultive quelques espèces au Jardin du Roi : elles ont peu d'agrément ; elles exigent une terre substantielle, et la serre chaude dans l'hiver. Il faut les changer de pots tous les ans au printemps. Pendant l'été on les place contre un mur à l'exposition du midi ; on leur donne de fréquens arrosemens : elles ne peuvent se multiplier que de graines tirées de leur pays natal ; on ne peut obtenir de racines des marcottes et des boutures.

GOUANE DE SAINT-DOMINGUE : *Gouania domingensis*, Jacq. , *Amer.*, tab. 179, fig. 40, et *Icon. pict.*, tab. 264, fig. 96 ; Pluk. , *Almag.*, tab. 201, fig. 4, et tab. 162, fig. 3 ; vulgairement Liane brûlée. Leurs tiges sont ligneuses, sarmenteuses, terminées par des rameaux grêles , verdâtres, avec une vrille simple à leur sommet, garnis de feuilles ovales-oblongues , acuminées, dentées en scie, glabres à leurs deux faces, longues d'environ deux pouces ; les pétioles courts, canaliculés : les stipules petites, linéaires, subulées ; les fleurs naissent en petites grappes terminales. garnies d'une ou de deux bractées. Cette plante croît dans les bois à l'île de Saint-Domingue. Le *gouania tomentosa* , Jacq., *Amer.*, 63 , se distingue par ses feuilles molles, tomenteuses en dessous, ovales, arrondies, acuminées, à dentelures obtuses.

GOUANE DE BOURBON : *Gouania mauritiana*, Lamk. , Encycl., n.° 2 ; *Gouania incisa*, Willd., *Spec.*, 4 , pag. 1000. Espèce originaire des îles de France et de Bourbon , dont toutes les parties sont recouvertes d'un duvet cotonneux et roussâtre. Ses tiges sont grimpantes ; ses rameaux striés, garnis de feuilles pétiolées, presque en cœur, aiguës, dentées en scie inégalement, presque incisées. Les fleurs sont disposées en grappes terminales, très-veloutées, d'un roux brun ; les capsules munies de trois ailes arrondies, minces et membraneuses.

GOUANE CRÉNELÉE ; *Gouania crenata*, Lamk. , Encycl. , n.° 3. Cette plante, très-rapprochée du *gouania tomentosa*, Jacq. , a ses rameaux grêles, velus, grimpans, munis de vrilles simples, axillaires et terminales, garnis de feuilles d'un vert pâle, ovales - aiguës, crénelées, légèrement velues, longues de quatre pouces ; les pétioles très-courts, hérissés, ainsi que le sommet de la plante ; les stipules petites, lancéolées. On la soupçonne originaire de l'Amérique méridionale.

GOUANE A FEUILLES DE TILLEUL : *Gouania tiliæfolia*, Lamk., Encycl. , n.° 4 : Roxb. , *Corom.*, tab. 98. Plante originaire des Indes et de l'île Bourbon, dont les rameaux sont ligneux, un

peu velus à leur sommet, garnis de feuilles en cœur, acuminées, glabres à leurs deux faces, lâchement dentées, veinées
en dessous avec de petits points tuberculeux. Les fleurs sont
nombreuses, petites, pédicellées, disposées en grappes solitaires, terminales ; les pédoncules velus ; les pédicelles courts,
fasciculés ; les capsules à trois angles épais, non membraneux.

GOUANE A FEUILLES ENTIÈRES ; *Gouania integrifolia*, Lamk., Encycl., n.° 3. Cette espèce, très-rapprochée du *gouania domingensis*, en diffère par ses feuilles toutes très-entières : sa tige
est ligneuse, divisée en rameaux glabres, sarmenteux, à peine
striés ; les plus jeunes un peu pubescens, terminés en une
vrille simple ; les feuilles glabres, ovales, très-entières, vertes
en dessus, plus pâles en dessous ; les pétioles un peu velus ;
les stipules fort petites. Cette plante est cultivée au Jardin
du Roi : on ignore encore son lieu natal.

GOUANE PUBESCENTE : *Gouania pubescens*, Poir., Encycl. Sup.,
n.° 6 ; Lamk., *Ill. gen.*, tab. 843, fig. 1. Plante de l'île de
Saint-Domingue, dont les rameaux sont cylindriques, légèrement velus, garnis de feuilles un peu molles, pubescentes,
ovales, longues de deux pouces, crénelées, un peu aiguës ;
les supérieures presque sessiles. Les grappes sont grêles, alongées, terminales, quelques unes axillaires, formant par leur
ensemble une panicule étalée, soutenant des fleurs presque
sessiles, réunies par petits paquets un peu distans. Le calice
est glabre ; la corolle fort petite, composée de cinq pétales
en forme d'écailles roulées en cornet, recouvrant chacune
une étamine. (POIR.)

GOUARÉ, *Guarea*. (*Bot.*) Genre de plantes dicotylédones,
à fleurs complètes, polypétalées, régulières, de la famille
des méliacées, de l'*octandrie monogynie* de Linnæus, offrant
pour caractère essentiel : Un calice très-petit, à quatre dents :
quatre pétales beaucoup plus longs que le calice ; un tube
oblong, entier, presque cylindrique, qui entoure le pistil,
et qui porte à son bord intérieur huit étamines sessiles ; un
ovaire supérieur, surmonté d'un style simple et d'un stigmate
en tête. Le fruit est une capsule globuleuse, à quatre loges,
quatre valves épaisses, un peu charnues, contenant chacune une semence arillée.

Gouaré trichilioïde : *Guarea trichilioides*, Linn., **Mant.** ;
Lamk., *Ill.*, tab. 301 ; Cavan., *Diss.*, 7, tab. 210 ; *Meliagua-*
rea, Jacq., *Amer.*, tab. 176, fig. 37 : vulgairement le Bois
rouge, le Bois à balle. Arbre, qui s'élève à la hauteur d'environ vingt-cinq pieds : ses feuilles sont longuement pétiolées,
alternes, ailées avec impaire, composées d'environ onze folioles opposées, médiocrement pédicellées, glabres, ovales-
lancéolées, entières ; le pétiole commun, long d'environ un
pied. Les fleurs sont petites, blanchâtres, inodores, disposées
en grappes axillaires, un peu ramifiées, longues d'environ six
pouces ; le calice d'une seule pièce, court, ouvert ; les pétales veloutés ou cotonneux en dehors, linéaires, deux et trois
fois plus longs que le calice ; le tube de la longueur des pétales ; l'ovaire globuleux, un peu saillant. Cette plante croît
à l'île de Cuba, à la Jamaïque, à Cayenne, etc. Le suc que
l'on retire de l'écorce de cet arbre, est un purgatif et un violent vomitif. La décoction de l'écorce produit le même effet,
mais avec moins de violence.

Gouaré a bouquets : *Guarea ramifolia*, Vent., Choix de Plant.,
tab. 41. Arbre découvert par Riedlé à Porto-Ricco : il est de
moyenne grandeur, et porte à son sommet une cime touffue,
composée de rameaux nombreux, étalés, de couleur cendrée.
Les feuilles sont pétiolées, composées d'environ deux paires
de folioles opposées, pédicellées, ovales-lancéolées, entières,
longuement acuminées, luisantes, glabres à leurs deux faces,
parsemées de quelques poils rares sur leurs nervures. Les
fleurs sont presque sessiles, d'un blanc lavé de rose, réunies
en bouquets le long des branches, accompagnées de bractées
ovales, arrondies, très-velues ; le calice fort petit, pileux,
coloré, à quatre dents ; les pétales ovales, oblongs, recourbés
en dehors ; les capsules roussâtres, glabres, coriaces, globuleuses, à quatre loges monospermes. Le *guarea obtusifolia*,
Lamk., Dict., n.° 2, est le *portesia ovata* de Cavanilles. (Poir.)

GOUARIBA. (*Mamm.*) Voyez Guariba. (F. C.)

GOUARONA. (*Ornith.*) Ce courlis du Brésil, dont le nom
s'écrit aussi *guarona*, est le *scolopax guarauna* de Linnæus,
et le *numenius guarauna* de Latham. Il a beaucoup de rapport avec le curucau à cou varié de M. d'Azara, n.° 364.
(Ch. D.)

GOUAROUBA. (*Ornith.*) Cet oiseau , qui correspond au *qui juba tui* de Maregrave et à la perruche jaune de Buffon , est le *psittacus guarouba* de Linnæus , et le *psittacus luteus* de Latham. (Cu. D.)

GOUAZOU. (*Mamm.*) On trouve ce nom souvent employé par M. d'Azara, dans la dénomination de ses animaux, comme étant un mot de la langue des Guaranis. Il l'emploie d'abord comme synonyme de cerf, puis comme synonyme de grand. Dans le premier cas, en y joignant l'épithète de *poucou*, qui veut ici dire grand, il désigne le cerf du Mexique ; en y joignant celle de *ti*, qui paroît signifier blanc, il désigne le mazame ; avec celle de *pita*, qui veut dire roux, il désigne le coassou, et avec celle de *bira*, le cariacou. Voyez Cerf. (F. C.)

GOUD BRAASSEM (*Ichthyol.*) , nom hollandois de la daurade. (H. C.)

GOUDAL, GAUDAL (*Bot.*), noms malais d'un figuier qui est le *caprificus amboinensis* de Rumph, non rapporté à une espèce connue. (J.)

GOUDRON. (*Bot.*) Sorte de substance résineuse, assez liquide, d'un brun noirâtre, qu'on retire du bois des pins, en le faisant brûler dans des fourneaux destinés à cet usage. Voyez Pin. (L. D.)

GOUDRON DES BARBADES. (*Min.*) Voyez l'article Petrol. (Brard.)

GOUEMONS, GOEMORZ. (*Bot.*) Voyez Fucus et Goemon. (Lem.)

GOUET (*Bot.*), nom vulgaire de l'arum maculé. Le mot gouet est aussi quelquefois employé comme nom générique françois pour tous les *arum*. Voyez Arum , vol. III , pag. 179. (L. D.)

GOUFFÉIA , *Gouffeia*. (*Bot.*) Genre de plantes dicotylédones , de la famille des caryophyllées de Jussieu, et de la *décandrie digynie* du Système sexuel, dont les caractères essentiels sont les suivans : Calice de cinq folioles étalées ; corolle de cinq pétales entiers ; dix étamines ; un ovaire supérieur, surmonté de deux styles : capsule globuleuse, à deux valves, à une loge renfermant une seule graine.

Ce genre est dédié à M. Lacour-Gouffé, directeur du jardin botanique de Marseille. Il ne comprend que l'espèce suivante.

Goufféia fausse-sabline : *Gouffeia arenarioides*, Decand.,
Flor. Franç., tom. 5, pag. 609. Cette plante est glabre, un
peu visqueuse dans le haut, divisée dès sa base en rameaux
diffus, redressés, souvent rougeâtres, longs de trois à quatre
pouces, garnis de feuilles ovales-lancéolées, opposées : les inférieures rapprochées et rétrécies en pétiole à leur base, les
supérieures écartées et sessiles. Ses fleurs sont blanches, petites, nombreuses, portées sur des pédicelles grêles, et disposées en panicule au sommet des rameaux. Le calice a ses
folioles aiguës, striées, égales aux pétales, qui sont ovales et
persistans. Cette espèce fleurit au commencement du printemps ; elle a été trouvée sur les collines, aux environs de
Marseille, par MM. Robillard et Castagne. (L. D.)

GOUFFRE. (*Géol.*) Ce mot n'est point synonyme d'abîme :
il entraîne avec lui, ainsi que le remarque l'abbé Girard,
une idée particulière de voracité insatiable qui fait disparoître et consume tout ce qui en approche. Les antres où
certains fleuves se précipitent pour se perdre momentané-
ment ou complétement, le cratère des volcans brûlans, et
quelques cavités perpendiculaires dont les sondes les plus
prolongées n'ont pu toucher le fond, sont des gouffres pour
nous. On mesure avec effroi la profondeur d'un abîme ; on
ne peut ni voir ni atteindre celle d'un gouffre.

Les moyens nous manquent absolument pour apprécier la
profondeur de ces excavations ; nous en sommes réduits à des
hypothèses, à des suppositions gratuites : c'est ainsi que les
uns prétendent qu'il existe sous les volcans des cavités égales
en capacité au volume des matières qui composent leur masse,
lesquelles ont été rejetées du sein de la terre, et arrachées à des
profondeurs énormes. Patrin est d'un avis contraire, et prétend, d'une manière tout aussi peu fondée et moins vraisemblable encore, que les cratères ne sont pas profonds, et atteignent à peine au niveau de la base des volcans.

Quant aux gouffres qui absorbent les fleuves, il paroit probable au moins qu'ils ont été minés par les courans eux-mêmes,
que la nature de la roche a secondé leur action, ainsi qu'on
peut s'en assurer par l'examen du lieu où le Rhône s'engloutit
en passant sous des bancs de pierre calcaire, qui sont superposés avec des bancs argileux friables ; il paroit qu'il en est

de même en Norwége sur le mont Limur, où l'on voit deux
routes creusées dans le marbre, l'une au-dessus de l'autre.
Le lit calcaire qui les sépare, épais seulement de trois doigts,
laisse apercevoir à travers ses fentes une rivière qui coule
dans la route inférieure et souterraine, et qui provient d'un
lac voisin. C'est ainsi que la rivière de Gaulen, dans le
même pays, se perdit en 1344, et reparut, quelques années
après, avec une extrême violence, en roulant devant elle les
débris de la prison souterraine où elle s'étoit précipitée (1).

On ne peut point révoquer en doute l'existence des courans
souterrains; les sources et les fontaines en sont les preuves : or,
il est probable que les gouffres qui engloutissent de grands volumes d'eau, les conduisent, en tout ou en partie, à des distances quelquefois très-considérables; on sait que le Rhône, à
sa renaissance, est calme et presque dormant. On sait que les
corps légers que l'on jette dans le gouffre où il se précipite,
ne reparoissent point à sa sortie : s'il étoit donc possible d'apprécier le volume d'eau qui s'engloutit, et de le comparer à
celui qui reparoît, il est presque certain que ce dernier seroit inférieur au premier, et l'on pourroit supposer que la
quantité d'eau qui manqueroit à la sortie, iroit donner naissance à une ou plusieurs fontaines éloignées.

Il seroit curieux, disoit un homme plein d'esprit, de connoissances et d'imagination, de comparer les variations de la
fontaine de Vaucluse avec celles du Rhône avant sa perte. On sait
que cette source magnifique présente trois périodes dans la hauteur de ses eaux, qu'elles se renouvellent régulièrement chaque
année, et il seroit possible qu'elles concordassent avec la
crue et l'abaissement du Rhône, avec la fonte des neiges, etc.
Sans vouloir accorder un trop grand degré de probabilité à
cette idée ingénieuse, je ferai cependant remarquer que la
distance qui sépare le gouffre du Rhône de celui d'où s'é-
chappe la Sorgue ou la fontaine de Vaucluse, est entièrement
occupée par des montagnes calcaires plus ou moins semblables
à celles du Jura, et que ce trajet de cinquante et quelques
lieues en ligne droite ne seroit point un obstacle à cette
communication, non plus que la différence des niveaux. Si ja-

____

(1) Pontoppidau, Histoire de la Norwége.

mais on vouloit comparer les crues du fleuve avec celles de la fontaine, il faudroit tenir compte d'une foule d'accidens souterrains qui en retarderoient la concordance, et qui tendroient à la faire méconnoître; l'encombrement des conduits par l'accumulation des corps flottans, de grands bassins souterrains à remplir, le jeu des siphons, et beaucoup d'autres causes retardataires ne devroient point être négligées. Nous avons, dans les montagnes, de nombreux exemples de lacs qui n'ont pas d'issue visible, et qui reçoivent continuellement. Or, comme l'évaporation ne peut compenser la recette, il est certain qu'ils s'épanchent par des voies souterraines, qui seroient peut-être des gouffres pour nous, si leur embouchure étoit visible: tel est, entre autres, le lac de Fleyne en Savoie, qui est situé sur le haut d'une montagne calcaire, et qui donne naissance aux belles fontaines de Maglans, qu'on remarque au pied de cette même montagne. Des exploitations ont rencontré des courans qui ont submergé les travaux pour toujours; d'autres ont mis à découvert la trace de courans anciens qui se sont taris, ou qui ont pris une autre direction; il en existe un exemple frappant dans les catacombes de Paris, qui n'a point échappé à M. de Thury, inspecteur de ces carrières historiques (1).

De tout ce qui précède on peut conclure qu'à l'exception des gouffres volcaniques, dont l'origine appartient à un tout autre ordre de choses, la plupart des gouffres se rencontrent dans les montagnes calcaires; que la nature même de cette pierre est favorable à leur formation, et que les eaux courantes en sont la cause active. On voit aussi qu'il ne faut point confondre ces excavations sans bornes avec les grottes, qui sont également fréquentes dans les mêmes terrains, mais dont la forme et les dimensions les distinguent suffisamment des gouffres. Voyez VOLCANS, GROTTES. (BRARD.)

GOUG. (*Ornith.*) Suivant Kennert Macaulay, Histoire de Saint-Kilda, pag. 169, les Kildiens nomment ainsi les jeunes oies solans, ou fous de Bassan, *pelecanus aquilus*, Linn. (CH. D.)

GOUI. (*Bot.*) Adanson dit qu'au Sénégal on nomme ainsi le baolab, *adansonia* de Linnæus. (J.)

---

(1) Héricart de Thury, DESCRIPTION DES CATACOMBES, pag. 272.

GOUJON, *Gobio*. (*Ichthyol.*) On donne vulgairement le nom de goujon à un petit poisson de nos rivières, que la plupart des ichthyologistes ont rapporté au genre Cyprin, mais que M. Cuvier regarde comme le type d'un sous-genre, auquel il assigne les caractères suivans :

Nageoires dorsale et anale courtes, sans épines; des barbillons.

Ce sous-genre appartient à la famille des gymnopomes, et se distingue facilement des carpes et des barbeaux, qui ont des épines à la nageoire du dos.

La seule espèce qu'il renferme encore est :

Le GOUJON, *Gobio vulgaris*; *Cyprinus gobio*, Linn. Nageoire caudale fourchue ; mâchoire supérieure un peu avancée ; écailles grandes : ligne latérale droite; dos d'un bleu noirâtre; ventre d'un blanc mêlé de jaune : des taches bleues sur la ligne latérale; des taches noires sur les nageoires caudale et dorsale, qui sont rougeâtres ; yeux bleuâtres ; iris d'un jaune orangé; taille de six à sept pouces.

Les couleurs des goujons varient beaucoup en raison de leur âge, de leur nourriture et de la nature de l'eau dans laquelle ils sont plongés. Leur canal intestinal présente deux sinuosités.

On trouve les goujons dans les rivières et les lacs d'eau douce de l'Europe, mais particulièrement en France et en Allemagne. Ils abondent dans les endroits dont le fond est pur et sablonneux, et que les tempêtes n'agitent point habituellement.

Ils passent de préférence l'hiver dans les lacs ; et, lorsque le printemps est arrivé, ils remontent dans les rivières, où ils déposent sur les pierres leur laite ou leurs œufs, dont la couleur est bleuâtre et le volume très-petit. Ils ne se débarrassent de ce fardeau précieux que peu à peu, et emploient souvent près d'un mois à cette opération. Dans la Corrèze, en particulier, on a observé qu'ils ne fraient que depuis le coucher du soleil jusqu'au lever de cet astre. Vers l'automne, les goujons reviennent dans les lacs.

Dans cette espèce de poissons, le nombre des individus femelles est cinq ou six fois plus considérable que celui des mâles.

Les goujons vivent d'insectes aquatiques, de vers, de frai de poissons : ils sont fort avides des charognes qu'on jette dans les rivières. On les prend au filet et à la ligne, et quelquefois si abondamment, dans certains pays, qu'on est obligé d'en donner aux cochons. Dans plusieurs contrées aussi, on en introduit dans les étangs pour servir de nourriture aux brochets et aux truites.

Ils multiplient d'ailleurs avec la plus grande facilité, et vivent en troupes nombreuses.

Ils perdent difficilement la vie.

Leur chair est blanche, très-bonne et de facile digestion : on la recherche sur les tables les plus délicates, et on en conseille l'usage aux convalescens. On la mange frite et en étuvée. (H. C.)

GOUJON ANGUILLARD. (*Ichthyol.*) Daubenton et Bonnaterre ont donné ce nom au gobioïde anguilliforme de M. de Lacépède. Voyez Gobioïde. (H. C.)

GOUJON ARABE. (*Ichthyol.*) Plusieurs auteurs ont donné ce nom au *gobius anguillaris* de Forskal, ou *gobius arabicus* de Gmelin. (H. C.)

GOUJON BLANC. (*Ichthyol.*) Voyez Jozo. (H. C.)

GOUJON DE MER (*Ichthyol.*), nom par lequel on a quelquefois désigné plusieurs espèces de gobies, le paganel en particulier. Voyez Gobie. (H. C.)

GOUJON NOIR (*Ichthyol.*), nom vulgaire du boulereau noir. Voyez Gobie. (H. C.)

GOUJON PETIT-DEUIL. (*Ichthyol.*) Bonnaterre a désigné par ce nom le gobie noir-brun, *gobius bicolor*. Voyez Gobie. (H. C.)

GOUJON SMYRNÉEN. (*Ichthyol.*) Bonnaterre a donné ce nom au gobioïde smyrnéen. Voyez Gobioïde. (H. C.)

GOUJONNIÈRE. (*Ichthyol.*) Voyez Gremille. (H. C.)

GOUK (*Ornith.*), nom norwégien du coucou d'Europe. *cuculus canorus*, Linn. (Ch. D.)

GOUKR. (*Ornith.*) Suivant M. Savigny, Système des Oiseaux d'Egypte, pag. 27, ce nom arabe désigne l'aigle pygargue, *falco ossifragus*, Linn. (Ch. D.)

GOUL (*Ornith.*), nom norwégien de l'oie bernache, *anas erythropus*, Linn. (Ch. D.)

GOULIAVAN. (*Ornith.*) C'est vraisemblablement par erreur qu'on trouve, dans un ouvrage moderne, ce nom lieu de coulavan, qui s'applique à un loriot, *oriolus chinensis*, Linn. (Cʜ. D.)

GOULIN. (*Ornith.*) Cet oiseau, qui est le merle chauve des Philippines, *gracula calva*, Linn., et dont le nom s'écrit aussi *gulin*, a été rangé par M. Vieillot avec ses martins, *acridoteres calvus*; et M. Cuvier en a fait un de ses philédons. (Cʜ. D.)

GOULOUGOU-ABLANI (*Bot.*), nom caraïbe de l'*ablania*, décrit par Aublet dans ses Plantes de la Guiane. (J.)

GOULU. (*Ornith.*) On donne vulgairement ce nom au cormoran, ainsi qu'aux mouettes et aux goélands, à cause de leur voracité. (Cʜ. D.)

GOULU (*Mamm.*), un·des noms par lesquels on a quelquefois désigné le Gʟouton. Voyez ce mot. (F. C.)

GOULU DE MER (*Ichthyol.*), synonyme de requin. Voyez Cᴀʀᴄʜᴀʀɪᴀs. (H. C.)

GOUMANBUCH. (*Ornith.*) Ce nom, que Laët écrit aussi *guomanbuch*, et qui désigne particulièrement l'oiseau-mouche rubis, n'est sans doute que le terme *gonambouch* avec des altérations qui le rendent peut-être applicable à plusieurs espèces du même genre. (Cʜ. D.)

GOUMENNIKI (*Ornith.*), nom, en langue russe, d'une espèce d'oie de grande taille, dont il est question dans l'histoire du Kamtschatka, qui forme le troisième volume du Voyage en Sibérie de l'abbé Chappe, pag. 496 et 505, mais que Kraschenninikow ne désigne pas de manière à la faire reconnoître. Peut-être ces oies grises ne font-elles que des différences d'âge des kasarkis ou oies grises tachetées; elles se nomment, sans distinction, *ksoude* chez les Kamtschadales, *geitoait* chez les Koriaques, et *kouiloup* chez les Kouriles. (Cʜ. D.)

GOUMEYLY. (*Bot.*) Aux environs de Damiette, suivant M. Delile, ce nom est donné au *caucalis anthriscus*, qui, dans d'autres lieux de l'Egypte, est nommé *gazar* et *cheytam*, ou *koumaleh*. (J.)

GOUMIER (*Conchyl.*) : Adanson, Sénég., pag. 156, pl. 10; *Murex fuscatus* de Gmelin. Espèce du genre Cérithe des conchyliologistes modernes, *cerithium fuscatum*, qui devra passer parmi les potamides, si ce genre est conservé. (Dᴇ B.)

GOUPI, *Goupia*. (*Bot.*) Genre de plantes dicotylédones, à fleurs complètes, polypétalées, régulières, de la famille des rhamnées, de la *pentandrie monogynie* de Linnæus, offrant pour caractère essentiel: Un calice très-petit, à cinq dents ; cinq pétales insérés sur le disque du calice, munis intérieurement d'un appendice lamelleux qui pend de leur sommet ; le fond du calice couvert d'un disque charnu qui entoure le pistil ; cinq étamines attachées au disque : un ovaire supérieur surmonté de cinq stigmates. Le fruit est une baie globuleuse, à cinq stries, à une seule loge, à trois ou cinq semences, entourée par la base persistante du calice.

Goupi glabre : *Goupia glabra*, Aubl., *Guian.*, tab. 116 ; Lamk., *Ill. gen.*, tab. 217 ; *Glossopetalum glabrum*, Willd., *Spec.*, 1, pag. 1521. Grand arbre des forêts de la Guiane, qui s'élève à la hauteur de soixante pieds et plus, sur un tronc de deux ou trois pieds de diamètre, revêtu d'une écorce lisse et grisâtre. Le bois est blanc, peu compacte ; les naturels du pays en font des pyrogues ; ses branches sont chargées de rameaux grêles, inclinés vers la terre, chargés de feuilles alternes, médiocrement pétiolées, vertes-lisses, ovales, lancéolées, aiguës, rétrécies à un de leurs côtés, accompagnées de deux petites stipules très-caduques. Les fleurs sont jaunes, petites, disposées dans les aisselles des feuilles en petites ombelles courtes. Elles produisent de petites baies noirâtres.

Goupi velu : *Goupia tomentosa*, Aubl., l. c. ; *Glossopetalum tomentosum*, Willd., *Spec.*, l. c. Cette plante, très-rapprochée de la précédente, est de plus de moitié moins élevée. L'écorce de son tronc est ridée, noirâtre, tachetée de blanc ; le bois blanc, peu compacte ; les feuilles hérissées à leurs deux faces de quelques poils courts. Cet arbre croit également dans les forêts, à la Guiane. (Poir.)

GOUPIL (*Mamm.*), un des noms du renard commun, qui sans doute vient de *vulpillus*, diminutif de *vulpes*, nom latin du renard. (F. C.)

GOURA. (*Ornith.*) MM. Levaillant et Temminck ont formé, dans l'ordre ou la grande famille des pigeons, une section à laquelle ils ont appliqué le nom de *colombi-gallines*, d'après les rapports des espèces qui la composent avec les gallinacés. Les caractères essentiels qui leur ont été assignés par le dernier de ces auteurs, sont un bec long et menu ; la mandibule supérieure peu ou point renflée ; le tarse long et gris ; les doigts entièrement divisés ; les ailes courtes, et généralement arrondies. Tous deux placent dans cette section le goura, dont M. Vieillot a constitué un genre particulier sous la dénomination latine de *lophyrus*, en le caractérisant par un bec grêle, un peu gibbeux vers le bout ; la mandibule supérieure sillonnée longitudinalement sur les côtés, inclinée vers la pointe, et les narines situées dans une rainure. M. Vieillot n'admet dans ce genre qu'une seule espèce, le pigeon couronné de l'Archipel des Indes ; et comme, d'ailleurs, le nom de *lophyrus*, tiré de la crête qui est son attribut distinctif, l'isole des autres colombi-gallines auxquelles il a été réuni par des considérations plus générales, on croit ne pas devoir encore faire un article à part de cette seule espèce, et la séparer ainsi des nombreux oiseaux qui jusqu'à présent ont été accolés aux pigeons. (CH. D.)

GOURAMIE ou GOURAMY. (*Ichthyol.*) Ce nom a été donné indistinctement à l'osphronème gorami, des rivières de la Chine et de l'Ile-de-France, et au trichopode mentonnier du grand Océan. Voyez OSPHRONÈME et TRICHOPODE. (H. C.)

GOURDE (*Bot.*), nom vulgaire du fruit de la calebasse, *cucurbita lagenaria*, conformé en bouteille, et employé pour conserver de l'eau ou du vin. (J.)

GOURGANDINE (*Conchyl.*), nom marchand donné à une coquille du genre Vénus, *Venus meretrix*, dont M. de Lamarck a fait son genre MÉRÉTRICE. (Voyez ce mot.)

GOURGANDINE STRIÉE, ou FAUSSE GOURGANDINE, *Venus flexuosa?* Gmel. (DE B.)

GOURGANE (*Bot.*), nom donné dans quelques lieux à la petite fève de marais, ou féverolle. (J.)

GOURGOURAN (*Conchyl.*), nom sous lequel les marchands désignent quelquefois une espèce de cône, le *conus barbadensis*. (DE B.)

GOURNAU (*Ichthyol.*), un des noms vulgaires de la trigle gurnau. Voyez TRIGLE. (H. C.)

GOUROU. (*Bot.*) Dans l'herbier du Sénégal d'Adanson, on trouve sous ce nom le *pontederia ovata* de Beauvois. (J.)

GOURRAOU. (*Bot.*) M. Gouan dit qu'à Montpellier, ce

nom est donné à une figue jaune en dehors et en dedans, qui est la figue madot de Tournefort. (J.)

GOUSOL.. (*Conchyl.*) Adans., Sénég., pag. 134, pl. 9. Petite espèce de volute. (Dᴇ B.)

GOUSSANT. (*Fauconn.*) On donne ce nom et celui de goussaut aux oiseaux de vol dont la corpulence est trop ramassée. (Cʜ. D.)

GOUSSE. (*Bot.*) Fruit propre aux légumineuses. Voyez Lᴇ-ɢᴜᴍᴇ. (Mᴀss.)

GOUTTE. (*Bot.*) Daléchamps et d'autres anciens nomment goutte de lin la cuscute, parce que plus anciennement c'étoit le *podagra lini*, qui s'entortilloit tellement au lin qu'on ne pouvoit l'en débarrasser. En donnant une autre signification à ce mot, on nomme, dans le midi de la France, suivant M. Decandolle, goutte de sang une variété de son *adonis annua*, à fleur d'un rouge foncé, cultivée dans les jardins. (J.)

GOUTTE BLEUE (*Conchyl.*), nom que les marchands de coquilles donnent à une variété de la *voluta hispidula*, à cause des taches bleues dont elle est ornée. (Dᴇ B.)

GOUTTE D'EAU (*Conchyl.*), nom marchand d'une coquille du genre Bullée. *bulla ampulla*, Linn. (Dᴇ B.)

GOUTTES DE LAIT ET DE SANG. (*Bot.*) Cette dénomination est appliquée par le docteur Paulet au *lycogala globosum* de Micheli, tab. 95, fig. 3, que je ne vois point cité dans le *Synopsis fungorum*, et dont la figure rappelle le *tubercularia vulgaris*, Persoon, ou *tremella purpurea*, Linn., et quelques espèces de *trichia*. (Lᴇᴍ.)

GOUTTE DU LIN. (*Bot.*) Voyez Gᴏᴜᴛᴛᴇ. (L. D.)

GOUTTE DE SANG. (*Bot.*) L'adonide d'été est connue sous ce nom dans quelques cantons. (L. D.)

GOUTTEUSE. (*Conchyl.*) On donne quelquefois ce nom au Sᴛʀᴏᴍʙᴇ sᴄᴏʀᴘɪᴏɴ. Voyez ce mot. (Dᴇ B.)

GOUTTIÈRE. (*Conchyl.*) Terme de conchyliologie, employé pour indiquer un sillon à l'une des extrémités de l'ouverture d'une coquille univalve. (Voyez Cᴏɴᴄʜʏʟɪᴏʟᴏɢɪᴇ.)

On donne aussi quelquefois ce nom au *murex buffonius* de Linnæus, dont on a fait, dans ces derniers temps, le genre Crapaud. (Dᴇ B.)

GOUTTIÈRE (*Entom.*), nom donné par Geoffroy à une espèce de silphe ou de bouclier dont les élytres lisses portent de chaque côté une sorte de rebord creusé en gouttière, ce qui a suggéré le nom. Voyez SILPHE LISSE. (C. D.)

GOVECKEN (*Ichthyol.*), nom hollandois du boulereau noir, *gobius niger*. Voyez GOBIE. (H. C.)

GOVIE. (*Ichthyol.*) Voyez GOBIE. (H. C.)

GOWINKOW (*Ornith.*), nom koriaque d'une espèce de hoche-queue. (CH. D.)

GOWRY. (*Ornith.*) Edwards a figuré sous ce nom, pl. 40, une espèce de gros-bec des Indes, plus connue sous celui de jacobin, *loxia malacca*, Linn. (CH. D.)

GOYAVA-RANA. (*Bot.*) Aublet, dans sa Flore de la Guiane, dit que les Garipous nomment ainsi son *catinga aromatica*, genre de la famille des myrtées. (J.)

GOYAVIER, *Psidium*. (*Bot.*) Genre de plantes dicotylédones, à fleurs complètes, polypétalées, régulières, de la famille des myrtées, de l'*icosandrie monogynie* de Linnæus, offrant pour caractère essentiel: Un calice campanulé, persistant, à quatre ou cinq divisions, autant de pétales; des étamines nombreuses, attachées au calice; un ovaire inférieur, chargé d'un seul style. Le fruit est une baie pyriforme, assez grosse, couronnée par le calice, polysperme, à plusieurs loges.

Ce genre renferme des arbres, la plupart originaires de l'Amérique méridionale, et qui, à raison de la bonté de leurs fruits, peuvent être placés parmi les arbres fruitiers. Leurs feuilles sont simples, opposées; leurs fleurs axillaires.

GOYAVIER POIRE : *Psidium pyriferum*, Linn.; Lamk., *Ill. gen.*, tab. 416, fig. 1; Commel., *Hort.*, 1, tab. 63; Merian, *Surin.*, tab. 18; *Pela*, Rhéed., *Malab.*, 3, tab. 34; *Guajavus domesticus*, Rumph, *Amb.*, 1, tab. 47; vulgairement Goyavier blanc, Nicols, *Amer.*, pag. 240. Arbre de médiocre grandeur, qui s'élève à la hauteur de quinze à dix-huit pieds, sur un tronc droit, recouvert d'une écorce lisse, tachetée de roux ou de jaune sur un fond vert. Ses jeunes rameaux sont quadrangulaires, garnis de feuilles opposées, persistantes pendant l'hiver, ovales, un peu obtuses, très-entières, terminées par une pointe courte, d'un vert foncé en dessus, plus pâles et un peu veloutées en dessous, longues de trois à quatre pouces; les pétioles courts; les pédoncules plus courts que les feuilles, solitaires, opposés, uniflores. Les fleurs sont blanches , presque de la grandeur de celles du cognassier ; ses fruits ont la forme d'une poire, de la grosseur d'un œuf de poule, jaunes extérieurement , rouges, blancs ou verdâtres à l'intérieur, remplis d'une pulpe succulente et charnue , d'une saveur douce , agréable et parfumée. Il renferme un grand nombre de semences dures.

Le goyavier est cultivé comme arbre fruitier dans les deux Indes : il paroit originaire de l'Amérique méridionale. On le trouve en abondance aux Antilles, où il croit facilement partout où tombent ses graines. Son bois est dur, coloré, d'un grain très-fin , très-bon à brûler : on en fait d'excellent charbon pour les forges : on l'emploie aussi à des ouvrages de charpente. Les goyaves passent dans leur pays pour un aliment agréable et très-sain , surtout lorsqu'elles sont bien mûres. On les mange crues ou cuites au four, ou en compotes; on en fait aussi des gelées, des confitures, des pâtes : elles relâchent dans leur parfaite maturité ; mais, vertes, elles passent pour astringentes.

Le goyavier, cultivé en Europe, demande une terre substantielle qui doit être renouvelée en partie tous les ans. En été, on le place contre un mur exposé au midi ; il faut l'arroser fréquemment, beaucoup moins en hiver. On le multiplie de graines, qui se conservent bonnes pendant plus de quinze ans, et que l'on sème sur couche et sous châssis. Quoique originaire des climats chauds , cet arbre n'est cependant pas très-sensible au froid , dit M. Desfontaines ; sous le climat de Paris on le conserve dans l'orangerie en hiver, et on a réussi à le cultiver en pleine terre dans le midi de la Provence, où M. Thouin en avoit envoyé des pieds du Jardin des Plantes. Ils y ont porté des fruits, et leurs graines ont produit de nouveaux individus.

Goyavier pomme : *Psidium pomiferum* , Clus. , *Hist.*, 2 , *App.*, pag. 254 : *Icon.*; *Malacca pela*, Rhéed. , *Malab.* , 3 , tab. 35 ; *Cujavus agrestis*, Rumph , *Amb.*, 1 , tab. 48 ; Merian , *Surin.*, tab. 57; Pluken. , tab. 193, fig. 4 ; vulgairement Goyavier rouge, Goyavier des Savanes. Les rapports de cette espèce avec la précédente ont fait soupçonner avec assez de fondement qu'elle pourroit bien n'en être qu'une variété qui en diffère par ses feuilles ovales-lancéolées , plus prolongées en pointe ; ses pédoncules, quoique quelquefois simples, uniflores, sont plus ordinairement trifides, à trois fleurs, les deux divisions latérales un peu plus alongées que celle du milieu ; les fruits moins gros, plus arrondis; leur pulpe acide, plus ordinairement rougeâtre : ils sont moins bons à manger que ceux du goyavier poire. Cet arbre croît dans l'Amérique méridionale, aux Antilles, ainsi que dans les Indes orientales. Ses racines, ainsi que celles du précédent, sont employées dans les tisanes astringentes.

GOYAVIER DE MONTAGNE : *Psidium montanum* , Swartz, *Flor. Ind. occid.* , 2, pag. 879; *Psidium arboreum*, etc., Brown, *Jam.*, 238. C'est un des plus grands arbres de ce genre, qui s'élève quelquefois à plus de cent pieds. Ses rameaux sont très-étalés; ses feuilles pétiolées, opposées, ovales-oblongues, ondulées, crénelées à leurs bords, nerveuses, veinées et luisantes; les pédoncules axillaires, plus courts que les feuilles; les pédicelles opposés, uniflores, plus longs que les pédoncules : les fleurs blanches, odorantes: leur calice glabre, blanchâtre, velu, à deux ou trois découpures irrégulières; les pétales ovales, un peu ondulés; les filamens plus courts que la corolle. Les fruits sont petits, arrondis: ils passent pour excellens à manger. Cet arbre croît sur les hautes montagnes de la Jamaïque.

GOYAVIER A FEUILLES ÉTROITES : *Psidium angustifolium*, Lamk., *Ill. gen.*, tab. 406, fig. 2: *Psidium pumilum*, Willd. , *Spec.*; Wahl, *Symb.*, 2 , pag. 56. D'après le rapport de Rumph, cette espèce est un petit arbrisseau qui ne s'élève qu'à deux ou trois pieds, d'une forme et d'un aspect si agréables qu'on le cultive dans plusieurs jardins des Indes à cause de son élégance. Ses racines sont rampantes et poussent des rejetons: son bois dur : les rameaux quadrangulaires, tomenteux et blanchâtres vers leur sommet; les feuilles très-médiocrement pétiolées, étroites, lancéolées, entières, cotonneuses et blanchâtres en dessous, longues d'un à deux pouces , larges de six lignes , à nervures simples, latérales et saillantes en dessous; les pédoncules pubescens, solitaires , uniflores ; les étamines très-saillantes. Ses fruits sont globuleux, de la grosseur d'une balle à fusil, point comestibles. Cet arbrisseau croît dans les Indes orientales.

GOYAVIER A GRANDES FLEURS : *Psidium grandiflorum*, Aubl., *Guian.*, tab. 190; *Psidium aromaticum*, Aubl., l. c., tab. 191; vulgairement Citronnelle. Ces deux plantes d'Aublet ne forment qu'une même espèce, considérée dans deux états différens, la première en fleurs, la seconde en fruits. Comme elles offrent quelques différences dans leur grandeur, il est possible que ce soient deux variétés. La première, d'après Aublet, est un arbre d'environ dix pieds; la seconde, un arbrisseau de cinq à six pieds de hauteur. L'écorce est roussâtre, et se détache par lames annuellement; le bois dur, compacte, rouge au centre dans les vieux arbres; les feuilles médiocrement pétiolées, glabres, ovales-acuminées, entières, longues de quatre à cinq pouces, larges de deux; les pédoncules, solitaires, axillaires, uniflores : les fleurs blanches, d'une odeur très-agréable, le calice accompagné de deux bractées lancéolées, à quatre ou cinq divisions; les pétales concaves, arrondis, inégaux, ondulés et comme frangés sur les bords. Les fruits sont jaunes, globuleux, à quatre loges, d'une saveur aromatique, très-agréable, bons à manger. Cette plante croit à la Guiane et dans l'île de Cayenne. Les habitans la nomment citronnelle, à cause de l'odeur aromatique, approchant de celle de la mélisse, que répandent ses feuilles, ses fleurs et même son bois. Les feuilles et les rameaux sont employés dans les bains.

GOYAVIER SAVOUREUX ; *Psidium sapidissimum*, Jacq., *Hort. Schœnbr.*, 3, tab. 366. Cette espèce, cultivée dans le jardin de Schœnbrunn, et dont le lieu natal n'est pas connu, est très-rapprochée du *psidium pyriferum*. Son tronc s'élève à la hauteur de cinq pieds; ses rameaux sont tétragones, un peu tomenteux dans leur jeunesse; les feuilles médiocrement pétiolées, oblongues, aiguës, très-entières, tomenteuses en dessous, longues de deux ou trois pouces; les pédoncules axillaires, ordinairement uniflores ; les fleurs inodores; le calice à cinq divisions, ovales-aiguës, réfléchies; les pétales blancs, obtus. Le fruit est jaunâtre, de la grosseur d'une noix, rempli d'une pulpe rouge, très-odorante.

GOYAVIER DE GUINÉE : *Psidium guineense*, Swartz, *Fl. Ind. occid.*, 2, pag. 391. Arbre d'une médiocre grandeur, dont les rameaux sont couverts d'un duvet tomenteux, ferrugineux les feuilles grandes, elliptiques, un peu aiguës, ridées, tomenteuses en dessous ; les pédoncules axillaires , chargés de trois fleurs, celle du milieu sessile ; les deux latérales pédicellées, blanches, petites ; le calice tomenteux ; quatre pétales ovales, caducs. Le fruit est une baie de la grosseur d'une noix muscade, jaunâtre , pubescente , rouge en dedans, d'une saveur très-agréable. Cette plante croit dans la Guinée. On la cultive dans la Nouvelle-Espagne.

On cite encore plusieurs autres espèces de goyavier, mais bien moins connues. (POIR.)

GOYAVIER. (*Ornith.*) On a appelé petit goyavier un gobemouche de l'île de Manille , *muscicapa psidii* , Gmel. et Lath., parce qu'il aime à se percher sur l'arbre de ce nom. (CH. D.)

GOYAVIER BATARD. (*Bot.*) Suivant Jacquin , son *eugenia pseudopsidium* est ainsi nommé à la Martinique. (J.)

GOZAL. (*Ornith.*) Suivant Gesner et Aldrovande, on appelle ainsi les jeunes pigeons dans la langue hébraïque. (CH. D.)

GOZU (*Mamm.*) , nom du rat chez les Hongrois. (F. C.)

GRAABEEN, GRABEN (*Mamm.*), noms norwégien et danois du loup. (F. C.)

GRAAB EL SAHARA. (*Ornith.*) Ce nom arabe signifie corbeau du désert. Shaw dit, tom. 1, pag. 326, de ses Voyages en Barbarie , traduction françoise , que cet oiseau est un peu plus grand que le corbeau ordinaire, et qu'il a le bec et les pieds rouges. Ces dernières circonstances pourroient, ajoute-t-il, le faire regarder comme le *coracias* ou le *pyrrhocorax* des anciens ; mais sa taille s'oppose à ce rapprochement, et quoique M. Poiret, tom. 1, pag. 170, de son Voyage dans les mêmes contrées, parle aussi de l'oiseau dont il s'agit, il n'entre pas dans des détails plus amples et plus propres à en faire reconnoitre la véritable espèce. (CH. D.)

GRAADYN (*Mamm.*) , un des noms du renne en Norwége. (F. C.)

GRAA-FALK (*Ornith.*), nom danois de l'autour, *falco palumbarius* , Linn. (CH. D.)

GRAA-GAAS. (*Ornith.*) Voyez GAAS. (CH. D.)

GRAA-IRRISK. (*Ornith.*) On nomme ainsi, en Norwége. le pinson brun, *fringilla flavirostris* , Linn. (CH. D.)

GRAAKE (*Ornith.*), nom suisse du choucas , *corvus monedula* , Linn. (CH. D.)

GRABBE (*Ichthyol.*), nom par lequel certaines peuplades maritimes désignent quelquefois le moineau de mer, *pleuronectes passer.* Voyez PLEURONECTE. (H.C.)

GRABEEN SILD (*Ichthyol.*), nom que, dans le Danemarck, on donne aux gros harengs. Voyez CLUPÉE. (H.C.)

GRABOLUSK. (*Ornith.*) Suivant Rzaczinski, on donne en Pologne ce nom, qui s'écrit aussi *grabulusk*, au casse-noix, *corvus caryocatactes*, Linn. (CH.D.)

GRABTHIER (*Mamm.*), un des noms allemands de la hyène. (F. C.)

GRACCHIA (*Ornith.*), nom italien de la corneille corbine, *corvus corone*, Linn. (CH.D.)

GRACCUS. (*Ornith.*) Ce nom et celui de *gracculus* désignent spécialement le choucas, ou petite corneille des clochers, *corvus monedula*, Linn. (CH.D.)

GRACE DE DIEU. (*Bot.*) Voyez GRATIA DEI. (J.)

GRACILIPÉDES. (*Ornith.*) Oiseaux à pieds grêles. (CH.D.)

GRACILIROSTRES. (*Ornith.*) Oiseaux à bec grêle. (CH.D.)

GRACIOLI. (*Bot.*) On désigne quelquefois ainsi une variété de poire, plus connue sous le nom de bonc hretien d'été. (L. D.)

GRACIRRHYCTHUS. (*Foss.*) C'est le nom que Lacmundus a donné aux dents de poisson fossiles qui ont la forme du bec d'un oiseau. (D. F.)

GRACIRRINGY. (*Foss.*) Luid a donné ce nom aux dents de poisson fossiles, de forme triangulaire, que nous avons rapportées au genre Squale. (D. F.)

GRACULA. (*Ornith.*) Ce nom qui, dans le système de M. de Lacépède, est traduit en françois par *gracule*, a été employé par Linnæus comme nom générique des mainates. (CH.D.)

GRACULUS. (*Ornith.*) Ce nom qui, dans Belon, s'applique au freux, *corvus frugilegus*, Linn., désigne, dans Moehring, le fou de Bassan, *pelecanus Bassanus*, Linn. Le *graculus palmipes* de Willughby est le nigaud, *pelecanus graculus*, Linn. Certains auteurs appellent aussi le casse-noix *graculus alpinus*. (CH.D.)

GRADEAU. (*Ichthyol.*) Voyez GRASDEAU. (H.C.)

GRADIPES. (*Ornith.*) Ce terme, qui est au nombre de ceux qu'on trouve dans le vocabulaire par lequel est terminé le

Prodromus Avium de Klein, désigne le hobereau, *falco subbuteo*, Linn. (Cʜ. D.)

GRADOS. (*Ichthyol.*) Les pêcheurs appellent ainsi deux petits poissons, dont l'un paroît appartenir au genre Clupée, et dont l'autre est *l'ablette*, espèce du sous-genre des ables; le premier vit dans l'Océan, et le second dans nos eaux douces. Voyez les mots Aᴃʟᴇ, Supplément du 1.ᵉʳ volume, Aᴃʟᴇᴛᴛᴇ. Cʟᴜᴘᴇ́ᴇ et Essᴇɴᴄᴇ ᴅ'Oʀɪᴇɴᴛ. (H. C.)

GRADULE. (*Bot.*) Voyez Cʟɪᴍᴀᴄɪᴜᴍ. (Lᴇᴍ.)

GRÆ-LAX (*Ichthyol.*), nom suédois du saumon argenté, *salmo Schieffermulleri*. (H. C.)

GRÆNACKE (*Ichthyol.*), nom suédois du saumon. (H. C.)

GRAES-END. (*Ornith.*) Dénomination du canard sauvage en suédois. (Cʜ. D.)

GRAFFA. (*Mamm.*) Niéremberg nomme ainsi la giraffe. (F. C.)

GRAF-SWIN (*Mamm.*), nom suédois du blaireau. (F. C.)

GRAI (*Mamm.*), nom anglois du blaireau. (F. C.)

GRAIE. (*Ornith.*) Par ce nom et celui de *grolle*, on désigne vulgairement le freux ou frayonne, *corvus frugilegus*, Linn. (Cʜ. D.)

GRAILLE. (*Ornith.*) La corneille noire ou corbine, *corvus corone*, Linn., est désignée vulgairement par ce nom et par ceux de *graillat*, *graillant*, *graillot*, *grolle*. (Cʜ. D.)

GRAILLON. (*Ornith.*) C'est, suivant Salerne, un des noms vulgaires de la petite chevêche, *strix passerina*, Gmel. (Cʜ. D.)

GRAIN D'AVOINE. (*Conchyl.*) Très-petite coquille, ainsi nommée par Geoffroy à cause de sa forme ; *puppa avena* de Draparnaud. (Dᴇ B.)

GRAIN DE MURE. (*Bot.*) C'est, dit Paulet, un genre de plantes fongueuses et membraneuses, d'une chair ferme, sèche, opaque, dure, et dont la surface est rude au toucher et grenue. Ces plantes forment une famille de même nom. Paulet en distingue deux espèces, l'Oʀᴇɪʟʟᴇᴛᴛᴇ ʀᴏᴜɢᴇ ᴅᴇs ᴀʀʙʀᴇs et le Gᴏᴅᴇᴛ ᴄʀᴏᴛɪɴɪᴇʀ. Voyez ces mots. (Lᴇᴍ.)

GRAIN D'ORGE. (*Conchyl.*) Très-petite coquille du genre Hélice de Muller, *hel. obscura*, Gmel.; Bulime de Bruguières, *bulim. obscurus*, de Draparnaud. (Dᴇ B.)

GRAINE, *Semen*. (*Bot.*) Les seuls caractères essentiels de la graine sont de naître dans une cavité close, et d'offrir un petit corps organisé, qui réunit en lui toutes les conditions nécessaires pour reproduire une plante semblable à celle dont il est issu, dès que les circonstances extérieures favoriseront sa croissance.

La cavité close dans laquelle la graine se développe, est l'ovaire; le petit corps organisé est l'embryon; les vaisseaux qui unissent la graine à l'ovaire, forment le cordon ombilical ou funicule. On nomme ombilic ou hile, le point où le funicule s'attache à la graine, et placenta le point où ce même funicule s'attache à l'ovaire.

Considérée dans son état le plus habituel, la graine comprend deux parties distinctes, l'amande et les enveloppes séminales. L'amande se compose souvent de l'embryon et d'un corps particulier nommé périsperme; mais quelquefois ce corps manque, et l'embryon constitue l'amande à lui seul. Les enveloppes séminales sont des tégumens qui recouvrent l'amande, et reçoivent les vaisseaux du funicule.

Linnæus a posé en principe que la fécondation est indispensable à la formation d'une graine. Cependant, comme les caractères distinctifs d'un être se doivent tirer de lui-même, et non de quelques circonstances hors de lui, telles, par exemple, que les causes qui ont amené son développement, s'il naît, de plantes privées d'organes sexuels, des corps reproducteurs que nous ne puissions distinguer des graines par aucun caractère organique, il est de toute évidence que, pour nous, ces corps seront des graines, encore qu'ils se soient formés sans fécondation.

Enveloppes séminales. Les enveloppes qui accompagnent la graine après sa maturité parfaite, et garantissent l'embryon de la sécheresse, de l'humidité, et même quelquefois de la voracité des animaux, sont de diverse nature, ont une différente origine, et varient en nombre selon les espèces. Je les divise en deux classes, les tégumens auxiliaires et les tuniques séminales; mais je dois avouer que cette division est arbitraire en beaucoup de points: il n'est pas au pouvoir du naturaliste de séparer nettement ce que la nature a laissé dans le vague.

Le périanthe tout entier, dans les oseilles, et sa base seulement, dans la belle-de-nuit, recouvrent l'ovaire et la graine. Une cupule, espéce de bractée creuse, d'une seule piéce, renferme exactement la fleur femelle des coniféres, et devient l'enveloppe séminale extérieure. Les graines des graminées ont pour enveloppe extérieure l'ovaire transformé en péricarpe ; les graines de plusieurs espéces d'arbres à fleur en rose, tels que le cerisier, le pêcher, l'abricotier, le néflier, sont renfermées dans un noyau, lame interne du péricarpe, plus ou moins épaisse, qui acquiert de la solidité en mûrissant, et s'isole de la partie charnue.

Les cupules, les périanthes, les ovaires, qui forment ces diverses enveloppes, existoient long-temps avant que la graine ne fût développée; ils faisoient alors partie essentielle ou accessoire de la fleur, et chacun, remplissant des fonctions déterminées, avoit déjà reçu un nom particulier : ce ne sont donc pas les tégumens propres de la graine, mais seulement ses tégumens auxiliaires.

Il y a, comme je l'ai dit tout à l'heure, d'autres enveloppes séminales que je nomme les tuniques propres de la graine, parce qu'elles croissent avec les ovales, et qu'en général elles ne sont bien apparentes et distinctes qu'après que l'ovaire s'est transformé en fruit : ce sont l'arille, la lorique et le tegmen. On rencontre bien rarement à la fois ces trois tégumens dans une seule espèce de graine; et les limites qui existent entre eux sont souvent indécises.

Arille. L'arille est une tunique extérieure, membraneuse ou charnue, qui ordinairement se détache de la graine mûre, en entier ou en partie. Cette définition est insuffisante pour faire reconnoître, dans tous les cas, le tégument que les botanistes nomment arille ; mais il seroit difficile de définir avec rigueur une partie aussi variable dans sa manière d'être, et dont, au reste, les fonctions sont ignorées. Pour donner quelque idée de cet organe, des exemples vaudront mieux qu'une définition abstraite.

Dans le muscadier, l'arille, ou *macis* des droguistes, est une lame d'un rouge citron, épaisse, charnue, découpée en laniéres, qui s'appliquent sur la graine, mais ne la recouvrent qu'imparfaitement. Dans le *ravenala*, l'arille est une membrane frangée, d'un beau bleu de ciel, et d'un toucher gras; elle cache la graine tout entière. Dans le fusain à larges feuilles, l'arille est pulpeux, fermé de toutes parts, et d'une couleur orangée. Dans le fusain galeux, l'arille est également orangé et pulpeux; mais il s'ouvre et s'évase en cupule irrégulière. Dans l'*oxalis*, l'arille est mince, élastique, blanchâtre; il se crève quand la graine est mûre, et la lance au dehors par l'effet d'une force contractile. Dans le *pistia*, l'arille est fongueux, épais, en forme de baril, et percé à sa partie supérieure. Dans la plupart des méliacées, l'arille est une membrane charnue qui, ne pouvant s'étendre autant que la graine, se déchire toujours en quelques points de la superficie. Dans le *bocconia frutescens*, l'arille est rouge, succulent, mamelonné; il adhère au funicule, et forme un godet qui reçoit la base de la graine. Dans le *polygala vulgaris*, l'arille, divisé en trois lobes, forme une très-petite couronne autour de l'ombilic. Dans le *sterculia balanghas*, trois caroncules blanchâtres, placés d'un seul côté de l'ombilic, composent évidemment une espèce d'arille.

Vous voyez par ces exemples, dont je pourrois facilement augmenter le nombre, que l'arille n'a aucun caractère fixe. Il varie dans sa substance, sa forme, ses dimensions relatives et sa couleur. Plusieurs botanistes prétendent que cet organe appartient au péricarpe, et non pas à la graine, parce que, suivant eux, il n'est qu'une expansion du funicule. Mais quelle preuve apportent-ils de la solidité de cette opinion? En général il ne me semble point qu'il y ait plus d'adhérence entre l'arille et le funicule, qu'entre ce cordon et le tegmen ou la lorique. L'arille, après la dissémination, reste presque toujours attaché au bord du hile, et quelquefois aussi à l'enveloppe séminale, qu'il recouvre en totalité ou en partie. Si l'on peut dire de l'arille que c'est une expansion du funicule, je ne sais aucune raison pour qu'on ne dise pas la même chose du tegmen et de la lorique. J'avoue que je suis en grande méfiance de ces définitions prétendues rigoureuses qu'on nous propose tous les jours : elles ne donnent presque jamais une idée juste des faits; mais comme elles se gravent bien plus facilement dans la mémoire qu'une suite d'observations exactes, elles abusent les élèves et les accoutument à une certaine paresse d'esprit qui nuit à leurs progrès.

Lorique. La lorique, qui forme un sac sans valve ni suture et recouvre constamment le tegmen, est la seconde tunique de la graine quand il y a un arille, et la première quand l'arille manque; ce qui est le cas le plus ordinaire.

Quoique la lorique soit en général une enveloppe comparable, pour la consistance, à la coquille de l'œuf ou à l'écaille de l'huître, il se rencontre des graines dans lesquelles cette tunique est d'une substance fongueuse ou charnue, ou même pulpeuse. On distingue souvent, dans la lorique, plusieurs lames de différentes natures, que l'on a prises quelquefois pour autant d'enveloppes séminales; mais, en y regardant de près, on voit ordinairement qu'on ne peut enlever ces lames sans occasioner une rupture dans le tissu.

Nous ne trouvons aucun caractère pour distinguer nettement, en toute circonstance, la lorique, des noyaux et nucules, enveloppes auxiliaires des graines, formées par la paroi interne des loges du péricarpe. Nous sommes souvent dans un semblable embarras, quand nous voulons tirer une ligne de démarcation entre la lorique et le tegmen. Ceux qui proposent à cet égard des règles fixes et invariables, négligeant une multitude de faits qu'ils ne peuvent classer, éludent la difficulté au lieu de la résoudre.

Un petit trou, le micropyle, se montre à la superficie de la lorique, dans un grand nombre d'espèces, et traverse cette enveloppe d'outre en outre. Le micropyle des légumineuses, des nénuphars, du marronier d'inde, est très-apparent.

Geoffroy, qui indiqua le premier le micropyle, et M. Turpin, qui depuis en a constaté rigoureusement l'existence, ont pensé que le fluide fécondant s'introduisoit dans la graine par cette ouverture; mais il ne me semble pas que cette opinion soit étayée de preuves suffisantes.

On remarque encore, sur certaines loriques, des caroncules, renflemens pulpeux ou coriaces qui sont produits par un développement particulier du tissu. Dans le haricot et dans beaucoup d'autres légumineuses, il y a au-dessus du hile un caroncule sec et dur, en forme de cœur. Dans la chélidoine, à quelque distance du hile, il y a une crête caronculaire, laquelle est blanchâtre et succulente. On peut soupçonner de l'analogie entre les caroncules et l'arille.

Tegmen. Le tegmen est appliqué immédiatement sur l'a-

mande; il est continu dans toutes ses parties, et n'a, de même
que la lorique, ni valves ni sutures; il reçoit l'extrémité du
funicule.

D'après cette définition, on juge que le tegmen ne peut
manquer que lorsque la graine est absolument dépourvue de
tuniques propres; car, s'il en existe une seule, cette tunique,
recevant l'extrémité du funicule et recouvrant l'amande sans
intermédiaire, est évidemment le tegmen; et, s'il y en a plusieurs, l'enveloppe interne ayant les caractères que je viens
d'énoncer, est encore le tegmen.

Ordinairement, quand il n'y a pas de lorique, le tegmen
paroît comme une lame plus ou moins mince, tantôt blanchâtre, tantôt colorée. Il en est de même encore quand il
existe une lorique qui n'a d'adhérence avec les parties internes qu'au point du hile. Mais, le plus souvent, la lorique et
le tegmen se confondent en une seule tunique formée de deux
lames hétérogènes, superposées et soudées l'une à l'autre; et
il est impossible alors de marquer la limite des deux enveloppes. Aussi, pour éviter toute équivoque, convient-il, dans
la botanique descriptive, de n'admettre, pour enveloppes distinctes que le nombre de lames que l'on peut isoler sans lésion
du tissu, et de désigner, sous le nom général de tunique, l'ensemble des lames soudées, en ayant soin d'indiquer, par quelques épithètes convenables, la nature de ce tégument composé.

Dans le ricin, le nénuphar, les hydrocaridées, etc., la lorique et le tegmen sont naturellement séparés. Dans les légumineuses, le bananier, l'asperge, etc., ces deux enveloppes
n'en font qu'une.

Les vaisseaux du funicule qui pénétrent par le hile, se prolongent quelquefois dans l'épaisseur des tuniques, et forment
le prostype funiculaire composé de la raphe et de la chalaze.
La raphe est la partie du prostype qui part immédiatement
du hile : elle se présente souvent sous l'aspect d'un ou de plusieurs filets en relief. La chalaze est l'extrémité plus ou moins
épaissie et dilatée de la raphe.

Quand il n'y a pas de lorique, le prostype paroît à la superficie du tegmen (labiées); mais quand il y a une lorique
et un tegmen (nénuphar, *hura crepitans*), le prostype ne devient visible ordinairement que par le moyen de la dissection.

La raphe court dans l'épaisseur de la lorique, et perce sa surface interne en un point plus ou moins éloigné du hile ; là elle s'attache au tegmen, et forme la chalaze, que Gaertner considère comme un ombilic intérieur.

Dans les labiées, la raphe est courte, et la chalaze est un tubercule incolore. Dans les aurantiacées, la raphe s'alonge d'un bout du tegmen à l'autre ; et la chalaze, qui est située fort loin du hile, se divise en patte d'oie, ou bien s'élargit en cupule colorée.

Le prostype sert probablement à porter des sucs nourriciers vers différens points de la graine.

A la surface de quelques graines on remarque un renflement en forme de calotte, situé à une distance quelconque du hile ; c'est l'opercule (asperge, *commelina*, *tradescantia*, *canna*, dattier, etc.). Il correspond à la radicule. Pendant la germination il se détache et ouvre une issue par laquelle l'embryon s'échappe.

Amande. Sous le tegmen est l'amande, laquelle est constituée souvent par l'embryon seul, et plus souvent encore par l'embryon et le périsperme. L'amande est la partie essentielle de la graine. Il n'existe point de graine sans amande ; mais il en existe sans arille, sans lorique, et même sans tegmen. Elles ne sont revêtues alors que d'enveloppes accessoires : telles sont les graines des nyctaginées, des conifères, de l'avicénia, etc. Dans ces végétaux l'amande porte le hile.

Périsperme. Le périsperme, tissu cellulaire dont les mailles sont remplies d'une fécule amilacée, ou d'un mucilage épaissi, est caché sous les enveloppes de la graine ; il accompagne l'embryon, et s'en distingue par sa composition et son aspect ; il ne communique avec lui par aucune ramification vasculaire ; il lui fournit, pendant la germination, une nourriture que l'on peut comparer à celle que le fœtus du poulet tire du *vitellus*, partie de l'œuf vulgairement connue sous le nom de *jaune*.

La fécule ou le mucilage est insoluble dans l'eau avant la germination ; mais, quand la graine est placée dans des circonstances favorables à son développement, cette matière change de nature et devient très-soluble. Alors elle est telle qu'elle doit être pour servir de nourriture à l'embryon.

Il y a quelquefois, entre le tegmen et le périsperme, une

continuité de tissu qui peut faire naître des doutes sur l'existence bien distincte du tegmen dans quelques graines (*rivinia*, *salsola*). A la vérité, plusieurs auteurs modernes se croient en droit de conclure de ce qu'ils trouvent un tegmen dans des espèces très-voisines d'autres espèces où ils ne peuvent apercevoir cette tunique séminale, qu'elle existe dans celles-ci comme dans les autres ; mais cette manière de raisonner par analogie n'est jamais sûre, quand la nécessité de la co-existence des organes n'est pas suffisamment démontrée. Or, il s'en faut bien qu'il soit démontré qu'un tegmen soit indispensable à l'existence d'une graine.

Dans les labiées et dans beaucoup de borraginées et de légumineuses, dans les rosacées, les méliacées, les thymelées, etc., le périsperme est si mince qu'on l'a pris long-temps pour une tunique séminale. Toutefois, comme les graines de ces végétaux ont un tegmen, et que les vaisseaux funiculaires s'y arrêtent, il est difficile aujourd'hui de ne pas reconnoître que ces graines sont périspermées.

Le périsperme est farineux dans les graminées, les nyctaginées, etc. ; oléagineux et charnu dans les euphorbiacées, etc. ; élastique et dur comme de la corne dans les palmiers, le café et autres rubiacées, etc. Le périsperme de quelques légumineuses, des malvacées, du celtis, se convertit dans l'eau en une matière mucilagineuse.

Aucune plante connue, appartenant à la famille des ombellifères, des renonculacées, des graminées, des conifères, etc., n'est privée de périsperme. Au contraire ce corps ne s'est jamais offert dans la famille des vraies aurantiacées, des crucifères, des amilacées, etc. ; et il y a des familles, telles que celles des borraginées, des légumineuses, où il s'amincit en passant d'une espèce à une autre, et finit par s'évanouir totalement.

Embryon. L'embryon se forme dans les enveloppes séminales, propres ou auxiliaires, et il a d'abord avec elles une liaison organique. Arrivé à la maturité, il se détache des parties qui l'environnent, et jouit de la force vitale nécessaire à son développement. Il comprend, dans sa masse, le blastème et le corps cotylédonaire.

Le blastème a deux germes principaux bien distincts : la

radicule et la plumule, fixées base à base par une partie intermédiaire nommée collet. Ces deux germes ne diffèrent pas
moins par leur nature que par leur situation, la radicule
éprouvant le besoin de l'ombre et de l'humidité, et la plumule
de l'air et de la lumière, dès que l'une et l'autre commencent
à se développer, sans que rien alors puisse intervertir cette
tendance naturelle.

Le corps cotylédonaire offre un ou plusieurs cotylédons,
appendices minces ou charnus, selon que l'amande a ou n'a
point de périsperme, qui naissent du collet, et sont évidemment les premières feuilles de l'embryon.

Lorsque la radicule et la plumule ont leurs bases contiguës,
le collet, représenté par le plan de jonction des deux organes, n'est qu'un être de raison. Mais lorsque la radicule et
la plumule sont séparées l'une de l'autre, le collet, qui leur
sert de lien commun, est une partie très-réelle et très-apparente, dont la forme varie selon les espèces. Néanmoins il est
difficile d'assigner nettement la limite du collet d'un embryon
quelconque, tant que la germination n'a pas eu lieu ; aussi,
dans la botanique descriptive, où l'on n'a pas pour but de
faire connoître la marche des développemens, ne distingue-
t-on jamais le collet de la radicule.

La radicule est la racine dans la graine. Son caractère essentiel consiste en ce qu'elle reçoit l'extrémité inférieure de
tout le système vasculaire de l'embryon. Cette extrémité se
divise quelquefois en plusieurs mamelons. Beaucoup de graminées en ont souvent trois, et même plus. On demande s'il
faut admettre autant de radicules qu'un embryon a de mamelons radiculaires, ou bien ne voir, dans les mamelons, que
les divisions d'une radicule unique, ou encore ne considérer
comme radicule que le mamelon inférieur : questions oiseuses,
qui ne roulent que sur de vaines distinctions nominales, et
ne méritent pas l'attention des naturalistes.

Tantôt la radicule est nue, c'est-à-dire que son sommet se
montre à découvert à la superficie de l'embryon ; tantôt la
radicule est coléorhizée, c'est-à-dire qu'elle est cachée dans
une coléorhize, poche charnue, close de toutes parts, dont
nous devons la connoissance au célèbre Malpighi. A bien considérer la coléorhize, ce n'est autre chose qu'une écorce plus

ou moins épaisse, qui se détache d'elle-même de chaque mamelon radiculaire.

Quand la radicule est coléorhizée, on ne peut l'apercevoir que par le secours de l'anatomie : encore ce moyen n'est-il pas toujours sûr ; car il est des espèces où la radicule et la coléorhize ne deviennent perceptibles qn'au moment de la germination.

Un botaniste moderne a imaginé que l'on pourroit employer avec succès le caractère de la radicule nue ou coléorhizée, pour diviser la totalité des végétaux phénogames en deux grandes classes parfaitement naturelles ; mais cette hypothèse, appuyée sur des définitions faites *à priori*, n'a pu se soutenir après un mûr examen ; car on s'est convaincu que, parmi les végétaux les plus rapprochés par l'ensemble des caractéres, les uns ont une coléorhize, les autres en sont privés.

La plumule est la première ébauche des parties qui doivent se développer à l'air et à la lumière. Dans certaines espéces, elle est composée d'une tigelle, rudiment de la tige dont ces végétaux seront pourvus, et d'une gemmule, petit bouton de feuilles appliquées les unes sur les autres ; dans d'autres, elle n'offre qu'une gemmule ; dans d'autres, qu'une légère inégalité ; dans d'autres, enfin, elle ne décèle son existence que pendant la germination. La plumule est quelquefois coléoptilée, c'est-à-dire qu'elle est logée dans une cavité cotylédonaire, sorte d'étui qui prend le nom de coléoptile. Plus souvent elle est nue.

Les cotylédons peuvent être définis les premiéres feuilles visibles dans la graine. Ils n'ont cependant pas la forme des feuilles ordinaires ; mais cela est une suite des circonstances qui accompagnent leur développement. Ces appendices, arrêtés de toute part dans leur croissance, se sont moulés, pour ainsi dire, sur la paroi de la cavité qu'ils remplissent.

Le nombre des cotylédons fournit de bons caractères pour diviser les embryons cotylédonés en deux classes : ceux qui n'ont qu'un cotylédon, ou les monocotylédons ou unilobés, ceux qui en ont plusieurs, ou les polycotylédons, que l'on désigne plus communément sous le nom de dicotylédons ou bilobés, parce que le nombre de leurs lobes passe rarement deux.

Comme on a remarqué que les plantes cotylédonées se réunissent, à peu d'exceptions près, en familles naturelles, qui sont entièrement monocotylédones ou dicotylédones, on a groupé les familles d'après ces caractères, lesquels s'accordent presque toujours avec ceux que l'on tire de l'organisation des tiges et de leur développement.

Par suite des modifications et dégradations successives que subit l'embryon dans la série des espèces, la radicule et le corps cotylédonaire se confondent quelquefois en une seule et même masse (*ruppia*, etc.); mais, si l'on parcourt la série, on voit bientôt les deux organes se dégager l'un de l'autre, et redevenir libres et distincts (graminées, etc.).

Quelques graines contiennent plus d'un embryon. C'est une superfétation comparable à celle d'un œuf qui renferme plusieurs fœtus. On compte souvent deux embryons dans la graine du gui, de l'*asclepias nigra*, de l'*allium fragrans*, du *carex maxima*, du *triphasia*, etc. On en compte jusqu'à huit dans l'oranger.

L'organisation interne de l'embryon est très-simple : sa masse est composée en grande partie de tissu cellulaire; des linéamens vasculaires très-déliés, et dont la distribution varie d'espèce à espèce, se portent du collet dans la radicule, les cotylédons et la plumule, et ils s'affoiblissent et s'effacent à mesure qu'ils s'éloignent du collet, premier point organisé, que je considère comme le centre de la vie de l'embryon. Les linéamens vasculaires qui passent dans les cotylédons, ont été désignés par Grew sous le nom de *racines séminales*, et par Charles Bonnet, sous celui de *vaisseaux mammaires*, parce qu'en effet les cotylédons fournissent à la jeune plante une liqueur alimentaire, une sorte de lait végétal, sans lequel il ne semble pas qu'elle puisse se développer. J'ai observé que les communications vasculaires sont en général plus marquées entre la radicule et les cotylédons, qu'entre les cotylédons et la plumule. Cela provient, selon toute apparence de ce que dans le fœtus végétal la plumule est la partie organisée la dernière. Quoi qu'il en soit, il résulte de cet état des choses, que, pendant la germination, les sucs nourriciers affluent presque toujours en plus grande abondance vers la radicule, laquelle, par conséquent, s'alonge avant la plumule.

Embryons dicotylédons. Après avoir considéré les embryons en général, il est nécessaire de les étudier dans les principales classes des végétaux. Je commencerai par les embryons dicotylédons, parce que leurs diverses parties sont beaucoup plus faciles à distinguer que celles qui entrent dans la composition des embryons unilobés.

Voici les caractères ordinaires des embryons bilobés : une radicule saillante, en forme de petit bec conique; un collet cylindrique; une plumule nue, dans laquelle on distingue souvent la tigelle et la gemmule; deux cotylédons attachés à la même hauteur des deux côtés opposés du blastème, et placés face à face l'un contre l'autre, de manière qu'on ne peut apercevoir la plumule qu'en les écartant.

Recherchons maintenant les détails et les exceptions.

Il est très-rare que la radicule soit coléorhizée dans les embryons dicotylédons : c'est pourquoi nous devons faire une attention particulière à celle de la capucine et du gui, qui offre ce caractère.

La radicule s'éloigne quelquefois de la forme conique; et alors elle s'alonge en cylindre, ou s'arrondit en boule, ou se renfle en massue, etc.

La radicule de nélumbo est un mamelon à peine visible, lequel, ne se développant jamais, doit être rangé parmi les organes impuissans, dont l'existence semble n'avoir d'autre utilité que de rappeler un premier type.

La radicule du nénuphar, du *saururus*, du poivre, moins apparente encore que celle du nélumbo, porte un appendice en forme de poche, dans laquelle l'embryon est renfermé tout entier. Cette poche, charnue dans le nénuphar et le *saururus*, membraneuse dans le poivre noir, fait fonction de coléoptile, et l'on pourroit la considérer comme l'analogue du cotylédon des plantes unilobées, si elle ne renfermoit une plumule accompagnée de deux cotylédons, et si des affinités multipliées ne rattachoient les espèces qui en sont pourvues à d'autres espèces bilobées.

Presque toujours la plumule est nue; mais il s'en faut qu'elle soit toujours saillante. Il est même beaucoup d'embryons où l'on n'en découvre aucun indice avant la germination; et, au contraire, dans d'autres la gemmule est très-apparente, et elle

repose quelquefois sur une tigelle (haricot, fève de marais, etc.).

La plumule la plus remarquable par le développement
qu'elle prend dans la graine, est celle du nélumbo. Quoique
repliée sur elle-même, elle a cinq à six millimètres de saillie,
et elle est verte comme si elle eût végété à la lumiere. On y
voit parfaitement une tigelle cylindrique, deux feuilles pri-
mordiales dont les pétioles sont très-alongés, et un bouton
renfermé dans une stipule pétiolaire. Cette plumule est recouverte d'un sac membraneux, autre stipule qui naît de
l'aisselle des cotylédons. C'est un phénomène unique dans
l'histoire de la graine.

Les cotylédons sont attachés à la jonction de la plumule et
du collet : souvent ils se resserrent à leur point d'insertion,
et sont comme articulés sur le blastème, ou même ils ont un
support très-court, une espèce de pétiole comparable à celui
des feuilles, de sorte qu'on voit distinctement où ils se terminent (iégumineuses, labiées, etc.). Souvent aussi ils sont
continus avec le collet ; et c'est par la profondeur de la fente
qui les sépare, que l'on marque leur limite (synanthérées,
nélumbo, *ceratophyllum*, poivre, if, etc.).

Le nom de dicotylédons, donné aux végétaux de cette
classe, indique qu'ils n'ont que deux cotylédons; cependant
ce caractère n'est pas sans exception. On compte trois cotylédons dans le *cupressus pendula;* quatre, dans le *ceratophyllum
demorsum* et le *pinus inops;* cinq, dans le *pinus mitis* et le *pinus
laricio;* six, dans le *cupressus disticha;* sept, dans le *pinus maritima*, l'*abies alba* et l'*abies nigra;* huit, dans le *pinus strobus.*
On en compte jusqu'à douze dans le *pinus pinea*, etc.

Il est rare que les cotylédons soient de grandeur inégale,
comme dans le *guarea trichilioides*, le *ceratophyllum demersum*,
et surtout le *trapa natans.*

Les cotylédons sont épais et charnus dans la plupart des
légumineuses, des rosacées, et en général dans les végétaux
qui ont peu ou n'ont point de périsperme. Ils sont minces et
marqués de nervures, à la manière des feuilles, dans les euphorbiacées, les sapotillées, les nyctaginées et autres végétaux
très-périspermés.

Selon les espèces, les genres et les familles, les cotylédons sont larges ou étroits, entiers ou découpés, aplatis ou plissés, ou roulés sur eux-mêmes. Ces caractères sont quelquefois d'un grand secours pour rapprocher certains fruits de leurs congénères.

Le nombre et l'importance des rapports rattachent aux dicotylédons des végétaux qui tendent à s'en éloigner par le caractère de leurs embryons : tels sont quelques renoncules, quelques cierges, la fumeterre bulbeuse et les cyclamens, qui n'ont qu'un cotylédon ; le lécythis et la cuscute, qui n'en ont point.

Il arrive aussi que des cotylédons, distincts pour l'anatomiste avant la parfaite maturité de la graine, s'entre-greffent ensuite, et forment par leur réunion un corps qui imite un seul cotylédon ; c'est ce qu'on soupçonnoit depuis long-temps, et ce que M. Auguste de Saint-Hilaire vient de montrer dans son excellent Mémoire sur la capucine.

Une anomalie plus remarquable encore est celle qu'offre la graine du manglier, si bien décrite par M. du Petit-Thouars. Le corps cotylédonaire, composé peut-être, comme celui de la capucine, de deux cotylédons entre-greffés, a la forme d'un bonnet phrygien, et recouvre absolument la plumule, laquelle ne paroît que lorsque le blastème s'est détaché et séparé de ce corps, qui reste sous les enveloppes de la graine.

Embryons monocotylédons. L'embryon monocotylédon offre souvent une masse charnue dans laquelle les divers organes sont confondus, et l'inspection de la surface seule ne suffit pas pour déterminer leur nature ; il faut encore s'aider de l'anatomie, et même quelquefois de la germination.

La radicule est un simple mamelon externe, situé à l'une des extrémités de la masse de l'embryon dans l'*hyacinthus serotinus*, l'*ornithogalum longibracteatum*, le *juncus bufonius*, le triglochin, l'ognon commun, etc. Elle est également terminale dans le *canna*, le *commelina* ; mais elle y est recouverte d'une coléorhize qui fait corps avec elle, tant qu'elle est en état de repos, et qui s'en détache par lambeaux quand la graine vient à germer.

Elle est située latéralement par rapport à la masse de l'embryon, et environnée d'une coléorhize dans les graminées, comme Malpighi et Gærtner l'ont prouvé.

La plumule est nue et plus ou moins saillante dans le *zos-tera*, le *ruppia*, grand nombre de cypéracées, toutes les graminées, le riz excepté.

Elle est coléoptilée et par conséquent invisible à l'extérieur dans les autres monocotylédons; mais, au moyen de la dissection, on la découvre souvent sous sa coléoptile.

Les plumules nues ont une tigelle et une gemmule. La tigelle est cylindrique; la gemmule a la forme d'un cône, et elle est composée de plusieurs rudimens de petites feuilles engaînées les unes dans les autres. La plus extérieure de ces feuilles forme un étui clos de toutes parts, que je nomme piléole. Il ne faut pas confondre la piléole et la coléoptile: la coléoptile est une simple cavité du cotylédon; la piléole, séparée du cotylédon par le tigelle à laquelle elle adhère inférieurement, n'a rien du tout de commun avec lui. Quoi qu'il en soit, il n'est pas aisé de distinguer la piléole de la coléoptile avant la germination, à moins que dès l'origine la tigelle ne soit apparente comme dans le *zostera* et quelques graminées.

Le cotylédon est toujours latéral par rapport à l'axe du blastème. Il constitue la majeure partie de la masse des embryons, dont la radicule et la plumule sont contiguës (*canna*, *triglochin*, etc.).

Sa forme est sujette à beaucoup de variations. Il est cylindrique dans l'ail, le *pontederia cordata;* conique dans le *rucifera thebaica*, etc. ; fongiforme dans le *musa coccinea*, le *scirpus sylvaticus*, le *carex vulpina*, etc.; renflé en massue dans le *canna*, le *leucoium vernum;* large et plat dans le *pothos crassinervia*, le *ravenala* de Madagascar; ovoïde et fendu longitudinalement dans le *zostera;* en écusson plus ou moins alongé et diversement modifié, dans les graminées.

Cette dernière famille présente dans la structure de son embryon des anomalies remarquables. Le cotylédon du riz est complétement refermé sur la plumule, en sorte que celle-ci a une véritable coléoptile; mais la gemmule est pourvue d'une piléole. C'est jusqu'à présent le seul exemple que l'on puisse citer de l'existence de la piléole et de la coléoptile dans le même embryon. Le cotylédon du *holcus* et du maïs a deux lames ou appendices antérieurs en forme de lèvres qui se touchent par leurs bords, et cachent la plumule, le collet et

la coléorhize. Le cotylédon du *lolium temulentum* a deux appendices, comme le holcus et le maïs; mais les bords de ces
appendices, ne se touchant pas, laissent le reste de l'embryon
à découvert. Le cotylédon de l'*ægilops* et du *cornucopiæ* n'a
point du tout d'appendices antérieurs: enfin la radicule de ce
dernier, au lieu de s'incliner vers la base du fruit, à la façon
des radicules des autres graminées, se redresse brusquement,
et monte dans la direction de la plumule.

L'embryon est quelquefois muni d'un lobule, rudiment de
la feuille, qui se développe du côté opposé au cotylédon, sous
la forme d'une lame charnue. La petitesse du lobule est cause
que peu de botanistes ont remarqué cet organe. Il représente
imparfaitement une seconde feuille cotylédonaire. Il se montre
dès avant la germination dans le *lolium*, l'*ægylops*, le blé,
l'avoine, et, seulement après la germination, dans l'asperge.

Les *cycas* et les *zamia*, qui forment une petite famille sous
le nom de cycadées, ont constamment deux cotylélons, et
l'ensemble des caractères de l'inflorescence et de la fructification les rapproche des conifères, végétaux polycotylédons,
tandis que la structure interne et le mode des développemens
les ramènent auprès des palmiers, et ne permettent guère
qu'on les en sépare. C'est un exemple frappant de ces analogies croisées qui ébranlent les bases de toutes nos méthodes
systématiques.

Situation des embryons monocotylédons et dicotylédons, relati-
vement aux autres parties de la graine. Les espèces qui se rapprochent par l'ensemble de leurs caractères, diffèrent bien
rarement par la situation de leur embryon. Remarquez qu'il
n'est pas question ici de la place qu'occupe l'embryon relativement au péricarpe, mais de celle qu'il occupe relativement au hile et au périsperme : ce qui est très-différent.

L'embryon des conifères traverse le périsperme comme un
axe ; celui des atriplicées l'entoure comme un anneau; celui
des nyctaginées, en se recourbant sur lui-même, l'environne
de toutes parts ; celui du cyclamen, du *polygonum*, se porte
d'un seul côté de la graine; celui des palmiers, du bananier,
des papavéracées, du poivre, du nénuphar, des olacinées, des
renonculacées, des ombellifères, est relégué dans une cavité
tout-à-fait excentrique ; celui des convolvulacées reçoit, dans

ses sinuosités nombreuses, les plis d'un périsperme mince et mucilagineux.

La radicule, qui aboutit au hile dans la plupart des graines, s'en éloigne sensiblement dans le *commelina*, le *tradescantia*, l'asperge, le cyclamen, et elle se dirige vers le point diamétralement opposé dans l'acanthe et le *sterculia balanghas*.

Pour la clarté des descriptions, nous devons fixer ce que nous appelons la base de la graine. Le hile, étant presque toujours la partie la plus apparente de la surface de la lorique et du tegmen, et servant à unir la graine à la plante-mère, a été proposé par quelques botanistes comme point basilaire, et méritoit cette préférence. Une fois la base reconnue, il semble que, pour trouver le sommet, il suffise d'assigner le point situé à l'opposite du hile ; et, en effet, quand la graine a une forme régulière, et qu'elle s'alonge sensiblement dans une direction déterminée, un axe fictif qui part du hile, indique le sommet par son extrémité supérieure. Mais souvent la forme de la graine est affectée de telles irrégularités, qu'il est bien difficile de dire où il convient de placer le sommet, ce qui d'ailleurs est un léger inconvénient dans la pratique; car l'expérience prouve que, dès qu'on a trouvé la base d'une graine quelconque, on peut énoncer avec précision et clarté la situation de l'embryon, et c'est ce caractère qu'il importe surtout de faire connoître. Mirbel, Elémens de Physiologie végétale, etc. (Mass.)

GRAINE D'AMOUR ou BLÉ D'AMOUR (*Bot.*), noms vulgaires du grémil officinal. (L. D.)

GRAINE DE L'ANSE (*Bot.*), nom des amandes renfermées à Cayenne dans le fruit d'un omphalier, *omphalea diandra*, qui croit dans des anses, sur le bord de la mer. On mange sans danger le périsperme charnu de cette graine, dont il faut rejeter avec soin l'embryon, qui purgeroit violemment. Une autre espèce congénère, naturelle à Saint-Domingue, porte des graines que l'on mange aussi dans cette colonie, sous le nom de noisettes, mais toujours avec la précaution d'en ôter l'embryon. (J.)

GRAINE D'AVIGNON, GRAINE JAUNE (*Bot.*), noms vulgaires du petit fruit du *rhamnus infectorius*, très-commun aux environs d'Avignon, et employé pour teindre les soies en jaune. On le récolte, pour cette raison, en abondance, dans la Provence, où il est nommé *granello* par les paysans. (J.)

GRAINE DE BAUME. (*Bot.*) Chomel a, dans ses Plantes usuelles, désigné sous ce nom le carpobalsamum des pharmacies, qui est le fruit de l'*amyris opobalsamum*, arbre duquel découle le baume de la Mecque. (J.)

GRAINE DE CANARIE ou DE CANARIS. (*Bot.*) On connoit, sous ce nom, l'alpiste, *phalaris canariensis*, qui est originaire de l'île de Canarie, et que l'on cultive pour nourrir, avec ses graines, l'oiseau canaris ou serin, provenant primitivement du même lieu. Le même nom est quelquefois donné au millet, *panicum miliaceum*, qui sert au même usage. (J.)

GRAINE EN CŒUR. (*Bot.*) C'est le corisperme. (L. D.)

GRAINE A DARTRES. (*Bot.*) C'est la graine d'une casse, *cassia tora*, nommée aussi arbre à dartres, dont la farine en bouillie est appliquée avec succès sur certaines dartres. Le même nom est donné, dans la Guiane, suivant Aublet, au *vatairea*, qui est le dartrier de Cayenne, et dont la graine est employée dans les mêmes maladies. (J.)

GRAINE D'ÉCARLATE. (*Bot.*) Ce nom a été donné mal à propos à l'insecte kermès, qui se nourrit sur une espèce de chêne, dont il passoit anciennement pour être le fruit, ou une petite galle ayant la forme d'une graine, dont on tiroit une belle couleur écarlate. (J.)

Voyez Cochenille. (C. D.)

GRAINE DE GIROFLE. (*Bot.*) C'est, suivant le Dictionnaire Economique, la graine du bois d'Inde, qui selon les uns est le bois de campêche, et, selon d'autres, un myrte, *myrtus pimenta*, lequel, par son organisation et son fruit, a beaucoup plus d'affinité avec le girofle. On a encore cru que ce pouvoit être le fruit d'un amome. (J.)

GRAINE JAUNE. (*Bot.*) Voyez Graine d'Avignon. (J.)

GRAINE KERMESIENE. (*Bot.*) C. Bauhin cite, sous le nom de graine kermesiene, d'après Belon, le petit myrte de Tarente, variété du myrte ordinaire. (J.)

GRAINE MACAQUE. (*Bot.*) Ce nom est donné à plusieurs végétaux dont les singes macaques mangent les fruits ou graines. Aublet le cite pour son *moutabea*; Barrere pour une espèce de melastome, *melastoma lævigata* de Linnæus. (J.)

GRAINE DES MOLUQUES. (*Bot.*) Voyez Graine de Tilli. (J.)

GRAINE DE MUSC, GRAINE MUSQUÉE. (*Bot.*) C'est la graine de la ketmie odorante, *hibiscus abelmoschus*, qui sent le musc et que l'on emploie pour les parfums. (J.)

GRAINE D'OISEAU. (*Bot.*) Voyez Graine de Canarie. (L. D.)

GRAINE ORIENTALE (*Bot.*), un des noms donnés à la coque du Levant, *menispernum* de Linnæus, suivant le Dictionnaire économique. (J.)

GRAINE DE PARADIS (*Bot.*): du nom *grana paradisi*, donné à une espèce d'amome. (J.)

GRAINE PERLÉE (*Bot.*), un des noms vulgaires du grémil officinal. (L. D.)

GRAINE DE PERROQUET. (*Bot.*) C'est celle du carthame ou safran bâtard, dont on nourrit les perroquets. (J.)

GRAINE PERUCHE. (*Bot.*) C'est le *celtis micranthus*, qui est ainsi nommé à Cayenne, suivant M. Richard. (J.)

GRAINE DE PSYLLION. (*Bot.*) C'est la semence du plantain des sables. (L. D.)

GRAINE ROYALE. (*Bot.*) C'est le *granum regium* de Mésué, médecin arabe; le ricin ordinaire, *ricinus communis*. (J.)

GRAINE A TATOUS. (*Bot.*) Suivant Aublet, ce nom est donné dans la Guiane au fruit de son *amaioua*, parce que les tatous le mangent volontiers. (J.)

GRAINE DE TILLI. (*Bot.*) C'est sous ce nom et sous celui de *grana tiglia* que le *croton tiglium*, éminemment purgatif, est désigné dans les matières médicales. Il est aussi un des pignons d'Inde, ainsi que le ricin. On le trouve encore dans Rumph sous le nom de *granum moluccum*, graine des Moluques. (J.)

GRAINE TINCTORIALE. (*Bot.*) Le nom de *granum tinctorium* a été donné mal à propos, par quelques anciens, à l'insecte kermès qui vit sur une espèce de chêne peu élevé, et que l'on a pris long-temps pour un fruit ou pour une galle croissant sur cet arbrisseau. (J.)

GRAINE DE TURQUIE (*Bot.*), un des noms vulgaires du maïs. (L. D.)

GRAINE A VERS. (*Bot.*) Suivant M. Richard, on nomme ainsi à Cayenne le *chenopodium anthelminticum*, qui y est employé comme vermifuge. (J.)

GRAINE VERTE. (*Bot.*) Clusius dit qu'Avicenne, médecin arabe, nommoit *granum viride* l'amande du pistachier, qui en effet est verte. (J.)

GRAINES. (*Foss.*) Voyez Fruits fossiles. (D. F.)

GRAINETTE. (*Bot.*) C'est la même chose que la graine d'Avignon. (L. D.)

GRAINZARD. (*Ornith.*) On appelle ainsi, dans le département de l'Ain, la sarcelle commune, *anas querquedula*, Linn. (Cn. D.)

GRAISSANE. (*Bot.*) On donne ce nom en Provence à une variété de figue. (L. D.)

GRAISSES. (*Chim.*) Les graisses ont long-temps passé pour des principes immédiats. Une suite de cette manière de voir étoit de distinguer autant d'espèces qu'il y avoit de graisses différentes l'une de l'autre, sous le rapport de la fusibilité, de l'odeur et de la couleur. Mes expériences (1) ont établi qu'il n'en est point ainsi ; que les graisses sont essentiellement formées de deux principes immédiats, la stéarine fusible à 5o degrés environ, et l'élaïne qui est encore liquide à zéro ; que le degré de fusibilité de chaque sorte de graisse dépend de la proportion des deux principes immédiats qui la constituent. Quant à la couleur et à l'odeur de plusieurs graisses, j'ai fait voir qu'elles appartiennent à des corps distincts des deux précédens, et que le principe de l'odeur est surtout remarquable en ce qu'il se trouve généralement, *lui* ou ses *élémens*, en combinaison avec l'élaïne ou ses *élémens*. J'ai étendu ces résultats aux huiles végétales, particulièrement à l'huile d'olive.

Exposons les propriétés que présentent les graisses d'homme, de porc, de mouton, de bœuf, de jaguar et d'oie.

Couleur. Toutes ces graisses sont incolores à l'état de pureté ; mais la graisse d'homme et celle de jaguar sont presque toujours colorées en jaune, par un principe soluble dans l'eau et qui paroît être susceptible de se décomposer lorsque ces graisses sont exposées, à une température de 100 degrés, aux actions réunies de l'air et de l'eau. La graisse de bœuf est quelquefois colorée en jaune.

____

(1) Dans un mémoire et une note lus à l'Institut le 4 avril 1814.

Odeur. La graisse d'homme est inodore ; celles de porc et de mouton n'ont qu'une très-légère odeur. La graisse d'oie en a une agréable, et la graisse de jaguar en répand une assez forte qui est très-désagréable.

Fusibilité. — Graisse d'homme. Sa fusibilité varie. Une graisse extraite des reins d'un homme qui avoit été supplicié, étoit parfaitement fluide à 40 degrés ; elle l'étoit encore à 26 degrés ; mais, à 25 degrés, elle se troubloit ; à 23 degrés elle étoit demi-opaque ; enfin à 17 degrés elle étoit prise en une seule masse, dans laquelle on distinguoit une matière concrète blanche et une huile jaune.

Une graisse extraite des cuisses d'un homme mort d'une maladie aiguë, parfaitement limpide à 15 degrés, ayant été abandonnée à elle-même à cette température dans un flacon fermé, déposa une substance concrète : au bout de quinze jours elle n'étoit point encore prise en une seule masse solide ; une huile jaune surnageoit sur la graisse concrète.

Cette différence de fusibilité tient à la proportion respective de la stéarine et de l'élaïue. La partie concrète est une combinaison d'élaïne avec excès de stéarine ; la partie liquide, une combinaison de stéarine avec excès d'élaïne.

Graisse de porc. Un thermomètre plongé dans la graisse fondue à 50 degrés, marque 25°,93, quand la graisse se fige ; il reste stationnaire quelques instans ; mais, par l'agitation, il remonte à 27 degrés.

Je ferai observer que, dans les années de disette où l'on est forcé de diminuer la nourriture habituelle des cochons, la graisse de ces animaux est plus fluide, parce qu'elle est moins abondante en stéarine ; dans cet état, elle ne peut servir à plusieurs préparations pharmaceutiques, qui exigent une graisse qui se fige à 27 degrés.

Graisse de jaguar. Un thermomètre, plongé dans la graisse fondue à 40 degrés, descend à 29 degrés, et remonte à 29,5 quand la plus grande partie de la graisse se fige : je dis, la plus grande partie, parce qu'il en reste une portion qui refuse de se figer à cette température.

Graisse de bœuf. Le thermomètre descend à 37 degrés, et remonte à 39 degrés quand la graisse se fige.

Graisse de mouton. Il y en a qui se fige de 37 à 39 degrés, d'autres de 40 à 41 degrés.

Graisse d'oie. Elle se solidifie à 27 degrés comme la graisse de porc.

Solubilité dans l'alcool. 100 parties d'alcool à 0,816, bouillant, ont dissous

> 2,80 de graisse de porc.

100 parties d'alcool à 0,821, bouillant, ont dissous :

> 2,48 de graisse d'homme.
> 2,18 de graisse de jaguar.
> 2,26 de graisse de mouton.
> 2,52 de graisse de bœuf.

C'est en traitant les graisses de mouton, de bœuf, de porc et d'oie par l'alcool, que je suis parvenu à en faire l'analyse, parce que la partie qui se dépose de l'alcool par le refroidissement, est un composé de stéarine et d'élaïne, dans lequel la première est à la seconde dans une proportion plus grande que dans la graisse qui a été dissoute. En répétant plusieurs fois la dissolution du composé dont nous parlons, on parvient à isoler la stéarine entièrement ou presque entièrement de l'élaïne. La portion de la graisse qui reste en dissolution dans l'alcool, refroidie, est un composé de stéarine avec un grand excès d'élaïne. En évaporant l'alcool, et abandonnant ce composé à lui-même à une température suffisamment basse, il se précipite de la stéarine ; on sépare celle-ci au moyen d'un filtre, et on expose le liquide filtré à une température plus basse que la première fois, afin d'en précipiter de nouvelle stéarine. En répétant plusieurs fois ces opérations, on obtient des élaïnes qui sont encore liquides au-dessous de zéro. Il est inutile de dire que les stéarines qui se précipitent de l'élaïne retiennent un peu de cette dernière en combinaison.

On peut encore faire l'analyse de ces graisses en les traitant avec de l'alcool concentré froid ; celui-ci dissout proportionnellement plus d'élaïne que de stéarine.

Lorsque les graisses contiennent beaucoup d'élaïne, comme la graisse d'homme, on les analyse en les exposant à des températures de plus en plus basses, et en en séparant la stéarine qui s'en précipite à chaque exposition, ainsi qu'on le fait pour les combinaisons de stéarine avec excès d'élaïne, qui proviennent de graisses de porc, de bœuf, de mouton, etc., que l'on a traitées par l'alcool.

Je ferai observer que les principes colorans et odorans qui peuvent exister dans les graisses, se retrouvent dans les élaïnes; c'est ce qui rend l'extraction de ces dernières plus difficile que celle des stéarines.

Acidité. Les graisses dont nous avons parlé sont sans action sur le papier de tournesol, soit qu'on les mette immédiatement en contact avec le papier de tournesol, soit que l'on mêle leurs solutions alcooliques avec la teinture de cette matière colorante.

Saponification. Toutes les graisses sont susceptibles d'être converties, par l'action de la potasse ou d'une base alcaline énergique, en principe doux et en acides margarique et oléique. (Voyez SAPONIFICATION.)

Nous renvoyons au même mot ce qui est relatif à la composition de tous les corps gras que nous avons examinés.

Rancidité. Les graisses exposées à l'air et à la lumière deviennent acides et acquièrent une odeur piquante, qui est connue sous le nom de *rance.* Je me suis assuré que, dans cette circonstance, il se produit un acide volatile, dont l'odeur est très-forte et assez analogue à celle de l'acide acétique. Cet acide peut être obtenu à l'état d'un hydrate incolore plus léger que l'eau, ayant l'apparence d'une huile essentielle ; 100 de cet acide m'ont paru saturer 114,27 de baryte.

Usages. Les graisses sont employées comme combustibles pour l'éclairage, à cause de la grande quantité de carbone et d'hydrogène qu'elles contiennent ; plusieurs le sont comme aliment. La graisse de porc entre dans la composition de quelques préparations pharmaceutiques. Enfin toutes peuvent servir à la fabrication du savon. (CH.)

GRAISSET. (*Erpét.*) On appelle ainsi la raine verte dans quelques unes de nos provinces. Voyez RAINE. (H. C.)

GRAISSON (*Ichthyol.*), un des noms vulgaires du hareng sur les côtes septentrionales de l'Océan. Voyez CLUPÉE. (H. C.)

GRAIS. (*Min.*) Voyez GRÈS. (BRARD.)

GRAJO. (*Ornith.*) Ce nom et celui de *graja* désignent, en espagnol, le geai commun, *corvus glandarius*, Linn. (CH. D.)

GRAKLE (*Ornith.*), nom anglois du choucas , *corvus mone-dula* , Linn. (Cн. D.)

GRALIO. (*Ornith.*) Les anciens donnoient ce nom et ceux d'*agraulo* , *graule* et *grolle* , à la corneille mantelée, *corvus cornix* , Linn. (Cн. D.)

GRALLA (*Ornith.*), nom catalan du geai commun, *corvus glandarius* , Linn. (Cн. D.)

GRALLÆ (*Ornith.*), dénomination latine d'un ordre d'oiseaux de rivage qu'on appelle en françois *gralles* ou *grallipèdes* , et plus généralement *échassiers.* (Cн. D.)

GRALLARIE. (*Ornith.*) On a annoncé, au mot FOURMILIER , que M. Vieillot avoit, sous ce nom, en latin *grallaria* , formé un genre de l'espèce vulgairement appelée *roi des fourmiliers ;* et, quoiqu'on ne l'ait pas, comme ce naturaliste, extraite de la famille à laquelle jusqu'à présent elle avoit été réunie, il n'en est pas moins convenable de faire ici connoître les caractères particuliers que M. Vieillot a donnés à son nouveau genre : ils consistent dans un bec droit, caréné en dessus, échancré et courbé à la pointe de sa partie supérieure ; des jambes élevées et à demi nues ; une queue très-courte ; des ailes courtes et arrondies. (Cн. D.)

GRALLATORES (*Ornith.*), dénomination latine, adoptée par Illiger et par M. Temminck pour désigner les échassiers, *grallæ* de Linnæus, dont les pieds sont longs, grêles et plus ou moins nus au-dessus du genou. (Cн. D.)

GRALLIPÈDES. (*Ornith.*) Ce terme, correspondant à *échassiers* , a été employé par M. Vanderstegen de Putte, dans son Cours d'Histoire naturelle, pour désigner les oiseaux à longs pieds qui fréquentent les marais et en détruisent les animalcules. (Cн. D.)

GRALLINE, *Grallina.* (*Ornith.*) Ce genre a été établi par M. Vieillot, sur une espèce trouvée à la Nouvelle-Hollande et qui existe au Muséum d'Histoire naturelle de Paris. La gralline, qui fait partie de l'ordre des sylvains et de la famille des chanteurs, a pour caractère : Un bec droit et légèrement convexe en dessus ; la mandibule supérieure un peu courbée vers le bout et échancrée : l'inférieure entière ; les narines arrondies : la langue glabre : les tarses longs : les trois doigts antérieurs petits et grêles : l'ongle du doigt postérieur plus robuste et fort crochu; la penne bâtarde courte, et les deuxième et troisième rémiges les plus longues.

La seule espèce connue jusqu'à ce jour est la gralline noire et blanche, *grallina melanoleuca*, Vieil., laquelle est de la taille de la grive-draine, et présente, dans son port, une certaine analogie avec le vanneau huppé. Le mâle a les sourcils, les côtés du cou, le croupion, une grande partie de la queue, le bas de la poitrine et le ventre, blancs; une bande de la même couleur s'étend longitudinalement sur le devant de l'aile, et le reste du plumage est noir, ainsi que les pieds et le bout du bec. La femelle a la gorge et le front blancs. On ne connoît rien sur les mœurs ni sur les alimens de cet oiseau, qui est figuré, pl. E., 32, n.° 1, du Nouveau Dictionnaire d'Histoire naturelle. (Cn. D.)

GRAMALLA. (*Bot.*) Suivant Clusius, les Maures qui habitent le royaume du Decan nomment ainsi la casse purgative. (J.)

GRAME (*Bot.*), nom françois ancien des plantes graminées non céréales, auquel on ajoutoit un surnom pour désigner quelques espèces particulières. Ce nom est encore vulgaire en Provence pour les mêmes plantes : le chiendent des boutiques, *triticum repens*, est le *grama* des Portugais, le *gramenas* des Languedociens; le *panicum sanguinale* est l'ancien grame de la manne, *gramen mannæ*. (J.)

GRAMEN. (*Bot.*) Tournefort et ses prédécesseurs réunissoient sous ce nom toutes les plantes graminées qui n'étoient pas remarquables par un usage économique spécial. Ce genre a été subdivisé avec raison en plusieurs, dont le nombre a été singulièrement augmenté depuis quelque temps. (J.)

GRAMINÉES. (*Bot.*) Famille de plantes très-naturelle et généralement avouée, tirant son nom de celui de *gramen*, sous lequel on désignoit anciennement tous les végétaux organisés comme le blé et les autres plantes céréales, mais dont les graines trop menues ne peuvent former un aliment convenable, ni pour l'homme, ni pour les animaux. On tire pour ceux-ci un parti plus avantageux des autres parties de ces plantes qui donnent un fourrage plus ou moins estimé.

Les graminées sont placées dans la classe des monohypogynes, ou monocotylédones à étamines insérées sous l'ovaire.

Le nombre de ces étamines n'est pas le même dans les différens genres de cette série, dont quelques uns ont de plus, ou des fleurs diclines, males ou femelles, par suite d'avortement, ou des fleurs polygames, c'est-à-dire, unisexuelles, mêlées avec des hermaphrodites. Ces différences avoient échappé à Tournefort, qui, dans sa Méthode, a pu laisser, dans une seule classe, le groupe indivis : elles ont au contraire forcé Linnæus, entraîné par son système, à répartir les graminées, par parcelles, dans plusieurs de ses classes, et de séparer ainsi ce que la nature a évidemment réuni. Cet inconvénient est plus ou moins inhérent à tout système arbitraire. Les principes de la méthode naturelle ne permettent pas cette séparation, et ils prescrivent un autre plan de distribution de ces genres. Pour pouvoir mieux déterminer ce plan, il convient de présenter auparavant le caractère général de la famille.

Les fleurs sont placées ou rassemblées dans des locustes uni ou biflores ou multiflores, nommées épillets par quelques auteurs. Ces locustes sont garnies à leur base d'une ou, plus ordinairement, deux écailles ou spathes, nommées glumes (*calice de Linnæus*), insérées sur le support des fleurs, le plus souvent à des hauteurs différentes, de sorte que l'inférieure embrasse la supérieure. Chaque fleur d'une locuste est également entourée d'une ou, plus ordinairement, de deux autres écailles nommées balles ou paillettes (*corolle de Linnæus*), conformées et disposées de même que les glumes. L'ovaire, placé entre ces balles, est simple, surmonté de deux styles et deux stigmates, le plus souvent garnis à leur sommet de poils en forme d'aspersoir, ou d'un seul style terminé par un ou deux ou trois stigmates pareils. Les étamines insérées sur son support sont ordinairement au nombre de trois, rarement d'une, ou deux ou six (indéfini dans le seul *pariana*). Leurs filets sont distincts. Les anthères, alongées et biloculaires, sont portées, par le milieu, sur leur filet, et libres aux deux extrémités, qui sont bifides ou bilobées par suite de la séparation des extrémités de leurs loges. L'ovaire est encore souvent accompagné de deux petits corps en forme d'écailles, nommés pour cette raison squamules, placés entre les étamines, mais un peu plus extérieurs. Il devient, en mûrissant, une graine (*caryopse de M. Richard*), tantôt nue, tantôt enveloppée dans la balle intérieure subsistante. Cette graine est composée d'un périsperme farineux, creusé, vers sa base, d'une fossette latérale, dans laquelle est placé l'embryon monocotylédone ; l'un et l'autre sont recouverts d'un double tégument membraneux.

Les racines sont ordinairement fibreuses et capillaires : les tiges, ligneuses dans le bambou et quelques roseaux, sont herbacées dans toutes les autres graminées, et connues alors sous le nom de chaume. Elles sont cylindriques, noueuses de distance en distance, et ordinairement fistuleuses dans les intervalles, quelquefois cependant remplies de moelle. De chaque nœud sort une feuille embrassant la tige par sa base, conformée en gaîne fendue d'un côté dans sa longueur, qui se prolonge du côté opposé en une languette plus ou moins longue, plane et ordinairement linéaire. Des gaînes supérieures sortent les fleurs portées sur un axe ou pédoncule commun, et disposées en tête ou en épi simple ou rameux, plus ou moins serré, ou en panicule plus ou moins lâche.

Cette famille, reconnue par tous les botanistes comme très-naturelle, est remarquable par le port des plantes qui la composent, leurs fleurs glumacées, l'unité de graine, l'existence d'un périsperme farineux, la structure et la situation de l'embryon, ainsi que sa manière de germer. Le périsperme, partie la plus volumineuse de la graine, est recouvert d'un double tégument. Il est convexe d'un côté, à la base duquel est pratiquée une fossette dans laquelle est niché l'embryon caché sous les tégumens ; au côté opposé on trouve souvent un sillon dans lequel est cachée la base indivise des styles partant du bas et ne se partageant en deux qu'à la sortie du sillon, de sorte que celles des graminées auxquelles on attribue deux styles, peuvent être regardées plutôt comme n'en ayant qu'un seul, divisé à quelque distance de son origine. Lorsque le style part directement du sommet de la graine, il est plus ordinairement simple et divisé seulement au sommet. La partie de l'embryon, appliquée contre le fond de la fossette, est solide, élargie et convexe en forme de bouclier. C'est le *vitellus* de Gærtner, l'*hypoblaste* de M. Richard ; nous le regardions comme le cotylédon. Sa partie antérieure et externe donne naissance à un autre corps plus petit et plus étroit, presque cylindrique, qui est le *blaste* de M. Richard ; celui-ci est presque cylindrique, libre à ses deux extrémités supérieure et inférieure, et souvent garni antérieurement vers son milieu d'un appendice unguiforme, que M. Richard nomme épiblaste. L'embryon est appliqué contre le périsperme sans lui adhérer, à moins que ce ne soit par sa base au moyen de vaisseaux que l'œil n'aperçoit pas , ou par l'intermède d'un tissu utriculaire. On n'a même pu établir son point de contact avec le style, contact qui existe sûrement et ne peut avoir lieu qu'à la base. Si l'on veut suivre la germination d'une graine de graminées, on observe d'abord qu'elle se renfle sans que le volume et la forme de l'hypoblaste éprouvent aucun changement. Les tégumens commencent à se rompre devant le blaste , qui en même temps prend de l'accroissement. Le périsperme se ramollit : la partie supérieure du blaste, paroissant sortir d'une gaîne , et nourrie probablement par l'hypoblaste et par le périsperme, s'élève, et bientôt, se rejetant sur le côté, laisse échapper , d'une fente ou fossette latérale, une jeune pousse qui est le rudiment de la tige, du côté de laquelle sort bientôt une jeune feuille à base engaînée. Le blaste se prolonge inférieurement en un corps qui paroît être la radicule, mais ne se développe pas à la manière des radicules des graines dicotylédones. Ce corps est bientôt arrêté dans sa croissance , et laisse ensuite échapper, par des fentes latérales, bordées d'un bourrelet, une ou plusieurs autres radicules ou petites racines, revêtues chacune de leur épiderme propre, non continu à celui du corps primitif. Ces radicules deviennent les véritables racines de la plante.

On n'est pas absolument d'accord sur la nature et les fonctions de chacune des parties énoncées : nous avions indiqué dans le *Genera* la partie nommée ici hypoblaste comme le véritable cotylédon, la partie supérieure du blaste comme la plumule, sa portion supérieure rejetée sur le côté comme une première feuille radicale, laissant échapper de sa fente ou gaine la jeune tige. Cette opinion a été adoptée par M. Mirbel et plusieurs autres. M. Richard pense, au contraire, que son hypoblaste fait partie du corps radiculaire, et que la partie supérieure du blaste , rejetée sur le côté, est le vrai cotylédon. Nous nous contentons d'exposer ici ces opinions contradictoires , sans les discuter.

On a encore nommé diversement les parties qui accompagnent ou entourent les organes sexuels. Linnæus y trouvoit un calice ordinairement bivalve, uni ou bi ou multiflore, une corolle toujours uniflore, le plus souvent bivalve, et deux écailles plus intérieures n'existant pas toujours. N'admettant pas de corolle dans les monocotylédones, nous avons, dans le *Genera*, nommé glume, le calice de Linnæus ; sa corolle étoit pour nous un calice ; et nous n'avions pas changé le nom des écailles. Beauvois. dans son Agrostographie, appeloit balle ou *tegmen* l'enveloppe extérieure, composée de deux glumes ; l'enveloppe intérieure est pour lui un stragule, dont les deux parties sont des paillettes, et il nomme lodicules les deux écailles plus intérieures. D'autres, tels que M. Desvaux, font de ces trois ordres d'enveloppes des glumes, des glumelles, des glumellules, sans égard pour les dimensions des glumelles, assez souvent plus grandes que les glumes. Plus récemment M. Turpin (Mém. Mus. Hist. nat., 5, pag. 426) émet une opinion nouvelle. Comparant les enveloppes des graminées à celles des palmiers, et trouvant, avec raison, entre les unes et les autres beaucoup d'analogie, il nomme les deux plus extérieures, bractées communes à une ou plusieurs fleurs ; les deux intérieures, propres à une seule fleur, sont pour lui des petites spathes ou spathelles. Regardant ensuite les deux écailles ou squamules comme ayant de l'affinité avec ce que l'on nomme disque dans d'autres fleurs, et qui est pour lui un phycostème, il applique ce dernier nom à ces écailles. Il les a observées avec soin : lorsqu'elles existent, elles sont le plus souvent au nombre de deux, placées alors sur les deux côtés entre les étamines ; s'il y en a trois, comme il l'a vu dans le bambou, cette dernière est placée devant la spathelle interne dans le point resté nu, lorsqu'il ne s'en trouve que deux. Il observe encore que, lorsqu'il y a six étamines, trois sont opposées intérieurement aux écailles, et trois alternes avec elles.

En ne repoussant point les analogies indiquées par M. Turpin, et en trouvant même qu'il y a identité de fonctions dans quelques organes décrits, il ne nous paroît pas indispensable de changer les noms déjà anciens de ces organes. Le nom de glumes peut être conservé pour les deux parties de l'enveloppe extérieure, surtout si l'on observe que celui de bractée est rarement employé pour les plantes monocotylédones, dans lesquelles on décrit plus ordinairement des spathes. Dans ces mêmes plantes on indique comme spathelles des spathes beaucoup plus petites, cachées sous les premières et accompagnant une fleur. Les deux parties de l'enveloppe intérieure des graminées sont assez souvent plus grandes que celles de l'extérieure, et dès lors un nom diminutif leur convient moins : pourquoi ne les laisseroit-on pas sous le nom plus usité de balles ou paillettes? Quant aux écailles plus intérieures, est-il certain qu'elles participent de la nature d'un disque, et ne pourroit-on pas également ou mieux les prendre pour deux divisions d'un vrai calice, d'après leur situation relativement aux étamines et au pistil? Jusqu'à ce que la question soit décidée, on peut toujours les reconnoître sous le nom ancien d'écailles ou squamules, sous lequel on les désigne plus généralement.

Si, en attendant de nouvelles observations, les noms de glumes, paillettes et squamules sont conservés, il n'est plus question que de tirer des distinctions génériques, soit de la forme et grandeur respective de ces parties, soit de la considération des étamines et ovaires, réunis ou séparés, des styles, stigmates et graines. En examinant de plus près ces divers caractères, il faut déterminer quels sont les plus généraux, les plus propres à établir des sections dans la famille. Les auteurs qui se sont occupés spécialement des graminées, entre lesquels on distinguera Beauvois et M. Kunth, n'ont pas été d'accord sur le degré d'importance de ces caractères, et chacun a basé sa méthode sur ceux qui lui paroissoient avoir plus de valeur. Il en est résulté, de leur part, une série de bonnes observations qui ont fait mieux connoître les divers genres, dont ils ont singulièrement augmenté le nombre.

Mais, comme il n'est pas certain que les caractères adoptés par eux soient les plus importans, ceux qui peuvent donner les meilleures divisions, nous reviendrons à la division ancienne présentée dans le *Genera*, modifiée cependant en plusieurs points, d'après les observations de ces auteurs.

Le caractère du style double ou simple, que nous avions mis d'abord en première ligne, devient moins important si l'on reconnoît que le style double peut être assimilé à un style simple, mais court, et surtout prolongé en deux longs stigmates, puisque ces deux manières d'être ont lieu dans des graminées presque congénères. D'ailleurs, le style, vraiment simple et terminé par un seul stigmate ou par deux ou trois stigmates très-courts, n'existe que dans un petit nombre, tels que le *nardus*, le *zea*, le *pharus*, etc., qui ont même une grande affinité avec des genres à style double.

Il faut encore ne pas attacher une grande valeur au nombre des étamines, puisque le *cinna*, qui en a une seule, ne peut s'éloigner de l'*agrostis*, qui en a trois; que le *pariana*, remarquable par quarante étamines, se rapproche de l'orge et du blé; que le *leersia* a des espèces à une, à trois, à six étamines: que l'*andropogen*, qui en a ordinairement trois, n'en présente qu'une dans deux espèces.

On pourroit tirer quelque parti de l'absence des organes sexuels, dans quelques fleurs qui sont ainsi mâles ou femelles ou neutres, mêlées à des hermaphrodites dans la même locuste: mais ces différences sont souvent le résultat d'un simple avortement de ces organes, comme on le voit dans le froment, qui a toujours des fleurs avortées dans chaque locuste; dans l'orge, dont quelques espèces ont des fleurs toutes hermaphrodites, et d'autres ont des fleurs mâles et des hermaphrodites mêlées ensemble. Cependant ce caractère peut n'être pas négligé pour signaler quelques sous-divisions.

Celui que l'on tire de l'existence de fleurs mâles et de fleurs femelles dans des locustes différentes, est plus important, parce qu'il appartient mieux à la fructification, et qu'il n'est point l'effet d'un avortement, surtout quand ces locustes sont portées sur des épis différens ou sur des panicules distinctes, comme dans le *zea* et le *zizania*. Cette séparation des organes sexuels doit caractériser parfaitement une division, peu nombreuse à la vérité, de la famille des graminées.

On est plus embarrassé pour distribuer convenablement les autres plantes de cette série naturelle, si semblables entre elles, qu'à l'exception de quelques plantes céréales, telles que le froment, l'orge, le seigle, etc., elles ne formoient anciennement qu'un seul genre.

Elles diffèrent, en effet, principalement par le nombre, la

forme et la disposition des glumes et des paillettes, qui ne font pas veritablement partie de la fructification, mais qui l'entourent simplement, comme les spathes des autres monocotylédones ou les bractées de plusieurs dicotylédones.

Tournefort et ses prédécesseurs, qui n'avoient point saisi ces différences, et pour lesquels, à l'exception de quelques céréales devenues l'objet d'une grande culture, toutes les autres graminées formoient un seul grand genre, s'étoient contentés de les distinguer d'abord par l'inflorescence ou la disposition générale des locustes. Dans leurs phrases descriptives, servant de nomenclature, les prénoms *gramen spicatum*, *gramen loliaceum*, étoient appliqués aux espèces dont les locustes étoient portées en épi serré ou lâche, sur un axe simple non divisé, comme on le voit dans le blé et dans l'ivraie. *lolium*. Ils nommoient *gramen dactylon* celles dont plusieurs épis étoient portés sur un point commun en forme de main ouverte : *gramen paniculatum*, *gramen avenaceum*, celles qui avoient les locustes disposées en panicules plus ou moins lâches, plus ou moins ramifiées, comme dans l'avoine, la brize, le brome, le paturin. Ces différences, faciles à saisir, ont dû naturellement prévaloir, chez ces anciens, sur celles moins apparentes que leurs successeurs ont employées pour baser leurs distinctions d'ordres et de genres. Si l'on se rappelle maintenant que celles-ci sont, le plus souvent, fondées, non sur les vrais organes de la fructification, mais sur des organes accessoires, on reconnoîtra en même temps que l'inflorescence, qui est également un caractère accessoire, peut entrer en concurrence avec ces organes pour établir des divisions principales, et suffire pour séparer deux plantes semblables d'ailleurs par les considérations tirées des glumes et des paillettes. Quelques autres familles, telles que les asphodelées, les verbenacées, les urticées, etc., fournissent des exemples d'un heureux emploi de l'inflorescence pour l'établissement de sections principales.

C'est d'après ces considérations, et en reconnoissant l'insuffisance des méthodes de distributions établies antérieurement, que nous continuons de proposer la séparation primitive des fleurs en épis et des fleurs paniculées, déjà exécutée en partie, mais très-imparfaitement, dans le *Genera*. Chacune de ces séries seroit ensuite subdivisée diversement. On distingueroit, dans les paniculées, les locustes uniflores et les mul-

tiflores. Parmi ces dernières, on passeroit séparément en re-
vue, comme nous l'avons déjà fait, celles dont toutes les fleurs
sont hermaphrodites, et celles qui ont des fleurs unisexuelles
ou neutres, mêlées avec des hermaphrodites. Si l'on passe aux
locustes en épis, on remarquera que les unes, portées sur un
axe indivis, nommé rachis ou rafle, forment, par leur assemblage, un épi simple. Les autres sont disposées sur des épis
partiels ou épillets, lesquels sont eux-mêmes insérés sur un
axe commun, soit sur un même point, ce qui constitue les
graminées digitées; soit sur des points différens et à diverses
hauteurs, d'où résulte une fausse panicule, ou plutôt un épi
composé, tantôt serré, par le rapprochement des épillets,
tantôt lâche par suite de leur écartement. Ces dernières éta-
bliroient la transition aux vraies paniculées, distinctes par
leurs ramifications plus nombreuses. Les épillets digités, réduits
quelquefois à deux, conduiroient naturellement aux épis
simples. Ceux-ci sont plus ou moins alongés, quelquefois
raccourcis sous forme ovale ou sphérique, quelquefois garnis
de locustes dans tout leur contour. Plus souvent ces locustes
sont distiques, c'est-à-dire disposées sur deux rangs opposés et
implantées sur les dents de la rafle; tantôt solitaires sur chaque
dent; tantôt deux ou plusieurs ensemble sur chacune, avec
ou sans involucre commun. Quelques genres à tige ligneuse,
laissant échapper latéralement de ses nœuds des faisceaux
d'épis simples ou composés, entourés de feuilles à leur base,
peuvent, à raison de ce port particulier, former une section
distincte; et dans deux dernières on placeroit ceux qui ont
des locustes mâles et des femelles dans le même épi, ou séparées dans des panicules ou des épis différens. Il resteroit à la
fin un petit nombre de genres dont la description est incomplète, ou qui ne peuvent se rapporter exactement aux sections
précédentes.

En proposant cette distribution, tirée primitivement de
l'inflorescence, on ne se cache pas qu'elle peut être défec-
tueuse en plusieurs points; que des espèces qui passent pour
congénères, présentent, les unes des épis, les autres des panicules, comme on l'observe dans le *panicum* de Linnæus : mais
il n'est pas constant que ce genre, caractérisé d'abord par une
troisième glume, et ensuite par une fleur avortée ou mâle, soit

naturel, puisque déjà on en a séparé beaucoup d'espèces pour en faire des genres distincts. Quelques *paspalum*, à épis géminés, pourroient être reportés dans la section des épis digités. On peut ranger, dans les sections à épis simples, deux ou trois *melica* et autant d'*uniola*. On en pourra dire autant de plusieurs autres qui offrent les mêmes assemblages. De plus, si on examine avec attention l'*aristida*, le *streptachne* et le *stipa*, on pourra les faire passer des sections paniculées à celles à épis. Au reste, cette distribution paroit plus conforme au port des plantes, ce qui peut faire supposer qu'elle s'écarte moins de la nature. La série des genres que nous soumettons ici à l'examen, n'est probablement pas exempte d'erreurs et de fausses applications, parce que nous n'avons pu les observer tous. Il ne faut la regarder que comme un projet susceptible de beaucoup de changemens et d'améliorations. On adopte ici la nomenclature de Linnæus, rectifiée par les additions et les changemens nombreux de Palisot-Beauvois, de MM. Robert Brown, Kunth et Desvaux, avec les rapprochemens indiqués par eux; ce qui nous dispensera de citer ces auteurs à chaque nom. Un point d'interrogation sera ajouté aux genres dont la place ne paroît pas encore bien déterminée. Ceux qui paroissent devoir être réunis à d'autres comme simples espèces, sont cités à leur suite entre deux parenthèses et en lettres italiques. On sera peut-être dans le cas de revenir sur plusieurs de ces déterminations, quoique déjà adoptées en partie par quelques uns des auteurs cités.

SECTION Ire Locustes paniculées.

§. 1. Locustes uniflores hermaphrodites.

GENRES : Podosemum (*trichochloa, tosagris*), Sporobolus, Cinna, Agrostis (*vilfa, apera*), Trichodium (*agraulus*), Calamagrostis (*achnaterum*), Pentapogon, Trichoon, Aristida (*curtopogon, chœtaria, arthratherum*), Streptachne, Stipa (*orizopsis, jarava*), Leersia (*asprella, homalocenchrus*), Oryza, Milium (*piptatherum*).

§. 2. Locustes uniflores hermaphrodites, avec le rudiment d'une fleur avortée, et locustes pauciflores, contenant des fleurs mâles ou femelles ou neutres, mêlées à des fleurs hermaphrodites.

GENRES : Anisopogon, Deyeuxia, Graphephorum, Ichnanthus, Chrysurus?, Panicum (*streptostachys?, melinis*), Torrezia (*disarrenum, savastana, hierochloe* Gm. ; *hierochloa* R. Br., *arista*, Forst.?) Anthoxanthum, Arrhenaterum, Ehrharta (*trochera, tetrarrhena, microlena*), Arthraxon, Anthistiria, Calamina (*themeda, sehima*), Sorghum, Ectrosia, Triraphis, Pappophorum, Anthenantia, Isachne, Melica, Molinia, Uniola, Cœlachne.

§. 3 .Locustes bi- ou multiflores, à fleurs toutes hermaphrodites.

GENRES : Airopsis, Eriachne (*achneria*), Aira (*corinophorus, deschampsia*), Catabrosa, Avena (*trisetaria, trisetum*), Pentameris, Danthonia, Holcus, Arundo, Donax, Gynerium, Dactylis, Glyceria, Centotheca, Festuca, Tricuspis, Ceratochloa, Bromus (*schœnodorus*), Calotheca (*cascoelytrum*), Briza, Poa (*orthoclada, eragrostis, megastachya*), Triodia (*sieglingia, bruchatera*), Schismus.

SECTION II. Locustes uni- ou multiflores, hermaphrodites ou polygames, disposées en épis composés, c'est-à-dire, rassemblées plusieurs sur des axes partiels en épillets réunis en un épi sur divers points d'un axe commun.

§. 1. Epillets très-rapprochés et courts, formant un épi serré sous forme d'épi simple.

GENRES : Polypogon (*colobachne, chœturus*), Gastridium, Clomena, Koelera, Phalaris (*chilochloa*), Lagurus, Alopecurus, Imperata, Eriochrysis, Psamma, Urochloa, Setaria, Penicillaria.

§. 2. Epillets courts, en forme de faisceaux, ou un peu plus alongés, écartés sur l'axe commun.

GENRES : Muhlenbergia (*dilepyrum*), Polyodon, Dinebra (*dimba, heterostecha*), Spartina (*trachinotia, limnetis*), Streptostachys?, Monachne (*paractenum*), Beckmannia, Eriochloa? Oplismenus (*orthopogon, echinochloa, panica spiculato-spicata*), Hymenachne.

§. 5. Epillets longs, portant les locustes d'un seul côté, rassemblés en épi composé, plus grand, ayant la forme d'une panicule.

GENRES : Reimaria, Paspalum (*ceresia, axonopus*), Thrasya, Diectomis? Leptochloa, Rabdochloa, Diplachne, Gymnopogon, Erianthus, Perotis, Saccharum.

SECTION III. Locustes uni- ou multiflores, hermaphrodites ou polygames, rassemblées en épillets fasciculés ou digités, portés sur un point commun.

GENRES : Andropogon (*anatherum*, *heteropogon*), Colladoa, Ischœmum (*meoschium*), Trachys, Tripsacum, Chloris (*eustachys*), Dimeria, Digitaria (*syntherisma*), Cynodon (*fibichia*), Eleusine (*dactyloctenium*).

SECTION IV. Locustes uni- ou multiflores, hermaphrodites ou polygames, disposées en épi simple, sur un axe commun non divisé.

§. 1. Locustes en épi serré, portées sur tous les points de l'axe commun.

GENRES : Heleochloa, Crypsis (*antitragus, pallasia*), Phleum (*achnodonton*), Tetrapogon, Enneapogon, Nevrachne, Trichœta, Pogonatherum, Echinaria, Echinopogon, Dipogonia (*diplopogon*).

§. 2. Locustes solitaires, écartées et pédonculées sur l'axe commun.

GENRES : Heterostega, Pentarraphis, Triæna, Triplasis ?, Diarrhena ?, Atheropogon (*bouteloa*), Brachyelitrum (*dilepyrum*).

§. 3. Locustes portées d'un seul côté de l'axe commun, et formant un épi latéral serré.

GENRES : Campulosus, Chondrosum (*actinochloa*), Thuarea (*microthuarea, echinolœna?*), Triathera, Microchloa, Mibora (*micagrostis, sturmia, knappia, chamagrostis*).

SECTION V. Locustes uni- ou multiflores, hermaphrodites ou polygames, rapprochées et sessiles sur l'axe commun, sur deux rangs opposés.

§. 1. **Deux ou plusieurs locustes sur chaque dent de l'axe, entourées d'un involucre commun.**

Genres : Cynosurus, Hilaria, Antephora, Cenchrus, Elytrophorus, Peunisetum, Gymnotrix, Cornucopiæ ?

§. 2. **Deux ou plusieurs locustes sur chaque dent de l'axe, dépourvues d'involucre commun.**

Genres : Elymus (*gymnostichum, cuviera*), Hordeum (*zeocriton*), Pariana, Lycurus, Ægopogon ? (*amphipogon*), Tragus ? (*lappago*), Elyonurus, Peltophorus, Manisuris ?

§. 4. **Locustes solitaires sur chaque dent de l'axe commun.**

Genres : Zoysia (*zoydia, matrella*), Nardus, Ophiurus, Monerma, Lepturus, Rottbolla (*stegosia, cymbachne*), Hemarthria, Lodicularia, Pommereulla, Sclerochloa ?, Sesleria, Lolium, Gaudinia, Streptogyna, Ægylops, Chamæraphis ? Secale, Triticum, Agropyrum (*elytrigia*), Brachipodium.

Section VI. Locustes éparses sur des rameaux simples et fasciculés ; faisceaux entourés de feuilles à leur base, et terminaux, ou portés sur le côté de divers points de la tige, ordinairement ligneuse.

Genres : Spinifex, Arundinaria (*miegia, ludolfia*), Stemmatospermum, Nastus, Bambusa.

Section VII. Locustes mâles et locustes femelles dans le même épillet ou la même panicule.

Genres : Pharus, Xerochloa, Leptaspis ? Apluda ? Zeugites ?

Section VIII. Locustes mâles et locustes femelles, séparées sur des panicules ou épis différens, ou sur divers points d'un même épi.

Genres : Olyra, Litachne, Potamophila ?, Zizania, Hydrochloa, Luziola, Coix, Zea.

Genres moins connus, non rapportés aux sections précédentes. Lygeum, Remirea, Diaphora, Raphis. (J.)

GRAMINIFOLIA. (*Bot.*) Ce nom a été donné par quelques auteurs à des plantes qui ont des feuilles semblables à celles des graminées, par Morison et Rai; à la pilulaire, genre de la famille des salviniées, par Dillen; au *zanichellia*, qui appartient aux potamées, par Plukenet; au *subularia*, rangé parmi les crucifères. (J.)

GRAMMARTHRON. (*Bot.*) [*Corymbifères*, Juss.; *Syngénésie polygamie superflue*, Linn.] Ce genre de plantes, que nous avons proposé dans le Bulletin de la Société philomathique de février 1817, appartient à la famille des synanthérées, à notre tribu naturelle des sénécionées, et à la section des sénécionées-doronicées, dans laquelle nous le plaçons immédiatement auprès du *doronicum*, dont il diffère par le clinanthe inappendiculé, par les ovaires de la couronne qui sont aigrettés, aussi bien que ceux du disque, et par la structure de l'article anthérifère. Les botanistes confondent le *grammarthron* avec l'*arnica*: mais le vrai genre *Arnica*, c'est-à-dire celui qui a pour type l'*arnica montana*, n'a point d'analogie avec les doronicées, et même il appartient à une tribu naturelle autre que celle des sénécionées. Pour éviter les répétitions, nous renvoyons le lecteur à notre article Doronic (tom. XIII, pag. 454), où il trouvera une petite dissertation sur le genre *Arnica*. Voici les caractères génériques du *grammarthron*.

Calathide radiée; disque multiflore, régulariflore, androgyniflore; couronne unisériée, liguliflore ou biliguliflore, féminiflore; péricline supérieur aux fleurs du disque, formé de squames à peu près égales, trisériées, lancéolées, foliacées; clinanthe inappendiculé; ovaires courts, cylindracés, striés, velus, tous aigrettés; aigrette composée de squamellules filiformes, plus ou moins barbellulées; étamines ayant l'article anthérifère bordé de deux bourrelets longitudinaux, cartilagineux, jaunes, épais. Les fleurs de la couronne ont quelquefois des rudimens filiformes d'étamines avortées; leur corolle, ordinairement ligulée, est quelquefois biligulée, à languette intérieure beaucoup plus courte que l'extérieure, indivise, parabolique.

Grammarthron a grande calathide : *Grammarthron scorpioides*, H. Cass.; *Arnica scorpioides*, Linn. C'est une plante herbacée, à racine vivace. Sa tige, haute d'environ un pied et demi, est simple ou presque simple, épaisse, cylindrique,

striée, parsemée de quelques poils, et dépourvue de feuilles
en sa partie supérieure. Les feuilles sont alternes, dissemblables et inégales, d'autant plus courtes qu'elles sont plus
élevées sur la tige, bordées de dents écartées, aiguës, presque
glabres sur les deux faces, mais comme ciliées sur les bords
par des poils : les radicales et celles qui occupent la partie
basilaire de la tige, sont inégales, elliptiques, portées sur de
longs pétioles inégaux, linéaires, membraneux ; les feuilles
caulinaires inférieures sont comme pétiolées, à pétiole membraneux, élargi et denté à la base ; les supérieures sont sessiles, demi-amplexicaules, ordinairement lancéolées, souvent
échancrées en cœur à la base, dentées surtout inférieurement.
La calathide, large de deux pouces et demi, et composée de
fleurs jaunes, est solitaire au sommet de la tige ; il y a quelquefois deux calathides, quand la tige est divisée supérieurement en deux rameaux. Les squamellules des aigrettes ne
paroissent point barbellulées, mais striées longitudinalement,
parce que les barbellules sont entre-greffées. Les fleurs de la
couronne ne nous ont point offert de rudimens d'étamines
avortées. Nous avons décrit cette plante sur des échantillons
secs de l'herbier de M. Desfontaines. Elle habite les lieux
humides des hautes montagnes, au bord des torrens : on la
trouve en France, dans l'Auvergne et le Dauphiné.

GRAMMARTHRON BILIGULÉ : *Grammarthron biligulatum*, H. Cass.;
Arnica doronicum, Jacq. La tige est herbacée, simple, dressée, flexueuse, anguleuse, striée, parsemée de quelques poils
roides, épars. Les feuilles radicales sont très-inégales, et portées sur de très-longs pétioles inégaux, linéaires, membraneux ;
leur limbe est orbiculaire ou elliptique, presque entier, garni
de longs poils sur les bords. Les feuilles caulinaires sont alternes, à limbe parsemé de longs poils, rares sur les deux
faces, nombreux sur les bords : les inférieures sont pétiolées,
et assez semblables aux radicales ; les supérieures sont sessiles,
demi-amplexicaules, oblongues, un peu dissemblables, ordinairement obtuses au sommet, longues de plus de deux pouces,
larges d'environ huit lignes, irrégulièrement et inégalement
dentées, à dents aiguës, écartées, séparées par des sinus
arrondis. La partie supérieure de la tige, presque dépourvue
de feuilles, mais hérissée de poils, porte sur son sommet une

seule calathide, large d'un pouce et demi, et composée de fleurs à corolle jaune ; son péricline est hérissé de longs poils ; les squamellules des aigrettes sont un peu barbellulées. Les fleurs de la couronne ont quelques rudimens filiformes d'étamines avortées, inclus avec le style, dans le tube de la corolle ; celle-ci a le tube long, et le limbe biligulé, à languette extérieure beaucoup plus longue, tridentée au sommet, et à languette intérieure courte, parabolique ou semi-ovale, arrondie au sommet, indivise. Nous avons étudié cette espèce dans l'herbier de M. Desfontaines, sur un échantillon en mauvais état, accompagné de cette étiquette : *Arnica doronicum*, Decand., Fl. Fr. La description qu'on vient de lire a été faite par nous sur cet échantillon. C'est, suivant M. Decandolle, une plante haute de huit à douze pouces, à racine vivace, noueuse, oblique, épaisse, qui habite les Hautes-Alpes, dans les lieux pierreux, près des neiges qui se fondent, et qui a été trouvée en Dauphiné, par Villars, dans le Queyras, sur le Mont-Vizo et le Col-Vieux.

GRAMMARTHRON A FEUILLES OPPOSÉES : *Grammarthron oppositifolium*, H. Cass. ; *Doronicum nudicaule ?* Mich. Racine fibreuse, noirâtre ; tige herbacée, très-simple, dressée, haute d'un pied et demi, cylindrique, légèrement striée, pubescente ; feuilles radicales longues d'environ deux pouces, larges d'environ dix lignes, elliptiques, étrécies inférieurement en une sorte de pétiole membraneux, irrégulièrement sinuées sur les bords, obtuses au sommet, garnies sur les deux faces de longs poils mous, plus nombreux sur la face supérieure que sur l'inférieure qui est grisâtre ; feuilles caulinaires, au nombre de quatre, opposées, sessiles, petites, oblongues, obtuses, preque entières ou bordées de petites crénelures très-distantes, et parsemées de points transparens, glanduleux ; les deux paires de feuilles très-distantes l'une de l'autre ; les feuilles de la paire supérieure plus petites ; trois calathides terminant la tige, portées sur des pédoncules alternes, longs, grêles, nus, accompagnés à la base d'une bractée subulee ; chaque calathide large d'un pouce, et composée de fleurs jaunes. Les squamellules des aigrettes sont très-barbellulées. Nous avons fait cette description sur un échantillon sec appartenant à l'herbier de M. Desfontaines, où il est étiqueté : *Doronicum nudicaule?* Mich. , *Am. sept.* La calathide que nous avons analysée étoit en très-mauvais état. Cette espèce habite les lieux ombragés dans les forêts de l'Amérique septentrionale. (H. Cass.)

GRAMMATITE. (*Min.*) M. Haüy avoit donné ce nom à une substance minérale blanche, disposée en cristaux rhomboïdaux, aplatis, divergens et basilaires, qui s'étoit trouvée pour la première fois dans la vallée de *Lévantine* ou dans celle de *Trémola*, près du Saint-Gothard. Ce minéral avoit reçu les noms de *grammatite* et de *tremolite* : le premier parce qu'on avoit remarqué que ses prismes offroient souvent dans leur cassure transversale une ligne distincte qui passe par les deux angles aigus de leur base et en représente naturellement la grande diagonale; le second , parce qu'il dérivoit du nom de la vallée où elle paroît avoir été découverte , et c'est sous celui-ci que Saussure en a donné une bonne description dans ses Voyages Géologiques, §. 1923 et suivans.

Depuis quelques années MM. Cordier et Haüy ont reconnu que la grammatite n'est qu'une simple variété de l'amphibole, dont les deux extrêmes, opposés en couleur, se rapprochent insensiblement, par les nuances de l'amphibole qui passent du noir de jais au gris noirâtre, et par celles de la grammatite qui passent du blanc nacré jusqu'au gris verdâtre et au gris noirâtre. La même identité a été reconnue dans une autre substance découverte en Sibérie , sur les bords du lac Baïkal, et nommée d'abord baïkalite, et ensuite grammatite.

M. de Bournon ne partage point cette opinion ; il insiste même très-fortement pour que l'on conserve à la grammatite une place séparée dans la méthode : il prétend avoir reconnu des différences, marquées même dans la valeur des angles, ainsi que dans les caractères physiques, et particulièrement dans la dureté. Quant à la phosphorescence, qui est d'autant plus sensible dans la grammatite que sa texture est plus lâche , et que les cristaux sont plus petits et plus asbestiformes, il paroît qu'on doit l'attribuer à la chaux carbonatée seule, ou dolomie , dans laquelle on l'a presque toujours trouvée, et dont elle est fortement pénétrée. La grammatite forme une espèce de roche à base de dolomie, mélangée de cette substance , soit en cristaux droits et aplatis , soit en aiguilles flabelliformes, étoilées ou disposées en gerbes ou en aigrettes. Elle abonde aux environs du Saint-Gothard, et se trouve, avec de légères modifications, dans différens cantons de la Sibérie et de la Tartarie chinoise. Voyez Amphibole. (Brard.)

GRAMMICA. (*Bot.*) Le genre que Loureiro décrit sous ce nom a le port et presque tous les caractères de la cuscute, dont il ne diffère que par le fruit, qui est dit charnu et de même rempli de quatre graines, mais dans une seule loge; et il n'est point dit qu'il ait des écailles dans l'intérieur de la corolle. Il paroît donc que ce genre doit être supprimé. (J.)

GRAMMISTE. (*Ichthyol.*) M. Schneider a établi sous ce nom un genre de poissons que M. Cuvier a adopté, et qui appartient à la famille des acanthopomes de M. Duméril, et à la cinquième tribu de celle des perches de M. Cuvier. Ce genre offre les caractères suivans :

Gueule fendue, garnie de dents en velours ; écailles à peine perceptibles ; deux ou trois piquans au préopercule, et autant à l'opercule ; point d'aiguillon à la nageoire anale.

Ce genre, très-voisin de celui des microptères de M. de Lacépède, a pour type un poisson des Indes, le *grammistes orientalis*, Schneider. Seba paroit en avoir figuré une espèce (III, XXVII, 5), et il en existe encore une autre dans les Galeries du Muséum d'Histoire naturelle de Paris. (H. C.)

GRAMMITES. (*Min.*) On donnoit ce nom aux pierres dont les couleurs présentent quelques ressemblances avec des caractères ou des figures rectilignes, et particulièrement à la roche connue sous le nom de *granite graphique*. Voyez Pegmatite. (Brard.)

GRAMMITIS. (*Bot.-Crypt.*) Dans ce genre de la famille des fougères, établi par Swartz et adopté par les botanistes, la fructification est disposée en paquets ou sores oblongs, presque linéaires, droits, épars et nus, c'est-à-dire, privés d'*indusium* ou involucre. Il est voisin du genre *Polypodium*; dans celui-ci la fructification est également en petits paquets nus et épars, mais ronds ; il est surtout voisin du *ceterach*, dans lequel la fructification est en lignes transversales. On doit même faire observer ici que ce dernier genre fait partie du *grammitis* de Swartz, et que peut-être il seroit convenable de l'y réunir de nouveau.

Les espèces de ce genre sont assez nombreuses; on en compte

plus de vingt. A l'exception d'une seule qui croît dans le midi de l'Europe, toutes les autres sont exotiques. Elles faisoient partie autrefois des genres *Asplenium*, *Polypodium*, *Blechnum*, et *Acrostichum*, c'est-à-dire qu'elles ressemblent aux espèces de ces genres.

§. 1. *Fronde simple.*

1. GRAMMITIS LINÉAIRE : *Grammitis linearis*, Swartz, *Syn.*; Schkuhr, *Crypt.*, pag. 8, tab. 7; *Asplenium angustifolium*, Jacq., *Ic. rar.*, 1, t. 199. Fronde linéaire pointue, entière; sores enfoncés; stipe velu. Cette jolie petit espèce, remarquable par sa fructification enfoncée, croît dans les montagnes bleues à la Jamaïque et à Madagascar, sur les arbres, parmi la mousse.

2. GRAMMITIS NAIN : *Grammitis pumila*, Swartz, *Synops. Filic.*, 419 et 214. Fronde linéaire, filiforme, très-entière, garnie en dessous, près de la pointe, à la place de la nervure, d'une seule ligne fructifère; racine filiforme, rampante, poilue. Cette petite espèce, qui ressemble à du gazon fin, haute d'un pouce environ, croît dans l'île Maurice. C'est très-probablement le *pteris graminea*, Lamk., que M. Desvaux place avec doute dans son genre *Monogramma*.

3. GRAMMITIS MYOSUROÏDE : *Grammitis myosuroides*, Swartz, *Syn.*, *Fil.*, 22 ; Schkuhr, *Crypt.*, pag. 9, tab. 7; Willd., *Spec.*, 5, pag. 142. Fronde linéaire, ailée, dentelée, à découpures supérieures fructifères, découpures inférieures pinnatifides; stipe très-alongé, en forme de queue fructifère. Cette fougère n'a guère plus d'un pouce de hauteur. Elle se fait remarquer par ses feuilles, les unes pinnatifides-dentées, courtement stipitées, à découpures ovales; les supérieures portant la fructification; les autres pinnatifides, à trois ou cinq découpures demi-ovales, et terminées par le stipe extrèmement alongé, denticulé et fructifère. Elle croît dans les mousses des hautes montagnes de la Jamaïque.

4. GRAMMITIS HETEROPHYLLA : *Grammitis heterophylla*, Labill., *Nov. Holl.*, 2, pag. 90, tab. 239. Fronde entière ou pinnatifide; découpures obtuses, entières ou dentées. Cette petite espèce croît à la terre de Van-Diemen, à la Nouvelle-Hollande.

§. 2. *Fronde composée.*

5. Grammitis en cœur : *Grammitis cordata*, Sw., *Syn. Fil.*, 23 et 217 ; *Acrostichum cordatum*, Thunb. Fronde ailée, couverte en dessous de paillettes écailleuses ; découpures en cœur, oblongues, crénelées, à bord sinueux. Cette espéce, qui ressemble à l'*acrostichum marantæ* (plante d'Europe), croît au cap de Bonne-Espérance. Ses frondes sont assez souvent deux fois pennées ou ailées ; les sores sont parallèles à la côte des frondes.

6. Grammitis a petites feuilles : *Grammitis leptophylla*, Sw., *Syn. Filic.*, 23 et 118, tab. 1 , fig. 6 ; *Polypodium leptophyllum*, Linn.; *Magn. Monsp.*, 5 , tab. 5 ; *Asplenium leptophyllum*, Cav., *in Ann. Sc. nat.*, 5 , pag. 13 , tab. 41, fig. 3 ; *Acrostichum leptophyllum*, Decand., Flor. fr., n.° 1432 ; Barr., *Ic.*, tab. 431. Fronde simplement ailée ou deux fois ailée, très-glabre ; découpures cunéiformes, lobées, arrondies. La synonymie de cette plante indique l'embarras qu'éprouvent les botanistes dans sa classification. Linnæus avoit fait remarquer qu'elle étoit intermédiaire entre les genres *Osmonda*, *Polypodium* et *Acrostichum*. Ce grammitis croît en Provence, en Languedoc, ainsi qu'en Espagne, en Corse, dans le midi de l'Italie et même, dit-on, en Barbarie. Elle forme de petites touffes composées de frondes stériles longues d'un pouce, et de frondes fertiles longues de plus de trois pouces. La fructification paroît d'abord sous forme de lignes, puis elle couvre toute la surface inférieure de la fronde. (Lem.)

GRAMPUS (*Mamm.*), nom que les Anglois donnent à plusieurs espéces de dauphins, mais principalement au *physeter tarsio*, Linn. (F. C.)

GRAN (*Bot.*), nom sous lequel est connu, dans le Danemarck, la Suède et la Norwége, le sapin épicia, *abies picea*, au rapport de Gunner, auteur de la Flore de Norwége. (J.)

GRANADIÉ (*Ichthyol.*), nom nicéen des lépidolèpres de M. Risso. Voyez Lépidolèpre. (H.C.)

GRANADILLA. (*Bot.*) Tournefort et Adanson nomment ainsi la grenadille ou fleur de passion, *passiflora* de Linnæus, genre assez nombreux en espèces, et qui est le type de la nouvelle famille des passiflorées. (J.)

GRANAJUOLO. (*Bot.*) Petit agaric comestible, qui croit aux environs de Florence, où il porte spécialement le nom de *granajuolo bianco.* Selon Micheli, son chapeau est blanc, visqueux, à feuillets gris de souris ; son stipe est blanc et colleté. Cette espèce est ainsi nommée parce qu'elle a souvent de la terre ou des feuilles collées à son chapeau : c'est le *balayeur gris* de Paulet. (Lem.)

GRANAOU. (*Ichthyol.*) Suivant M. Risso, on donne ce nom à la *trigle grondin,* sur les côtes de Nice. Voyez Trigle. (H.C.)

GRANATINUS (*Ornith.*), nom sous lequel Brisson désigne la 67ᵉ espèce de son genre Moineau, le grenadin, *fringilla granatina,* Linn. (Ch.D.)

GRANATITE. (*Min.*) Voyez Grenatite, Staurotide. (Brard.)

GRANATUM. (*Bot.*) L'arbre que Rumph nomme ainsi dans l'*Herb. Amboin.*, paroit être congénère du *carapa* d'Aublet, genre admis par MM. Lamarck, Willdenow et Persoon. (Voyez Carapa.) Il faut encore y réunir le *xylocarpus* de Kœnig, que les derniers, ainsi que Schreber, ont regardé comme genre distinct. Le *persoonia* de Willdenow, est aussi congénère. Il faut encore se rappeler que le grenadier est nommé *malum granatum, malus granata,* par quelques auteurs anciens. (J.)

GRAND, GRANDE. (*Bot.*) Ce nom, préposé à un autre nom de plante, sert à désigner divers végétaux de genres très-différens. Le Botaniste-Cultivateur, de M. de Courset, en offre la série suivante. Le grand baumier est le *populus nigra ;* le grand bluet, *centaurea montana ;* la grande centaurée, *centaurea centaurium ;* la grande ciguë, *cicuta maculata, conium maculatum,* Linn.; la grande douve, *ranunculus lingua ;* la grande gentiane, *gentiana lutea ;* la grande marjolaine, *origanum vulgare ;* la grande marguerite, *chrysanthemum leucanthemum ;* la grande pimprenelle, *sanguisorba officinalis ;* la grande pimprenelle d'Afrique, *melianthus major ;* le grand mouron, *senecio vulgaris ;* le grand pin maritime, *pinus tatarica* de Muller ; le grand raifort, *cochlearia armoracia ;* le grand sençon d'Afrique, *arctotis laciniata ;* le grand soleil, *helianthus annuus ;* le grand soleil d'or, *narcissus tazetta.* On peut ajouter encore le grand roseau, *arundo donax ;* le grand jonc des marais, *scirpus lacustris ;* la grande aristoloche, *aristolochia sypho ;* le grand plantain, *plantago major ;* le grand beccabunga, *veronica beccabunga ;* le grand frêne, *fraxi-*

nus excelsior; la grande consoude , *symphytum consolida;* le grand liseron , *convolvulus sepium;* la grande pervenche , *vinca major;* la grande valériane, *valeriana officinalis major;* la grande chélidoine ou grande éclaire , *chelidonium majus.*

Suivant M. Richard , le *piper nhandi* est nommé à Cayenne grand baume ; le *sida coarctata,* grand balai ; le *potalia amara,* grand mavévé; le *sophora coccinea,* grand panacoco. (J.)

GRAND DUC. (*Ornith.*) Cet oiseau , le plus fort des rapaces nocturnes, *strix bubo,* Linn., auquel M. Cuvier consacre la dénomination de *bubo,* comme générique, est décrit sous le mot CHOUETTE, au tome IXe de ce Dictionnaire, p. 100. (CH. D.)

GRANDE CENTAURÉE (*Bot.*), nom vulgaire du *centaurea centaurium*, Linn., que nous avons décrit (tom. VII, p. 378.) sous le nom de CENTAURION OFFICINAL, *Centaurium officinale.* (H. CASS.)

GRANDE CONSOUDE. (*Bot.*) Voyez CONSOUDE. (L. D.)

GRANDE-ECAILLE (*Ichthyol.*), nom vulgaire d'un poisson rapporté par la plupart des ichthyologistes au genre Chétodon , et par M. Cuvier au nouveau genre Heniochus. C'est le *chætodon macrolepidotus* de Linnæus. Voyez CHÉTODON et HENIOCHUS. (H. C.)

GRANDE GRIVE. (*Ornith.*) On désigne quelquefois, par cette dénomination, la grive draine, *turdus viscivorus*, Linn. (CH. D.)

GRANDE MARGUERITE (*Bot.*), nom vulgaire du *chrysanthemum leucanthemum*, Linn. (H. CASS.)

GRANDE-OREILLE-DE-RAT (*Bot.*), nom vulgaire de l'*hieracium auricula*, Linn. (H. CASS.)

GRANDE-OREILLE (*Ichthyol.*), nom que les navigateurs françois donnent au GERMON. Voyez ce mot. (H. C.)

GRANDE-BERCE (*Bot.*), nom vulgaire de la berce branche-ursine. (L. D.)

GRANDE ROUGE-QUEUE. (*Ornith.*) L'oiseau ainsi nommé dans Albin, tom. 3, pag. 23, est le merle de roche, *turdus saxatilis*, Gmel. (CH. D.)

GRAND-GOSIER. (*Ornith.*) Cette dénomination, que les Anglois du Bengale donnent quelquefois à l'argala, dont Linnæus fait un héron, *ardea argala*, et M. Vieillot un jabiru, *mycteria argala*, est le nom vulgaire du pélican, *pelecanus ono-*

crotalus, Linn., que les Provençaux prononcent *grand-gousier*. (Ch. D.)

GRAND GRIMPEREAU. (*Ornith.*) L'oiseau qu'Albin désigne sous ce nom, tome 1, pag. 18, est l'épeiche ou pic varié de Buffon, pl. enl. 196, *picus major*, Linn. (Ch. D.)

GRAND'LANGUE (*Ornith.*), un des noms vulgaires du torcol, *yunx torquilla*, Linn. (Ch. D.)

GRAND-MONTAIN (*Ornith.*), nom d'une grande espèce de pinson, *fringilla lapponica*, Linn., et *passerina lapponica*, Vieill. (Ch. D.)

GRAND-ŒIL (*Ichthyol.*), nom d'un poisson que M. de Lacépède a nommé *sparus grandoculis*, et que nous avons décrit sous la dénomination de *daurade grand-œil*. Voyez Daurade. (H. C.)

GRAND ŒIL-DE-BŒUF (*Bot.*), nom vulgaire de l'adonide printanière. (L. D.)

GRAND ŒUVRE. (*Chim.*) Dans le langage alchimique, c'étoit le procédé au moyen duquel les alchimistes prétendoient faire de l'or. (Ch.)

GRANDOULE. (*Ornith.*) Voyez Ganga. (Ch. D.)

GRAND-PARDON (*Bot.*), un des noms vulgaires du houx. (L. D.)

GRAND-SOLEIL-DES-JARDINS (*Bot.*), nom vulgaire de l'*helianthus annuus*, Linn. (H. Cass.)

GRANDS-JONCS. (*Bot.*) On donne quelquefois ce nom aux grandes espèces de scirpe. (L. D.)

GRANDULIS. (*Ichthyol.*), nom par lequel les Livoniens désignent le Goujon. Voyez ce mot. (H. C.)

GRAND-VOILIER. (*Ornith.*) M. Cuvier, tom. I*er*, p. 514 de son Règne animal, nomme *grands-voiliers* ou *longipennes* les oiseaux de haute mer, qui, comme les pétrels, les albatrosses, les goélands, etc., se répandent dans toutes les plages au moyen de leur vol étendu, et se reconnoissent à leur pouce libre ou nul, à leurs très-longues ailes, et à leur bec sans dentelures. M. Huber, de Genève, avoit déjà employé, dans ses Observations sur le vol des oiseaux de proie, le mot *voilier* par opposition à celui de *rameur*. (Ch. D.)

GRANELLOSA, GRASELLA, PIGNOLA. (*Bot.*) Ces divers noms sont donnés en Italie, suivant Dodoens, à l'espèce du trique, *sedum album*, que l'on fait confire dans le vinaigre et que l'on mange en salade. (J.)

GRANETTE. (*Bot.*) Dans quelques cantons, la renouée de Tartarie est connue sous ce nom. (L. D.)

GRANETTO. (*Bot.*) Voyez GRAINE D'AVIGNON. (J.)

GRANGÉE, *Grangea.* (*Bot.*) [*Corymbifères*, Juss.; *Syngénésie polygamie superflue*, Linn.] Ce genre de plantes appartient à la famille des synanthérées, à notre tribu naturelle des inulées, et à la section des inulées-buphtalmées. Avant de présenter nos remarques sur ce genre, nous allons décrire les caractères génériques et spécifiques que nous avons observés sur plusieurs individus, secs et vivans, de *grangea Adansonii.*

La calathide est subglobuleuse, discoïde : composée d'un disque multiflore, régulariflore, androgyniflore; et d'une couronne plurisériée, multiflore, tubuliflore, féminiflore. Le péricline est à peu près égal aux fleurs, hémisphérique-cylindracé, formé de squames subbisériées, presque égales, appliquées, oblongues, obtuses, foliacées. Le clinanthe est hémisphérique, inappendiculé. Les ovaires sont obovales-oblongs, comprimés bilatéralement, hérissés de petits poils globulifères; leur base est amincie en une sorte de pied; leur sommet offre un bourrelet apiciaire très-élevé, cylindracé, formant une sorte de col; leur aigrette est coronaire, courte, épaisse, charnue, entière et cupuliforme inférieurement, divisée supérieurement en lanières subulées. Les corolles de la couronne sont tubuleuses, grêles, profondément tridentées au sommet; celles du disque sont à cinq divisions. Les anthères sont dépourvues d'appendices basilaires.

GRANGÉE D'ADANSON : *Grangea Adansonii; Grangea maderaspatana*, Poiret, Encycl. Suppl.; *Cotula maderaspatana*, Willd.; *Artemisia maderaspatana*, Linn. C'est une plante herbacée, annuelle, qui habite les Indes orientales : ses tiges, longues de près d'un pied, sont couchées ou étalées sur la terre, diffuses, rameuses, tortueuses, cylindriques, striées, pubescentes; ses feuilles sont alternes, sessiles, longues de deux pouces, larges d'un pouce, analogues à celles du seneçon, pinnatifides, un peu lyrées, pubescentes, à pinnules oblongues. crénelées; les calathides sont pédonculées, solitaires, d'abord terminales, puis devenant opposées aux feuilles par l'effet du mode d'accroissement de la plante; le disque et la couronne sont jaunes.

La plante que nous venons de décrire avoit été attribuée par Plukenet au genre *Absinthium*, et par Linnæus au genre *Artemisia*. Adanson, en 1763, dans ses Familles des Plantes, en fit un genre particulier, sous le nom de *grangea*. M. de Jussieu, en admettant ce genre, dans son *Genera Plantarum*, y a rapporté l'*artemisia minima* de Linnæus, comme congénère de l'*artemisia maderaspatana*, et il a pensé que l'*ethulia divaricata* de Linnæus, ainsi que le *sphæranthus africanus* de Burmann, appartenoit peut-être au même genre; enfin il a soupçonné que le genre *Grangea* d'Adanson pouvoit se confondre avec le *struchium* de Brown. En 1790, Loureiro, dans sa *Flora Cochinchinensis*, a présenté l'*artemisia minima* comme un genre distinct, sous le nom de *centipeda*. Willdenow et M. Persoon rapportent au genre *Cotula* le *grangea* d'Adanson, le *centipeda* de Loureiro, et quelques autres espèces analogues; mais M. Persoon les réunit en un groupe qu'il intitule *centipeda*, et qu'il considère comme un sous-genre du *cotula*. Les mêmes plantes sont des espèces du genre *Grangea*, suivant MM. Desfontaines, Lamarck, Poiret.

Les trois espèces nommées, par ces botanistes, *grangea maderaspatana*, *minima* et *latifolia*, sont les seules que nous ayons pu observer. La détermination de la place qu'elles doivent occuper dans l'ordre naturel, nous a paru extrêmement difficile. Adanson avoit placé son *grangea* entre le *sparganophorus* et le *struchium*, qui ne sont peut-être qu'un seul et même genre; M. de Jussieu l'a placé entre le *struchium* et l'*ethulia*. Quant à nous, l'affinité du *grangea* avec les genres *Cotula* et *Gymnostyles*, qui appartiennent très-certainement à notre tribu des anthémidées, nous engageoit à ranger dans la même tribu le genre en question : quelques traits de ressemblance avec les *ethulia* et *sparganophorus*, qui sont des vernoniées, l'attiroient vers cette autre tribu; mais définitivement, et en nous fondant principalement sur la structure du style, dont la considération est d'un si grand poids, nous nous sommes fixé sur la tribu des inulées, et sur la section des inulées-buphtalmées, dans laquelle nous ne doutons plus que le *gran-*

grea ne doive être placé auprès des *egletes* (1), *ceruana*, et autres genres analogues.

En analysant avec soin les caractères génériques des trois plantes ci-dessus nommées, nous avons reconnu qu'il y avoit des différences telles qu'on ne peut se dispenser d'admettre deux genres, ou tout au moins deux sous-genres très-distincts. Les *grangea latifolia* et *minima*, qui sont réellement congénères, diffèrent du *maderaspatana*, par le péricline orbiculaire, planiuscule, unisérié; par les corolles du disque à quatre divisions; par les corolles de la couronne de couleur blanche et à peine dentées au sommet; par le clinanthe aplati sous le disque; enfin, et surtout, par l'aigrette, qui est tantôt, et le plus souvent, absolument nulle, tantôt composée d'une ou deux squamellules opposées, inégales, plus ou moins longues, roides, filiformes, inappendiculées. Nous pensons donc que le genre *Grangea* d'Adanson et le genre *Centipeda* de Loureiro doivent être conservés l'un et l'autre, en rectifiant leurs caractères respectifs suivant les indications que nous venons de donner.

Nous pouvons maintenant apprécier les différentes opinions des botanistes sur le véritable *grangea*, et démontrer qu'il ne doit être confondu avec aucun des genres auxquels ils ont voulu l'associer, mais qu'il faut le maintenir tel qu'Adanson l'a établi. En effet, le *grangea* diffère de l'*absinthium* par le clinanthe inappendiculé et les ovaires aigrettés; de l'*artemisia*, par les ovaires aigrettés; du *centipeda*, auquel paroit se rapporter le *sphœranthus africanus* de Burmann, par les caractères énoncés ci-dessus; de notre *epaltes*, qui est l'*ethulia divaricata* de Linnæus, par le disque androgyniflore, par les squames du péricline égales et foliacées, par le clinanthe hémisphérique, et par les ovaires aigrettés; du *struchium*, qui paroit être un *sparganophorus*, par la calathide couronnée; du *cotula*, par la couronne pourvue de corolles non avortées, et par les ovaires aigrettés.

---

(1) Nous saisissons avec empressement cette occasion de réparer une omission assez grave que nous avons faite dans notre article EGLETES (tom. XIV, pag. 265) : nous avons omis d'indiquer le MATRICARIA PROSTRATA de Swartz comme synonyme de notre EGLETES DOMINGENSIS.

On prétend qu'Adanson a voulu dédier son *grangea* au voyageur Granger : rien ne prouve cette intention, qui nous paroîtroit plus vraisemblable, s'il eût nommé ce genre *Grangera* ou *Grangeria*. Quoi qu'il en soit, Commerson ayant fait depuis un genre *Grangeria* réellement dédié à Granger, s'il falloit pour ce motif changer le nom d'un des deux genres, ce ne seroit assurément pas celui d'Adanson, beaucoup plus ancien, qui devroit subir ce changement.

Nous avons observé, dans les herbiers de M. de Jussieu, deux plantes que nous considérons comme deux espèces nouvelles du genre *Grangea*, quoique leurs caractères génériques diffèrent un peu de ceux du *grangea Adansonii*, en ce que, dans l'une de ces plantes (*grangea galamensis*), les ovaires ne sont point prolongés au sommet en un col, et que, dans l'autre (*grangea ceruanoides*), les ovaires sont également dépourvus de col, et qu'en outre, leur aigrette est divisée jusqu'à la base en lanières complétement libres. (H. Cass.)

GRANGER, *Grangeria*. (*Bot.*) Genre de plantes dicotylédones, à fleurs complètes, polypétalées, régulières, de la famille des rosacées, de la *dodécandrie monogynie* de Linnæus, offrant pour caractère essentiel : Un calice à cinq divisions profondes; cinq pétales un peu onguiculés; environ quinze étamines; un ovaire supérieur, lanugineux, surmonté d'un style et d'un stigmate simples. Le fruit est un drupe presque trigone, de la forme d'une olive, renfermant un noyau monosperme.

Ce genre, établi par Commerson pour un arbre qu'il a découvert dans les forêts de l'île Bourbon, a été consacré à la mémoire de Granger, botaniste françois, que son amour pour les progrès de la science transporta dans l'Égypte et l'Arabie, pour faire des recherches sur les plantes de ces contrées. Il y périt, et fut, comme Lippi et Commerson lui-même, un des martyrs de la botanique.

GRANGER DE BOURBON : *Grangeria borbonica*, Lamk., *Dict.* et *Ill. gen.*, tab. 427; Commerson, *Herb. mss.*; vulgairement l'Arbre de buis. Cet arbre a le port du chêne, avec lequel il rivalise en grandeur et en grosseur. Son écorce est d'un gris blanchâtre : ses feuilles très-médiocrement pétiolées, glabres, alternes, ovales ou ovales-oblongues, très-entières, un peu luisantes, longues de douze à quinze lignes, larges de sept à huit, rapprochées et disposées sur les derniers rameaux. Les fleurs sont blanches, petites, disposées en petites grappes simples, axillaires, presque terminales, à peine longues d'un pouce et demi ; leur calice divisé en cinq découpures profondes, oblongues, roulés en dehors ; la corolle composée de cinq pétales ouverts, petits, ovales, un peu onguiculés ; les étamines à peu près de la longueur des pétales ; les filamens sétacés ; les anthères arrondies ; l'ovaire supérieur, arrondi, lanugineux ; le style un peu plus long que les étamines ; le stigmate simple. Le fruit est un drupe ovale, oblong, rouge, ou ayant des points rouges parsemés sur un fond jaunâtre : il renferme, dans une pulpe un peu sèche, un noyau osseux, anguleux, trigone, contenant une amande. (Poir.)

GRANILITE. (*Min.*) Le géographe Pinkerton propose de donner le nom de *granilite* aux granites composés de fort petits grains ; Kirwan, avant lui, avoit adopté ce même nom pour désigner ceux qui sont composés de plus de trois substances. (Brard.)

GRANITE. (*Min.*) Suivant la classification des roches de M. Brongniart, que j'adopte ici de point en point, l'on ne doit plus entendre, par la dénomination de *granite*, que les roches qui sont essentiellement composées de felspath lamellaire, de quarz et de mica, également disséminés pour l'ordinaire, mais où le felspath domine quelquefois. La cassure des granites est communément raboteuse ; elle devient unie quand la roche est à grain fin, et grenue quand elle s'altère. Leur dureté dépend en grande partie de la proportion du quarz qu'ils renferment ; mais ils sont généralement susceptibles de recevoir un beau poli : beaucoup de granites perdent leur solidité en se désagrégeant à l'air et en se réduisant, à la longue, en sable grossier, ce que l'on attribue à la décomposition du felspath, et peut-être aussi à l'exfoliation du mica. La pesanteur spécifique moyenne de cette roche est de 94 kilogrammes le pied cube.

Outre les trois substances fondamentales qui composent essentiellement les granites proprement dits, ces roches en admettent beaucoup d'autres comme parties accidentelles : celles qui s'y rencontrent le plus souvent, sont la tourmaline, le grenat, l'amphibole et la pinite ; l'épidote, les pyrites, le fer oligiste et l'étain oxidé y sont plus rares ; et, enfin, l'on y rencontre aussi, mais plus rarement encore, la prehnite, l'opale, le disthène, la topaze, le corindon, la lépidolithe, la paranthine, la chaux fluatée, la chaux phosphatée, l'argent natif, le plomb sulfuré, le zinc sulfuré, le molybdène sulfuré, etc. Quelquefois les granites sont pénétrés d'une telle quantité d'étain oxidé disséminé, qu'ils sont exploités comme minérais ; et quelques uns renferment une si grande proportion de fer oxidulé qu'ils acquièrent la propriété magnétique.

La cristallisation des élémens des granites est le plus souvent confuse et irrégulière : cependant on en connoît où le quarz se présente en cristaux dodécaèdres, d'autres où le mica forme des paillettes hexagones ; et souvent, enfin, le felspath s'y montre en très-grands cristaux parallélipipèdes. Je remarque, à ce sujet, que ces cristallisations, plus ou moins parfaites, se présentent plus particulièrement dans les granites à gros grains que dans ceux que les Italiens nomment *granitello*.

Lorsque l'amphibole hornblende vient à prédominer sur le quarz et sur le mica, le granite passe à la *diabase* et à la *syénite* ; quand le mica s'y présente en excès, il devient veiné, feuilleté, et passe au *gneiss*, qui est essentiellement composé de mica et de felspath, avec une addition de quarz peu visible à l'œil nu. Toutes ces transitions prouvent que la plupart de ces roches sont de formation contemporaine, et que le granite partage avec elles le titre d'antériorité qu'on lui accorde. Cependant, il n'en reste pas moins certain que l'on doit considérer le granite comme étant le type des roches primitives, puisque, jusqu'à présent, tous les autres terrains lui sont presque toujours superposés, et que l'on n'est jamais parvenu à le dépasser dans les excavations les plus profondes où les hommes aient pénétré en exploitant les minéraux utiles. C'est ici qu'il importe de bien caractériser le granite ; car on cite un ou deux exemples de ces roches dites primitives, et auxquelles on accordoit communément le nom de granites, qui se sont trouvées, dit-on, superposées à des débris de corps organisés : ce fait, au reste, mérite au moins un second examen.

Nous admettons deux variétés principales de granites :

1.º *Le granite commun*, dont le grain est à peu près uniforme.

2.º Le *granite porphyroïde*, qui se distingue, au premier

aspect, par la grosseur des cristaux de felspath qui sont disséminés dans le reste de la roche, qui est à petits grains, ce qui rappelle très-bien l'aspect des porphyres. On doit penser que ces deux variétés passent souvent de l'une à l'autre sans qu'il soit aisé de les partager bien distinctement; mais cependant il est bon de les signaler, puisqu'elles complètent en quelque sorte l'histoire naturelle de cette roche importante.

Le granite est une roche très-répandue dans la nature; mais il ne forme pas, comme on l'a cru long-temps, les plus hautes montagnes du globe : les pays granitiques, au contraire, ne présentent souvent que des monticules arrondis, surbaissés, dont les pentes sont rarement taillées à pic ; le gneiss et la protogine sont les roches alpines par excellence. Le granite est pauvre en filons métalliques, et il ne recèle guère que les métaux qui paroissent antérieurs à tous les autres, tels que l'étain, le molybdène, etc. Il forme quelquefois des bancs si puissans, que leur grande épaisseur a fait douter que cette roche ait été déposée par assises : on étoit presque tenté de la considérer comme ayant été formée d'un seul jet et en masse; mais Saussure, Patrin et d'autres minéralogistes voyageurs ont constaté depuis long-temps l'existence de ces bancs de granites, dont la situation est souvent verticale, ou du moins très-inclinée à l'horizon. Ces couches alternent quelquefois avec des couches de gneiss, et l'on connoit même des filons proprement dits de cette roche antique : d'où l'on doit nécessairement conclure qu'il s'est formé des granites à plusieurs reprises, et qu'il en existe de plus modernes les uns que les autres. C'est ce qui a déterminé les géognostes à diviser la formation granitique en deux membres : le premier où le gneiss est subordonné au granite, et le second où le granite l'est au gneiss. L'on avoit tellement abusé du mot *granite*, que certains grès avoient été confondus sous cette dénomination générale; mais, depuis l'époque encore récente où on l'a restreinte à ses justes limites, le genre Granite s'est vu dépouillé en quelque sorte de ses plus belles variétés et de ses plus grandes prérogatives. Jurine lui refuse le premier l'espèce d'honneur de composer le massif énorme et central du Mont-Blanc et de ses aiguilles. Il prouve que ce colosse est formé par une roche où le mica est remplacé par le talc et ses variétés ; où le quarz, ainsi que le remarque M. Brochant, a une disposition particulière et une teinte de lavande qui est rare dans les vrais granites ; enfin, que cette roche nommée *protogine* par Jurine, tend à passer au schiste chloriteux qui abonde dans les Alpes (1) , et que le granite proprement dit est rejeté sur le revers méridional de la chaîne et sur les bords du lac Majeur. La roche granitoïde de la Haute-Egypte, si renommée par les nombreux monumens qui en sont ornés ou entièrement construits, et surtout par la colonne monolythe d'Alexandrie, étoit et sera long-temps encore le granite par excellence des artistes , tandis que la présence de l'amphibole hornblende, comme partie constituante essentielle, la range au nombre des *syénites*, avec une grande partie des prétendus granites des Vosges, de Cherbourg, d'Autun, de Saxe , de Norwége, etc. Le granite orbiculaire de Corse, qui n'est composé que d'amphibole hornblende et de felspath compacte , est repoussé du genre, et renvoyé avec les *diabases* dont il forme une des plus belles variétés ; le granite graphique, enfin, et l'*apsite* des Suédois, qui sont essentiellement composés de felspath et de quarz , rentrent dans notre *pegmatite*, ou la roche d'où l'on extrait la plupart des kaolins et des pétuntzé. L'on voit donc, par le simple exposé des principaux changemens que l'on a été forcé d'apporter dans la constitution d'un seul genre de roche , combien il est important d'éclairer cette partie de la géognosie, et combien il étoit essentiel de poser des bases fixes qui fussent exemptes de toute idée systématique, et qui pussent être reçues par tous les naturalistes.

Espérons que les sciences naturelles seront plus heureuses en cela que les sciences mathématiques, qu'aucune raison politique ne repoussera l'*unité* de leur langage, que le granite des François sera celui des Saxons, que leur *syénite* sera la nôtre, et que cette uniformité dans les expressions amènera celle qu'on chercheroit en vain jusqu'à présent dans la relation des voyages géologiques. (BRARD.)

GRANITELLE. (*Min.*) On vouloit exprimer, par ce mot, une espèce de diminutif du granite , ou un granite à grain

---

fin; cette expression, employée par Daubenton, est la traduction du mot *granitella* ou *granitello* des marbriers de Rome ou de Florence, par lequel ils désignent les granites à grains fins, et particulièrement ceux qui sont noirs et blancs. (BRARD.)

GRANITIN. (*Min.*) Daubenton nommoit ainsi l'ancien granite graphique, et l'apsite des Suédois ; c'est notre PEGMATITE. Voyez ce mot. (BRARD.)

GRANITINE. (*Min.*) Jean Pinkerton avoit proposé de nommer ainsi les roches granitoïdes composées de plus de trois élémens. (BRARD.)

GRANITOIDE. (*Min.*) On emploie cette expression adjectivement, en minéralogie, pour désigner les roches qui ont quelques rapports avec le granite, ou du moins qui ont une texture grenue comme lui. Le sens est absolument analogue à celui des épithètes *schistoïdes*, *porphyroïdes*, etc. Ainsi nous avons des syénites, des diabases granitoïdes, comme nous en avons de porphyroïdes et de schistoïdes. Ces expressions n'emportent donc avec elles aucune idée de composition, mais seulement une manière d'être, ou une disposition particulière dans l'arrangement des principes composans. (BRARD.)

GRANITONE. (*Min.*) Les marbriers italiens nomment ainsi une belle syénite composée de felspath d'un blanc un peu verdâtre, de grandes lames d'amphibole hornblende d'un noir foncé, et de quelques grains de quarz d'un blanc sale. On ne trouve plus cette roche magnifique qu'en fragmens dispersés au milieu des ruines de l'ancienne Rome. Je crois qu'elle a plus de rapports avec les syénites qu'avec les diabases, et que le *rapakivi* des Finois, que Pinkerton désigne aussi par le nom de *granitone*, n'a aucun rapport avec la roche antique de Rome, puisqu'il est composé de felspath et de mica. (BRARD.)

GRANITZA (*Ornith.*), un des noms allemands du bec-croisé, *loxia curvirostra*, Linn. (CH. D.)

GRANIVORES. (*Ornith.*) Ce terme, dans son acception la plus générale, désigne les animaux qui vivent de graines : appliqué plus particulièrement aux oiseaux, il en comprend encore de très-différens les uns des autres, et qui, même dans les familles les plus naturelles, occupent des places fort distinctes : tels sont les gallinacés et plusieurs passereaux. Les gra-

nivores ont le bec peu alongé, légèrement crochu, et le gésier d'une substance assez ferme pour broyer les alimens.
Des mœurs, plus douces et plus sociales, les portent à se
rapprocher des habitations de l'homme : ils se font remarquer
par leur grande fécondité et leur puissance en amour; ils
mettent ordinairement peu de soin à la construction de leur
nid ; mais ils montrent beaucoup d'attachement pour leurs
petits, les nourrissent avec soin, et les défendent avec courage.

Sous les rapports de classification, les caractères des granivores perdent de leur généralité, et se tirent de considérations plus restreintes : c'est ainsi que dans la méthode de
M. Vieillot, la famille des granivores, tout-à-fait étrangère
à l'ordre des gallinacés, ne se compose que de quelques genres
de passereaux à bec conique et fort, tels que le bouvreuil,
le dur-bec, le gros-bec, le bec-croisé, le bruant, le coliou, le
phytotôme, les fringilles, etc., qui dépouillent les graines de
leur péricarpe avant de les avaler, tandis que les gallinacés
les introduisent tout entières dans leur estomac. Les signes
extérieurs qui se rencontrent avec des modifications plus ou
moins prononcées dans la même famille, sont des pieds mé-
diocres et grêles; des tarses annelés et nus; un pouce toujours
dirigé en arrière; un bec épais ou grêle, rarement dentelé;
la mandibule supérieure droite ou fléchie à la pointe, et
recouvrant à la base une partie des bords de l'inférieure.
(Ch. D.)

GRANO (*Ichthyol.*), nom que l'on donne, à Nice, au grondin, *trigla cuculus*, suivant M. Risso. Voyez Trigle. (H. C.)

GRANULARIA. (*Bot.-Crypt.*) Petite plante cryptogame de
la famille des algues, presque ronde, mucilagineuse, et qui
renferme de petites seminules éparses dans une matière mucilagineuse. Elle forme un genre établi par Willdenow et Roth :
c'est le *granularia pisiformis* de ces auteurs et de Gmelin. Ce
genre a pour type, sans doute, une espèce de *rivularia*. Linck,
dans sa nouvelle classification des algues, le place près de son
genre *Nostochium*, le *linckia* d'autres auteurs.

Le *granularia* de Sowerby est différent du précédent. Il renferme une petite plante microscopique (*granularia violæ*, Sow.
Fung., n.° 440) semblable à un uredo, et de la famille des
champignons. Elle végète sur et dans les pétioles et les pédon-

cules de la violette, qu'elle gonfle extrêmement. A l'œil nu, elle se présente comme de petites taches brunes ; au microscope, elle paroît composée de petites grappes de grains ronds et bruns, blanchâtres çà et là, au pourtour des grappes. (LEM.)

GRANULARIUS. (*Bot.*) Ce genre de la famille des algues, établi par Roussel, Fl. Calv., est le même que celui nommé depuis *dictyopteris* par Lamouroux, et qui comprend le *fucus polypodioides* des auteurs. (LEM.)

GRANUM ALZEELEN. (*Bot.*) Voyez DULCICHINUM. (J.)

GRANUM ANESCEEN. (*Bot.*) Ce nom et celui de *crome* sont donnés par Avicenne à une variété du poivre long, suivant C. Bauhin. (J.)

GRANZA (*Bot.*), nom espagnol de la garence , suivant Mentzel. (J.)

GRAOSISKA (*Ornith.*), nom suédois du sizerin, *fringilla linaria*, Linn. (CH. D.)

GRAOSPARF (*Ornith.*), nom du moineau franc, *fringilla domestica*, Linn., en Suède. (CH. D.)

GRAOUSELA (*Bot.*), nom languedocien du coquelicot, selon M. Gouan. (J)

GRAPAOU (*Erpét.*), nom languedocien du crapaud commun. Voyez CRAPAUD. (H. C.)

GRAPELLE (*Bot.*), un des noms vulgaires du caille-lait grateron. Le fruit de la lampourde et de la cynoglosse est aussi connu sous ce nom. (L. D.)

GRAPHEPHORUM. (*Bot.*) Desvaux, Journ. bot., 5, pag. 71, a proposé l'établissement de ce genre pour l'*aira melicoides* de Michaux, fondé particulièrement sur un appendice très-allongé, chargé de poils, et qui paroît être le rudiment d'une fleur avortée. Le calice est à deux valves, à deux fleurs ; ces valves sont aiguës, très-entières, plus longues que celles de la corolle ; dans cette dernière, les valves sont bifides, les épillets disposés en panicule. (POIR.)

GRAPHIS. (*Bot.-Crypt.*) Adanson définissoit ainsi ce genre de la famille des lichens, qu'il avoit établi et placé dans les champignons : Poussière fine, rampante, comme une lame parsemée de sillons simples ou rameux, quelquefois à bords relevés en côtes ; substance farineuse ; graines sphériques remplissant les sillons. Il donne pour exemple les *lichenoides*, tab. 18, f. 1 et e , de l'*Historia Muscorum* de Dillenius, c'est-à-dire , les *lichen scriptus* et *rugosus*, Linn., qui, depuis, ont servi de types aux genres *Graphys* d'Ehrhart, *Opegrapha* de Humboldt, Persoon, Schrader, etc. Acharius a réuni ces deux genres en un , sous le nom d'*opegrapha*, dans ses *Prodromus* et *Methodus lichenum* ; mais dans ses *Lichenographia universalis* et *Synopsis lichenum*, il le divise aussi en deux , savoir : *opegrapha* et *graphis*. Ce dernier est strictement le *graphis* d'Adanson, puisqu'il y ramène le *lichen scriptus*, et que le *lichen rugosus* appartient probablement à ce genre.

Les espèces de *graphis*, comme celles des *opegrapha*, forment, sur les écorces d'arbres et même sur les pierres, des croûtes minces comme des membranes et des pellicules, pulvérulentes ou lépreuses, et étalées irrégulièrement en forme de taches communément blanchâtres. A une certaine époque, cette croûte se crève pour mettre à découvert des lignes noires oblongues ou linéaires, flexueuses, simples ou rameuses , quelquefois semblables à de petits vers, d'autres fois à des étoiles, ou bien à des dentrites, et le plus souvent à des caractères d'écriture, ce qu'expriment les noms génériques de ces genres. Ces lignes noires ou lirelles, comme les avoit d'abord désignées Acharius, sont les conceptacles de la plante ; elles sont enfoncées, marquées dans leur milieu d'une rainure ou d'un sillon tantôt nu comme dans les *graphis*, et tantôt recouvert d'une membrane très-mince comme dans les *opegrapha*. On voit, d'après cela, que les deux genres ci-dessus diffèrent très-peu l'un de l'autre, et qu'il seroit sans doute utile de les réunir de nouveau comme l'a fait M. Dufour, dans l'excellente monographie des *opegrapha* qu'il a donnée dans le Journal de Physique de 1819. Quoi qu'il en soit, voici comment Acharius caractérise son genre *Graphis* dans son *Synopsis* :

Réceptacle universel, crustacé, plan, étendu, fixé, uniforme ; *réceptacle partiel* (ou vrai conceptacle) : *thalame*, alongé, enfoncé dans les thallus ; *perithecium* simple, cartilagineux, dimidié, latéral, noir, bordant, de chaque côté, un noyau linéaire, formant le disque, nu en dessus et en dessous, intérieurement celluleux et strié.

Une vingtaine d'espèces composent ce genre ; presque toutes

sont exotiques, cinq ou six communes en Europe. Nous ferons remarquer les suivantes :

GRAPHIS ÉCRIT : *Graphis scripta*, Ach., *Lich. univ.*, 265, et *Synopsis*, pag. 81 ; *Lichen scriptus*, Linn. : Hoffm., *Enum.*, t. 3, f. 26 ; *Opegrapha pulverulenta*, Decand., Fl. Fr. : *Lichenoides*, Dill., *Mus.*, tab. 18, f. 1 ; Mich., tab. 56, pag. 3. Croûte membraneuse, lisse, un peu luisante, blanchâtre ou cendrée ; conceptacles nus, flexueux, simples ou rameux, à bord élevé, membraneux, et à disque en forme de rainure.

Cette espèce est fort commune sur les écorces des arbres, et particulièrement des jeunes ; elle y forme des taches ou plaques qui ont jusqu'à deux pouces et demi de diamètre. Elle offre plusieurs variétés qui sont autant d'espèces pour plusieurs botanistes. L'une, l'*opegrapha limitata*, Pers., Decand., est cendrée-olivâtre ; sa croûte est bordée de noir, et les conceptacles sont luisans : une seconde, le *graphis scripta varia*, Achar., est d'un blanc grisâtre et verdâtre, très-irrégulière, à conceptacle un peu rapproché : une troisième, l'*opegrapha macrocarpa*, Pers. (*in Ust. ann.*, 7, t. 1, fig. 1, a. b.), est remarquable par ses conceptacles très-longs, droits, presque parallèles, simples ou bifurqués à l'extrémité, sur une croûte étalée et blanchâtre : une quatrième, le *graphis scripta hebraica*, Achar. (Hoff., Ic., t. 3, fig. 2, a), se distingue par ses conceptacles rapprochés, droits ou courbes, et coudés à angles droits, de manière à imiter des caractères hébreux : une cinquième offre des conceptacles très-longs, fort rétrécis, simples, flexueux, anastomosés, et presque sans bords. Toutes ces variétés ont les conceptacles noirs ; mais, dans les suivantes, ils sont d'un bleu cendré et comme givreux : elles forment le groupe du *graphis scripta pulverulenta*, Achar., ou l'espèce nommée par Persoon *opegrapha pulverulenta*, *in Ust. ann.*, 7, tom. 1, fig. 2, B, 6 ; Fl. Dan., t. 1242, fig. 1. Une première a la croûte d'un blanc rosé, et les conceptacles longs, presque droits, presque simples, obtus et à disque plan ; on la trouve sur les troncs des frênes et des pins : une deuxième, le *graphis pulverulenta grammica*, Achar., est d'un blanc cendré, à conceptacles courts, flexueux, un peu pointus, à disque entr'ouvert, presque à nu : une troisième, le *graphis pulverulenta flexuosa*, est blanche, un peu glauque, à conceptacles fort longs, flexueux, çà et là rameux, et s'entrecoupant en manière de réseau; on la trouve sur le peuplier et l'aune : une quatrième, le *graphis pulverulenta microcarpa*, Ach., a la croûte d'un blanc de lait, et les conceptacles petits, elliptiques, presque droits, presque simples et épars : le disque est peu canaliculé. Acharius ramène encore à cette espèce l'*opegrapha cerasi*, Pers., Decand., dont la croûte est très-mince, glaucescente, incane ; ses conceptacles sont canaliculés et couverts d'une poussière glauque.

GRAPHIS A DENDRITE : *Graphis dendritica*, Ach., *Syn.*; *Opegrapha dendritica*, Ach., *Lich. univ.*, pag. 31, t. 1, fig. 10. Croûte presque cartilagineuse, raboteuse, très-blanche ; conceptacles enfoncés, rameux, noirs, à rameaux divergens, fourchus, pointus, à disque large, plan, nu. Cette belle espèce forme de larges plaques sur l'écorce du hêtre.

GRAPHIS SERPENTINE : *Graphia serpentina*, Ach., *Lich. univ.*, pag. 269, et *Syn.*; *Opegrapha serpentina*, Ach., *Meth.*; Decand., Fl. Fr., n.° 843. Croûte cartilagineuse, membraneuse, inégale, raboteuse, de forme déterminée, blanche ou grise, à conceptacles enfoncés, alongés, très-rapprochés, flexueux, presque simples ou rameux, obtus, noirs, et recouverts d'une poussière cendrée. Cette espèce, qui ressemble au *graphis scripta*, est commune sur les écorces des arbres. Acharius en décrit six variétés.

GRAPHIS ÉLÉGANT : *Graphia elegans*, Ach., *Syn.*; *Opegrapha elegans*, *Engl. Bot.*, 1842. Croûte orbiculaire, granulée, glabre, blanche ; conceptacle enfoncé, épars, court, droit, presque simple, à côtés munis d'un sillon longitudinal. Cette jolie espèce a été observée en Angleterre sur l'écorce des jeunes arbres.

GRAPHIS TORTUEUX ; *Graphia tortuosa*, Ach., *Syn.* Croûte blanche, cartilagineuse ; conceptacles enfoncés, rameux, très-obtus, embrouillés, à disque large, plan, recouvert d'une poussière blanche épaisse, à bords élevés, un peu crénelés. Cette espèce s'observe sur l'écorce dite cascarille (*croton cascarilla*, Linn.), qu'on apporte d'Amérique.

GRAPHIS CISELÉ ; *Graphis sculpturata*, Ach. Croûte glabre, d'un jaune pâle, avec une bordure noire ; conceptacles épars, enfoncés, simples, très-longs, flexueux, plans, obtus, nus, à bords flexueux, crispés et adhérens au thallus, qui est relevé en cette partie. Acharius a découvert cette espèce sur l'écorce du quinquina blanc des boutiques.

GRAPHIS APLANI; *Graphis planata*, Ach., *Syn.* Croûte membraneuse, olivâtre, tendant au brun ; conceptacles enfoncés, arrondis et oblongs, difformes, un peu alongés, très-obtus, nus, à disque large, plano-concave, à bordure presque nulle. Cette espèce croît en Guinée sur l'écorce des canangs, *uvariæ*. (LEM.)

GRAPHITE. (*Min.*) Le graphite est la substance minérale que l'on connoit vulgairement sous les noms de *mine de plomb*, ou de *plombagine*. C'est la même qui a été décrite sous celui de *fer carburé*, de *carbone oxidulé ferruginé*, de *percarbure de fer*, etc. Le graphite, qui fait aujourd'hui partie de l'ordre des combustibles simples, est d'un gris presque noir, joint au brillant métallique qui se manifeste lorsqu'on égalise sa surface au moyen d'un canif. Il se laisse tailler avec facilité, quand il est pur, et produit une poussière qui est douce et grasse au toucher, il tache les doigts en les recouvrant d'un enduit brillant. Passé sur le papier et sur la porcelaine, il y trace des traits plus ou moins nets, qui sont d'un gris particulier, et qui s'effacent complétement par le frottement d'un morceau de gomme élastique (caout-chouc); la couleur de ces traces, sur les couvertes blanches de la faïence ou des porcelaines, distingue le graphite du molybdène sulfuré, qui produit sur les mêmes substances des traits d'un vert sale, mais qui lui ressemble au reste infiniment. Saussure propose aussi, comme caractère distinctif entre ces deux minéraux, la couleur verte que le molybdène transmet au jet de flamme produit par le jeu du chalumeau, ce que ne fait point le graphite, qui, exposé à la même épreuve, se volatilise en entier par un feu soutenu. Sa pesanteur spécifique varie de 2,08 à 2,26. Il est bon conducteur de l'électricité, mais ne la communique point par le frottement à la cire d'Espagne.

Les expériences de MM. Berthollet, Monge et Vandermonde, ont prouvé depuis long-temps que non seulement le graphite ne contient pas un atome de plomb, mais qu'il ne renferme pas même assez de fer pour que l'on puisse continuer à le ranger parmi les substances métallifères, ainsi que M. Haüy l'a reconnu lui-même dans son tableau comparatif des résultats de

la cristallographie et de l'analyse chimique. En effet, les analyses de ces savans chimistes ont donné pour résultat : carbone 90,9 , fer 9,1. Celle de Schéele , citée par Jameson , a
produit, carbone 80,0, oxygène 10,0, fer 10,0; et, quant à
celle que nous devons à M. Vauquelin, dont l'habileté est
si bien connue, on ne doit en attribuer la dissemblance
qu'aux substances étrangères mélangées au graphite des
environs de Morlaix qui a fait le sujet de cette analyse, et
qui a donné pour résultat : carbone 23, fer 2, alumine 37, et
silice 38. Si l'on fait abstraction de ces deux derniers principes, et que l'on rétablisse la proportion du graphite pur, on
aura : carbone 92 et fer 8, ce qui s'accorde sensiblement avec
les analyses de Berthollet, Monge, etc.

Parmi les graphites qui proviennent d'un grand nombre de
localités, l'on n'a encore reconnu que les variétés suivantes:

1. *Graphite cristallisé* en prismes hexaèdres réguliers dont les
angles sont interceptés par des facettes peu inclinées à l'axe. Cette
variété, dont on doit la découverte à M. Manthey, minéralogiste danois, a été trouvée au Groënland et décrite par
M. Haüy, dans son tableau comparatif, mais en faisant observer que les cristaux manquent de la régularité nécessaire à leur
détermination rigoureuse.

2. *Graphite lamellaire* en paillettes brillantes, d'un blanc
d'étain et de forme hexagonale ?

3. *Graphite granuleux*. Il se présente en masses informes,
dont la cassure est grenue, à grains d'autant plus fins que la
substance est plus pure et plus solide. C'est cette seule variété
qui est employée dans les arts.

4. *Graphite pelliculaire*. Je propose d'introduire cette nouvelle variété, qui se présente assez souvent dans les fissures d'un
quarz blanc, et dont l'épaisseur est si peu considérable que le
plus léger frottement l'enlève en entier. Ce n'est point d'ailleurs le seul minéral qui se rencontre sous cette forme, car il
existe du plomb sulfuré pelliculaire dans l'intérieur de certaines houilles, etc.

On a cru que le graphite appartenoit exclusivement aux
terrains primitifs, et qu'il entroit tantôt dans la composition
des roches qui forment ces terrains, et s'y trouvoit d'autres fois
sous la forme de rognons ou de couches assez puissantes ; mais

l'on sait aujourd'hui qu'il se trouve aussi dans les montagnes de transition, et parmi les roches de formation charbonneuse : tel est entre autres le gisement de ce beau graphite de *Borrowdole* dans le Cumberland, qui produit ces excellens crayons anglois que l'on a peine à imiter avec le graphite des autres pays. Ce gîte, infiniment précieux, est composé d'une couche ou d'un filon de graphite compris entre des couches de schiste ardoisé traversé de veines de quarz : dans l'épaisseur de cette couche le graphite se trouve disposé en rognons très-volumineux et d'une qualité variable. On assure que l'on ne permet d'extraire que celui qui paroît le meilleur ; que tout ce qui est de qualité inférieure est rejeté au fond des puits, et que l'on ferme la mine lorsqu'il en est sorti une certaine quantité chaque année. La principale exploitation de France existe dans le département de l'Arriége : le graphite s'y trouve en grosses masses compactes. On en exploite aussi en Piémont, en Espagne, en Calabre et en Bavière ; mais il en existe beaucoup d'autres gîtes qui ne sont point susceptibles d'être utilisés, par leur peu d'abondance : tel est celui de la vallée de Chamouny en Savoie, qui présente la variété que je nomme *pelliculaire*, dont Saussure et beaucoup d'autres, après lui, ont inutilement cherché de plus larges veines, §. 719. La combinaison du carbone et d'une petite quantité de fer qui a donné naissance au graphite, se produit dans le traitement des minérais de fer par les hauts fourneaux, et se rencontre non seulement à la surface des grosses pièces de fonte noire refroidie, mais aussi dans l'intérieur de ces mêmes fourneaux. M. de Bournon a rassemblé une suite de ces graphites artificiels, ainsi que plusieurs échantillons d'un graphite naturel qui, ayant été chauffé sur place par une houillère embrasée située en Ecosse, s'étoit divisé par le retrait en petites colonnes à plusieurs pans. M. Fabroni assure qu'il existe, dans le royaume de Naples, des puits au fond desquels le graphite se dépose naturellement, et qu'on le pêche jusqu'à deux fois par an, à travers l'eau acidulée qui le recouvre.

Si l'on excepte les excellens crayons que l'on fabrique avec le graphite, en le sciant en baguettes carrées excessivement minces, qu'on introduit dans une rainure creusée dans du bois de cèdre, de genevrier ou de cyprès, et qu'on débite ensuite sous le nom de *capucines* ou de crayons de mine de plomb, dont les qualités essentielles sont de se laisser tailler sans se briser, et d'être à la fois moelleux et fermes, les usages de cette substance sont bornés et proportionnés à son peu d'abondance. La poussière qui provient de la préparation des baguettes, broyée avec de la gomme, de la colle de poisson, ou fondue avec du soufre, sert à composer des crayons communs que l'on taille quelquefois en les ramollissant à la chandelle. Mêlé avec de l'argile, le graphite colore les creusets noirs de Passau, qui résistent bien au feu, et qui sont particulièrement employés par les fondeurs-mouleurs en cuivre : broyé avec de la graisse, il forme une espèce de pommade excessivement onctueuse, qui adoucit le frottement des engrenages : enfin, sous la dénomination bizarre de *plomb de mer*, il sert à vernisser la grenaille ou plomb à giboyer, que l'on fait tourner dans un tonneau avec une certaine quantité de graphite pulvérisé et quelques morceaux peu volumineux de cette substance. Il se passe, dans cette petite préparation qui a pour but de cacher l'aspect terne de la grenaille, un phénomène assez singulier : si le tonneau tourne trop long-temps, le plomb s'échauffe par les chocs multipliés qu'il reçoit, et il devient d'un noir terne ; si l'on suspend le mouvement jusqu'à ce que la chaleur soit passée, et que l'on fasse tourner un seul instant, le brillant reparoît aussitôt ; et si l'on prolonge l'agitation, la chaleur se manifeste de nouveau et chasse le brillant du vernis, comme la première fois. On frotte les pièces de fonte avec du graphite pour les préserver de la rouille : on en couvre les poêles de terre pour leur donner l'aspect de la fonte, et l'on soupçonne qu'il entre dans la composition du vernis dont les Anglois se servent pour garantir leurs canons et leurs caronades de fer de l'action de l'air et de la pluie. (Brard.)

GRAPHYPTÈRE. (*Entom.*) M. Latreille a séparé, sous ce nom, quelques espèces du genre Anthie de Fabricius, coléoptères de la famille des créophages, à cause de la forme de quelques parties de la bouche. Ce sont des insectes d'Afrique. *L'anthie panachée* que nous avons décrite à la page 204 du tome II de ce Dictionnaire, appartient à ce genre. (C. D.)

GRAPPE, *Racemus.* (*Bot.*) Assemblage de fleurs dont les

péioncules particuliers, ordinairement simples, sont disposés le long d'un pédoncule commun. La grappe est ordinairement pendante (sycomore, faux-ébenier, mérisier à grappes) ; quelquefois elle est dressée (érable champêtre, circée). La grappe se confond avec l'épi par des nuances insensibles. (Mass.)

GRAPPON (*Bot.*), nom provençal des diverses espèces de *caucalis*, dont les graines hérissées s'attachent aux passans. (J.)

GRAPSE, *Grapsus.* (*Crustacés.*) M. de Lamarck a établi, sous ce nom donné par Linnæus à une espèce de crabe, un genre de crustacés astacoïdes, décapodes, syncéphalés, brachyures, de l'ordre des cancériformes ou carcinoïdes.

Ce nom de grapse est tiré du grec γραπτος, ou γραψος. Il signifie peint, écrit, *pictus, scriptus.*

Les caractères de ce genre sont tirés de la forme presque carrée du têt, qui est aplati ; de la position des yeux à pédicule court, situés aux angles du chaperon ; et des antennes insérées au-dessous du chaperon, qui est comme échancré.

La plupart des auteurs ont rapporté les cinq ou six espèces connues dans ce genre, à celui des crabes ; la plupart sont d'Amérique. Leur têt est ordinairement d'une couleur rouge avec des taches ou des points jaunes.

Les principales espèces sont :

Le Grapse porte - pinceaux ; *Grapsus penicilliger*, figuré par Rumph dans son Muséum, planche dixième, n.° 2, qui porte sur les pinces des faisceaux de poils noirs très-touffus.

Le Grapse peint ; *Grapsus pictus*, qui est le type du genre. On dit qu'on l'appelle à Cayenne *ragabeunba.* Il est d'un rouge de sang avec des points et des raies jaunes.

Le Grapse madré de Rondelet ; *Grapsus marmoratus.* Jaune, avec des lignes et des taches d'un brun rouge, disposées par bandes transversales sur les pattes. Pinces noires, cordiformes. Il se trouve sur les bords de la Méditerranée.

Le Grapse ensanglanté : *Cancer ruricola*, Degéer, *Ins.*, tab. 7, pl. 25. Semblable aux deux précédens pour les couleurs, il en diffère par un têt sans dentelure, par l'extrémité des doigts coniques, et par le corps garni d'épines au côté interne. On le rencontre aussi dans l'Amérique méridionale. (C. D.)

GRAPSE. (*Foss.*) Il existe, dans la collection de M. de Drée, une carapace fossile, mal conservée, dont la forme carrée est assez déprimée. Cette forme, ainsi que la bande carrée longitudinale qui se trouve au milieu, fait croire qu'elle a appartenu à quelque espèce du genre Grapse. Cette carapace est plane, avec deux sillons enfoncés dans son milieu : entre ces sillons il se trouve une bande relevée, sous laquelle devoient se trouver le cœur et les organes de la génération ; son bord postérieur est tronqué par une espèce de facette oblique, et il est remarquable par un appendice relevé qui le garnit sur toute sa largeur. Ce crustacé est de couleur brune, et empâté d'argile grise, comme ceux qui viennent des Philippines. M. Desmarets lui a donné le nom de grapse douteux. (D. F.)

GRAS (Corps). (*Chim.*) On a compris sous ce nom un grand nombre de composés organiques, *qui sont insolubles dans l'eau, solubles dans l'alcool et l'éther, plus ou moins fusibles et très-inflammables.*

D'après la fusibilité plus ou moins grande de ces corps, on les a d'abord divisés en groupes, dont les noms ont été tirés d'une des espèces les plus remarquables de chaque groupe : c'est ainsi que des noms, spécifiques dans l'origine, sont devenus plus tard des noms génériques. Ainsi le mot *huile*, donné premièrement à une sorte de corps gras, est ensuite devenu collectif pour désigner tous les corps gras, fluides à la température ordinaire (de 15 à 10, et, à plus forte raison, au-dessous) : par la même raison le mot *beurre* a été étendu aux corps gras qui sont mous à la température de 18 et fusibles à quelques degrés au-dessus ; le mot *cire* l'a été à ceux qui ne se fondent qu'au-dessus de 45 degrés. Enfin, on a compris sous la dénomination de *graisses*, les substances grasses, extraites du corps des animaux, dont la fluidité varie de 25 à 40 degrés. Ces distinctions, ne reposant point sur la composition des corps ou sur une de leurs propriétés chimiques importantes, doivent être rejetées.

Jusqu'en 1813, où je présentai à l'Institut mes premiers travaux sur les corps gras, ces distinctions furent admises, puisque jusque-là on n'avoit point aperçu de différence dans la composition de ces corps, ou dans leurs propriétés chimiques ; tout ce qu'on savoit à ce sujet, c'est que les substances grasses, étant très-abondantes en carbone et en hydrogène, étoient très-inflammables.

Mes recherches ont établi que les corps gras se partagent en deux sections : l'une comprend ceux qui jouissent de l'acidité ; l'autre, ceux qui en sont dépourvus. Les corps gras de la première section sont les acides margarique et oléique. Les corps gras de la seconde section se partagent en plusieurs groupes, d'après la manière dont ils se comportent avec la potasse.

1.er *Groupe.* Ceux qui n'éprouvent aucun changement de la part de cet alcali. Telle est la cholestérine.

2.e *Groupe.* Ceux qui se convertissent, par l'action de la potasse, en acides margarique et oléique, et en une substance non acide, dont la composition peut être représentée par hydrogène percarburé, plus eau. Telle est la cétine.

3.e *Groupe.* Ceux qui se convertissent en principe doux et en acides margarique et oléique. Telles sont la stéarine et l'élaïne.

4.e *Groupe.* Ceux qui se convertissent en principe doux, en acides margarique et oléique, et en outre en un ou plusieurs acides volatils, très-odorans. Telles sont une huile qui se trouve dans la graisse des dauphins, une huile qui se trouve dans le beurre. (Ch.)

GRAS DES CADAVRES. (*Chim.*)

Art. 1.er *Définition et introduction historique.*

Lorsque les cadavres sont entassés et recouverts d'une couche de terre, ils se réduisent en gaz qui se dégagent, et en matières fixes qui restent dans le lieu où les cadavres ont été enterrés, sauf une quantité plus ou moins grande qui s'écoule, ou qui est entraînée par les eaux pluviales. Si on examine les cadavres plusieurs années après qu'ils ont été enfouis, on retrouve leur partie osseuse, et, suivant Fourcroy, le tissu de la peau, les muscles, le cerveau et surtout les parties grasses, changés en une substance que les fossoyeurs ont les premiers distinguée sous le nom de *gras des cadavres.* Quant aux ligamens, aux tendons, à l'estomac, aux intestins, à la vessie, au foie, à la rate, aux reins et à la matrice, ils ont disparu, suivant l'observation du même savant.

Il faut au moins trois ans pour que la conversion dont nous parlons ait lieu : à cette époque, le gras est mou et ductile ; en cela il diffère du gras des cadavres qui sont enfouis depuis quarante ans, ce dernier étant sec et cassant.

Fourcroy, qui a examiné le premier le gras des cadavres, l'a considéré comme un composé d'ammoniaque et d'une substance grasse qu'il a appelée *adipocire*. Il a regardé cette substance comme étant semblable à la cholestérine et à la cétine ; mais j'ai fait voir le peu de fondement de ce rapprochement, en établissant, 1.° que la cholestérine n'est pas acide, et qu'elle n'est pas susceptible d'être saponifiée par la potasse ; 2.° que la cétine n'est pas acide, et que, par l'action de la potasse, elle se réduit en une substance grasse non acide, et en acides margarique et oléique ; 3.° que la substance grasse des cadavres est une matière formée d'acide *margarique*, d'un acide gras et liquide qui paroît être l'*oléique*, d'une substance amère, d'un principe colorant orangé, qui colore l'acide liquide, et d'une trace de *principe odorant*. Ces quatre derniers ne sont que dans une foible proportion relativement à l'acide margarique. Je conserverai à l'ensemble de ces corps le nom d'adipocire.

Je suis arrivé à ces conclusions par les expériences que je vais rapporter.

Art. 2.° Analyse du gras.

En traitant 100 parties de gras sec et tamisé par l'alcool bouillant, on a dissous 90,3 parties de matière, et il est resté 9,7 de matière indissoute.

A. Solution alcoolique.

Elle étoit acide. En se refroidissant, elle a laissé précipiter un dépôt n.° 1 ; concentrée ensuite à deux reprises et refroidie chaque fois, elle a laissé précipiter un dépôt n.° 2 et un dépôt n.° 3. Il est resté un liquide dont l'eau a séparé 4 parties d'adipocire rouge, et 0,4 d'une matière floconneuse qui n'a point été examinée.

Dépôt n.° 1. Il se fondoit à 79,5 degrés. En le tenant fondu, il laissoit dégager de l'ammoniaque, et il acquéroit en même temps plus de fusibilité. 100 parties de ce dépôt, traitées par l'acide hydrochlorique, ont donné :

97   d'adipocire fusible à 54 degr. , et légèrement coloré en jaune ;

6   d'hydrochlorate d'ammoniaque ;

1,2 de chlorure de potassium ;

0,1 de chlorure de calcium.

Dépôt n.° 2. Après avoir été fondu, il commençoit à se troubler à 60 degrés; mais la plus grande partie ne se figeoit qu'à 54 degr.

100 parties, traitées par l'acide hydrochlorique,

ont donné..........{ adipocire fusible de 53 à 54 degr.
0,76 d'hydrochlorate d'ammoniaque
et de chlorures secs.

C'étoit donc de l'adipocire presque pur.

Dépôt n.° 3. 100 part., traitées par l'acide hydrochlorique,

ont donné..........{ adipocire fusible de 51 à 52 degr.
2,4 d'hydrochlorate d'ammoniaque
et de chlorures secs.

L'adipocire rouge orangé étoit fusible à 45 degr. ; l'eau d'où il s'étoit séparé, contenoit 1,34 de matière soluble, laquelle

consistoit en............{ matière azotée,
principe colorant jaune,
lactate acide d'ammoniaque,
lactate de chaux,
lactate de potasse.

B. *Résidu indissous dans l'alcool.*

L'eau bouillante lui enleva 1,94

de....................{ acide lactique,
lactate de chaux,
——— de potasse,
principe colorant jaune,
matière azotée.

Les 7,76 parties indissoutes dans l'eau

ont cédé à l'acide hydrochlorique { du phosphate de chaux,
de la magnésie,
de l'oxide de fer,
et de la chaux.

Ce qui n'a pas été dissous par l'acide étoit formé de 4,8 part. d'adipocire, et 1,6 de matière azotée.

Les conclusions naturelles de cette analyse sont :

1.° Que le gras est formé d'adipocire dont une portion est saturée par de l'ammoniaque et de petites quantités de chaux et de potasse.

2.º Que l'a dipocire ne peut être une substance pure, puisqu'on en obtient qui est fusible à 54 degrés, et peu coloré, et d'autre, fortement coloré, qui l'est à 47 degrés.

Art. 3.ᵉ *Analyse de l'adipocire.*

Si l'on prend de l'adipocire fusible à 47 degr., et qu'on le traite par l'alcool bouillant, on obtient, par le refroidissement, une adipocire fusible à 49,75 degr., et il reste en dissolution une adipocire fusible à 41,24; mais ces adipocires retiennent opiniâtrément le principe colorant.

L'alcool ne pouvant être employé comme moyen d'analyse, j'ai eu recours à la potasse. Je me suis assuré d'abord qu'en unissant à cet alcali 10 grammes d'adipocire fusible à 51,5 degrés, on obtient de ce savon décomposé par l'acide hydrochlorique 9,9 grammes d'adipocire fusible à 51,5 degrés, la perte de 0,1ᵉʳ est due à du *principe colorant jaune*, à de la *matière amère*, et à du *principe odorant*, qui restent dans l'eau où le savon a été formé. D'après ce résultat, j'ai dissous de l'adipocire dans l'eau de potasse foible, j'ai abondonné la liqueur à elle-même, et j'en ai obtenu : 1.º du *surmargarate de potasse*, qui s'en est séparé sous la forme de paillettes brillantes; l'acide margarique qui le formoit étoit fusible à 56 degrés, parfaitement blanc et très-brillant. 2.º *Un savon* très-soluble dans l'eau froide. L'acide tartarique en a séparé un acide oléique, encore fusible à 7 degrés, fortement coloré en jaune orangé. L'eau au milieu de laquelle le savon avoit été décomposé, retenoit une matière amère, du principe colorant et du principe odorant.

Art. 4.ᵉ *Des circonstances dans lesquelles l'adipocire se forme, et des substances qui sont susceptibles de la produire.*

Nous avons vu plus haut que les corps entassés dans la terre humide se changent en gras; mais ce n'est pas la seule circonstance où ce changement ait lieu. Fourcroy a observé qu'il s'opéroit dans les cadavres qui étoient plongés dans l'eau stagnante d'un étang, ou dans l'eau peu courante des bords d'une rivière; il a même conseillé de tirer parti de cette observation pour les arts, et M. Gibes, en 1797, a décrit le procédé qu'on pouvoit suivre en grand pour convertir en adipocire les cadavres des animaux submergés. Enfin, nous ajouterons que Four-

croy dit avoir observé un foie qui s'étoit changé en gras après
une exposition de plus de dix ans au milieu de l'air du labo-
ratoire de Poulletier de Lasalle.

Fourcroy compte au moins trois sortes de substances qui sont
susceptibles du changement dont nous parlons, la peau, les
muscles, et *surtout les parties grasses*; il ne s'explique point sur
les causes qui le déterminent.

Lorsque nous eûmes reconnu que le gras contenoit de l'acide
margarique et de l'acide oléique, nous conjecturâmes que l'adipocire, formée essentiellement des mêmes acides que ceux qu'on
retire des savons de graisses, provenoit de ces dernières, et que
l'état savonneux de l'adipocire dans les cadavres s'accordoit
d'ailleurs avec cette manière de voir. Nous regardâmes l'opinion de Fourcroy comme peu fondée relativement au changement de la peau, et surtout de la chair musculaire, en adipocire;
nous pensâmes qu'il avoit pu être induit en erreur par la destruction de la partie fibreuse de la chair : en effet, on conçoit
facilement comment cette dernière, qui est pénétrée de graisse
dans toutes ses parties, a pu éprouver une décomposition telle
que la partie fibreuse a disparu, et que la partie grasse seule
est restée à découvert, convertie en savon adipocireux ; et, ce
qui est conforme à notre opinion, c'est que la partie fibreuse
ne se change point en matière grasse par son contact avec la potasse. Depuis que nous avons fait ces conjectures, M. Gay-Lussac
a prouvé, par l'expérience, que la fibrine du sang, conservée
dans l'eau, ne se changeoit point en adipocire, et nous avons fait
la même observation sur les tendons d'éléphans et la chair musculaire de bœuf, privés de graisses, et submergés pendant un
an dans l'eau distillée.

Nous avons examiné du gras provenant d'un cadavre de
bélier qui avoit macéré dans l'eau de puits. Nous avons vu que
tout ce gras étoit à l'état de savon calcaire, et que ce savon étoit
formé d'acides margarique et oléique, dont l'ensemble étoit
fusible à 44 degrés. Ayant séparé ces deux acides, le premier
étoit fusible à 56 degrés. Au mot SAPONIFICATION, nous espérons
pouvoir exposer plusieurs observations qui jetteront un grand
jour sur ce qui se passe dans la conversion des cadavres en *gras*;
nous nous occupons de ces recherches depuis plusieurs années.
(CH.)

GRAS DE GALLE. (*Bot.*) A Saint-Domingue, suivant Jacquin, ce nom est donné à son *echites corymbosa*, et il ne peut déterminer l'origine de cette dénomination. Nicolson le cite aussi, soit pour un *acacia* en arbre, à gousse aplatie, soit pour un arbrisseau épineux qu'il nomme *spartium spinosissimum*, soit pour deux autres arbrisseaux dont il fait un *cytisus frutescens* et un *alaternus frutescens*; mais ses descriptions sont insuffisantes pour déterminer ces espèces. On ne les confondra pas avec le GRATGAL. Voyez ce mot. (J.)

GRASD'EAU. (*Ichthyol.*) Commerson a donné ce nom à une athérine dont la couleur générale est semblable à celle d'une eau très-transparente. Voyez ATHÉRINE. (H. C.)

GRASDYR (*Mamm.*), un des noms de l'ours brun en Norwége. (F. C.)

GRASELLA. (*Bot.*) Voyez GRANELLOSA. (J.)

GRASEPOLEY. (*Bot.*) Cordus, cité par C. Bauhin, nomme ainsi la petite salicaire, *lythrum hyssopifolia*, Linn. (J.)

GRASIAL (*Mamm.*), nom suédois d'un phoque. (F.C.)

GRASKIN (*Mamm.*), nom de l'écureuil commun dans l'Ostrobothnie. (F. C.)

GRAS-MOLLET. (*Ichthyol.*) On a quelquefois ainsi appelé le *lump*, *cyclopterus lumpus*, poisson du genre CYCLOPTÈRE. Voyez ce mot. (H. C.)

GRASMUCKE (*Ornith.*), nom des fauvettes en allemand. (CH. D.)

GRASSA. (*Ornith.*) Suivant Barrère, ou nomme ainsi, en Catalogne, la pie, *corvus pica*, Linn. (CH. D.)

GRASSELLO. (*Bot.*) En Toscane, on désigne ainsi deux espèces d'*agaric*. L'une, le *grassello giallo*, est un petit champignon d'un jaune doré, mollasse, à chapeau plan, muni de feuillets écartés, et à stipe alongé; il n'est point malfaisant, et se mange. L'autre espèce, le *grassello schizzato*, offre un long stipe blanc, qui porte un chapeau en forme d'éteignoir blanc, avec la pointe et des taches brunes en forme d'éclaboussures; elle paroit être l'*agaricus griseus*, Batsch, *El. fung.*, tab. 17, fig. 80. (LEM.)

GRASSET. (*Bot.*) Dans quelques cantons on donne ce nom à l'orpin reprise. (L. D.)

GRASSET. (*Ornith.*) Ce nom, qui eu certains endroits désigne vulgairement le mouchet ou fauvette d'hiver, et, en d'autres, le bec-figue, s'applique aussi à plusieurs fauvettes ou figuiers dans la Louisiane. (Cu. D.)

GRASSETTE (*Bot.*), *Pinguicula*, Linn. Genre de plantes dicotylédones, de la famille des utriculinées de Jussieu, et de la *diandrie monogynie* du Système sexuel, qui offre pour caractères essentiels : Un calice monophylle, à deux lèvres, dont la supérieure à trois divisions, et l'inférieure à deux ; une corolle monopétale, bilabiée ; la lèvre supérieure à deux lobes ; l'inférieure à trois découpures plus grandes, et prolongée postérieurement en éperon ; deux étamines courtes ; un ovaire supérieur, surmonté d'un style court, terminé par un stigmate à deux lames ; une capsule à une loge, contenant plusieurs graines attachées autour d'un placenta central.

Les grassettes sont de petites plantes herbacées, à feuilles toutes radicales, un peu épaisses, grasses, et le plus souvent comme onctueuses, disposées en une rosette, du milieu de laquelle s'élèvent une ou plusieurs hampes nues, ordinairement uniflores. On en connoît environ quinze espèces, dont près de la moitié est naturelle à l'Europe : les autres ont été trouvées en Amérique, et surtout dans les pays du nord de cette partie du monde. Nous nous bornerons ici à parler des espèces suivantes :

GRASSETTE COMMUNE, vulgairement HERBE GRASSE : *Pinguicula vulgaris*, Linn., *Spec.*, 25 : *Flor. Dan.*, t. 93. Ses feuilles sont ovales-oblongues, luisantes : du milieu de la rosette qu'elles forment, s'élèvent une ou plusieurs hampes grêles, hautes de trois à six pouces, portant une fleur bleue tirant un peu sur le violet, dont l'éperon est conique, un peu recourbé et plus court que le limbe. Cette plante croit en France et dans une grande partie de l'Europe, dans les pâturages humides et marécageux.

La grassette récente est émétique et purgative ; mais ces propriétés ne sont pas exactement déterminées, ce qui fait que les médecins ne sont pas dans l'usage de s'en servir. Selon Clusius, cette plante est appelée, par les Anglois méridionaux, *whytroot*, parce qu'elle fait mourir les moutons qui en mangent. Dans les Alpes, les bergers guérissent les crevasses des mamelles de leurs vaches, en les oignant avec le suc gras et comme mielleux de ses feuilles. En Danemarck, les paysans se servent de ce suc pour un autre usage; ils l'emploient, en guise de pommade, pour graisser leurs cheveux. La propriété la plus singulière des feuilles de la grassette, est celle qu'elles ont de faire cailler le lait, en lui donnant une consistance particulière sans que la sérosité s'en sépare; et, au rapport de Linnæus, les Lapons s'en servent habituellement pour préparer ainsi le lait de leurs rennes.

Grassette a grande fleur : *Pinguicula grandiflora*, Lamk., Dict. encycl., 3, p. 22; *Illust.*, t. 14, f. 2. Ses feuilles sont ovales-oblongues, presque semblables à celles de la précédente : du milieu d'elles naissent une ou plusieurs hampes grêles, hautes de trois à quatre pouces, portant chacune une fleur d'un bleu foncé ou tirant sur le violet, moitié plus grande que dans la grassette commune, et dont l'éperon est droit, grêle, aussi long que la lèvre inférieure. Cette espèce croit dans les lieux humides des montagnes du Dauphiné, de l'Auvergne, et dans les Pyrénées.

Grassette de Portugal : *Pinguicula lusitanica*, Linn., *Spec.*, 25; Lois., *Fl. Gall*, p. 14, t. 1. Ses feuilles sont ovales, luisantes, réticulées, plus courtes que dans les deux espèces précédentes. La hampe est grêle, longue de trois à six pouces, terminée par une fleur blanche, jaunâtre à la gorge, rayée de lignes purpurines, et dont les deux lèvres sont peu prononcées, mais dont les divisions sont échancrées, et dont l'éperon est renflé au sommet, plus court que le limbe. Cette plante se trouve dans les lieux marécageux en Portugal, en Espagne, en Angleterre et en France.

Grassette élevée : *Pinguicula elatior*, Mich., *Flor. Bor. Amer.*, 1, p. 11. Ses feuilles sont lancéolées, obtuses; ses hampes sont droites, roides, pubescentes à leur partie inférieure, hautes d'un demi-pied, terminées par une fleur d'un bleu un peu rougeâtre, quatre fois plus grande que celle de la grassette commune, et dont le calice est glanduleux, pubescent, et l'éperon subulé, obtus, plus court que la corolle. Cette espèce croit en Caroline.

Grassette roulée ; *Pinguicula involuta*, *Flor. Peruv.*, 1, p. 20, t. 31, f. e. Ses feuilles sont ovales, brunâtres en dessous. Du milieu d'entre elles s'élèvent, à la hauteur de trois pouces, plusieurs hampes filiformes, velues, courbées à leur sommet, terminées par une fleur violette, velue à son orifice, dont l'éperon est conique, courbé et de la longueur de la corolle. Cette plante croit parmi les mousses, sur les hautes montagnes du Pérou.

GRASSETTE DE MAGELLAN ; *Pinguicula antarctica*, Vahl, *Enum.*, 1, p. 192. Ses feuilles sont oblongues, glabres, obtuses, souvent échancrées à leur sommet. Ses hampes, hautes de deux a trois pouces, portent à leur sommet une petite fleur dont l'éperon est conique, obtus, plus court que le limbe. Cette espèce a été trouvée par Commerson, dans le détroit de Magellan. (L. D.)

GRASSETTE.(*Ornith.*)C'est, dans Belon, le nom de la sarcelle commune, *anas querquedula*, Linn. (CH. D.)

GRATELIER. (*Bot.*) Voyez GNESTIS. (POIR.)

GRATGAL , *Randia*. (*Bot.*) Genre de plantes dicotylédones, à fleurs complètes, monopétalées, régulières, de la famille des rubiacées, de la *pentandrie monogynie* de Linnæus, offrant pour caractère essentiel : Un calice court, persistant, à cinq dents ; une corolle tubulée, divisée à son limbe en cinq découpures ; cinq étamines situées à l'orifice de la corolle ; les anthères presque sessiles ; un ovaire inférieur ; le style bifide à son sommet. Le fruit est une baie sèche, arrondie, à peine couronnée à son sommet, à deux loges, contenant plusieurs semences comprimées (de quatre à huit).

Ce genre diffère si peu des *gardenia*, que plusieurs auteurs les ont réunis. Il comprend des arbrisseaux, la plupart épineux, à feuilles simples et opposées, ayant également les épines opposées, quelquefois comme verticillées : des stipules à la base interne des pétioles ; les fleurs sont disposées par petits bouquets axillaires, quelquefois terminaux : il leur succède des baies uniloculaires, selon Linnæus, que d'autres pensent être à deux loges imparfaites.

GRATGAL A LARGES FEUILLES : *Randia latifolia*. Lamk.. Dict. et *Ill. gen.*, tab. 136, fig. 1 ; *Randia aculeata*, Linn.; Pluk., *Almag.*, tab. 97, fig. 5 ; Brown, *Jam.*, tab. 8, fig. 1 ; vulgairement BOIS DE LANCE. Arbrisseau de dix à douze pieds de haut, toujours vert, médiocrement épineux. Son tronc est recouvert d'une écorce rougeâtre et raboteuse ; ses rameaux glabres.

opposés ; les plus petits munis d'épines, surtout vers leur extrémité. Les feuilles sont ovales, spatulées, entières, rétrécies en pétiole à leur base, lisses, luisantes, beaucoup plus longues que les épines ; les fleurs sessiles, axillaires : elles produisent des baies ovales, globuleuses, de la grosseur d'une cerise, blanches ou jaunâtres en dehors, renfermant sous une peau coriace une pulpe noire, un peu bleuâtre, qui enveloppe plusieurs semences aplaties. Cette plante croît à la Jamaique et aux Antilles. Son bois est excellent pour faire des lances, des flèches, des baguettes de fusil, etc., d'où lui vient son nom de *bois de lance*.

Le *Randia mitis*, Linn. ; Pluken., *Alm.*, tab. 205, fig. 2, et Sloan, *Jam. Hist.*, 2, tab. 161, fig. 1, ne paroît à M. de Lamarck qu'une variété de l'espèce précédente ; dans celle-ci les fleurs sont un peu pédonculées, les fruits jaunâtres et tomenteux.

GRATGAL EN OVALE RENVERSÉ : *Randia obovata*, Kunth, *in* Humb. et Bonpl. *Nov. Gen.*, pag. 409, *non Flor. Per.* Arbrisseau chargé de rameaux nombreux, presque tétragones, bruns, cotonneux, armés d'épines d'un brun pourpre. Les feuilles sont médiocrement pétiolées, oblongues, ou en ovale renversé, obtuses ou un peu aiguës, glabres, veinées, réticulées, longues de douze à seize lignes, larges de sept à neuf ; les stipules pubescentes, subulées, persistantes : les fleurs sont sessiles, solitaires, terminales ; le calice lâche, pubescent, à cinq dents subulées ; la corolle blanche ; les découpures du limbe ovales-aiguës ; l'ovaire glabre, turbiné. Cette plante croît dans la Nouvelle-Grenade, à l'orifice du fleuve Sinu.

GRATGAL BRACTÉOLÉ : *Randia bracteolata*, Poir. ; *Randia obovata*, Fl. Per., 2, tab. 220, fig. 6, *non* Kunth, *in* Humb. Cet arbrisseau s'élève à la hauteur de six pieds sur une tige médiocrement rameuse ; les rameaux fleuris sont les seuls épineux ; les feuilles oblongues, très-entières, acuminées, pubescentes ; les stipules subulées, adhérentes par leur base ; les fleurs sessiles, axillaires, accompagnées d'environ sept bractées imbriquées, lancéolées ; la corolle blanche, une fois plus longue que le calice ; les baies pubescentes, d'un jaune cendré. Cette plante croît au Pérou.

GRATGAL A PETITES FEUILLES : *Randia parvifolia*, Lamk., Encycl.

et *Ill. gen.*, tab. 156, fig. 2 ; Sloan, *Jam.*, 2, pag. 100, tab. 207,
fig. 1. Arbrisseau de Saint-Domingue, remarquable par la petitesse de ses feuilles : son bois est dur; ses rameaux glabres,
chargés d'épines dans toute leur longueur; les feuilles fasciculées, entières, ovoïdes, lisses, luisantes, longues de quatre
à six lignes; les baies fort petites, sessiles, globuleuses, om-
biliquées.

GRATGAL DU MALABAR : *Randia malabarica*, Lamk., Encycl.;
Benkara, Rhéed., *Malab.*, 5, tab. 35. Arbrisseau des côtes du
Malabar, dont le tronc grêle et blanchâtre s'élève à la hauteur de douze pieds ; les rameaux sont glabres, épineux, cylindriques ; les feuilles ovales ou oblongues, glabres, luisantes, longues de deux pouces; les fleurs axillaires, pédonculées, réunies huit à dix en cimes ombelliformes, accompagnées de bractées courtes, ovales ; le tube de la corolle à
peine saillant hors du calice; les découpures du limbe presque
aussi longues que le tube. Le fruit est une baie globuleuse,
de la grosseur d'un pois, purpurine, un peu noirâtre, contenant plusieurs semences enfoncées dans une pulpe.

GRATGAL A PETITES FLEURS : *Randia parviflora*, Lamk., Encycl.; *Gardenia micranthus*, Thunb., *Diss. de gard.*, pag. 17,
tab. 1. fig. 2 ? Espèce originaire des Indes orientales, dont
les rameaux sont velus, cylindriques, épineux; les feuilles
ovales-aiguës, vertes, glabres ; les pétioles un peu velus; les
épines arquées; les fleurs petites, axillaires, de la grandeur
d'un grain de riz, réunies deux ou trois dans l'aisselle des
feuilles; leur calice est court, à bord tronqué, muni de cinq
petites dents; le tube de la corolle ovale, presque globuleux,
rétréci sous le limbe, qui se divise en cinq découpures ouvertes, ovales-aiguës; les anthères pédicellées; le stigmat en
tête.

GRATGAL A LONGUES FEUILLES; *Randia longiflora*, Lamk., Encycl., et *Ill. gen.*, tab. 136, fig. 3. Ses rameaux sont épineux,
glabres, cylindriques; ses feuilles glabres, entières, ovales-
oblongues, un peu aiguës, longues d'un à deux pouces; les
stipules courtes, mucronées; les épines arquées, plus longues
que les pétioles; les fleurs pédicellées, réunies cinq à six en
une cime ombelliforme au sommet des rameaux, le tube de
la corolle long d'un pouce; les baies petites, globuleuses. Cette

plante croît à l'île de Java. Le *randia scandens* de Thunberg, *sub gardenia, Diss. de gard.*, pag. 17, tab. 2, fig. 5, ressemble beaucoup à cette espèce ; mais ses fleurs sont solitaires et axillaires.

GRATGAL A FEUILLES RONDES : *Randia rotundifolia, Fl. Per.*, 2 , pag. 68. Arbrisseau découvert dans les grandes forêts du Pérou, qui s'élève à la hauteur de six pieds sur une tige garnie de rameaux opposés ou quaternés. A chaque point d'insertion naissent quatre feuilles ovales - arrondies, pubescentes, très-entières, petites, presque sessiles ; les stipules ovales et roussâtres ; les fleurs sessiles, solitaires ; la corolle blanche , une fois plus longue que le calice ; une baie jaunâtre, à une seule loge, de la grosseur d'une noisette, contenant plusieurs semences comprimées, environnées d'une pulpe noirâtre.

On rapporte encore à ce genre plusieurs autres espèces placées parmi les *gardenia*, telles que le *gardenia spinosa* , Linn., *Suppl.*, qui est le *ceriscus malabaricus* de Gærtner ; le *gardenia dumetorum*, Willd., etc. (POIR.)

GRATIA DEI. (*Bot.*) Ce nom, qui annonçoit une plante merveilleuse par ses propriétés et accordée par la Providence pour le soulagement des malades, a été donné en plusieurs lieux à différentes plantes. Chez les François, suivant Gesner, c'étoit un buplèvre , *buplevrum rigidum ;* chez les Allemands, l'herbe à Robert, *geranium robertianum*, d'après l'indication de Tragus. Gesner le cite encore pour l'helianthème, et Césalpin pour la toque, *scutellaria.* Il a surtout été attribué à une plante très-purgative , nommée aussi pour cette raison *gratiole*, rapportée par Tournefort au genre *Digitalis*, rétablie par Linnæus comme genre distinct sous le nom de *gratiola*, que l'on trouve encore donné à la scutellaire par C. Bauhin , et à la petite salicaire, *lythrum hyssopifolium* , par Gesner et Columna. (J.)

GRATIOLE (*Bot.*), *Gratiola* , Linn. Genre de plantes dicotylédones, de la famille des personées de Jussieu, et de la *diandrie monogynie* de Linnæus, dont les principaux caractères sont les suivans : Calice de cinq folioles, muni de deux bractées à sa base ; corolle monopétale, campanulée ou tubuleuse, irrégulière, à deux lèvres peu distinctes, et à quatre lobes , dont le supérieur échancré ; deux étamines fertiles et deux stériles, ayant leurs filamens attachés à la corolle et non saillans ; un ovaire supérieur, surmonté d'un style subulé, terminé par un stigmate à deux lames; une capsule ovale-pointue, à deux valves parallèles à la cloison, à deux loges contenant des graines petites et nombreuses.

Les gratioles sont des herbes à feuilles opposées, ordinairement simples et à fleurs axillaires. Ces plantes croissent en général dans les lieux marécageux et sur les bords des eaux. On en connoît une quarantaine d'espèces, dont une seule est indigène de l'Europe ; toutes les autres appartiennent aux Indes ou à l'Amérique, à la réserve de quelques unes qui ont été trouvées dans la Nouvelle-Hollande. Toutes ces espèces exotiques ne présentant que fort peu d'intérêt, sous le rapport de leurs propriétés, nous n'en rapporterons ici qu'un petit nombre. Plusieurs botanistes ont d'ailleurs établi, aux dépens de quelques unes de ces gratioles exotiques, les genres *Ambulia*, *Bramia*, *Hornemannia*, *Monicra*, *Rottlera* et *Septas*.

GRATIOLE OFFICINALE : vulgairement HERBE AU PAUVRE-HOMME ; *Gratiola officinalis*, Linn., *Spec.*, 24; Bull., Herb., t. 130. Sa racine est rampante ; elle produit une tige droite, glabre, ainsi que toute la plante, haute d'un pied ou environ, garnie de feuilles sessiles, lancéolées, dentées. Ses fleurs sont pédonculées, solitaires dans les aisselles des feuilles, le plus souvent jaunâtres, mêlées de rougeâtre en leur limbe, quelquefois, mais rarement, blanches. Cette espèce est commune en Europe, dans les prés humides ou marécageux, et sur le bord des étangs.

La gratiole officinale est émétique et purgative. C'est une plante énergique, qu'il ne faut employer qu'avec circonspection. Elle peut être très-utile dans l'hydropisie ascite. Il est préférable de n'en faire usage que sèche, parce qu'elle agit ainsi avec moins de violence. Deux à trois gros, en infusion, sont une dose qu'on ne doit guère outre-passer. Les gens du peuple, en l'employant verte ou en trop grande quantité, se causent souvent des superpurgations dangereuses. Les grandes vertus qu'on avoit autrefois attribuées à cette plante, lui ont fait donner le nom qu'elle porte, et qui vient de *gratia*, grâce, bienfait, faveur.

GRATIOLE A FEUILLES ARRONDIES : *Gratiola rotundifolia*, Linn., *Mant.*, 174; *Tsiangapuspam*, Rhéed., *Malab.*, 9, p. III, t. 57.

Ses tiges sont grêles, quadrangulaires, glabres, rampantes à leur base, longues de trois à quatre pouces, garnies de feuilles sessiles, ovales-obtuses, lisses, à peine dentées. Ses fleurs, solitaires dans les aisselles des feuilles, sont portées sur des pédoncules plus longs que ces dernières; leur calice est presque aussi long que le tube de la corolle; la capsule est comprimée, arrondie. Cette plante se trouve au Malabar, dans les lieux sablonneux.

GRATIOLE A FEUILLES D'HYSOPE : *Gratiola hyssopioides*, Linn., *Mant.*, 174; *Gratiola indica minor vera seu hyssopioides*, Pluk.. *Alm.*, 180, t. 193, f. 1. Sa tige est filiforme, redressée, haute d'un pied, à articulations plus longues que les feuilles, qui sont sessiles, ovales-lancéolées : les inférieures munies d'une ou deux dents. Ses fleurs sont axillaires, alternes, plusieurs fois plus longues que les feuilles; leur calice est très-petit, beaucoup plus court que la corolle. Cette espèce croît dans l'Inde, dans les champs de riz.

GRATIOLE DE VIRGINIE ; *Gratiola virginica*, Linn., *Mant.*, 517. Sa tige est haute de huit pouces à un pied, garnie de feuilles lancéolées-obtuses, légèrement dentées. Les fleurs sont blanches, et placées dans leurs aisselles. Cette plante croît dans les lieux humides de la Virginie.

GRATIOLE DU PÉROU : *Gratiola peruviana*, Linn., *Spec.*, 25; *Gratiola latiore folio, flore albo*, Feuill., *Peruv.*, 3, p. 23, t. 17. Sa tige est presque simple, haute de six à neuf pouces, garnie de feuilles sessiles, ovales-lancéolées, dentées. Ses fleurs sont blanches, traversées intérieurement par des lignes rouges, solitaires dans les aisselles des feuilles, et presque sessiles. Cette plante croît naturellement au Pérou et dans les montagnes du Chily. Le Père Feuillée dit que les naturels de ces pays l'emploient en infusion contre les vers. Elle est amère et purgative. (L. D.)

GRATTECU. (*Bot.*), nom vulgaire de l'espèce commune de rosiers, dont le calice, devenu charnu à l'époque de la maturité des graines qu'il recouvre, est employé comme médicament sous le nom de *cynorhodon*. Il est aussi mangé par les enfans, qui recherchent avec avidité ses fruits dans les haies. Lorsqu'on avale en même temps les graines recouvertes de poils, ces graines, accumulées à la sortie des intestins, y excitent une démangeaison que leur expulsion fait bientôt cesser. C'est le *grato-cuou* des Languedociens. (J.)

GRATTE-PAILLE (*Ornith.*), un des noms vulgaires de la fauvette d'hiver, *motacilla modularis*, Linn. (Cu. D.)

GRATTERON. (*Bot.*) Les plantes désignées sous ce nom formoient le genre *Aparine* de Tournefort, distinct du *galium* par les aspérités qui couvrent ces plantes, et surtout par leurs graines qui s'attachent facilement aux mains et aux vêtemens des passans, ce qui les fait aussi nommer *grappelles* dans quelques lieux. Linnæus a réuni avec raison ces deux genres sous le nom du dernier. Voyez GALIET. (J.)

GRATTHIER (*Mamm.*), nom allemand que les Helvétiens donnent aux chamois qui se tiennent principalement sur les crêtes des montagnes. (F. C.)

GRAUCALUS. (*Ornith.*) M. Cuvier a appliqué au genre *Choucari*, ce nom, donné en grec à un oiseau cendré. (Cu. D.)

GRAULA (*Ornith.*), nom de la corbine, *corvus corone*, Linn. Le freux et la corneille mantelée sont aussi vulgairement connus en France sous les noms de *graule* et de *graye*. (Cu. D.)

GRAULACH (*Ichthyol.*), nom que l'on donne aux saumons maigres dans quelques contrées de l'Allemagne. (H. C.)

GRAUSTEIN. (*Min.*) Heidinger, Blumenbach, Reuss et Widenmann, ont appliqué ce nom à la gangue de l'opale, qui est un porphyre altéré, presque argileux ; mais le graustein de Werner est, suivant M. Brochant, une roche composée de très-petits grains de felspath et de hornblende, en quelque sorte fondus les uns dans les autres, d'où il résulte une masse presque homogène et d'un gris cendré. Cette roche se rapproche beaucoup du *grunstein* secondaire et du *klingstein* de la même école (Brochant, tom. 1, pag. 343, 439, et tom. 2, pag. 668). Enfin, M. Cordier rapporte le graustein de Werner à sa *leucostine écailleuse*, qui est pour lui comme pour nous une substance volcanique en masse. Voyez sa distribution méthodique, et l'article DOLÉRITE de ce Dictionnaire. (BRARD.)

GRAUWERK (*Mamm.*), un des noms allemands de l'écureuil petit-gris. (F. C.)

GRAVANCHE. (*Ichthyol.*) On donne ce nom à une variété du lavaret qui habite le lac de Genève. Voyez CORÉGONE. (H. C.)

GRAVELET (*Ornith.*), un des noms vulgaires du grimpereau commun, *certhia familiaris*, Linn. (Ch. D.)

GRAVELIN (*Bot.*), nom sous lequel le chêne à grappes est désigné dans quelques lieux. (J.)

GRAVIER. (*Min.*) On est convenu de nommer *gravier* les sables grossiers, anguleux ou arrondis, que les rivières, les fleuves ou les ruisseaux charrient dans leur lit, et qui font, par le volume de leurs élémens, le passage du sable au galet. En effet, l'on entend par *sable* de rivière ou de carrière, la réunion d'une infinité de petits grains de quarz ou de toute autre substance dont le volume n'excède pas celui d'un pois. On comprend sous le nom de *gravier* la réunion d'un nombre infini de fragmens de silex, de quarz ou de toute autre roche, dont la grosseur varie depuis celle d'un pois jusqu'à celle d'une noix; et enfin, par le mot *galet*, l'assemblage d'une grande quantité de fragmens arrondis de silex, de quarz, de granite, et de toute espèce de substances minérales dont les dimensions varient depuis celle d'une noix ou d'une amande jusqu'au volume de la tête et au-delà (voyez GALET). Le gravier, ne différant du sable et du galet que par la grosseur moyenne des fragmens pierreux qui le composent, est absolument dû aux mêmes causes; il se trouve, comme eux, non seulement dans le lit des rivières et sur le bord de la mer, mais on le rencontre aussi en dépôts immenses immédiatement au-dessous de la terre végétale : quelquefois même il occupe la surface du sol ; et, malgré son aridité apparente, il est favorable à certaines cultures. Le gravier est très-recherché pour l'entretien des grandes routes, et pour former la couche extérieure de leur empierrement. On trouve le gravier plus particulièrement dans le fond des grandes plaines, ou sur les coteaux surbaissés ; il se rencontre rarement au sommet des montagnes, à moins qu'il ne provienne de la décomposition de la roche qui se trouve immédiatement au-dessous de lui : tel est le gravier calcaire que l'on trouve dans les ci-devant provinces du Quercy et du Périgord, et qui y porte le nom de *cosse*. (Brard.)

GRAVIÈRE. (*Ornith.*) Ce nom, et celui de *gravelotte*, se donnent vulgairement au petit pluvier à collier, *charadinus hyaticula*, Linn. (Ch. D.)

GRE

GRAVISSET. (*Ornith.*) Ce nom. et ceux de *gravisseur* et *gravisson*, sont donnés vulgairement au grimpereau commun, *certhia familiaris*, Linn. (Ch. **D.**)

GRAVIVOLES. (*Ornith.*) On trouve, dans le Nouveau Dictionnaire d'Histoire naturelle, ce nom appliqué aux oiseaux dont le vol est pesant. (Ch. **D.**)

GRAY. (*Ornith.*) Ce nom désigne, en anglois, le canard chipeau ou ridenne, *anas strepera*, Linn. (Ch. **D.**)

GRAYE (*Ornith.*), nom, en vieux françois, du freux, *corvus frugilegus*, Linn. (Cn. **D.**)

GRAYLING (*Ichthyol.*), un des noms anglois du thymalle. Voyez Corégone. (H. C.)

GREAC. (*Ichthyol.*) L'esturgeon commun est quelquefois ainsi nommé. Voyez Esturgeon. (H. C.)

GRÈBE. (*Ornith.*) Plusieurs naturalistes ont réuni les plongeons et les grèbes sous la dénomination de *colymbus*; il existe néanmoins, dans la structure de leurs pieds, une différence très-remarquable. Les uns et les autres ont quatre doigts, et ils diffèrent en cela des guillemots, *uria*, qu'on leur a aussi quelquefois associés, quoique ceux-ci soient tridactyles; mais, tandis que les plongeons, *colymbus* et *mergus*, sont palmipèdes, et ont les trois doigts de devant enveloppés jusqu'au bout dans une membrane commune et entière, les mêmes doigts, chez les grèbes, *podiceps*, sont libres depuis la première articulation, et bordés seulement, dans toute leur étendue, d'un lobe qui en embrasse les deux côtés et présente la forme d'une rame. On remarque aussi, entre les doigts des plongeons proprement dits et ceux des grèbes, une autre différence, qui consiste en ce que ceux des premiers sont terminés par des ongles assez pointus et très-distincts des membranes, surtout au pouce, tandis que ces ongles, écailleux et aplatis, ne forment chez les grèbes qu'une sorte de prolongement des lobes, comme on peut le voir sur la bonne figure que Meyer en a donnée dans son *Taschenbuch der deutschen Vogelkunde*, tom. 2, pag. 426.

Les grèbes ont, d'ailleurs, la tête petite, alongée; le bec plus court que celui des plongeons, comprimé latéralement, le plus souvent droit, et dont quelquefois la mandibule supérieure est légèrement inclinée; les narines situées longitudi-

nalement à la base du bec, et percées à jour; la langue un
peu échancrée; le corps aplati et revêtu de plumes courtes et
épaisses ; les jambes placées fort en arrière et entièrement
engagées dans l'abdomen; le tibia prolongé au-delà du fémur,
en une pointe à laquelle s'attache une assez grande quantité de
muscles extenseurs ; les tarses très-comprimés, dentelés en
scie sur leurs lames, et tellement jetés en dehors sur un plan
horizontal, qu'ils présentent plutôt une rame et un gouvernail
qu'un instrument propre à la marche; le doigt extérieur le
plus long; le pouce pinné et ne touchant à terre que par son
extrémité; l'aile fort étroite et cachée, dans l'état de repos,
par les plumes scapulaires et par celles des côtés du corps; la
queue composée, non de pennes, mais seulement d'un petit
faisceau de plumes soyeuses.

D'après cette conformation, l'on sent aisément combien la
marche doit être pénible aux grèbes, qui ne peuvent se tenir
à terre que dans une situation verticale, et volent difficilement ; mais aussi, l'étendue de leur sternum leur donnant une
grande force musculaire, ils fendent l'eau avec une extrême
facilité, soit à sa surface, soit à une profondeur telle qu'on
en a quelquefois pris dans des filets à plus de vingt pieds. Ces
oiseaux, qui vivent de petits poissons, de crustacés, d'insectes
à élytres, de frai et de plantes aquatiques, habitent les rivières, les lacs et les bords de la mer.

Ceux qui vivent sur les eaux douces construisent, avec des
roseaux entrelacés, un nid qu'ils attachent aux cannes de joncs,
et qu'ils placent sur leurs cimes rompues, ou laissent flotter ;
ils y pondent ordinairement deux ou trois œufs, mais quelquefois quatre ou cinq, qui sont blancs, ou d'un vert blanchâtre, ondé de brun. Les espèces dont les mers qui baignent
les côtes de France sont le séjour ordinaire, nichent sur celles
d'Angleterre, dans le creux des rochers, que ces oiseaux atteignent à l'aide du vol, et d'où leurs petits, qui vraisemblablement restent dans le nid jusqu'à ce que leurs ailes aient acquis
assez de force pour leur servir de parachute, sont obligés de
se jeter à l'eau.

Lorsqu'on trouve sur les rivages des grèbes que les vagues
y ont refoulés, malgré leur habitude de nager contre le vent,
on n'a pas beaucoup de peine à les prendre avant qu'ils aient

réussi à se remettre à flot ; mais on en reçoit de violens coups
de bec. C'est en plongeant que ces oiseaux cherchent ordinairement à se soustraire aux dangers , et ils font peu d'usage
de leurs ailes pour fuir. Comme ils sont constamment dans
l'eau , même pendant les saisons les plus rigoureuses , ils sont
couverts de plumes que leur élasticité ramène en dedans, et
qui forment un duvet si serré, si ferme et si bien lustré, qu'il
les garantit également de l'humidité et du froid. Aussi fait-on ,
avec la peau de leur poitrine , des manchons d'un blanc argenté, qui ne se mouillent pas , et joignent le ressort de la
plume au brillant de la soie et à la moelleuse épaisseur du
duvet. Pallas dit, tom. 5 in-4.° de ses Voyages en Russie, qu'il
y a dans la partie méridionale de la Sibérie une si grande
quantité de grèbes, que les Tartares Barabynsk font un grand
commerce de cette sorte de pelleterie.

Buffon, qui a conservé aux grandes espèces le nom de
grèbes, pour laisser aux petites celui de castagneux, observe
que cette distinction est indiquée dans Athénée par les noms
de *colymbis* et de *colymbida*. M. Vieillot, en distribuant les
espèces en deux sections, n'a pas suivi la même marche : il a
compris dans la première celles dont le bec, presque cylindrique , a la pointe droite ; et, dans la seconde, celles dont le
bec, comprimé latéralement , est courbé vers le bout. Au reste,
une observation générale qui a été faite sur les grèbes, c'est
que les jeunes , qui muent une fois, ne prennent qu'après deux
ou trois années le plumage des vieux, et que les ornemens
que la plupart portent alors à la tête, décorent également
celle des femelles. Ces circonstances, et les variations que la
taille éprouve avec l'âge, ont donné lieu à des doubles emplois.
M. Meyer, qui a fait une étude particulière de ce genre , a
réduit les espèces d'Europe à quatre, et M. Cuvier a adopté ce
travail, fondé sur des différences de couleurs dans les huppes
et la collerette, et dont il résulteroit, 1.° que le grèbe proprement dit, de Buffon, pl. enl. 941 , *colymbus urinator*, Linn. ;
le grèbe huppé du même, pl. 944 , *colymbus cristatus*, Gmel. ;
et le grèbe cornu, pl. 400 , donné par Gmelin comme une
variété du précédent, *podiceps cristatus*, Lath., seroient le
même oiseau, d'abord à l'âge d'un an , ensuite à l'âge de deux
ans , et enfin dans l'état parfait : 2.° que les *colymbus cornutus*,

obscurus et *caspicus* de Gmelin. qui sont les *podiceps* de Latham, portant les mêmes épithètes, et dont le premier et le second sont représentés dans les planches enluminées de Buffon, sous les n.°ˢ 404, fig. 2, et 942, avec les dénominations de grèbe d'Esclavonie et de petit grèbe, seroient aussi un seul oiseau, malgré une différence sensible dans la taille; 3.° qu'il en seroit de même des *colymbus subcristatus*, *parotis* et *rubricollis*, Gmel., dont le second est représenté, pl. 9 du *Museum Carlson*. de Sparrman, et 118 du *Synopsis* de Latham; et le troisième. pl. 931 de Buffon, et 200 de Lewin. En reconnoissant, dans ces neuf oiseaux, trois seules espèces, on pourroit, avec M. Cuvier, leur appliquer les noms de grèbe huppé, grèbe cornu et grèbe à joues grises, ou jougris; et la quatrième espèce seroit le petit grèbe ou castagneux, qui est le *colymbus minor*, Gmel., ou *podiceps minor*, Lath., pl. enl. 905.

Cette distribution des espèces européennes concorde avec celle de M. Temminck, qui, de plus, a donné comme espèce particulière et distincte le grèbe à oreilles ou oreillard, lequel est le *podiceps auritus*, Lath., et le *colymbus auritus*, Linn., espèce huitième de la treizième édition, page 590; mais l'auteur hollandois écarte de la synonymie la variété *b*, qu'il regarde comme appartenant au bec cornu ou esclavon, et il fait précéder la description de chaque espèce par lui reconnue d'observations générales sur le bec et les narines. desquelles il résulte que chez le grèbe huppé le bec est plus long que la tête, et qu'il y a du bord antérieur des narines à la pointe du bec dix-sept à dix-huit lignes; que chez le jougris, qui a le bec de la longueur de la tête, la distance des narines est de onze lignes; et que, chez les grèbes cornu ou esclavon et à oreilles ou oreillard, le bec est plus court que la tête, et la distance des narines à son extrémité. de six ou sept lignes seulement.

Grèbe huppé : *Podiceps cristatus*, Lath. Cet oiseau, dans sa première année, époque à laquelle il est le grèbe proprement dit de Buffon, *colymbus urinator*, Linn., n'a que la taille d'une foulque; la tête et le haut du cou sont d'un brun foncé, et ils n'offrent, avant l'âge de deux ans, aucun indice de huppe ni de fraise ou collerette; le front et la face sont blancs, et l'on y voit, ainsi que sur le haut du cou, des bandes en zigzags d'un brun noirâtre. Après la première mue, les plumes du sommet de la tête, devenues plus longues, forment une sorte de huppe qui se lève et se baisse à volonté; et l'on remarque, de plus, une bande noirâtre, irrégulière, qui, partant du bec, passe au-dessus des yeux et s'étend jusqu'à l'occiput. Ce sont des individus de cet âge qui ont été représentés dans les Glanures d'Edwards, pl. 360, fig. 2; dans les planches enluminées de Buffon, n.ᵒˢ 941 et 944, et dans Lewin, pl. 197. Après la troisième année, le mâle, dont la longueur est alors de dix-huit à dix-neuf pouces et la taille celle du canard, a, ainsi que la femelle, une double huppe noire et une large collerette rousse, bordée de noir au haut du cou. Les parties supérieures du corps sont d'un brun noirâtre, les pennes secondaires des ailes d'un blanc pur, les parties inférieures d'un blanc argenté. L'espace nu qui existe entre le bec et l'œil, est d'un rouge incarnat; l'iris d'un rouge cramoisi; et le bec, dont la base est rougeâtre, a la pointe blanche. La planche enluminée de Buffon, n.º 400, représente l'oiseau parvenu à cet âge. On le trouve sur les bords de la mer, d'où il émigre en nageant pour se transporter sur les lacs et les rivières de France, de Hollande, d'Allemagne et d'Angleterre. Buffon rapporte cette espèce à l'*acitli* ou lièvre d'eau du Mexique, *aqueus lupus* d'Hernandez, chap. 130, et Sonnini, au grèbe du Paraguay, décrit par M. d'Azara, n.º 443, sous le nom de *macas cornu*.

Grèbe cornu. On a déjà exposé que MM. Meyer et Cuvier comprenoient sous cette dénomination, outre le grèbe d'Esclavonie, pl. enl. 404, fig. 2, le petit grèbe de Buffon, pl. 942 et 199 de Lewin, qui correspond au *podiceps obscurus* de Latham, et au *podiceps caspicus*, ou de la mer Caspienne, du même, lesquels ils regardent comme de jeunes individus. Assez semblable au grèbe huppé pour la forme, cette espèce est d'une taille bien moindre et qui n'excède pas douze ou treize pouces. Dans la première année l'oiseau n'offre aucune apparence de cornes ni de collerette; le blanc pur de la gorge s'étend jusqu'aux yeux, et se dirige en arrière vers l'occiput; les côtés de la poitrine et les flancs sont d'un cendré noirâtre; l'iris est entouré de deux cercles, l'un blanc, l'autre d'un rouge clair. Les vieux, mâle et femelle, ont la double huppe, le devant du cou roux, et la collerette noire; l'espace entre le

bec et l'œil, le cou et la poitrine, sont roux ; les parties supérieures du corps sont noirâtres, et les parties inférieures
blanches. Le premier cercle de l'iris est jaune, et le second
d'un rouge vif ; le bec est noir et a la pointe rouge. Cette
espèce, rare en Allemagne, et qu'on ne voit qu'acciden-
tellement en Hollande, en France et en Suisse, est assez commune en Angleterre, et plus abondante dans les parties orientales de l'Europe.

Sonnini, tom. 59, p. 317 de son édition de Buffon, observe,
au sujet du grèbe cornu, pl. 400 de Buffon, qui est indiqué
ci-dessus comme appartenant à la première espèce, que,
puisqu'on reconnoît son existence au Mexique, il étoit naturel de supposer une identité avec ceux qu'on rencontre-
roit dans des contrées plus septentrionales du nouveau continent, et il s'étonne de ce que les nomenclateurs ont considéré
comme une espèce distincte le grèbe cornu de New-Yorck
et de la baie d'Hudson, le même que le grèbe d'Esclavonie
du présent article. Sans insister sur le plus ou le moins de
fondement d'une séparation dont la différence de taille paroît
avoir été le principal motif, on se contentera de remarquer
que le grèbe dont il est ici question n'est que de passage à
New-Yorck, à l'automne et au printemps ; qu'il se retire dans
les rivières de la baie d'Hudson pendant l'automne, et les
quitte après les couvées pour retourner au sud.

Grèbe a joues grises ; *Podiceps rubricollis*, Lath. En réunissant sous cette dénomination les *colymbus* ou *podiceps rubricollis*, *subcristatus* et *parotis*, M. Cuvier les désigne par cette
phrase : devant du cou rond, comme aux *colymbus cornutus* ,
obscurus et *caspicus*, mais les huppes de l'adulte petites et
noires, et sa collerette très-courte et grise ; taille mitoyenne
entre les deux espèces précédentes. On a reconnu que cet
oiseau, appelé par Buffon jougris, et par Lewin rouge-col ,
étoit, dans son jeune âge, le *colymbus parotis* de Sparrman et de
Gmelin, et, dans un âge un peu plus avancé, le *colymbus
subcristatus* de ce dernier. Ce grèbe a, dans les deux premières
années, la gorge et les joues blanches ; le haut du cou d'un
blanc jaunâtre, avec des zigzags bruns ; le sommet de la tête
et l'occiput noirs ; la poitrine roussâtre et variée de brun, et
le ventre cendré. A la troisième année ; l'oiseau, dont la lon-

gueur totale est de quinze à seize pouces, se reconnoît, outre la couleur grise de ses joues, à son cou roux en devant, à son manteau noir, à sa gorge rayée de brun, dont les côtés sont ferrugineux, et à son ventre d'un blanc argenté jusque sous la queue.

Il se trouve dans les diverses contrées de l'Europe.

GRÈBE OREILLARD ; *Podiceps auritus*, Lath. L'oiseau que M. Temminck décrit comme une véritable espèce sous cette dénomination, est long d'environ un pied; il a la face et le sommet de la tête d'un noir profond; sa double huppe et sa collerette sont très-courtes. Il y a, derrière les yeux et au-dessous, un pinceau de longues plumes effilées, d'abord d'un jaune clair, et ensuite d'un roux foncé, qui, formant un arc, couvrent l'orifice des oreilles; la gorge, la poitrine, le cou et les parties supérieures sont d'un brun noirâtre; l'estomac et l'abdomen d'un blanc pur; les flancs et les cuisses d'un marron très-foncé. Le bec, dont la base est déprimée et la pointe légèrement relevée en haut, est noir; l'espace nu est de couleur rouge , et les yeux sont cramoisis.

Cet oiseau, figuré dans les Glanures d'Edwards, pl. 96, n.° 2, dans les Oiseaux de Nauman, p. 70, n.° 108, et dans Lewin, pl. 198, se trouve en Sibérie et dans plusieurs contrées de l'Europe. Il niche en Angleterre, dans les marais du Lincolnshire, et il est plus commun sur les eaux douces que le long des côtes maritimes.

GRÈBE CASTAGNEUX ; *Podiceps minor*, Lath. Cet oiseau, figuré dans Edwards, pl. 96, n.° 1; dans Buffon , pl. 905; dans Lewin, pl. 201; dans les Oiseaux d'Angleterre de Donovan, pl. 44, et dans ceux de Graves, tom. 1, se distingue des autres espèces, non seulement par sa taille, qui n'est ordinairement que de neuf à dix pouces, mais par l'absence de crête et de collerette. Le dessus de la tête et du corps est d'un brun plus ou moins nuancé de roux, excepté à la poitrine et au ventre, où il est d'un gris argenté. Les jeunes ont la gorge blanche; mais il se rencontre des individus, d'un âge plus avancé, qui ont la mentonnière noire, le devant du cou de couleur de rouille, et le plumage supérieur d'un brun foncé. Tel est celui que Lewin a fait figurer comme espèce particulière dans sa planche 202, et qui est vraisemblablement le même que le castagneux des îles Hébrides, *colymbus* ou *podiceps hebridicus*, Gmel. et Lath. Le castagneux que l'on rencontre quelquefois en mer, où il mange, dit-on, des crevettes et des éperlans, est aussi appelé grèbe de rivière, parce que les eaux douces forment son habitation ordinaire : il y vit surtout d'insectes et de plantes aquatiques; il place, au milieu des joncs et des roseaux, un nid qui surnage, et dans lequel il pond deux à quatre œufs, que Lewin a fait figurer, pl. 42, n.° 3, comme étant tout blancs. M. Temminck dit que ces œufs sont plus nombreux dans les pays méridionaux que dans le Nord. Ses jambes ne lui servent qu'à nager, et il a peine à prendre son vol; mais, une fois élevé, il se transporte assez loin.

On semble pouvoir regarder comme appartenant à l'espèce du castagneux le grèbe montagnard décrit dans l'Encyclopédie méthodique par Picot-la-Peyrouse, qui l'a observé dans des ruisseaux aux Pyrénées. Il n'avoit que huit à neuf pouces de longueur : un brun à reflets verts étoit la couleur dominante de son plumage, et les joues, la gorge et le devant du cou étoient d'un mordoré brillant.

Le même auteur a encore décrit, dans l'Encyclopédie méthodique, un autre grèbe des Pyrénées; mais ce dernier, qui étoit long de quatorze pouces, lui a paru offrir des différences dans la forme du bec, qu'il compare, d'après le tranchant des mandibules, à celui du bec-en-ciseaux : du reste, son plumage, brun en dessus, étoit d'un gris argenté en dessous; il avoit un plastron sur le devant du cou et sur la poitrine, et les joues, ainsi que la gorge, offroient des raies brunes sur un fond blanc, ce qui établit des rapports avec le grèbe à joues grises. Il est vrai que Picot-la-Peyrouse ne parle pas de huppe ni de collerette, circonstance que, sans doute, il n'auroit pas négligée; mais on peut supposer que l'individu ne possédoit pas encore ces attributs, et que c'étoit un jeune qui s'étoit égaré dans les eaux bourbeuses où on l'a rencontré, et où il faisoit entendre un cri grondeur, occasionné probablement par l'impossibilité dans laquelle il se trouvoit de s'échapper à l'aide du vol.

Sonnini paroît fondé à regarder comme identique avec ce dernier oiseau, le grèbe à gorge lisérée, dont parle Jurine, dans une note adressée à Magné de Marolles, auteur d'

Traité de la Chasse au fusil, et que ce dernier a insérée dans son Supplément à cet ouvrage, p. 89.

La même note contient quelques détails sur la manière dont on chasse les grèbes au lac de Genève. Ces oiseaux ne se prenant ni au filet ni à aucun appât, on ne peut les tuer qu'au fusil. Pour cet effet on choisit un jour où l'air ne soit pas agité, et, monté sur un bateau conduit par d'excellens rameurs, on va à la découverte. Les grèbes ne se rencontrent jamais en troupe; mais ils sont quelquefois près des bandes de canards, sans jamais s'associer à eux. Quand le grèbe aperçoit le bateau, il s'agite, tournoie, et, s'il est maigre, il cherche son salut en s'envolant; mais, lorsqu'il est gras, sa pesanteur lui rend cette ressource insuffisante, et il plonge. Les bateliers, attentifs, forçant alors de rames, les chasseurs examinent l'endroit où l'oiseau sort de l'eau pour respirer, et le tirent s'il n'est pas trop éloigné. Comme le grèbe plonge de nouveau dès qu'il voit la flamme du bassinet, il esquive le coup, et, répétant le même stratagème, on le tire souvent dix à douze fois sans le toucher; il arrive même qu'on ne peut plus le retrouver, à cause du grand espace qu'il parcourt sous l'eau. La première fois qu'on découvre cet animal rusé, il montre son corps entier sur l'eau avant de plonger; lorsqu'il reparoît, il ne laisse plus sortir de l'eau que son cou, qu'il tient même couché à la surface, et ensuite sa tête seule. Quelquefois même il vient se cacher sous le bateau, ou, gagnant le bord du lac, il se tapit auprès d'une pierre, et échappe ainsi à toute poursuite. Cette chasse procure de l'amusement; mais aussi elle est fatigante, et l'on est heureux lorsque, après avoir passé sa journée sur le lac, on revient avec deux grèbes.

On trouve, aux Philippines et dans l'Afrique méridionale, un grèbe, qui est figuré dans les planches enluminées de Buffon, n.° 945, sous le nom de grèbe des Philippines, et que cet auteur, ainsi que Gmelin et Latham, regardent comme une variété du castagneux; mais M. Temminck assure que c'est une espèce particulière. Quoi qu'il en soit, sa taille est un peu plus grande que celle du nôtre, et il en diffère d'ailleurs par deux grands traits de couleur rousse qui lui teignent les joues et les côtés du cou, et par la couleur purpurine des parties supérieures du corps.

Il y a aussi plusieurs espèces de grèbes en Amérique.

Le GRÈBE DE SAINT-DOMINGUE, *Colymbus dominicensis*, Gmel., et *Podiceps dominicus*, Lath., qui se trouve également à la Jamaïque et à la Guiane, et que Buffon nomme castagneux de Saint-Domingue, n'a que sept à huit pouces de longueur. Son plumage offre des variations qui peuvent tenir à l'âge ou au sexe; mais, en général, le dessus du corps est noirâtre; le dessous est d'un gris blanc argenté avec des taches brunes, et les pennes alaires sont d'un cendré blanchâtre, depuis la huitième jusqu'à la onzième. Quelques individus ont du blanc sur le milieu du ventre, et d'autres sont bruns sur toutes les parties inférieures.

Le GRÈBE A BEC CERCLÉ, *Colymbus podiceps*, Linn., et *Podiceps carolinensis*, Lath., dont la taille excède peu celle du castagneux, en a aussi les habitudes; on le trouve non seulement sur les étangs d'eau douce de la Caroline, mais jusqu'au Canada. M. Vieillot le range, ainsi que les autres dont on va parler, dans sa seconde section caractérisée par un bec comprimé latéralement et courbé vers le bout. Cet oiseau se distingue, d'ailleurs, par le petit ruban noir dont le milieu du bec est entouré chez le mâle. Celui-ci porte encore, à la base de la mandibule inférieure, une tache noire, qui existe également chez la femelle, mais qui est brune chez cette dernière. Le bec est, dans les deux sexes, brun à la base, et olivâtre dans le surplus; et leur plumage, d'un fond brun, et plus foncé sur la tête et le cou, est clair et verdâtre sur la poitrine.

Le grèbe ou macas, à bec crochu, dont M. d'Azara a vu un seul individu au Paraguay, et qu'il a décrit sous le n.° 444, comme ayant un bec long, épais, large et droit jusqu'aux trois quarts de sa longueur, courbé dans le surplus, et ceint dans son milieu d'un petit anneau d'un noir velouté, paroît de la même espèce que le précédent. Long d'environ treize pouces, il avoit la paupière nue, ainsi qu'une bandelette de couleur noire, qui s'étendoit depuis l'angle antérieur de l'œil jusqu'au bec, et descendoit sur le haut de la gorge. Le dessus de la tête, du cou et du dos étoit noirâtre; les côtés de la tête et le devant du cou étoient blanchâtres, et le reste des parties inférieures d'un brun argenté.

Sonnini a rapporté le grèbe du Paraguay au grèbe de la

Louisiane, de Buffon, pl. enl., n.° 943, *podiceps ludovicianus*, Lath. Il n'est cependant point fait mention, dans la description de celui-ci, du cercle qui entoure le bec des deux précédens; mais l'individu observé étoit vraisemblablement un jeune, ou une femelle, à laquelle on a déjà dit que le cercle manquoit.

Le P. Feuillée a trouvé, dans l'île américaine de Saint-Thomas, un grèbe qu'on y nommoit *duc laart*, et qui est le *colymbus thomensis* de Gmelin, et le *podiceps thomensis* de Latham. A la courbure du bec cet oiseau, de la grosseur d'une jeune poule, réunit un autre caractère propre à le faire distinguer; c'est une tache noire qui se trouve au milieu du plastron blanc. Les ailes du même oiseau sont d'un roux pâle, et l'on remarque une tache blanche entre les yeux et le bec.

Enfin, Buffon a décrit, sous le nom de grand grèbe, et il a fait figurer sous celui de grèbe de Cayenne, pl. 404, n.° 1, un oiseau que Gmelin a nommé *colymbus cayennensis*, et Latham *podiceps cayanus*. C'est l'extrême longueur de son cou qui le fait paroître d'une taille supérieure de trois ou quatre pouces à celle du grèbe ordinaire. Il n'est d'ailleurs pas plus gros; son corps n'a pas de plus fortes dimensions : il est dépourvu de huppe et de collerette; ce qui n'a lieu, chez les grandes espèces, qu'avant l'âge adulte, et pourroit faire supposer un vice dans l'empaillement. Au reste, il a le manteau brun; le devant du corps d'un roux brunâtre, qui s'étend sur les flancs et ombrage le blanc du plastron jusqu'au milieu de l'estomac.

On rangeoit ordinairement, parmi les grèbes, l'oiseau nommé grèbe-foulque, d'après ses rapports avec les espèces de ces deux genres. Gmelin et Latham en avoient, de leur côté, fait un anhinga, *plotus surinamensis;* mais Bonnaterre en a formé, sous le nom d'HÉLIORNE, un genre particulier qui a été adopté par M. Vieillot. Voyez ce mot. (Cu. D.)

GREC ou BISTRE A CROCHET. (*Bot.*) C'est le champignon que les Florentins désignent par *fungo græco* que Paulet fait connoître sous ces noms. Voyez Bistre a crochet. (Lem.)

GRECQUE (*Erpétol.*), nom spécifique d'une tortue terrestre. Voyez Tortue. (H. C.)

GREDIN (*Mamm.*), nom françois d'une très-petite race de chiens, qui a des rapports, par les proportions du corps, avec l'épagneul, et dont le pelage est noir ; on les dit originaires d'Angleterre. (F. C.)

GREEN. (*Bot.-Crypt.*) Adanson annonce lui-même qu'il nomme ainsi le genre *Phascum*, de la famille des mousses ; mais lorsqu'on a recours aux exemples qu'il cite, en renvoyant aux figures 3, 4, 10, 11, 12 et 13 de la planche 32 de l'*Historia Muscorum* de Dillen, on voit que le genre *Phascum* n'est qu'une partie du genre *Green*, puisque les figures citées représentent le *sphagnum alpinum*, Linn. (ou *dicranum flexuosum*, Smith.); les *grimmia aporcapa*, Hedw.; les *phascum subulatum*, *cuspidatum* et *muticum*, et le *buxbaumia foliosa*. Cette réunion est si peu naturelle, qu'elle a été rejetée avec raison. Dans les cinq dernières mousses, l'urne est sessile et terminale, et c'est là le caractère du genre *Green*. (LEM.)

GREFFE, *Insertio, inoculatio*. (*Bot.*) La greffe, considérée sous le point de vue le plus général, est l'union de deux parties d'un même végétal, ou de deux végétaux différens ; mais le cultivateur donne spécialement le nom de greffe à l'opération qui consiste à détacher d'un végétal ligneux une branche ou une portion d'écorce, pourvue d'un bouton, et à la transporter sur un autre végétal ligneux, de manière que les deux libers soient en contact immédiat. La branche, ou la portion d'écorce détachée, est aussi appelée greffe. L'arbrisseau, ou l'arbre destiné à recevoir la greffe, est désigné sous le nom de sujet.

Les procédés pour opérer la greffe sont très-multipliés ; mais le point essentiel est la rencontre et le développement simultané des deux libers, d'où résulte leur union intime.

On ne parvient à greffer que des végétaux qui ont entre eux la plus grande analogie, telles que les différentes variétés de cerisiers, de pommiers, etc. L'expérience journalière ne permet pas d'ajouter foi à l'union de la vigne et du mûrier, du rosier et du houx, et à tant d'autres greffes hétéroclites dont il est fait mention dans les livres des anciens.

On remarque même que le succès de l'opération est de peu de durée entre des espèces de genres très - voisins (lilas, frêne), s'il n'existe un certain accord dans la végétation de la greffe et du sujet ; si, par exemple, l'un est tardif, et que l'autre, au contraire, entre promptement en végétation.

Ces faits s'accordent si bien avec la théorie, que nous sommes toujours surpris de voir des greffes qui ne perdent point leurs feuilles, réussir sur des sujets qui se dépouillent aux approches de l'hiver. Le *prunus lauro-cerasus* s'unit au *prunus mahaleb*; le *mespilus japonica* s'unit au *mespilus germanica*.

Comme la nature du sol influe visiblement sur les végétaux, il se peut que la greffe, qui n'est après tout qu'une bouture plantée dans une substance végétale vivante, soit modifiée par la séve qu'elle reçoit du sujet. Cependant je ne sache pas qu'aucun jardinier ait obtenu des variétés nouvelles par ce procédé, qui a bien plutôt pour objet de conserver et de propager les variétés et les espèces utiles, que d'en augmenter le nombre.

La plupart des arbres ne donnent ni fleurs ni fruits dans les premières années de leur développement; mais, si l'on greffe sur un sujet de quelques mois un bouton ou un rameau détaché d'un arbre en plein rapport, avant la fin de l'année l'arbre naissant se couvrira de fleurs et de fruits. Par ce moyen, les jardiniers font porter de belles oranges à des tiges d'un décimètre de haut et de trois ou quatre millimètres d'épaisseur. Ces petits arbres, trop foibles pour fournir, sans s'épuiser, à une si grande dépense de sucs nourriciers, ont une vie très-courte.

Selon M. Knight, une feuille de vigne greffée sur un pédoncule, une vrille, ou une jeune pousse, continue à végéter. il en est de même d'une jeune pousse sur une vrille, un pédoncule ou un pétiole; et d'un pédoncule sur un pétiole. une vrille ou une jeune pousse. Ce savant physiologiste a vu des bourgeons, greffés sur des pétioles, prendre un alongement considérable.

Les tiges et les racines des arbres s'unissent quelquefois d'elles-mêmes; et l'on peut croire que la nature a fourni à l'homme le premier modèle de la greffe. (Mirbel, Elém. de Physiologie végétale.) (Mass.)

GREGARII. (*Ornith.*) Illiger a formé, sous cette dénomination, une famille d'oiseaux insectivores qui se plaisent dans la société des troupeaux, tels que l'étourneau, le pique-bœuf. (Ch. D.)

GREGGIA. (*Bot.*) Ce genre de Gærtner est congénère du myrte, et nommé *myrtus greggia* par Swartz. (**J.**)

GREIFF-GEYER (*Ornith.*), nom sous lequel Klein parle, dans son *Prodromus avium*, du condor ou grand vautour des Alpes, *vultur gryphus*, Linn. (**Ch. D.**)

GREINERLIN. (*Ornith.*) On appelle ainsi, en Silésie, l'alouette spipolette, *anthus aquaticus*, Meyer. (**Ch. D.**)

GREIS (*Mamm.*), nom allemand, qui signifie vieillard, et que quelques naturalistes ont donné à l'alouatte, espèce de singe d'Amérique. Voyez Alouatte et Sapajou. (**F.C.**)

GRÊLE. (*Géol.*) Il ne seroit point rigoureusement exact de définir la grêle *une pluie congelée*, car les grêlons ne sont point des gouttes d'eau glacées: leur centre est occupé par un petit flocon de neige durcie, qui est enveloppé de couches concentriques de glace, plus ou moins distinctes; leur surface est mamelonnée, raboteuse, inégale; ils semblent quelquefois formés par l'assemblage de plusieurs grains d'un plus petit volume, qui se sont groupés pendant leur chute : tout semble donc prouver qu'ils n'ont point été solidifiés d'un seul jet. Les observations de MM. de Saussure sont concluantes à ce sujet ; étant campés sur le col du Géant, à 1763 toises au-dessus du niveau de la mer, où ils ont séjourné courageusement pendant seize jours, ces savans observateurs se sont assurés qu'il grêle très-souvent à cette élévation, mais que les grêlons diffèrent essentiellement de ceux qui tombent dans la plaine. « Un « fait bien remarquable, c'est la fréquence de la grêle, ou « du moins du grésil, dans ces hautes régions. Dans nos cent « quarante observations prises, de deux en deux heures, j'en « compte une de grêle proprement dite, et onze de grésil. « Or, je pense, avec la plupart des physiciens, qu'il faut « considérer le grésil comme une grêle qui commence à se « former. En effet, il est aussi très-souvent accompagné de « tonnerre, et l'on trouve presque toujours dans chaque « grain de grêle un noyau de neige durcie, qui n'est autre « chose qu'un grain de grésil. Il est donc certain que le « grésil se forme dans les plus hautes régions de l'atmo- « sphère, et qu'il ne se change en grêle que quand il traverse « d'abord des couches d'air assez chaudes pour contenir de « l'eau sous forme fluide, et ensuite d'autres couches assez

« froides pour congeler cette eau. » (Saussure, Voyage dans les Alpes, §. 2075.) Telle paroît être l'origine de la grêle ordinaire, qui s'accroît en traversant des couches d'air humides, et qui devient d'autant plus volumineuse que les grêlons tombent dans une asmosphère plus chargée de vapeurs aqueuses. C'est précisément ce qui arrive en été, dans les temps orageux, où l'air se trouve dans l'état le plus favorable à la production de ce météore désastreux; et, en effet, l'air froid de l'hiver ne tient point assez d'eau en dissolution pour que le grésil puisse se changer en grêle; il le traverse sans augmenter de volume, et tombe dans la plaine à peu près tel qu'il se forme en l'air, ou tel qu'il tombe sur les hautes montagnes. Quant aux grêles extraordinaires dont les grêlons sont d'un volume qui le font comparer à des glaçons, et qui par leur chute meurtrissent les arbres, brisent leurs branches, et tuent les animaux, on peut admettre, avec Volta, que les grains ordinaires peuvent être soutenus en l'air et ballottés entre deux nuages d'électricité opposée, et que ce retard dans leur chute seconderoit parfaitement leur accroissement, en permettant à la vapeur aqueuse de se condenser, d'en agglutiner plusieurs ensemble , jusqu'à ce qu'enfin leur pesanteur les force à obéir à la gravitation et à se précipiter sur la terre. (Brard.)

GRÉLIN (*Ichthyol.*), un des noms vulgaires du *gadus carbonarius* de Linnæus. Voyez Gade et Merlan. (H. C.)

GRÉMIL (*Bot.*), *Lithospermum* , Linn. Genre de plantes dicotylédones, de la famille des borraginées, Juss., et de la *pentandrie monogynie*, Linn., dont les principaux caractères sont les suivans : Calice partagé en cinq divisions plus ou moins profondes; corolle monopétale en entonnoir, à cinq lobes réguliers, et ayant l'entrée de la gorge nue; cinq étamines insérées sur la corolle; un ovaire supérieur, à quatre lobes, du milieu duquel s'élève un style de la longueur du tube de la corolle, terminé par un stigmate en tête et légèrement échancré; quatre petites noix osseuses, lisses ou ridées, monospermes, au fond du calice persistant : souvent deux ou trois de ces noix avortent. *Lithospermum* est formé de deux mots grecs qui veulent dire pierre et semence. Ce nom a été donné aux espèces de ce genre, à cause de la dureté de leurs graines.

Les grémils sont des plantes herbacées, ou, plus rarement, suffrutescentes, à feuilles simples, alternes, et à fleurs axillaires, disposées, le plus souvent, en épis unilatéraux, au sommet de la tige et des rameaux. On en connoît aujourd'hui environ trente espèces, dont neuf croissent naturellement en France : les autres ont été trouvées dans le Levant, au cap de Bonne-Espérance, et en Amérique. Nous nous bornerons à parler des plus remarquables.

* *Graines lisses et luisantes.*

GRÉMIL OFFICINAL : vulgairement Herbe aux perles ; *Lithospermum officinale*, Linn., *Spec.*, 189 ; Lamk., *Illust.*, t. 91. Sa tige est herbacée, droite, haute de deux pieds ou environ, simple, ou plus souvent rameuse, garnie de feuilles sessiles, lancéolées, chargées de poils couchés, très-courts. Ses fleurs sont petites, blanchâtres, portées sur de courts pédoncules, solitaires dans les aisselles des feuilles supérieures. Les graines sont d'un gris de perle, seulement une ou deux dans chaque calice, par l'avortement des autres. Cette plante est commune en Europe, dans les lieux incultes, sur les bords des chemins et des bois ; elle est annuelle.

Les graines du grémil officinal étoient autrefois employées en médecine ; on les regardoit comme un grand diurétique, et on alloit même jusqu'à dire qu'elles pouvoient briser et réduire en poudre les calculs des reins et de la vessie ; mais elles sont aujourd'hui tombées en désuétude. On ne croit plus maintenant à ces vertus merveilleuses, qui ne peuvent supporter un examen raisonnable.

GRÉMIL VIOLET : *Lithospermum purpuro-cæruleum*, Linn., *Spec.*, 190 ; Jacq., *Fl. Aust.*, t. 14. Sa racine est rampante, vivace ; elle produit plusieurs tiges herbacées, simples, longues d'un pied ou un peu plus, garnies de feuilles lancéolées, aiguës, d'un vert foncé, chargées de poils peu nombreux. Ses fleurs sont bleues, tirant un peu sur le violet, assez grandes, solitaires dans les aisselles des feuilles supérieures : les divisions de leur calice sont longues et linéaires. Les graines sont grisâtres, ordinairement solitaires dans chaque calice. Cette espèce croit dans les bois et les buissons, en France, en Allemagne, en Angleterre.

23.

GRÉMIL LIGNEUX : *Lithospermum fruticosum*, Linn., *Spec.*, 190 ; *Anchusa lignosior Monspeliensium*, *flore violaceo*, Barrel., *Icon.*, 1168. Sa tige est ligneuse, redressée, rameuse ; elle forme un petit arbuste d'un à deux pieds de haut. Ses feuilles sont linéaires, sessiles, hérissées de poils roides. Ses fleurs sont bleuâtres ou tirant sur le rouge ; quelquefois, mais plus rarement, blanches, pédonculées, solitaires dans les aisselles des feuilles supérieures. Les graines sont grisâtres, ordinairement au nombre de deux dans chaque calice. Cette plante croît dans les lieux secs, arides et incultes, du midi de la France et de l'Europe.

**** *Graines chagrinées ou tuberculeuses.***

GRÉMIL DES CHAMPS : *Lithospermum arvense*, Linn., *Spec.*, 190 ; *Flor. Dan.*, t. 456. Sa tige est herbacée, droite, haute d'un pied ou environ, chargée, ainsi que les feuilles, de poils courts et couchés, qui la font paroître d'un vert blanchâtre. Ses feuilles sont lancéolées, sessiles ; ses fleurs sont blanchâtres, assez petites, portées sur de courts pédoncules, et écartées les unes des autres dans les aisselles des feuilles supérieures : leurs corolles sont à peine plus grandes que les calices. Les graines sont tuberculeuses, ordinairement quatre ensemble, dans chaque calice, qui est fendu, jusqu'à la base, en cinq divisions linéaires-lancéolées. Cette plante est commune dans les moissons et les champs cultivés ; elle est annuelle.

GRÉMIL DES TEINTURIERS : vulgairement Orcanette ; *Lithospermum tinctorium*, Linn., *Spec.*, 1, p. 132 ; Decand., Flor. Fr., 3, p. 624 ; *Anchusa tinctoria*, Lamk., *Dict.*, 1, p. 503. Sa racine est vivace, presque ligneuse, alongée, un peu tortueuse, d'un rouge foncé et un peu brunâtre ; elle produit plusieurs tiges étalées, ou médiocrement redressées, longues de cinq à dix pouces, hérissées, ainsi que le reste de la plante, de poils blancs et roides, garnies de feuilles oblongues, sessiles. Ses fleurs sont bleues ou violettes, rarement blanches, disposées au sommet des tiges en épis feuillés, simples et unilatéraux. Après la floraison les calices prennent un peu d'accroissement, et se réfléchissent ; ils contiennent quatre graines bossues et chagrinées. Cette plante se trouve dans les lieux stériles et sablonneux du midi de la France et de l'Europe ; en Barbarie , etc.

Les racines de plusieurs espèces de ce genre peuvent fournir une couleur rougeâtre ; mais le principe colorant n'est autant développé dans aucune comme dans la partie corticale de la racine du grémil des teinturiers, plus connu sous le nom vulgaire d'orcanette. Cette partie, qui est d'un rouge de sang , est employée dans la teinture de petit teint ; mais son usage est très-borné en France , parce que la couleur qu'elle donne aux étoffes n'est point brillante, et qu'elle est peu solide. Les distillateurs et les confiseurs s'en servent pour colorer en rose certaines liqueurs de table et diverses sucreries ; les pharmaciens l'emploient aussi pour donner la couleur à l'onguent rosat. On ne cultive pas ce grémil d'une manière particulière ; les gens de la campagne ramassent les racines de la plante sauvage , dans les endroits où elle croît naturellement , et cela suffit pour fournir la petite quantité nécessaire au commerce. En Turquie , et dans les autres pays où les arts ne sont pas perfectionnés , on en fait un usage beaucoup plus considérable.

Grémil oriental : *Lithospermum orientale* , Willd. , *Spec.*, 1 , p. 753 ; *Anchusa orientalis* , Linn. , *Spec.*, 191 ; *Buglossum orientale flore luteo* , Tournef. , *Coroll.* 6 ; Dill. *Elth.*, 1 , p. 60 , t. 52. Sa tige est herbacée , droite , haute d'un pied et plus , rameuse, hérissée de poils , ainsi que toute la plante , garnie de feuilles sessiles, oblongues ; celles des rameaux florifères sont ovales-oblongues. Ses fleurs sont jaunes , portées sur de courts pédoncules, disposées tout le long des rameaux en épis lâches et très-alongés : les calices sont moitié plus courts que les corolles ; mais ils prennent un peu d'accroissement après la floraison , et ils contiennent chacun quatre graines grisâtres , bossues et ridées. Cette plante croît dans le Levant et aux îles d'Hières ; elle est annuelle. (L. D.)

GRÉMIL D'ALLEMAGNE (*Bot.*) , nom vulgaire de la stellaire passerine. (L. D.)

GRÉMILLE, *Acerina*. (*Ichthyol.*) M. Cuvier, aux dépens des persèques de Linnæus et des holocentres de M. de Lacépède, a établi, sous ce nom, un genre de poissons qui appartient à la cinquième tribu de sa famille des perches et à la famille

des acanthopomes de M. Duméril. Ce genre est reconnoissable aux caractéres suivans :

*Bouche peu fendue; dents en velours; tête absolument alépidole
et creusée de fossettes superficielles : bord du préopercule armé de
huit ou dix petites épines ou crochets; une épine pointue à l'opercule, et une autre à l'os de l'épaule; bord des écailles dentelé.*

Les espéces que l'on connoit dans ce genre, habitent les
eaux douces. Celle qui lui sert de type est :

La Gremille goujonnière : *Acerina cernua; Perca cernua*,
Linn.; *Holocentrus post*, Lacépède. Corps et queue alongés et
visqueux; tête déprimée; palais et gosier garnis de dents
petites et pointues; mâchoires égales; teinte générale d'un
jaune verdâtre ou doré; un grand nombre de petites taches
noires : taille de sept à onze pouces environ.

Ce poisson, connu vulgairement sous les noms de perche
goujonnière ou de petite perche, habite les contrées septentrionales de l'Europe, et choisit pour retraite les rivières ou
les lacs dont le fond est de glaise ou de sable, et dont les eaux
sont pures et limpides. Il est surtout très-commun en Prusse,
et parvient à de plus grandes dimensions dans les lacs voisins
de Prenzlow, que partout ailleurs.

Cette gremille se nourrit de vers, d'insectes aquatiques et
de très-jeunes poissons; fréquemment elle devient la proie
du brochet, de la perche, de la lote, de l'anguille et des
grands oiseaux d'eau.

Au printemps, elle quitte les lacs pour remonter dans les
rivières, au séjour desquelles elle préfère de nouveau celui
des lacs lorsque l'hiver approche. C'est aussi pendant le printemps qu'elle fraye, déposant ses œufs sur le sable ou sur les
pierres au fond de l'eau. Ces œufs sont petits et d'un blanc
mêlé de jaune. Bloch en a compté soixante et quinze mille
six cents dans un ovaire qui pesoit environ un gros.

La chair de la gremille goujonnière est tendre, d'une saveur agréable, et facile à digérer; elle devient même exquise
dans certaines eaux, comme dans les lacs Golis et Wandelitz
en Allemagne, et vers l'embouchure de l'Eure, dans le département de la Seine-Inférieure, en France.

On prend le poisson dont nous parlons à l'hameçon et au
filet, mais plus particulièrement au trémail. C'est principale-

ment pendant l'hiver, lorsqu'il habite les lacs, qu'on le pêche avec le plus de succès, surtout si la surface de l'eau est gelée. Il est d'ailleurs préféré à beaucoup d'autres par les personnes qui désirent peupler un étang convenablement : en l'y renfermant, on n'y introduit pas un ennemi dévastateur, et l'on choisit, pour le transporter des lacs ou des rivières, le printemps ou l'automne. Lorsqu'il n'a point été trop fatigué par la manière dont on l'a pêché, il perd difficilement la vie, et, durant l'hiver, on lpeut le faire parvenir vivant à d'assez grandes distances, sans qu'un froid violent suffise pour le faire périr.

La GREMILLE ACÉRINE : *Acerina vulgaris ; Perca acerina*, Guldenst. ; *Holocentrus acerina*, Lacép. Tête alongée, mâchoires égales.

On trouve ce poisson, qui a de grands rapports avec le précédent, dans la mer Noire, et, pendant l'été, dans les grands fleuves qui y ont leur embouchure. Son nom russe est *bahir*, et l'on peut consulter à son sujet Guldenstædt. (*Nov. Comment. Petropol.*, xix , xi , pag. 457.)

La GREMILLE SCHRAITZER : *Acerina Schrœtser ; Perca Schrœtser*, Gmel. ; *Holocentrus Schrœtser*, Lacépède. Mâchoire supérieure un peu avancée; corps et queue alongés; deux orifices à chaque narine ; écailles grandes, dures et dentelées; teinte générale jaunâtre; trois raies longitudinales et noires de chaque côté du corps ; nageoires bleuâtres : taille de douze à quinze pouces environ.

On pêche ce poisson dans le Danube, et dans les rivières qui mêlent leurs eaux à celles de ce grand fleuve; sa chair est blanche, ferme et d'une saveur agréable.

Il se nourrit de vers, d'insectes et de très-petits poissons.

Il fraye dans le printemps, cherche les eaux limpides, et perd difficilement la vie. Par les inondations du fleuve et des rivières qu'il habite, il est quelquefois transporté dans des lacs assez éloignés, dont le séjour ne paroît point lui nuire.

Bloch l'a figuré, tab. 332, fig. 1. (H. C.)

GREMILLET (*Bot.*), nom vulgaire du myosotis. (L. D.)

GREMILLET. (*Icthyol.*) Voyez GREMILLE. (H. C.)

GRENADE. (*Bot.*) C'est le fruit du grenadier. (L. D.)

GRENADIER (*Bot.*), *Punica*, Linn. Genre de plantes de

l'icosandrie monogynie de Linnæus, et de la famille des myrtées de Jussieu, dont les caractères essentiels sont : Un calice monophylle, turbiné, persistant, épais, partagé, à son bord, en cinq découpures; cinq pétales ovales-arrondis, ouverts, insérés sur le calice; des étamines nombreuses, à filamens également attachés sur le calice et plus courts que lui; un ovaire inférieur, à style simple et à stigmate en tête; une baie arrondie, à écorce coriace, couronnée par les découpures du calice, et partagée par une cloison transversale, en deux cellules, dont la supérieure plus grande, elle-même divisée en sept à neuf loges, l'inférieure plus petite et à trois ou quatre loges: chacune de ces loges contient des graines anguleuses, nombreuses, enveloppées d'un arille pulpeux.

Les grenadiers sont des arbrisseaux à feuilles simples, opposées, rarement alternes, et à fleurs presque sessiles, solitaires ou rassemblées deux à cinq ensemble au sommet des rameaux: on n'en connoît que deux espèces. Le nom latin de ce genre lui vient, selon les uns, du latin *puniceus*, rouge, à cause de la couleur de ses fleurs; selon d'autres, de ce que le grenadier est originaire des environs de Carthage, et que les Romains donnoient le nom de *punicus* à ce qui venoit de ce pays, d'où la grenade fut appelée par eux *malus punica*. On a aussi nommé cet arbre *granatum*, d'où s'est formé le nom françois grenadier, parce que le fruit est rempli d'une grande quantité de grains.

Grenadier commun : vulgairement Balaustier ; *Punica granatum*, Linn., *Spec.*, 676; Duham., nouv. édit., 4, p. 44, t. 11 et 11 *bis*. Cet arbrisseau, dans l'état sauvage, forme un buisson épais, épineux, qui n'a pas plus de huit à dix pieds de haut: lorsqu'il est cultivé et taillé avec soin, il peut, dans le midi de l'Europe, s'élever au double de cette hauteur. Ses rameaux sont menus, anguleux, garnis de feuilles opposées, lancéolées, entières, glabres, rougeâtres dans leur jeunesse, ensuite d'un vert luisant, portées sur des pétioles courts. Ses fleurs sont d'un rouge éclatant, assez grandes, presque sessiles: il leur succède des fruits de la grosseur d'une noix ordinaire dans la plante sauvage, et du volume d'une grosse pomme dans quelques variétés cultivées. Ces fruits sont remplis d'une multitude de petits grains serrés, brillans, rouges, pulpeux, et d'une saveur plus ou moins acide. Le grenadier passe pour être originaire du nord de l'Afrique (*Interior Africa... circa Carthaginem punicum malum cognomine sibi vindicat*, Plin., *lib.* 13, *cap.* 19), d'où les Romains le transportèrent probablement en Italie, au temps des guerres puniques. Aujourd'hui cet arbrisseau est naturalisé dans une grande partie de l'Europe méridionale, et on le trouve à l'état sauvage en Espagne, en Portugal, en Italie, en Provence et en Languedoc; il croît aussi dans le Levant. Il fleurit en juin, juillet et août.

La belle couleur des fleurs du grenadier, et la qualité rafraîchissante de la pulpe que contiennent ses fruits, l'ont fait cultiver depuis long-temps, et par suite des soins qu'on lui a donnés il a produit des variétés remarquables, soit sous le rapport de la beauté des fleurs, soit sous celui de la saveur et de la qualité des fruits. Pline, qui ne parle que de ces dernières variétés, en cite six, dont la plus remarquable est celle qu'il appelle apyrène (*apyrenum*), parce que ses grains sont uniquement composés de pulpe, et qu'ils n'ont point de noyau; les autres sont les grenades qu'il appelle, d'après leur saveur, douces, âcres, mêlées, aigres et vineuses.

Aujourd'hui, soit que depuis dix-huit siècles on ait négligé la multiplication des variétés dont parle le naturaliste latin, soit que, placés plus au nord dans un climat où le grenadier à fruit réussit mal, nous n'en connoissions pas bien toutes les variétés qui peuvent être cultivées dans les parties méridionales de l'Europe, toujours est-il que nous paroissons posséder en ce genre beaucoup moins que les anciens; car M. Bosc, dans le Nouveau Cours d'Agriculture, n'en cite que trois variétés, qui sont le grenadier à fruits acides, celui à fruits doux et acides en même temps, et le troisième, celui à fruits doux. Il est malheureux que nous ayons surtout perdu la grenade apyrène de Pline, bien préférable à toutes les autres variétés qui, selon nous, n'offrent que peu de jouissance comme fruits, quelle que puisse être leur saveur agréable, à cause de la multitude de graines osseuses qu'on ne peut avaler avec leur pulpe.

Quant aux variétés cultivées maintenant pour les fleurs, nous sommes plus riches que les anciens : nous avons le grenadier à très-grandes fleurs simples ou doubles, le grenadier à fleurs semi-doubles, le grenadier à fleurs complétement doubles, le grenadier à fleurs blanches doubles, le grenadier à fleurs jaunes, le grenadier à feuilles et à fleurs panachées de jaune, et enfin le grenadier prolifère.

Dans le nord de la France le grenadier se cultive rarement en pleine terre, parce qu'il faut le mettre au midi en espalier, et avoir encore la précaution de le couvrir pendant les fortes gelées, et qu'avec tout cela les fruits des variétés qu'on plante ailleurs, sous ce rapport, sont toujours mauvais. D'après cela, on ne donne communément des soins qu'aux variétés à fleurs, dont plusieurs sont encore plus délicates. Pour les conserver plus facilement, on les plante en pot ou en caisse, quand les pieds commencent à devenir grands : on en orne, pendant la belle saison, certaines places dans les jardins, et on les rentre pendant l'hiver dans l'orangerie, dont on ne les sort, au printemps, que lorsqu'on ne craint plus les gelées. Cependant, moins délicats que les orangers, les grenadiers peuvent être exposés à l'air huit à dix jours plus tôt que ces derniers, c'est-à-dire, dans les derniers jours d'avril, ou dans les premiers du mois suivant, selon la température.

Les grenadiers en pot ou en caisse doivent être plantés dans une terre substantielle, dans laquelle la terre franche entre au moins pour moitié; celle qu'on donne ordinairement aux orangers leur convient bien. Comme ils poussent beaucoup de racines, ils usent promptement leur terre, et il faut avoir soin de la changer, selon la grandeur des vases dans lesquels ils sont plantés, tous les ans pour les petits, et tous les trois à quatre ans pour les plus grands. En été ils exigent des arrosemens fréquens et abondans; si on les néglige sous ce rapport, ils ne donnent que peu de fleurs, ou elles tombent avant de s'épanouir. Ce n'est qu'en ayant très-exactement le soin de tailler les grenadiers en caisse, qu'on parvient à les élever sur une seule tige et à leur former une tête régulière. Le temps le plus favorable pour les tailler est la fin de l'hiver ou le commencement du printemps, avant qu'ils aient poussé de nouvelles feuilles. Naturellement ils poussent de leurs racines une multitude de rejets qu'il faut leur retrancher toutes les fois qu'on les voit se multiplier; autrement, ils ne formeroient que des buissons. Ces arbres vivent long-temps : on croit que plusieurs de ceux de l'orangerie de Versailles ont deux à trois cents ans; et il y en a un, dans le jardin du Luxembourg, qu'on appelle le grenadier de Henri IV, sans doute parce qu'il existoit déjà du temps de ce prince dans l'un de ses jardins. Dans leur vieillesse ils sont sujets à se carier et à devenir difformes ; mais cela ne les empêche pas de se charger, chaque été, d'une grande quantité de fleurs.

Les grenadiers à fruit peuvent se multiplier de graines, de boutures et de marcottes ; ceux à fleurs doubles ne peuvent l'être que par les deux derniers moyens, dont celui des marcottes est le plus ordinairement employé, parce qu'il réussit avec une extrême facilité.

Dans le midi de la France et de l'Europe, où le grenadier vit en pleine terre, ses variétés à fruits bons à manger sont cultivées pour le produit, et l'espèce sauvage, qui est plus épineuse, sert souvent pour faire des haies qui sont de bonne défense, et qui ont l'avantage de n'être point attaquées par la dent des animaux herbivores, tandis qu'ils dévorent la plupart des autres.

La pulpe des grenades est rafraîchissante et légèrement astringente. Leur écorce est connue dans les pharmacies sous le nom de *malicorium*, nom qui vient, selon Pline, de ce qu'elle peut servir à tanner les cuirs, et, selon d'autres, de ce qu'elle ressemble à du cuir par son épaisseur et sa consistance : elle est tonique et astringente ; on l'emploie en médecine dans les flux de ventre, les hémorrhagies, les fleurs blanches. En poudre elle se donne d'un demi-gros à un gros ; et en décoction depuis une demi-once jusqu'à une once pour une pinte d'eau. De cette dernière manière on en fait des gargarismes pour remédier, dans certaines angines, au relâchement de la luette et des amygdales. Les anciens employoient cette écorce pour tanner les cuirs ; et, sur les côtes de Barbarie, on s'en sert pour teindre les maroquins en jaune.

Dans les pays où les grenades sont communes, on prépare, avec le suc que leur pulpe renferme, de l'eau et du sucre ou du miel, une boisson agréable, rafraîchissante, et qui convient dans les fièvres putrides, bilieuses et dans les maladies inflammatoires en général. Les pharmaciens font aussi, avec ce suc, un sirop qu'on emploie dans les mêmes circonstances. Les fleurs connues sous le nom de balaustes ont à peu près les mêmes propriétés que l'écorce des fruits : les anciens s'en servoient pour la teinture des draps, et la couleur qu'elle donnoit portoit le nom de balaustin. M. Desfontaines a vu faire de l'encre d'un très-beau rouge avec la fleur de grenade macérée dans de l'eau, en y ajoutant un peu d'alun.

Dans l'Inde, le docteur Buchanan a employé, avec un grand succès, l'écorce fraîche de la racine de grenadier contre le *tænia* ou ver solitaire, en en faisant prendre la décoction de huit onces dans trois pintes d'eau, par verres que le malade buvoit le plus près possible les uns des autres.

Dans les pays chauds, les fruits du grenadier acquièrent quelquefois un volume énorme. On dit qu'au Pérou on a vu une grenade aussi grosse qu'un baril, et que les Espagnols la firent porter comme une rareté à la procession du Saint-Sacrement. Chez les Juifs, le grand-prêtre portoit, comme ornemens, au bas de ses habits pontificaux, des figures de grenades. Dans un temple de l'île d'Eubée, on voyoit anciennement une célèbre statue de Junon, composée d'or et d'ivoire, et qui avoit une grenade dans une main et un sceptre dans l'autre. Sur les médailles antiques, Proserpine a pour symbole une grenade, parce que Cérès obtint de Jupiter que sa fille, enlevée par Pluton, lui fût rendue, à condition qu'elle n'eût encore rien mangé chez le roi des Enfers ; mais il se trouva qu'elle avoit mangé trois grains de grenade :

> Rapta tribus, dixit, solvit jejunia granis,
> Punica quæ lento cortice poma tegunt.

> Ovid., Fast. IV., vers 607.

Grenadier nain ; *Punica nana*, Linn., *Spec.*, 676. Cette espèce n'a pas de caractères bien prononcés ; elle diffère seulement du grenadier commun parce qu'elle s'élève beaucoup moins ; parce que ses feuilles sont plus courtes, plus étroites, presque linéaires, et parce que ses fleurs sont plus petites, et ses fruits à peine de la grosseur d'une aveline. Elle est originaire des Antilles et de la Guiane, où les habitans en font des haies pour enclore leurs jardins. Elle se cultive comme le grenadier à fleurs doubles ; mais elle est plus délicate, et il lui faut plus de chaleur. (L. D.)

GRENADIER (*Ichthyol.*), nom sous lequel M. Cuvier a

désigné le genre Lépidolèpre de M. Risso. Voyez ce mot. (H. C.)

GRENADIER. (*Ornith.*) Le gros-bec orix porte ce nom dans Edwards. (Ch. D.)

GRENADILLE, *Passiflora.* (*Bot.*) Genre de plantes dicotylédones, à fleurs polypétalées, de la famille des passiflorées, de la *gynandrie pentandrie* de Linnæus, offrant pour caractère essentiel : Un calice très-étalé, coloré, à dix divisions, cinq intérieures en forme de pétales (considérées comme corolle par quelques auteurs) ; elles manquent quelquefois. Une couronne intérieure attachée à la base du calice, composée d'un grand nombre de filets : cinq étamines; les filamens réunis à la base autour du style ; les anthères mobiles, oblongues, inclinées ; un ovaire supérieur, pédicellé, surmonté de trois styles en massue, terminés chacun par un stigmate en tête. Le fruit est une baie pédicellée, uniloculaire, contenant des semences nombreuses, arillées, attachées à trois placentas adhérens à la paroi interne du fruit ; l'embryon entouré d'un périsperme charnu.

Ce genre est remarquable par les belles fleurs que produisent la plupart des espèces, par leur forme singulière, très-gracieuse ; par les fruits, dont plusieurs sont bons à manger, acidulés, rafraîchissans et agréables au goût. Il comprend un grand nombre de plantes grimpantes, sarmenteuses, munies de vrilles et de feuilles alternes, simples ou lobées; les fleurs sont axillaires, pédonculées.

Il est à regretter qu'on ne puisse cultiver en Europe qu'un très-petit nombre d'espèces de ce beau genre. La seule qui puisse exister en pleine terre dans nos climats, quand on a soin de la placer à une exposition favorable, est la grenadille à fleurs bleues; encore faut-il qu'elle soit abritée des vents du nord, et couverte de paillassons dans les hivers rigoureux. On la propage de drageons, de boutures et de graines.

« Les grenadilles, dit M. Desfontaines, ont été ainsi nommées, parce que leurs fruits ont quelque ressemblance avec celui de la grenade. On les a aussi appelées anciennement fleurs de la passion, parce qu'on avoit cru reconnoître dans le *passiflora incarnata*, la première qui ait été vue en Europe, quelque analogie avec les instrumens de la passion : ainsi, par exemple, les feuilles, qui sont terminées par trois pointes, représentoient la lance ; les vrilles, le fouet ; les trois styles, les clous, et les filamens du calice tachetés de rouge et disposés circulairement, étoient l'emblème de la couronne d'épines. »

Les espèces renfermées dans ce genre sont très-nombreuses : nous nous bornerons à en citer les plus remarquables, d'après les sous-divisions établies sur la forme de leurs feuilles.

** Feuilles entières, non lobées.*

GRENADILLE A FEUILLES DENTELÉES : *Passiflora serratifolia*, Linn., *Spec.* et *Amœn. acad.*, 1, fig. 1 ; Mart., *Cent.*, tab. 30 ; Jacq., *Hort.*, tab. 10. Plante de Surinam et de la Guiane, dont la tige est grimpante, sarmenteuse, ligneuse à sa base, haute de cinq pieds et plus ; ses rameaux grêles, chargés de poils courts ; ses feuilles pétiolées, ovales-oblongues, aiguës, un peu velues en dessous, longues de deux à trois pouces ; les pétioles velus, chargés de quelques tubercules ; les stipules subulées ; les vrilles simples, axillaires ; les fleurs blanchâtres ; leur couronne frangée, rouge ou purpurine à sa base : les filamens des étamines aplatis, parsemés de points d'un brun rouge vers leur sommet ; le stigmate échancré, verdâtre. On la cultive au Jardin du Roi.

GRENADILLE CUIVRÉE : *Passiflora cuprœa*, Linn., *Amœn. acad.*, 5, fig. 3 ; Dillen., *Elth.*, tab. 138, fig. 165 ; Mart., *Cent.*, t. 57 ; Catesb., *Carol.*, tab. 93. Sa tige est grêle, persistante ; ses feuilles roides, glabres, ovales, trinervées ; les fleurs d'un pourpre cuivreux, les divisions intérieures longues, un peu étroites ; la couronne courte, couleur de safran ; les baies en forme d'olive, d'un pourpre obscur, avec des taches plus pâles. Cette plante croit dans les îles de la Providence et de Bahama.

GRENADILLE A FEUILLES DE TILLEUL ; *Passiflora tiliœfolia*, Linn., *Amœn. acad.*, 1, pag. 219, fig. 4. Ses tiges se divisent en rameaux grêles, sarmenteux : les feuilles sont glabres, en cœur, un peu grandes, très-entières, réticulées, aiguës ; les fleurs rouges, solitaires, munies d'un involucre à trois folioles ; la couronne d'un beau rouge cramoisi, avec un anneau blanc très-remarquable ; le fruit globuleux, assez gros, panaché de rouge et de jaune à l'extérieur, d'un goût agréable. Cette espèce croît au Pérou, dans les environs de Lima.

GRENADILLE ÉCARLATE ; *Passiflora coccinea*, Aubl., *Guian.*, tab. 324. Espèce observée dans la Guiane, dont les tiges sont grimpantes ; les feuilles en cœur, glabres, dentées, d'un vert jaunâtre ; les pétioles glanduleux ; les fleurs d'un rouge éclatant, munies d'un involucre à trois folioles ; les divisions extérieures du calice jaunâtres en dehors, rouges en dedans ; la couronne de couleur orangée. Le fruit est une baie jaune, dont la pulpe est douce, gélatineuse, bonne à manger. Le *passiflora guazumæfolia*, Juss., Ann. Mus., 2, tab. 39, fig. 1, a de très-grands rapports avec cette espèce : mais ses fleurs sont blanches ; ses feuilles ovales-oblongues ; les lanières de la couronne de moitié plus courtes que le calice.

GRENADILLE A GROS FRUITS : *Passiflora maliformis*, Linn., *Amœn. acad.*, 1, pag. 220, fig. 5 ; Plum., *Amer.*, 67, tab. 82 ; Petiv., *Gazoph.*, tab. 114, fig. 3. Cette espèce, distinguée par son fruit, est originaire de l'île de Saint-Domingue : on la cultive dans les serres, au Jardin du Roi. Il seroit d'autant plus intéressant de pouvoir l'acclimater, du moins dans les contrées méridionales de l'Europe, que ses fruits renferment une pulpe douce, bonne à manger. Les habitans de Saint-Domingue les servent sur les tables, et font des tabatières avec son écorce.

Sa tige est herbacée, triangulaire, grimpante, haute de quinze à vingt pieds ; ses feuilles sont grandes, oblongues, en cœur, glabres, aiguës, d'un beau vert, longues d'environ six pouces, sur trois de large ; les stipules ovales, lancéolées. Les fleurs sont fort élégantes, munies à leur base d'un ample involucre à trois folioles rougeâtres, traversées par des lignes d'un rouge plus vif ; le fruit globuleux, de la grosseur d'une pomme, déprimé et un peu enfoncé à son sommet, de couleur jaune, recouvert d'une écorce épaisse, coriace.

GRENADILLE QUADRANGULAIRE : *Passiflora quadrangularis*, Linn. ; Jacq., *Amer.*, tab. 143, et *Icon. Brit.*, tab. 218 ; *Bot. Magaz.*, tab. 2041. Très-belle espèce, rapprochée de la précédente, distinguée par ses tiges quadrangulaires, glabres, persistantes,

presque ailées sur leurs angles ; ses feuilles sont moins longues ;
l'involucre des fleurs beaucoup plus court que le calice, cette
fleur est odorante; les filets de la couronne sont agréablement
mouchetés ou panachés. Ses fruits d'un vert jaunâtre, d'une
odeur agréable, plus gros qu'un œuf d'oie : ils renferment
une pulpe de couleur aqueuse, douce, acidule, savoureuse,
légèrement odorante, contenue avec les semences dans une
membrane particulière qu'on peut séparer facilement de
l'écorce. Elle croit dans les Antilles ; elle est très-propre à
former des berceaux, qu'elle orne de ses belles fleurs. Elle
a, au rapport de Jacquin, l'inconvénient, ainsi que la suivante, de servir de retraite à des serpens vénéneux qui y
viennent épier leur proie. Ses fruits se servent sur les tables,
et y sont très-estimés.

GRENADILLE A FEUILLES DE LAURIER : *Passiflora laurifolia*, Linn.,
Amœn. acad., fig. 6 ; Jacq., *Amer.*, *Icon. pict.*, tab. 210 ;
Plum., *Amer.*, tab. 80 ; Pluk., *Almag.*, tab. 211, fig. 3 ;
Merian, *Surin.*, tab. 21 ; vulgairement Pomme de liane. Ses
tiges sont ligneuses, grimpantes, et s'élèvent très-haut ; ses
rameaux sont herbacés ; ses feuilles ovales-oblongues, un peu
aiguës ; les fleurs mélangées de blanc, de pourpre et de violet,
fort odorantes, d'un aspect agréable ; les trois folioles de l'involucre aussi grandes que la fleur, vertes, ovales, concaves,
dentées ; le fruit, de la grosseur d'un œuf de poule, jaune,
odorant, contenant une pulpe très-suave, un peu acide. Il est
rafraîchissant, étanche la soif, rétablit l'appétit; on le donne
dans les fièvres. Cette plante croit dans l'Amérique méridionale. On la cultive au Jardin du Roi, ainsi que la précédente
et la suivante.

GRENADILLE AILÉE ; *Passiflora alata*, Ait., *Hort. Kew.*, 3,
pag. 306. Elle se rapproche du *passiflora quadrangularis*. Ses
tiges sont tétragones, ailées sur leurs angles; les feuilles ovales-
oblongues, presque en cœur ; les pétioles munis de quatre
glandes ; les stipules courbées en faucille, mucronées et dentées ; les fleurs petites, accompagnées d'un involucre à trois
folioles. Cette plante croit dans les Indes orientales.

GRENADILLE A LONGS PÉDONCULES : *Passiflora longipes*, Juss.,
Ann. Mus., 6, tab. 38, fig. 1. Plante de la Nouvelle-Grenade,
parfaitement glabre, à feuilles ovales-lancéolées, longues de

trois pouces; quatre glandes sur les pétioles; les stipules lancéolées, obliques à leur base; les vrilles un peu plus longues que les stipules. Les fleurs sont d'un rose pâle; les divisions intérieures du calice plus courtes; la couronne à lanières nombreuses, disposées sur trois rangs; les folioles de l'involucre lancéolées, plus courtes que le calice.

GRENADILLE A LANIÈRES : *Passiflora ligularis*, Juss., Ann. Mus., 6, pag. 113, tab. 40. Espèce du Pérou, remarquable par des lanières placées sur les pétioles au lieu de glandes, par l'aplatissement de ses rameaux, par ses grandes feuilles en cœur; les fleurs sont larges de trois pouces; les fruits, de la grosseur d'une orange, bons à manger, d'une saveur agréable.

*** * *Feuilles à deux lobes.***

GRENADILLLE A FRUITS ROUGES : *Passiflora rubra*, Plum., *Spec.*, 6; Burm., *Amer.*, tab. 138, fig. 2 ; Barrel.', *Obs. Præf.*, 1, *Titul.*, fig. 1. Arbrisseau de Saint-Domingue, cultivé au Jardin du Roi, à tiges pubescentes, triangulaires, souvent pourprées, garnies de grandes feuilles à deux lobes, munies en dessus de poils très courts, en dessous d'un duvet un peu cotonneux; point de glandes sur les pétioles; les stipules petites, subulées: les fleurs blanches; les fruits oblongs, aigus à leurs deux bouts, hexagones et rougeâtres, remplis de semences noirâtres qu'enveloppe un arille très-blanc.

GRENADILLE BIFLORE : *Passiflora biflora*, Lamk., Encycl. Martyn., Déc. 5, tab. 52 ; *Passiflora lunata*, Smith, *Icon. pict.*, tab. 1, et Cavan., *Diss.*, 10, tab. 288. Cette plante originaire des Antilles, a des tiges glabres, à cinq angles, munies de feuilles glabres, à deux lobes oblongs, divergens, presque en croissant, longues de quatre pouces; les pédoncules géminés, axillaires; les fleurs blanches, petites; leur couronne jaunâtre. On la cultive au Jardin du Roi.

GRENADILLE A LOBES TRONQUÉS : *Passiflora normalis*, Linn., *Amœn.*; Brown, *Jam.*, 328 ; *Coanenepilli seu contraierva*, Hernand., *Mex.*, 301, *Icon.* Ses feuilles se rapprochent de celles de l'*aristolochia biloba* : elles sont échancrées à leur base, divisées en deux lobes très-divergens, linéaires, obtus, très-ponctués en dessous, offrant dans leur milieu un petit lobe peu saillant, mucroné; les pétioles sont dépourvus de glandes. Cette espèce croit dans l'Amérique méridionale : on la cultive au Jardin du Roi.

GRENADILLE BILOBÉE ; *Passiflora bilobata*, Juss., Ann. Mus., 6, tab. 57, fig. 2. Ses tiges sont grêles, légèrement anguleuses; ses feuilles petites, arrondies à leur base, à deux lobes obtus, divergens; point de glandes; les pédoncules géminés, axillaires, très-courts, un peu écailleux; les fleurs petites, à peine larges de quatre lignes; le calice à cinq divisions; point de couronne apparente. Cette plante croit à Saint-Domingue.

GRENADILLE DU MEXIQUE ; *Passiflora mexicana*, Juss., l. c., tab. 38, fig. 2. Cette espèce a beaucoup d'affinité avec les *passiflora bilobata* et *normalis*; mais les lobes de ses feuilles sont beaucoup plus alongés, plus divergens, ponctués en dessous; les stipules linéaires; les pédoncules axillaires, géminés, plus longs que les pétioles; point de calice interne; l'extérieur à cinq divisions; les lanières de la corolle disposées sur un seul rang : le fruit de la grosseur d'un pois. Cette plante croit au Mexique, près d'Acapulco.

GRENADILLE TUBÉREUSE ; *Passiflora tuberosa*, Jacq., Hort. Schænbr., 4, tab. 496. Ses racines sont composées de ramifications tubéreuses, presque fusiformes, de l'épaisseur du petit doigt. Ses tiges sont anguleuses, grimpantes, ligneuses à leur base; les deux lobes des feuilles alongés, un peu aigus; deux glandes blanchâtres à la base de la nervure, d'autres plus petites sur le disque; les stipules lancéolées; les pédoncules géminés, longs d'un pouce ; les divisions du calice oblongues, obtuses; les intérieures pâles, brunes à leur base, les rayons de la couronne courts, blanchâtres, de couleur pourpre à leur base. Cette plante croit dans l'Amérique méridionale : on la cultive au Jardin du Roi.

GRENADILLE PERFOLIÉE : *Passiflora perfoliata*, Linn., Amœn.; Sloan, *Jam.*, tab. 142, fig. 3, 4; *Tzina canatlapatli*, Hernand., *Mex.*, p. 435. Ses tiges se divisent en longs sarmens rougeâtres, cylindriques, garnis de feuilles semblables à celles du chèvre-feuille, glabres, divisées en deux lobes, très-ouverts, aigus. Les fleurs sont purpurines; leur pédoncule long d'un pouce. Cette plante croit dans les bois pierreux, au Mexique et à la Jamaïque.

GRENADILLE CAPSULAIRE : *Passiflora capsularis*, Linn.; Plum., Amer., 68, tab. 85; Petiv., *Gazoph.*, tab. 113, fig. 1, et tab. 118, fig. 9. Cette espèce, très-voisine du *passiflora rubra*, avec laquelle on paroît l'avoir confondue, du moins dans la citation des synonymes, s'en distingue par ses tiges cylindriques et ses fleurs d'un rouge clair : son fruit est hexagone, rougeâtre dans sa maturité, moins alongé, moins pointu au sommet. Elle croît à la Guiane, à Saint-Domingue et à la Martinique.

GRENADILLE CHAUVE-SOURIS : *Passiflora vespertilio*, Linn., *Amœn.*; Dill., *Elth.*, tab. 137, fig. 164. Plante de l'Amérique, remarquable par ses feuilles faites en forme d'ailes de chauve-souris, dont les sarmens sont striés, cylindriques, d'un rouge brun ; ses feuilles à deux grands lobes divergens, entiers, aigus, avec deux glandes purpurines à leur base; les fleurs blanches, de grandeur moyenne; les filamens de la couronne aussi longs que les divisions internes du calice : ces fleurs s'épanouissent le soir, et se ferment le matin vers les huit ou neuf heures.

*** *Feuilles à trois lobes.*

GRENADILLE PONCTUÉE : *Passiflora punctata*, Linn.; Feuill., Pérou, 1, pag. 718, tab. 11. Plante du Pérou, cultivée au Jardin du Roi. Ses tiges sont légèrement anguleuses, glabres, garnies de feuilles plus larges que longues, d'abord obscurément trilobées, presque à deux lobes dans leur entier développement, glabres, ponctuées en dessous, dépourvues de glandes; les pédoncules solitaires, axillaires ; point d'involucre; les divisions intérieures du calice blanchâtres, plus courtes que les extérieures; la couronne jaune et frangée, mélangée d'un peu de violet.

GRENADILLE JAUNE : *Passiflora lutea*, Linn.; Moris., *Hist.*, 2, pag. 7, §. 1, tab. 2, fig. 3; *Munt.*, tab. 161 ; Jacq., *Icon. rar.*, 2, n.º 22. Cette plante est remarquable par ses fleurs, assez semblables à celles de l'hépatique. Ses tiges sont grêles, foibles, herbacées, pubescentes vers leur sommet, les feuilles minces, en cœur à leur base, à trois lobes égaux, point glanduleuses; les fleurs solitaires ou géminées, petites, d'un vert jaunâtre. Cette plante croît dans la Virginie : on la cultive au

Jardin du Roi. Comme ses racines sont vivaces, elle peut subsister en pleine terre quand les hivers ne sont pas trop rigoureux ; elle ne perd que ses tiges.

GRENADILLE FONGUEUSE : *Passiflora suberosa*, Linn.; Plum., *Amer.*, 70, tab. 84; Pluk., *Almag.*, tab. 210, fig. 4; Jacq., *Hort.*, tab. 20. Cette espèce a ses tiges couvertes inférieurement d'une écorce blanchâtre, épaisse, crevassée, semblable à celle du liége : ses feuilles luisantes, d'un vert foncé en dessus, trilobées ; le lobe du milieu beaucoup plus grand; les pétioles garnis de deux glandes ; les fleurs petites, sans calice interne, d'un vert blanchâtre, avec une teinte de violet dans leur centre ; les baies petites, d'un pourpre violet dans leur maturité : elle croit aux Antilles; on la cultive au Jardin du Roi.

GRENADILLE SOYEUSE : *Passiflora holosericea*, Linn., *Amœn.*, 1, fig. 15 ; Mart., *Centur.*, tab. 54. Cette plante, originaire de la Vera-Cruz, est couverte, sur toutes ses parties, d'un duvet court, cotonneux, presque soyeux. Ses tiges sont cylindriques, ligneuses à leur base; les feuilles ovales, à trois lobes obtus; les latéraux très-courts, souvent munis à leur base d'une petite dent aiguë, réfléchie; le pétiole muni de deux glandes ; les pédoncules géminés, chargés de deux ou trois fleurs sans involucre, de couleur blanche; leur frange d'un pourpre violet à la base, jaune en son bord.

GRENADILLE FÉTIDE : *Passiflora fœtida*, Linn.; Herm., *Parad.*, tab. 173; Petiv., *Gazoph.*, tab. 113, fig. 4; Plum., *Amer.*, tab. 86. Cette espèce est remarquable par le grand involucre de ses fleurs; elle est velue, presque cotonneuse, à poils roussâtres, la plupart terminés par une glande, répandant une odeur désagréable. Les feuilles sont velues à leurs deux faces, en cœur à leur base, à trois lobes aigus; point de glandes; les pédoncules solitaires, uniflores; les fleurs blanches; leur couronne frangée, purpurine ou violette. Elle croit dans l'Amérique méridionale.

GRENADILLE INCARNATE : *Passiflora incarnata*, Linn.; Moris., *Hist.*, 2., §. 1, tab. 1, fig. 9; *Munt.*, tab. 160; Jacq., *Icon. rar.*, 1, tab. 187. Cette plante est connue depuis long-temps : elle a été découverte au Pérou, dans le Mexique et au Brésil. On la cultive au Jardin du Roi. Ses tiges sont glabres, menues, cylindriques et grimpantes; ses feuilles à trois lobes aigus, dentés à leurs bords; les stipules petites et subulées; les pédoncules solitaires, portant une fleur large de deux pouces, très-belle, d'une odeur agréable; les découpures de son calice blanches en dedans, oblongues et mucronées; la couronne frangée, de couleur purpurine au centre, d'un violet pâle à la circonférence, avec un cercle de pourpre noir en sa partie moyenne; les styles et les filamens ponctués; l'ovaire globuleux et pubescent. Ses fruits sont de la grosseur d'une pomme ordinaire, d'un jaune pâle, orangé, remplis d'une pulpe douce, et de semences oblongues et rudes.

GRENADILLE PELTÉE : *Passiflora peltata*, Willd.; Cavan., *Diss.*, 10, tab. 274; Pluk., *Almag.*, tab. 210, fig. 4. Plante des Antilles, dont les tiges sont glabres, rameuses; les feuilles en forme de bouclier, à trois lobes profonds, lancéolés, divergens; deux glandes sur leur pétiole; les stipules sétacées; les fleurs solitaires, axillaires; le calice extérieur plus long que l'intérieur, renfermant une triple couronne; le fruit violet, de la forme d'une olive, très-recherché par les oiseaux et les fourmis.

GRENADILLE CILIÉE : *Passiflora ciliata*, Willd., *Spec.*; *Bot. Magaz.*, tab. 288. Ses fleurs sont de la grandeur et de la couleur de celles du *passiflora inearnata*. Leur involucre est composé de trois folioles deux fois ailées, subulées; les filamens de la couronne sont blancs, d'un violet foncé à leur base et à leur sommet; les feuilles glabres, en cœur, à trois lobes oblongs, acuminés, sans glandes; les stipules étroites, pinnatifides. Cette plante croit à la Jamaïque.

**** *Feuilles à plus de trois lobes.*

GRENADILLE A FLEURS BLEUES : *Passiflora cærulea*, Linn., *Spec.*; Duham., *Arb.*, tab. 107; Cavan., *Diss.*, tab. 245; Sabb., *Hort.*, 4, tab. 70. Cette belle espèce est aujourd'hui cultivée presque partout en Europe; elle garnit les berceaux, les tonnelles, les terrasses; elle masque la nudité des murs; elle réjouit la vue par la beauté de ses fleurs, qui, à la vérité, ne durent qu'un jour, mais se succèdent journellement depuis les premiers jours de juillet jusqu'aux premiers froids de l'automne, qui les empêchent d'éclore. Ses tiges sont grimpantes.

et peuvent s'élever jusqu'à vingt pieds de hauteur, pourvu qu'elles aient un soutien. Les feuilles sont glabres, palmées, assez grandes, à cinq ou sept digitations-ovales-oblongues : les pétioles chargés de deux glandes; les pédoncules solitaires, axillaires, portant une très-belle fleur, au moins de trois pouces de diamètre. Les divisions de son calice sont verdâtres en dehors, blanches en dedans; la couronne frangée, bleue vers l'extrémité des filamens, purpurine au centre vers la base, et un cercle blanc dans sa partie moyenne. Le fruit est d'un jaune rougeâtre ou orangé, de la grosseur d'un abricot. Cette plante est originaire du Brésil.

GRENADILLE FILAMENTEUSE ; *Passiflora filamentosa*, Cavan., *Diss.*, 10, tab. 294. Cette espèce, originaire des Antilles et cultivée au Jardin du Roi, est très-rapprochée de la précédente : elle en diffère par les lobes de ses feuilles acuminées, dentées en scie; par ses stipules lancéolées et dentées; par les filamens de sa couronne, beaucoup plus longs que les divisions du calice intérieur.

GRENADILLE A LOBES DENTELÉS : *Passiflora serrata*, Linn., *Amœn.*, 1, fig. 21; Plum., *Amer.*, tab. 79; Petiv., *Gazoph.*, tab. 114, fig. 2. Ses feuilles sont palmées, à lobes dentés; les pétioles chargés de quelques glandes; les pédoncules solitaires, soutenant une grande fleur panachée de blanc et de violet, munie d'un involucre à trois folioles ovales, blanchâtres. Le fruit est lisse, de la grosseur d'une orange; la pulpe blanche, mucilagineuse, enveloppant des semences noirâtres. Cette plante croît à la Martinique.

GRENADILLE A FEUILLES PÉDIAIRES : *Passiflora pedata*, Linn., *Am.*, fig. 22; Plum., *Amer.*, tab. 81.; Petiv., *Gazoph.*, tab. 114, fig. 4. Ses tiges sont anguleuses; ses feuilles divisées jusqu'à leur base en six ou sept folioles lancéolées, inégales, dentées, d'un beau vert; les fleurs grandes, très-belles, munies d'un involucre à trois folioles dentées et comme frangées à leurs bords : les filets de la couronne tortueux, frangés, teints d'un rouge foncé, avec deux ou trois cercles blancs, d'un beau violet à leur extrémité; le fruit de la grosseur d'une pomme médiocre; son écorce marbrée, d'un vert clair. Cette espèce croît à Saint-Domingue.

GRENADILLE A FLEURS VRILLÉES ; *Passiflora cirrhiflora*, Juss.,

Ann. Mus. Par., 6, tab. 41, fig. 1. Cette plante est remarquable par ses fleurs et ses vrilles réunies sur le même pédoncule, et par deux petites écailles qui remplacent l'involucre; par ses feuilles, composées de sept folioles pédicellées, blanchâtres en dessous, munies de deux dents à leur base, et de deux glandes au-dessus du renflement du pétiole. Les fleurs sont solitaires; leur couronne composée de trois rangs de lanières inégales, variées de blanc, de jaune et de rouge. Le fruit est de la grosseur d'une poire uniloculaire, s'ouvrant en trois valves. Cette plante croît dans les forêts de la Guiane. Son fruit est d'une saveur désagréable, très-dangereux pour les poules et les cochons qui en mangent.

GRENADILLE A FEUILLES GLAUQUES ; *Passiflora glauca* , Pl. *Æquin.*, 1, tab. 22. Ses tiges s'élèvent à une très-grande hauteur; ses rameaux sont étalés, de couleur cendrée ; ses feuilles très-grandes, oblongues, lancéolées, d'un vert tendre en dessus, glauques en dessous, munies de petites glandes dans l'aisselle des veines : il n'y a point de vrilles. Les fleurs sont blanches, axillaires; les pédoncules dichotomes ; les divisions du calice oblongues, obtuses; la couronne composée d'un triple rang de lanières; l'extérieur plus grand, à lanières cylindriques, blanches à leur base, jaunes dans leur moitié supérieure; les deux autres à petites lanières nombreuses. Cette plante croît dans l'Amérique méridionale. Elle doit être rapportée à la première division, ainsi que le *passiflora emarginata*, Pl. *Æquin.*, 1, tab. 23, très-voisine de celle-ci, distinguée par ses trois styles divergens, même à leur base, au lieu d'être réunis.

Il est encore beaucoup d'autres espèces de grenadilles, la plupart moins connues, quelques unes cultivées dans les jardins de botanique, mais où elles n'ont pas encore donné de fleurs. Plusieurs autres se trouveront dans les genres MURUCUIA et TACSONIA. Voyez ces mots. (POIR.)

GRENADIN. (*Ornith.*) L'oiseau d'Afrique que Buffon a décrit et figuré sous ce nom, est le *fringilla granatina*, Gmel. et Lath. (CH. D.)

GRENAILLE, *Chondrus.* (*Conchyl.*) M. G. Cuvier, Règne anim., t. II, p. 408, a cru devoir séparer des maillots, *pupa* de Draparnaud, quelques très-petites espèces qui n'en diffèrent réellement que parce que leur forme est plus ovoïde, et dont l'ouverture peut être bordée de dents ou de lames placées plus profondément : ce sont les *pupa avena*, *frumentum*, *cinerea*, *polyodon* et *quadridens* de Draparnaud. Voyez Maillot. (De B.)

GRENAT. (*Min.*) Le nom de cette pierre rappelle involontairement la couleur rouge, dont les différentes teintes caractérisent ses principales variétés ; elle semble lui appartenir de droit, comme le vert à l'émeraude, le rose au rubis, le jaune à la topaze, etc.

Les grenats se trouvent en cristaux sphéroïdaux poliédriques, dont la surface ne présente jamais moins de douze facettes ; quand les arêtes de ces cristaux s'émoussent par l'effet d'une cristallisation incomplète ou par suite du frottement, ils s'approchent de plus en plus de la forme granulaire, qui, dit-on, a suggéré le nom de grenat.

Cette pierre est plus dure que le quarz, puisqu'elle le raie ; elle étincelle vivement sous le choc de l'acier ; sa cassure est ordinairement vitreuse, quelquefois conchoïde, et rarement lamelleuse. Elle fond au chalumeau en un émail noir et terne, ce qui la distingue nettement du zircon hyacinthe, du spinelle rubis et du corindon rouge, qui sont infusibles, et avec lesquels on le confond rarement, même quand ils sont polis et taillés. La forme primitive du grenat est le dodécaèdre à plans rhombes, divisible en rhomboïdes, dont les angles plans sont de 109° 28' 16" et 70° 31' 44". Les molécules soustractives, ou celles qui composent les rangées décroissantes qui donnent naissance aux variétés de formes, sont donc rhomboïdales aussi. Sa pesanteur spécifique varie de 3,55 à 4,23.

La couleur dominante des grenats est le rouge, comme on l'a déjà dit ; mais il s'en trouve aussi de jaunes, de verts, de noirs, etc. ; néanmoins la figure granulaire, le volume moyen d'un pois et la couleur rouge plus ou moins foncée, composent à peu près le signalement à l'aide duquel on reconnoîtra toujours les grenats bruts répandus en grand nombre dans le commerce. Quant aux substances avec lesquelles on peut les confondre dans l'état naturel, il n'y a guère que le zircon, l'amphigène, l'idocrase et l'aplôme : or, les deux premières sont infusibles ; l'idocrase a un aspect luisant, voisin du reflet gras, et se fond en un verre brillant, tandis que le grenat a l'aspect vitreux et produit un émail noir à la fusion. L'aplôme est heureusement assez rare, car elle ne se distingue que par les stries qu'on remarque dans le sens de la petite diagonale des faces rhomboïdales de ses cristaux dodécaèdres.

La silice et l'alumine sont les deux seuls principes constans qui se trouvent dans toutes les analyses des différentes espèces de grenats; la chaux ou la magnésie s'y joignent aussi, mais on les y voit manquer assez souvent. Quant aux oxides de fer, de manganèse, etc., on peut, à juste titre, les considérer comme des principes colorans, et par conséquent accidentels. On peut donc aussi présumer que la silice et l'alumine sont les seuls principes essentiels à l'espèce, puisque ce sont les seuls qu'on retrouve dans toutes les variétés qui ont été analysées, et que la chaux et la magnésie peuvent manquer sans que la substance en soit moins un grenat minéralogiquement. Il paroît, d'ailleurs, que la chaux qu'on y trouve provient souvent de leur gangue calcaire, et que la magnésie peut appartenir aux roches talqueuses et serpentineuses qui contiennent si souvent les différentes variétés du grenat. Cette variation dans les principes constituans de cette pierre a fait penser à démembrer l'espèce pour en composer trois autres, dont l'une renfermeroit les grenats qui n'ont donné que de l'alumine et de la silice, et porteroit le nom d'*almandin;* l'autre, ceux où l'on auroit reconnu de la chaux, et qui seroit nommée *mélanite;* et la troisième, enfin, renfermeroit les grenats magnésiens, et seroit désignée sous le nom de *pyrop.* Telles sont les innovations proposées par M. Karstein; mais je pense, avec M. Haüy, que ces changemens sont au moins prématurés, et que si notre espèce grenat, telle qu'elle est aujourd'hui, renferme une ou plusieurs substances qui lui sont étrangères, il faut attendre, pour ne point augmenter la confusion, que de nouvelles analyses et de nouvelles observations soient venues confirmer ces soupçons, qui ne sont réellement fondés que sur des caractères extérieurs qui n'ont point force décisive.

Le peu de constance, non seulement dans les principes constitutifs, mais encore dans leurs proportions, joint à la forme primitive de cette substance, qui est malheureusement l'une des trois *formes limites,* laisseront long-temps encore une sorte de vague sur cette espèce minérale. On va pouvoir en juger par le peu d'accord qui règne dans les analyses des principales variétés de cette substance, qui sont cependant le fruit des travaux de nos plus habiles chimistes.

Analyse du grenat noble (Grenat syrien, ou almandin de Karstein ; *Edler granat*, W.) par Klaproth :

Silice, 35,75 ; alumine, 27,25 ; oxide de fer, 36,0 : oxide de manganèse, 0,25 : perte, 0,75.

Analyse du grenat rouge du pic d'Erès-Lids aux Pyrénées, par Vauquelin :

Silice, 52,0 ; alumine, 20,0 ; oxide de fer, 17,0 ; carbonate de chaux provenant évidemment de sa gangue calcaire, 14,0 ; perte, 3,3.

Analyse du grenat mélanite, ou grenat noir de Frascati, par Klaproth :

Silice, 35,5 ; alumine, 6,0 ; chaux, 32,5 ; oxide de fer , 25,5 ; oxide de manganèse, 0,4 ; perte, 0,35. Si la gangue de ce grenat est calcaire comme celle du précédent, on pourroit lui attribuer cette quantité énorme de chaux. Elle est en effet calcaire à la somme (Breislak).

Analyse du grenat commun olivâtre de Sibérie, par Klaproth :

Silice, 44,0 ; alumine, 8,5 ; chaux, 33,5 ; oxide de fer, 12,0 ; oxide de manganèse et perte, 2,0.

Analyse du grenat colophonite, par Simon :

Silice, 35,0 ; alumine, 15,0 ; chaux, 29,0 ; magnésie, 6,5 ; oxide de fer, 7,5 ; oxide de manganèse, 4,75 ; oxide de titane, 0,5 : eau, 1,0 ; perte, 0,75.

Analyse du grenat pyrop, ou de Bohème, par Klaproth :

Silice, 40,0 ; alumine, 28,5 ; magnésie, 10,0 ; chaux, 3,5 ; oxide de fer, 16,5 ; oxide de manganèse, 0,25 ; perte, 1,25.

Dans une analyse postérieure à celle-ci, Klaproth a trouvé dans ce grenat de l'acide chromique, comme dans le spinelle rubis (1).

Si l'on fait abstraction des quantités extraordinaires de chaux et de magnésie qui sont visiblement dues aux gangues calcaires, ou serpentineuses, on voit que ces analyses s'accordent sensiblement pour la nature des principes constituans, mais non

____

(1) Klaproth et Wolf, Dict. de Chimie.

pour les quantités. Il seroit donc possible qu'il se fût glissé
parmi ces grenats bruns ou olivâtres quelques variétés d'a-
plôme dont les cristaux ne présenteroient point ces stries particulières qu'on remarque sur les facettes des aplômes de
Sibérie, et qui ne sont au reste que le produit d'une cristallisation imparfaite, dont nous avons nombre d'exemples dans
d'autres substances et dans le grenat lui-même. Je n'entends pas
réunir ces deux espèces : les formes primitives les séparent
assez nettement, puisqu'il paroît certain que le cube sert de
noyau à l'aplôme; mais je crois qu'il seroit possible que l'on eût
admis des aplômes parmi les grenats, puisque les caractères
minéralogiques sont, à très-peu de chose près, les mêmes, et
que la forme des cristaux dodécaèdres à plans rhombes est
aussi celle des grenats primitifs. L'analyse enfin présente la
silice et l'alumine comme celles des grenats, avec cette seule
différence que l'alumine l'emporte en quantité sur la silice.
M. de Bournon, en faisant observer que le grenat est une des
substances minérales qui sont les plus sujettes à renfermer,
interposées dans leur masse, des matières étrangères à la
leur, cite des cristaux de grenat vert du Bannat, qui, étant
cassés, laissent apercevoir facilement à l'œil nu un grand
nombre de parties de fer oxidulé, renfermées dans leur substance, sans que leur cristallisation ait été altérée en rien,
ainsi qu'un groupe de cristaux de la même substance qui présentent dans leur fracture des parcelles de chaux carbonatée
lamellaire (1). Si ces parties de fer et de chaux eussent été
plus atténuées, ajoute ce savant minéralogiste, et telles qu'elles
ne pussent plus être aperçues, le grenat qui les auroit contenues
eût bien certainement donné à l'analyse une dose plus considérable de chaux ou de fer que celle qui peut faire partie
composante essentielle de l'espèce ou du grenat pur. Ces observations viennent donc à l'appui de ce que nous avons dit
au commencement de cet article, qu'il ne falloit point se hâter
de morceler cette espèce pour en composer d'autres qui ne
seroient pas beaucoup mieux caractérisées.

Les principales variétés de forme du grenat sont :

1.° *G. primitif* : le dodécaèdre à plans rhombes. *Primitif*

____

(1) De Bournon, Catal. du Cab. du Roi, p. 41.

alongé. Six des rhombes très-alongés changent le dodécaèdre en un prisme hexaèdre, terminé à chaque extrémité par trois plans rhomboïdaux. Cette sous-variété présente exactement la figure des loges de cire construites par les abeilles, qui offrent, comme on le sait, le plus de capacité possible sous le *minimum* de surface. Il existe un très-beau cristal, devenu ainsi prismatoïde, dans le cabinet particulier du Roi : il vient de la Nouvelle-Calédonie (1).

2.° *G. trapézoïdal,* qui offre l'assemblage de vingt-quatre trapézoïdes égaux et semblables, et dont le signe représentatif est $\overset{\scriptscriptstyle\prime}{\underset{\scriptscriptstyle\prime}{B}}$ $\scriptstyle u$

3.° *G. émarginé :* c'est le primitif, dont les arêtes sont remplacées par des facettes hexagonales alongées, d'où il résulte un solide à trente-six faces, dont douze appartiennent au noyau et sont rhomboïdales, et vingt-quatre à la troncature de ces arêtes.

Son signe représentatif est $\overset{\scriptscriptstyle\prime}{P\overset{\scriptscriptstyle\prime}{B}}$ $\underset{\scriptscriptstyle\prime}{Pn}$

Cette variété, en se surchargeant de nouvelles facettes additionnelles, donne naissance à plusieurs autres combinaisons qui se compliquent toujours davantage, mais où l'on reconnoît souvent les rudimens des faces du noyau. Le grenat sphéroïdal provient de ces variétés surchargées, que le plus léger frottement arrondit. Le grenat amorphe se trouve en petites masses ou en fragmens irréguliers, soit erraus, soit engagés dans des rochers de différente nature.

Les variétés de couleurs sont ici beaucoup plus variées et beaucoup plus importantes à connoître, puisque ce sont elles qui ont reçu différens noms dans le commerce, et qu'elles tiennent un certain rang parmi les pierres précieuses. On remarque surtout :

1.° *Grenat noble* (*Edler Granat,* Werner ; *Almandin,*

---

(1) Une tranche d'un grenat de cette forme, coupée perpendiculairement aux pans du prisme, polie sur ses deux faces, et placée entre l'œil et la lumière d'une bougie, présente à l'instant une étoile brillante à six rayons, aboutissant chacun aux angles de la plaque hexagonale (Haüy).

Karstein ; Grenat syrien de quelques naturalistes). Sa teinte est le rouge cramoisi, légèrement nuancé de bleu : il est transparent et a beaucoup d'éclat. Lorsque sa belle couleur acquiert une teinte pourprée, il prend le nom de *grenat syrien* dans le commerce, augmente infiniment de valeur, et approche de celle d'un saphir bleu du même poids. Les plus beaux se trouvent aux environs de la ville de Syrian, au Pégu.

2.° *Grenat pyrop* (Grenat de Bohème, ou hyacinthe, la belle des lapidaires). Il est d'un rouge coquelicot, quelquefois nuancé d'orangé. On le trouve très-rarement en cristaux : il se présente ordinairement en fragmens anguleux, dont la cassure est parfaitement conchoïde : il est beaucoup moins estimé que le précédent.

3.° *Grenat commun* (*Gemeiner Granat*, Werner). Nous réunissons sous cette dénomination les grenats verts, bruns, oranges, jaunes, etc., qui sont opaques, dont la cassure est raboteuse et dont l'aspect est légèrement luisant : on remarque aussi qu'ils sont un peu moins durs que les précédentes variétés. Plusieurs grenats communs ont reçu des noms particuliers. C'est ainsi que l'on a nommé *colophonite* ceux qui sont d'un rouge orangé, dont la surface et surtout la cassure présentent l'aspect particulier de la résine nommée colophane ; que l'on a nommé *grenat d'étain* ceux qui accompagnent ce minérai et qui sont bruns comme lui ; que ceux qui sont orangés ont été appelés *hyacinthe du Dessentis*, les jaunes *succinites* ou *topazolithes*, les verts *grossularia*, etc. S'il existe réellement quelque substance étrangère à l'espèce du grenat, ce doit être dans ce groupe qu'il faut chercher à les découvrir.

4.° *Grenat mélanite*. Cette variété est remarquable par sa couleur noire et la netteté de ses cristaux, qui présentent souvent les variétés émarginée et primitive ; elle n'est point transparente.

5.° *Grenat manganésié* (*Braunsteinkiesel*). Il est d'un brun d'hyacinthe très-foncé, à peine translucide sur les bords. On trouve cette variété en cristaux à vingt-quatre facettes trapézoïdales. Essayé au chalumeau, ce grenat communique au verre de borax une couleur violette qui se développe davantage par une addition de nitre. Cette couleur est due au manganèse que Klaproth y a reconnu dans la proportion de 35 pour 100.

Ce singulier grenat, qui présente tous les caractères de l'espèce, a été décrit sous le nom de *manganèse granatiforme*, et se trouve dans la forêt de Spessart, près d'Aschaffenbourg en Franconie, où il fait partie d'un granite.

M. de Bournon pense que la substance nommée *Kanelstein*, que l'on trouve à Ceilan sous la forme de masses ou de gros grains irréguliers, doit être réunie au grenat; mais M. Haüy croit y avoir reconnu des joints naturels qui indiqueroient un noyau contraire à cette réunion. Du reste, les autres caractères minéralogiques, réunis aux produits de l'analyse, sont bien faits pour excuser cette erreur, si c'en est une; car ils sont moins différens que ceux de plusieurs variétés bien reconnues pour appartenir à cette espèce. Le kanelstein est d'un beau jaune mordoré; il reçoit un poli très-brillant, et produit des pierres très-volumineuses. Telles sont celles qui font partie de la collection particulière du Roi. (Voyez Kanelstein.)

Plusieurs minéralogistes ont décrit séparément une variété de grenat surchargée de fer et en partie décomposée; mais nous avons vu, en citant diverses analyses, que le grenat noble renferme plus du tiers de son poids d'oxide de fer, que le grenat mélanite en contient un quart, etc. Il paroît donc que cet oxide a une grande affinité pour cette pierre, et qu'il peut s'interposer entre ses molécules sans nuire à sa transparence; aussi quelques grenats transparens sont attirables à l'aimant, et plusieurs autres agissent sur l'aiguille à l'aide du double magnétisme : moyen ingénieux que l'on doit à M. Haüy, et dont il sera parlé en détail à l'article que nous consacrerons au magnétisme des minéraux. (Voyez Magnétisme des Minéraux.)

Il est encore une substance que l'analyse et quelques caractères minéralogiques sembleroient devoir rapprocher du grenat, je veux parler de l'*allochroïte*; mais, comme aucun minéralogiste n'a effectué cette réunion, et que cette substance en masse est plutôt une roche composée qu'une substance minérale pure, je ne solliciterai point sa place au nombre des variétés du grenat.

Gisement. Les grenats sont très-répandus dans la nature; mais leur substance ne forme point, comme le quarz, le felspath, etc, des couches ou même des filons proprement dits; il sont toujours disséminés en cristaux ou en grains arrondis dans des roches calcaires, serpentineuses, micacées ou talqueuses; et, quelque nombreux qu'ils soient, on reconnoît toujours parfaitement la substance qui leur sert de pâte.

M. Brongniart distingue quatre sortes de terrains, ou formations, dans lesquels on rencontre le grenat.

1.° Dans les terrains de cristallisation, il entre comme parties additionnelles dans la composition des roches qui constituent ces terrains, et se trouve aussi dans les filons qui les traversent ou dans les fissures qui s'y rattachent. Il faudroit citer la plupart des roches primitives, si l'on vouloit indiquer toutes celles où l'on trouve le grenat; mais, parmi celles où il est le plus abondant et le plus commun, on remarque le gneiss, la diabase, le trapp, l'amphibole et surtout la serpentine, le talc, le stéaschiste et le micaschiste.

2.° Dans les pierres ou masses qui constituent les couches de terrains de sédiment, telle que la chaux carbonatée compacte, du pic d'Erès-Lids, dans les Pyrénées, ces grenats sont noirs, rouges ou blancs. Les noirs sont engagés dans la partie la plus rembrunie de la roche, et les blancs dans la partie blanche. Cette observation de M. Ramond vient encore à l'appui de ce que l'on a dit plus haut, en parlant de la faculté qu'ont les grenats de se laisser pénétrer par la matière qui leur sert de gangue. Enfin, l'on en cite aussi dans le jaspe, le grès, et dans quelques schistes.

On pense que les grenats des terrains de sédiment existoient avant la formation des roches qui les contiennent, et l'on apporte pour toute preuve à l'appui de cette idée, la facilité et la netteté avec lesquelles ces corps cristallisés se détachent de leur gangue. Je ne puis partager cette opinion, puisqu'il résulte de l'observation de M. Ramond que les grenats d'Erès-Lids participent de la couleur des différentes parties de la roche calcaire dans lesquelles ils sont contenus : j'ajouterai même que la régularité parfaite de ces grenats, la pureté de leurs angles et de leurs arêtes, annoncent des cristaux formés au milieu d'une substance pâteuse, et que l'on a produit depuis long-temps des cristallisations artificielles analogues à celles-ci, qui, s'étant opérées au milieu d'une pâte argileuse, se sont fait remarquer par leur grande perfection.

3.° Dans des terrains d'alluvion formés aux dépens de roches préexistantes. Ici les grenats sont errans, isolés, et se présentent quelquefois en amas très-considérables : tel est le gisement du grenat noble de Bohême, et probablement de celui qu'on trouve au Pégu. Ceux de Bohême se recueillent près de Méronitz et de Trziblitz, dans le cercle de Leutmeritz. Le terrain d'alluvion dans lequel ils sont disséminés à des profondeurs variables, est formé principalement de fragmens de serpentine et de basalte en boules réunies par une marne grise, au milieu de laquelle on trouve les grenats qu'on y recherche, associés à des zircons-hyacinthes, des péridots chrysolithes, des corindons-saphirs, des bérils-émeraudes, du quarz, du fer magnétique et même des coquilles pétrifiées. (Reuss.) Le gîte du *granatillo*, près Nijar, entre Almeria et le cap de Gatt en Espagne, qui a été observé par M. Tondi, présente un rassemblement de grenats si extraordinaire, que le sol en paroît entièrement composé; ils proviennent de la décomposition d'une diabase où ils sont primitivement engagés, et sont charriés et comme lotis par les torrens qui traversent ce terrain meuble.

4.° Les grenats enfin se trouvent dans les terrains volcaniques incontestables; tels sont, entre autres, les grenats mélanites de la Somma; et surtout ceux de Fracasti; tels sont encore ceux qui présentent une belle couleur verte ou jaunâtre, qui proviennent aussi du Vesuve, etc.

Il seroit impossible et fort inutile de citer toutes les localités des différentes variétés du grenat : il suffira de rappeler que le Pégu fournit les plus beaux grenats syriens; que la Bohême verse dans le commerce une quantité prodigieuse de grenats pyrops; que les montagnes de la Styrie présentent les cristaux les plus volumineux, c'est-à-dire ceux qui approchent de la grosseur d'une orange ; que l'on en trouve au Kamtschatka qui sont d'un assez beau vert; que ceux de la Suède sont d'un vert sombre au centre, et d'un rouge foncé à l'extérieur; et qu'enfin c'est une des substances les plus communes parmi celles qui ne se présentent qu'en grains ou en cristaux, sans jamais former de masses.

Usages. On sait que les beaux grenats sont recherchés par les lapidaires et par les joailliers; mais, si l'on en excepte ceux qui sont d'un certain volume et qui sont doués d'une belle

teinte pourprée, ces pierres sont, en général, d'une très-
foible valeur. On les perce, on les polit en Bohème et à Fri-
bourg en Brisgaw, et l'on en compose des colliers, des chapelets et des bracelets : cette branche de commerce est assez
considérable en Allemagne pour occuper un grand nombre
d'ouvriers; on assure que l'on pulvérise les grenats qui sont trop
petits, et que cette poudre sert à polir les autres : on les
perce avec un foret terminé par un très-petit diamant.

Les lapidaires sont généralement dans l'usage de chever et
de doubler les grenats. Par la première opération ils creusent
le centre de la pierre pour diminuer son épaisseur et affoiblir
la trop grande intensité de sa couleur; par l'autre, ils augmentent son éclat en appliquant un paillon d'argent sur
leur face inférieure. Les anciens ont connu nos principales
variétés de grenat ; tels étoient leur *rubis carthaginois* et leur
escarboucle qui brilloit, soit disant, dans l'obscurité comme un
charbon. On a beaucoup gravé sur cette pierre, qui n'est pas
d'une très-grande dureté, et qui se trouve facilement d'un certain volume. La belle tête du chien syrius, gravée par le célèbre artiste *Cali*, et qui est si connue des gens de l'art et
des amateurs par son fini précieux et son grand relief, est gravée
sur un très-beau grenat. Elle se voit dans la Collection des
pierres de la Bibliothèque royale.

La quantité énorme de fer oxidé que certains grenats contiennent, leur abondance dans certains gîtes, et la facilité
avec laquelle ils entrent en fusion, les ont fait employer en
place de castine dans le traitement de quelques minérais de
fer avec d'autant plus d'avantage, que la fonte se trouvoit aug-
mentée de la quantite du métal contenue dans le foundant.
(Brard.)

GRENAT. (*Ornith.*) Cette espèce de colibri est le *trochilus
auratus*, Gmel., et le *trochilus granatinus*, Lath. (Ch. D.)

GRENAT BLANC. (*Min.*) Plusieurs minéralogistes ont désigné l'amphigène sous le nom de *grenat blanc*. Voyez Amphigène. (Brard.)

GRENATITE. (*Min.*) On a donné ce nom à une substance
brune et cristallisée qui avoit été trouvée dans la vallée
de Piora, près du Saint-Gothard, et qui ressemble assez bien,
au premier aspect, à certaines variétés de grenat commun.

Un examen plus suivi a fait reconnoître dans ce minéral une belle variété de la staurotide. (Voyez Staurotide Grenatite.) Daubenton avoit appliqué le même nom de *grenatite* à notre amphigène, qui, à la couleur près, rappelle assez bien aussi l'aspect et la figure du grenat. Voyez Amphigène. (Brard.)

GRENESIENNE (*Bot.*), nom françois de l'*amaryllis sarniensis*. Voyez Amaryllis. (J.)

GRENOUILLARD. (*Ornith.*) On a donné, t. V, pag. 462 de ce Dictionnaire, la description de cet oiseau de proie, qui est un busard, *buteo ranivorus*, et *falco ranivorus*, Daud. (Ch. D.)

GRENOUILLE. (*Conchyl.*) Quelquefois on donne dans le commerce des coquilles cette dénomination au *stromb. lentiginosus*, Linn., plus connu sous celle de tête de serpent. (De B.)

GRENOUILLE, *Rana.* (*Erpétol.*) Genre de reptiles de la famille des batraciens anoures, et reconnoissable aux caractères suivans :

Pattes de derrière très-longues, très-fortes et toujours parfaitement palmées ; peau lisse ; une rangée de petites dents fines tout autour de la mâchoire supérieure ; une seconde rangée transversale et interrompue au milieu du palais ; point de glandes sur le cou ; une langue visible ; point de pelotes visqueuses au bout des doigts, qui sont au nombre de quatre en devant, et de cinq en arrière.

A l'aide de ces notes et du tableau que nous avons présenté à l'article Anoures (Supplément du second volume), on distinguera aisément les grenouilles des crapauds, qui ont des glandes sur le cou et les pattes de derrière de la longueur du corps seulement ; des rainettes, qui ont des pelottes au bout des doigts ; et des pipas, qui sont entièrement dépourvus de langue, et ont tous les doigts libres. Au reste, il faut l'avouer, les grenouilles ont de grands rapports avec les crapauds. Linnæus avoit réuni ces animaux en un seul genre, et son exemple a été suivi par la plupart des erpétologistes systématiques. Quelques grenouilles, en effet, ont les pattes postérieures raccourcies ; d'autres ont le corps couvert de tubercules ; l'absence des parotides nous paroît donc jusqu'à présent le seul caractère distinctif sur lequel on puisse réellement compter. (Voyez Anoures, Batraciens, Crapaud, Erpétologie, Pipa et Rainette.)

C'est à l'Anglois Bradley que l'on doit la première idée de

la séparation des crapauds et des grenouilles en deux genre
distincts. Laurenti, après lui, a soutenu la même théorie,
mais sans beaucoup de succès. M. de Lacépède et M. Duméril
ont mieux établi les caractères du genre. M. Schneider a adopté
à peu près les principes de ces auteurs, ajoutant seulement
que, *dans les crapauds, le pouce des pattes de devant est écarté
des autres doigts, et l'index fort court.* (*Hist. amphibiorum nat..
fasc.* 1, *pag.* 177.) Au reste, tous les naturalistes de nos jours
ont admis cette division du genre *Rana* de Linnæus, et elle est
comme consacrée par les ouvrages de Daudin, de MM. Alexandre
Brongniart, Latreille et Cuvier.

Le mot *rana* est depuis très-long-temps connu dans la langue
latine, comme le prouve ce vers des Géorgiques de Virgile :

Et veterem in limo ranæ cecinêre querelam.

Il correspond à l'expression grecque βάτραχος, laquelle a servi
à la formation du mot *batraciens*, qui, dans le vocabulaire er-
pétologique françois, désigne l'ordre des reptiles auquel appartiennent le crapaud, la grenouille, les salamandres, etc.
La grenouille est donc le prototype de cette grande division
des reptiles, et les naturalistes ont eu soin de nous l'indiquer
dans la dénomination même qu'ils ont choisie en cette occasion.

Quoi qu'il en soit, l'étymologie de ces divers mots me semble
assez incertaine. Isidore veut que *rana* dérive de *garrulitas*, à
cause du bruit que font les grenouilles sur le bord des eaux.
Aldrovandi pense que βάτραχος est une sorte d'onomatopée,
ou qu'il fait connoître la rudesse du croassement de ces animaux (βοὴν τραχεῖαν ἔχων). Pour ce qui est du françois *grenouille*, il paroit probable que ce mot est encore formé par
onomatopée véritable.

Nous avons vu à l'article CRAPAUD que, dans tous les temps
et dans tous les lieux, les reptiles qui portent ce nom ont été
un objet de dégoût et même d'horreur : c'est un malheur pour
les grenouilles que leur ressemblance avec ces animaux qui ont
été proscrits avec une sorte de fureur. Souvent on les confond
dans la même disgrâce, et, dans l'esprit du vulgaire, elles
sont loin d'occuper la place que la nature leur a accordée
parmi les êtres de l'univers ; et cependant, aussi agréables par
leur conformation, que distinguées par leurs qualités, et in-

téressantes par les phénomènes de leur développement, souvent parées de couleurs brillantes, et plutôt utiles que nuisibles à l'homme, elles méritent de fixer l'attention des observateurs, et d'exercer le talent des naturalistes. Nous allons signaler aux lecteurs, dans l'histoire de ces innocens reptiles, une foule de faits curieux.

A. *Organisation des grenouilles.*

Les détails anatomiques que nous avons déjà présentés aux articles ANOURES, BATRACIENS et CRAPAUD, nous forcent à n'offrir ici que les résultats suivans, afin d'éviter toute espèce de répétition inutile.

1.º *Organes de la locomotion, squelette et muscles.*

Le crâne est presque prismatique, aplati en dessus, et élargi par derrière : il est moins arrondi que dans le crapaud.

Les os frontaux sont en rectangle alongé, et remplissent l'intervalle des orbites.

Comme dans le crapaud, à l'exception de la symphyse du menton et des os inter-maxillaires, qui sont libres de toutes parts, tous les os du crâne et de la face sont totalement soudés chez les individus adultes.

La tête est articulée par deux condyles sur un atlas peu mobile.

Les vertèbres sont au nombre de dix en tout : les huit qui sont étendus de la nuque au bassin, sont pourvues d'assez longues apophyses transverses, qui, dans la dernière, s'étendent jusqu'aux os des isles.

Le sacrum est long, pointu, comprimé.

Il n'y a point de coccyx.

Les os coxaux sont réunis en une seule pièce dans les sujets adultes ; leur portion iliaque est très-alongée ; les pubis et les ischions, courts et soudés en une seule pièce solide, forment une crête plus ou moins arrondie à l'endroit de leur symphyse. Il n'existe point de trou sous-pubien.

On n'aperçoit aucune trace de côtes.

Le sternum forme en devant un appendice cartilagineux, terminé par un disque qui se trouve placé sous le larynx : il reçoit ensuite les clavicules ; puis il s'élargit, et se termine enfin par un autre disque placé au-dessous de l'abdomen, et servant à l'attache de muscles.

Les os de la fourchette et les clavicules sont de chaque côté intimement unis d'une part au sternum, et, de l'autre à l'omoplate, qui est brisée comme dans le crapaud.

L'os du bras n'offre aucune particularité notable.

L'os unique de l'avant-bras s'articule, par une tête concave, sur une grosse tubérosité ronde du bas de l'humérus entre ses deux condyles. A la partie inférieure de cet os, qui est élargie, on observe un sillon de chaque côté.

Le carpe est formé de huit os, sur trois rangs, composés, le premier de deux, le second de trois, et le troisième de trois aussi. Il n'y a point d'os hors de rang.

Les doigts de la patte antérieure sont au nombre de quatre.

Le plus grand os de la seconde rangée du carpe porte un rudiment de pouce à deux articles. Les deux doigts qui suivent ont chacun deux phalanges, et les deux autres chacun trois.

Le fémur est dépourvu de trochanters : la pièce osseuse qui le suit, et qui est particulière au squelette des anoures, est beaucoup plus longue ici qu'elle ne l'est dans le crapaud. C'est à tort que la plupart des anatomistes l'ont considérée comme représentant les deux os de la jambe.

Ceux-ci, comme chez le crapaud, m'ont semblé séparés dans toute leur longueur. Quelques anatomistes, en considération de ce qu'ils forment la troisième articulation du membre pelvien, les regardent comme étant l'astragale et le calcaneum.

Le tarse est composé de quatre os, dont le dernier représente un crochet.

Il y a cinq os du métatarse.

Les doigts de la patte postérieure sont au nombre de cinq. Le pouce, placé en dedans, n'a qu'une phalange ; les deux doigts qui le suivent en ont, l'un deux et l'autre trois ; celui qui vient après en a quatre, et le dernier trois.

Les muscles de la grenouille, très-forts, très-irritables, très-sensibles à l'action du galvanisme, sont entièrement analogues à ceux du crapaud. Nous ne nous en occuperons donc point ici d'une manière suivie. Nous ne parlerons que de ceux des membres abdominaux, parce qu'ils sont mieux caractérisés, et ont des fonctions plus importantes à remplir dans la grenouille que dans le crapaud.

Il n'existe qu'un seul muscle fessier, le moyen. Il descend de la partie alongée qui remplace l'ilium, et se fixe au-dessous de la tête du fémur.

Le pyramidal vient directement de la pointe du sacrum, et s'attache vers le tiers supérieur du fémur.

Les jumeaux et l'obturateur interne, le grand et le petit psoas n'existent point.

Le carré de la cuisse est alongé : il vient de la symphyse postérieure de l'ischion, et s'attache au côté interne du fémur, vers son tiers supérieur.

L'iliaque est fort alongé.

Le pectiné descend jusque vers la moitié du fémur.

Les trois adducteurs ont des attaches analogues à celles qu'ils ont chez l'homme.

On observe un obturateur externe, malgré l'absence du trou sous-pubien : il vient de la symphyse du pubis, et ses fibres s'insèrent sur la capsule articulaire.

La cuisse de la grenouille est arrondie comme celle de l'homme ; les muscles de sa jambe sont très-prononcés. Ils offrent quelques particularités.

Le triceps fémoral, entre autres, n'est formé que de deux portions bien distinctes.

Le droit antérieur manque.

Le biceps crural n'a qu'un seul ventre : il vient de la partie postérieure intérieure de l'ilium, et descend en avant et en dehors.

Le demi-tendineux est formé de deux ventres, dont l'un s'attache à la symphyse du pubis, et l'autre à celle de l'ischion.

Le demi-aponévrotique est comme dans l'homme.

Le couturier est couché directement au-devant de la cuisse, et ne se contourne point.

Il n'y a point de poplité.

Le gastrocnémien n'a qu'un seul ventre, mais il s'insère par un petit tendon isolé au bord externe de la crête du tibia, ou plutôt de l'os qui suit le fémur. Son tendon de terminaison s'épanouit sous le pied pour former l'aponévrose plantaire.

2.° *Organes des sensations.*

La sensibilité générale des grenouilles paroît devoir être assez obtuse : elles perdent difficilement la vie par des blessures même très-graves. On peut leur arracher le cœur et les entrailles sans les tuer immédiatement. Mais leur force de contractilité organique apparente, ou d'irritabilité hallérienne, est extrêmement grande ; le cœur se contracte et se dilate long-temps après la mort de l'animal, et même lorsqu'il a été extrait de son corps et séparé des autres organes.

Les os du nez et les os inter-maxillaires sont très-courts, et plus larges que longs, ce qui arrondit en devant la face des grenouilles.

La cavité du crâne est fort étroite, et l'encéphale d'un très-petit volume.

Les hémisphères du cerveau sont alongés et étroits : les couches optiques sont grandes et creusées d'un ventricule très-marqué. Leur volume surpasse celui des hémisphères cérébraux.

Le cervelet est disposé comme celui du crapaud.

La face inférieure du cerveau est presque unie.

Il n'y a point de pont de Varoli.

Les nerfs olfactifs proviennent de l'extrémité antérieure des hémisphères cérébraux : le trou par où ils sortent du crâne est double. Le tube des fosses nasales est représenté par un simple trou, et il n'existe dans les parois du crâne, ou dans l'épaisseur des os de la face, aucune cavité que l'on puisse comparer aux sinus de l'homme et des mammifères. On ne trouve à l'intérieur de ces fosses que quelques tubercules au lieu des lames saillantes qui garnissent celles des autres animaux. La membrane pituitaire est colorée par un rets de vaisseaux noirâtres. Les narines sont tubuleuses.

Les orbites ne sont séparées des fosses temporales que par une branche osseuse incomplète. Leur base est dirigée vers le ciel ; les trous optiques sont fort écartés ; un grand muscle en entonnoir embrasse le nerf optique, et se partage vers le globe de l'œil en trois portions seulement. Deux autres muscles, l'un abaisseur et l'autre oblique, servent encore aux mouvemens de l'œil. Les paupières sont au nombre de trois, et toutes trois horizontales. La paupière supérieure n'est qu'une saillie de la peau ; l'inférieure est plus mobile ; la troisième, qui se meut de bas en haut, est plus souvent en action que les autres. Elle est très-transparente. Le muscle de cette troisième paupière bride tellement le choanoïde, qu'il est tiraillé lorsque ce dernier se gonfle, et voilà pourquoi, dans la grenouille, la troisième paupière s'élève lorsque l'œil s'abaisse. Le grand oblique n'existe point. Deux petites glandes noirâtres, logées dans l'orbite, paroissent remplacer la glande lacrymale. Les procès ciliaires sont en petit nombre. La pupille est rhomboïdale. L'axe du crystallin est à son diamètre comme 7 : 8.

La conformation de l'oreille des grenouilles est la même que dans les CRAPAUDS. (Voyez ce mot.) Gautier a observé que la cavité du tympan est traversée par une espèce de corde qui la sépare en deux parties égales, et peut tendre, à la volonté de l'animal, et à des degrés différens, la membrane qui ferme cette cavité, et qui est apparente en dehors, lisse et ovale. Comme dans les crapauds également, la caisse communique immédiatement avec l'arrière-bouche par un grand trou que l'on peut apercevoir en ouvrant simplement la bouche.

Ce que nous avons dit aussi de la structure de la peau de ces derniers, est parfaitement applicable aux animaux dont nous faisons actuellement l'histoire. Seulement on n'observe point chez ceux-ci les glandes cutanées plus ou moins grosses, dont nous avons signalé l'existence dans les autres.

L'épiderme est une sorte d'épithélion muqueux, qui tombe par lambeaux à plusieurs époques de l'année.

En examinant au microscope la couche de la peau que recouvre l'épiderme, elle paroit composée de globules qu'on peut séparer les uns des autres, et qui semblent être les glandules où se prépare l'humeur amère et visqueuse qui abreuve continuellement la surface du corps dans les animaux qui nous occupent.

C'est au tissu muqueux cutané que sont dues les couleurs variées dont est décorée la surface du corps des grenouilles.

Le chorion est d'un tissu très-serré et très-dense ; et, de même que dans les crapauds, il n'est intimement uni au tissu cellulaire que dans quelques points déterminés, au pourtour de la bouche, dans la ligne médiane du corps, aux aisselles et aux aines.

On doit à l'académicien Méry des détails assez curieux sur la peau de la grenouille. Il résulte de ses observations que cette peau semble recouvrir quatre cavités séparées les unes des autres par des membranes très-déliées, unies d'un côté aux tégumens, et de l'autre aux muscles du corps. Ces quatre cavités correspondent au dos, à l'abdomen et aux flancs. La peau de la cuisse n'est point non plus attachée à ses muscles, si ce n'est dans les plis des articulations, et elle forme deux espèces de sacs, l'un en devant, et l'autre en arrière. La même chose a lieu pour celle des jambes. (Collect. académiq., part. franç., t. 1, pag. 114.)

Il n'y a point de muscle peaussier général : on observe seulement quelques fibres charnues sous la gorge ; ces fibres descendent du pourtour de la mâchoire inférieure, et vont se perdre dans le tissu cellulaire qui unit la peau à l'origine de la poitrine.

La peau est constamment lubréfiée par une sérosité visqueuse et abondante.

La langue est entièrement charnue, et ne diffère de celle du crapaud qu'en ce que sa pointe est bifurquée : elle est composée en grande partie d'une masse glanduleuse, épaisse, formée d'une foule de petits tuyaux réunis par leur base, et séparés en manière de papilles veloutées à la surface de l'organe.

3.° *Organes de la digestion.*

La mâchoire inférieure forme un arc très-ouvert, composé de six pièces, dont les deux moyennes sont moins épaisses que les autres. Cette mâchoire est seule mobile. On n'observe point d'éminence pour l'attache du muscle digastrique, comme on en voit dans quelques autres reptiles, et en particulier dans le crocodile et les tortues. L'apophyse coronoïde n'existe point non plus.

La mâchoire supérieure est seule armée de dents. Celles-ci, au nombre de quarante environ de chaque côté, dont huit inter-maxillaires, sont grêles, pointues, fines et serrées.

Le cartilage hyoïde forme une large plaque à peu près carrée, appliquée immédiatement aux parois inférieures du palais et de l'arrière-bouche. Ses cornes antérieures partent de ses angles du même côté, s'étendent en avant, s'élargissent avant de se courber en arrière, puis se portent vers l'angle de la mâchoire, et se recourbent de bas en haut au-devant de cet angle, pour aller se fixer à la partie postérieure du crâne. Les cornes postérieures sont droites, fortes, osseuses, non soudées à la plaque, avec les angles postérieurs de laquelle elles sont articulées. Le larynx est placé entre elles.

Il existe un muscle mylo-hyoïdien, qui remplit l'écartement considérable des branches de la mâchoire inférieure ; ses fibres sont étendues transversalement d'une de ces branches à l'autre.

Le muscle sterno-hyoïdien se prolonge jusqu'à la partie la plus reculée de la face interne du sternum. Plusieurs de ses fibres s'épanouissent sur la plèvre : en avant, il se divise en plusieurs languettes, dont une va se fixer par un tendon grêle aux cornes antérieures de l'os hyoïde.

Le muscle omo-hyoïdien est long et grêle ; il vient de la grande corne inférieure de l'os hyoïde, et va s'insérer sous le col de l'omoplate.

L'analogue du stylo-hyoïdien vient de la partie postérieure de la tête derrière l'oreille. Dans la *grenouille ocellée*, il se divise en deux portions, tandis qu'il en a trois dans la *grenouille commune*.

Le génio-hyoïdien se divise postérieurement en deux portions : l'externe, plus courte, s'insère au-dessus du bord de la plaque hyoïde ; l'interne se prolonge sur les cornes postérieures, et fournit une gaîne au muscle hyo-glosse. Le sterno-hyoïdien passe entre ces deux portions pour se fixer à la plaque.

Les muscles cérato-maxilliens qu'on observe dans les sauriens, les chéloniens et les ophidiens, ne se retrouvent plus chez les grenouilles.

Il n'y a point d'épiglotte.

D'après la disposition que nous venons d'indiquer, il est évident que l'os hyoïde, au moyen des muscles qui le soulèvent, peut, dans la grenouille, contribuer à la déglutition. La plaque hyoïde, qui supporte les larges parois de l'arrière-bouche et du palais, n'est mise en mouvement par les muscles mylo-hyoïdiens et stylo-hyoïdiens, que pour soulever ces parois et les appliquer à la voûte du palais. Il existe de plus ici un muscle qui vient des parties postérieures et supérieures de la tête, au-devant du stylo-hyoïdien ; d'abord étroit, ce muscle s'élargit à mesure qu'il se porte en avant et en bas, et recouvre la portion de l'arrière-bouche qui fait saillie en arrière. Il se prolonge jusqu'au bord de la plaque hyoïde : ses fibres adhèrent en partie à la membrane de l'arrière-bouche, sur laquelle elles sont couchées, et doivent appliquer cette membrane à la paroi opposée, et soulever la plaque hyoïde.

Cet appareil musculeux et osseux contribue également à l'inspiration de l'air, qui se fait par une sorte de déglutition, tandis que l'expiration est la suite de l'action des muscles de l'abdomen. Aussi, quand on ouvre le ventre d'une grenouille, les poumons se dilatent sans pouvoir s'affaisser, et l'asphyxie est la conséquence de l'ouverture prolongée de la bouche chez cet animal.

L'œsophage, l'estomac et les intestins des grenouilles sont les mêmes que ceux des crapauds. Seulement, dans plusieurs espèces, le rectum est plus ou moins conique ou pyriforme.

L'ouverture de l'anus est placée à l'extrémité du dos, et par conséquent au-dessus de l'animal : disposition singulière qui tient à celle du bassin, dont le second détroit regarde en haut. Cette partie n'a qu'un sphincter pour tout muscle.

4.º *Organes de la circulation.*

Ils ressemblent en tout à ceux du CRAPAUD. (Voyez ce mot.) Il résulte des observations soignées qui nous ont été transmises par Swammerdam, Roësel, Malpighi, Laurenti, Spallanzani, Gautier, que le cœur n'a qu'un seul ventricule, lequel reçoit et chasse alternativement le sang par le moyen de deux soupapes.

5.º *Organes de la respiration.*

Tout ce que nous avons dit de ces organes à l'occasion du crapaud, s'applique parfaitement à la grenouille. Celle-ci respire la bouche fermée : ses poumons se remplissent d'air par les narines ; et l'occlusion de la bouche, suivant la remarque de Herholdt, fait l'office du diaphragme qui lui manque. Aussi meurt-elle faute de pouvoir respirer, lorsqu'on lui tient la bouche forcément ouverte pendant quelque temps, ainsi que l'ont prouvé les expériences des professeurs Herholdt et Rafn, de Copenhague, expériences qui ont été répétées, au nom de la Société philomathique de Paris, par MM. Cuvier et Duméril, deux de ses membres.

6.° *Organes de la voix.*

Le larynx est formé inférieurement par une plaque transversale mince, portant à droite et à gauche un grand anneau, origine de chacune des bronches, ensorte qu'il n'y a point de tronc de la trachée-artère. Sur le devant de cette plaque s'articulent deux pièces ovales, convexes en dehors, concaves en dedans, et qu'on peut très-bien comparer à deux espèces de timbales. Sur le bord inférieur de chacune est tendue en dedans une membrane qui coupe à angle droit la direction de l'air ; le bord de cette membrane se redresse et forme le ruban vocal qui se trouve ainsi plus libre que dans aucun autre animal. Plus haut, est l'ouverture du ventricule de la glotte, qui occupe toute la concavité des cartilages ovales, dont le bord supérieur constitue le bord de la glotte proprement dite.

Vicq-d'Azyr croyoit que les ventricules du larynx communiquoient avec les bronches par leur fond ; mais cette opinion est erronée, ainsi que l'a déjà remarqué M. Cuvier.

Les grenouilles mâles ont, de plus, deux sacs qui s'ouvrent chacun par un petit trou dans le fond de la bouche sur les côtés. Passant au-dessous de l'arc de la mâchoire inférieure, ces deux sacs, lorsqu'ils sont gonflés, font saillir la peau de chaque côté sous l'oreille, et s'enflent quand l'animal crie.

On observe dans le larynx des grenouilles un muscle de chaque côté, pour écarter les deux cartilages ovales, et un transverse en avant, qui leur est commun, et qui les rapproche.

7.° *Organes des sécrétions.*

Le foie est grand et bilobé.

Dans plusieurs espèces, les conduits hépatique et cystique s'ouvrent isolément dans l'intestin.

Le pancréas est disposé comme dans le crapaud. Il en est de même de la rate.

Les reins sont ovales, alongés, aplatis, non divisés en lobules. Ils sont très-rapprochés l'un de l'autre.

La vessie urinaire, ou du moins l'organe qu'on a regardé comme tel, a son fond divisé en deux cornes. Townson nous paroît avec raison regarder ce réservoir membraneux comme destiné à conserver l'eau qui a été absorbée par la peau : ce qui sembleroit venir à l'appui de cette opinion, c'est que les uretères vont aboutir directement à la fin de l'intestin rectum.

L'abdomen des grenouilles renferme encore, comme celui des crapauds, des organes particuliers, que beaucoup d'anatomistes croient les analogues des capsules surrénales, mais que Swammerdam et Roësel considèrent comme des parties accessoires aux testicules dans les mâles, et aux ovaires dans les femelles. Ces organes sont bien plus prononcés dans les têtards que dans les grenouilles adultes. M. Cuvier même les a trouvés assez minces et grêles dans des grenouilles femelles qui n'avoient pas encore pondu leurs œufs, quoique Roësel dise que ces organes croissent avec ceux de la génération. Il est probable que ce sont des espèces d'épiploons. (Voyez Crapaud et Têtard.)

8.° *Organes de la génération.*

Nous n'avons rien à ajouter à ce qui en a été dit à l'occasion du crapaud, si ce n'est que dans la grenouille femelle, les oviductes se terminent par une dilatation que l'on a improprement appelée *matrice*, et qui s'ouvre dans le cloaque.

Dans les vieux mâles, les testicules ont à peu près le volume d'un haricot : ils sont plus ou moins arrondis, et quelquefois même en forme de croissant ; leur teinte est jaune.

Les œufs de grenouilles, fraîchement pondus, sont globuleux, noirs d'un côté, blanchâtres de l'autre : ils sont placés au centre d'une masse glaireuse et transparente, qui doit servir à la nourriture de l'embryon. Cette matière est renfermée dans deux enveloppes membraneuses qui représentent la coque des œufs des oiseaux. Ces œufs enflent beaucoup dans l'eau après avoir été pondus. Les expériences de Spallanzani ont prouvé qu'ils pouvoient supporter jusqu'à trente-cinq degrés de chaleur sans éprouver aucune altération, et sans cesser d'être féconds.

En sortant de l'œuf, les grenouilles n'ont ni pattes ni nageoires : leur forme est très-singulière, et leur organisation bien différente de ce qu'elle doit être par la suite ; elles portent alors le nom de *têtards*. Dans l'article que nous consacrerons à ceux-ci, nous exposerons les particularités qui les distinguent, et nous prions le lecteur d'y avoir recours.

B. *Mœurs et habitudes des grenouilles en général.*

Les grenouilles se nourrissent de larves d'insectes aquatiques, de vers, de petits mollusques, de mouches, et choisissent toujours une proie vivante et en mouvement : tout animal mort ou immobile est épargné par elles ; pour s'emparer de cette proie, elles restent fixes et sans mouvement avec une patience admirable, la guettant jusqu'à ce qu'elles la croient assez proche d'elles : alors elles fondent dessus avec la rapidité de l'éclair, en tirant la langue pour l'attraper, à l'aide du fluide visqueux qui enduit cet organe. Cette humeur la retient pendant que les deux pointes de la bifurcation de la langue semblent l'entortiller. Une fois que la proie est ainsi saisie, elle est bientôt avalée, parce que, dit Daudin, les grenouilles l'enfoncent avec promptitude dans leur œsophage, avec les pouces de leurs pattes antérieures. Cependant quelquefois cette gloutonnerie est punie. Roësel présenta une guêpe à une grenouille qu'il élevoit ; le reptile l'avala, mais aussitôt il se débattit, et parvint heureusement à la revomir avec de grands efforts, mais sans doute après en avoir été piqué.

En raison du genre de nourriture des grenouilles, le rédacteur du Journal économique pour le mois de juillet 1651, voudroit, avec quelque apparence de raison, que l'on ne persécutât point les grenouilles dans les jardins. Elles s'y rendent utiles, en effet, en détruisant une immense quantité de ces petits limaçons qui font un tort si grand aux jeunes plantes de toute espèce.

Suivant Daudin, elles avalent aussi le frai des poissons d'eau douce, lorsqu'il vient nager trop près d'elles.

Robert Townson a fait des expériences très-curieuses sur la faculté qu'ont les grenouilles d'absorber l'eau par la surface de leur corps. Il s'est assuré que ces animaux, au lieu de boire l'eau par la bouche, l'absorbent par le seul moyen de leur peau ; et qu'au lieu de la rendre par l'urètre, ils la rendent par la transpiration. Si l'on pose des grenouilles vivantes sur du papier mouillé, au bout d'une heure et demie leur poids est doublé : c'est au moins ce qui résulte des observations de R. Townson et de Daudin.

On trouve ordinairement ces reptiles sur la terre dans les lieux humides, parmi l'herbe des prés, sur le bord des fontaines dans lesquelles ils s'élancent et plongent en lançant un peu d'eau par l'anus. Ils nagent bien et sans peine à l'aide de leurs pattes postérieures, dont les doigts sont réunis par une membrane ; mais rarement ils se soutiennent entre deux eaux ; presque toujours on les voit au fond ou à la surface, et constamment, lorsqu'il fait beau, sur les bords.

Les grenouilles, lorsqu'elles sont en repos à terre, portent la tête haute, et alors leurs jambes de derrière sont repliées deux fois sur elles-mêmes, formant un angle de quarante-cinq degrés avec la longueur de leur corps.

Ces mêmes membres, munis de muscles puissans, et qui servent à les maintenir à la surface du liquide élément, leur donnent la faculté de s'élancer dans l'air à des distances considérables. Il n'est personne qui n'ait vu les sauts, souvent de plusieurs pieds, que les grenouilles font à l'approche d'un danger réel ou imaginaire même , car elles sont très-timides.

Leur marche consiste en une série de petits sauts rapprochés les uns des autres. Cette marche, du reste, paroit être pénible, parce qu'elles ne peuvent mouvoir que leurs membres antérieurs, et qu'elles sont presque obligées de trainer après elles ceux de derrière.

Lorsqu'on les saisit par ceux-ci, leur tronc se redresse et se fléchit alternativement avec la plus grande rapidité, et telle est la force de leurs mouvemens que le plus souvent on est forcé de les laisser échapper ; la matière gluante qui lubréfie leur peau , aide d'ailleurs alors les pattes à glisser entre les doigts.

Ce n'est que pendant l'été que les grenouilles animent de leurs sauts vifs et légers les rives de nos ruisseaux, ou sillonnent en nageant la surface des canaux tranquilles, et celle des étangs. Fréquemment, à la suite des pluies chaudes de la belle saison, elles se répandent dans les campagnes, et semblent pressées les unes contre les autres dans des endroits où l'on n'en apercevoit point auparavant. C'est ce phénomène qui a fait croire à l'existence de pluies de grenouilles, préjugé ancien et encore accrédité dans beaucoup de provinces. C'est ainsi qu'Elien raconte qu'allant de Naples à Pouzzoles, il observa une pluie de cette nature (*lib.* 11, *cap.* 56). Aristote avoit noté ce fait, et même il semble faire de ces grenouilles qui paroissent subitement, une espèce particulière sous le nom de διοπέίϰς, c'est-à-dire *envoyée de Jupiter.*

Ces pluies de grenouilles, dont plusieurs autres auteurs encore font mention, ont causé un grand embarras à ceux qui, regardant le phénomène comme réel, ont voulu en expliquer la cause. Cardan, dans son livre *de Subtilitate*, avoit dit que c'étoient les grands vents qui emportoient les grenouilles de dessus les montagnes, et les faisoient tomber dans les plaines ; que le vent pouvoit enlever aussi des œufs de grenouilles, qui s'ouvroient en l'air ; mais Scaliger (*Exercit.* 323 *ad Card.*) a démontré l'impossibilité de cette dernière cause ; car, dit-il, le premier produit de l'œuf de la grenouille est un têtard et non une grenouille parfaite. D'ailleurs, si ces grenouilles ont été engendrées dans les nues avec la pluie qui les amène, si même, par la vertu de celle-ci, elles se sont formées instantanément de la poussière qu'elle humecte, comment rendra-t-on raison des alimens qu'elles ont dans leur estomac, des excrémens qui remplissent leurs intestins ? Il faut donc croire, avec Redi, que leur naissance est antérieure à leur apparition ; observation que ce savant italien a développée avec beaucoup de talent, mais dont l'honneur appartient primitivement au disciple d'Aristote, Théophraste, qui vivoit sous le règne du premier Ptolémée, roi d'Egypte, et qui a écrit un Traité sur les animaux qui paroissent subitement, περὶ τῶν αβρόον φαινομενῶν ζώων. Il demeure donc prouvé que la pluie les arrache seulement à la retraite où elles s'étoient tenues cachées.

Les grenouilles font entendre un cri particulier très-sonore, auquel les François ont donné le nom de *croassement* ou de *coassement*, et qu'Aristophane a cherché à imiter par les consonnances inharmoniques *brekekekex-coax*, *coax*. C'est particulièrement lors des temps de pluie, et dans les jours chauds, aux heures où l'ardeur du soleil ne se fait pas sentir, le soir et le matin que les grenouilles aiment à coasser : le bruit qu'elles font alors devient quelquefois insupportable. Aussi, pendant la durée du régime féodal, et quand tous les châteaux étoient entourés de fossés pleins d'eau, étoit-il, en beaucoup de lieux, ordonné aux vilains de battre, matin et soir, l'eau de ces fossés, afin d'empêcher les grenouilles de troubler le sommeil du seigneur ou de sa femme.

Ce sont principalement les mâles qui coassent : leur voix est beaucoup plus forte, à cause des deux sacs qu'ils portent sur les côtés du cou, et qui se dilatent quand l'animal crie. Nous avons parlé de ces sacs dans l'article précédent. Quant à la femelle, elle ne fait que gonfler sa gorge, et ne produit qu'une sorte de grognement assez foible.

L'amour, chez les grenouilles, a aussi son accent propre : c'est un son sourd et comme plaintif, nommé *ololo* ou *ololygo* par les Latins, d'après les Grecs, parce que la prononciation de ce mot imite le cri dont il s'agit. Comme celui-ci est propre aux mâles, les anciens les ont nommés *ololyzontes*. C'est au printemps qu'ils crient ainsi en cherchant leurs femelles pour s'accoupler.

Enfin, ces animaux, quand on les saisit avec la main, ou qu'on les retient avec le pied, poussent un sifflement court et aigu.

Aristote dit qu'à Cyrène, ville bâtie sur la côte d'Afrique, il n'y avoit anciennement pas de grenouilles croassantes (*Hist. anim.*, lib. VIII, c. 28). Pline, après avoir raconté le même fait, avec cette circonstance qu'on y avoit porté du continent des grenouilles qui croassoient et qui s'y perpétuoient, ajoute que, de son temps encore, celles de l'île de Serpho, l'une des Cyclades, restoient muettes, et que si on les transportoit de cette île ailleurs, elles croassoient. Mais Tournefort assure qu'aujourd'hui les grenouilles de Sériphos, l'ancienne Serpho, ne sont pas plus muettes que celles des autres contrées (*Voyage dans le Levant*, t. 1, p. 183).

Linnæus et quelques autres naturalistes ont prétendu aussi que la grenouille rousse d'Europe n'avoit point de voix : cela est vrai lorsqu'elle est hors de l'eau ; mais Daudin certifie qu'au printemps elle jette quelques cris étouffés en se tenant au fond des mares.

Dès que la saison des chaleurs est passée, et que l'atmosphère se refroidit, les grenouilles cessent de se livrer à leur voracité naturelle, et ne mangent plus : lorsque le froid devient plus considérable, elles cherchent à se garantir de ses rigueurs en s'enfonçant dans la vase des eaux profondes, dans les trous des fontaines, et même quelquefois dans la terre. La quantité de celles qui se réunissent ainsi dans un même lieu, est souvent si considérable qu'elles couvrent le sol de l'épaisseur d'un pied, et qu'on en peut prendre des milliers en quelques instans. Elles s'entrelacent avec d'autant plus de force les unes dans les autres, qu'il fait plus froid ; ce qui sembleroit indiquer qu'elles trouvent dans leur rapprochement une augmentation de chaleur.

Dans son Voyage à la Mer glaciale de l'Amérique, Hearne dit qu'il a trouvé maintes fois sous la mousse des grenouilles gelées, dont on pouvoit briser les pattes sans qu'elles donnassent aucun signe de vie, et qui reprenoient le mouvement si on les exposoit à une douce chaleur.

Les reptiles dont nous parlons passent ainsi l'hiver dans un état d'engourdissement profond. Malpighi pense que, pendant ce temps de retraite, ils sont nourris par une matière graisseuse renfermée dans le tronc de la veine-porte : cette opinion est erronée ; la graisse destinée à l'alimentation dans ce cas est contenue dans des espèces d'épiploons particuliers, dont nous avons donné une description détaillée à l'article Crapaud.

Mais cet état de torpeur, comparable à la mort, se dissipe en un moment, dès que les premiers jours du printemps commencent à luire. Aux premiers rayons du soleil, les grenouilles s'agitent déjà dans nos fontaines et nos marais, et ressentent le besoin de s'unir. Avant la fin des gelées même, on en trouve quelquefois d'accouplées au fond des eaux douces. Le moment de l'amour est annoncé dans les mâles par une verrue noire, papilleuse, qui croît aux pieds de devant : en même temps leur ventre se gonfle ; on trouve, en l'ouvrant, une masse de gelée blanche dans celui du mâle, et de grains noirs enveloppés de mucosité dans celui de la femelle.

Si l'amour est prompt dans ses atteintes chez ces reptiles, il est lent dans ses effets ; l'accouplement dure plusieurs jours, et quelquefois même quinze ou vingt. Bartholin ne l'a vu finir qu'au quarantième jour. Dans cet accouplement, le mâle monte sur le dos de la femelle, passe ses jambes antérieures sous les aisselles de celle-ci, et les alonge sous son thorax de manière à en croiser les doigts. Il la tient ainsi étroitement serrée sous lui, nageant avec elle, de manière à ce que la partie postérieure de son propre corps déborde un peu celui de la femelle. Ses pattes grossissent beaucoup, deviennent roides et courbes, et il n'est plus en son pouvoir de se séparer de sa femelle. On a, dit-on, en pareille circonstance coupé la tête à un mâle sans qu'il ait cessé de remplir sa destination, c'est-à-dire de féconder les œufs; mais si on lui enlève les caroncules de ses pouces, il ne peut plus se maintenir en position, comme l'a observé Roësel.

Toujours l'accouplement qui n'a lieu qu'une fois par an, se termine par la sortie des œufs du corps de la femelle. Au moment même de cette sortie, ils sont arrosés par la liqueur fécondante du mâle. Quelques heures après que l'opération est terminée, le mâle se sépare de sa femelle; et, au bout d'un à deux jours, ses pattes ont repris leur souplesse habituelle.

Constamment les œufs des grenouilles sont abandonnés dans les eaux, et flottent à leur surface, tandis que ceux de la plupart des crapauds sont déposés sur la bourbe. Ils sont liés en chapelet les uns aux autres.

Leuwenhoëck, Gautier, Roësel, Spallanzani, Daudin et beaucoup d'autres auteurs ont été témoins de toutes les circonstances de l'accouplement des grenouilles. Tous ont vu le sperme sortir de l'anus du mâle, et se sont assurés que les callosités des pouces antérieurs ne servent aux mâles qu'à favoriser le passage des œufs dans les oviductes de la femelle. Comment donc un ancien professeur de Leipsick, Frédéric Mentzius, a-t-il pu débiter de sang froid, sur l'usage de ces pouces, un conte vraiment absurde? Il a prétendu en effet que, pendant l'accouplement, la liqueur séminale sortoit des caroncules qui garnissent les pouces, entroit dans la poitrine de la femelle, et parvenoit aux ovaires par une voie inconnue.

Aristote a aussi eu tort d'avancer qu'il y avoit une intromission de la part du mâle dans les organes de la femelle. Il n'existe point de verge, et cette intromission est impossible.

Mais ces erreurs sont bien pardonnables, en comparaison des fables ridicules répétées par Pline et par Cardan, sur la reproduction des grenouilles. Ces auteurs prétendent que tous les six mois elles se fondent en une sorte de limon, et qu'au printemps elles renaissent d'elles-mêmes dans les eaux.

Nous ne suivrons point ici l'œuf dans les diverses périodes de son développement; nous n'examinerons point les différentes métamorphoses que le germe qui en sort subit avant de devenir grenouille. Cette matière intéressante se trouve traitée naturellement aux articles REPTILES et TÊTARD.

Les grenouilles sont extrêmement multipliées. Rarement l'accouplement a lieu chez elles sans fécondation : Daudin n'a observé ce fait qu'une fois sur onze; dans cette circonstance, le mâle, après de violens efforts, troubla l'eau où il étoit par une abondante émission de semence, et se sépara presque aussitôt de sa femelle.

En outre, chaque femelle pond annuellement de six cents à douze cents œufs. Swammerdam, en effet, en a compté onze cents (Bibl. nat.), et Guénaud de Montbeillard jusqu'à treize cents dans une seule grenouille (Histoire des Oiseaux, tom. XIII), et celle-ci peut vivre un grand nombre d'années lorsqu'elle est assez heureuse pour échapper à la dent ou au bec de ses ennemis.

Ces ennemis sont fort nombreux : quantité de quadrupèdes, d'oiseaux, de reptiles, de poissons vivent habituellement aux dépens des grenouilles : les couleuvres, les brochets, les vautours, les cigognes en détruisent un grand nombre; sans ces dernières spécialement l'Egypte en seroit couverte. L'homme même, dans quelques contrées, les recherche comme un aliment sain et agréable ; et elles n'ont d'autre moyen de défense que le fluide qu'elles lancent par l'anus, et qui n'écarte que bien peu ceux qui les approchent avec des intentions hostiles.

Selon quelques auteurs, Roësel en particulier, pendant l'été les grenouilles muent tous les huit jours; mais à chaque mue elles ne perdent que leur épiderme uniquement. Daudin a souvent observé qu'elles changent de couleur et se rembrunissent lorsqu'elles sont effrayées, comme quand elles se trouvent en présence d'une couleuvre.

Les grenouilles ne peuvent se reproduire qu'à la troisième ou quatrième année de leur existence. Il est probable qu'elles doivent vivre fort long-temps; mais on ne sait rien de bien positif à cet égard.

On a trouvé des grenouilles vivantes dans des eaux thermales qui surpassoient le trente-cinquième degré de chaleur du thermomètre de Réaumur. Spallanzani cite pour exemple le témoignage d'un de ses amis, qui en a vu de vivantes dans les bains de Pise, quoiqu'elles y soient exposées à une température de 37°+0 R.

C. *Usages des grenouilles en général.*

Nous avons déjà compté l'homme parmi les ennemis des grenouilles, qui fournissent des mets à sa table dans certains pays; car, dans quelques autres, comme en Angleterre, on les a en horreur.

En France, on en fait une grande consommation, et on les pêche de plusieurs manières, ou avec des lignes et des trubles, comme pour les poissons, ou à l'aide d'un râteau qui les amène avec la vase sur le bord des ruisseaux. Quelquefois on va à leur recherche pendant la nuit et avec des flambeaux dont la lumière les attire.

C'est en automne, au moment où elles viennent de se plonger dans les eaux où elles doivent passer l'hiver, que leur chair est surtout recherchée, parce qu'alors elle est plus grasse et d'une saveur plus délicate. Néanmoins on en mange une plus grande quantité au printemps qu'en toute autre saison : c'est l'époque où il est plus facile de les prendre.

On cite des endroits où l'on met en réserve des grenouilles dans des jardins garnis de pièces d'eau, et clos de murs, pour pouvoir en vendre en tout temps aux amateurs. Il y a une centaine d'années qu'elles étoient fort à la mode à Paris; un Auvergnat, nommé Simon, fit une fortune considérable en engraissant dans un faubourg de cette ville celles qu'il faisoit ramasser dans son pays. Aujourd'hui nous en mangeons beaucoup moins; mais on en trouve pourtant constamment dans nos marchés. Ceux des villes d'Italie en sont couverts pendant une partie de l'année.

Les Romains paroissent avoir fait peu d'usage de cet aliment. Galien n'en parle point dans ses ouvrages ; les médecins du moyen âge se sont , pour la plupart, opposés à son introduction, et lui ont attribué des propriétés délétères. Aëtius et Jean Rodriguez de Castellobranco , que nous nommons si improprement *Amatus Lusitanus* , se sont surtout prononcés dans ce sens. D'autres ont voulu établir une distinction des grenouilles en vénéneuses et en innocentes ; et, parmi eux, nous devons compter Matthioli et le célèbre Ulysse Aldrovandi. Ce dernier indique même , d'après un certain Scappius , un grand nombre de préparations culinaires délicates, dont les grenouilles font la base ; mais nous aimons mieux renvoyer le lecteur curieux à son ouvrage , que de donner ici une idée tronquée de ces divers mets, pour lesquels l'art des cuisiniers semble avoir épuisé ses finesses.

Au seizième siècle, les grenouilles étoient servies sur les meilleures tables. Champier se plaint de ce goût qu'il regarde comme bizarre. Il paroît pourtant que ce n'étoit pas une coutume bien ancienne, puisqu'en 1550 , l'auteur des *Devis sur la vigne* , dit qu'il se rioit *de Perdix quand on lui apporta des grenouilles en façon de poulletz fricassez ;* et que, trente ans plus tard , Palissy, dans son *Traité des Pierres* , s'exprime ainsi : *Et de mon temps j'ai veu qu'il se fust trouvé bien peu d'hommes qui eussent voulu manger ni tortues ni grenouilles.*

En Allemagne, on mange toutes les parties de ces animaux , la peau et les intestins exceptés ; en France on se borne aux membres postérieurs, qu'on accommode au vin comme le poisson, ou à la sauce blanche ; quelquefois on les fait frire ; on les met même à la broche.

Les cuisiniers ne sont point les seuls qui aient su mettre à profit la chair des grenouilles pour le bien-être de l'homme. Les médecins ont depuis long-temps su tirer parti de ces reptiles dans le traitement des maladies. On prépare avec eux des bouillons rafraîchissans, humectans, analeptiques et antiscorbutiques , que l'on ordonne dans les phlegmasies aiguës de la poitrine, dans la phthisie pulmonaire, dans les entérites, dans les maladies cutanées.

Mais si ces bouillons sont réellement de quelque utilité dans les cas que nous venons de spécifier, à combien de sottises de la part d'un grand nombre de médecins, les grenouilles n'ont-elles pas donné occasion ? Qui peut voir sans honte Timothée faire appliquer soir et matin des grenouilles fendues sur les reins des hydropiques, pour attirer au dehors la sérosité épanchée dans leur abdomen ?

Comment croire, avec Dioscoride, que la chair de grenouille, cuite avec du sel et de l'huile, soit l'antidote du venin des serpens, ou, avec Arnould, que le cœur de cet animal, pris chaque matin en guise de pilule, ait pu guérir une fistule de l'épigastre, qui avoit résisté à beaucoup d'autres remèdes ?

Qui ne rougit pas en apprenant qu'on a recommandé contre l'épilepsie le foie de grenouille, calciné au four sur une feuille de chou entre deux plats, et avalé dans de l'eau de pivoine ?

N'oublions pas cependant de dire que le frai de grenouille peut être employé avec quelque avantage dans les inflammations extérieures, comme émollient et adoucissant. Il s'est montré utile contre l'érythème, les ophthalmies aiguës, etc.

On trouvoit aussi anciennement, dans les officines des pharmaciens, une huile de grenouilles dont l'usage est à peu près généralement abandonné aujourd'hui. On connoît également un emplâtre de grenouilles dont on doit la composition au chirurgien Jean de Vigo.

D. *Des diverses espèces de grenouilles.*

Klein, qui a séparé les grenouilles des crapauds, en a décrit quelques espèces étrangères, de même que Seba et Catesby. Linnæus n'en a que peu étendu le catalogue, comparativement à ce qu'ont fait les modernes. M. Latreille a fait connoître une douzaine de véritables grenouilles dans son Histoire naturelle des Reptiles, et feu Daudin en a porté le nombre au moins au double.

Nous allons jeter un coup d'œil sur les espèces les plus remarquables du genre.

La Grenouille commune ou verte, *Rana esculenta*, Linnæus. D'un beau vert tacheté de noir ; trois raies jaunes sur le dos ; ventre jaunâtre, ponctué de brun ; trois bandes noires en travers des bras, des jambes, des cuisses et des tarses.

La tête de la grenouille commune est triangulaire ; son nez un peu pointu ; sa bouche très-fendue ; ses yeux sont saillans, et leur iris est d'un beau jaune doré.

Le corps est alongé, marqué d'un pli saillant longitudinal, comme cuivre, sur les côtés du dos ; les flancs sont comprimés.

La peau est parsemée de petits tubercules, principalement sur le dos et sur les flancs ; elle est seulement granulée sous l'abdomen et les cuisses.

Les doigts des pieds antérieurs sont libres et séparés ; ceux des postérieurs sont demi-palmés.

Cette espèce est longue de deux à trois pouces, sans compter les pattes postérieures. On la trouve assez abondamment dans les eaux stagnantes de toute l'Europe et de l'Asie ; elle va rarement à terre, et ne s'écarte jamais des rivages ; immobile à fleur d'eau, ou posée sur quelque plante aquatique, elle fait entendre en été un coassement des plus importuns.

Elle répand ses œufs en paquets dans les mares.

Ses cuisses sont très-recherchées des amateurs de la bonne chère : on en fait une consommation considérable à Vienne, où on les engraisse dans des *grenouillères* ou piscines construites exprès.

On en prend souvent, dans les grandes chaleurs de l'été, avec une ligne amorcée d'un petit morceau d'écarlate, auquel on imprime des mouvemens qui lui donnent l'apparence d'un être vivant.

Cette espèce présente plusieurs variétés que Daudin a indiquées avec soin : l'une d'elles a servi à Spallanzani, dans ses expériences sur la génération. Elle a le dos d'un vert uniforme, et elle habite les rivières et les fossés de la Lombardie. Une autre a le bord des lèvres noir, des taches noires arrondies sur les flancs, par des taches sur le dos, et le ventre entièrement blanc. Van Ernest l'a observée en Hollande. Une troisième est d'un vert sombre avec des bandes transversales brunâtres sur les membres ; elle a été trouvée par Daudin aux environs de Beauvais. Une quatrième habite la Provence, et se distingue par son ventre roussâtre.

La Grenouille rousse : *Rana temporaria*, Linnæus ; *Rana muta*, Laurenti ; *la Muette*, Daubenton. Rousse ou brune, ou verdâtre en dessus ; une bande noire triangulaire partant de l'œil, et passant sur l'oreille ; ventre blanc, tacheté de brun.

La grenouille rousse a le nez un peu obtus ; ses yeux, un peu saillans, ont un iris d'un jaune doré : le milieu du dos est légèrement bossu. La peau, presque lisse, a quelques petits tubercules sur le dos, et est granulée sous l'abdomen et les cuisses. Il y a trois bandes transversales foncées sur les bras, les cuisses, les jambes et les tarses.

Les doigts des pattes antérieures sont libres ; ceux des postérieures, palmés.

On trouve assez communément cette espèce dans toute l'Europe, et l'on ne sauroit la confondre avec la précédente dont elle diffère par les couleurs et par les habitudes. Elle préfère les lieux boisés et montagneux, et recherche les prés et les jardins pendant la belle saison. On la rencontre le plus ordinairement à terre dans ce moment de l'année, et, tandis que la grenouille commune abandonne rarement le sein des eaux dormantes, il faut chercher celle-ci parmi les buissons et les plantes à hautes tiges, et loin des rivages.

Quelques auteurs l'ont appelée *la muette*, parce qu'elle ne coasse point ; cependant, lorsqu'elle est accouplée, ou qu'on la tourmente, elle fait entendre une sorte de grognement.

Daudin, à la vérité, a observé qu'elle coasse, mais seulement au fond des eaux, ce qui est le contraire des autres espèces.

Elle a aussi la faculté de lancer par l'anus une liqueur âcre et bien plus abondante que celle de la grenouille commune.

Aux approches de l'hiver, elle se retire dans les fontaines et les étangs d'eau pure : elle ne va que par nécessité absolue dans les mares et les étangs bourbeux ; elle ne s'enfonce point dans la vase comme la précédente : aussi en prend-on beaucoup durant l'hiver, en faisant des trous à la glace.

Elle ne fait sa ponte qu'après la précédente, et le développement de son têtard est plus lent.

C'est cette espèce qu'on mange le plus communément dans le centre de la France. Les cuisses en sont aussi bonnes à manger en fricassée que celles de la grenouille verte.

Comme la précédente elle offre plusieurs variétés que l'on rencontre assez habituellement aux environs de Paris.

La Grenouille ponctuée ; *Rana punctata*, Daudin. Cendrée, parsemée de points verts en dessus, avec des bandes transverses sur les pieds, dont tous les doigts sont séparés au moins jusqu'à la moitié de leur longueur; point de tache noire derrière les yeux, point de pli sur les flancs; taille d'un pouce environ.

Cette petite grenouille a le corps svelte et couvert d'un grand nombre de verrues vertes, à centre plus foncé.

Elle a été décrite, pour la première fois, par Daudin qui l'avoit reçue de notre estimable collaborateur, M. Defrance. Assez rare en France, sa patrie, on la trouve cependant quelquefois aux environs de Paris, de Montpellier et de Beauvais. Dans un voyage que je fis à Nantes avec M. le professeur Duméril, mon excellent maître, nous en avons pris un individu dans le jardin botanique de cette ville.

Daudin assure que cette espèce est susceptible de changer de couleur quand on l'effraie. Il croit que, comme la grenouille rousse, elle peut aussi faire entendre des coassemens lorsqu'elle est au fond des eaux.

La GRENOUILLE PLISSÉE ; *Rana plicata*, Daudin. Brune en dessus, grise en dessous et sur les flancs ; deux plis sur chaque flanc : quatre points bruns sous la poitrine et les bras : doigts des pieds de devant séparés ; ceux des pieds de derrière à peine demi-palmés ; corps élancé ; tête triangulaire, obtuse, un peu aplatie : dos, flancs et partie postérieure du ventre granuleux, ou même tuberculeux ; taille d'un pouce environ.

Cette grenouille habite dans les provinces les plus méridionales de la France. On la trouve souvent auprès de Montpellier.

La GRENOUILLE CRIARDE: *Rana clamitans*, Bosc ; *Rana clamata*, Daudin. D'un cendré obscur parsemé de points noirs en dessus ; ventre et dessous des membres d'un blanc argenté, tacheté de brun principalement sur les côtés ; lèvre supérieure verte ; pieds postérieurs palmés ; tête obtuse ; iris doré ; dessus du corps légèrement tuberculeux ; des bandes transversales, brunes et à peine distinctes sur les membres ; taille de deux pouces.

Cette espèce a été trouvée par M. Bosc dans les eaux douces de la Caroline, aux environs de Charlestown. Sa nuance obscure la fait ressembler à un crapaud ; mais on l'en distingue bientôt à l'extrême vivacité de ses mouvemens ; c'est la plus vive des grenouilles connues, et il est très-difficile de la reprendre quand une fois on l'a laissé échapper.

Elle coasse continuellement d'une manière insupportable : elle ne s'éloigne guère des rivages; et, quand on va pour la saisir, elle s'élance dans les eaux en jetant un cri aigu.

La GRENOUILLE GALONNÉE : *Rana typhonia*, Daudin ; *Rana virginiana*, Laurenti ; *Rana marginata*, Linnæus; *Rana fusca*, Schneider. Cendrée ou rougeâtre, avec de petites taches brunes, et cinq ou trois lignes longitudinales d'un blanc jaunâtre sur le dos; ventre blanchâtre; tête triangulaire, un peu comprimée sur les côtés, avec la mâchoire supérieure plus longue; yeux saillans; une vessie vocale grisâtre, extensible, sous chaque côté de la mâchoire inférieure, et prolongée jusqu'au-dessus des bras dans le mâle.

Les flancs sont munis de quelques verrues.

Tous les doigts sont minces, séparés et munis d'un petit tubercule sous chaque articulation des phalanges.

La femelle n'a point de vessie vocale.

Cette grenouille, de la taille de deux pouces environ, ressemble assez bien pour la forme à la grenouille commune. Elle habite les eaux douces et les prés de Surinam et de Cayenne, où très-souvent elle devient la proie des serpens.

La GRENOUILLE ROSÉE ; *Rana rubella*, Daudin. Couleur de rouille en dessus, avec trois lignes noirâtres longitudinales sur le dos, et une tache triangulaire blanchâtre sur le front; une tache d'un rouge foncé sur le tympan; pattes postérieures légèrement palmées. Taille de quinze lignes.

Il existe, dans les Galeries du Muséum d'Histoire naturelle de Paris, un individu de cette espèce de grenouille, dont on ignore la patrie. Daudin lui a donné le nom françois de *grenouille rougette*.

La GRENOUILLE TACHETÉE ; *Rana maculata*, Daudin. Grise, avec un carré d'un vert clair sur la tête; une tache verte, ronde sur chaque épaule; ventre blanchâtre marqué de lignes noirâtres; dos d'un brun rougeâtre; une ligne jaunâtre sur les flancs. Cette grenouille, longue d'un pouce, a la tête assez grosse; le nez pointu; les yeux saillans; la forme de la grenouille ponctuée.

Elle a été trouvée par Maugé, sous des feuilles humides,

dans les montagnes de l'île de Porto-Ricco, l'une des Antilles, et décrite par Daudin pour la première fois.

La GRENOUILLE-TAUREAU; *Rana taurina*, Cuvier: *Rana pipiens*, Linnæus, Daudin; *la Mugissante*, Daubenton, Lacépède. Dos d'un vert sombre, marbré de noirâtre, et parcouru dans sa partie moyenne par une ligne longitudinale jaune; ventre d'un gris blanchâtre, parsemé de taches noirâtres; tympan très-large, brunâtre, entouré d'un cercle jaunâtre, un peu cuivreux.

Cette grenouille est une des plus grandes espèces du genre : large de trois à quatre pouces, elle en a six ou huit de longueur, sans y comprendre les pattes; lorsqu'on mesure celles-ci étendues, la longueur totale peut être de dix-huit pouces.

Elle habite l'Amérique septentrionale, et surtout la Caroline; elle est un peu plus rare dans la Virginie.

Dans cette dernière contrée, elle se tient souvent à l'entrée de son trou qui est placé près de l'eau de quelque fontaine, où elle se précipite dès qu'elle entend quelqu'un s'approcher.

Les habitans de la Virginie appellent cette grenouille *bullfrog*, c'est-à-dire grenouille-taureau, et n'osent point la tuer, parce qu'ils prétendent qu'elle sert à purifier l'eau où elle vit. En Pensylvanie, on lui donne le nom de *shad-frog*, ou de grenouille alose, parce qu'elle paroît en même temps que les aloses dans le printemps.

Catesby affirme qu'elle imite très-bien le mugissement d'un taureau, et avec plus de force lorsqu'elle est au fond de l'eau. Pendant les soirées d'été et les temps secs, elle fait beaucoup de bruit. Elle est très-friande des jeunes canards et des oisons qu'elle avale en entier. Selon le voyageur Bartram, elle va chasser loin de sa retraite, et elle abonde dans les rivières, les marais et les lacs des régions méridionales.

Comme, au reste, elle est d'une voracité proportionnée à sa grosseur, il est rare d'en trouver plus d'un couple dans chaque mare.

Elle est extrêmement difficile à prendre. Ce n'est guère que la nuit, lorsqu'elle s'écarte un peu de sa retraite, que le hasard peut en procurer quelqu'individu.

Lorsqu'elle est sur un terrain uni, elle fait des sauts de six à huit pieds.

Il paroit que la *grenouille mugissante* a été confondue par la plupart des naturalistes avec les *grenouilles ocellée , criarde* et *grognante*, sans doute à cause du nom anglo-américain, *bull-frog*, qui leur est commun à toutes. Peut-être aussi faut-il, avec Daudin, rapporter ici provisoirement la *grenouille cloche* des États-Unis d'Amérique, dont a parlé le voyageur Bartram. Sa voix ressemble exactement au son d'une de ces clochettes qu'on met au cou des vaches. Elle coasse ordinairement par bandes, dont l'une commence et l'autre répond. Le son se répète ensuite de troupe en troupe , jusqu'à une grande distance pendant quelques minutes ; il s'élève et diminue suivant l'intensité du vent qui l'apporte ; il cesse ensuite presque tout-à-fait, ou se prolonge dans le lointain par d'autres troupes qui répondent aux premières ; il se renouvelle de moment en moment , et lorsqu'on y est accoutumé, on ne le trouve point sans quelque harmonie , quoique d'abord il paroisse importun et désagréable aux étrangers.

La G\textsc{renouille} \textsc{grognante} ; *Rana grunniens*, Daudin. Grande, bleuâtre, brune ou rougeâtre , avec des taches ou des points oblongs et jaunes derrière les yeux ; pattes postérieures largement palmées.

Ce batracien est au moins de la taille de l'espèce précédente. Daudin pense qu'il a été vu par Bartram dans la Floride et dans la Caroline, dans les marais humides , sur les bords des lacs et des grandes rivières, où il fait entendre une voix forte et déplaisante , assez semblable au grognement d'un porc, mais moins retentissante que celle de la grenouille mugissante.

Les Anglois appellent *bull-frog* cette énorme grenouille, que nos colons des Antilles désignent improprement par le nom de *crapaud*. On la retrouve dans la plupart des îles des Indes occidentales , où elle a été observée avec beaucoup de soin par M. le chevalier Moreau de Jonnès , et la dénomination de crapaud lui a été donnée , parce que , dans ces îles, elle habite les lieux ombragés et humides , comme nos crapauds de France , et non pas les eaux stagnantes comme nos grenouilles.

Elle ne sort de son repaire que la nuit. Sa force est telle qu'elle franchit, en sautant, un mur de cinq pieds de haut.

La saison sèche lui donne beaucoup de torpeur; mais elle reprend sa vivacité avec la saison des pluies.

On l'élève en domesticité aux Antilles pour l'usage de la table; elle devient assez familière; sa chair est blanche et délicate; on la prépare en fricassée de poulet, et deux grenouilles grognantes suffisent pour composer un bon plat.

Le Romain en a parlé, dans l'Encyclopédie de Diderot, sous le nom de *crapaud des Antilles*.

La GRENOUILLE OCELLÉE: *Rana ocellata*, Linnæus; *Rana pentadactyla*, Gmelin. D'un brun rougeâtre en dessus avec des taches rondes, brunes, ocellées de jaunâtre, et irrégulières, sur les flancs et les cuisses; ventre blanchâtre.

Un petit pli part de l'œil, et se prolonge au-dessus de chaque flanc.

Les pattes antérieures ont quatre doigts séparés et un callus près du petit doigt; les postérieures sont demi-palmées. Tous les doigts sont munis en outre en dessous d'une petite callosité sous chaque articulation des phalanges.

Les yeux et les tympans sont disposés comme dans la grenouille mugissante.

On trouve la grenouille ocellée dans la Floride et dans quelques contrées de l'Amérique méridionale. Elle a été confondue par plusieurs naturalistes avec la mugissante, à laquelle elle ne le cède point en volume, ayant de six à huit pouces de longueur, sans y comprendre les pattes.

La GRENOUILLE PIAULANTE: *Rana halecina*, Kalm, Daudin; *Rana pipiens*, Schneider, Gmelin; *Grenouille pitpit*, Bonnaterre. Corps vert en dessus avec des taches brunes ocellées de jaune sur le dos; ventre blanc; yeux saillans à iris d'un jaune doré; tympans d'un doré éclatant; une ligne blanche entre chaque œil et le nez; une ligne longitudinale jaune au-dessus de chaque flanc.

Cette espèce ressemble beaucoup à la grenouille commune; mais elle est plus petite, son corps ayant rarement plus de deux pouces de long, et son museau est bien plus pointu.

Elle est fort commune en Caroline, où elle fatigue par ses continuels coassemens, et où l'on prétend qu'elle annonce les pluies lorsqu'elle fait entendre, pendant les nuits du printemps, ses cris qui imitent des pipemens. Elle va rarement à terre, où elle fait des sauts rapides qui peuvent avoir de quinze à dix-huit pieds d'étendue. Ses mœurs sont du reste celles de la grenouille commune, ainsi que s'en est assuré M. Bosc dans son pays natal.

La Grenouille tigrée; *Rana tigerina*, Daudin. D'un gris brun en dessus, avec une ligne longitudinale jaune, allant du nez à l'anus ; des taches brunâtres, tigrées et bordées de jaune sur les membres, avec le derrière des cuisses jaune tigré. Taille de cinq pouces, non compris les pattes, dont les postérieures sont palmées.

La tête de cette grenouille est aplatie, alongée; son museau est pointu; ses yeux sont peu saillans.

Cette belle espèce a été envoyée par le naturaliste Macé, du Bengale au Muséum d'Histoire naturelle de Paris.

La Jackie : *Rana paradoxa*, Linnæus; *Proteus raninus*, Laurenti : Daudin, pl. xxii et xxiii. Verdâtre, tachetée de brun; des lignes irrégulières brunes le long des cuisses et des jambes.

La jackie, qui a de deux à trois pouces de longueur, ressemble beaucoup à la grenouille rousse ; mais elle est plus lisse et sans plis. On la trouve à Surinam et dans d'autres contrées de l'Amérique méridionale, comme Cayenne.

De toutes les espèces du genre, c'est celle dont le têtard grandit le plus avant sa métamorphose complète. La perte d'une énorme queue et des enveloppes du corps fait même que l'animal adulte a moins de volume que le têtard, ce qui a induit en erreur mademoiselle Mérian, Seba et quelques autres anciens observateurs, qui ont cru que la jackie passoit de l'état de grenouille à celui de têtard, et qu'elle se transformoit ensuite en poisson. Cette erreur, qui fut long-temps consacrée, est aujourd'hui complétement réfutée.

La Grenouille arunco; *Rana arunco*, Gmelin. Des verrues sur tout le corps ; tous les pieds palmés.

Cette espèce est plus grande que la grenouille rousse, dont, au reste, elle a la couleur.

Elle vit dans les eaux du Chili, où elle a été découverte par Molina. Les habitans d'Arunco la nomment *genco*, selon cet auteur.

La Grenouille thaul : *Rana thaul*, Molina, Schneider, Daudin ; *Rana lutea*, Gmelin. Peau jaune, couverte de verrues; tous les pieds demi-palmés.

Cette espèce est nommée *thaul* par les habitans d'Arunco, selon Molina, qui l'a trouvée dans les eaux du Chili. Elle est beaucoup plus petite que la grenouille commune ; mais elle a une forme presque semblable.

M. Schneider soupçonne qu'elle est indiquée dans la Collection d'Houttuyn, n.° 120, sous le nom de *grenouille papilleuse*. (H. C.)

GRENOUILLE DE MER (*Ichthyol.*), un des noms vulgaires de la BAUDROIE, *lophius piscatorius*. Voyez ce mot. (H. C.)

GRENOUILLE PÊCHEUSE (*Ichthyol.*), un des noms vulgaires de la BAUDROIE. Voyez ce mot. (H. C.)

GRENOUILLER. (*Ichthyol.*) Poisson du genre Batrachoïde de M. de Lacépède. Feu Daudin en a donné l'histoire dans le quatrième volume de ce Dictionnaire. C'est le *blennius raninus* de Linnæus. Voyez BATRACHOÏDE. (H. C.)

GRENOUILLETTE. (*Bot.*) Ce nom a été donné à plusieurs espèces de renoncules, et particulièrement à la renoncule âcre, à la renoncule tubéreuse, à la ficaire et à la morène. (L. D.)

GRENOUILLETTE (*Erpét.*), nom vulgaire de la raine verte. Voyez RAINE. (H. C.)

GRENOUILLETTE (*Conchyl.*), nom marchand du *murex gyrinus* de Linnæus, et dont M. Denys de Montfort a fait son genre APOLLON. (Voyez ce mot, Suppl. du second vol., p. 105.)

On le donne aussi quelquefois à une autre coquille, fort rapprochée de la précédente, que M. Denys de Montfort a établie en genre, sous la dénomination de *Buffo*, CRAPAUD. Voyez ces mots, Suppl., tom. 5, et RANELLE, nom que M. de Lamarck a donné depuis à ce genre. (DE B.)

GRENOUILLETTE AQUATIQUE. (*Bot.*) C'est la renoncule scélérate. (L. D.)

GRENY. (*Ornith.*) Suivant Gesner et Aldrovande, les Allemands des environs du lac de Constance appellent ainsi le héron commun, *scolopax arcuata*, Linn. (CH. D.)

GREOU. (*Bot.*) On donne, dans quelques cantons, ce nom au houx. (L. D.)

GRÉQUE. (*Erpét.*) Voyez GRECQUE. (H. C.)

GRÈS. (*Min.*) L'on a réuni pendant long-temps, sous la

dénomination générale de grès, une foule de roches que l'on en sépare soigneusement aujourd'hui. Il suffisoit qu'une pierre fût composée de grains de quelque nature que ce fût, que ces grains fussent homogènes ou dissemblables, qu'ils fussent réunis par cohérence ou par un ciment, rien n'empêchoit de les ranger au nombre des grès : aussi avions-nous des grès micacés, des grès calcaires, des grès schisteux, des grès granitoïdes, des grès des houillères, etc. L'on a conservé le nom de grès, parce qu'il est reçu depuis long-temps, et qu'il n'offre aucune idée contraire à la nature des pierres qu'il désigne ; mais on a diminué le nombre de ses variétés, afin que l'espèce ne comprît plus que des substances essentiellement semblables.

Maintenant, la pierre à laquelle on donne ce nom, est composée de très-petits grains de quarz agglutinés par un ciment le plus souvent invisible ; elle jouit donc de tous les caractères du quarz pur, excepté sa cassure, qui n'a plus l'aspect vitreux, à cause de l'arrangement particulier des molécules ou des grains dont cette roche est essentiellement composée. Cette cassure, toujours grenue, devient quelquefois écailleuse, luisante, et même conchoïde. Je ferai remarquer, d'après M. Menard de la Groye, que les grès qui jouissent de cette cassure presque vitreuse, présentent un ciment quarzeux très-sensible à la loupe, et qui rend les grains excessivement adhérens les uns avec les autres. La dureté du grès est la même que celle du quarz : il est vrai que le peu de cohésion empêche quelques variétés d'étinceler sous le choc de l'acier, mais on reconnoît leur dureté en les frottant sur le verre, qu'ils dépolissent ; et, comme leur poussière n'attaque point le béril, ce caractère très-simple suffit pour empêcher que l'on ne confonde l'émeril avec les grès proprement dits, puisque cette substance, infiniment plus dure qu'eux, attaque tous les corps, excepté le diamant.

Le grès, réduit aux roches ci-dessus désignées, présente encore un grand nombre de variétés qui passent de l'une à l'autre par des nuances insensibles ; et ces mêmes variétés se fondent, pour ainsi dire, dans le quarz ferrugineux, le silex corné, et surtout dans le psammite, qui est l'ancien grès des houillères. Voici les principales de ces variétés :

1°. Grès lustré (*Quarz-Sandstein*). Ce grès a le tissu très-serré, et présente évidemment une sorte de pâte et de ciment de nature quarzeuse, comme les grains qu'il réunit; il est translucide, et l'on reconnoit facilement dans son intérieur la texture grenue qui le distingue du quarz ordinaire, dont il se rapproche d'ailleurs infiniment.

Cette variété forme des bancs minces de deux à trois décimètres d'épaisseur, engagés dans le sable blanc qui termine la colline de Montmorency près Paris; ces plaquettes de grès, qui sont d'un gris cendré, nuancé de zones parallèles plus foncées, présentent un phénomène assez remarquable. M. Gilet-Laumont s'est aperçu qu'en donnant un violent coup de marteau sur l'une des grandes faces de ces plaques de grès, il s'en détachoit souvent un cône très-évasé, mais très-régulier, et à surface fort unie. J'attribue ce singulier produit à l'action du choc sur une substance excessivement dure et homogène; je pense que cette force se propage en divergeant, à partir du point de contact du marteau avec la pierre, que c'est encore en divergeant que le choc produit la cassure, et que, si cet effet n'est pas toujours sensible à la vue, comme dans le cas du grès lustré, on doit l'attribuer à la nature plus ou moins dense des substances; je dirai même qu'à l'exception des minéraux lamelleux il seroit peut-être impossible de briser les corps en les frappant, si le choc n'avoit pas la propriété de diverger, comme la lumière, la chaleur, l'électricité. Le grès qui nous occupe n'est point d'ailleurs le seul corps qui rende la divergence du choc sensible à l'œil: les étoiles du verre qui a été frappé avec une certaine précaution; les ondulations que l'on remarque à la surface de certains pavés de grès qui vont toujours en augmentant de diamètre en partant du point où ils ont été frappés; la cassure du verre en masse, de l'émail surtout, du calcaire compacte ou lithographique; celle du quarz amorphe, et beaucoup d'autres substances naturelles ou artificielles, offrent des rayons divergens qui se réunissent au point où le coup a été donné. Enfin, je crois que la cassure conchoïde est encore le produit du choc divergent, et qu'il ne seroit peut-être pas impossible d'en calculer rigoureusement la marche; c'est ce que je développerai ailleurs, en rapportant une série d'expériences que j'ai déjà commencées.

Il paroît que le grès lustré n'appartient pas seulement aux terrains tertiaires, puisqu'on le cite dans la formation trappéenne, ainsi qu'en couches verticales, aux environs de Cherbourg.

2.° GRÈS BLANC (*Weisser Sandstein*). La cohérence des grains de cette variété est plus ou moins considérable; tantôt ce grès est assez solide pour servir à paver les rues et les grandes routes; tantôt il s'égrène sous les doigts, et passe même à l'état de sable mobile. Sa couleur dominante est le gris blanchâtre; mais on remarque souvent à son intérieur des espèces de noyaux noirs qui sont d'une dureté et d'une tenacité excessives; d'autres fois la surface est coloriée par des zones ferrugineuses roussâtres ou brunes, quelquefois par des dentrites grossières, ou des bandes noires, etc. Tels sont les grès de Fontainebleau, de Lonjumeau, d'Onis près l'ontoise, etc., qui sont exploités pour l'entretien du pavé de Paris et des routes qui y aboutissent. On aura une idée de l'importance de ces exploitations, quand on saura que, pour la réparation du pavé de la capitale seulement, il faut chaque année 500,000 pièces de pavé neuf. C'est dans la carrière de Fontainebleau seulement que l'on trouve le grès cristallisé rhomboïdal.

Les meules qui servent à aiguiser les outils, et que l'on exploite aux environs de Langres, appartiennent au grès blanc. Il existe aussi des grès très-lâches en apparence dans leur contexture, et qui, étant employés dans les bâtisses hydrauliques, deviennent très-durs et très-solides; telle est la variété qu'on exploite près Pontoise, pour la construction du soubassement des moulins de la ville et des environs.

3.° GRÈS BIGARRÉ (*Bunter Sandstein*). Ce grès se rapproche beaucoup du précédent; mais il en diffère par son gisement et par les couleurs vives et variées qu'il présente, non seulement à sa surface, mais encore dans toute son épaisseur. Ces teintes de rouge, de jaune, de lie-de-vin sont disposées par zônes droites, sinueuses ou contournées; il est souvent fendillé dans tous les sens, et renferme assez communément des masses d'argile en forme d'ellipsoïdes aplatis. La Thuringe et le pays de Magdebourg abondent en grès bigarrés ou panachés.

4.° GRÈS ROUGE. Le grain de cette variété, dont la couleur rouge ressemble assez à celle de la brique, est généralement un peu grossier : cependant il est plus solide que son aspect ne l'annonce ; car on s'en sert avec succès, non seulement à la construction ordinaire, mais aussi pour la sculpture et l'architecture. Ce grès, qui doit sa couleur à l'oxide de fer, est souvent lié par un gluten argilo-ferrugineux, ce qui commence à l'éloigner de nos grès proprement dits, et le rapproche des psammites, surtout quand il s'y joint quelques paillettes de mica. Les grès rouges de Trèves, de Saarbruck, et ceux qui constituent la partie des Vosges qui se dirige vers le nord, appartiennent à cette variété ; celui de Kaiserslautern, dont on fait les meules des moulins à tailler les agates d'Oberstein, est également un grès rouge assez pur.

On regarde le grès rouge comme le plus ancien ; mais, dans bien des cas, il passe visiblement au psammite, qui n'est plus une roche simple, mais une roche composée. Les mineurs du pays de Mansfeld et de plusieurs autres parties de l'Allemagne lui donnent le nom de fond stérile rouge (*Rothes todt liegendes*), parce qu'il se trouve immédiatement au-dessous des schistes marno-bitumineux, métallifères, qui font l'objet de leur exploitation.

5.° GRÈS FLEXIBLE. Cette variété est très-remarquable par sa grande flexibilité, qui permet de soulever les plaques de ce grès par l'une de leurs extrémités, sans que l'autre, sur laquelle on tient la main, éprouve le plus petit dérangement. Si l'on élève une de ces espèces de planches de grès en la saisissant par les deux extrémités opposées, elle se courbe au milieu, comme le fait une feuille de carton mince, etc. On a attribué cette singulière propriété, qui n'avoit encore été remarquée que dans les plaques de marbre légèrement échauffées à plusieurs reprises, à la présence d'une infinité de paillettes de mica que l'on croyoit voir briller dans une situation horizontale, et dont le grès paroissoit entièrement pénétré. Mais un examen plus attentif a démontré, ainsi que l'analyse chimique, que ce grès ne renferme pas un atome de mica, et que les parties brillantes qui avoient été prises pour telles, ne sont que des grains de quarz aplatis et alongés, qui, par leur engrènement, contribuent à lui donner la flexibilité dont il jouit. On pourroit soupçonner que la chaleur du Brésil où il se trouve, lui a communiqué en partie cette même flexibilité, puisque, je le répète, on parvient à donner de la souplesse à des plaques minces de marbre blanc, en les exposant à la chaleur douce d'un bain de sable. Il faudroit, il est vrai, pour que cela fût ainsi, que le grès flexible de Villa-Rica se trouvât à la surface du sol, ce que nous ignorons jusqu'à présent.

Klaproth a fait l'analyse de cette variété qui est d'un assez beau blanc à l'intérieur et d'un jaune de rouille à la surface, et il y a trouvé 96,50 de silice, 0,25 d'alumine, et 0,05 d'oxide de fer. Le grès flexible étoit très-recherché par les amateurs de curiosités, et la plus petite plaque s'en vendoit souvent un prix très-élevé; mais on commence à revenir de cette merveille, comme de tant d'autres; et, depuis que nos communications avec le Brésil sont devenues fréquentes, on se procure facilement cette variété de grès avec une foule d'autres minéraux d'un tout autre intérêt pour la science.

Les grès aventurinés, que l'on taille en plaques ou en vases d'ornement, doivent peut-être aussi les points brillans qui les font rechercher, à des grains de quarz qui réfléchissent la lumière à la manière du mica; ils se rapprocheroient alors infiniment de l'aventurine, qui est un quarz hyalin fendillé ou micacé.

6.° GRÈS FILTRANT. Le tissu lâche de ce grès, qui est assez pur, lui permet de laisser filtrer l'eau; il s'oppose néanmoins à ce que le plus petit corps étranger l'accompagne; d'où il suit que ce grès est employé avec d'autres pierres pour clarifier l'eau destinée aux usages domestiques. On en trouve en Saxe, en Bohême, près de Baden; sur les côtes du Mexique, aux iles Canaries, et surtout entre Saint-Sébastien et Guetaria, dans le Guipuscoa, en Espagne. Ici il est employé à fabriquer des croix, des tombeaux et des saints larmoyans. On évidoit la tête de ces statues, on la remplissoit d'eau à certains jours de fête; elle sortoit en gouttes à travers les orbites : le saint pleuroit, et l'on crioit au miracle.

Telles sont les principales variétés du grès proprement dit, considéré comme pierre homogène, et non comme roche mélangée.

Gisement. Les minéralogistes allemands distinguent dans les roches qu'ils nomment *agglomerats*, et qui comprennent les grès, trois époques principales de formation. La plus ancienne est celle du grès rouge, qui est inférieur à tous les autres, et qui recouvre immédiatement le psammite ou grauwacke ; on dit même que le grès rouge est quelquefois appliqué sur les roches primitives. Il contient, au reste, comme les psammites avec lesquels il a la plus grande analogie, des couches de houille et quelques minérais. J'ai récemment observé, au village de Châtre, près Terrasson, département de la Dordogne, un grès rouge très-voisin des psammites qui est piqué d'une infinité de points noirs dus à des pyrites microscopiques, et qui présente de grandes places blanches où les points sont très-apparens. Il fait partie du terrain houiller de la vallée de la Vezère et des vallons circonvoisins qui y débouchent, et je présume, sans en avoir encore la preuve, qu'il s'appuie sur le schiste talqueux verdâtre et primitif qui en est peu éloigné.

La seconde formation est celle des grès bigarrés qui contiennent quelquefois des masses d'argile ellipsoïdes, et même du minérai de fer globuleux, comme à Garden, près Nebra, pays de Weimar.

Quant au grès blanc, et à toutes les variétés qui s'y rapportent, elles appartiennent aux derniers sédimens ou aux terrains tertiaires, analogues à ceux des environs de Paris ; aussi renferment-ils souvent des empreintes végétales, des coquilles fossiles encore calcaires, ou seulement leurs noyaux ou leur moule en creux. Les grès d'Ouis, près Pontoise, offrent le premier fait, ainsi que ceux des environs de Sarlat, et les grès rouillés du sommet de Montmartre, présentent le second. Ces grès sont quelquefois pénétrés de matière calcaire, au point qu'ils présentent des reflets lamelleux, et que leurs cavités offrent des cristaux calcaires groupés ou isolés, qui sont plus ou moins mélangés de sables siliceux. Ce fait, assez rare, ne se présente guère que dans les carrières de la forêt de Fontainebleau, et à Clausenbourg, en Transylvanie.

Les grès les plus anciens, je veux dire les grès rouges et les grès bigarrés, forment des couches plus ou moins étendues qui suivent l'inclinaison et tous les accidens des autres couches qui constituent la formation dont ils font partie. C'est ainsi que l'on en cite en couches horizontales, contournées ou ver-

ticales, que l'on en connoît qui sont comme brisées et boule-
versées, etc. Ils composent quelquefois des monticules entiers,
occupent le sommet des montagnes, donnent naissance à des
escarpemens assez élevés, ou constituent, en se décomposant,
des mamelons arrondis, dont la surface entièrement sablon-
neuse provient, à ce qu'il paroît, de l'altération du grès par
l'action de l'air, et des météores.

Les grès blancs de Fontainebleau sont disposés en très-grands
blocs isolés, qui sont entourés de sable quarzeux, et qui s'y
fondent pour ainsi dire par des nuances insensibles de désagré-
gation, en sorte qu'ils forment des espèces de couches ou d'assises qui ne sont interrompues que par le sable mouvant :
d'autres fois ces bancs sont séparés par des lits de ce sablon
d'une finesse extrême, et présentent des cavités assez spa-
cieuses qui sont remplies en tout ou en partie par du grès
pulvérulent ou encore par ce même sable. On voit donc que
le grès et le sablon ont une commune origine, et que l'un ne
diffère de l'autre que par l'état solide ou mobile de ses parties constituantes. Ici les avis sont partagés : les uns veulent
que tous les grès soient composés du détritus de roches quar-
zeuses préexistantes, qu'un gluten plus ou moins apparent
auroit solidifié ; d'autres, et c'est le plus petit nombre ,
admettent que les grès purement quarzeux sont le produit
d'une cristallisation troublée, analogue à celle qui a déposé la
pierre calcaire, grenue ou dolomie. Là, comme dans toutes
les questions géologiques, il faut bien se garder de généraliser :
mais j'avoue qu'il me paroît difficile d'admettre que les sables
mouvans qui couvrent une partie du sol de l'Afrique, ainsi
que ceux de Fontainebleau, et les grès qui s'y rencontrent.
soient le produit d'une alluvion quelconque : on ne conçoit pas
facilement comment ces détritus, si l'on veut les appeler ainsi,
se trouveroient d'une uniformité aussi constante pour leur volume, comment ils seroient d'une aussi parfaite homogénéité, et
comment ils ne seroient ni suivis ni précédés par des débris
plus grossiers. Voilà ce que l'on trouve dans tous les terrains
d'alluvions bien caractérisés, et ce qui n'existe point dans la
formation des grès homogènes dont il est ici question. On cite
à l'appui de cette opinion, qui est émise par M. Voigt, et
partagée par MM. d'Aubuisson et Patrin, qu'il existe des sables

quarzeux dont chaque grain est un cristal. Si ces exemples se multiplioient, ils seroient décisifs; mais jusqu'à présent ils sont peu nombreux. Si nous comparons les cristallisations de nos laboratoires, que nous troublons à dessein (par exemple, dans la fabrication du sel d'Epsom du commerce), il est certain que l'on est porté à croire à ce mode de formation pour les sables, et par suite pour les grès; car la solidification n'est qu'une objection très-secondaire, en comparaison de la formation du sable. Il existe des difficultés assez grandes à surmonter dans l'une et l'autre hypothèse : il faut donc attendre de nouvelles données pour se décider, et pour chercher à résoudre le problème d'une manière absolue.

Les usages des grès sont extrêmement variés; on les emploie tour à tour pour bâtir ou paver les villes, pour tailler une foule de meules à aiguiser les outils de fer ou à moudre les grains et le vernis des faïences, pour dresser la grosse bijouterie. Mayence, et la plupart des villes de la rive gauche du Rhin, ainsi que plusieurs monumens remarquables, sont bâtis en grès rouge; Paris et toutes les villes voisines sont pavées en grès blanc; nos bornes, qui remplacent les colonnes milliaires des anciens, sont également en grès. Les carrières des environs de Langres, qui sont ouvertes sur des bancs de grès, produisent les meilleures meules que l'on connoisse pour l'usage des taillandiers et des couteliers, et c'est encore à l'aide de meules de grès que l'on façonne les agathes d'Allemagne, que l'on taille les vases de cristal, que l'on fait la pointe des aiguilles, etc. On n'a point encore expliqué l'explosion que font quelquefois ces meules tournantes de grès, dont les éclats sont lancés au loin. (BRARD.)

GRESIL. (*Ornith.*) D'après le *Nouveau Dictionnaire d'Histoire naturelle*, ce nom est vulgairement donné, dans le département de l'Aude, au proyer, *emberiza miliaria*, Linn. (CH. D.)

GRESSET (*Erpétol.*), un des noms vulgaires de la raine verte. (H. C.)

GRESSLING (*Ichthyol.*), un des noms allemands du GOUJON. Voyez ce mot. (H. C.)

GRESSORIPÈDE. (*Ornith.*) Ce terme, qui signifie pieds marcheurs, s'applique aux oiseaux dont les trois doigts antérieurs, en partie réunis, forment une plante de pied, comme chez les calaos, les guêpiers. (Ch. D.)

GREUBE. (*Min.*) C'est le nom d'une matière calcaire tufeuse, pulvérulente, dont on se sert à Genève pour conserver aux tables et aux boiseries de sapin la couleur blanche jaunâtre qui est naturelle à ce bois. Cette substance, que l'on apporte de la montagne à la ville, contribue beaucoup à la propreté de l'intérieur des maisons les plus modestes. On l'emploie avec l'eau et un tampon de linge. (Brard.)

GREUL (*Mamm.*), un des noms qu'on donne quelquefois au loir. (F. C.)

GREUNLING. (*Ornith.*) L'oiseau auquel, suivant Schwenkfeld et Rzaczinski, les Prussiens donnent ce nom, est le verdier, *green-finck* des Anglois, et *Grünfinck* des Allemands, *loxia chloris*, Linn. (Ch. D.)

GRÉVIER ou GREUVIER, *Grewia*. (*Bot.*) Genre de plantes dicotylédones, à fleurs complètes, polypétalées, régulières, de la famille des tiliacées, de la *polyandrie monogynie* de Linnæus, dont le caractère essentiel consiste dans un calice charnu, à cinq folioles, coloré intérieurement ; cinq pétales alternes avec les folioles du calice ; quelques unes munies d'une écaille à leur base interne ; des étamines nombreuses, attachées, ainsi que les pétales, à un pivot central qui soutient l'ovaire ; un style simple ; un stigmate à quatre divisions. Le fruit consiste en une baie presque sèche, à quatre lobes, divisée intérieurement en quatre loges renfermant chacune un noyau à deux loges monospermes.

Ce genre a été consacré par Linnæus à la mémoire du célèbre Grew, botaniste anglois, auteur d'un savant traité sur l'anatomie des plantes. Il comprend des arbres et des arbrisseaux exotiques, à feuilles simples et alternes, à fleurs axillaires et terminales ; les pédoncules munis d'une, de deux ou de trois fleurs, quelquefois presque paniculés. Les espèces nombreuses qui le composent ont déterminé à le diviser en deux sections, d'après le nombre des nervures qui se trouvent à la base des feuilles.

* *Feuilles à trois nervures à leur base.*

GRÉVIER D'OCCIDENT : *Grewia occidentalis*, Linn. ; Lamk., *Ill.*

gen., tab. 467, fig. 1 ; Commel., *Hort.*, 1, tab. 85 ; Pluk., *Almag.*, tab. 237, fig. 1 ; Duham., Arb., 1, tab. 108. Arbrisseau élégant et rameux, qui s'élève à la hauteur de dix à douze pieds, dont les rameaux sont longs, diffus, irréguliers ; les jeunes pousses chargées de poils courts, fasciculées ; les feuilles ovales, un peu rhomboïdales, glabres, crénelées ; les pédoncules uniflores, quelquefois biflores, axillaires, presque terminaux ; les fleurs nombreuses, en étoile, d'une belle couleur violette ; les folioles du calice étroites, velues en dehors ; les pétales linéaires, un peu échancrés à leur sommet, munis à leur base d'écailles très-velues. Le fruit est glabre, à quatre lobes, presque comme celui du fusain.

Cet arbrisseau, originaire du cap de Bonne-Espérance, est cultivé depuis long-temps au Jardin du Roi. On le propage de marcottes et de graines qui mûrissent en automne, que l'on sème dans des terrines, sur couche, dans une terre substantielle ou d'oranger. Il lui faut, dans l'été, des arrosemens fréquens et du soleil. Il passe l'hiver dans l'orangerie, où il le faut placer dès les premiers froids. Ses fleurs s'épanouissent en juin, et se succèdent pendant plusieurs mois : ses marcottes se font au printemps, et ses graines se sèment aussitôt qu'elles sont cueillies.

Grévier d'Orient : *Grewia orientalis*, Linn., *Spec.* ; Lamk., *Ill. gen.*, tab. 467, fig. 2 ; Gært., tab. 106 ; Pluk., *Alm.*, tab. 50, fig. 4 ; *Paï-paroca, seu Conradi*, Rheed., *Malab.*, 5, tab. 26. Arbrisseau des Indes orientales, à rameaux cylindriques, velus vers leur sommet dans leur jeunesse, distingué du précédent par ses feuilles plus grandes et plus alongées, ovales-oblongues, un peu obtuses, crénelées à leur contour, chargées à leurs deux faces, particulièrement en dessous, de points nombreux, surmontés de poils fasciculés, ouverts en étoile. Les pédoncules sont velus, axillaires, chargés d'une, quelquefois de deux ou trois fleurs ; leur calice velu ; les pétales obtus ; le fruit un peu arrondi, aplati en dessus, tétragone et pileux. Le *grewia pilosa*, Lamk., Encycl., ne paroit être qu'une variété de cette espèce, dont les pédoncules plus ramifiés sont chargés d'un plus grand nombre de fleurs.

Grévier d'Asie : *Grewia asiatica*, Linn., *Mant.*, 122 ; Sonnerat, *Itin.*, 2, tab. 133 ; vulgairement le Falsé. Cet arbrisseau est très-remarquable par ses feuilles semblables à celles du noisetier ; elles sont grandes, arrondies, dentées, légèrement cotonneuses, et cendrées en dessous ; on y observe assez souvent plutôt cinq nervures que trois : les stipules linéaires, subulées ; les pédoncules velus, chargés de plusieurs fleurs, dont le calice est à cinq folioles oblongues, cotonneuses en dehors, colorées en dedans ; les pétales plus courts, munis d'une écaille à leur base ; l'ovaire velu ; le fruit arrondi , d'un rouge foncé, à deux loges, renfermant deux noyaux. Cette plante croît dans les Indes orientales. M. Sonnerat dit qu'on la cultive à Pondichéry, dans les jardins ; que ses baies sont rafraîchissantes , d'une saveur aigrelette assez agréable.

GRÉVIER A FEUILLES DE CHARME: *Grewia carpinifolia*, Pal. Beauv., Fl. d'Oware, 1, tab. 30 ; Juss., Ann. Mus., 4 , tab. 51. Arbrisseau découvert par M. de Beauvois, dans le royaume d'Oware, dont les tiges sont glabres, les rameaux droits, garnis de feuilles ovales en cœur, aiguës, dentées en scie, rudes en dessous ; les pédoncules courts, munis de deux ou trois fleurs ; les folioles du calice glabres, aiguës ; les pétales linéaires, obtus ; les fruits lisses , globuleux, de la grosseur d'un pois.

GRÉVIER A FEUILLES DE GUAZUMA ; *Grewia guazumæfolia*, Juss., Ann., l. c.. tab. 48, fig. 3. Ses tiges sont droites ; ses feuilles alternes, ovales-oblongues, acuminées, glabres en dessus, tomenteuses en dessous, dentées et crénelées ; les crénelures inférieures glanduleuses ; les pédoncules chargés de deux ou trois fleurs ; les folioles du calice longues, étroites, obtuses ; les étamines une fois plus courtes. Cette plante croît à Java.

GRÉVIER TOMENTEUX ; *Grewia tomentosa*, Juss., l. c. tab. 49 , fig. 1. Arbrisseau de Java , à feuilles ovales-lancéolées, tomenteuses à leurs deux faces, longues de cinq pouces, inégalement dentées ; les pédoncules courts, chargés de plusieurs fleurs ; le calice de la longueur des étamines, long d'environ trois lignes ; les pétales très-courts.

GRÉVIER HÉRISSÉ : *Grewia hirsuta*, Vahl, *Symb.*, 3, pag. 34 ; Juss., l. c., pag. 89. Cette plante se distingue de la précédente par ses feuilles très-molles, lancéolées, acuminées, plus étroites à un de leurs côtés, velues à leurs deux faces, inégalement dentées en scie ; les pédoncules axillaires, soutenant trois fleurs sessiles ; les pétales courts et ciliés. Elle croît dans les Indes orientales.

Grévier velouté : *Grewia velutina*, Vahl, *Symb.*, 1, pag. 35 ; *Chadara velutina*, Forsk., *Ægypt.*, pag. 106. Arbrisseau de l'Arabie-Heureuse, dont les feuilles sont molles, ovales, à dentelures fines et obtuses, revêtues en dessous d'un duvet léger et blanchâtre ; les pédoncules axillaires, souvent réunis trois par trois, munis chacun de trois fleurs. Le fruit est un drupe noirâtre à quatre loges ; les semences glabres, planes, ovales.

Grévier en arbre : *Grewia arborea*, Lamk., Encycl. ; *Grewia excelsa*, Vahl, *Symb.*, l. c. ; *Chadara arborea*, Forsk., *Ægypt.*, 105. Grand arbre des montagnes de l'Yémen, que les Arabes nomment *sœrah*. Ses rameaux sont cylindriques, couverts de poils glanduleux à leur sommet ; ses feuilles ovales en cœur, obliques à leur base, cotonneuses et blanchâtres en dessous, dentées à leur contour ; les pédoncules simples ou bifides ; les calices cotonneux en dehors, jaunes en dedans ; les pétales jaunes, orbiculaires, munis à leur base d'une écaille verte, campanulée. Le fruit est globuleux, de la grosseur d'une cerise, d'un jaune roussâtre, contenant une pulpe ferme et charnue. Le *grewia verrucosa*, Juss., ne paroît être qu'une variété de cette espèce, à feuilles un peu sinuées à leur contour, rudes et comme verruqueuses, tomenteuses en dessous ; les pédoncules solitaires, à une seule fleur, rarement deux. Elle croît à Java.

Grévier chadar : *Grewia chadara*, Lamk., Encycl. ; *Grewia populifolia*, Vahl, *Symb.*, l. c. ; *Chadara tenax*, Forsk., *Ægypt.*, pag. 105. Arbrisseau que dans l'Arabie, son lieu natal, les uns nomment *chadar*, d'autres *nabba*. Les feuilles, en très-petit nombre, sont situées au sommet des rameaux, pétiolées, arrondies en forme de rein ; les pédoncules terminaux, uniflores, quelquefois foliacés, épaissis à leur sommet ; les folioles du calice linéaires, blanchâtres en dedans ; les pétales courts et blancs ; à leur base une écaille orbiculaire, velue à son bord ; le fruit coriace, contenant deux noyaux biloculaires et dispermes.

Grévier a feuilles luisantes ; *Grewia nitida*, Juss., Annal., l. c., tab. 47, fig. 2. Arbrisseau de la Chine, cultivé au Jardin du Roi. Ses tiges sont glabres ; ses rameaux cylindriques ; les feuilles glabres, ovales-oblongues, crénelées, d'un vert gai et luisant, longues de deux pouces ; les pédoncules courts et solitaires, soutenant une ou deux fleurs assez grandes ; les folioles du calice ovales-aiguës; les pétales plus courts que le calice, ovales, obtus; les étamines de la longueur des pétales.

Grévier glanduleux; *Grewia glandulosa*, Vahl, *Symb.*, 1, p. 54. Ses rameaux sont rudes, garnis de feuilles médiocrement pétiolées, lisses; glabres, ovales-lancéolées, acuminées, munies, de chaque côté de leur base, de trois à cinq crénelures rapprochées et glanduleuses; les pétioles courts; les fleurs axillaires, solitaires, presque sessiles. Cette plante croît dans l'île Maurice. Le *grewia lævigata*, Vahl, l. c., est très-rapproché de cette espèce; il s'en distingue par ses feuilles plus longues, entières à leur base, point glanduleuses; les pédoncules plus longs, à trois fleurs. Il croît dans les Indes orientales.

Grévier mallococque : *Grewia mallococca*, Linn. fils, *Suppl.*; *Mallococca crenata*, Forst., *Gen.*, tab. 39. Espèce découverte par Forster, dans les îles de la Société et des Amis. Ses feuilles sont en cœur, ovales-oblongues, crénelées, un peu âpres au toucher; les pédoncules axillaires, chargés de trois fleurs; les pétales trois fois plus courts que le calice. Le fruit est un drupe velu, aplati en dessus, à quatre lobes globuleux, à quatre loges renfermant chacune un noyau.

Grévier jaunatre; *Grewia flavescens*, Juss., Ann., l. c. Plante des Indes orientales, dont les feuilles sont ovales-oblongues, aiguës, un peu anguleuses vers leur sommet, obtuses, longues de deux pouces, inégalement dentées en scie, parsemées à leurs deux faces de poils en étoile; les pédoncules presque solitaires, souvent à trois fleurs; les folioles du calice étroites, alongées; les pétales jaunes, un peu plus courts que le calice.

Grévier a feuilles molles; *Grewia mollis*, Juss., Ann., l. c. Arbrisseau du Sénégal, distingué par ses feuilles molles, ovales-lancéolées, tomenteuses en dessous, longues de trois pouces, dentées en scie; les pédoncules presque solitaires, presque à trois fleurs; les folioles du calice longues, étroites; les pétales une fois plus courts; l'ovaire velu à sa base.

Grévier a gros fruits : *Grewia megalocarpa*, Juss., Ann., l. c.; Pal. Beauv., Fl. d'Oware, tab. 102. Espèce découverte par M. de Beauvois dans le royaume d'Oware, distinguée par la grosseur de ses fruits; ses feuilles sont lisses, alongées, dentées en scie, acuminées, longues d'environ un pouce et demi; les pédoncules solitaires à une, deux, quelquefois trois fleurs; le fruit glabre, à quatre lobes, bon à manger. Le même auteur en a découvert une autre espèce, dans les mêmes contrées, qu'il a figurée dans sa Flore d'Oware, tab. 108, sous le nom de *Grewia pubescens*. Ses tiges sont ligneuses ; elles se divisent en rameaux dans une direction presque horizontale : les feuilles ovales-lancéolées, obtuses, glabres en dessus, molles et couvertes en dessous d'un duvet doux et soyeux, très-finement denticulées, acuminées à leur sommet ; les fleurs terminales ; les pédoncules chargés de deux ou trois fleurs pédicellées.

Grévier a feuilles acuminées ; *Grewia acuminata*, Juss., l. c., tab. 48, fig. 2. Cette plante croit à l'île de Java. Elle se présente sous la forme d'un arbrisseau garni de feuilles ovales-oblongues, crénelées, acuminées, glabres à leurs deux faces, arrondies à leur base, longues de trois pouces ; les pédoncules géminés, chargés de deux ou trois fleurs ; les folioles du calice longues d'un pouce ; les pétales, ainsi que les étamines, quatre fois plus courts ; l'ovaire tomenteux.

****** *Feuilles à cinq nervures à leur base.*

Grévier a fruits velus ; *Grewia eriocarpa*, Juss., Ann., l. c. Cette espèce, originaire de Java, ressemble aux *grewia* par son port ; elle s'en écarte par le défaut d'écailles à sa corolle, et probablement de pivot sous les étamines. Ses feuilles sont ovales, assez semblables à celles du noisetier, longues de trois pouces, à dentelures obtuses, tomenteuses en dessous, à cinq nervures ; les pédoncules axillaires, réunis d'un à trois, souvent terminés par trois fleurs ; le calice petit ; les pétales courts, très-étroits ; l'ovaire blanchâtre, laineux, à peine pédicellé.

Grévier a feuilles rondes ; *Grewia rotundifolia*, Juss., l. c. Ses feuilles ressemblent à celles du *betula pumila* ; elles sont arrondies, crénelées, tomenteuses et blanchâtres, à cinq nervures ; deux ou trois pédoncules réunis dans l'aisselle des feuilles, portant de deux à cinq petites fleurs ; les folioles du calice presque de la longueur des étamines ; l'ovaire tomenteux et blanchâtre. Cette espèce croit au Coromandel.

Grévier a feuilles de tilleul ; *Grewia tiliæfolia*, Vahl, *Symb.*, 1, pag. 35. Plante des Indes orientales, qui a de grands rapports avec le *grewia asiatica*. Elle en diffère par ses feuilles, une fois plus grandes, à dentelures obtuses, en scie ; elles sont arrondies, échancrées en cœur à leur base, glabres à leurs deux faces : les stipules à demi en cœur, et non subulées ; les pédoncules une fois plus courts que les pétioles, axillaires, nombreux et dichotomes; les fleurs petites.

GRÉVIER A FEUILLES D'ARBOUSIER ; *Grewia arbutifolia*, Juss., Ann., l. c. Cette espèce diffère de la précédente par ses feuilles un peu rudes, élargies, échancrées en cœur, anguleuses, et sinuées vers leur sommet; les pédoncules une fois plus courts que les pétioles, réunis au nombre de deux ou trois dans l'aisselle des feuilles, chargés de trois fleurs : les fruits sont glabres, de la grosseur d'une cerise. Cette plante croit dans les Indes orientales. (POIR.)

GRÉVILLÉE, *Grevillea*. (*Bot.*) Genre de plantes dicotylédones. à fleurs incomplètes, de la famille des protéacées, de la *tétrandrie monogynie* de Linnæus, très-rapproché des *embothrium*, dont le caractère essentiel consiste dans une corolle (calice) à quatre découpures irrégulières, renfermant chacune, dans la cavité de leur sommet, une étamine ; une glande placée sous le pistil; un ovaire à deux ovules; le stigmate oblique et comprimé. Le fruit consiste en un follicule uniloculaire, renfermant dans son centre deux semences bordées ou légèrement ailées à leur sommet.

Ce genre, très-foiblement distingué des *embothrium*, a été établi par M. Robert Brown, pour des arbres ou arbrisseaux originaires de la Nouvelle-Hollande, d'un port assez élégant. Les feuilles sont alternes, entières et pinnatifides; les fleurs disposées en épis, en grappes, en corymbes ou presque fasciculées : elles n'ont point d'involucre. Les pédoncules sont géminés, rarement au-delà de deux, munis d'une bractée à leur base. La corolle est souvent de couleur rouge, quelquefois jaune, insérée obliquement dans quelques espèces. Les follicules sont, 1.° les uns coriaces, ovales, couronnés par le style entier, renfermant des semences environnées d'un léger rebord ou médiocrement ailées à leur sommet; 2.° d'autres follicules sont ligneux, presque orbiculaires, offrant l'apparence de deux valves, mucronées par la base persistante du style. Ces semences sont ailées à leur contour.

M. Brown a divisé ce genre, nombreux en espèces, en deux grandes sections, d'après le caractère du fruit : il y entre plusieurs espèces, placées d'abord parmi les *embothrium*, et le genre *Lysanthe* de Knight et Salisbury.

§. I. *Follicules coriaces, couronnés par le style et le stigmate comprimés; semences ovales, à bordure étroite, ou légèrement ailées à leur sommet.*

A. LISSOSTYLIS. *Toutes les feuilles entières; quelques unes recourbées à leurs bords, ou bien ayant l'apparence d'avoir trois nervures; les fleurs fasciculées, ou en grappes courtes; le style glabre; les follicules sans côtes saillantes.*

GRÉVILLÉE SOYEUSE : *Grevillea sericea*, Rob. Brown, *Nov. Holl.*, 1, pag. 376, et Trans. Linn., vol. 10, pag. 169; *Embothrium sericeum*, Smith, *Nov. Holl.*, 25, tab. 9; Andr., *Bot. Repos.*, tab. 100. *Bot. Mag.*, tab. 862; *Embothrium cytisoides*, Cav., *Ic. rar.*, 4, tab. 386., fig. 2; *Lysanthe sericea* et *cytisifolia*, Knight et Salisb., *Prot.*, pag. 118 et 119. Arbrisseau découvert au port Jackson, dans la Nouvelle-Hollande, qui s'élève à la hauteur de six ou sept pieds, sur une tige droite, garnie de rameaux alternes, et de feuilles sessiles, ternées, ovales-lancéolées, très-entières, roulées à leurs bords, soyeuses en dessous, blanchâtres et cendrées en dessus. Les fleurs sont disposées en une grappe courte, solitaire, terminale; la corolle petite; les pétales linéaires, couverts en dehors d'un duvet blanchâtre, un peu rougeâtres en dedans et velus vers la base; l'ovaire pédicellé; les follicules glabres, ovales-oblongs; les semences surmontées d'une aile courte et munies à leur base d'une glande globuleuse.

GRÉVILLÉE DES RIVAGES; *Grevillea riparia*, Brown, l. c. Ses rameaux sont garnis de feuilles linéaires, alongées, très-lisses, réfléchies à leurs bords; la corolle garnie en dedans de poils touffus; l'ovaire pédicellé; le style glabre au sommet; le pédicelle plus long que l'ovaire. Dans le *grevillea parviflora*, Brown, l. c., les rameaux sont presque glabres; les feuilles linéaires-subulées, lisses et réfléchies à leurs bords; les fleurs petites, ferrugineuses en dehors, un peu barbues en dedans; le pistil long de deux lignes; l'ovaire soutenu par un pédicelle court.

GRÉVILLÉE A FEUILLES DE GENÉVRIER; *Grevillea juniperina*. Arbrisseau de la Nouvelle-Hollande, dont les rameaux sont cylindriques et velus; les feuilles fasciculées, subulées, étalées;

réfléchies à leurs bords ; les fleurs disposées en grappes, chacune d'elles pédicellée ; les ovaires pédicellés ; les pistils longs d'un demi-pouce. *Le grevillea australis*, Brown, l. c., a ses rameaux tomenteux et cylindriques ; ses feuilles lancéolées, subulées, à peine recourbées à leurs bords, parsemées en dessus d'un duvet caduc, soyeuses en dessous.

GRÉVILLÉE A FEUILLES RUDES ; *Grevillea aspera*, Brown, l. c. Ses feuilles sont oblongues, linéaires, obtuses, un peu mucronées à leur sommet, rudes et ponctuées à leur face supérieure, argentées en dessous ; les fleurs disposées en grappes courtes, recourbées ; le style très-court ; le stigmate en limaçon. Dans le *grevillea concinna*, l. c., Br., les fleurs sont nombreuses, disposées en grappes unilatérales et recourbées ; la corolle légèrement soyeuse ; l'ovaire lanugineux ; le style très-glabre, beaucoup plus long que la corolle ; les feuilles lisses, droites, linéaires.

B. PTYCHNOCARPA. *Toutes les feuilles entières ; les fleurs fasciculées ou disposées en grappes courtes ; les fleurs supérieures plus précoces ; l'ovaire presque sessile ; le style hérissé ou tomenteux ; les follicules à côtes presque saillantes.*

GRÉVILLÉE DES MONTAGNES ; *Grevillea montana*, Br., l. c. Plante de la Nouvelle-Hollande, dont les rameaux sont couverts d'un duvet tomenteux, fortement couché, garnis de feuilles lancéolées, aiguës, un peu lisses en dessus, soyeuses en dessous ; les fleurs géminées ; les pédoncules glabres, presque de la longueur de la corolle : celle-ci presque nue ; le pistil hérissé. Dans le *grevillea arenaria*, Brown, l. c., ou *lysanthe cana*, Salisb., les feuilles sont oblongues, obtuses, un peu mucronées ; les fleurs disposées en grappes recourbées ; les pistils tomenteux.

GRÉVILLÉE ACUMINÉE ; *Grevillea acuminata*, Brown, l. c. Cette espèce a des rameaux pubescens ; des feuilles lancéolées, légèrement acuminées, mucronées, rudes et ponctuées en dessus, tomenteuses et de couleur cendrée en dessous ; les fleurs disposées en grappes peu garnies, dressées, puis courbées ; la corolle couverte d'un duvet caduc ; le pistil hérissé. Dans le *grevillea cinerea*, l. c., les feuilles sont elliptiques ou en ovale renversé, un peu rudes en dessus, couvertes en dessous d'un duvet cendré ; les pédoncules et la corolle lanugineux.

GRÉVILLÉE MUCRONÉE ; *Grevillea mucronulata*, Brown, l. c. ;

19.

28

Lisanthe pedalyrifoliæ, Salisb., *Prot.* 117. Ses rameaux sont garnis de feuilles en ovale renversé, obtuses, légèrement mucronées, rudes et luisantes en dessus, médiocrement soyeuses en dessous; les fleurs disposées en grappes courtes; la corolle parsemée de poils couchés, pubescens: le pistil hérissé. On distingue le *grevillea baveri* à ses feuilles oblongues, obtuses, glabres, lisses, à leurs deux faces; les pédoncules et la corolle très-glabres.

C. ERIOSTYLIS. *Toutes les feuilles entières; les fleurs fasciculées, presque en ombelle; le pistil laineux, pédicellé; les follicules sans côtes.*

GRÉVILLÉE A FEUILLES DE BUIS : *Grevillea buxifolia*, Brown, l. c.; *Embothrium buxifolium*, Smith., *Nov. Holl.*, tab. 10; Audr., *Bot. repos.*, tab. 218; *Embothrium genianthum*, Cav., *Ic. rar.* 4, tab. 387; *Stylurus buxifolia*, Salisb., *Prot.* 115. Cette espèce a des rameaux velus, garnis de feuilles nombreuses, ovales-elliptiques, rudes et ponctuées en dessus, tomenteuses en dessous, terminées par une petite pointe; les fleurs sont nombreuses, disposées en une ombelle solitaire, terminale; la corolle rougeâtre, tomenteuse; le pistil velu; le stigmate orbiculaire, muni d'un appendice recourbé; les follicules ovales, rétrécies à leurs deux extrémités, velues, contenant deux semences comprimées.

GRÉVILLÉE D'OCCIDENT ; *Grevillea occidentalis*, Brown, l. c. Arbrisseau à feuilles lancéolées, rudes et ponctuées en dessus, soyeuses en dessous; les fleurs réunies en fascicules axillaires et terminaux; la corolle, ainsi que le style, couverts d'une laine cendrée, étalée; le stigmate sans appendice. Le *grevillea sphacelata*, Brown, l. c., en diffère par ses feuilles oblongues, moins rudes; la corolle tomenteuse et ferrugineuse en dehors, lanugineuse et cendrée, ainsi que le style, en dedans. Dans le *grevillea phylicoides*, Brown, l. c., les feuilles sont linéaires-lancéolées, cendrées et pubescentes en dessous; le stigmate ovale, appendiculé.

D. PLAGIOPOGA. *Grappes en thyrse; pédicelle de l'ovaire grossi par le sommet oblique du pédoncule, sur lequel sont insérées deux folioles, l'une en dessus de l'autre.*

GRÉVILLÉE DE GOOD; *Grevillea Goodii*, Brown, l. c. Ses tiges sont couchées, garnies de feuilles très-entières, oblongues, ondulées, veinées, glabres à leurs deux faces; les fleurs disposées en grappes alongées, pédonculées. Dans le *grevillea venusta*, Brown, l. c., les feuilles sont pinnatifides ou trifides, quelquefois entières, soyeuses en dessous; les grappes droites; la corolle très-glabre; le style fortement hérissé.

E. GREVILLEA. *Grappes en forme de thyrse; feuilles pinnatifides, rarement entières.*

GRÉVILLÉE DE DRYANDER, *Grevillea Dryanderi*, Brown, l. c. Cette plante a des tiges étalées, chargées de feuilles ailées, soyeuses en dessous; les folioles linéaires, alongées; les fleurs disposées en grappes pédonculées, très-longues, étendues; la corolle insérée obliquement, très-glabre, ainsi que le pistil. Dans le *grevillea pungeus*, Brown, l. c., les feuilles sont pinnatifides, glabres en dessus, argentées en dessous; les découpures linéaires, subulées, mucronées et piquantes : les grappes brisées.

GRÉVILLÉE A FEUILLES D'ASPLENIUM; *Grevillea asplenifolia*, Brown, l. c. Ses tiges sont garnies de feuilles linéaires, alongées, pinnatifides, incisées ou très-entières, tomenteuses en dessous; les fleurs disposées en grappes trois fois plus courtes que les feuilles; la corolle pubescente; le style glabre. Dans le *grevillea Bancksii*, Brown, l. c., les feuilles sont pinnatifides, soyeuses en dessous; leurs découpures oblongues, lancéolées; les grappes droites, égales; la corolle tomenteuse; l'ovaire sessile. Le *grevillea chrysodendrum*, Brown, l. c., se distingue par ses feuilles une ou deux fois pinnatifides; leurs découpures étroites, alongées, linéaires; les grappes cylindriques; les fleurs à demi verticillées; la corolle tomenteuse, persistante à sa base; l'ovaire presque sessile.

§. II. CYCLOPTERA. *Follicules ligneuses, presque arrondies, mucronées par la base du style; semences entourées d'une aîle élargie.*

GRÉVILLÉE HÉLIOSPERME; *Grevillea heliosperma*, Brown, l. c. Espèce dont les tiges sont chargées de feuilles glabres, une ou presque deux fois ailées; les folioles oblongues, linéaires; les inférieures pétiolées; les fleurs disposées en grappes droites, ramifiées; la corolle et le pistil très-glabres. Dans le *grevillea refracta*, Brown, l. c., les feuilles sont soyeuses en dessous; la

corolle soyeuse, le pistil glabre. Le *grevillea ceratophylla*, Brown,
l. c., a les feuilles bi-trifides ou entières, soyeuses et nerveuses
en dessous; les découpures linéaires, alongées; les follicules
ovales, très-glabres.

GRÉVILLÉE A FEUILLES DE MIMOSA; *Grevillea mimosoides*, Brown,
l. c. Cette plante a des feuilles planes, entières, nerveuses,
ensiformes, alternes sur des rameaux glabres; ses follicules
sont visqueuses, en ovale renversé. Dans le *grevillea polystachia*,
Brown, l. c., les fleurs sont disposées en grappes alternes,
terminales, composées de plusieurs épis; les feuilles entières;
le stigmate oblique et concave.

GRÉVILLÉE STRIÉE; *Grevillea striata*, Brown, l. c. Ses feuilles
sont roides, linéaires, ensiformes, très-entières, soyeuses en
dessous, et traversées par plusieurs nervures; les fleurs disposées en grappes alternes, terminales; les pistils à peine longs
d'un demi-pouce; les stigmates verticaux, coniques et déprimés. Le *grevillea larca*, Brown, l. c., a des feuilles cylindriques,
très-longues et pendantes; le stigmate tétragone, tronqué,
pyramidal. Dans le *grevillea gibbosa*, Brown, l. c., les feuilles
sont oblongues, lancéolées, très-entières, un peu pubescentes,
veinées, à une seule nervure; les grappes alongées; le stigmate
conique; les follicules épais, relevés en bosses. C'est le *grevillea glauca* de Knight et Salisbury, *Prot.* 121. Toutes ces
plantes sont originaires de la Nouvelle-Hollande. (POIR.)

GREY. (*Ornith.*) Voyez GADWAL. (CH. D.)

GREYLAG (*Ornith.*), nom anglois de l'oie sauvage, *anas
anser*, Linn. (CH. D.)

GREYLING (*Ichthyol.*), un des noms anglois du GOUJON.
Voyez ce mot. (H. C.)

GRIAIBE. (*Ornith.*) Les Savoyards donnent ce nom et celui de *grèbe* au goéland varié ou grisard, *larus nævius*, Linn.
(CH. D.)

GRIANEAU (*Ornith.*), nom vulgaire du petit tétras, ou
coq de bruyère à queue fourchue, *tetrao tetrix*. Linn. On l'écrit
aussi *grianot*. (CH. D.)

GRIAS. (*Bot.*) La plante, citée sous ce nom par Apulée, est,
selon Dodoens, l'espèce de passerage nommée *lepidium iberis*.
Linnæus a appliqué ce nom à un genre différent ayant quelque
affinité avec la famille des guttifères. (J.)

GRIAS. (*Bot.*) Genre de plantes dicotylédones, à fleurs complètes, polypétalées, régulières, de la famille des guttifères, de la *polyandrie monogynie* de Linnæus, offrant pour caractère essentiel : Un calice d'une seule pièce, découpé en quatre segmens ; quatre pétales ; un grand nombre d'étamines, insérées sur le réceptacle ; les anthères arrondies ; un ovaire supérieur, enfoncé dans le calice ; point de style ; un stigmate épais, tétragone. Le fruit est un drupe uniloculaire, contenant un noyau à huit sillons.

GRIAS CAULIFLORE : *Grias cauliflora*, Linn.; Sloane, *Jam.*, 2, tab. 217, fig. 1, 2. Arbre de l'Amérique méridionale, qui s'élève à la hauteur de vingt pieds sur un tronc simple, droit, garni, à son sommet seulement, de longues feuilles, simples, éparses, presque sessiles, oblongues, lancéolées, longues de deux ou trois pieds sur six pouces de large, glabres, vertes et luisantes, très-entières. Les fleurs naissent sur le tronc, à deux ou trois pieds au-dessous du sommet de l'arbre, médiocrement pédonculées, solitaires ou réunies plusieurs ensemble : leur calice est en forme de coupe ; la corolle d'un jaune pale ; les pétales coriaces, arrondis, concaves ; les filamens des étamines sétacés, plus longs que la corolle. Le fruit est très-gros, globuleux, acuminé à la base et au sommet. Ce fruit se nomme à la Jamaïque *poire d'anchois*. Les Espagnols de l'Amérique les font mariner pour les envoyer en présent en Espagne, où on les mange comme des mangues. On prétend qu'on les présente aussi dans les desserts. (POIR.)

GRIAT. L'oiseau qu'on appelle ainsi à Turin est une petite maubêche. (CH. D.)

GRIB. (*Bot.*) Selon Pallas, c'est le nom de l'*agaricus campestris*, Linn., ou champignon de couche, à Mourom, en Russie. (LEM.)

GRIBOURI, *Cryptocephalus* (*Entom.*), nom donné par Geoffroy à un genre d'insectes coléoptères, tétramérés, ou à quatre articles à tous les tarses, à antennes filiformes, grenues, non portées sur un bec, ou de la famille des phytophages, autrement dits herbivores.

Ce terme de gribouri est une dénomination vulgaire donnée en France par les cultivateurs et par les enfans à l'une des espèces, comprise primitivement dans ce genre, qui attaque

la vigne, et que l'on nomme encore coupe-bourjeon, pique-
brot, bêche ou lisette. Kugellan les en a depuis séparées sous
le nom d'EUMOLPE. Voyez ce mot.

Quant au mot latin imaginé par Geoffroy, il est emprunté
des mots grecs κρυπτον, *occultum*, cachée, et de κεφαλη, *caput*,
tête. En effet, le caractère du genre Cryptocéphale consiste
dans la forme du corselet hémisphérique, qui imite le dos
rond d'un bossu, et sous lequel la tête de l'insecte est en partie cachée.

Les gribouris, rangés d'abord par Linnæus avec les chrysomèles, furent séparés de ce genre par Geoffroy, ainsi que
les criocères, les galéruques, les altises et les lupères. Depuis, il a paru nécessaire aux naturalistes de conserver ce
genre qui a été subdivisé cependant en clythres, en eumolpes
et en colapsides.

Le corps des gribouris est à peu près arrondi, court et
étroit, comme tronqué en devant, parce que la tête est cachée dans le corselet, dans une situation verticale ; le corselet est comme rebordé, et les élytres sont très-convexes,
très-dures et très-polies, ou comme grésillées. Les antennes
sont en fil, à peu près de la longueur du corps, insérées au-
dessus des yeux, mais distantes l'une de l'autre : des quatre articles qui forment les tarses, l'avant-dernier est élargi et
comme à deux lobes.

Il résulte de ces caractères que, par la forme des antennes
qui sont de même grosseur de la racine au sommet, les gribouris diffèrent des chrysomèles, des cassides, des hélodes et
des érotyles ; que par leur corselet, qui est rebordé, c'est-à-
dire, qui offre une ligne saillante comme recourbée en dessous, à peu près comme le seroit une légère plaque de métal,
ces insectes diffèrent des criocères, des alurnes, des hispes
et des donacies ; que par la forme de ce corselet, qui n'est
point déprimé, mais au contraire très-convexe, ils s'éloignent
des lupères, des galéruques et des altises : restent donc les
eumolpes, les colapsides et les clythres. La forme des antennes
les distingue : dans les eumolpes, les articles sont un peu en
cône aplati, ou au moins les derniers sont presque triangulaires : dans les clytres, ces derniers articles sont aussi en
triangle ; mais leur plus grande largeur s'étend d'un seul côté,

de sorte qu'ils sont comme dentelés; enfin ils ne diffèrent des colapsides que par la forme de leurs palpes.

Comme, par une inadvertance que nous avons peine à nous expliquer, l'article CLYTHRE a été omis dans ce Dictionnaire, nous allons y suppléer ici en faisant une étude de ce genre, comme une division de celui des gribouris, ainsi que le fait Geoffroy.

Le genre *Clythre* a été établi par Laicharting dans son catalogue des insectes du Tyrol, publié à Zurich en 1784; mais il avoit déjà été fait par Geoffroy sous le nom de mélolonthe. Quoique, par la manière dont ce nom est écrit, il soit évident qu'il est tiré du grec, nous en ignorons l'étymologie. Les antennes, composées de onze articles, dont les derniers sont en scie, présentent leur caractère principal. Les mâles ont dans quelques espèces les pates de devant très-alongées, et l'on sait en particulier que dans l'espèce que Linnæus a nommée longimane, la larve se file une sorte de sac soyeux, velu, en cône, qu'elle traîne avec elle. Les mœurs des gribouris et des clythres sont absolument les mêmes que celles des chrysomèles.

Les principales espèces du genre Clythre sont les suivantes, parmi celles du pays que nous habitons :

CLYTHRE LONG-PIED, *Clythra longipes*. Il est d'un noir obscur avec les élytres pâles, sur lesquelles on voit trois taches noires; les pates antérieures sont plus longues.

Il est figuré par Schæller, dans ses Insectes de Ratisbonne, pl. 6, fig. 3.

On le trouve sur le coudrier : il y a une espèce très-voisine, à peu près semblable, excepté qu'elle est bleuâtre, qui a été décrite par Fabricius, d'après Allioni, sous le nom de *tripunctata*.

CLYTHRE QUATRE-POINTS, *Clythra quatuor punctata*. Geoffroy l'a figuré sous le n.° 4 de la planche 3, tom. 1, mais il l'a décrit sous le nom de mélolonthe quadrille à corselet noir : son corps est noir, ses élytres rouges, avec quatre taches noires en tout.

Schall a décrit la larve qui se construit un fourreau lisse, tronqué en devant.

Geoffroy l'a trouvé sur le prunelier, et Schæffer sur le coudrier.

CLYTHRE TROIS-DENTS, *Clythra tridentata*. C'est la mélolonthe lisette de Geoffroy.

Elle est d'un bleu cuivré ; les élytres sont d'un rouge pâle, avec un point noir sur la base externe correspondante à l'épaule : elle a beaucoup de rapport avec l'espèce figurée dans la Faune d'Allemagne, de Panzer, sous le nom d'*humeralis*.

CLYTHRE A OREILLES, *Clythra aurita*. Noire ; une tache jaune de chaque côté du corselet ; jambes pâles : elle est figurée sous ce nom par Panzer.

CLYTHRE LONGIMANE, *Clythra longimana*. Elle est d'un brun cuivreux ; ses élytres sont pâles, avec un point noir à la base.

C'est une petite espèce que l'on prend communément en fauchant au filet sur les trèfles sauvages.

CLYTHRE BLEUE, *Clythra cærulea*. Geoffroy l'a décrite sous le nom de mélolonthe bleuette.

Elle est bleue ; le corselet et les pates sont roux.

CLYTHRE DE SCOPOLI, *Clythra scopolina*. Panzer l'a figurée d'après Schneider.

Elle est noire ; son corselet est roux sans taches ; les élytres plus pâles, portant deux bandes irrégulières d'un bleu cuivreux. C'est une petite espèce.

CLYTHRE BUCÉPHALE, *Clythra bucephala*. Elle est d'un bleu cuivreux ; sa bouche, les bords de son corselet et ses pates sont rougeâtres.

On la trouve sur le vulnéraire (*anthyllis vulneraria*).

Il y a au moins douze autres espèces connues dans ce genre parmi celles de notre pays, et une vingtaine d'autres étrangères, telles que la *monstrueuse* de Cayenne, qui est d'un beau bleu cuivreux, et dont les élytres et le corselet offrent des lignes élevées de tubercules irréguliers ; la *plissée* de la Caroline, semblable à peu près à la précédente, mais dont la couleur est obscure ; la *mantelée* (*palliata*) des Indes orientales, d'une couleur noire, à élytres pâles, dilatées, marquées de deux points et d'une bande noire.

Le genre Gribouri proprement dit, ou les espèces à antennes simples en fil, et très-longues, comprend entre autres les suivantes :

GRIBOURI DEUX-POINTS, *Cryptocephalus bipunctatus*. Il est figuré par Geoffroy sous le nom de gribouri rouge, strié, à points noirs, pl. 4, fig. 5, g. h. i. k., et par Panzer.

Il est d'un noir luisant: ses élytres sont rouges, à stries longitudinales, bordées de noir, avec deux taches : l'une grande et ronde au tiers postérieur ; l'autre petite, alongée à la base externe ou scapulaire.

GRIBOURI PORTE-CŒUR, *Cryptocephalus cordiger*. Panzer, dans sa Faune d'Allemagne, l'a figuré, cahier XIII, pl. 6.

Il est noir ; son corselet est bordé de jaune pâle, avec une tache en cœur de même teinte au milieu. Les élytres sont rouges, avec deux points noirs sur chaque. Il y a deux espèces voisines décrites par Fabricius, l'une d'après Schneider, qui a quatre points noirs sur chaque élytre ; c'est le gribouri *variable* ; l'autre est le *varié*, qui n'est peut-être qu'une modification de sexe.

Le GRIBOURI DU NOISETIER, *Cryptocephalus coryli*. Il est noir ; le corselet et les élytres sont pâles, excepté vers la suture qui est noire.

Le GRIBOURI SOYEUX, *Cryptocephalus sericeus*. C'est le velours vert de Geoffroy, tom. 1, pag. 255, n.° 3.

Il est d'un beau vert, brillant et soyeux ; le corselet est pointillé ; les antennes et les tarses sont noirs : les élytres sont grésillées et très-brillantes. Il est commun sur les fleurs composées ; on dit qu'il vit sur le saule. Une variété décrite et figurée par Panzer sous le nom de *nitens*, a les pates, la bouche et la base des antennes d'un jaune pâle.

Le GRIBOURI DE MORÆUS, *Cryptocephalus Moraei*, Linn. C'est le gribouri à deux taches jaunes de Geoffroy.

Il est noir ; le devant de la tête, quelques parties du bord du corselet, et deux grandes taches externes sur les élytres, sont jaunâtres.

Il y a au moins vingt espèces connues en France, et Fabricius en décrit quatre-vingts. (C. D.)

GRIBY (*Bot.*), nom russe du champignon de couche, *agaricus edulis*, Bull. (LEM.)

GRICHUN (*Mamm.*), nom du chevreuil chez les Burats. (F. C.)

GRIEL, *Grielum*. (*Bot.*) Genre de plantes dicotylédones, à fleurs complètes, polypétalées, de la famille des géraniées, de la *monadelphie décandrie* de Linnæus, offrant pour caractère essentiel : Un calice à cinq divisions profondes ; cinq pétales ; dix étamines presque libres ; les filamens persistans ; cinq glandes autour du pistil ; cinq ovaires, dépourvus de styles ; les stigmates verruqueux. Le fruit consiste en cinq péricarpes monospermes.

GRIEL A FEUILLES MENUES : *Grielum tenuifolium*, Linn. ; Lamk., *Ill. gen.*, tab 588, fig. 1 ; Burm., *Afr.*, tab. 53. Sous-arbrisseau d'Afrique, dont la racine est longue, simple, un peu fibreuse ; les tiges courtes, rameuses, étalées sur la terre ; les feuilles alternes, ailées, à folioles menues, presque capillaires ; les pédoncules simples, chargés d'une grande fleur jaunâtre ; le calice à cinq divisions profondes, lancéolées ; la corolle une fois plus grande que le calice, ouverte ; les pétales ovoïdes, rétrécis à leur base ; les filamens égaux, moins grands que les pétales ; les anthères ovales, oblongues ; cinq glandes oblongues autour du pistil ; les ovaires aigus, plus courts que les étamines. Le fruit est dur, alongé, aigu, composé de cinq capsules monospermes.

On trouve, dans Gærtner. *de Semin.*, tab. 36, sous le nom de *grielum laciniatum*, la description d'un fruit qui diffère de l'espèce précédente. Les divisions du calice sont plus courtes, un peu plus larges ; les pétales plus obtus, moins rétrécis en onglet et plus courts. Le fruit est une capsule formée par le calice durci, orbiculaire, comprimée, à cinq ou dix loges, renfermant chacune une semence. (POIR.)

GRIEL. (*Ornith.*) Suivant Gesner et Aldrovande, ce nom ou celui de *triel* est donné, dans quelques endroits de l'Allemagne, à l'œdicnème, *charadrius œdicnemus*, Linn., vulgairement Grand pluvier ou Courlis de terre. (CH. D.)

GRIFFARD. (*Ornith.*) L'aigle auquel M. Levaillant a donné ce nom, est le *falco armiger* de Shaw. (CH. D.)

GRIFFE [PETITE.] (*Bot.*) Le docteur Paulet (Tr., ch. 2, p. 472) désigne ainsi un petit champignon, figuré planche 8, fig. 3, du *Botanicon Parisiense* de Vaillant. Cette figure est celle du *clavaria penicillata*, Bull., tab. 448, f. 3. Selon Paulet, ce champignon seroit aussi le *clavaria laciniata*, Schæff., *Fung.*, tab. 291.

La petite griffe n'a guère plus de deux pouces de hauteur ;

elle est glabre, alongée à son sommet ; elle se divise en sept à dix filamens simples, recourbés ou droits, qui lui donnent la forme à peu près d'un pied d'oiseau ou d'un pinceau. Elle est jaune clair ou orangée, quelquefois rouge. Elle croît sur le bois mort. (Lem.)

GRIFFE DE CHAT. (*Bot.*) Dans les Antilles, on nomme ainsi une bignone, *bignonia unguis cati*, qui se cramponne aux arbres par ses vrilles. (J.)

GRIFFE DU DIABLE. (*Conchyl.*) Dénomination que les marchands d'histoire naturelle emploient quelquefois pour désigner le strombe goutteux, *strombus chiragra*, Linn. (De B.)

GRIFFE DE LOUP. (*Bot.*) C'est la même plante que le pied de loup ou lycopode. (J.)

GRIFFES. (*Bot.*) On donne ce nom à des racines très-courtes et dures, au moyen desquelles certaines plantes (lierre, *bignonia radicans*, etc.) se cramponnent le long des corps qui leur servent d'appui. On donne aussi vulgairement le nom de griffes aux racines de la renoncule des jardins. (Mass.)

GRIFFET. (*Ornith.*) Les ongles très-crochus du martinet, *hirundo apus*, Linn.. lui ont fait donner cette dénomination vulgaire. On l'appelle aussi *griffon*. (Ch. D.)

GRIFFITSIA. (*Bot.*) Agardh désigne par ce nom un nouveau genre de plantes cryptogames, marines et articulées de la famille des algues, qu'il a établi aux dépens du genre *Ceramium*. Il en diffère par la disposition des organes, qu'on croit être les capsules ou les séminules : ces organes sont gélatineux et entourés à leur base d'un involucre formé par de petites ramifications de la fronde. Lyngbye fait remarquer que dans l'espèce principale, le *griffitsia corallina*, qui est le *conferva corallina*, Linn., Dillw., 98, les capsules sont d'abord ainsi disposées au bas des articulations, mais qu'ensuite elles sont privées de cette espèce de collerette. Cette observation est sans doute applicable aux autres espèces de ce genre, savoir : le *conferva setacea*, Dillw. 82 ; *barbata*, Engl. Bot. 1814 ; *multifida*, Engl. Bot. 1816 ; et *equisetifolia*, Dillw. 54. Si ce que nous avançons se trouve confirmé, il en résultera que ce genre pourra être supprimé.

Lyngbye ne paroît pas avoir eu l'occasion d'observer le *griffitsia corallina*; mais cette belle plante est dans son ouvrage une espèce du genre qu'il nomme *Callithamnion*, également fondé sur des espèces de *ceramium* des auteurs modernes. Ce genre, dont la publication est toute récente, a les caractères suivans : Filamens articulés, tubuleux, cylindriques, très-rameux, roses ; articulations munies d'un tube longitudinal, élargi ; des capsules latérales, situées sur les petits rameaux, et courtement pédonculés. Lyngbye en décrit et figure douze espèces, dont voici l'indication :

1. *Callithamnion arbuscula*, *Hydroph. Dan.*, tab. 38, qui est le *conferva arbuscula*, Dillw., tab. 85.

2. *Callithamnion coccineum*, Lyng. Même plante que le *ceramium coccineum*, Decand. (Voyez l'article CERAMIUM de ce Dictionnaire.)

3. *Callithamnion fruticulosum*, Lyng., tab. 38, ou *ceramium fruticulosum*, Roth.

4. *Callithamnion corymbosum*, Lyng., tab. 38, qui est le *conferva corymbosa*, Sowerb., *Engl. Bot.* 2352 ; et le *ceramium pedicellatum*, Fl. Dan., 1595.

5. *Callithamnion corallinum*, Lyng., ou *conferva corallina*, Linn.

6. *Callithamnion roseum*, Lyng., tab 39, ou *ceramium roseum*, Roth., Decand.

7. *Callithamnion plumula*, Lyng., tab. 39, ou *ceramium floccosum*, Roth.; et *conferva floccosa*, Fl. Dan., 823, f. 1 ; et *conferva plumula*, Dillw., tab. 50.

8. *Callithamnion repens*, Lyng., tab. 40. Même espèce que le *conferva repens*, Dillw., tab. 18, dont le *conferva tenella*, Dillw., Introd., Suppl., tab. F, est une variété.

9. *Callithamnion Rothii*, Ling., tab. 41, ou *conferva violacea*, Roth., *Catalect.* 1, tab. 4. f. 1.

10. *Callithamnion Daviesii*, Lyng., tab. 41, ou *conferva Daviesii*, Dillw., Intr. Suppl., tab. F.

11. *Callithamnion lanuginosum*, Lyng., 41, ou *conferva lanuginosa*, Dillw.

12. *Callithamnion floridulum*, Lyng., 41, ou *conferva floridula*, Dillw.

Toutes ces plantes croissent dans l'Océan, particulièrement dans le nord de l'Europe : quelques unes cependant se rencontrent sur les côtes de France et d'Espagne, et même dans la Méditerranée. Elles sont très-rameuses, et plusieurs d'entre elles ressemblent à de jolis petits arbrisseaux, d'où le nom de *callithamnion*, donné au genre, et formé de deux mots grecs, qui signifient *beau* et *petit arbrisseau*. Cependant l'espèce la plus remarquable, qui est le *callithamnion corallina*, est extrêmement délicate et nullement roide. Cette espèce est flasque, d'un beau rouge de corail ou doré, brillante, glissante, gélatineuse, dichotome, à articulations, renflées vers le haut, quatre fois plus longues que large. La plante forme des touffes lâches, longues de trois à cinq pouces. Lorsqu'on la dessèche sur du papier, elle y adhère fortement et même le colore en rose. Dans la vieillesse, elle perd de sa belle couleur, et pâlit; quelquefois aussi elle est verte. On la trouve, mais rarement, sur toute la côte de l'Océan et dans la Méditerranée. M. Grateloup se proposoit d'en faire un genre particulier, qu'il désignoit par *Dillwinia*.

Auprès du *callithamnion* vient se placer l'*ectocarpus*, autre genre de Lyngbye, établi encore aux dépens du *ceramium*, et qui diffère du *callithamnion* par ses filamens membraneux, tubuleux, bruns, et par ses fruits qui sont des capsules ovales, en forme de siliques ou de grappes, presque sessiles, disposées sur les côtés des petits rameaux. Il comprend six espèces, dont voici l'indication :

1. *Ectocarpus littoralis*, Lyng., tab. 42, ou *conferva littoralis*, Lyng., Dillw., tab. 31; et *ceramium tomentosum*, Roth.; et Fl. Dan., 1487, fig. 2.

2. *Ectocarpus siliculosus*, Lyng., tab. 43, ou *conferva siliculosa*, Dillw., *Introd. Suppl.*, tab. E.; et *ceramium confervoides*, Roth., *Catalect. Bot.* 1, tab. 8, fig. 3.

3. *Ectocarpus tomentosus*, Lyng., tab. 44, ou *conferva tomentosa*, Hunds., Dillw., tab. 56, *Spreng.*, *Berl. Mag.* 1809, tab. 7, fig. 12; et *ceramium compactum*, Roth.

4. *Ectocarpus densus*, Lyng., tab. 44, ou *ceramium densum*, Roth.

5. *Ectocarpus chalybæus*, Lyng., tab. 44, ou *conferva chalybæa*, Roth.; *Cat. Bot.* 3, tab. 8, fig, 2; Dillw., tab. 91; *conferva corymbifera*, *Engl. Bot.* 1996.

6. *Ectocarpus aureus*, Lyng., tab. 44, qui est le *byssus aurea*, Linn., et de presque tous les botanistes; le *conferva aurea*,

Dillw., tab. 33 ; Web. et Mohr., *Gr. Conf.*, tab. 330 ; *conferva ilicifolia*, Eng. Bot.. 1639 ; et le *ceramium aureum* de Roth ; *Lichen aureus*, Ach., *Prod. Lich.* ; enfin, le *dematium petræum*, Pers.

Ce genre paroît très-artificiel : il renferme des espèces qui, comme les numéros 1, 2, 3 et 4, croissent dans la mer ; le numéro 5 se trouve sur les roues des moulins ; enfin, le numéro 6 vient sur les mousses et sur les plantes terrestres. L'*ectocarpus* est extrêmement difficile à classer, comme on peut le juger d'après les citations que nous avons rapportées. (Voyez Bysse et Byssus.)

Nous ferons connoître à l'article Hutchinsia quelques autres genres établis par Agardh et Lyngbye, dans lesquels ils placent des espèces considérées avant eux comme des *ceramium*. (Lem.)

GRIFFON. (*Bot.*) On a donné vulgairement ce nom à une variété de l'érable platane. (L. D.)

GRIFFON. (*Ornith.*) M. Cuvier a préféré ce nom à celui de *gypaète*, pour désigner le genre d'oiseaux de proie, de la famille des vautours, dont le caractère le plus saillant consiste dans les soies roides et dirigées en avant qui recouvrent les narines et sont réunies en pinceau sous le bec ; mais les dénominations latine et françoise de *gryphus* et de *griffon*, ont déjà été appliquées par divers auteurs soit à des vautours, soit à des aigles. C'est ainsi que le vautour fauve est désigné par Brisson, Gmelin, Latham, Buffon et M. Savigny (Oiseaux d'Egypte et de Syrie). M. Duméril a aussi formé, sous le nom de griffon (Zoologie Analytique, pages 34 et 35), un genre qui comprend, outre le gypaète, *vultur barbatus*, le pygargue et la harpie, *falco ossifragus* et *harpyia*, Linn., Gmel. On ne pourroit donc restreindre l'application du nom de griffon au gypaète proprement dit, qui est le vautour des agneaux ou *laemmer-geyer* des Allemands, sans s'exposer à des confusions, jusqu'à ce qu'on soit parvenu à écarter des dénominations fautives, mais consacrées par l'usage ; et, comme il n'a pas encore été fait d'emploi arbitraire du mot *gypaète*, c'est lui qu'on croit devoir adopter pour terme générique. (Ch. D.)

GRIFFONNÉE. (*Entom.*) On trouve sous ce nom, dans la petite Entomologie parisienne de Fourcroy, n.° 37, l'indication d'une phalène, qui probablement est un bombyce à ailes en toit, cendrées, avec des lignes transversales noires, ondulées, avec des bandes alternativement plus pâles. (C, D.)

GRIFOLE. (*Bot.*) C'est le nom que porte en Toscane une espéce de bolet, qui paroit être le *boletus frondosus* , Persoon, ou *ramosissimus* , Persoon., Acq. Voyez POLYPORE - COQUILLÉES. (LEM.)

GRIG (*Ichthyol.*) , nom anglois du jeune ammodyte appât, *ammodytes tobianus.* Voyez AMMODYTE. (H. C.)

GRIGNARD. (*Min.*) Les ouvriers des carrières à plâtre de Montmartre, près Paris, appellent ainsi la chaux sulfatée sélenite qui se trouve interposée entre la pierre à plâtre qu'ils exploitent.

On donne également en Normandie le nom de grignard à une espéce de grès grossier, excessivement dur, dont on se sert pour bâtir. (BRARD.)

GRIGNET. (*Ornith.*) M. Levaillant a donné ce nom à une fauvette décrite et figurée dans son Ornithologie d'Afrique, pag. 72 et pl. 126. C'est la fauvette grisette, *sylvia subcœrulea*, Vieill. (CH. D.)

GRIGNON, *Bucida.* (*Bot.*) Genre de plantes dicotylédones, à fleurs incomplètes, de la famille des éléagnées, de la *pentandrie monogynie* de Linnæus, offrant pour caractère essentiel : Un calice d'une seule pièce, à cinq dents; point de corolle; dix étamines plus longues que le calice, insérées à sa base; un ovaire inférieur, surmonté d'un style simple et d'un stigmate obtus. Le fruit est une baie sèche, ordinairement couronnée par le calice, à une seule loge monosperme.

Ce genre, borné à deux espéces, renferme des arbres exotiques, chargés de feuilles touffues, réunies ordinairement à l'extrémité des rameaux ; les fleurs sont disposées en épis axillaires et terminaux. Souvent le style, surtout dans les fleurs de l'extrémité de l'épi dans la première espéce, prend, en s'alongeant, un accroissement considérable, de consistance spongieuse, presque ligneuse, et acquiert la forme d'une corne de bœuf, d'où lui est venu son nom, particularité qui a fait soupçonner à M. de Lamarck que le *rhizophora corniculata* de Linnæus, ou au moins le *mangium fruticans corniculatum* de Rumph., *Amboin.*, 5, tab. 77, et le *pou-kandal* de Rhéede, *Hort.*

Malab., 6, tab. 36, pourroit bien appartenir à ce genre plutôt qu'aux palétuviers.

Grignon cornu : *Bucida buceras*, Linn.; Lamk., *Ill. gen.*, tab. 356; *Mangle julifera*, etc.: Sloane, *Jam.*, 2, tab. 189, fig. 5; *Buceras*, etc., Brown, *Jam.*, tab. 23, fig. 1; vulgairement Corne de bœuf, ou Chêne françois, dans les îles angloises. Arbre qui s'élève à la hauteur d'environ trente pieds sur un tronc d'un pied de diamètre. Ses feuilles sont pétiolées, ovales, glabres, obtuses, très-entières, élargies vers leur sommet, longues de deux pouces, situées aux nœuds et aux sommités des rameaux. Les fleurs sont disposées en épis simples, nombreux, pédonculés, longs de deux pouces, situés entre les feuilles; ces fleurs sont petites, blanchâtres, alternes, sessiles, cotonneuses. Leur calice est campanulé, persistant, muni à son bord de cinq dents très-courtes; les étamines terminées par des anthères droites, en cœur; l'ovaire ovale; le style de la longueur des étamines. Le fruit est une baie sèche, ovale.

Cet arbre croît à la Jamaïque et dans la Guiane. On le cultive au Jardin du Roi; il ne se conserve que dans la serre-chaude. Sa culture consiste à le changer de pot et de terre tous les deux ans, et à l'arroser modérément en hiver. Comme il ne donne pas de fruits, on ne peut le multiplier qu'en tirant des graines de son pays natal. L'écorce de cet arbre, au rapport d'Aublet, est employée dans la tannerie : son bois sert dans la charpente et dans la menuiserie: il est rarement attaqué par les vers. Les habitans de Cayenne le préfèrent à tout autre pour faire des armoires ou garde-meubles.

Grignon en tête : *Bucida capitata*, Vahl, *Egl.* 11, tab. 8; Gært., *Fl. Carpol.*, tab. 217. Arbre découvert au Mont-Serrat, dans l'Amérique. Son tronc s'élève à la hauteur d'environ soixante-dix pieds. Ses rameaux sont ternés; les supérieurs dichotomes, ridés, cylindriques, chargés à leur sommet, dans leur jeunesse, d'un duvet tomenteux, ferrugineux, et de feuilles rapprochées, cunéiformes, obtuses, très-entières, quelquefois un peu échancrées, longues de deux pouces, glabres en dessus, velues et soyeuses vers leurs bords et sur leur principale nervure; cinq à six pédoncules axillaires, plus courts que les feuilles, tomenteux, portant des fleurs sessiles, rapprochées en tête, presque en chaton, séparées par des bractées spatulées. Le calice est urcéolé, à cinq dents arrondies: dix filamens, les alternes plus courts; les anthères petites: le style plus long que le calice. Les drupes sont alongés, aigus à leurs deux extrémités, point couronnés par le calice; une semence linéaire. (Poir.)

GRIGRI. (*Ornith.*) Ce nom est donné à plusieurs oiseaux. Dans la Guiane on l'applique aux toucans de la petite espèce, ou aracaris. Selon le P. Dutertre (Hist. nat. des Antilles, tom. 2, p. 253), il désigne l'émerillon, *æsalon Antillarum* de Brisson; et M. Vieillot dit que, dans les environs de Rouen, le proyer, *emberiza miliaria*, Linn., est aussi vulgairement appelé grigri. (Ch. D.)

GRIGS (*Ichthyol.*), un des noms anglois de l'*ammodytes tobianus*. Voyez AMMODYTE. (H. C.)

GRIIS (*Mamm.*), nom danois du jeune cochon domestique. (F. C.)

GRILAGINE. (*Ichthyol.*) Voyez GRISLAGINE. (H. C.)

GRIL-GRIL, GRILLET, GRILLON. (*Entom.*) Voyez GRYLLON. (C. D.)

GRILL. (*Ornith.*) Selon Gesner et Aldrovande, on appelle ainsi, dans les environs de Francfort, le cini, *fringilla serinus*, Linn. (Ch. D.)

GRILLAGE DES MINES. (*Chim.*) C'est une opération que l'on fait en grand, pour séparer de plusieurs sortes de mines, le soufre et l'arsenic qu'elles contiennent. (Ch.)

GRILLET. (*Ornith.*) Les auteurs du Nouveau Dictionnaire d'Histoire naturelle donnent ce nom comme désignant, dans le département de l'Ain, le cincle, *sturnus cinclus*, Linn. (Ch. D.)

GRILLON-TAUPE. (*Entom.*) Voyez COURTILLIÈRE. (C. D.)

GRILLONNES, *Gryllides*. (*Entom.*) M. Latreille avoit désigné sous ce nom la famille d'insectes orthoptères, que nous avons nommée GRYLLIFORMES ou GRYLLOÏDES. (Voyez ce dernier mot.) Depuis, M. Latreille les a appelés sauteurs. Règne animal, tom. 3, pag. 575. (C. D.)

GRILLS. (*Ichthyol.*) Dans quelques unes de nos provinces, les pêcheurs nomment ainsi les très-petits saumons. (H. C.)

GRIMACE (*Conchyl.*)', nom marchand du *murex anus*, dont M. Denys de Montfort fait son genre Masque, Persona. Voyez ces différens mots. (De B.)

GRIMACE BLANCHE (*Conchyl.*), *Murex anus*, Var. (De B.)

GRIMALDIA. (*Bot.-Crypt.*) Parmi les divers genres que Raddi vient d'établir aux dépens du *marchantia* de Linnæus, se trouve le *grimaldia*, qui a pour type le *marchantia triandra* de Scopoli, de Balbis et de Decandolle. Ce genre diffère du *marchantia* des auteurs par la forme et la structure du réceptacle commun de l'organe femelle ; il est pédicellé , triangulaire, convexe, et s'ouvre en dessous en trois fentes qui contiennent trois capsules pédicellées, enveloppées d'une membrane qui s'ouvre irrégulièrement. Selon Raddi , chaque capsule est fermée par un opercule convexe, lequel, en s'ouvrant, reste attaché quelque temps, par son petit côté, au bord de l'orifice , puis tombe tout entier ; l'orifice de la capsule est entier.

Ce genre est dédié au chanoine Grimaldi , professeur de physique dans le lycée de Lucques. Il ne comprend qu'une espèce :

GRIMALDIA DICHOTOME : *Grimaldia dichotome*, Radd., *Opusc. scelt. Bolog.* 1818, pag. 356 ; *Marchantia triandra*, *Suppl. Carn.*, édit. 2, pag. 354, tab. 65 ; Balb., *Diss. hep.*, pag. 4, tab. 1, fig. 1 ; *Hepatica*, Micheli, 3, tab. 2 , fig. 3. Cette plante a le port des *marchantia ;* sa fronde est plane , dichotome, linéaire, verte et ponctuée en dessus , violacée en dessous. Les dernières découpures sont échancrées à leur extrémité, et c'est par cette échancrure que s'élève le pédicelle de la fleur femelle, dont le point d'insertion est sous la fronde près du bord. Les godets ou les organes mâles , sont épars sur la fronde : cette plante n'a guère plus d'un pouce de hauteur, lorsqu'elle est en fructification ; elle forme des plaques de deux pouces et demi de diamètre environ. Elle a quelque ressemblance avec le *marchantia hemisphærica.* Weber et Mohr l'ont même confondu avec cette espèce.

On la trouve en Italie, près Turin, Florence, dans les lieux herbeux, parmi les mousses, et dans les fentes des rochers. Voyez Marchantia. (Lem.)

GRIMAULT. (*Ornith.*) Ce nom, qui s'écrit aussi *grimaud*, *grimaude*, est une ancienne dénomination d'oiseau de nuit, et particulièrement de la chouette chevêche, *strix passerina*, Gmel. (Сн. D.)

GRIMM, GRIMME (*Mamm.*), nom donné à une espèce d'antilope à corne droite, parce qu'elle avoit été décrite pour la première fois par le docteur Hermann Nicolas Grimm. (F. C.)

GRIMMER (*Ornith.*), nom allemand du milan, *falco milvus*, Linn. (Сн. D.)

GRIMMIA. (*Bot.-Crypt.*) Ce genre, de la famille des mousses, est très-voisin du *Weissia*, et comprend une vingtaine de petites espèces presque toutes d'Europe, qui croissent sur les murs, sur les pierres et sur les arbres, et qui ont fait partie du genre *Bryum*, Linn.; quelques unes sont fort communes. Dans ces mousses, la capsule est terminale, ovoïde, munie d'un péristome simple à seize dents élargies à leur base, écartées au sommet, et plus souvent abattues en dehors. Elles sont monoïques ou dioïques, c'est-à-dire qu'on observe sur le même pied qui porte les capsules ou sur des pieds différens, les fleurs mâles qui consistent en de petites rosettes ou gemmules axillaires, ou placées à l'extrémité des rameaux. La coiffe de la capsule se fend latéralement en deux ou plusieurs parties : ce caractère a paru assez important à M. Decandolle, pour mériter de fournir celui de deux divisions dans ce genre. Les dents du péristome sont assez souvent percées de petits trous : ce caractère s'observe également sur des espèces de *weissia*, et il a été jugé suffisant par Sprengel pour former de toutes ces espèces, le genre qu'il désigne par *Coscinodon* (voyez Percillette), adopté par Bridel, avec cette modification cependant qu'il n'y ramène pas les espèces à dents du péristome pyramidales, et à coiffe en forme de mitre, qu'il laisse dans son genre *Grimmia*, qui se trouve comprendre les vrais *grimmia* d'Ehrhart, fondateur de ce genre, de Schreber, d'Hedwig, et de Palisot-Beauvois. Toutefois, ce dernier botaniste, en modifiant les caractères génériques du *grimmia*, se trouve en éliminer quelques espèces ; il donne ainsi ces caractères : Coiffe campaniforme, opaque, brunâtre, déchirée à sa marge ; opercule presque mamillaire ; seize dents simples ; urne sphérique ou ovale; tube court; gaine tuberculeuse; point de périchèse.

Smith (*Fl. Brit.*) trouve qu'il y a une si grande affinité entre les genres *Grimmia* et *Weissia* d'Hedwig, qu'il les réunit en un seul genre, auquel il conserve le premier de ces noms; mais cette réunion n'a pas été adoptée.

Nous bornerons nos exemples des espèces à celles que tous lesauteurs ont rapportées à ce genre.

§. 1. *Capsule presque sessile, entourée, et cachée par les feuilles florales.*

GRIMMIA A PIED COURT; *Grimmia plagiopoda*, Hedw., *Spec.*, 78, tab. 15, fig. 1. Feuilles imbriquées, ovales - oblongues, terminées par un poil blanc; capsule ovale, penchée, portée sur un petit pédicelle jaunâtre, arqué. Cette espèce croît aux environs de Paris, sur les murs du Bois de Boulogne, près Passy; elle a été découverte près Neuchâtel, près d'Iéna, en Saxe, à Ratisbonne, etc. Elle forme de petits tapis ou coussinets blanchâtres, serrés. Sa tige est rameuse ou simple. La cioffe est blanchâtre, à sommet brun et à bord découpé en deux ou trois lanières.

GRIMMIA A CRINS BLANCS : *Grimmia crinita*, Web. et Mohr, Schkuhr, *Deut. Moos.*, pag. 51, tab. 22; Brid.; Decand. Tige fort courte, peu rameuse; feuilles en forme de spathule, pointue, terminée par un poil blanc un peu dentelé; capsule courtement pédicellée, ne dépassant point les feuilles; opercule conique. Cette mousse se trouve en Allemagne, en Suisse, en France, sur les rochers calcaires et sur les murs, dans les endroits arides : elle forme de petits coussinets comme l'espèce précédente.

GRIMMIA DES ALPES : *Grimmia alpicola*, Sw., *Mus. Suec.*, pag. 27 et 83, tab. 1, fig. 1 ; Hedw., *Spec.*, tab. 15, fig. 15. Tige rameuse ; feuilles lancéolées, obtuses ; capsule lisse, ovale, très-ouverte, presque sessile; opercule terminé par une pointe oblique. On trouve cette mousse dans les montagnes alpines et sous-alpines de la Lapponie, de la Suisse et du Dauphiné, sur les rochers humides et près des ruisseaux. Elle ressemble à l'espèce suivante, mais est plus petite.

GRIMMIA SÉSSILE : *Grimmia apocarpa*, Hedw., *Musc. Fr.*, 1, tab. 30 ; Brid., *Musc.*, 2, pag. 57 : Schkuhr, *Deut. Moos.*, pag. 47, tab. 21 ; *Engl. Bot.*, tab. 1134 ; Schmied., *Icon.*, tab. 57, fig. 1; Hook, *Musc., Brit.*, 37, pl. 13; *Bryum apocarpon*, Linn.; *Sphagnum*, Dill., *Musc.*, t.32, fig. 4. Tige rameuse; feuilles ovales, pointues, carénées, imbriquées, presque rejetées du même côté; mais, par l'humidité, s'étalant et se réfléchissant un peu ; capsule presque sessile, ovale ; opercule convexe, terminé par une pointe très-courte ; coiffe frangée à la base. Cette espèce est très-commune sur les troncs des arbres, sur les murs et sur les pierres. Elle fleurit en automne ; ses fruits mûrissent en hiver ; selon Weber, les dents du péristome ont quelquefois un ou deux trous. Cette mousse offre plusieurs variétés que quelques botanistes considèrent même comme des espèces. L'une d'elles a la tige extrêmement courte, presque simple; ses feuilles supérieures sont terminées par un poil blanc. Elle croit sur les murs et sur les pierres. C'est le *grimmia apocaula*. Dec., Fl. Fr.; elle se rencontre dans toute l'Europe, en Orient, et dans l'Amérique septentrionale.

GRIMMIA DES RUISSEAUX : *Grimmia rivularis*, Turn., *Hib.*, tab. 2, fig. 2 ; Brid., *in* Schrad. *Journ.*, 3, tab. 3; Schwæg., *Suppl.*, 1, t. 23; Schkuhr, *Deut. Moos.*, tab. 21, fig. 11. Tige couchée ; rameuse; rameaux ascendans, fasciculés ; feuilles larges, lancéolées, obtuses, sans poil, étalées ou dressées ; capsule demi-ovale, presque terminale. Cette mousse croit sur les rochers, aux bords des ruisseaux, dans les lieux frais et humides, en France, en Allemagne, en Angleterre, et jusque sur le sommet du mont Caucase, à prés de 2,000 mètres au-dessus du niveau de la mer.

GRIMMIA GRÊLE : *Grimmia gracilis*, Schleich., *Crypt. Hel.*, exsicc., Cent. III; Schwæg., *Supp.*, 1, tab. 20. Tige longue d'un à deux pouces, rampante, rameuse ; rameau un peu fasciculé, ascendant; feuilles lancéolées, étalées, un peu courbées à l'extrémité, dentées au sommet, point terminées par un poil; capsule sessile, oblongue ; opercule convexe, à bec court, dents du péristome courtes, percées d'un grand nombre de trous. Cette espèce, que Schkuhr ne considère que comme une variété du *grimmia sessile*, croît sur les rochers, dans les Vosges , les Alpes de la Savoie et de la Suisse, et en Franconie.

§. 2. *Capsule saillante, à pédicelle court.*

GRIMMIA CRIBLÉ : *Grimmia cribrosa*, Hedw., *Mus. Frond.*, 5, pag. 73, tab. 31, B. ; Schkuhr, *Deut. Moos.*, tab. 22. Tige droite, ordinairement simple ; feuilles imbriquées, lancéolées, les supérieures terminées par un poil blanc ; pédicelle long ; capsule droite, ovale ; opercule conique, pointu ; dents du péristome, criblées de trous. Cette mousse est commune en Europe, sur les rochers, sur les pierres, sur les toits. Elle forme des tapis ou des coussinets d'un vert obscur et de huit lignes de hauteur.

GRIMMIA ALPESTRE : *Grimmia alpestris*, Schleich. ; Decand. ; *Grimmia donniana.* Smith , *Fl. Brit.* ; Web. et Mohr, *Tasch. Engl. Bot.*, tab. 559 ; Hook. *Musc. Brit.*, 40, tab. 3 ; *Grimmia sudetica*, Schwæg., *Supp.*, tab. 24. Tige droite, un peu rameuse ; feuilles imbriquées, lancéolées, acuminées, terminées par un poil ; pédicelle long ; capsule elliptique ; opercule conique, surmonté d'une pointe courte ; péristome à dents entières. Cette mousse forme des touffes ou coussinets serrés, noirâtres, sur les rochers humides des montagnes, en Ecosse, en Angleterre, dans les Alpes, en Allemagne, et en Hongrie.

GRIMMIA OBTUS : *Grimmia obtusa*, Schwæg., *Suppl.*, 1, p. 88 ; tab. 25 ; Brid., *Mus. Suppl.*, 4, pag. 35. Feuilles lancéolées, pilifères, à poil décurrent à sa base le long des bords des feuilles ; capsule peu saillante, ovale-oblongue ; opercule conique et obtus. Cette mousse n'est peut-être qu'une variété de la précédente. Elle a été observée en Carinthie , en Tyrol, dans les Alpes, dans les Vosges et les Pyrénées.

GRIMMIA NOIRATRE : *Grimmia nigricans*, Decand., Fl. Fr.. n.° 1215 ; *Grimmia ovata*, Schwægr., *Suppl.*, 1, 85, tab. 24 ; Web. et Mohr, *It. Suec.*, tab. 2, fig, 4 ; Hook, *Musc. Brit.*, 59, pl. 13. Tige rameuse ; feuilles lancéolées, droites, un peu étalées, terminées par un poil blanc ; pédicelle long de quatre à cinq lignes ; capsule ovoïde, droite, petite ; opercule conique, presque obtus. Cette espèce ressemble tellement au *dicranum ovatum*, qu'il seroit impossible de les distinguer si dans cette dernière plante l'opercule n'étoit surmonté d'un bec pointu un peu courbé. On la rencontre sur les rochers alpins, en Irlande, en Ecosse, en Suède, en Allemagne, en Suisse et en France. Elle forme des coussinets d'un vert foncé. Ses feuilles inférieures sont persistantes et noirâtres.

Selon Bridel, le *grimmia nigricans*, Dec., indiqué dans les Pyrénées, en Auvergne et dans les Alpes, seroit une espéce différente du *grimmia ovata* des auteurs.

Le *grimmia lanceolata*, Smith, Dec., ou *leersia lanceolata*, Smith, constitue le genre *Anacalypta* de Rohling. C'est maintenant le *coscinodon lanceolatus*, Brid. (Voyez Percillette.) Le *grimmia recurvata*, Hedw., est le *weissia recurvata*, Brid., *Suppl.*, 4, pag. 43.

Ces deux espèces de mousses ont la coiffe fendue latéralement. Dans les autres espèces, la coiffe est frangée ou lacérée à sa base. (Lem.)

GRIMOINO, SOURBEIRETTO (*Bot.*), noms provençaux de l'aigremoine, suivant Garidel. (J.)

GRIMPANT. (*Ornith.*) Ce nom et ceux de *grimpeau*, *grimpelet*, *grimperet*, *grimpart* sont autant de dénominations vulgaires du grimpereau commun. M. Vaillant a appliqué la dernière à plusieurs oiseaux d'Afrique, comme les *talapiots*, les *picucules*, etc. (Cu. D.)

GRIMPANTE [TIGE]. (*Bot.*) Incapable de se soutenir par elle-même et s'élevant le long des corps qui lui servent d'appui, soit en se roulant tout autour (cuscute, liseron des haies, haricot), soit au moyen de vrilles (pois, vigne), soit par des radicelles ou griffes (lierre, *bignonia radicans*), soit par l'enroulement des pétioles (*clematis viticella*). Lorsqu'elle se roule autour du corps, elle dirige constamment ses circonvolutions de droite à gauche dans certaines espèces (haricot, liseron, *periploca*) ; de gauche à droite dans d'autres (houblon, chevrefeuille) ; et l'on ne peut, sans faire languir la plante, changer sa direction naturelle, qu'elle reprend aussitôt qu'on cesse de la contrarier. (Mass.)

GRIMPE (*Ichthyol.*), nom allemand du goujon, *cyprinus gobio*, Linnæus. Voyez Goujon. (H. C.)

GRIMPEL (*Ichthyol.*), nom que l'on donne en Westphalie

GRI

au véron, *cyprinus phoxinus*, Linnæus. Voyez ABLE, dans le. Supplément du premier volume. (H. C.)

GRIMPEREAU, *Certhia*. (*Ornith.*) Ce nom sembleroit devoir se rapporter aux oiseaux désignés en masse par la dénomination de grimpeurs ; mais, quoiqu'en effet le grimpereau proprement dit soit, peut-être, celui qui possède au plus haut degré la faculté de grimper, il n'a pas, dans la distribution des doigts, les caractères sur lesquels est principalement établi l'ordre des grimpeurs, et ce genre fait partie de l'ordre des passereaux et de la famille des ténuirostres, d.stinguée des autres par un bec grêle, alongé et plus ou moins arqué. En effet, tandis que les grimpeurs ont, en général, deux doigts en avant et deux en arrière, ceux dont il s'agit ici n'ont qu'un doigt en arrière et trois en avant. L'impropriété de la qualification exclusive de grimpeurs donnée aux premiers, est même d'autant plus frappante, que si les pics grimpent et se servent utilement de la facilité que leur donne la disposition de leurs pieds pour se cramponner aux arbres, d'autres genres, tels que ceux des coucous, des barbus, etc.. ne tirent pas le même parti d'une semblable conformation, et ne grimpent point du tout. Les pennes de la queue suffisent aux grimpereaux pour remplir l'office qu'elles partagent avec les doigts chez les pics ; et si l'usure de leurs tiges prouve l'habitude de les employer comme des arcs-boutans, cet usage n'est pas même indispensable, puisque l'échelette, ou grimpereau de muraille, y supplée par l'étendue de son ongle postérieur, et que la sittelle, dont les ongles, quoique assez longs, n'ont rien d'extraordinaire, n'a pas recours à sa queue pour se livrer à un pareil exercice.

Si la distribution des doigts ne peut servir de règle pour juger de la faculté de grimper, la forme arquée du bec ne doit pas être considérée comme un signe plus propre à déterminer l'association des divers oiseaux chez lesquels cette courbure existe ; et quoique, sous ce rapport, les souï-mangas, de l'Afrique et de l'Asie, les guit-guits, de l'Amérique, et les héorotaires, de l'Australasie, offrent une similitude dans les caractères servant, en général, à l'établissement des méthodes, il est nécessaire de recourir à d'autres signes pour ne pas s'exposer à comprendre sous une même dénomination des

êtres si évidemment séparés par les mœurs et le genre de vie.
La forme de la langue doit donc ici être consultée avec celle
de la queue, pour ne pas accoler des oiseaux qui vivent exclusivement d'insectes, à d'autres dont le suc des fleurs est la
principale nourriture. Le caractère fondamental des suce-
fleurs, ou anthomyzes, est d'avoir la langue tubuleuse ou en
trompe, et garnie de filets pour déguster et aspirer le suc de ces
fleurs; et celui des grimpereaux, de l'avoir d'une seule pièce,
cartilagineuse, aiguë, et propre à percer les insectes qu'ils
introduisent dans la bouche pour en opérer la déglutition.
Cette considération suffit pour faire sentir qu'on ne doit pas
laisser subsister la dénomination générale de grimpereaux à
l'égard des souï-mangas, des guit-guits et des héorotaires vivant de la même manière, et qu'il est plus convenable de
leur appliquer celle de suce-fleurs, qui les embrasseroit dans
une même famille avec les colibris et les oiseaux-mouches, à
raison de l'identité de mœurs et d'habitudes. Ainsi envisagés,
les guit-guits, les souï-mangas, quoiqu'ils soient en général
plus forts et aient les pieds moins courts et les ailes moins
étroites et moins longues que celles des colibris et des oiseaux-
mouches, ne pourroient peut-être pas conserver leurs dénominations particulières, qui ne sont fondées que sur la diver-
sité des pays qu'ils habitent, si on ne leur trouvoit des signes
extérieurs tenant de plus près aux caractères admis dans les
méthodes, et qui fussent suffisans pour les faire reconnoitre à
la simple vue; mais la science a déjà fait quelques pas à cet
égard. En effet, on a vérifié, sur plusieurs espèces, que les
pennes caudales, au nombre de dix chez les colibris et les oiseaux-mouches, sont, du moins le plus souvent, au nombre
de douze chez les autres; et l'on a remarqué, de plus, à l'aide
d'une loupe, que les souï-mangas ont les bords des deux mandibules finement dentelés, tandis que les deux parties du bec
sont lisses, et que la mandibule supérieure seule offre une entaille à sa pointe dans les guit-guits.

D'un autre côté, si plusieurs des héorotaires de M. Vieillot
ont, ainsi que les souï-mangas, les guit-guits, etc., la langue
divisée en filets, leur bec, sans dentelure ni entaille, est
arrondi à sa base, tandis que les guit-guits et les souï-mangas
l'ont plus ou moins trigone dans cette partie, ce qui serviroit

de signe distinctif à ce genre, qui, au surplus, se trouveroit bien réduit si l'on ne considéroit, avec M. Cuvier, comme véritables héorotaires que ceux dont le bec seroit courbé presque en demi-cercle.

Mais, en se bornant ici à cet aperçu, relativement aux oiseaux suce-fleurs, et n'insistant que sur les motifs qui doivent les faire séparer des grimpereaux, on observera que ceux qui appartiennent proprement à ce dernier genre, ont le bec arqué, grêle, comprimé par les côtés, un peu trigone; les ailes courtes, arrondies, et les pennes caudales usées et finissant en pointe roide. On ne connoît en Europe qu'une seule espèce de ce genre, dont le grimpereau de muraille a été extrait sous le nom d'échelette; mais il y a en Amérique des oiseaux d'un genre voisin, quoique d'une taille plus forte; ce sont les picucules, *dendrocolaptes*, Herm. et Illig., et *grimpars*, Lev. M. Cuvier en rapproche aussi le *talapiot*, à cause de sa queue également usée, quoique son bec, long, droit et comprimé, ait plus d'analogie avec celui de la sittelle.

M. Vieillot a fait, sous le nom de *synallaxe*, un genre particulier de deux oiseaux trouvés au Brésil, qui ont la queue aiguë comme celle du grimpereau, mais dont le bec présente la circonstance particulière que la mandibule inférieure est droite, tandis que le demi-bec supérieur est un peu arqué.

Les vrais grimpereaux ne consisteroient, d'après cela, qu'en peu d'espèces.

Grimpereau d'Europe ou commun : *Certhia familiaris*, Linn., pl. enl. de Buff., n.° 681, fig. 1; pl. 55 de Lewin, et 12 de Georges Graves, tome 1. Cet oiseau, presque aussi petit que le troglodyte, n'a qu'environ cinq pouces de longueur, et ne pèse que le tiers d'une once. La tête et le dos présentent des taches longitudinales, blanchâtres au centre, et mélangées de brun et de noir sur les côtés; les ailes sont d'une couleur sombre, avec une bande latérale blanchâtre au milieu des pennes. La gorge et la poitrine sont d'un blanc argenté, et l'abdomen est d'un blanc roussâtre; le croupion est roux; la queue, étagée, a les douze pennes d'un cendré roussâtre, avec la pointe piquante. Les pieds sont gris; l'iris est de couleur noisette; la mandibule supérieure est brune, et l'inférieure jaunâtre. La femelle ressemble aux mâles. M. Temminck dit que les jeunes ont le bec moins arqué.

Ce grimpereau, qui se trouve dans les diverses contrées de l'Europe, est surtout fort commun en Angleterre : on le rencontre jusqu'en Sibérie, et, suivant Sepp, dans le nord de l'Asie. Catesby l'a vu dans la Caroline, et M. Vieillot dans une autre partie de l'Amérique septentrionale. Il est sans cesse occupé à grimper le long des arbres, pour rechercher les insectes et les larves dont il se nourrit. On le voit souvent passer d'un arbre à un autre, et sa voix ne consiste que dans un cri foible, mais aigu. Il reste, pendant la nuit, dans les trous des mêmes arbres, et y fait un nid composé d'herbes fines et de mousse, liées avec des toiles d'araignée. La femelle y pond cinq, six, sept, et quelquefois neuf œufs, qui sont blancs, avec de petites taches rouges, comme on les trouve peints dans la planche 12, fig. 1, de Lewin, mais que des auteurs décrivent comme cendrés, avec des points d'une couleur plus foncée.

Le grand grimpereau, *certhia major* de Brisson, n'est qu'une variété de taille du grimpereau commun ; son plumage et ses habitudes sont les mêmes. On en trouve la figure dans Frisch, tom. 1, class. 4, div. 2, pl. 11.

Scopoli a décrit, *Ann.*, 1, p. 52, n.° 60, un oiseau trouvé dans la Carniole, qu'il regardoit comme une autre variété ou une différence de sexe; mais Latham observe, avec raison, dans son *Synopsis*, tom. 1, part. 2, pag. 703, que, vu la grande différence des couleurs, ce seroit plutôt une espèce distincte. En effet, l'auteur allemand a décrit cet oiseau comme ayant une bandelette bleue qui, partant de la base du bec, s'étendoit sur les côtés du cou ; une tache rousse à la gorge; le dessus du corps verdâtre, le dessous d'un jaune nuancé de vert; les pennes alaires et caudales d'un brun vert, et les pieds noirs. Mais on ne paroît pas avoir depuis revu d'individus semblables à celui-ci, et l'on peut en conséquence douter de l'existence réelle de l'espèce, que Latham et Gmelin ont admise, peut-être un peu légèrement, dans le genre Grimpereau, sous le nom de *certhia viridis*.

Grimpereau cinnamon ; *Certhia cinnamomea*, Lath. et Gmel. Cette espèce, dont on ne connoît pas le pays natal, mais qui a été figurée, pl. 62 du second volume des Oiseaux dorés,

parmi les grimpereaux héorotaires, sur un individu déposé
par M. Parkinson dans le Muséum Britannique, a cinq pouces
de longueur. Le bec, noir et d'environ neuf lignes, est peu
courbé; toutes les parties supérieures sont de couleur de cannelle, et les inférieures blanches ; les ailes, courtes, s'arron-
dissent lorsqu'elles sont étendues; la queue, dont les pennes
sont très-aiguës à la pointe, est de la même forme que celle
du grimpereau commun; les pieds sont noirs.

GRIMPEREAU DE LA TERRE DE FEU ; *Motacilla spinicauda*, Gmel.,
et *Sylvia spinicauda*, Lath. A l'aspect seul de la figure de cet
oiseau, qui se trouve pl. 52 du *Synopsis* de Latham, tom. 2,
part. 2, pag. 465, on est étonné de la place qu'il occupe, et
c'est avec bien grande raison que M. Cuvier l'a indiqué comme
un grimpereau. En effet, si le peintre n'a figuré que dix pennes
caudales, au moins leur pointe, denuée de barbes dans près
d'un tiers de leur étendue, ne laisse-t-elle aucun doute sur le
genre auquel il appartient. Cette espèce, longue d'environ
six pouces, a le bec noir et peu courbé. Le sommet de la tête
offre un mélange de taches jaunes sur un fond brun, et une
bande de la première couleur passe au-dessus des yeux ; le
dessus du cou et le dos sont d'un brun qui prend une teinte
roussâtre sur les ailes; les épaules, et toutes les parties inférieures du corps, sont blanches ; la queue, en forme de coin,
est d'une couleur ferrugineuse; les pieds sont bruns.

Outre ces espèces on a dans la deuxième édition du Nouveau Dictionnaire d'Histoire naturelle, placé parmi les grimpereaux, mais avec le signe du doute, une espèce dont le pays
natal est inconnu, et que Latham a décrite dans le premier
Supplément du *Synopsis*, p. 129, et dans l'*Index ornithologicus*,
sous le nom de *certhia tabacina*, grimpereau de couleur de tabac.
Cet oiseau, long de huit pouces et demi, a le bec peu courbé
et noirâtre; les parties supérieures du corps sont de couleur
de tabac, à l'exception des couvertures inférieures des ailes,
qui sont jaunes. Le dessous du corps est vert ; les quatre pennes
inter médiaires de la queue excèdent les autres de moitié; les
pieds sont noirs. Au reste, il suffit que la queue soit annoncée
comme entière, pour juger qu'il ne s'agit pas ici d'un véritable
grimpereau, mais d'un oiseau à placer dans quelque autre
genre, ainsi qu'on l'a déjà fait à l'égard des nombreuses espèces

qu'on trouve dans Linnæus, Gmelin, Latham, et dont la plupart ont déjà été rangées parmi les souï-mangas, les guit-guits, etc. (CH. D.)

GRIMPEURS. (*Erpétol.*) M. de Blainville, dans son Prodrome, appelle ainsi un sous-ordre des reptiles ophidiens. Voyez OPHIDIENS, SERPENS et REPTILES. (H. C.)

GRIMPEURS. *Scansores.* (*Ornith.*) Cet ordre, qui fait partie de celui des *picæ*, dans Linnæus, forme le troisième dans le Règne animal de M. Cuvier; il est caractérisé par la distribution des doigts, dont l'externe se dirige en arrière, comme le pouce, quoique plusieurs oiseaux aient la faculté de grimper sans appartenir au même ordre. Les grimpeurs ont le vol médiocre; ils se nourrissent, comme les passereaux, d'insectes ou de fruits, selon le degré de force de leur bec. On a remarqué que le sternum avoit deux échancrures en arrière dans la plupart des genres, qui sont les Jacamars, les Pics, les Torcols, les Coucous, les Barbus, les Couroucous, les Anis, les Toucans, les Perroquets, les Touracous, les Musophages. (CH. D.)

GRINDÉLIE, *Grindelia.* (*Bot.*) [*Corymbifères*, Juss.; *Syngénésie polygamie superflue*, Linn.] Ce genre de plantes, proposé d'abord par Willdenow, dans les Mémoires de la Société d'Histoire naturelle de Berlin pour 1807, appartient à la famille des synanthérées, et à notre tribu naturelle des astérées, dans laquelle nous le plaçons immédiatement auprès de l'*aurelia*, qui en diffère suffisamment par l'aigrette, composée de plusieurs squamellules barbellulées, et par les anthères dépourvues d'appendices basilaires. Voici les caractères génériques et spécifiques que nous avons observés sur plusieurs individus vivans de *grindelia inuloides*.

La calathide est radiée : composée d'un disque multiflore, régulariflore, androgyniflore; et d'une couronne unisériée, liguliflore, féminiflore. Le péricline est égal aux fleurs du disque, hémisphérique, formé de squames nombreuses, imbriquées, appliquées, oblongues, coriaces, surmontées d'un petit appendice étalé, subulé, foliacé. Le clinanthe est plan, inappendiculé, fovéolé. Les ovaires sont courts, larges, épais, un peu comprimés bilatéralement, très-glabres : leur aigrette, rarement nulle, est ordinairement formée d'une seule, quel-

quefois de deux, ou même trois squamellules, caduques,
longues, filiformes, roides, absolument inappendiculées. Les
étamines ont l'anthère pourvue de deux appendices basilaires
pollinifères. La structure du style est conforme à celle qui caractérise principalement la tribu des astérées.

GRINDÉLIE INULOÏDE : *Grindelia inuloides*, Willd.; *Enum. Pl.
Hort. Berol.*; *Aster spathularis*, Brouss.; *Inula serrata*, Pers.:
Demetria spathulata, Lag. C'est une plante herbacée, un peu
ligneuse à sa base, et vivace : sa tige, haute de près d'un
pied et demi, est [dressée, rameuse, cylindrique, striée,
pubescente ; ses feuilles sont alternes, sessiles, demi-amplexicaules, étalées, longues d'un pouce et demi, larges de six
lignes, oblongues, échancrées en cœur à la base, obtusiuscules
au sommet, dentées en scie sur les bords, pulvérulentes, et d'un
vert glauque ou cendré ; les feuilles inférieures sont longuement
pétiolées, lancéolées, dentées en scie ; les calathides, larges de
seize lignes, et composées de fleurs jaunes, sont solitaires au
sommet des rameaux. Cette plante, indigène au Mexique, est
cultivée au Jardin du Roi, où nous avons observé les caractères
génériques et spécifiques qui viennent d'être décrits.

Le genre nommé par nous *Aurelia*, et par M. R. Brown
Donia, est-il réellement distinct du *grindelia*, plus anciennement établi par Willdenow ? M. R. Brown veut maintenant
confondre ces deux genres, et M. Kunth adopte cette réunion,
à la pag. 244 du quatrième volume in-folio de ses *Nova Genera
et Species Plantarum*. Nous soutenons au contraire qu'il faut
continuer à distinguer l'*aurelia* du *grindelia*, parce qu'indépendamment du nombre, un peu variable à la vérité, des
squamellules de l'aigrette, les deux genres diffèrent en ce que,
dans l'*aurelia*, les squamellules de l'aigrette sont barbellulées,
et les anthères dépourvues d'appendices basilaires ; tandis que,
dans le *grindelia*, les squamellules sont inappendiculées, et les
anthères appendiculées à la base. Cependant M. Kunth, qui
décrit le véritable *grindelia*, dit que les anthères sont nues à
la base : mais nous pouvons affirmer que chaque anthère a deux
appendices basilaires demi-lancéolés ou subulés, aussi longs
que l'article anthérifère, et libres par leur côté intérieur ; ce
qui a trompé M. Kunth, c'est que ces appendices sont presque
entièrement pollinifères, et greffés par leur côté extérieur

avec les appendices des anthères voisines. (Voyez le Journal de Physique de juillet 1819, page 32.)

M. Kunth décrit (pag. 244), sous le nom de *grindelia angustifolia*, une espèce qui, selon lui, diffère à peine du *grindelia inuloides*, si ce n'est par la forme des feuilles, et par la tige qui est presque simple.

M. Lagasca, dans ses *Genera et Species Plantarum*, page 30, propose comme nouveau un genre qu'il nomme *Demetria*, et auquel il rapporte deux espèces : la seconde (*demetria glutinosa*) est la plante même qui sert de type à notre *aurelia* ou *donia* de M. R. Brown ; mais la première (*demetria spathulata*), qui est indubitablement l'*inula serrata* de M. Persoon, est probablement aussi le *grindelia inuloides* de Willdenow. Ainsi, le *demetria*, qui n'a été publié qu'en 1816, paroît formé de la réunion des deux genres *Grindelia* et *Aurelia*, qui sont plus anciens.

Le genre *Grindelia* est dédié à H. Grindel, auteur d'un livre imprimé à Riga en 1803 , sous le titre de *Botanisches Taschenbuch*. (H. Cass.)

GRINETTE. (*Ornith.*) Cette espèce de gallinule ou hydrogalline, est nommée par Aldrovande *poliopus gallinula minor* ; par Willugby, *grinetta* ; par Brisson, *porphyrio nævius* ; par Gmelin , *fulica nævia*, et par Latham , *gallinula nævia*. (Ch. D.)

GRINGETTE (*Ornith.*), un des noms vulgaires de la perdrix grise, *tetrao perdix*, Linn. (Ch. D.)

GRINIZ. (*Ornith.*) Voyez Krinis. (Ch. D.)

GRINSON (*Ornith.*), un des noms vulgaires du pinson, *fringilla cœlebs*, Linn. (Ch. D.)

GRIOTTE (*Bot.*), nom d'une variété de cerise. (L. D.)

GRIOTTIER. (*Bot.*) Espèce de Cerisier. Voyez ce mot. (J.)

GRIPPE (*Bot.*), un des noms vulgaires de la lycopside, genre de borraginées, dont tout le feuillage est très-chargé d'aspérités. (J.)

GRIS et ROUX, ACRES et LAITEUX, de Paulet. (*Bot.*) Petit groupe de champignons laiteux, âcres, qui rentrent dans le genre *Agaric* ou *Fonge*. Une première espèce est grise, à feuillets roux ; une seconde gris-brun, à feuillets blancs ; et une troisième toute rousse. Cette dernière est l'*agaricus rufus*,

Scop. ; la seconde se compose des *fungus*, n.ᵒˢ. 1. 2 de Micheli ; *Nov. Gen.*, p. 142 ; et la première est le *fungus*, n.° 9, p. 61, de Vaill. Tous ces champignons sont suspects. (Lem.)

GRIS A BANDE ROUSSE. (*Bot.*) C'est le nom que Paulet donne à l'*agaricus fasciatus*, de Scopoli, champignon de couleur gris de souris tendre, avec une bande fauve qui entoure le sommet du chapeau, et à feuillets roux. (Lem.)

GRISAILLE (*Bot.*), nom vulgaire du peuplier blanc. (J.)

GRISAILLE. (*Entom.*) Geoffroy a désigné une espèce de phalène sous ce nom, n.° 51, tom. 2, pag. 134 de son Histoire des Insectes. (C. D.)

GRISALBIN. (*Ornith.*) Le gros-bec de Virginie, ainsi nommé dans Buffon, est le *loxia grisea*, Gmel. et Lath. (Ch. D.)

GRISARD. (*Bot.*) Voyez Grisaille. (L. D.)

GRISARD (*Ornith.*), nom que porte, dans Buffon, le goéland varié, *larus nævius*, Linn. (Ch. D.)

GRISARD. (*Mamm.*) On désigne le blaireau par ce nom, dans quelques uns de nos départemens. (F. C.)

GRIS-BLANCS. (*Bot.*) Ce sont des agarics de couleur gris de souris ou de cendre, avec les feuillets blancs. Paulet en reconnoît plusieurs groupes : les *agaricus naninus* et *cinerascens*, Batsch, {*El.*, tom. 3, fig. 19, et t. 19, fig. 101, forment le premier ; les mousserons gris, que Micheli désigne par les noms italiens de *berlingozzino de prati*, *bigione*, *bigiolino*, composent le second ; le troisième comprend beaucoup de *fungus* de Micheli, notamment le *bigcrello* : ce sont les mousserons gris et blancs d'Italie de Paulet ; enfin, l'*agaricus inclusus*, Scop., ou le gris et visqueux de Paulet, constitue à lui seul un dernier groupe. (Lem.)

GRISBOCK. (*Mamm.*) Espèce d'antilope du cap de Bonne-Espérance. Voyez Antilope. (F. C.)

GRIS-DE-LIN (*Bot.*), nom vulgaire de l'ibéride à ombelles. (L. D.)

GRISE-BONNE (*Bot.*), nom d'une variété de poire. (L. D.)

GRISELETTE (*Ornith.*), un des noms vulgaires de la grande hirondelle de mer, *sterna hirundo*, Linn. (Ch. D.)

GRISELINIA. (*Bot.*) Necker nomme ainsi le *moutouchi* d'Aublet, genre de plante légumineuse, supprimé depuis long-temps et réuni au *pterocarpus*. Le même nom a été donné par Forster, dans son *Prodromus*, à un de ses genres, qu'il avoit d'abord désigné sous celui de *scopolia*, donné avant lui à une autre plante. Le premier a été adopté par Willdenow. (J.)

GRISELLE. (*Ichthyol.*) On a quelquefois donné ce nom à l'holacanthe bicolore. Voyez Holacanthe. (H. C.)

GRISE-QUEUE. (*Ornith.*) Le docteur Shaw, après avoir parlé, dans son Voyage de Barbarie, tom. 1, p. 329, des canards de Barbarie à tête blanche et à tête noire, et comparé la taille du premier à celle du vanneau, dit que la grise-queue du même pays est plus petite de moitié; qu'elle a le ventre blanchâtre, les jambes noires, le corps gris, ainsi que les ailes, sur chacune desquelles on voit une tache noire et une verte, enfermées chacune dans un cercle blanc, ce qui indique une petite sarcelle. (Ch. D.)

GRISET. (*Bot.*) Ce nom vulgaire est donné dans quelques lieux à l'argousier, *hippophae*, probablement à cause de sa couleur grisâtre. (J.)

GRISET, *Notidanus*. (*Ichthyol.*) M. Cuvier a donné ce nom à un sous-genre de poissons qu'il a établi dans le grand genre des *Squales* de Linnæus et des autres ichthyologistes, lequel appartient à la famille des poissons cartilagineux plagiostomes de M. Duméril, et à celle des sélaciens de M. Cuvier. Ce sous-genre se rapporte au genre que M. de Blainville a appelé *monopterinus*, et à celui que M. Raffinesque-Schmaltz, antérieurement, avoit nommé *hexanchus*.

Les poissons de ce sous-genre, ou plutôt de ce véritable genre, ont à peu près en tout la forme des Requins ou Carcharias; mais ils en diffèrent en ce qu'ils ont des évents. On peut aussi les distinguer des Milandres, en ce qu'ils n'ont point de première nageoire dorsale, et des Aiguillats, des Humantins et des Leiches, en ce qu'ils ont une nageoire anale, dont ceux-ci sont dépourvus. (Voyez ces différens mots, et Plagiostomes et Squale.)

On n'en connoît qu'une espèce dans nos mers; c'est

Le Griset : *Notidanus griseus*, Cuv.; *Squalus griseus*, Linn.; *Squalus vacca*, Schneid. Six ouvertures branchiales de chaque côté; dents triangulaires en haut, dentelées en scie en bas; museau arrondi; ouverture de la bouche grande et demi-circulaire ; narines très-rapprochées de l'extrémité du museau, mais moins cependant que les yeux, qui sont grands et ovales ; évents très-petits ; peau lisse, d'une teinte grise uniforme.

Ce redoutable poisson, encore très-peu connu, parvient à de grandes dimensions, et réunit à la force extraordinaire et à la puissance des armes qu'il tient de la nature, une irritabilité des plus considérables. Il habite la mer Méditerranée. Rare dans beaucoup de parages, il est assez commun dans le voisinage de Nice, dit M. Risso. Aucun auteur ne l'avoit décrit avant Broussonnet. (*Mémoires de l'Académie des Sciences*, année 1780, pag. 663.) Scilla en a donné la figure, pl. XVII, Il a fort bien représenté les dents, mais le poisson très-mal.

Son foie est fort petit ; ses intestins servent ordinairement de demeure à une grande quantité de fascioles, et plusieurs espèces de crustacés du genre Calyge de Müller vivent sous les plis de ses nageoires.

Il ne se plait que dans les grandes profondeurs, où règne une température de dix degrés.

Sa chair a peu de saveur, et n'est point estimée.

Auprès de Nice, on en prend en toutes saisons un grand nombre d'individus, dont le poids s'élève de douze livres à deux mille livres et plus. On se sert pour appât de la chair de cheval.

Νωτιδανος, mot grec qui signifie *dos sec*, est le nom d'un squale dans Athénée. (H. C.)

GRISET. (*Ornith.*) Ce nom, que l'on donne au jeune chardonneret, *fringilla carduelis*, Linn., avant sa première mue, désigne, dans le département de la Somme, la marouette ou le petit râle d'eau, *rallus porzana*, Linn. Buffon pense que le *griset* ou *vourousambé* de Flacourt, Histoire de Madagascar, p. 165, est une hirondelle de mer ou sterne. (Cu. D.)

GRISETTE. (*Bot.*) On donne ce nom à l'agaric élevé, *agaricus procerus*, Pers., excellente espèce de champignons décrite à l'article Fonge, sous le n.° 39. Sa couleur est le gris, ou le brun cendré tacheté. (Lem.)

GRISETTE. (*Entom.*) Ce nom a été donné à plusieurs insectes différens : 1.° à un papillon estropié ou hétéroptère .

qui est le *papilio tages* ; 2.º à un charançon que Geoffroy décrit sous le n.º 15 ; 3.º à une phalène que Fourcroy a indiquée sous le nom d'*arenata*, ou de grisette à zigzag, tom. II, pag. 316, n.º 189. (C. D.)

GRISETTE. (*Ornith.*) Ce nom a été donné, d'après la couleur du plumage, à une fauvette, à une alouette, à un canard, aux macreuses encore jeunes ou femelles ; et l'on s'en est aussi servi pour désigner le guignard, *charadrius morinellus*. (Cʜ. D.)

GRIS-FARINIERS. (*Bot.*) Agarics gris ou cendrés, qui répandent l'odeur de la farine nouvellement moulue ; ils sont très-bons à manger. Paulet distingue plusieurs gris-fariniers : le premier est tout gris foncé ; c'est le *bigiolone* des Italiens et de Micheli.

Le second a le chapeau gris en dessus, les feuillets rosés et un stipe blanc, long et épais : c'est le *grumato grigio* des Italiens et de Micheli. Paulet ne le distingue pas du *prugnolo bastardo*, dont le chapeau est gris-argenté en dessus et à feuillets carrés. (Lᴇᴍ.)

GRIS-GRIS. (*Bot.*) Jacquin, dans ses Plantes d'Amérique, décrit sous ce nom la graine d'un palmier, qui est sphérique, de la grosseur d'une petite cerise, et qui paroît être la même que celle mentionnée par Gærtner, sous le nom de *bactris minima*.

Ce *bactris* est peut-être congénère du *bactris minor* de Jacquin, duquel celui-ci a tiré son caractère générique. On trouve encore à Saint-Domingue un gris-gris, qui est le grignon, *bucida buceras*. (J.)

GRISIN. (*Ornith.*) Gueneau de Montbeillard a décrit, sous le nom de grisin de Cayenne, cet oiseau, dont le mâle et la femelle ont été figurés dans les planches enluminées de Buffon, sous le n.º 643, et qui se rapporte au *motacilla grisea* de Gmelin, ou *sylvia grisea* de Latham. M. Vieillot en a fait son batara grisin, *thamnophilus griseus*, dont la description se trouve page 46 du Supplément au quatrième volume de ce Dictionnaire. (Cʜ. D.)

GRISLA (*Ornith.*), un des noms suédois du petit guillemot ou colombe du Groenland, *colymbus grille*, Linn., et *uria grille*, Lath. (Cʜ. D.)

GRISLAGINE. (*Ichthyol.*) Quelques auteurs ont désigné par ce nom le meunier ou une de ses variétés, *cyprinus dobula*, Linnæus. Voyez ABLE, dans le Supplément du premier volume de ce Dictionnaire. (H. C.)

GRISLÉE. *Grislea*. (*Bot.*) Genre de plantes dicotylédones, à fleurs complètes, polypétalées, régulières, de la famille des lythraires, de l'*octandrie monogynie* de Linnæus, dont le caractère essentiel consiste dans un calice tubulé, persistant, coloré, à quatre dents; quatre pétales très-petits : huit étamines très-longues, ascendantes; les anthères arrondies; un ovaire supérieur, globuleux, un peu pédicellé, surmonté d'un style et d'un stigmate simple. Le fruit est une capsule uniloculaire, polysperme.

Ce genre, réduit à deux espèces, offre des arbrisseaux exotiques, dont les rameaux sont effilés, les feuilles placées sur deux rangs opposés; les fleurs disposées en corymbes axillaires, touffus, opposés.

GRISLÉE A GRAPPES : *Grislea secunda*, Linn.; Lœffl., *Itin.*, pag. 246. Arbrisseau qui s'élève à la hauteur de douze à quinze pieds, sur une tige chargée de rameaux longs, cylindriques, effilés, glabres, très-ouverts : les feuilles opposées sur deux rangs, ovales, lancéolées, aiguës, très-entières, glabres, veinées, longues de deux ou trois pouces, médiocrement pétiolées. Les fleurs sont disposées en grappes simples, terminales, de la longueur des feuilles, courbées en dehors, garnies, dans toute leur longueur, de fleurs pédicellées, unilatérales, toutes réfléchies. Le calice est verdâtre, presque campanulé; la corolle composée de quatre pétales très-petits, ovales, insérés entre les divisions du calice; le style filiforme, de la longueur des étamines : le fruit plus court que le calice : quelquefois les parties de la fleur sont augmentées d'un cinquième. Cette plante croit dans les pays chands de l'Amérique.

GRISLÉE TOMENTEUSE : *Grislea tomentosa*, Roxb., *Corom.*, 1, tab. 31; *Lithrum fruticosum*, Linn., *Spec.*, 641; *Woodfordia floribunda*, Salisb., *Parad.*, tab. 42. Arbrisseau découvert sur les collines de la Chine, dont l'écorce se détache et tombe tous les ans. Sa tige se divise en rameaux garnis de feuilles opposées, sessiles, lancéolées, glabres en dessus, tomenteuses en dessous, entières à leurs bords; les fleurs disposées en corymbes axillaires, étalés; la corolle plus longue que le calice : elle renferme dix étamines saillantes. (Poir.)

GRISOLA. (*Ornith.*) L'oiseau ainsi nommé par Nonnius est le sizerin boréal proprement dit, *fringilla linaria*, Linn. et Lath., et *linaria borealis*, Vieill. (Ch. D.)

GRIS-OLIVE. (*Ornith.*) Cette espèce de tangara est le *tanagra grisea*, Linn. et Lath., pl. enl., n.° 714, fig. 1. (Ch. D.)

GRISOMÈLE (*Bot.*), un des noms donnés dans l'Italie, suivant Dodoens, au fruit de l'abricotier. (J.)

GRISON (*Ichthyol.*), nom vulgaire d'un poisson du genre Labre. (H. C.)

GRISON. (*Ornith.*) L'oiseau qu'on appelle ainsi à Genève est l'hirondelle de rivage, *hirundo riparia*, Linn. Buffon cite aussi le mot *grisone* parmi les noms italiens du gros-bec commun, *loxia coccothraustes*, Linn., qui est plus vulgairement appelé en Italie *frisone* ou *frosone*. (Ch. D.)

GRISON. (*Mamm.*) Espèce du genre Glouton, qui porte ce nom à cause de sa couleur. Voyez Glouton. (F. C.)

GRISONNETTE. (*Entom.*) Espèce de phalène indiquée, sous le n.° 45, dans la petite Entomologie parisienne. (C. D.)

GRIS-PENDART (*Ornith.*), un des noms vulgaires de l'écorcheur, *lanius collurio*, Linn. (Ch. D.)

GRIS-PERLÉ. (*Bot.*) Champignon du genre *Agaricus* (voyez Fonge), remarquable par ses mauvaises qualités, dont Paulet a donné la description (Tr., ch. 2, p. 556, pl. 160, fig. 1, 2, 3), et qu'il rapporte à l'*agaricus pustulatus*, Scop.; à celui que Sterbeeck désigne par *fungus venter et dorsum bufonis*, Théor., tab. 19, fig. F. G.; et au *fungus phalloides* de Vaill., *Bot. Par.*, p. 74, n.ºs 2 et 4. Ce champignon appartient à la division des bulbeux-mouchetés, dans la famille des bulbeux de Paulet, qui contient un grand nombre d'espèces dont l'usage est en général très à redouter. Le gris-perlé est d'un gris-brun; il s'élève à trois pouces; son chapeau a la même dimension à peu près; son stipe est bulbeux, et muni d'un collet : le chapeau est couvert de pellicules blanchâtres semblables à de petites perles; les feuillets sont blancs et munis d'un voile. Ce champignon croît dans les bois en automne; donné aux animaux, il les fait aller par haut et par bas, plus ou moins fort, les incommode sensiblement, mais ne les tue pas. (Lem.)

GRIT. (*Min.*) Voyez Psammite. (Brard.)

GRITADORES. (*Ornith.*) Voyez Frayletes. (Ch. D.)

GRITTONE. (*Ornith.*) On trouve, dans le onzième volume des Voyages de La Harpe, p. 335, ce nom mexicain appliqué à un faisan brun, dont les ailes et la queue sont noires. (Ch. D.)

GRIVA. (*Ornith.*) Ce nom piémontois des grives, considérées d'une manière générale, s'applique au merle à plastron blanc, lorsqu'il est suivi de l'épithète *savoujarda*. (Ch. D.)

GRIVE (*Conchyl.*), nom marchand d'une espèce de nérite, *nerites plexa*, et quelquefois de la *nerites Martini*. (De B.)

GRIVE. (*Ornith.*) On donne le nom de grives aux espèces du genre *Turdus* qui ont le plumage grivelé, c'est-à-dire, marqué de taches noires ou brunes, et qui sont décrites sous le mot Merle. Ce nom a aussi été appliqué à des oiseaux de genres différens; et c'est ainsi qu'on appelle grive d'eau le chevalier grivelé, *tringa macularia*, Linn.; grive de Bohème, le jaseur, *ampelis garrulus*, Linn.; grive de mer, le vanneau combattant, *tringa pugnax*, Linn.; grive dorée, le loriot d'Europe, *oriolus galbula*, Linn. (Ch. D.)

GRIVE DE MER (*Ichthyol.*), un des noms vulgaires du labre paon, *labrus pavo*. Voyez Labre. (H. C.)

GRIVELÉS ou MOUCHETÉS. (*Bot.*) C'est ainsi que le docteur Paulet désigne un petit groupe de champignons du genre *Agaricus* (voyez Fonge), dont les espèces sont figurées dans Sterbeeck, et remarquables par leurs couleurs bigarrées; ils sont au nombre de cinq espèces. La première croît sur le coudrier; la seconde sur le bouleau : elles sont blanches ou brunissantes, tachées ordinairement de jaune ou de brun. (Voyez Sterb., Théor., pl. 16, fig. G. H.) La troisième est rouge, mouchetée et striée de noir (Sterb., t. 21, fig. G.); la quatrième est blanche, avec des taches jaunes (Sterb., Théor., t. 16, fig. D.). Enfin, la cinquième est mêlée de jaune, de rouge et de brun (Sterb., t. 20, fig. B.). Tous ces champignons sont donnés comme pernicieux par l'Ecluse. (Lem.)

GRIVELETTE. (*Ornith.*) Ce nom est donné à une petite grive de Saint-Domingue, *motacilla aurocapilla*, Linn. (Ch. D.)

GRIVELÉ VISQUEUX. (*Bot.*) L'espèce d'agaric à laquelle

Paulet (Tr., ch. 2, p. 355, pl. 159) conserve ce nom, est une espèce très-dangereuse. J. Bauhin rapporte qu'elle produit sur l'homme des vomissemens, des vertiges, une affection soporeuse, avec refroidissement des extrémités, un abattement général et un pouls très-petit : que l'émétique est un des principaux secours dans ce cas, et que les lavemens et la thériaque sont avantageux. Suivant Paulet, donnée aux animaux, ils la rejettent promptement en vomissant; elle les tourmente, mais sans les mettre à mort. Cette espèce est indiquée dans la forêt de Senard et aux environs de Lagny. Elle est visqueuse dans toutes ses parties; elle a une saveur un peu sucrée, et répand une odeur virulente et nauséeuse. Le stipe est blanc, bulbeux à la base, haut de trois à quatre pouces; il porte un chapeau à peu près du même diamètre, blanc ou blanc grisâtre, avec des pellicules grisâtres, un peu rayé, sujet à se fendre et à s'entr'ouvrir; mollasse, mince, garni en dessous de feuillets dentelés et d'un beau blanc. Les feuillets s'insèrent sur un anneau, et ils sont couverts, dans leur jeunesse, d'un voile qui se rabat sur le stipe ou la tige. (LEM.)

GRIVELIN. (*Ornith.*) L'oiseau que Buffon a décrit sous le nom de grivelin à cravate, est rapporté par Gmelin au grosbec nonette, *loxia collaria*. (CH. D.)

GRIVERT. (*Ornith.*) Cet oiseau, qui est figuré sous le nom de rolle de Cayenne, dans les planches enluminées de Buffon, n.° 616, *corvus cayennensis*. Linn., est l'habia grivert, *saltator virescens* de M. Vieillot. (CH. D.)

GRIVET (*Mamm.*), nom d'une espèce de GUENON. Voyez ce mot. (F. C.)

GRIVETA (*Ornith.*), nom piémontois de la grive mauvis, *turdus iliacus*, Linn. (CH. D.)

GRIVETIN. (*Ornith.*) M. Vvaillant a décrit, dans le troisième volume de son Ornithologie d'Afrique, et il a figuré sous ce nom, pl. 118, le mâle et la femelle d'un oiseau auquel il a trouvé des rapports avec les rossignols, et dont M. Vieillot a fait sa fauvette grivetine, *sylvia leucophrys*. (CH. D.)

GRIVETTE. (*Ornith.*) Ce nom qui, en Savoie, et dans plusieurs départemens de France, désigne le mauvis, *turdus iliacus*, et dans divers cantons la grive proprement dite, *turdus musicus*,

Linn., est aussi appliqué à une espèce américaine, *turdus minor*, Linn. et Lath. (Ch. D.)

GRIVOUN. (*Ornith.*) Dans les Langues, en Piémont, ce nom désigne la grive-draine, *turdus viscivorus*, Linn. (Ch. D.)

GRIVROU. (*Ornith.*) On trouve sous ce nom, dans le troisième volume des Oiseaux d'Afrique de M. Levaillant, pag. 1 et suiv., la description de la seule espèce de grive qu'il ait rencontrée au cap de Bonne-Espérance ; il en a fait figurer le mâle, un jeune individu et une variété, sur les planches 98, 99 et 100. C'est le *turdus olivaceus*, Lath. (Ch. D.)

GROEGROE, ou GROUGROU. (*Entom.*) On nomme ainsi vulgairement à Surinam les larves du charançon palmiste qu'on vend dans les marchés pour être mangées après les avoir fait frire ou griller. (C. D.)

GROENING (*Ornith.*), nom suédois du bruant commun, *emberiza citrinella*, Linn. (Ch. D.)

GROENPOOT PIEDOERT. (*Ornith.*) C'est, selon le nouveau Dictionnaire d'Histoire naturelle, le nom hollandois de la poule d'eau commune, *fulica chloropus*, Linn. (Ch. D.)

GROENSISKA (*Ornith.*), nom suédois du tarin, *fringilla spinus*, Linn. (Ch. D.)

GROEN-SPICK. (*Ornith.*) En Suède on donne ce nom, et celui de *groen-gjoeling*, au pic-vert, *picus viridis*, Linn. (Ch. D.)

GROGNANT. (*Ichthyol.*) Voyez Grondin. (H.C.)

GROGNEUR. (*Ichthyol.*) Voyez Grondeur. (H.C.)

GROIN (*Ichthyol.*), nom spécifique d'un Lutjan. Voyez ce mot. (H. C.)

GROLLE. (*Ornith.*) Ce nom, que dans quelques départemens on donne à la corbine et au choucas, désigne ailleurs, et dans Belon, le freux, *corvus frugilegus*, Linn. (Ch. D.)

GROMPHENA. (*Ornith.*) Pline parle, au 30.ᵉ livre, chap. 15 de son Histoire naturelle, d'un oiseau ainsi nommé, qu'il désigne comme ressemblant à la grue, et qu'il dit avoir existé en Sardaigne, où déjà on ne le connoissoit plus de son temps. Les commentateurs n'ont pu déterminer quel étoit l'oiseau indiqué par Pline ; mais Cetti, qui, dans sa langue, écrit *gronfena*, est entré, pag. 266, dans quelques détails tendant à faire soupçonner qu'il seroit ici question du phénicoptère ou flammant. (Ch. D.)

'GRONA , *Grona.* (*Bot.*) Genre de plantes dicotylédones , à fleurs complètes, papillonacées, de la famille des légumineuses, de la *diadelphie décandrie* de Linnæus, offrant pour caractère essentiel : Un calice à quatre divisions , la supérieure échancrée ; une corolle papillonacée ; la carène concave, courbée en dedans ; les ailes adhérentes de chaque côté, bâillantes en dessous ; dix étamines diadelphes ; un style ; une gousse comprimée, linéaire.

GRONA RAMPANT ; *Grona repens*, Lour. , *Flor. Cochin.* , 2 , pag. 561. Petit arbuste , dont les racines produisent plusieurs tiges presque ligneuses , couchées , rampantes , garnies de feuilles alternes , pétiolées , ovales , très-entières , accompagnées à leur base de deux stipules subulées ; les fleurs purpurines , disposées en épis droits , terminaux , munis de bractées acuminées ; le calice persistant, à quatre découpures presque égales , la supérieure échancrée ; la corolle papillonacée ; l'étendard en cœur renversé, presque fermé ; les ailes turbinées, obtuses, plus courtes que l'étendard ; la carène concave, courbée en dedans, s'élargissant à sa base en forme de voûte, adhérente aux ailes vers son milieu ; les anthères fort petites, arrondies ; un ovaire linéaire ; le style filiforme, de la longueur des étamines ; le stigmate simple. Le fruit est une gousse droite, linéaire, comprimée, acuminée, hérissée, renfermant plusieurs semences fort petites , réniformes et comprimées. Cette plante croît, à la Cochinchine, sur les collines. (POIR.)

GRONAU (*Ichthyol.*) , un des noms vulgaires de la trigle lyre. Voyez TRIGLE. (H. C.)

GRONDEL (*Ichthyol.*), nom hollandois du GOUJON. Voyez ce mot. (H. C.)

GRONDEUR (*Ichthyol.*), nom vulgaire d'un poisson décrit par Linnæus sous le nom de *cottus grunniens* , et par M. Schneider, sous celui de *batrachus grunniens.* Voyez COTTE et BATRACOÏDE. (H. C.)

GRONDIN (*Ichthyol.*), nom vulgaire de plusieurs TRIGLES. (Voyez ce mot.) On appelle encore ainsi, au Sénégal, la *baliste vieille.* Voyez BALISTE. (H. C.)

GRONEAU (*Ichthyol.*), nom vulgaire de la trigle lyre. Voyez TRIGLE. (H. C.)

GRO

GRONLANDER (*Ichthyol.*), nom allemand du lodde. (H. C.)

GRONLARD. (*Ornith.*) Voyez GROULARD. (CH. D.)

GRONOSTAY. (*Mamm.*) C'est, dit-on, le nom polonois de l'hermine. (F. C.)

GRONOVE, *Gronovia*. (*Bot.*) Genre de plantes dicotylédones, de la famille des cucurbitacées, de la *pendandrie monogynie* de Linnæus, offrant pour caractère essentiel : Des fleurs hermaphrodites; un calice presque campanulé, coloré, persistant, à cinq divisions ; cinq pétales (ou cinq écailles) très-petits, insérés entre les divisions du calice ; cinq étamines libres, alternes avec les pétales ; un ovaire inférieur, surmonté d'un style simple et d'un stigmate obtus. Le fruit est une petite baie sèche, monosperme.

GRONOVE GRIMPANTE : *Gronovia scandens*, Linn., *Spec.*; Lamck., *Ill. gen.*, tab. 144; Jacq., *Icon. rar.*, 2, tab. 338; Mart., *Cent.*, tab. 40. Plante herbacée, dont les tiges sont grimpantes, très-rameuses, hérissées d'aspérités ou de petites épines un peu piquantes, à doubles crochets ; elles s'élèvent à la hauteur de six ou sept pieds, et s'accrochent par des vrilles aux plantes qui les avoisinent. Les feuilles sont larges, alternes, pétiolées, presque palmées, anguleuses comme celles de la vigne, échancrées en cœur à leur base, chargées d'aspérités piquantes; les fleurs petites, axillaires, peu apparentes, d'un jaune verdâtre, pédonculées ; les pédoncules plus courts que les fleurs, et divisées presque en corymbe ; leur calice divisé, au-delà de sa moitié, en cinq découpures droites, lancéolées, colorées : les pétales, ou écailles, linéaires, arrondis, transparens ; les étamines, attachées au calice, de la longueur des pétales; les anthères droites à deux loges ; le style plus long que les étamines. Cette plante a été découverte par Houston à la *Vera Crux*. (POIR.)

GROOTE BEDRIEGER (*Ichthyol.*), nom vulgaire hollandois, sous lequel Ruysch (*Theat. anim.*, 1, pag. 3) paroît avoir parlé du FILOU. Voyez ce mot. (H. C.)

GROOTE TAFEL FISCH (*Ichthyol.*), nom vulgaire par lequel les Hollandois désignent aux Indes le *chætodon macrolepidotus*, Linn. Voyez HENIOCHUS. (H. C.)

GROS ARGENTIN. (*Ichthyol.*) Suivant M. Risso, à Nice,

on donne ce nom au *gymnètre Lacépède.* Voyez Gymnètre.
(H.C.)

GROS-BEC. (*Ornith.*) On a déjà exposé, au mot Fringille, quels étoient les caractères assignés par divers auteurs aux gros-becs proprement dits. Leur bec, assez exactement conique, est très-solide, pointu, presque aussi large que la tête, et les espèces chez lesquelles les mandibules ne sont pas tout-à-fait droites, ne les ont que légèrement courbées par-dessus, et convexes par-dessous. Les ouvertures des narines sont petites, orbiculaires et placées près du front. La langue, un peu forte, est pointue et creusée en gouttière ; la tête, plus grosse et plus charnue que celle des classes insectivores, est revêtue de plumes courtes, étroites et serrées. Le doigt interne est libre, et les trois extérieurs sont soudés à leur origine. Les douze pennes caudales sont étroites et presque égales. M. Vieillot divise les espèces en quatre sections, et place dans la première ceux dont le bec a les bords lisses ; dans la seconde, ceux dont le bec est de plus ciselé près du *capistrum;* dans la troisième, les espèces chez lesquelles la mandibule supérieure est munie d'une fausse dent sur chaque bord, et un peu inclinée vers le bout; et dans la quatrième, une espèce dont la dent est un peu plus aiguë. Le même auteur avoue néanmoins que les fringilles ne différant proprement des gros-becs qu'en ce qu'elles ont le bec moins épais que la tête, Illiger a été fondé à les laisser réunis. C'est cette absence de caractères tranchés et constans, qui rend les distributions des méthodistes arbitraires, et ne permet pas d'assigner aux différentes espèces des places fixes.

M. Cuvier, qui range le gros-bec social ou républicain, *loxia socia,* parmi les tisserins, quoique d'autres auteurs le considèrent comme un véritable gros-bec, et que la conformation de son nid ne ressemble pas à celle des oiseaux de cette section, regarde, d'un autre côté, comme de vrais gros-becs, l'*emberiza argolensis,* la veuve chrysoptère et le *loxia macroura,* ou gros-bec à longue queue, pl. enl. de Buffou, n.° 183, fig. 1, qui ne lui paroit pas en différer. Ce savant naturaliste a observé un passage graduel, et sans intervalle assignable, des linottes aux gros-becs, dans les espèces suivantes, chez lesquelles le bec va toujours en grossissant :

1.º *loxia quadricolor* (*emberiza* , Linn.), pl. 101 de Buffon, n.º 2 :
2.º *loxia sanguinirostris* , gros-bec à bec rouge, pl. enl., 183 ,
f. 2 ; 3.º *loxia molucca* . gros-bec des Moluques, pl. enl., 139,
fig. 2 ; 4.º *loxia punctulata* , même planche, fig. 1 ; 5.º *loxia
maja* (*fringilla maja* , Linn.), pl. enl., 109, fig. 1 ; 6.º *loxia
striata* , pl. enl., 153, fig. 1 ; 7.º *loxia malacca* , pl. enl., 139 ,
fig. 3 : 8.º *loxia astrild* , pl. enl. , 157, fig. 2 ; 9.º *loxia oryzivora* ,
pl. enl. , 152, fig. 1 ; 10.º *loxia brasiliana* , pl. enl. , 309, fig. 1 ;
11º. *loxia ludoviciana* , pl. enl. , 153, fig. 2 ; 12.º *loxia petronia* ,
ou soulcie (*fringilla petronia* , Linn.), pl. enl., 225 ; 13.º *loxia
chloris* , ou verdier, pl. enl., 267, fig. 2 ; 14.º *loxia fasciata* ,
Brown, *Illust.* . pl. 27 ; 15.º *loxia madagascariensis* , pl. enl. ,
134, fig. 2 ; 16.º *loxia cœrulea* , Wils., *Amer.* , pl. 24, fig. 6 ; 17.º
loxia cardinalis , pl. enl. , 37 ; 18.º *loxia melanura* ; 19.º *loxia
coccothraustes* , gros-bec ordinaire , pl. enl., n.ᵒˢ 99 et 100.

L'ordre dans lequel sont rangées les espèces conservées au
Muséum d'Histoire naturelle, diffère peu de celui-ci ; mais
ces espèces sont plus nombreuses ; et comme on ne pourra
donner une monographie entière des gros-becs, dont un
grand nombre est encore indéterminé, on croit devoir présenter, au moins, cette nomenclature pour servir d'élémens à
un classement méthodique où il ne s'agiroit que de faire des
intercalations. Ces espèces sont donc l'azuvert, *fringilla tricolor* ; le gros-bec à bec rouge, *loxia sanguinirostris* ; le dioch,
emberiza quelea ; le gros-bec à ventre noir, *loxia melanogaster* ;
une espèce rapportée de Java par M. Leschenault, laquelle a
la gorge et les joues noires, la tête, les côtés du cou et la
queue mélangés de brun et de noir : le maia ou maïan, *fringilla maia* ; le gros-bec strié, *loxia striata* ; un gros-bec à plastron de l'île de Bourbon ; le mungul, *loxia atricapilla* ; le jacobin , *loxia malacca* ; le gros-bec gris ou chanteur, *loxia cantans* ; le grivelin, *loxia brasiliana* ; le gros-bec tacheté. *loxia
punctularia* ; le domino, *loxia molucca* ; le bengali ou gros-bec
moucheté . *fringilla* ou *loxia guttata* ; le foudi, *loxia madagascariensis* ; le gros-bec fascié, *loxia fasciata* ; le verdier, *loxia
chloris* ; le roux-noir, *loxia angolensis* ; le gros-bec ponceau ,
loxia ostrina ; l'orix, *loxia orix* ; le padda, *loxia oryzivora* ; le
padda brun, *loxia fuscata* ; la soulcie, *loxia petronia* ; le gros-
bec pourpre, *fringilla purpurea* ; le rose-gorge. *loxia ludovi-*

ciana, Gmel., et *loxia rosea*, Wilson, *Amer.*, pl. 17 , fig. 2 ; le gros-bec cardinal , *loxia cardinalis;* le gros-bec de la Chine, *loxia melanura.*

A la suite de ces espéces se trouve le sous-genre *Pitylus* , pour lequel M. Cuvier n'en désigne que quatre, et où l'on en a intercalé quelques autres dans les Galeries du Muséum.

Malgré les réductions qu'on fait ainsi éprouver au groupe des fringilles qui conservent le nom de gros-becs , il s'en trouve encore dans toutes les parties du monde, et vraisemblablement ces associations ne sont pas toujours très-naturelles, les espéces qui les composent ayant des mœurs et des habitudes bien différentes. En effet, tandis que la plupart de ces oiseaux ne se réunissent que par paires , et sont solitaires et silencieux , d'autres se plaisent en troupes , et ont un ramage agréable. Les uns pénètrent dans l'intérieur des bois, d'autres habitent les taillis et les plaines; d'autres enfin préfèrent les lieux humides et marécageux. Ceux-ci nichent sur les arbres ou dans des buissons touffus, ceux-là dans des trous : en général ils font deux pontes par an, et leurs œufs, au nombre de quatre à six, blancs ou verdâtres et mouchetés, sont de forme ovale, peu alongés, plus renflés dans le milieu qu'aux deux extrémités : quant à leur nourriture, elle consiste surtout en amandes de fruits dont ils brisent les noyaux, en rapprochant leurs mandibules obliquement et en sens contraire, ou en graines dures dont ils rompent l'écorce; et c'est pour cela que Brisson a appliqué à tous le nom de *coccothraustes* , donné par Gesner au gros-bec commun ; mais, ce genre n'étant pas fondé sur des bases bien fixes, on ne proposera pas cette dénomination comme absolue en décrivant des espéces encore susceptibles d'en recevoir une autre selon les opinions particulières des divers naturalistes.

Enfin, quoique le bec des *bouvreuils* diffère de celui des gros-becs, en ce qu'il est arrondi, renflé et bombé en tout sens, l'article sera terminé par ces oiseaux , d'après les raisons qui ont été développées sous ce mot, page 58 du Supplément au tome 5.e de ce Dictionnaire.

Gros-bec commun, ou proprement dit : *Loxia coccothraustes* , Linn. et Lath. ; *Coccothraustes vulgaris* , Vieill. , pl. enl. de Buffon, n.° 99, le mâle , et n.° 100, la femelle ; pl. 66 de Lewin, 45 de Donovan, et 16, tom. 2, de Graves. Cet oiseau, dont la taille est courte et ramassée, a trois pouces neuf lignes de longueur totale : le sommet et les côtes de la tête sont d'une couleur marron ; le derrière du cou est gris ; le dos et les scapulaires sont d'un brun qui s'éclaircit sur le croupion. La base et les côtés du bec sont entourés d'une ligne noire qui s'étend et forme une large tache de la même couleur sur la gorge ; les ailes, dont les grandes pennes sont noires, présentent une bande longitudinale blanche ; plusieurs de ces pennes, qui jettent des reflets violets, sont échancrées à leur extrémité, et retombent sur les autres ; les pennes caudales, fort courtes, sont noirâtres à leur origine, ensuite cendrées, mélangées de marron à l'extérieur, et blanches intérieurement ; la poitrine et le dessous du corps sont d'un gris pourpré, plus terne vers l'anus. Le bec est grisâtre, les pieds sont de couleur de chair, et l'iris est cendré. La femelle et les jeunes sont d'une teinte plus pâle ; celle-là se distingue encore par du gris blanc, au lieu de noir, entre le bec et l'œil.

Cet oiseau, qu'on rencontre dans toutes les parties de l'Europe, et surtout dans les régions tempérées, n'est commun nulle part : en été il préfère les bois des montagnes ; mais ceux qui restent pendant l'hiver dans les mêmes lieux, se rapprochent des plaines et des vergers. Il se nourrit des amandes des fruits à noyaux, et des semences du platane, du hêtre, du charme, du pin, du sapin. Il ne chante point, et ne fait entendre qu'un cri désagréable, et dont le bruit imite celui d'une lime, excepté dans le temps des amours, où ce cri devient plus doux. Son nid, qu'il place sur les arbres à dix ou douze pieds de hauteur, près du tronc, et quelquefois sur des branches bien plus hautes, est composé de buchettes de bois sec, entrelacées avec quelques petites racines ; la femelle y pond quatre à cinq œufs dont Lewin a donné la figure, pl. 16, n.° 2, et qui, sur un fond d'un blanc bleuâtre, sont parsemés de quelques taches irrégulières d'un brun olivâtre, aussi petites vers le gros bout qu'ailleurs. Gueneau de Montbeillard, qui a mesuré ces œufs, en a trouvé le grand diamètre large de neuf à dix lignes, et le plus étroit de six. Les gros-becs apportent à leurs petits des insectes, des chrysalides, et ils les défendent courageusement en pinçant la main indiscrète qui se présente, sans précaution, pour les enlever. On donne à ceux qui sont nourris en cage, du chenevis, de l'alpiste et d'autres alimens quelconques, excepté de la viande; mais on doit les y tenir séparément, car ils tueroient, en leur emportant la peau, les oiseaux plus foibles qu'on leur associeroit. Quoique ces oiseaux, qui ne viennent pas à l'appeau, ne paroissent guères avoir plus d'oreille que de voix, on peut les prendre aux abreuvoirs avec des gluaux ou des raquettes. Ils ont, comme les bouvreuils, l'habitude d'ébourgeonner les arbres; mais la race en est trop peu nombreuse pour causer de grands dommages, et leur chair, sans saveur, est d'ailleurs trop peu succulente pour qu'on doive chercher à les détruire.

Le verdier et la soulcie sont encore deux espéces européennes du même genre, mais à bec moins gros.

Gros-bec verdier : *Loxia chloris*, Linn., pl. enl. de Buffon, 267; fig. 2 et 70 de Lewin. Cet oiseau, qui a environ cinq pouces et demi de longueur, et dont la grosseur est celle du moineau franc, a les parties supérieures du corps et les flancs d'un vert olivâtre et ombré de gris cendré ; il y a une tache d'un cendré brun entre le bec et les yeux, dont le contour est d'un jaune verdâtre qui s'étend sur la gorge et le haut du ventre, où le jaune domine ; cette derniére couleur borde la partie antérieure de l'aile, et occupe la premiére moitié des pennes caudales qui, comme celles des ailes, sont noirâtres à leur extrémité. Le bas de l'abdomen est d'un blanc pâle : le bec et les pieds sont de couleur de chair; l'iris est d'un brun foncé. La femelle, chez laquelle le jaune est beaucoup plus pâle, n'en offre qu'aux ailes, à la queue et à la partie supérieure du ventre; le reste du corps est d'une teinte plus cendrée et ondée de brun. Le bec est de cette derniére couleur : il y a des variétés accidentelles dont le plumage se tapire de blanc et de jaune.

Les verdiers, que l'on confond assez souvent avec les bruants, quoiqu'ils n'aient pas de tubercule osseux au palais, sont répandus dans toute l'Europe, jusqu'au Kamtschatka et en Sibérie. Ils se plaisent dans les vergers, dans les jardins et dans les bois, où ils recherchent, pendant l'hiver, les arbres toujours verts, et ceux qui, comme le hêtre, le charme, conservent long-temps leurs feuilles desséchées. Quoiqu'on en voie peudant toute l'année en France, et que dans cette saison ils se mêlent à différentes espèces de passereaux pour parcourir les campagnes, plusieurs passent dans des contrées plus méridionales. Au printemps ils font sur les arbres, à une hauteur médiocre, ou dans les buissons et les haies, un nid peu concave, artistement composé d'herbes sèches et de mousse en dehors, de crin, de laine et de plumes en dedans. La femelle y pond cinq ou six œufs blancs, tachetés de rouge brun seulement vers le gros bout, et dont on trouve la figure pl. 16 de Lewin, n.° 3. Elle les couve avec beaucoup d'assiduité ; et, pendant ce temps, le mâle, qui veille auprès d'elle, lui apporte des alimens qu'il dégorge dans son jabot à la manière des pigeons ; on le voit souvent décrire plusieurs cercles autour de ce nid, s'élever par petits bonds, puis retomber comme sur lui-même en battant des ailes, et accompagnant ces divers mouvemens de petits cris qui expriment la gaîté.

La nourriture de ces oiseaux consiste en baies du genévrier et autres, et en diverses graines, telles que le chenevis, la navette, la scorsonère. Ils mangent aussi les bourgeons des arbres ; mais il ne paroît pas qu'ils vivent d'insectes. On les élève très-aisément en captivité; et, à défaut de chant, ils apprennent à prononcer quelques mots, et deviennent fort familiers. Dans le mois de septembre on les prend aux gluaux, aux raquettes, aux sauterelles et à l'arbrot, au moyen d'appelans de leur espèce, ou d'une chouette vivante, qu'on attache à un bâton, et qui est instruite à sauter alternativement du pieu ou de la cage à terre, et de la terre à la cage.

Gros - bec soulcie ; *Fringilla petronia* , Linn., pl. enl. de Buffon, n.° 225. Un peu plus gros que le moineau franc, cet oiseau lui ressemble par la forme, l'habitude du corps et la teinte générale du plumage ; mais il s'en distingue aisément par la grosseur de son bec et la tache jaunâtre qu'il a sur la poitrine. En l'examinant de plus près, on remarque au-dessus des yeux une ligne d'un blanc roussâtre, surmontée d'une bande brune plus large, et qui s'étend jusqu'à l'occiput. Les parties supérieures, d'un gris clair, sont variées de taches brunes longitudinales, qui occupent le centre des plumes; et les parties inférieures sont d'un blanc sale, varié de gris. Les pennes caudales sont terminées par une tache arrondie, d'un blanc pur. La mandibule supérieure du bec est brune , et l'inférieure jaunâtre ; les pieds sont de couleur de chair, et l'iris est brun. La tache jaune n'existe point chez les jeunes, et l'on n'a pas encore vérifié si les individus adultes, chez lesquels cette tache est moins marquée , sont les femelles.

Ces oiseaux, qui restent toute l'année en France , paroissent craindre le froid des pays plus septentrionaux , M. Temminck n'en ayant pas vu en Hollande, et Linnæus ne les ayant pas indiqués parmi les oiseaux de Suède ; ils n'ont cependant pas l'habitude d'approcher de nos maisons comme les moineaux francs, et c'est à raison d'un genre de vie tout-à-fait opposé qu'on leur a donné le nom de *moineaux des bois*; ils y nichent dans le creux des arbres, et la ponte, qui n'a lieu qu'une fois dans l'année , est de quatre ou cinq œufs piquetés de blanc sur un fond brun. Ils se nourrissent de toutes sortes de semences , et , comme ils sont défians, on ne les prend pas aisément aux pièges, mais avec plus de facilité aux filets.

M. Temminck regarde le moineau à queue blanche, de Brisson, *fringilla leucura*, Gmel. , comme une variété accidentelle de cette espèce.

GROS-BEC QUADRICOLORE ; *Loxia quadricolor*, pl. enl. de Buffon, n.° 101, fig. 2, sous la dénomination de gros-bec de Java. Cet oiseau , long d'environ cinq pouces, que Gmelin, n.° 65 , place parmi les bruants, *emberiza*, et M. Cuvier, Règne animal, pag. 389, parmi les gros-becs, a la tête et le cou bleus; les ailes et le bout de la queue verts, une large bande rouge en forme de sangle sous le ventre et sur le milieu de la queue, et le reste de la poitrine et du ventre d'un brun clair. La queue est un peu étagée.

GROS - BEC A BEC ROUGE : *Loxia sanguinirostris* , Cuv. ; et *Emberiza quelea*, Linn. Cet oiseau , représenté sous le nom de moineau à bec rouge du Sénégal, dans la 183.ᵉ pl. enl. de Buffon, n.° 2, a le bec conformé comme celui du gros-bec commun , et d'un brun rouge : son plumage ressemble, dans les parties supérieures, à celui du moineau franc, et sous le corps il est d'un gris nuancé d'un peu de rouge. Les pieds et les ongles sont de couleur de chair.

GROS BEC DOMINO ; *Loxia molucca* , Linn. Ce gros-bec des Moluques, représenté dans les planches enluminées de Buflot. n.° 139, fig. 2, et dans les Oiseaux chanteurs de la Zone torride. de M. Vieillot, pl. 51, sous le nom de *loxia variegata*, loxie vermiculée. a la tête, les joues, la gorge et la queue noires: l'occiput et les parties supérieures du corps d'un brun jaunâtre. Les pennes caudales sont d'égale longueur dans la planche de Buffon: mais les deux intermédiaires surpassent les autres dans celle de M. Vieillot. La mandibule supérieure est brune, et l'inférieure blanche.

GROS-BEC TACHETÉ: *Loxia punctulata*, Cuv.; et *Loxia punctularia*, Linn., pl. enl., 139, fig. 1, et pl. 50, Vieill.. Ois. chanteurs, sous le nom de domino. Toutes les parties supérieures du corps de cet oiseau, qu'on trouve à Timor, sont d'un brun marron, plus foncé sur la gorge: le dessous est parsemé de marques blanches entourées et traversées d'un liséré noirâtre; les plumes abdominales, qui sont blanches, prennent une teinte roussâtre sous la queue. Tout le dessous du corps est blanc chez les femelles qui, comme les mâles, ont le bec et les pieds bruns.

GROS-BEC MAIA: *Loxia maja*, Linn.; pl. enl. de Buffon, 109, fig. 1. Cet oiseau de la Chine, qui n'a pas plus de quatre pouces de longueur, se trouve aussi à Java, à Timor, etc. Comme il existe sous le même nom un autre oiseau d'Amérique, auquel a été rapporté le n.° 2 de la même planche de Buffon, il paroit en être résulté, dans les descriptions de plusieurs auteurs, des confusions augmentées par le placement de divers individus dans des classes différentes; mais celui dont il s'agit dans cet article est le maïan figuré par M. Vieillot, pl. 56 de ses Oiseaux chanteurs, et dont la tête, le cou et la gorge sont d'un gris-blanc, plus foncé sur les parties supérieures; la poitrine et le ventre sont fauves, et les plumes anales noires, ainsi que les pieds et le bec.

GROS-BEC STRIÉ: *Loxia striata*, Linn.; pl. enl. de Buffon, 153, fig. 1, sous le nom de *gros-bec de l'île de Bourbon*. Cette espèce, dont la taille n'est pas plus forte que celle du roitelet, a la tête et tout le dessus du corps d'un brun roussâtre; la gorge et la partie inférieure du cou noirâtres; la poitrine, le ventre et le croupion blancs. Le demi-bec supérieur est noirâtre, et l'inférieur est gris; les pieds et les ongles sont noirâtres.

GROS-BEC MINGUL; *Loxia atricapilla*, Vieill. Cette espèce,

qui habite les grandes Indes, où on l'appelle *mangal*, se trouve au Muséum d'Histoire naturelle de Paris : elle est figurée dans les Oiseaux chanteurs, pl. 55. Le mâle a un capuchon noir qui s'étend jusqu'à la partie supérieure de la poitrine, et le reste du plumage est d'un marron qui offre diverses nuances. Les pieds sont noirs ainsi que la base de la mandibule supérieure, dont le reste est blanc. La femelle a, d'après la figure d'Edwards, pl. 43, le dessus de la tête et du corps d'un cendré nuancé de brun terne, la gorge et les parties inférieures d'un gris blanc un peu rosé, les couvertures supérieures de la queue blanches, ses pennes et celles des ailes noirâtres, les pieds de couleur de chair et le bec cendré.

Gros-bec jacobin; *Loxia malacca*, Linn. Cet oiseau, que M. Vieillot a figuré pl. 52, en y rapportant, comme peu différent, le *loxia striata*, pl. 155, fig. 1, de Buffon, est celui qu'on voit dans la 139.ᵉ planche enluminée, sous le n.º 3. Les individus qu'on a jusqu'à présent pu comparer, n'ont pas encore mis à portée de reconnoitre avec certitude si ces petites espèces sont bien réellement distinctes, et l'on ne peut que retracer ici, d'après M. Vieillot, les couleurs des individus qu'il a décrits. Le mâle avoit la tête, la gorge, une partie du cou, le milieu du ventre, les plumes tibiales et anales d'un noir foncé; le dessus du cou, le dos, le croupion, les ailes et la queue d'un brun marron; le bas du cou, la poitrine et les côtés du ventre blancs. La femelle étoit d'une plus petite taille, et elle avoit les jambes d'un marron clair, et les autres couleurs moins foncées.

Gros-bec gris : *Loxia cantans*, Gmel.; et Lath., Oiseaux chanteurs, pl. 57. Cette espèce, qui se trouve au Sénégal, et que M. Vieillot nomme *flûteur*, diffère du gros-bec chanteur, *loxia canora*, Lath. Quoique les noms qu'on leur a donnés, d'après la faculté commune qu'ils paroissent posséder de rendre des sons foibles, mais assez mélodieux, semblent indiquer de l'analogie, ils sont de contrées bien différentes, puisque le premier est du Sénégal, et le second d'Amérique. Leur plumage n'a d'ailleurs aucune ressemblance : celui-ci, qui est de la taille d'une mésange, et dont Brown a donné la figure, *Illustr.*, pl. 24, ayant le dessus de la tête, le dos, les ailes et la queue verdâtres : les joues entourées d'une bordure jaune et la gorge noire, tandis que le *loxia cantans* a les plumes de la tête et de la nuque d'un gris brun, terminées de blanchâtre ; celles du dos variées de lignes étroites et noirâtres, sur un fond d'un gris ferrugineux ; le croupion, les couvertures et les pennes de la queue noires ; les pennes primaires des ailes d'un brun sombre, les pennes secondaires grises, avec des teintes rosées ; la gorge et les parties inférieures du corps d'un gris perlé. On élève assez aisément cette espèce en France, où l'on en a obtenu plusieurs générations, et où les femelles montrent de la propension à couver plusieurs ensemble. La ponte est de six ou sept œufs de la grosseur de ceux du pouillot, et l'incubation dure quinze jours. Les alimens qu'ils préfèrent, et qu'ils dégorgent à leurs petits de la même manière que les serins, sont l'alpiste et le millet en grappes.

Gros-bec astrild ; *Loxia astrild*, Linn. Cet oiseau, qui est le sénégali rayé de Buffon, pl. enl., 157, fig. 2, et l'astrild des Oiseaux chanteurs, pl. 12, a environ quatre pouces et demi de longueur. Le corps est presque partout rayé transversalement de brun et de gris, avec une nuance rosée sur la partie inférieure. Les plumes anales sont noires, et les raies sont peu apparentes sur les pennes alaires, qui sont brunes. On voit sur les yeux une bande rouge, et le bec est de la même couleur ; mais le plumage est sujet à de fréquentes et assez nombreuses variations. Cette espèce, gaie et vive, a un instinct assez familier, et peut vivre en France huit ou neuf ans.

Gros-bec padda : *Loxia oryzivora*, Linn. ; pl. enl. de Buffon, 152, fig. 1 ; et de Vieill., 61. Edwards lui a donné le nom de *padda*, ou oiseau de riz, parce que ce mot désigne le riz encore en gousse dont il fait sa nourriture ordinaire, et aux plantations duquel il cause des dégâts pareils à ceux du moineau franc dans nos champs de blé. Cette espèce, qu'on trouve en Chine et à Java, est d'une taille un peu moindre que celle du moineau : elle a les paupières rouges ; la tête, la gorge et la queue noires ; les joues blanches, et tout le reste du plumage, qui est extrêmement lisse, d'un gris cendré, plus foncé sur les ailes, avec une teinte rosée sur les jambes, le bas-ventre et les couvertures inférieures de la queue. Le bec, qui paroît un peu strié, est d'un rose vif à la base, et plus blanc dans les autres parties. Les pieds sont d'un rouge pâle, et les ongles gris. La femelle, dont les teintes sont moins vives, se reconnoît surtout à la privation de la tache blanche aux joues.

Gros-bec padda brun; *Loxia fuscata*, Vieill., pl. 62. Cet oiseau, trouvé aux îles Moluques, est un peu plus petit que le précédent, et a le bec ciselé de même. Les joues sont aussi pareilles; le front, les sourcils, la gorge et le haut de la poitrine sont noirs; le devant du cou, la tête et toutes les parties supérieures du corps sont d'un brun plus ou moins foncé; le ventre et les parties inférieures blancs. Les pieds sont d'un gris brunâtre, et le bec est de couleur de plomb. Chez les femelles et les jeunes le bec est brun, ainsi que les ailes, la queue et les pieds; le reste des parties supérieures est d'un gris rembruni, et le dessous du corps est d'un gris blanc, avec des taches effacées sur la poitrine.

Gros-bec grivelin. Cette espèce est représentée dans les planches enluminées de Buffon, n.° 309, fig. 1, sous la dénomination de *gros-bec du Brésil*, qui paroît ne lui avoir été donnée qu'à cause des rapports qu'on lui a trouvés avec le *guira tirica* de Marcgrave; car on a su depuis qu'elle étoit d'Afrique, et habitoit la côte d'Angole. Le nom latin de *loxia brasiliana*, Linn. et Lath., devroit donc être rectifié, puisqu'il ne seroit propre qu'à induire en erreur, et l'on pourroit y substituer l'épithète *squamosa*, ou toute autre, à raison des écailles brunes, sur un fond jaunâtre, que présente le plumage de ses parties inférieures, et qui ont déterminé Buffon à l'appeler grivelin. Ce gros-bec, figuré pl. 49 des Oiseaux chanteurs, est long de quatre pouces neuf lignes. Le mâle a la tête et la gorge d'un beau rouge; le cou et les parties supérieures sont d'un brun clair; mais les taches jaunâtres qui terminent les couvertures des ailes, y forment deux bandes transversales. La queue a l'extrémité blanche; le bec est de couleur de chair, ainsi que les pieds. La tête et la gorge de la femelle sont d'un gris brun.

Le ramage du grivelin est très-foible : on l'élève en captivité comme le serin, en lui procurant une chaleur un peu plus forte que celle de nos étés.

Gros-bec rose-gorge : *Loxia ludoviciana*, Gmel.; pl. enl. de Buffon, 153, fig. 2; *Loxia rosea*, Willson, *Amer. sept.*, pl. 17, fig. 2. Cette espèce, qui est le *gros-bec de la Louisiane*, de Brisson, a près de sept pouces de longueur. La tête, le haut de la gorge et tout le dessus du corps sont noirs, à l'exception des parties blanches qu'on remarque sur les ailes et sous la queue : le ventre est blanc, et le bas de la gorge, ainsi que la poitrine, sont de couleur rosée. Le bec et les pieds sont d'un blanc brunâtre : la femelle, qui paroît être le *loxia obscura*, Lath., a les plumes du dessus du corps noirâtres, avec une bordure brune ; la gorge et toutes les parties inférieures blanches avec des taches brunes.

M. Vieillot a figuré pl. 65 , sous le nom de Loxie rose, *loxia rosea*, un autre oiseau trouvé plus récemment dans l'Inde, et dont on a conservé divers individus en Europe pendant plusieurs années. Cette espèce mue deux fois par an, et le mâle ne porte que pendant l'été la teinte rosée qui est alors fort vive sur la tête, la gorge, le devant du cou, la poitrine, le croupion et les couvertures supérieures de la queue, et qui est variée de gris brun sur l'occiput, le dessus du cou, le dos et les couvertures des ailes. Le bec et les pieds sont d'un brun clair ; les femelles diffèrent des mâles en ce que les parties supérieures sont d'un brun varié de gris blanc et de gris verdâtre, et que les parties inférieures, d'un blanc pur au ventre et sous la queue, sont dans le reste mouchetées de gris brun.

Gros-bec fascié : *Loxia fasciata*, Linn. ; Brown, *Ill.*, pl. 27 ; et Vieill., Oiseaux chanteurs, pl. 58. Cette espèce, fort commune au Sénégal, a quatre pouces et demi de longueur. Le dessus du corps est d'un brun roussâtre, avec des lignes noires demi-circulaires ; une bande rouge traverse la gorge et s'étend sur les joues, ce qui a donné lieu aux oiseleurs de l'appeler *cou-coupé*. Le reste de la gorge, le devant du cou et la poitrine offrent, sur un fond roux, des raies moins marquées qu'aux parties supérieures : on voit au milieu du ventre une tache d'un rouge brun ; la queue est noirâtre , les pieds sont de couleur de chair, et le bec est d'un gris bleuâtre, très-clair. Ni le collier ni la tache brune n'existent sur les femelles de cette espèce, qui ne subit qu'une mue par an, et ne change point de couleur.

'Ces oiseaux, très-familiers et très-ardens en amour, nichent en captivité dans nos climats, depuis le mois de janvier jusqu'au mois d'août, époque de la mue : leur gazouillement ressemble à celui du grivelin. Les matériaux auxquels ils donnent la préférence pour la construction du nid, sont des herbes sèches et du coton haché ou de la bourre. Leur ponte consiste en quatre ou cinq œufs blancs avec beaucoup de points roux. L'incubation dure quatorze jours, et les petits naissent couverts d'un duvet fort épais. Quoique ces oiseaux soient très-sensibles au froid, et que, surtout dans le temps de la mue, il leur faille une température de vingt-six degrés, M. Vieillot pense qu'à la troisième génération on peut la réduire à celle de nos étés. Outre le millet et l'alpiste, les graines du mouron, du seneçon et de la laitue sont pour eux des alimens convenables. Ils peuvent vivre sept à huit ans.

Gros-bec foudi : *Loxia madagascariensis*, Linn.; pl. enl. de Buff., n.º 134, fig. 2, sous le nom de *moineau de Madagascar;* et pl. 63 de Vieill. Cet oiseau, qui se trouve à Madagascar et à l'Ile-de-France, est sujet à deux mues dans la même année. Le mâle, dont le plumage n'est parfait qu'à l'âge de deux ans, et n'offre ses plus belles couleurs que dans la saison des amours, a alors la tête, le cou et tout le dessous du corps d'un bel écarlate, qui s'éclaircit sur le croupion, et est moucheté de taches noires sur le dos : on voit aussi aux deux côtés de la tête un trait de cette dernière couleur. Les pennes des ailes, qui sont noirâtres, présentent un liséré verdâtre ; les pennes caudales sont noires et bordées de rouge ; le bec est noir ; les jeunes sont olivâtres dans les endroits où les vieux sont rouges, et des couleurs, dont la teinte est à peu près la même, distinguent les individus qui sont regardés comme les femelles de l'espèce. L'oiseau figuré pl. 665 de Buffon, sous le nom de *moineau de l'Ile-de-France*, paroît être un mâle non encore parvenu à l'état parfait.

M. Vieillot a représenté pl. 66, sous le nom de foudi à ventre noir, le *loxia orix*, Linn.; pl. enl. de Buffon, n.º 6, fig. 2, et probablement aussi pl. 309, fig. 2. Cet oiseau a le dessus et les côtés de la tête, le haut de la gorge, la poitrine et le ventre noirs ; le cou et le dessus du corps d'un rouge de feu ; les ailes et la queue brunes, avec une bordure d'un gris blanc ; le bec noir et les pieds de couleur de chair. M. Cuvier le laisse parmi les moineaux.

GROS-BEC BLEU DES ETATS-UNIS; *Loxia cœrulea*, Lath. Cette espèce, qu'on trouve à la Caroline du Sud et à la Louisiane, et qui est figurée dans Wilson, pl. 24, n.° 6, a cinq pouces neuf lignes de longueur. Quoique le mâle n'offre sur la presque totalité du corps qu'une couleur bleue à reflets violets, quand ses plumes ne sont aucunement dérangées, on s'aperçoit, en les écartant, qu'elles n'ont que l'extrémité de cette couleur, et qu'elles sont noires dans tout le reste. Le bec est noir ainsi que les plumes qui en entourent la base, et celles de la queue. Le jeune mâle est, dans son premier âge, d'un gris rembruni sur le corps, et plus pâle en dessous. La femelle est brune en dessus, et rousse aux parties inférieures. L'individu, qui est figuré dans Catesby, pl. 37, étoit probablement un jeune mâle.

GROS-BEC DE VIRGINIE, ou CARDINAL HUPPÉ : *Loxia cardinalis*, Linn.; pl. enl. de Buffon, n.° 37, et de Wilson, *Amer.*, n.° 2, fig. 2. Le rouge est la couleur dominante du plumage de cet oiseau, qui a environ huit pouces de longueur, et dont la tête porte une huppe, qu'il remue souvent. Cette couleur, plus terne sous le ventre, se rembrunit sur le dos, les ailes et la queue. La base du bec et le haut de la gorge sont noirs, et le bec, ainsi que les pieds, d'un rouge clair; le plumage de la femelle offre du gris ardoisé où le mâle est noir, du gris verdâtre sur le corps, et du jaune sale en dessous. Cette espèce, chantant très-bien, sembleroit, sous ce rapport, plus susceptible d'être associée aux pinçons ou aux bouvreuils, qu'aux gros-becs.

Le cardinal dominicain, *loxia dominicana*, Linn., pl. enl. de Buffon, n.° 55, fig, 2; et le cardinal huppé, *loxia cucullata*, lesquels sont representés dans les Oiseaux chanteurs, sous les noms de *paroare* et de *paroare huppé*, pl. 69 et 70, n'excèdent pas beaucoup la grosseur du moineau franc. Tous deux sont remarquables par le beau rouge de la tête et de la gorge, et ils se distinguent surtout l'un de l'autre, parce que chez le second les plumes du derrière de la tête, longues et étagées, se relèvent en huppe; le reste du plumage offre chez tous deux une bande noire derrière le cou, du blanc sur les côtés, sur la poitrine et les parties inférieures, et du noir sur le dos, les ailes et la queue. Ces oiseaux, qui appartiennent à l'Amérique méridionale, sont placés par M. Cuvier au rang des moineaux.

On trouve aussi dans le *Museum Carlsonianum* de Sparrman, pl. 41, la figure et la description d'un gros-bec rouge, qui n'a point d'aigrette sur la tête, et dont Gmelin a fait son *loxia Carlsoni.* M. Vieillot a remarqué que cet oiseau, qui vient des îles de l'Océan austral, portoit à chaque bord de la mandibule supérieure la fausse dent sur laquelle il a établi la troisième section de son genre Gros-bec.

Gros-bec mélanure; *loxia melanura,* Gmel. Cet oiseau, qui a été trouvé à la Chine par Sonnerat, est décrit dans le tome deuxième de son Voyage aux Indes orientales, comme ayant la tête noire, le cou brun en arrière, et gris en devant; les couvertures des ailes d'un noir à reflets bleuâtres; les pennes moyennes terminées par une tache blanche, les autres pennes en partie noires et en partie blanches, celles de la queue noires; le ventre d'un roux clair; les plumes anales blanches, le bec et les pieds jaunes. Mauduyt regarde ce gros-bec, dont la femelle a la tête grise et les franges des pennes alaires blanchâtres, comme une simple variété de celui d'Europe, dont il a la taille, et le *loxia asiatica,* Lath., ne paroît pas en différer.

Outre ces espèces, dont la plupart sont ici décrites dans l'ordre établi par M. Cuvier, à raison de l'accroissement graduel du bec, on trouve sous la dénomination de *gros-becs,* dans les Galeries du Muséum, l'azuvert, le dioch, les gros-becs à ventre noir, à plastron, ponceau, moucheté, hæmatine, etc.

Le premier de ces oiseaux, l'azuvert, *fringilla tricolor,* Vieill., pl. 20 des Oiseaux chanteurs, se trouve à l'île de Timor: il a le sommet de la tête et le dessous du corps bleus; la nuque, le dos, les ailes et la queue verts, et le croupion rouge.

Le second, c'est-à-dire le dioch ou moineau du Sénégal, pl. 22 et 23 des Oiseaux chanteurs, a le front, les joues et le menton noirs; le dessus de la tête et du cou, le dos et le croupion d'un brun jaunâtre, pointillé de noir sur le sinciput; les parties inférieures d'un brun plus clair, et le bec, ainsi que les pieds, rouge.

Le troisième, ou gros-bec à ventre noir, *loxia afra*, Gmel.; et *loxia menalogastra*, Lath., figuré dans les Illustrations de Brown, pl. 24, a le dessous du corps d'un noir foncé, la tête, les flancs, les couvertures des ailes jaunes, et les pennes alaires et caudales d'un brun clair.

Une espèce voisine, et qui a été envoyée de Java par M. Leschenault, a la gorge et les joues noires; la tête, les côtés du cou et le dessous du corps jaunes; le dos et la queue mélangés de brun et de noir.

Le gros-bec à plastron, qui vient de l'île de Bourbon, a de la ressemblance avec le gros-bec strié, mais il est plus petit.

Le Gros-bec ponceau, *loxia ostrina*, Vieill., pl. 48 des Oiseaux chanteurs, qui se trouve dans l'Inde et en Afrique, est d'un rouge ponceau sur la tête, le dessus et le devant du cou, la gorge, la poitrine, les flancs et la queue, dont le bout est arrondi, et d'un noir velouté sur les scapulaires, les couvertures supérieures et les pennes des ailes, le dos, le croupion et le milieu du ventre; le bec et les pieds sont noirs.

Le Gros-bec moucheté, *loxia guttata*, qui habite au Congo, et dont M. Vieillot a donné la figure pl. 68 des Oiseaux chanteurs, a le tour des yeux, les joues, la gorge, le devant du cou, la poitrine, le croupion et les couvertures supérieures de la queue d'un beau rouge; le dessus de la tête, le dos et les pennes des ailes et de la queue d'un brun sombre; les plumes du ventre et les flancs sont mouchetés de blanc sur un fond de cette dernière couleur. Le bec est d'un bleu d'acier poli et fauve sur les bords; les pieds sont bruns. La femelle se distingue suivant le voyageur Perrein, en ce qu'elle est d'un rouge moins vif, et que les parties inférieures ne présentent point de mouchetures. Le nid de cet oiseau est composé extérieurement d'herbes sèches, et intérieurement de plumes et de coton; la femelle y pond cinq à six œufs tachetés de bleu et de rouge.

Le Gros-bec hæmatine, *loxia hæmatina*, Vieill., pl. 67, qui se trouve en Afrique, et qui a de grands rapports avec le rouge-noir de Buffon, représenté dans les planches enluminées sous le n.° 309, fig. 1, est noir sur la tête, le cou, le dos, les ailes, la queue, le milieu du ventre, et rouge sur les autres parties du corps.

M. Cuvier a établi, sous le nom de *Pitylus*, un sous-genre composé d'espèces étrangères qui lui ont paru devoir être distinguées des autres gros-becs, parce que leur bec est un peu comprimé, arqué en dessus, et qu'il a quelquefois un angle saillant au milieu du bord de la mâchoire inférieure. Ce sous-genre correspond aux *nucifrages* de Daudin, tom. 2, pag. 371, et à la troisième section de M. Vieillot; la queue de ces oiseaux est un peu arrondie.

Les espèces indiquées par M. Cuvier sont les quatre qui suivent.

Gros-bec a gorge blanche; *Loxia grossa*, Linn. Cet oiseau, qui est le gros-bec bleu d'Amérique, pl. enl. de Buffon, n.º 154, a sept à huit pouces de longueur, et sa taille est d'un tiers plus forte que celle du gros-bec commun. A l'exception de la gorge, qui est blanche, le reste du plumage est d'un bleu d'ardoise foncé et presque noir sur différentes parties du corps. Les pieds sont de couleur de plomb, et le bec est rouge; la tache blanche est plus petite chez la femelle, et elle n'y est pas bordée de noir comme celle du mâle. Le nucifrage brun, *loxia fuliginosa*, Daud., est un jeune de l'espèce.

Gros-bec flavert: *Loxia canadensis*, Linn.: et *Loxia viridis*, Vieill.; pl. enl. de Buffon, n.º 152, fig. 2. Cet oiseau, qui est le gros-bec de Cayenne, de Brisson, ne paroît pas se trouver dans l'Amérique septentrionale, mais bien à la Guiane et au Brésil, et M. Vieillot a en conséquence eu raison de changer l'épithète donnée par Linnæus et Latham. Le mâle a la gorge noire, et une tache de la même couleur au-devant de l'œil. Son plumage est d'ailleurs d'un vert olivâtre en dessus, et d'un jaune olivâtre en dessous. Les pennes alaires et caudales sont brunes en dessus, et bordées d'olivâtre; les pieds et le bec sont bruns. La femelle n'a point de noir à la tête ni à la gorge, et son bec est de couleur de corne.

Gros-bec érythromèle; *Loxia erythromelas*, Lath., pl. 43 du *Synopsis*. Cette espèce, d'environ neuf pouces de longueur, a la tête et la gorge noires, le corps d'un rouge sombre, qui devient noirâtre sur les ailes et la queue. Le bec, blanc à sa base et sur le milieu de la mandibule supérieure, est noir dans le reste, et les pieds sont bruns. La femelle est d'un verdâtre orangé en dessus, et jaune en dessous.

Gros-bec de Porto-Rico; *Loxia portoricensis.* Cet oiseau, dont on trouve la figure pl. 29 de l'Ornithologie de Daudin, tom. 2, pag. 368, sous le nom de *bouvreuil*, et que cet auteur dit être le même que le *moineau noir à taches safranées*, de Sloane, Hist. nat. de la Jamaïque, a six pouces neuf lignes de longueur. A l'exception d'une lunule d'un roux ferrugineux, dont chaque bout se prolonge sur les côtés du cou et de la gorge, et des plumes anales qui sont de la même couleur, le mâle est totalement noir. La femelle, d'un brun grisâtre, n'a de roux que sous la queue, et ses pieds, ainsi que le bec, sont bruns, tandis qu'ils sont noirs chez le mâle.

On trouve dans les Galeries du Muséum d'Histoire naturelle, quelques autres espèces rangées dans cette section, et notamment le gros-bec azulam, *loxia cyanea*, Gmel., qui est figuré pl. 64 des Oiseaux chanteurs. Il n'est point d'Afrique, comme le pensoit Edwards, mais de l'Amérique méridionale, où il fréquente les terrains incultes et un peu aquatiques. Le nom d'azulam lui a été donné par les Portugais du Brésil. La couleur dominante du plumage du mâle est un bleu très-foncé, qui s'éclaircit sur le sinciput, les joues, les côtés de la gorge et la partie antérieure de l'aile; une bande noire s'étend de l'œil jusqu'au bec, qu'elle entoure, et les pennes alaires et caudales sont de la même couleur. Les pieds sont noirâtres, et les mandibules d'un noir plombé. La femelle, dont la gorge est de couleur cannelle, présente sur le corps des nuances brunes et verdâtres, suivant les incidences de la lumière.

Les descriptions ci-dessus comprennent la presque totalité des espèces de gros-becs dont il est fait mention dans les Oiseaux chanteurs de M. Vieillot. Les autres espèces sont:

Le Gros-bec quinticolore, *loxia quinticolor*, pl. 54, espèce nouvelle et rare des îles Moluques, et dont le mâle, seul connu, a les ailes et la queue brunes, la tête et le dessus du cou gris, le croupion orangé, le haut de la gorge et les plumes anales noirs; le devant du cou blanc, ainsi que la poitrine et le ventre; le bec d'un blanc rougeâtre, et les pieds noirs.

Le Gros-bec weebong, *loxia bella*, qu'on trouve à la Nouvelle-Galles du Sud et au port Jackson, lequel a des rapports avec l'astrild, et dont le bec et le croupion sont rouges; le bord du front et le tour de l'œil noirs; le reste de la tête et les parties supérieures d'un gris cendré foncé, qui s'éclaircit dessous le corps, et qui sur tous les points est traversé par de petites lignes noires.

Le Gros-bec ignicolore, *loxia ignicolor*, oiseau d'Afrique qui, regardé par plusieurs auteurs comme une variété du *loxia orix*, est représenté par M. Vieillot, pl. 59, comme une espèce particulière moins forte, et ayant la tête et l'abdomen noirs, la gorge et le dessus du corps d'un rouge orangé, les pennes alaires plus rembrunies, et les couvertures de la queue composées de barbes effilées et pendantes.

Le Gros-bec lunulé, *loxia nitida*, Oiseaux chanteurs, pl. 66; espèce de la Nouvelle-Hollande, qui a le croupion rouge, les parties supérieures olivâtres, les parties inférieures d'un blanc sombre, et dont tout le vêtement est parsemé de lunules noires et courtes.

M. Vieillot a décrit dans le Nouveau Dictionnaire d'Histoire naturelle, un plus grand nombre de gros-becs, soit d'après M. d'Azara, Oiseaux du Paraguay, n.° 118 à 127, soit d'après d'autres auteurs; mais plusieurs laissent des incertitudes qui déterminent à borner ici la description d'espèces encore trop peu fixées pour essayer de compléter une monographie aussi compliquée et aussi étendue.

On va donc passer aux Bouvreuils, à l'égard desquels on ne sera pas à l'abri des mêmes inconvéniens, les divers auteurs n'étant pas plus d'accord sur la classification des espèces, mêlées indistinctement avec les gros-becs. Daudin, qui a fait de ces oiseaux la quatrième section du genre *Loxia*, a présenté comme signes distinctifs les deux mandibules courtes, très-convexes et formant un côue arrondi. M. Temminck, qui en a formé la première division de son vingt-quatrième genre, *Fringilla*, lui a donné pour caractères des mandibules convexes dont la supérieure est courbée à sa pointe, et des narines le plus souvent cachées par les plumes du front. M. Cuvier n'a tiré le caractère de son sous-genre Bouvreuil, *Pyrrhula*, que de la forme du bec, arrondi, renflé et bombé en tout sers; et M. Vieillot, qui a constitué sous cette dernière dénomination un véritable genre, a adopté une réunion de caractères tirés des différentes parties qui servent en général à les établir. Tels sont : le bec robuste, épais, convexe dessus et dessous, conique, arrondi ou comprimé latéralement; la mandibule supérieure plus longue que l'inférieure, et fléchie vers le bout, à bords entiers ou crénelés; l'inférieure droite ou un peu relevée à la pointe; les narines rondes, petites, ouvertes, cachées sous des plumes dirigées en avant; la langue épaisse, charnue en dessus, obtuse et entière à l'extrémité. On a déjà remarqué dans le Supplément au cinquième volume de ce Dictionnaire, pag. 58, que les alternatives laissées dans ces caractères étoient peu compatibles avec les coupes tranchées, seules propres à établir des points de reconnoissance stables et fixes; mais, l'état de la science ne permettant pas de débrouiller encore la confusion qui règne dans les grandes familles des fringilles et des loxies, on se contentera de suivre ici la même marche que pour les autres gros-becs, en faisant connoître les essais de distribution qui ont été tentés.

La première section de M. Vieillot, celle qui comprend les bouvreuils proprement dits, et dont les espèces ont le bec entier et bombé en tout sens, renferme le bouvreuil commun et les bouvreuils atick, brun, frisé, à gorge rousse, huppé d'Amérique, à longue queue, mysie, nain, noir d'Afrique, ondulé, à poitrine noire, roussâtre, de Sibérie, à sourcils noirs, à ventre roux violet. La seconde, dans laquelle le bec est entier, mais comprimé latéralement, au lieu d'être bombé en tout sens, contient, sous le nom de bouvreuil à gorge orangée, le *loxia portoricensis*, que M. Cuvier a placé avec ses *pitylus*, quoique, suivant M. Vieillot, il n'en ait pas le caractère, et le bouvreuil à sourcils roux, dont ce dernier rapproche le père noir de la Jamaïque et celui de la Martinique. Enfin la troisième section qui s'écarte encore plus de la première par une crénelure à chaque bord et vers le milieu de la mandibule supérieure, comprend le bouvreuil à gros bec et le bouvreuil noir.

M. Cuvier n'a désigné comme de véritables bouvreuils, outre le bouvreuil ordinaire, que les *loxia lineola*, *minuta*, *collaris* et *sibirica*. Avant de décrire ces espèces, on fera observer qu'en général les bouvreuils se tiennent dans les forêts montueuses, qu'ils se nourrissent des bourgeons de plusieurs arbres, de baies et de graines; qu'ils font leur nid dans les buissons ou sur les branches basses des arbres, et que leur ponte consiste en quatre ou cinq œufs.

Bouvreuil commun: *Loxia pyrrhula*, Linn.; *Pyrrhula europæa*, Vieill., pl. enl. de Buffon. n.° 145 (mâle et femelle) ; de Nauman , tab. 8 , fig. 19 et 20 (aussi mâle et femelle); de Lewin , tom. 3 , pl. 69 ; de G. Graves , *Brit. Ornith.* . t. 1 , pl. 18 (le mâle). Cet oiseau , long de six pouces , dont les mandibules , également mobiles , ont cinq lignes , et qui pèse environ une once , a le dessus de la tête , le tour du bec , le haut de la gorge , la queue et les ailes d'un noir brillant à reflets violets , à l'exception d'une bande blanche qui traverse celles-ci : le bas de la gorge , la poitrine et le haut de l'abdomen d'un beau rouge ; les joues , le dessous du cou . le dos , les petites couvertures des ailes et une portion des moyennes d'un cendré bleuâtre; le croupion. le bas-ventre et les plumes anales blancs. Les pieds sont bruns. l'iris est de couleur noisette , et le bec de couleur de corne foncée. Presque tout ce qui est rouge dans le mâle est d'un cendré vineux chez les femelles, dont les parties noires sont sans reflets. La tête et le dessus du corps sont d'un gris cendré chez les jeunes , dont la gorge , la poitrine et le ventre sont roussâtres , et qui ont le croupion et l'anus d'un blanc sale.

Il paroit exister une race de bouvreuils, constamment plus forte d'environ un tiers que l'espèce commune , et dont la différence ne dépendroit pas , ainsi que le pense M. Temminck, du lieu d'habitation ou de la surabondance de nourriture ; des naturalistes prétendent qu'elle fait bande à part dans les mêmes cantons. L'auteur hollandois soutient aussi qu'on doit rayer de la liste nominale des oiseaux le bouvreuil blanc de Buffon , *loxia candicans* , qui n'offre que des variations dans le plumage ; le *loxia flamengo* de Sparrman, pl. 17, qu'il regarde comme une variété accidentelle du durbec , *loxia enucleator*, et le hambouvreux de Buffon, *loxia hamburgica.* Gmel.

Le bouvreuil commun , qu'on nomme vulgairement en France *pivoine*, et qui se trouve dans les différentes contrées de l'Europe, passe la belle saison dans les bois et sur les montagnes, où il niche dans les enfourchures des arbres , dans les endroits les plus fourrés des taillis, ou dans les buissons, en préférant ceux d'aubépine. C'est à la fin d'avril et au mois de mai que ces oiseaux s'occupent de la fabrication de leur nid, qui se compose de petites branches entrelacées en dehors, du chevelu des racines intérieurement, et dans lequel la femelle pond quatre à six œufs d'un blanc sale, un peu bleuâtre, environnés près du gros bout d'une zone formée par des taches brunes et violettes, dont Lewin a donné la figure pl. 16, n.° 4. Ces oiseaux se nourrissent en été de diverses sortes de graines, de baies, et même, selon quelques naturalistes, d'insectes; en hiver des graines de genièvre, des bourgeons du tremble, de l'aune, du chêne et des arbres fruitiers, ce qui lui a valu le nom d'*ébourgeonneux*. Quelques uns restent pendant la mauvaise saison près des habitations, le long des haies, dans les vergers et les bosquets; d'autres voyagent : ceux-ci partent avec les bécasses vers la fin d'octobre, et reviennent en avril. Ils vivent cinq ou six ans : on les prend à l'arbrot avec les nappes aux alouettes, à la sauterelle, au trébuchet, et avec des halliers tendus le long des haies.

Le chant naturel du bouvreuil n'a rien de très-agreable : il consiste en trois cris ou coups de sifflet, auxquels succède un gazouillement enroué qui finit par un fausset; mais lorsque l'oiseau élevé en cage à la manière des serins, a perfectionné ce chant à l'aide du flageolet, de la flûte traversière, ou d'une serinette appelée *pione* ou *bouvrette*, il étonne par ses sons harmonieux; et la femelle, aussi susceptible que le mâle d'apprendre à chanter et à parler, fait entendre une voix encore plus douce, à laquelle elle joint comme lui des caresses qui annoncent une véritable sensibilité. Ces oiseaux montrent en effet beaucoup plus d'attachement que les autres, et ils savent très-bien distinguer les étrangers de ceux qui leur donnent des soins. Cette familiarité ne s'obtient toutefois qu'après un assez long espace de temps, lorsqu'au lieu d'avoir pris les petits dans le nid, on les a attrapés dans des piéges, et il faut même alors beaucoup de précautions pour les empêcher de se laisser mourir de faim. On est parvenu à apparier des individus de petite espèce avec des serines, dans la société desquelles on les avoit tenus renfermés. Quand la femelle, cessant d'être épouvantée par la couleur bien différente et la forme du bec du bouvreuil, commence à accueillir ses caresses, celui-ci lui prodigue les attentions les plus empressées; il lui dégorge la nourriture, la soulage dans la construction du nid pour lequel on emploie les paniers ordinaires, écarte tout autre oiseau des environs du berceau, et veille à ce qu'elle ne soit point interrompue pendant l'incubation; mais comme le mâle pourroit nuire au succès de la couvée, il est bon de le séparer lorsqu'elle touche à sa fin.

Bouvreuil cardinal ; *Loxia sibirica*, Gmel. Cet oiseau, dont on trouve la description dans l'*Appendix* du Voyage de Pallas, t. 8, p. 56, et que l'on connoit aussi sous le nom de cardinal de Sibérie, est appelé, dans le Manuel d'Ornithologie de M. Temminck, bouvreuil à longue queue, *fringilla longicauda*; nom qui a été donné par M. Vieillot à un autre bouvreuil du Brésil. Celui-ci est de la taille de la linotte commune ; mais, destiné à habiter les pays froids, ses plumes sont plus serrées et plus renflées, et il paroît plus gros et plus grand; sa queue, aussi beaucoup plus longue puisque seule elle a trois pouces, est coupée carrément. Le bec, un peu plus long que celui du bouvreuil, est entouré d'un cercle rouge ; le dessus de la tête et la partie supérieure du corps, d'un vermillon foncé chez les individus dont les monts Altaïques sont la demeure habituelle, présentent une teinte rosée plus foible et plus sillonnée de lignes bleuâtres chez ceux qui habitent la Sibérie, surtout en hiver; les petites couvertures des ailes sont blanches, et les moyennes terminées par une grande tache de cette couleur; les pennes alaires sont noires, bordées de blanc ; les trois pennes latérales de la queue sont blanches, à baguettes noires, et les autres noires bordées de rose clair ; le bec et les pieds sont bruns. La femelle a presque toutes les teintes sombres de notre linotte, avec de légéres nuances rougeâtres sur le ventre et le croupion. Les jeunes mâles, dont la couleur est à peu près la même, n'en changent qu'au renouvellement de la saison.

Les fruits de l'armoise bleue et de l'armoise à feuilles entières, sont la principale nourriture de cet oiseau, dont les mandibules peuvent briser de plus fortes graines; il se rassemble en petites troupes dans l'hiver sur les arbustes, où il voltige sans cesse, et sa voix ne consiste qu'en cris rauques et retentissans. M. Temminck dit que cet oiseau, très-commun dans le voisinage des torrens et dans les vergers les plus touffus de la Sibérie, émigre en hiver vers les provinces méridionales de la Russie, et passe en Hongrie.

Bouvreuil pouveron : *Loxia lineola*, Linn.; pl. enl. de Buffon, 319, fig. 1. Cet oiseau paroit être le même qui a d'abord
été décrit par Brisson, t. 3, p. 519, et figuré pl. 17, n.º 1 de
son Ornithologie, sous la dénomination de *petit bouvreuil noir
d'Afrique*, pays d'où cet auteur annonce qu'il a été apporté
vivant en 1754 à Madame de Pompadour, en ajoutant que sa
dépouille est conservée au cabinet du Roi. Il est décrit dans
cet ouvrage comme étant de la grosseur de la petite linotte,
et ayant quatre pouces quatre lignes de longueur. La tête,
la gorge, le dessus du cou, le dos, le croupion, les couvertures des ailes et de la queue sont dits d'un noir changeant en
vert, et les parties inférieures blanches, couleur dont on voyoit
trois taches sur la tête, savoir une sur le front, laquelle s'étendoit, en se rétrécissant, jusqu'au sinciput, et les deux autres de
chaque côté au-dessous de l'œil; une tache blanche se remar-
quoit aussi au milieu des pennes alaires, qui, dans leur seconde moitié, étoient noires ainsi que les pennes caudales; les
pieds et les ongles étoient cendrés, et le bec étoit noir. La
description ni la figure n'annoncent que les plumes des parties
inférieures fussent frisées.

Linnæus a fait de cette espèce le 46.ᵉ *loxia* de sa 12.ᵉ édition, en lui donnant l'épithète de *fusca*. On trouve dans la
même édition, sous le n.º 25, une loxie dite d'Asie, et dont
la description est presque la même; c'est le *loxia lineola*. Daudin, t. 2, p. 418, donne comme synonymes de son *bouvreuil
linéole* ou *bouveron*, le *loxia lineola*, Linn., le bouvreuil déjà
cité de Brisson, et le bouveron ou bouvreuil à plumes frisées
du Brésil, de Buffon. Latham cite comme se rapportant aussi
à son *loxia lineola*, le *loxia lineola* de Linnæus, le petit bouvreuil noir de Brisson, et le bouveron de Buffon, en indiquant pour habitation l'Afrique et l'Asie, et signalant comme
variété le bouvreuil à plumes frisées des planches enluminées;
sa description du *loxia fusca* d'Asie ne présente dans le plumage d'autres différences que celles qui pourroient naturellement exister entre un oiseau dans son jeune âge et le même
individu dans son état parfait.

Voilà donc une espèce à laquelle on suppose l'Asie, l'A-
frique et l'Amérique pour patrie, quoique l'identité paroisse
suffisamment prouvée. Sans trop chercher à vérifier où existe

l'erreur, et en se bornant au fait observé, que les plumes auparavant frisées des parties inférieures du corps, cessent de l'être en Europe à la première mue, comme cela a pu arriver en Amérique, après un transport d'Afrique ou d'Asie, on est fondé à réunir au moins provisoirement, comme on l'a fait sur l'étiquette du bouveron au Muséum d'Histoire naturelle, les *loxia lineola* et *fusca*. M. Vieillot, qui a fait la remarque ci-dessus, en élevant plusieurs individus des deux sexes, lesquels venoient d'Afrique, a donné la figure de cette espèce, encore revêtue de sa frisure, sous le nom de *pyrrhula crispa*, pl. 47 de ses Oiseaux chanteurs.

BOUVREUIL A VENTRE ROUX ; *Loxia minuta*, Linn. Cet oiseau de l'Amérique méridionale, qui est représenté dans la 319.ᵉ planche enluminée de Buffon, n.º 2, et décrit par Montbeillard sous le nom de *bec rond*, donné à plusieurs autres oiseaux de ce genre, dont le bec est moins crochu et plus arrondi, a le dessus de la tête, du cou, le dos, les couvertures et les pennes des ailes et de la queue d'un gris brun, avec une bordure blanche, ou d'un marron clair sur ces dernières parties ; la gorge et tout le dessous du corps d'un marron foncé ; le bec et les pieds bruns. Quelques individus ont la gorge du même gris brun que le dessus de la tête. M. Vieillot a donné le nom de bouvreuil roussâtre, *pyrrhula rufescens*, à l'un de ceux qu'il a observés dans les Galéries du Muséum ; mais les nuances différentes de son plumage ne semblent dues qu'au jeune âge de l'individu.

BOUVREUIL A CRAVATE ; *Loxia collaria*. La loxie à laquelle Linnæus a donné l'épithète de *collaria* dans la douzième édition de son *Systema Naturæ*, se rapporte au *gros-bec nonette* de Buffon, pl. enl., 393, fig. 3 ; et Gmelin, dans la treizième édition du même ouvrage, y accole, comme variété ayant le collier plus large, le grivelin à cravate du même auteur, représenté sur sa 659.ᵉ planche enluminée, fig. 2, sous le nom de *gros-bec d'Angola*. Ces deux planches différant très-peu, sont probablement applicables à la même espèce qu'on désigne ici en françois sous le nom qui lui est donné dans les Galéries du Muséum. Cet oiseau, de quatre pouces et demi de longueur, et de la grosseur de la petite mésange bleue, vient des Indes orientales ; sa tête et son dos sont d'un vert bleuâtre ; les tempes sont noires; le dessous du corps est d'un roux pâle, à l'exception d'une bande noire tachetée qui couvre la poitrine. La cravate est mieux marquée sur la figure de la planche 659, que sur celle de la planche 393.

Outre ces espèces, les Galeries du Muséum en contiennent d'autres, parmi lesquelles on distingue : 1.° le bouvreuil bouveret, *loxia aurantia*, Buff., pl. enl., 204 (mâle et femelle), qui a environ quatre pouces et demi de longueur, et dont l'un a la tête, la queue et les ailes noires, et le reste du corps orangé, tandis que chez l'autre toute la tête, la gorge et le devant du cou sont recouverts d'un capuchon noir, que le dessous du corps est blanc, et le dessus d'une teinte orangée moins vive ; 2.° le bouvreuil mysie, *pyrrhula mysia*, qu'on trouve à Cayenne, et que M. Vieillot a décrit et figuré dans ses Oiseaux chanteurs, pag. 75, et pl. 46, lequel présente des rapports avec le bouveron, mais en diffère, suivant cet auteur, en ce que le bec de celui-ci est moins gros, et qu'il a la gorge noire, et une marque blanche sur le sinciput, ce qu'on ne trouve point sur l'autre, dont la tête est entièrement noire et la gorge blanche. (Ch. D.)

GROS-COLAS (*Ornith.*), un des noms picards du goéland à manteau noir, *larus marinus*, Gmel. (Ch. D.)

GROSEILLER (*Bot.*), *Ribes*, Linn. Genre de plantes de la *pentandrie digynie* de Linnæus, que M. de Jussieu place dans la famille des opuntiacées, mais dont M. Decandolle forme le type d'une nouvelle famille qui doit prendre le nom de grossulariées. Les caractères essentiels de ce genre sont les suivans : Calice monophylle, à cinq divisions ouvertes ou roulées en dehors; corolle de cinq pétales droits, insérés sur le calice, et alternes avec ses divisions; cinq étamines également insérées sur le calice ; un ovaire inférieur, surmonté d'un style simple, terminé par un stigmate à deux lobes; une baie globuleuse, ombiliquée, à une seule loge, contenant plusieurs graines ovales ou arrondies, nichées dans une pulpe succulente, et attachées à deux placentas opposés aux parois de la baie.

Les groseillers sont des arbrisseaux en général peu élevés, à feuilles alternes et lobées; les uns ont leurs rameaux dépourvus d'aiguillons et des fleurs en grappes axillaires ; les autres sont armés d'aiguillons, et leurs fleurs sont pédonculées, solitaires ou géminées, rarement en plus grand nombre dans les aisselles des feuilles. On en connoit aujourd'hui trente et quelques espèces qui croissent en général dans les climats tempérés, et même un peu froids des deux continens. Nous ne parlerons ici que des espèces les plus remarquables.

* *Rameaux dépourvus d'aiguillons.*

Groseiller rouge ; *Ribes rubrum*, Linn., *Spec.*, 290; Duham., nouv. éd., vol. 3, pag. 227, t. 57. Sa tige se divise dès sa base en rameaux nombreux, formant un buisson haut de trois à cinq pieds. Ses feuilles sont pétiolées, vertes, glabres, ou légèrement pubescentes, découpées en cinq lobes ; ses fleurs, d'un blanc verdâtre, sont disposées en petites grappes simples et latérales. Il leur succède de petites baies globuleuses, lisses, glabres, succulentes, d'une saveur acide et agréable, ordinairement rouges. Cet arbrisseau croit naturellement dans les bois, les buissons, aux lieux frais et humides, en France et dans les contrées septentrionales de l'Europe. On le cultive abondamment dans tous les pays du Nord, à cause de ses fruits qui mûrissent en juillet et août, et dont on connoît plusieurs variétés, dont les principales sont : le groseiller à fruits rouges, très-gros; le groseiller à fruits roses; le groseiller à fruits blancs ordinaires ; le groseiller à fruits blancs perlés; le groseiller à feuilles panachées. On cite encore le groseiller sans pepins, mais nous ne l'avons jamais vu.

Le groseiller peut se multiplier de graines, de boutures, de marcottes et de drageons; les trois derniers moyens sont presque les seuls qui soient habituellement en usage. Il n'est pas délicat sur la nature du terrain, et il vient assez bien partout, pourvu qu'il ne soit pas trop au soleil, mais un peu au frais. Il aime d'ailleurs un climat tempéré, et ne réussit pas dans les pays chauds, à moins qu'on ne le place au nord et contre un mur. Sa culture ne présente aucune difficulté; le plus essentiel à faire remarquer à ce sujet, c'est que les fruits étant toujours plus beaux sur les jeunes rameaux que sur les vieux, il est bon de tailler les groseillers et de leur retrancher toutes les branches qui ont plus de trois ans. La forme qui leur convient est celle en buisson, en évasant leurs rameaux autant

que possible, parce que plus le buisson sera large sans être
touffu, plus les fruits seront beaux, et mieux ils mûriront et
se conserveront.

Les groseilles ont une saveur acide, d'abord assez forte,
mais qui s'adoucit d'autant plus qu'elles restent plus long-
temps sur l'arbre après leur maturité; les roses, et surtout
les blanches, sont toujours moins acides et plus agréables. Ces
fruits peuvent rester sur les rameaux passé le temps ordinaire
de la maturité; ils ne tombent pas; et, en enveloppant les
tiges avec de la longue paille assujétie avec des liens, on
parvient à les conserver assez avant dans l'automne; ils perdent
même alors presque toute leur acidité. Les groseilles rouges
se prêtent mieux à ce moyen de conservation que les blanches.

Les groseilles sont également recherchées pour l'usage des
tables et pour celui de la médecine. On les mange fraîches,
soit seules, soit avec du sucre, et on en fait diverses préparations pour l'hiver. Le suc qu'on en retire est rafraîchissant; étendu dans de l'eau avec du sucre ou du miel, il
forme une boisson acidule fort agréable, et qui convient
dans beaucoup de maladies, principalement dans les fièvres
inflammatoires, les bilieuses, les putrides, etc. Cette boisson remplace parfaitement la limonade dans les pays du
Nord; et, outre l'emploi qu'on en fait en médecine, elle est
d'un grand usage dans le monde pour apaiser la soif pendant
les grandes chaleurs de l'été. Le sirop que les pharmaciens
et les confiseurs préparent avec les groseilles, s'emploie à la
place du suc dans les temps de l'année où l'on est privé de
ces fruits. Tout le monde connoît la confiture qui se prépare
avec parties égales de sucre et de jus de groseilles; cette
gelée de groseilles, comme on la nomme, est très-saine et
très-agréable; c'est non seulement un des meilleurs desserts
qu'on puisse servir sur la table; mais elle convient encore à
tous les malades et aux convalescens.

En faisant subir aux groseilles un certain degré de fermentation, on peut en retirer une sorte de vin ou de liqueur vi-
neuse, mais qui n'est en usage que dans les pays du Nord où
l'on est privé de la vigne. En les soumettant à la distillation,
on peut aussi en retirer de l'eau-de-vie.

Groseiller noir: vulgairement Cassis; *Ribes nigrum*, Linn.,

Spec., 291 ; *Grossularia non spinosa fructu nigro*, Flor. Dan., tab. 556. Cette espèce forme un arbrisseau de quatre à six pieds, divisé dès sa base en rameaux nombreux ; ses feuilles sont pétiolées, échancrées à leur base, découpées en trois ou cinq lobes un peu pointus, dentées en leurs bords, vertes et glabres en dessus, pubescentes en dessous, et parsemées de points glanduleux ; ses fleurs sont d'un vert blanchâtre mêlé d'un peu de rouge, et disposées en grappes très-lâches. Les fruits sont de petites baies globuleuses, noires, plus aromatiques qu'acides. Ce groseiller croît naturellement dans les bois un peu humides et ombragés en France, en Allemagne, en Suisse, en Sibérie, etc. On le cultive dans les jardins et dans les champs. Il fleurit en avril, et ses fruits sont mûrs en juillet et août.

La culture du cassis est la même que celle du groseiller rouge.

L'emploi de cette espèce est aujourd'hui borné à l'usage que l'on fait de ses fruits pour la préparation du ratafia qui en porte le nom. Cette liqueur est tonique et stomachique ; elle a eu autrefois une vogue qui est un peu tombée aujourd'hui. En faisant fermenter les baies du cassis, on peut de même que des groseilles rouges en retirer du vin et de l'acool. La première de ces liqueurs est plus forte, et surtout beaucoup plus colorée que celle retirée des groseilles rouges.

Les feuilles et les jeunes pousses du cassis, après avoir été très-vantées comme stomachiques, apéritives et diurétiques, sont maintenant tombées en désuétude.

GROSEILLER DES ALPES : *Ribes alpinum*, Linn., *Spec.*, 291 : Jacq., *Fl. Austr.*, t. 47. Cette espèce ressemble assez, quant au port, au groseiller rouge ; mais elle en diffère parce que ses fleurs sont accompagnées de bractées plus longues que les pédoncules ; et encore parce que ces fleurs sont ordinairement dioïques par avortement, certains pieds étant constamment stériles, parce que leurs pistils avortent, et d'autres étant au contraire fertiles par la fécondation des étamines de ces premiers pieds, leurs propres étamines étant infécondes. Les fruits sont rouges, douceâtres et presque insipides. Cet arbrisseau croît naturellement dans les lieux montagneux en France, en Allemagne, en Angleterre, en Suède, en Sibérie, etc. On ne le cultive guère que dans quelques jardins paysagers, où on le plante au nord et à l'ombre dans des endroits où peu d'autres espèces pourroient subsister.

GROSEILLER DE PENSYLVANIE : *Ribes pensylvanicum*, Lamk., Dict. Enc., 3, p. 49. Sa tige s'élève à trois ou quatre pieds, en se divisant en rameaux médiocrement étalés, garnis de feuilles glabres, parsemées de quelques petits points glanduleux, découpées en trois lobes aigus, inégalement dentées en scie, et légèrement pubescentes en leurs bords. Ses fleurs sont d'un blanc verdâtre, disposées en grappes axillaires, longues de deux à trois pouces ; elles ont chacune à leur base une bractée linéaire, plus longue que le pédicule ; leur pédoncule commun est velu, et leur calice oblong, cylindrique. Ses baies sont ovoïdes et noirâtres. Cet arbrisseau croît naturellement dans la Pensylvanie ; on le cultive dans les jardins de botanique.

GROSEILLER DORÉ : *Ribes aureum*, Pursh, *Flor. Amer. sept.*, 1, pag. 164 ; Lois., *Herb. amat.*, vol. 5, pl. 301. Cet arbrisseau paroit susceptible de s'élever à huit ou dix pieds de hauteur. Ses jeunes rameaux sont assez grêles, grisâtres, pubescens, garnis de feuilles longuement pétiolées, d'un vert gai, presque glabres, partagées jusqu'à moitié en trois lobes, dentées ou découpées à leur sommet. Les fleurs naissent sur les rameaux d'un an, disposées au nombre de six à dix en petites grappes simples, feuillées à leur base, et le pédicule de chacune d'elles est muni d'une bractée lancéolée ; ces fleurs sont d'un jaune clair, remarquables par le long tube de leur calice ; elles paroissent à la fin d'avril ou au commencement de mai, et elles ont une odeur très-agréable. Cette espèce est originaire de l'Amérique septentrionale où elle a été trouvée sur les bords du Missouri et de la Columbia ; on la cultive dans les jardins depuis environ six ans.

C'étoit principalement sous le rapport de leurs fruits que les autres groseillers que nous avions dans nos jardins étoient cultivés, car leurs fleurs sont peu apparentes et dépourvues d'odeur ; celui-ci au contraire se recommande par la belle couleur d'or de ses fleurs, et par le doux parfum qu'elles exhalent, parfum qui a beaucoup d'analogie avec celui du girofle. Cet arbrisseau joint à ces avantages celui d'être très-rustique, car M. Noisette le cultive en pleine terre au milieu de son jardin; et tous les pieds qu'il possède, après avoir passé sans aucun abri les fortes gelées que nous avons éprouvées en janvier 1820, ont été abondamment garnis de fleurs depuis la mi-avril jusque dans les premiers jours de mai, et la plupart de ces fleurs ont été remplacées par des fruits. Cette espèce se multiplie facilement de marcottes.

Groseiller odorant : *Ribes fragrans*, Willd., *Spec.*, 1, pag. 1155; Pall., *Nov. Act. Petrop.*, 10, pag. 377, tab. 9. Sa tige se divise en rameaux étalés qui ne s'élèvent guère au-delà de dix-huit à vingt pouces, et qui sont parsemés de quelques points saillans dont exsude une sorte de résine jaune. Ses feuilles sont coriaces, glabres, glauques en dessus. découpées en trois à cinq lobes anguleux. Ses fleurs sont blanches, campanulées, très-odorantes, disposées au nombre de dix ou environ en grappes courtes et droites. Il leur succède des baies rougeâtres, au plus de la grosseur de celles de notre groseiller rouge, et d'une saveur très-agréable. Cet arbrisseau croît sur les montagnes en Sibérie; le parfum de ses fleurs et la bonté de ses fruits doivent faire désirer qu'on en enrichisse nos jardins dans lesquels il ne se trouve point encore.

Groseiller a longues grappes; *Ribes macrobotrys*, Ruiz et Pav., *Flor. Peruv.*, pag. 12, t. 232, fig. a. Sa tige se divise en rameaux diffus, pendans, garnis de feuilles cordiformes, pubescentes, découpées en lobes incisés ou bordés de dents terminées par une soie glanduleuse, rougeâtre, et portées sur des pétioles amplexicaules, ciliés à leur base. Ses grappes de fleurs sont purpurines, velues, presque longues d'un pied, et solitaires au sommet des rameaux. Chaque fleur est munie d'une bractée subulée, velue, à peu près de la longueur de son pédicelle propre. Les fruits sont des baies verdâtres, velues et de la grosseur de nos groseilles. Cette espèce croît au Pérou dans les forêts des Andes.

*** Rameaux chargés d'aiguillons.*

Groseiller épineux : *Ribes uvà crispà*, Linn., *Spec.*, 292; et *Ribes grossularia*, Linn., *Spec.*, 291; Duham., nouv. éd., vol. 3, pag. 251, t. 53. A l'exemple de M. de Lamarck et de plusieurs autres botanistes, nous réunissons ici deux espèces de Linnæus, qui n'en forment évidemment qu'une seule, et qu'on doit seulement regarder comme deux variétés. Cette espèce, dans l'état sauvage, est un petit arbrisseau haut tout au plus de deux pieds, dont la tige se divise en rameaux nombreux, étalés, diffus, formant un épais buisson, et armés de beaucoup d'aiguillons disposés deux à trois ensemble à la base des feuilles. Celles-ci sont petites, arrondies, à trois ou cinq lobes, vertes en dessus, pubescentes en dessous, portées sur un pétiole velu. Ses fleurs sont axillaires, géminées ou solitaires, pendantes, pédonculées, accompagnées de deux bractées opposées; leur calice est pubescent, blanchâtre en dehors, rougeâtre en dedans, et la corolle est d'un blanc verdâtre. Les fruits sont des baies globuleuses ou ovoïdes, verdâtres, à peine de la grosseur d'une noisette; cette plante est commune dans les haies et les buissons. Cultivée dans les jardins, elle devient plus grande dans toutes ses parties, et elle est particulièrement connue sous le nom de *groseiller à maquereaux*, et, dans quelques pays, sous celui d'*embresailles;* c'est le *ribes grossularia* de Linnæus.

Le groseiller à maquereaux a donné par la culture beaucoup plus de variétés que le groseiller rouge. Les Anglois, qui sont privés de plusieurs de nos bons fruits, mais chez lesquels cette espèce réussit très-bien, lui ont surtout donné beaucoup de soins, et en ont, dit-on, obtenu plus de cent variétés. Nous ne croyons pas devoir faire ici l'énumération de toutes ces variétés; nous dirons seulement qu'elles se distinguent au plus ou moins de grosseur de leur fruit; à sa couleur verdâtre, blanche, jaune, rouge ou violette; au duvet qui recouvre, ou aux poils qui hérissent ou non sa surface; et à ses feuilles luisantes, ou gluantes, ou velues.

Les groseilles à maquereaux ont une saveur acide et astringente avant leur parfaite maturité; en cet état on les emploie quelquefois au lieu de verjus pour assaisonner certains mets, et principalement les maquereaux. Quand elles sont mûres, elles deviennent douces et sucrées; trop mûres, elles prennent un goût fade. En les écrasant et en les faisant fermenter, on peut en retirer une sorte de vin qu'on dit être assez agréable, mais qu'on ne prépare que dans les pays où l'on n'a point de vignes, comme en Angleterre. En France ces fruits sont en général peu recherchés; il n'y a guère que les enfans qui en mangent, et qui le plus souvent les préfèrent encore verts et à moitié mûrs.

Dans quelques provinces, et surtout en Bourgogne, on emploie le groseiller à maquereaux pour faire des haies qui sont excellentes quand elles sont bien entretenues. On les fait ordinairement en plantant des boutures.

GROSEILLER A FRUITS PIQUANS: *Ribes cynosbati*, Linn., *Spec.*, 292; Jacq., *Hort. Vind.*, 2, t. 123. Les rameaux de cette espèce sont lâches, étalés, moins épineux que ceux du groseiller à maquereaux, n'ayant sous chaque feuille qu'une épine assez courte; ses feuilles sont vertes, un peu ridées, découpées en trois à cinq lobes peu profonds, crénelées et portées sur des pétioles velus. Ses fleurs sont d'un vert blanchâtre, campanulées, pendantes, portées deux à trois ensemble sur un pédoncule plus long que le pétiole. Les fruits sont de la grosseur d'une noisette, hérissés de piquans roides et nombreux. Cet arbrisseau croît naturellement dans le Canada; on le cultive dans les jardins de botanique.

GROSEILLER A DEUX ÉPINES; *Ribes diacantha*, Pall., *Fl. Ross.*, 2, p. 36, t. 66. Ce groseiller est un arbrisseau haut d'environ trois pieds, divisé en un petit nombre de rameaux lisses, effilés, armés de deux épines au-dessous de chacune des feuilles. Celles-ci sont ovales, cunéiformes, à trois lobes peu profonds, dentées, glabres, portées sur de courts pétioles. Les fleurs sont d'un vert jaunâtre, campanulées, disposées, le long des rameaux, en grappes presque droites, à peine aussi longues que les feuilles. Les fruits sont rouges, glabres et d'une saveur douce. Cette espèce croît en Russie; on la cultive au Jardin du Roi. (L. D.)

GROSEILLER D'AMÉRIQUE. (*Bot.*) On nomme ainsi, dans les Antilles, le *pereskia* de Plumier, maintenant *cactus pereskia*. Les diverses espèces du *melastoma*, observées dans les mêmes îles par Plumier, et dont le fruit approche un peu de celui du groseiller, ont reçu de lui, pour cette raison, le nom de *grossularia*. Une espèce épineuse de *solanum*, qui donne de petits fruits rouges et aigrelets, porte aussi, à Cayenne, le nom de groseiller. (J.)

GROS-GUILLAUME (*Bot.*), nom d'une variété de vigne cultivée en Provence. (L. D.)

GROS-GUILLERI. (*Ornith.*) Cette dénomination et celle de *gros-pilleri* se donnent vulgairement, dans plusieurs départemens formés de la Normandie, au moineau domestique, *fringilla domestica*, Linn. (Cн. D.)

GROS-KOPF (*Mamm.*), nom allemand qui signifie grosse tête, et que l'on a donné aux Céphalotes et aux Roussettes. Voyez ces mots. (F. C.)

GROS-MIAULARD. (*Ornith.*) Ce nom est vulgairement donné au goéland à manteau gris, *larus glaucus*, Linn., qui est peut-être l'espèce de mouette que, suivant Playcard Ray, ou appelle *groslant*. (Cн. D.)

GROS-MONDAIN. (*Ornith.*) Variété de forte taille dans les races de pigeons. (Cн. D.)

GROS-ŒIL (*Ichthyol.*), nom vulgaire d'un poisson dont Bloch a parlé sous le nom de *sparus macrophthalmus* ou de *spare à œil de bœuf*, et que nous avons décrit à l'article Denté. Voyez ce mot. (H. C.)

GROS-PILLERI. (*Ornith.*) Voyez Gros-Guilleri. (Cн. D.)

GROS-PINSON (*Ornith.*), un des noms vulgaires du grosbec commun, *loxia coccothraustes*, Linn. (Cн. D.)

GROSSAIGNE (*Bot.*), nom d'une variété barbue de froment, cultivée dans le département du Gers. (L. D.)

GROSSE-GORGE. (*Ornith.*) Ce nom vulgaire du chevalier combattant, *tringa pugnax*, Linn., est aussi donné à certains pigeons. (Cн. D.)

GROSSEL (*Ornith.*), un des noms allemands du râle de genêt, *rallus crex*, Linn. (Cн. D.)

GROSSE-PIVOINE (*Ornith.*), nom vulgaire du dur-bec, *loxia enucleator*, Linn. (Cн. D.)

GROSSE-QUEUE. (*Ornith.*) On dit, dans le Nouveau Dictionnaire d'Histoire naturelle, que cette dénomination est appliquée aux lavandières ou hoche-queue. (Cн. D.)

GROSSER-AMMER. (*Ornith.*) Ce nom allemand désigne le proyer, *emberiza milliaria*, Linn. (Cн. D.)

GROSSER STINT (*Ichthyol.*), nom allemand d'une variété de l'éperlan, qui habite la mer Baltique. (H. C.)

GROSSE-TÊTE (*Ornith.*), dénomination vulgaire du gros-bec commun, *loxia coccothraustes*, Linn., et du bouvreuil ordinaire, *loxia pyrrhula*, Linn. (Ch. D.)

GROSSOSTYLIS A DEUX FLEURS (*Bot.*), *Grossostylis biflora*, Forst., *Prodr.*, n.º 266. Plante observée par Forster dans les îles de la Société, qu'il a désignée comme devant former un genre particulier, caractérisé par un calice à quatre divisions profondes ; une corolle insérée sur le calice, composée de quatre pétales ; des étamines nombreuses ; les filamens réunis en cylindre à leur partie inférieure, entre lesquels sont situés vingt filamens stériles. Le fruit est une baie striée, polysperme, à une seule loge. (Poir.)

GROSSULAR ou GROSSULARIA. (*Min.*) Werner a donné cette dénomination à certains grenats verts dont la teinte rappelle celle du fruit du groseiller épineux. Voyez Grenat commun. (Brard.)

GROSSULARIA. (*Bot.*) Linnæus a peut-être eu tort de changer ce nom ancien du groseiller en celui de *ribes*, que quelques unes de ses espèces avoient à la vérité reçu également, surtout celles qui ne sont pas épineuses. Ce changement de nomenclature établit une confusion, parce qu'il existe un autre *ribes* des Arabes, *rheum ribes* de Linnæus, plante très-commune dans le Levant et dans la Turquie d'Asie, où elle est très-cultivée comme potagère, à cause de l'acidité agréable de ses feuilles. Plumier nomme encore *grossularia* les diverses espèces de mélastomes qu'il décrit, à cause de quelques rapports dans les fruits. (J.)

GROSSUS (*Bot.*), nom ancien donné aux figues qui ne sont pas encore parvenues à maturité, ou qui n'y parviennent jamais. (J.)

GROS-VENTRE. (*Ichthyol.*) Dans les colonies on donne ce nom aux poissons des genres Diodon et Tétrodon, qui ont la faculté de faire enfler leur corps. On les appelle aussi *boursouflus*. Voyez Diodon et Tétrodon. (H. C.)

GROS-VERDIER. (*Ornith.*) Le proyer, *emberiza milliaria*, Linn., est ainsi nommé dans quelques endroits. (Ch. D.)

GROS-YEUX. (*Ichthyol.*) Voyez Anableps, dans le Supplément du second volume de ce Dictionnaire. (H. C.)

GROTO. (*Ornith.*) Ce nom espagnol du pélican ordinaire, *pelecanus onocrotalus*, Linn., est aussi la dénomination italienne du même oiseau ; mais Cetti, *Uccelli di Sardegna*, l'écrit ; pag. 550, avec deux tt. (C. D.)

GROTTES. (*Min.*) Les grottes sont des cavités souterraines, plus ou moins vastes, que l'on rencontre particulièrement dans les montagnes calcaires, et qui ne sont point l'ouvrage de l'art.

Ces cavernes, dont l'étendue est quelquefois immense, se divisent ordinairement en chambres, en galeries et en couloirs, tantôt vastes, élevés, spacieux, tantôt rétrécis, surbaissés et rapides. Il n'y a presque point de pays calcaires où l'on ne cite de ces sortes de grottes accessibles; plusieurs sont devenues célèbres par leur étendue, leur décoration intérieure, ou par les personnages marquans qui les ont visitées ou qui les ont habitées.

J'entends, par décoration intérieure, les stalactites, les stalagmites, et tous les genres d'incrustations qui se forment par l'infiltration des eaux qui traversent les bancs supérieurs, se chargent de molécules calcaires, et qui les déposent à la voûte, sur le sol, ou sur les parois de ces cavernes. Je ne reproduirai point ici, et pour la millième fois peut-être, la longue énumération des prétendues merveilles de ces grottes ; assez d'autres se sont étendus sur la beauté des stalactites, qui partent de la voûte, se joignent aux stalagmites, et forment des piliers d'albâtre d'une blancheur éclatante, sur la forme bizarre et imitative d'une foule de concrétions, sur les replis des larges draperies qui descendent en ondoyant à la surface des parois de ces cavernes, sur les lacs et les torrens souterrains, etc. Je renvoie, pour tous ces détails, aux ouvrages intitulés : Merveilles de la Nature. Je me contenterai de dire que ces grottes sont les grands laboratoires où la pierre calcaire ordinaire se change en albâtre veiné, que toutes les stalactites augmentent de volume, par des couches qui s'appliquent journellement à leur surface, qu'elles finissent par se toucher, se joindre, se confondre, que les couloirs s'obstruent, que les galeries se rétrécissent, et que l'on pourroit presque calculer dans combien de siècles les grottes seront changées en carrières d'albâtre, dans combien de milliers d'années elles seront comblées, et à jamais fermées. Buffon fut frappé des changemens qui s'étoient effectués aux grottes d'Arcy, dans le court espace de dix-neuf ans, qui s'écoulèrent entre les deux visites qu'il y fit.

On a cherché à expliquer la formation des grottes, et l'on s'est généralement accordé à les considérer comme le produit de l'eau violemment agitée, soit en courant ou en cascade. Cette explication est bien peu satisfaisante, il faut l'avouer, et n'est applicable qu'à un petit nombre de ces cavernes. Nous pouvons, tout en admettant des causes infiniment plus puissantes que celles dont nous sommes journellement témoins, nous former cependant une idée de ce que l'eau courante peut produire sur les bancs de pierre calcaire compacte, la seule qui soit assez solide pour conserver des grottes dans son intérieur. Nous connoissons plusieurs fleuves qui se brisent sur des bancs calcaires, et des cascades énormes qui se précipitent de sept à huit cents pieds de hauteur sur des roches de cette nature, depuis bien long-temps sans doute, et nous n'apercevons aucune ébauche de grotte. Je ne nie pas cependant complétement l'action des eaux dans la formation des cavernes, mais je ne lui accorde pas la faculté de les avoir commencées, si ce n'est celles situées au bord de la mer, et qui ne sont jamais d'une grande étendue. Il me semble plus simple, et plus probable à la fois, de considérer les grottes calcaires comme ayant été formées au même moment où les bancs qui les renferment ont été consolidés ; une foule de circonstances ont pu donner naissance à ces vides, ou plutôt les réserver au milieu de la masse ; ensuite les eaux courantes ont pu s'y précipiter, et en modifier les parois. Mais, je le demande, comment admettre que des grottes aient été excavées dans une masse solide, par un agent quelconque, quand on ne trouve aucune issue pour la sortie des déblais énormes qui en seroient nécessairement résultés, quand la plupart de ces grottes sont situées à une grande élévation, que leur entrée existe sur des escarpemens ; que leur intérieur renferme des excavations verticales en forme de puits, etc. ? Il faut alors avoir recours aux grands moyens, sonores à l'oreille et vides de sens; il faut entasser hypothèses sur hypothèses, s'élever sur un échafaudage de suppositions plus ou moins fausses, pour en venir, en dernière analyse, à des explications forcées et invraisemblables. Nous avons vu à l'article GOUFFRE, quel pouvoit être

l'effet des courans souterrains sur des bancs de pierre peu solides, mais nous avons toujours entendu que ces cours d'eau
avoient au moins rencontré quelque route ébauchée ; car ils
n'eussent trouvé aucune issue, du sable mouvant auroit suffi
pour en paralyser l'action : à plus forte raison, de la pierre dure
et solide.

Le nombre des grottes ou des cavernes est immense dans les
pays calcaires ; en France, on cite particulièrement celles
d'Arcy, près Auxerre, département de l'Yonne ; d'Orcelle,
près Guingey, département du Jura ; de Sassenage, et de
Notre-Dame de la Balme, près Grenoble, département de
l'Isère ; de Miremont, près Périgueux, département de la Dordogne : celles des Demoiselles, près Ganges, département de
de l'Hérault ; de Saint-Dominique, près Castra, département
du Tarn ; de Salsac, département de l'Aveyron, etc. ; en Angleterre, celles de Pooles-Hole, près Buxton, en Desbyshire,
et de Devils-Arse, près Castleton. Mais de toutes ces grottes,
il paroît que celle qui est située dans la petite île d'Antipa-
ros, l'une des Cyclades, dans l'Archipel grec, l'emporte par la
beauté de ses stalactites. Elle fut visitée et décrite par Tournefort, dans son voyage en Grèce et en Asie, entrepris par ordre
du Roi, et dont il donna la relation en 1707. Tournefort crut
reconnoître dans cette grotte la preuve évidente de la végétation des pierres, et cette erreur d'un grand botaniste a été
reproduite de nos jours, et conserve encore un petit nombre
de partisans. (Voyez CAVERNES.)

Quelques grottes calcaires se couvrent d'efflorescences ni-
treuses, qui se reproduisent avec une telle rapidité et une
telle abondance, qu'elles deviennent des nitrières très-pro-
ductives, puisque le nitre s'y récolte de trois jours en trois
jours, en été, et tous les sept jours, en hiver. Ces grottes, découvertes par l'abbé Fortis, à la Molfetta, près Bari, dans
la Pouille, qui y sont connues sous le nom de Pulos, augmentent de capacité par le seul fait de la décomposition de
la pierre calcaire compacte, au milieu de laquelle ces cavernes sont creusées, et qui se réduit spontanément en poussière.

D'autres grottes offrent des amas d'ossemens fossiles, agglutinés par des infiltrations calcaires ; il paroît que les animaux

auxquels ils ont appartenu se rassembloient dans ces antres souterrains pour y dévorer leur proie, ou pour y mourir, car on sait avec quel soin les animaux sauvages cherchent à se dérober au jour lorsqu'ils sentent leur fin prochaine. M. Cuvier a reconnu parmi ces fossiles des restes de lions et d'autres animaux carnassiers qui ne vivent plus en Allemagne, où ces grottes existent, particulièrement à Baumann, près Goslaed, et surtout à Gailenreuth, dans le pays de Baireuth, on doit en conclure, tout naturellement, que ces excavations remontent à la plus haute antiquité.

Les grottes volcaniques sont moins étendues que celles des pays calcaires ; on peut les distinguer en deux sortes, celles qui sont creusées dans les matières tufeuses, et celles qui sont excavées au milieu des colonnades ou des faisceaux basaltiques.

La Campanie, la Sicile, les îles Ponces, Ténériffe, les volcans éteints de l'Auvergne et du Vivarais, présentent des exemples nombreux de ces grottes tufeuses, que l'on est exposé à confondre avec les anciennes carrières d'où l'on a extrait la pouzzolane, pour les constructions hydrauliques.

Quant aux grottes basaltiques, elles sont produites par l'écroulement d'un grand nombre de ces colonnes, et elles se font remarquer par leur aspect symétrique et architectural. La plus célèbre de ces cavernes, est celle de Fingal, située dans l'île de Staffa, l'une des Hébrides. Je vais, à l'exemple de Faujas, qui a visité cette grotte, et qui l'a figurée dans son excellent Voyage en Angleterre, en Ecosse et aux îles Hébrides, laisser parler sir Joseph Banks, qui l'a visitée le premier, et dont la description est exempte des écarts d'une imagination trop ardent e

« Nous ne fûmes pas plus tôt arrivés au sud-ouest de l'île,
« qui est la partie la plus remarquable par ses colonnes, que
« nos yeux furent frappés d'une magnificence à laquelle nous
« étions bien loin de nous attendre : la totalité de cette ex-
« trémité de l'île porte sur des rangées de colonnes, dont la
« plupart ont plus de cinquante pieds de hauteur, et offrent
« un ordre superbe de colonnades naturelles, qui décrivent
« les mêmes contours que les baies et les pointes de l'île, et
« sont apppuyées partout sur une base solide d'une roche brute
« et informe....... Nous arrivâmes bientôt à l'embouchure de

« la grotte, qui, sans contredit, offre le plus magnifique
« spectacle dont un voyageur ait jamais donné la description.
 « L'imagination auroit de la peine à se peindre quelque
« chose de plus imposant que la profondeur de cette grotte,
« dont le portail a trente-cinq pieds d'ouverture et cinquante-
« six pieds de hauteur, dont les colonnes verticales qui
« composent la façade sont de la plus parfaite régularité, et
« ont quarante-cinq pieds d'élévation jusqu'à la naissance de
« la voûte, et dont les côtés, dans toute la profondeur, qui
« est de cent quarante pieds, sont supportés par des rangées
« de piliers ou de colonnes, tandis que le plafond est com-
« posé des extrémités de celles qui ont été cassées pour former
« cette caverne ; une matière jaunâtre sépare les pierres
« noires, et donne à l'ensemble un aspect de mosaïque. Le
« fond de la grotte n'est éclairé que du jour qui y donne par
« l'entrée, ce qui ajoute encore à sa beauté. Le mouvement
« que la marée y entretient rend l'air sain, et en chasse
« toutes les vapeurs, qui, pour l'ordinaire, remplissent ces
« sortes de cavernes. La mer pénètre jusqu'au fond de celle-ci,
« et produit, en se brisant à son extrémité la plus reculée,
« un bruit qui, suivant les uns, a quelque chose de mélodieux,
« et qui n'est rien moins qu'agréable suivant les autres (1). »

La même île renferme une autre grotte moins remarquable
que celle de Staffa, et qui est connue sous le nom de Grotte
des Cormorans ; enfin, le département de l'Ardèche offre aussi
des grottes tufeuses, et une belle caverne basaltique, située
au village de la Baume. Les premières sont représentées dans
la belle vue du cratère de Mont-Brul, et la seconde fait aussi le
sujet d'une des planches de l'ouvrage de Faujas, sur les volcans
éteints du Velay et du Vivarais.

Les terrains gypseux présentent aussi quelques excavations
assez considérables, parmi lesquelles on doit citer celle qui
est connue sous le nom de Labyrinthe de Koungour, sur les
frontières de la Sibérie. Cette grotte conserve la glace pendant
l'été, et ne la laisse fondre qu'en automne. Patrin, qui la vi-
sita en juillet 1786, observa que le thermomètre y descendit à
5 degrés au-dessous de zéro, tandis qu'il se soutenoit en plein

---

(1) Faujas, Voy. en Angleterre, tom. II, pag. 49, et suiv.

air à 14 au-dessus. Cet abaissement de 19° dans la température, tient à un courant d'air froid qui traverse l'atmosphère humide qui la remplit. (Voyez GLACIÈRES NATURELLES.)

Quelques grottes ont servi de lieu de retraite à des familles persécutées ; d'autres ont été changées en catacombes, et ont contribué, par leur nature, à la conservation des cadavres desséchés ou embaumés que l'on y déposoit. Une partie des tombeaux des rois de la Haute-Egypte, ceux des anciens habitans des Canaries, les Guanches, sont des grottes naturelles, creusées dans le calcaire ou le grès volcaniques, celles de Ténériffe (1). Si l'on excepte ces usages sacrés, les grottes ont presque toujours été le partage des charlatans ou des malfaiteurs. Le diable, les fées, les vierges, les voleurs et les ermites les ont habitées tour à tour. Voyez CAVERNES. (BRARD.)

GROUGROU (*Bot.*), nom caraïbe, suivant Jacquin, de son *cocos aculeatus*, qu'il a observé à la Martinique. (J.)

GROULARD. (*Ornith.*) Dénomination vulgaire du traquet, *motacilla rubicola*, Linn., et du bouvreuil commun, *loxia pyrrhula*, Linn. (CH. D.)

GROUNE NÈGRE. (*Ichthyol.*) A Nice, l'on donne ce nom à la murène noire, de M. Risso, poisson que nous avons décrit à l'article CONGRE. Voyez ce mot. (H. C.)

GROUPES RÉGULIERS. (*Min.*) Quand deux ou trois cristaux de la même substance se croisent sous des angles constans, et qui sont invariables dans la même espèce, on peut les considérer comme des groupes réguliers; c'est ce que les minéralogistes français désignent sous le nom de MACLES. Voyez ce mot. (BRARD.)

GROUS. (*Ornith.*) La gelinotte qu'Edwards désigne sous ce nom, est la poule de marais, *tetrao scoticus*, Lath. (CH. D.)

GROUZD et VOLONI. (*Bot.*) Les habitans de Mourom, en Russie, connoissent sous ces dénominations les *agaricus integer* et *Georgii*, Linn., champignons qu'ils mangent sans inconvénient. (LEM.)

GRU, GRUA. (*Ornith.*) Ces noms désignent la grue en italien. (CH. D.)

---

(1) Héricart de Thury, DESCRIPT. DES CATACOMBES, pag. 4 et suiv.

33.

GRUAU. (*Bot.*) On donne ce nom aux graines des graminées qu'on a dépouillées de leur enveloppe extérieure, et principalement à l'avoine et à l'orge ainsi préparés. (L. D.)

GRUAU. (*Ornith.*) Des auteurs anciens emploient ce terme pour désigner les petits des grues. (Cʜ. D.)

GRUBBI, *Grubbia*. (*Bot.*) Genre de plantes dicotylédones, de la famille des éricinées, de l'*octandrie monogynie* de Linnæus, offrant pour caractère essentiel : Des fleurs dioïques, suivant Bergius, ou polygames par avortement. D'après lui, les fleurs hermaphrodites ont un calice commun, composé de deux folioles opposées, renfermant trois fleurs, munies chacune de quatre pétales et de huit étamines; un ovaire supérieur, surmonté d'un style et d'un stigmate simple. Le fruit est une petite capsule à trois loges.

Gʀᴜʙʙɪ ᴀ ꜰᴇᴜɪʟʟᴇs ᴅᴇ ʀᴏᴍᴀʀɪɴ : *Grubbia rosmarinifolia*, Berg., *Act. Stock.*, 1767, tab. 2 et pl.; Cap., pag. 90, tab. 2 , fig. 3. Arbrisseau du cap de Bonne-Espérance, jusqu'alors peu connu, qui a le port d'un *cliffortia*, et presque le caractère d'un *empetrum*. Sa tige est ligneuse, très-ramifiée : ses rameaux droits, cylindriques, un peu noueux; les plus petits opposés et velus vers leur sommet; les feuilles, sessiles, opposées, linéaires, un peu obtuses, repliées à leurs bords, rudes et velues en dessus, cotonneuses en dessous, longues de cinq à six lignes. Les fleurs sont petites, axillaires, sessiles, réunies deux ou trois ensemble en petits paquets velus; les fruits velus, très-petits, aplatis en dessus. (Poɪʀ.)

GRUES. (*Ornith.*) Ces oiseaux, de l'ordre des échassiers, étoient rangés par Linnæus dans son genre *Ardea*, et n'étoient pas distingués des hérons, qui néanmoins en diffèrent, surtout par le bec ouvert jusque sous les yeux, par la dentelure au bord interne de l'ongle du doigt du milieu, par la longueur du pouce, qui pose à terre sur plusieurs articulations, et par l'existence d'un seul cœcum. Les caractères génériques des grues sont d'avoir le bec droit, comprimé, peu fendu, dont la pointe est en cône alongé, et dont les bords sont lisses ou un peu dentelés; la mandibule supérieure sillonnée sur les côtés; la fosse membraneuse des narines large, et occupant près de la moitié de la longueur du bec; la langue charnue, large et pointue; les ailes, composées de vingt-quatre pennes;

les jambes écussonnées; l'extérieur des trois doigts de devant réuni, par la base, à celui du milieu; le pouce touchant à peine la terre; les ongles courts, un peu obtus, dont aucun n'est dentelé; une partie plus ou moins considérable de la tête ou du cou presque toujours dénuée de plumes; un gésier musculeux; deux cœcums assez longs; un seul muscle de chaque côté du larynx inférieur.

Les diverses espèces de grues se faisant remarquer par le plus ou le moins de longueur du bec, cette circonstance a donné lieu à établir des coupures dans le genre. M. Cuvier a placé avec les grues ordinaires les espèces dont le bec est plus long que la tête, et il a appelé *grues numidiques* l'oiseau royal et la demoiselle de Numidie, qui ont cet organe d'une moindre longueur. M. Vieillot, ajoutant à ces différences dans les proportions, la considération particulière que la mandibule supérieure est sillonnée en dessus chez ces deux dernières; tandis qu'il n'y a que des sillons latéraux chez les autres, en a fait un genre particulier sous le nom d'*anthropoïde*; mais, outre que ces variations ne sont pas d'une grande importance, le nom qu'il leur a donné, d'après Athénée, présente une autre idée que celle qui résulte, en général, de la terminaison *oïde* dans le langage des sciences. En effet, cette finale, tirée du grec εἶδος, forme, image, ressemblance, n'y est généralement employée que pour indiquer un rapport matériel et physique avec la chose désignée par la première partie du mot, et non une ressemblance morale, une conformité dans le port ou la démarche. Le mot composé *anthropoïde*, appliqué au singe, annonceroit ainsi la ressemblance de ses traits et de ses formes avec les mêmes parties dans l'homme, bien plutôt que ses gestes mimiques; et ce seroit détourner le sens convenu du terme que d'en faire usage pour un oiseau, à cause des habitudes par lesquelles il paroîtroit être, en certains points, le copiste des actions humaines.

Quoique les grues soient tout à la fois insectivores et granivores, leurs habitudes sont plus terrestres que celles des hérons, des cigognes, etc.; et leur nourriture, plus végétale, consiste surtout dans les graines et les herbes qui croissent dans les marais, auxquelles elles ajoutent des insectes, des vers, des grenouilles, des lézards. On en trouve dans toutes les parties du globe, mais un degré modéré de température est celui qui paroit leur mieux convenir. Elles cherchent le Midi pendant l'hiver, ne se fixent point sous la zone torride, et préfèrent l'été du Nord. On pourroit vraisemblablement généraliser les faits que l'on connoit sur la grue; mais la plupart des observations ayant été faites sur la grue ordinaire, on ne les rapportera qu'en parlant de cette espèce.

Grues proprement dites.

GRUE COMMUNE OU CENDRÉE : *Grus cinerea*, Bechst.; *Ardea grus*, Linn. et Lath.; pl. enl. de Buff., n.° 769, et de Lewin, n.° 144. Cet oiseau, dont la longueur totale excède, en général, quatre pieds, et dont le poids est d'environ dix livres, a le port droit. Le devant de la tête n'est garni que de petites plumes noirâtres, clair-semées, et semblables à des poils, qui laissent voir au simple une peau rougeâtre; l'occiput et la nuque sont couverts de plumes d'un brun noirâtre, qui se prolongent en pointe sur le haut du cou; une large bande blanche, qui part de l'œil, s'étend en arrière sur les joues et sur le haut du cou, dont le devant ainsi que la gorge sont noirs; le bas du cou est d'un cendré clair, comme tout le reste du plumage, excepté les grandes pennes des ailes, qui sont surmontées par des plumes d'un brun noir, flexibles et à barbes décomposées, lesquelles sortent de dessous les pennes secondaires, se relèvent en forme de panache, et couvrent la queue par leur courbure, comme chez les autruches; les jambes, noirâtres, sont nues beaucoup au-dessus du genou; le bec, qui a quatre pouces de longueur, est d'un brun verdâtre, blanchissant à la pointe. Suivant Belon, la femelle diffère du mâle en ce que la peau qui recouvre le crâne n'est pas rouge dans l'animal vivant comme chez ce dernier; et, selon M. Temminck, on reconnoit les jeunes, avant leur seconde mue d'automne, en ce que les places nues de la tête sont encore à peine visibles, et que la couleur noirâtre de l'occiput et de la gorge est seulement indiquée par des taches longitudinales.

La voix forte de cet oiseau, dont le son est imité par les noms qu'il a reçus dans la plupart des langues, paroît devoir être attribuée aux nombreuses circonvolutions de la trachée-artère. Il résulte, en effet, des observations faites par Duverney, en disséquant une grue d'Afrique, et consignées dans l'Histoire de l'Académie des Sciences depuis 1666 jusqu'à 1686, tom. 2, p. 6, que sa trachée, perçant le sternum, y entroit profondément, et, après avoir formé plusieurs nœuds, en ressortoit par la même ouverture pour aller aux poumons. On a reconnu depuis que, chez la femelle, la trachée ne pénétroit pas dans la poitrine aussi avant que celle du mâle, et que ses circonvolutions étoient beaucoup moins nombreuses et moins considérables.

Les grues, originaires du Nord, visitent les régions tempérées, et s'avancent vers celles du Midi. Les anciens, les voyant ainsi arriver tour à tour de l'une et de l'autre des extrémités du monde alors connu, les nommèrent également *oiseaux de Libye* et *oiseaux de Scythie*. Comme elles s'abattoient en troupe dans la Thessalie, Platon appeloit cette contrée le *pâturage des grues;* et l'on sait quels combats les grues livrèrent aux Pygmées, prétendus petits hommes, dont elles parvinrent à détruire la race, et qui vraisemblablement n'étoient que des singes. Ce sont les mêmes oiseaux qui, partant de la Suède, de l'Ecosse, des iles Orcades, de la Podolie, de la Lithuanie, et de toute l'Europe septentrionale, viennent, en automne, s'abattre sur nos plaines marécageuses et nos terres ensemencées, et passent de là dans des climats plus méridionaux, d'où, revenant au printemps, ils s'enfoncent de nouveau dans le Nord.

Ces oiseaux, dont le vol est très-haut, ont de la peine à prendre leur essor; ils courent quelques pas, s'élèvent peu d'abord, et déploient ensuite une aile puissante et rapide. Ils forment en l'air un triangle à peu près isocèle, sans doute pour le fendre plus aisément; et quand l'aigle les attaque, ou que le vent menace de les rompre, ils se resserrent en cercle. Leur passage a souvent lieu de nuit; mais leur voix éclatante, *clangor*, en avertit, et le chef de la troupe fait souvent entendre, pour annoncer la route qu'il tient, un cri de réclame auquel la troupe répond. Les inflexions diverses qu'éprouve ce vol ont été regardées comme des présages de changemens dans l'état du ciel et de la température. Ces cris dans le jour indiquent la pluie; des clameurs plus bruyantes annoncent la tempête; un vol paisible et élevé le matin ou le soir, est un indice de sérénité ; un vol plus bas ou la retraite sur terre en est un d'orage. Les grues, rassemblées pendant la nuit, dorment la tête sous l'aile ; mais une d'elles veille la tête haute, pour prévenir les dangers dont un cri donne le signal.

C'est dans les terres basses et les marais des contrées septentrionales, que les grues, à leur retour, pratiquent, sur de petites buttes ou des éminences de gazon, des nids formés avec des joncs et des herbes entrelacés, et dans lesquels les femelles pondent deux œufs d'un cendré verdàtre, qui sont représentés, pl. 33, fig. 1, de Lewin, et qu'elles couvent en se tenant debout. Le mâle partage les soins de l'incubation ; et celui qui ne remplit pas cette fonction, veille à la sûreté de l'autre en se tenant à peu de distance. Leur attachement pour leurs petits est tel, que la grue blanche de Sibérie court, dans ces circonstances, avec fureur sur les hommes qui s'en approchent, et parvient souvent à les écarter. La chair de ces petits est assez délicate ; on en vendoit dans les marchés de Rome, et même assez communément, selon Turner, dans ceux d'Angleterre, où des amendes étoient prononcées contre les personnes qui briseroient leurs œufs , mais où ces oiseaux ne se montrent plus que très-rarement. En revanche, ils se trouvent en grand nombre dans les contrées inhabitées, près de la Samara en Tartarie , et sur les confins de la Mongolie, où on les rencontre en petites troupes, cherchant leur nourriture dans les landes.

Les grues passent pour être d'une longue vie : le philosophe Leonicus Thomæus en a, suivant Paul Jove, nourri une pendant quarante ans. Comme leur instinct les porte naturellement à sauter et à marcher avec une sorte de gravité, on peut les dresser à des postures particulières et à des danses. Ces oiseaux, qu'on chasse au vol et au faucon, se prennent aussi au lacet et à la passée ; mais, comme on les approche difficilement, on ne peut les tirer qu'à balles. Les auteurs regardent la grue du Japon comme une variété de la grue ordinaire.

GRUE BLANCHE : *Grus americana*, Vieill.; *Ardea americana*, Linn. et Lath.; pl. enl. de Buffon, 889. Cette espèce, dont la longueur est d'environ cinq pieds deux pouces du haut du bec à celui des ongles, et dont le bec, d'un brun jaunàtre, a cinq pouces et demi et est dentelé dans plus d'un quart de cet espace, a le crâne couvert d'une peau calleuse, rouge et parsemée, ainsi que les joues, de poils noirs, à l'exception des grandes pennes des ailes, et d'une tache triangulaire sur l'occiput, qui sont noires, le reste du plumage est blanc. On trouve cette espéce dans l'Amérique septentrionale depuis les Florides jusqu'à la baie d'Hudson ; elle niche aux Florides et à la Caroline, où elle passe toute l'année, et où elle pond deux œufs longs, pointus par un bout, et d'un gris pâle, moucheté de brun. On la vend dans les marchés de la Louisiane comme un gibier qui fait un bon potage.

Il n'y a pas de différence entre cette grue et la grue blanche de Sibérie, *grus gigantea*, Vieill., *ardea gigantea*, Linn. et Lath., et *grus leucogeranos*, Pall., qu'on trouve en abondance près des grands fleuves de l'Ischin, de l'Oby et de l'Irtisch. Cette grue, fort défiante, est aussi très-courageuse, et ne craint pas les chiens, au-devant desquels elle court. M. Cuvier la regarde comme de la même espèce que la précédente.

GRUE BRUNE : *Grus fusca*, Vieill., et *Ardea canadensis*, Lath. Cette espéce, figurée par Edwards, pl. 133, et que les naturels de la baie d'Hudson appellent *samak-uchuchauk*, se trouve aussi dans les Florides, à la Louisiane, au Mexique, et, quoique plus petite, Buffon regarde la *grue du Mexique*, de Brisson, comme étant de la même espèce. Cependant Bartram, dans son Voyage au sud de l'Amérique septentrionale, donne à la grue brune environ six pieds de long, depuis les ongles jusqu'à l'extrémité du bec, et cinq pieds de haut lorsqu'elle est debout ; mais ces mesures ne sont évaluées que par aperçu, et il paroît d'ailleurs y avoir dans la taille des différentes espèces de grandes variations, qui pourroient provenir du sexe des individus. Du reste, la forme des plumes caudales est la même ; le crâne, d'une couleur rosée, est aussi presque nu, et le brun domine sur son plumage, quoique le gris cendré soit nuancé de brun clair et de bleu de ciel. L'individu décrit par Edwards avoit les côtés de la tête et le cou blancs, les pennes des ailes d'un brun noirâtre et traversées obliquement par une bande d'un cendré blanchâtre.

Ces grues, qui sont obligées de battre l'aile avec force pour s'élever de terre, décrivent des cercles bien distincts, tant en montant qu'en descendant, et toutes celles qui font partie de la même troupe s'élèvent et retombent à la fois. Bartram n'a pas trouvé leur chair fort bonne ; mais leurs œufs étoient beaucoup plus gros que ceux des dindes, et leur chant ne lui a point paru sans harmonie, ce qui les distingue des grues blanches qu'il appelle criardes.

La GRUE A COLLIER, *Grus torquata*, Vieill., et *Ardea torquata*, Gmel., pl. 865 de Buffon, qui paroît habiter l'Inde, n'est longue que d'environ quatre pieds trois pouces : on dit qu'elle a le haut du cou orné d'un beau collier rouge, bordé de blanc dans sa partie inférieure ; les pennes primaires des ailes noires; le bec et les pieds d'un vert obscur. Gmelin et M. Cuvier la regardent toutefois comme étant de la même espèce que la grue des Indes orientales, *grus* ou *ardea antigone*, pl. enl. d'Edwards, n.° 45, bien que celle-ci soit décrite comme ayant six pieds de hauteur, le bec dentelé sur les bords; la peau nue du sommet de la tête blanche, une tache de cette couleur vers les oreilles; les pieds rouges et les ongles blancs. Buffon considère cette grue comme une variété de l'espèce commune; et, en effet, il y a de tels rapports entre ces oiseaux, qui peuvent aisément parcourir toutes les parties du monde et y éprouver quelques variations dues aux climats, qu'on peut hésiter à y voir des espèces bien réelles. Latham décrit même dans son II.e Supplément, et comme simple variété, un individu venant de la Nouvelle-Galles du Sud, qui avoit le bec et le devant de la tête jaunes, les pieds noirs, mélangés de blanc, et le plumage en général de la même couleur que celui de la grue commune.

L'espèce la mieux caractérisée est la grue caronculée, *grus caunculata*, Vieill., pl. 78 du *General Synopsis* de Latham.

Cette espèce, qui habite le midi de l'Afrique, est de la taille de la cigogne et d'environ cinq pieds de long; elle est très-rare, et se fait remarquer par deux caroncules qui pendent sous le bec, et sont revêtues de petites plumes blanches; le bec, rouge dans cette partie, est noir dans le reste; le dessus de la tête est d'un gris bleu, et le surplus est blanc, ainsi que le cou; le dos et les couvertures des ailes sont gris; les pennes, la poitrine et le dessous du corps noirs; les pieds d'un gris bleuâtre.

Le couricaca et l'argala ont aussi été placés parmi les grues, quoique l'un appartienne au genre Tantale, et que l'autre soit un Jabiru.

Robert Percival, dans son Voyage à Ceilan, tome 2, p. 89, désigne sous le nom de *florican* un oiseau de la grosseur et du poids d'un gros chapon, qu'il donne encore comme une espèce de grue; mais cet auteur avoue que le florican a le corps moins délié que le héron et la grue, et il dit que sa chair est excellente, toutes circonstances propres à faire penser qu'il s'est trompé dans son rapprochement.

L'agami est connu sous le nom de grue péteuse ou criarde, et Barrère appelle le touyou grue ferrivore.

Grues numidiques.

GRUE COURONNÉE, ou OISEAU ROYAL : *Grus pavonina*, Dum.; *Ardea pavonina*, Linn. et Lath.; *Balearica*, Briss.; pl. enl. de Buff., n.° 265. Cet oiseau, qui a été apporté en Europe dès le quinzième siècle, à l'époque de la découverte de la côte d'Afrique, doit son nom à la gerbe de soies jaunes, aplaties et en spirale, dont chaque brin est terminé par un pinceau de filets noirs, et qu'il étale à volonté sur l'occiput. Il a le port noble, et la taille svelte et haute de quatre pieds; une peau membraneuse, d'un beau blanc sur les tempes, d'un vif incarnat sur les joues, lui enveloppe la face et descend jusque sous le bec; son front est relevé par une toque de duvet noir, fin et serré comme du velours; des plumes d'un noir plombé, à reflets bleuâtres, pendent sur son cou, ses épaules et son dos; les premières pennes des ailes sont noires, les pennes secondaires d'un roux brun, et le manteau est traversé par deux grandes plaques blanches que forment les couvertures rabattues en effilés. L'iris est blanc; les pieds et les jambes sont noirs.

Cet oiseau, qui aime les climats chauds, habite en Afrique et particulièrement dans les contrées de la Gambra, de la Côte-d'Or, de Fida, du cap Vert, de Juida, et dans les environs de la rivière de Pouny en Guinée. Les Africains, qui l'ont en vénération, l'appellent le héraut des fétis, parce qu'il fait avec ses ailes un bruit qui approche de celui du cor. L'oiseau royal va dans les terres paître les herbes et recueillir les graines; il fréquente aussi les lieux inondés pour y prendre de petits poissons, et mange, en outre, les vers de terre et les insectes. Sa marche ordinaire est lente; mais, lorsqu'il s'aide du vent et étend ses ailes, il court très-vite : son vol est aussi très-élevé, puissant et soutenu: Doux et paisible, il se perche en plein air pour dormir, à la manière des paons, dont il imite le cri en même temps qu'il en porte le panache; ce qui a donné lieu à le nommer paon marin, paon à queue courte. Le nom de *grus balearica* lui a été bien gratuitement appliqué, rien ne prouvant qu'il y ait de l'analogie entre lui et la grue baléarique de Pline.

L'oiseau royal s'approche de l'homme avec confiance et même avec plaisir, et l'on assure qu'au cap Vert il est à demi domestique, et vient manger du grain dans les basses-cours avec la volaille. Buffon, qui a nourri dans son jardin un individu qu'on lui avoit adressé de Guinée, dit qu'il y becquetoit le cœur des laitues et d'autres herbes; mais le mets qu'il préféroit étoit du riz bouilli. Outre son cri retentissant et assez semblable au son rauque d'une trompette ou d'un cor, il faisoit entendre un gloussement intérieur, *cloque*, *cloque*, plus rude que celui d'une poule. Cet oiseau aimoit qu'on s'occupât de lui; il suivoit les personnes qui l'approchoient. Dans l'attitude du repos, il se tenoit sur un pied, le cou replié comme un serpentin et le corps affaissé; mais, au moindre sujet d'inquiétude ou d'étonnement, il élevoit la tête, prenoit une situation verticale, et s'avançoit gravement et à pas mesurés. Ses jambes lui servoient fort bien pour monter; mais, lorsqu'il s'agissoit de descendre, il déployoit ses ailes pour s'élancer, ce qui obligeoit à les lui couper de temps en temps. Pendant l'hiver de 1778, il avoit choisi l'abri d'une chambre à feu pour y demeurer pendant la nuit; mais il a très-bien résisté aux rigueurs d'un climat si différent du sien; et les expériences faites à la Ménagerie de Versailles sur six demoiselles de Numidie, ne permettent pas de douter qu'on ne parvînt assez aisément, si on les renouveloit avec soin, à habituer ces beaux oiseaux à notre climat et à les élever dans nos basses-cours.

Grue-demoiselle : *Grus virgo*, Dum.; *Ardea virgo*, Linn. et Lath.; pl. enl. de Buffon, n.° 241. Cette espèce, dont la grosseur n'égale pas celle de la grue commune, et qui n'a qu'environ trois pieds de l'extrémité du bec à celle de la queue, offre un mélange de gris, de noir et de blanc. Deux faisceaux de plumes fines et blondes, qui partent du coin de l'œil, retombent comme une chevelure sur les oreilles : les côtés de la tête sont noirs, ainsi que les plumes douces et soyeuses, qui garnissent la gorge, le haut du cou, et pendent avec grâce jusqu'au bas ; le reste du plumage est d'un gris plus ou moins cendré ou bleuâtre. L'iris est d'un rouge vif ; le bec, verdâtre à son origine, est jaune vers le milieu et rouge à son extrémité ; les jambes, les pieds et les ongles sont noirs.

Cette grue doit son nom de demoiselle à son port élégant, à sa parure, et aux gestes mimiques qu'elle affecte lorsqu'elle s'incline par plusieurs révérences, qu'elle marche avec une sorte d'ostentation, et qu'elle saute et bondit comme avec l'intention de danser. Quoiqu'il ait été souvent question, dans la plus haute antiquité, de cette singulière imitation des gestes, et que Xénophon, dans Athénée, indique, comme moyen de prendre cet oiseau, le stratagème de se frotter d'eau en leur présence, et de remplir le vase de glu avant de se retirer, les modernes ne l'ont connu que très-tard, et ils l'ont d'abord confondu avec le *scops* et l'*otus* des Grecs, *asio* des Latins, à cause des mines que le hibou fait de la tête, et en assimilant les oreilles de ceux-ci à la touffe de filets déliés qui recouvre celles de la demoiselle. M. Savigny, dans ses Observations sur le Système des Oiseaux d'Egypte et de Syrie, p. 14, établit avec beaucoup de sagacité que l'oiseau dont il s'agit ici est la *crex* des Grecs ; et il soutient aussi qu'il est la *bibio* ou *grus balearica*, et *grus minor* des Latins, quoique les ornithologistes placent ces dénominations dans la synonymie de l'espèce précédente.

On trouve ces oiseaux dans diverses parties de l'Afrique et de l'Asie, dans l'intérieur des terres du cap de Bonne-Espérance, mais surtout dans l'ancienne Numidie, et l'on en voit arriver en Egypte aux époques de l'inondation du Nil. Il y en a aussi dans la partie méridionale de la mer Noire et de la mer Caspienne ; mais ce sont presque toujours les lieux marécageux qu'ils fréquentent. Ils mangent presque indifféremment les grains, les insectes, les vers, les coquillages, les petits poissons même, qu'ils saisissent avec beaucoup d'adresse. Leur cri ressemble aux clameurs de la grue, mais il est plus foible et plus aigre. (Ch. D.)

GRUGNAO (*Ichthyol.*), nom que l'on donne à Nice, suivant M. Risso, à la trigle gurnau. Voyez Trigle. (H. C.)

GRUGNETTO (*Ornith.*), nom italien de la grinette ou poule d'eau tachetée, *fulica nævia*, Linn. (Ch. D.)

GRUHLMARIA. (*Bot.*) Necker a cru trouver dans l'existence de quatre glandes sur l'ovaire des *spermacoce alata et sexangularis*, et dans les divisions un peu plus profondes de leur calice, un caractère suffisant pour en former, sous ce nom, un genre distinct ; mais il n'a pas été adopté. (J.)

GRUINA, GRUINALIS (*Bot.*), noms latins donnés au *geranium* à cause de ses capsules, représentant par leur réunion un bec de grue dont la dénomination françoise lui a été aussi appliquée. (J.)

GRULLA (*Ornith.*), nom espagnol de la grue commune, *ardea grus*, Linn. (Ch. D.)

GRUMATELLA (*Bot.*), nom italien d'une petite espèce d'agaric qui croit près de Florence. Elle est d'un gris brun avec les feuillets d'un blanc sale. Elle croit dans les bois, et se mange. (Lem.)

GRUMATO (*Bot.*), mot italien qui est appliqué à plusieurs espèces de champignons de forme arrondie en manière de pomme de choux ou de motte de terre. On distingue dans le *Nova Genera* de Micheli, les espèces suivantes :

Le *Grumato alberino* et le *Grumato* dit *cimbalo*, excellentes espèces qui rentrent dans nos *mousserons*, et qui répandent l'odeur de farine fraîchement moulue. Leur chapeau est isabelle, et leurs feuillets sont blancs. On les vend à Florence. Ce sont les mousserons isabelles d'automne et de printemps, croissant au bord de la mer, du docteur Paulet.

Le *Grumato grigio* dont il a été question à l'article des Gris-Fariniers.

Le *Grumato maggese* qui est petit, odorant, à grand chapeau jaune roussâtre, garni de feuillets nombreux et blancs. Il fait partie des *petits chapeaux jaunes à feuillets blancs*, de Paulet.

Le *Grumato di vallombrosa*, qui se vend dans les marchés de Florence, et qui est d'un gris obscur, à feuillets et stipe blancs. C'est encore une sorte de mousserons ; il porte le nom du pays où les habitans de Florence vont le recueillir.

Le *Grumato pavonazzo* ou *fungo vedovo*, qui est l'*agaricus violaceus*, Linn.

Enfin le *Grumato zucchettino* ou *champignon pourpré*, de Paulet, qui se mange aussi, dont le chapeau est d'un rouge pourpré en dessus, fauve en dessous, et soutenu par un stipe pyriforme. (LEM.)

GRUMILEA. (*Bot.*) Gærtn., *de Fruct.*, 2 , pag. 138 , tab. 28. Genre établi par Gærtner, pour un fruit qui porte, à l'île de Ceilan, le nom de *kogdala*, qui paroît devoir appartenir à la famille des rubiacées. Il consiste en une baie inférieure, ovale, un peu globuleuse, à deux ou trois loges, couronnée par le calice à cinq dents conniventes, arrondies; chaque loge contenant une semence anguleuse, un peu arrondie, ridée, d'un brun noirâtre, légèrement mucronée à sa base. (POIR.)

GRUMPEL (*Ichthyol.*), un des noms danois du GOUJON. Voyez ce mot. (H. C.)

GRUNDLING (*Ichthyol.*), un des noms allemands du GOUJON. Voyez ce mot. (H. C.)

GRUNE LIPPFISCH (*Ichthyol.*), nom allemand du *labrus viridis*, de Bloch, poisson qui appartient au genre GIRELLE, de M. Cuvier. Voyez ce mot. (H. C.)

GRUNE PAPAGEY FISCH (*Ichthyol.*), nom que les Hollandois du Japon donnent au *labrus viridis*, de Bloch. Voyez GIRELLE. (H. C.)

GRUNER (*Ornith.*), nom allemand du vanneau commun, *tringa vanellus*, Linn. (CH. D.)

GRUNFINCK. (*Ornith.*) Ce nom et celui de *gruenling* désignent, en allemand, le verdier, *loxia chloris*, Linn. Dans Frisch, *gruenzling* est le bruant, *emberiza citrinella*, Linn. (CH. D.)

GRUN FLOSSER (*Ichthyol.*), nom allemand du lutjan verdâtre, de Bloch, *lutjanus virescens*, poisson que nous avons décrit à l'article CRÉNILABRE. Voyez ce mot. (H. C.)

GRUNITZ (*Ornith.*), nom que porte, en Silésie, le bec croisé, *loxia curvirostra*, Linn. (CH. D.)

GRUNLICHESOGO (*Ichthyol.*), nom allemand de l'holocentre verdâtre, *holocentrus virescens*, de Bloch. Voyez HOLOCENTRE. (H. C.)

GRUNSPECHT (*Ornith.*), nom allemand du pic vert, *picus viridis*, Linn. (CH. D.)

GRUNSTEIN ou GRUSTEIN. (*Min.*) Werner réunissoit sous cette dénomination, qui se traduit littéralement par pierre

verte, les roches qui sont composées d'amphibole hornblende
et de felspath compacte, et qui appartiennent par conséquent
à nos diabases ou aux diorites de M. Haüy. Notre dolerite
étoit aussi un grünstein, quoiqu'il soit essentiellement composé de pyroxène et de felspath. La diabase orbiculaire de
Corse, celle qui est connue sous le nom fort impropre de
basalte antique d'Egypte, qui passe à la syénite, étoient les
deux variétés les plus marquantes du grünstein. Voyez Diabase
et Dolerite. (Brard.)

GRUP (*Mamm.*), un des noms du lynx en Norwége (F. C.)

GRUS. (*Ornith.*) Ce nom latin de la grue, avec l'épithète
de *criopa*, désigne, dans Jonston, le butor, *ardea stellaris*,
Linn. (Ch. D.)

GRUSDI. (*Bot.*) Selon Falklande, c'est le nom qu'on donne,
en Russie, à l'agaric poivré, *agaricus piperatus*, Linn. (Lem.)

GRUYER. (*Ornith.*) On nomme ainsi, en fauconnerie, l'oiseau de proie dressé pour le vol des grues. (Ch. D.)

GRYGALLUS (*Ornith.*), nom du tétras dans Gesner.
(Ch. D.)

GRY-GRY. (*Ornith.*) L'espèce d'émerillon que, suivant le
P. Dutertre. on nomme ainsi à Saint-Domingue, est le faucon
mal fini, *falco sparverius*, Lath. (Ch. D.)

GRYLLE. (*Ornith.*) Ce nom göthland désigne le guillemot
à miroir blanc, qui, dans Linnæus, est le *colymbus grylle*, et
dans Latham l'*uria grylle*. (Ch. D.)

GRYLLIFORMES. (*Entom.*) C'est le nom sous lequel nous
avons indiqué la famille des insectes orthoptéres, à cuisses
postérieures alongées et propres au saut, parmi lesquels se
trouvent compris les criquets, sauterelles, gryllons, courti-
lières, truxales, etc. Ce nom francisé correspond à celui de
Grylloïdes. Voyez ce mot. (C. D.)

GRYLLOÏDES ou GRYLLIFORMES. (*Entom.*) Nous avons
désigné sous ce nom, dans la Zoologie analytique, la famille
des insectes orthoptères ou à ailes membraneuses plissées en
longueur, dont toutes les espèces ont les pates postérieures
plus longues et plus grosses que les autres, destinées à leur
faire quitter promptement le sol, ce qui les a fait désigner
vulgairement sous le nom de sauterelles.

Ces insectes ont un air de famille qui les fait distinguer au premier coup-d'œil. Leur corps est en général gros, charnu; l'abdomen surtout est alongé, plus ou moins arrondi. La tête est le plus souvent verticale et à mandibules saillantes; les antennes le plus souvent longues, de forme variable; leurs ailes inférieures évidemment plissées en longueur comme un éventail, à nervures longitudinales, traversées par d'autres semi-circulaires; et surtout, ce qui les distingue, c'est l'alongement extraordinaire des pates postérieures, qui se débandent comme des ressorts pour donner à ces insectes la faculté très-développée de s'élancer de la surface de la terre dans l'atmosphère, où les soutiennent leurs larges ailes.

Tels sont les caractères généraux auxquels on distingue ces insectes; mais ils offrent beaucoup d'autres particularités que nous allons exposer, et qui prouvent que cette famille est une des plus naturelles dans la classe à laquelle on les rapporte.

Comme tous les orthoptères, ces insectes ne subissent pas de transformation complète. Ils proviennent d'œufs le plus souvent agglomérés, et réunis par une matière visqueuse, d'une manière très-symétrique, tantôt dans l'air, sur les végétaux, où cette matière glaireuse se dessèche; tantôt sous la terre, où elle conserve une sorte de flexibilité. Les petits, en sortant de l'œuf, sont fort agiles, et cherchent leur nourriture, qui consiste en matières organisées. Quoique très-mous, il ne leur manque que les rudimens des élytres et des ailes, que quelques espèces même ne prennent jamais; et on peut distinguer dès lors leur sexe, car les femelles portent, pour la plupart, une tarrière, qui sert en même temps d'oviducte. A mesure que leur corps prend plus de développement, la peau, devenant trop étroite, ne se prête plus à l'accroissement, et l'insecte en change sept ou huit fois.

Deux groupes divisent cette famille : dans l'un se trouvent les espèces fouisseuses, qu'on reconnoît à leurs jambes antérieures dentelées, et à la partie postérieure de leur abdomen, qui, dans les deux sexes, est garnie de deux appendices charnus et coniques dont on ignore l'usage. Dans ces espèces, qui se retirent dans des cavités qu'elles se pratiquent sous terre, les jambes postérieures atteignent rarement la longueur de la cuisse : tels sont les *gryllons*, les *courtillières*, les *tridactyles*.

Chez les autres espèces destinées à vivre à la surface de la

terre, les jambes antérieures ne sont point aplaties ni tranchantes; celles de derrière sont surtout remarquables par leur
alongement, qui est tel, que cette partie égale en longueur la
cuisse, dont l'étendue est des deux tiers de celle du tronc:
tels sont les *truxales*, les *locustes*, les *sauterelles*, les *acridies*
et les *pneumores*. Les mâles de la plupart de ces espèces sont
privés de la tarrière qui distingue les femelles; mais ils ont
de plus la faculté de produire des murmures ou une sorte de
chant monotone, soit avec leurs élytres, disposés de manière
à être très-sonores et à représenter des sortes de tympans; soit
avec leurs jambes ou leurs cuisses, qu'ils font frotter sur les
élytres, dont les nervures sont très-saillantes et qui font l'office d'un archet, surtout à l'époque des amours, les uns dans
les plus fortes chaleurs du jour, les autres dans le silence et
l'obscurité de la nuit, comme on l'entend dans nos habitations,
où cette sorte de chants devient fort incommode quand elle est
produite par le gryllon des fours, que l'on désigne vulgairement sous le nom de *cricri* par onomatopée.

Nous allons faire connoître, dans un tableau synoptique,
les genres d'insectes orthoptères qui composent la famille des
grylloïdes, dont le nom est tiré des deux mots grecs γρυλλος,
gryllon; et de ιδεα, figure, forme. On pourra consulter, dans
l'Atlas de ce Dictionnaire, les deux planches que nous avons
consacrées à la représentation des genres qui lui appartiennent, et dont voici les noms, avec les caractères essentiels qui les distinguent :

```
            ┌ en prisme ou en fuseau aplati............ II.  TRUXALE.
            │
    A       │                                      ┌ simple .. III. SAUTERELLE.
 antennes   │           ┌ fil ou renflées:┌ distinct┤
            │  non en   │     écusson      │         └ prolongé.  IV. ACRIDIE.
            ┤  prisme,  ┤                  │ nul :
            │  mais en  │                  └ 3 articles aux tarses. VI. TRIDACTYLE.
            │           │
                        │ soie: articles ┌ 4 élytres en toit....  I.  LOCUSTE.
                        └ aux tarses,    │
                                         │ 3 jambes   ┌ élargies. VII. COURTILLIÈRE.
                                         └ antérieures ┤
                                                       └ simples.. V. GRYLLON.
```

Comme il y a dans ces dénominations de très-grandes différences parmi les auteurs, nous devons prévenir que la synonymie que nous adoptons est la suivante :

1.° Les LOCULTES sont les sauterelles de Geoffroy.

2.° Les SAUTERELLES sont les criquets dont on distingue les acridies.

3.° Les GRYLLONS sont ceux de Geoffroy.

Voyez tous ces noms de genres. (C. D.)

GRYLLON, *Gryllus*. (*Entomol.*) On désigne par ce nom un genre d'insectes orthoptères, de la famille des grylloïdes, et dont les caractères consistent dans la forme des antennes qui sont très-longues, en soie, et dans les pates qui n'ont que trois articles aux tarses, et dont les jambes ne sont pas excessivement élargies. Ces caractères suffisent pour distinguer ce genre de tous ceux de la même famille. (Voyez l'article GRYLLOÏDES et les deux planches de l'Atlas de ce Dictionnaire qui représentent une espèce de chacun ces genres.)

Ce nom est tout-à-fait grec, γρυλλος : cependant Aristote n'en parle pas sous ce nom, et c'est d'après Pline que les premiers naturalistes ont employé cette dénomination. On trouve en effet ce passage dans l'Histoire naturelle, en parlant des gryllons: *Alii prata crebris foraminibus effodiunt, alii nocturno stridore vocales, aridam terram inter focos et furnos excavant;* et ailleurs : *Retrò ambulat, terram terebrat et noctu stridet, undè et nomen accepit,* lib. 29, cap. 6. Ainsi il n'y pas de doute que les Latins n'aient voulu désigner les insectes, dont nous allons parler, quand ils ont employé le nom de *grylli*.

C'est ce nom que Mouffet a pris pour désigner le gryllon des champs, le *cricket* des Anglois, ou celui des cuisines que les mêmes appellent *house-cricket*. Fabricius a laissé le nom de *gryllus* aux sauterelles, et a donné celui d'*achète*, acheta, du mot αχεται, qui, chez les Grecs, désignoit les cigales qui chantent sur les arbres, Aristote, *Hist. anim.*, *lib. V*, *cap.* 30; et Pline, *lib. II*, *cap.* 29. Nous croyons être d'accord avec Pline et les premiers naturalistes, en donnant le nom de gryllon à celui des champs et des cuisines; et M. Latreille a fait de même.

Les gryllons ont le corps court, ramassé, mou; la tête, le corselet et l'abdomen sont immédiatement appliqués et de même étendue en largeur et épaisseur; leur tête est donc fort grosse, arrondie en dessus, et dans une situation presque verticale : il y a entre les yeux, qui sont arrondis, très-écartés et à surface en réseau, deux stemmates brillans; leur corselet est quadrangulaire, un peu plus large en travers, arrondi sur les bords : les élytres ne recouvrent pas complétement le ventre ; elles sont courbées carrément et non point en toit, comme dans les locustes et les sauterelles. Dans les espèces qui ont des ailes, ces organes dépassent les élytres, et même l'abdomen, au-delà duquel elles forment une sorte de double queue. Outre les deux appendices mous qui garnissent la partie postérieure du ventre chez les individus des deux sexes, on distingue, dans les femelles, une tarrière ou pondoir, qui est un long tuyau carré, roide, formé de deux pièces qui peuvent s'écarter, et dont l'extremité libre, tantôt semble être fendue et terminée par une sorte de petit renflement.

Les mâles produisent le bruit qui les distingue, par le trémoussement ou la vibration rapide qu'ils impriment à leurs élytres, qu'ils soulèvent et éloignent des ailes membraneuses et de l'abdomen.

Les autres particularités de mœurs et d'organisation sont communes à tous les Grylloïdes (voyez ce mot). Les courtillières et les tridactyles ont été séparés de ce genre : les premières, à cause de la forme de pates antérieures qui auront donné d'autres mœurs ; les seconds, par la forme de leurs antennes et de leurs tarses postérieurs.

1.° Le Gryllon des champs ; *Gryllus campestris.*

Il est noir ; ses élytres sont d'un brun foncé, jaunâtre à la base : les ailes courtes ; les cuisses postérieures ont une tache rougeâtre.

2.° Le Gryllon des bois ; *Gryllus sylvestris.*

Il ressemble, en petit, au précédent : il n'atteint guères que le quart de sa taille ; ses élytres sont très-courts : il n'a pas d'ailes ; la tarrière de la femelle est plus longue que le ventre. Il est excessivement commun dans les bois des environs de Paris : dans quelques endroits, il est si commun que, par ses sauts sur les feuilles, il produit l'effet des gouttes de pluies.

3.° Gryllon domestique des cuisines ou des fours : *Grillus domesticus.*

Voyez Atlas de ce Dictionnaire, Orthoptères Grylloïdes, n.° 6.

Il est d'une teinte cendrée, pâle ou jaunâtre.

Il habite les trous des murs exposés au soleil ou à une température constamment élevée près des cheminées des cuisines, des fours, des étuves. Il fait entendre son bruissement pendant les nuits d'été, surtout lorsque l'air est un peu humide. On prétend que le gryllon des champs, placé dans le même lieu que lui, ne tarde pas à le détruire. Degeer en a fait l'histoire dans le tome III de ses Mémoires, page 509.

On en connoît plusieurs espèces étrangères, dont une, appelée monstrueuse, est remarquable par ses ailes roulées en spirales et par ses tarses qui sont très-dilatés. (C. D.)

GRYNON (*Bot.*), un des noms anciens du concombre sauvage, *momordica elaterium*, suivant Ruellius. (J.)

GRYPHÉE, *Griphæa* (*Conchyl.*) Genre de coquilles bivalves, de la famille des ostracés, soupçonné par Bruguières, établi par M. de Lamarck, pour un assez grand nombre d'espèces, mais dont une seule est connue à l'état vivant. Ses caractères sont : Animal inconnu, contenu dans une coquille bivalve, adhérente, très-inéquivalve, presque symétrique ou équilatérale; une valve, l'inférieure, très-concave, a son sommet très-saillant, et enroulé presque verticalement ; et l'autre, supérieure, est beaucoup plus petite, tout-à-fait plate, operculiforme ; charnière sans dents, remplacée par une fossette oblongue et arquée ; une seule et large insertion musculaire médianée.

Linnæus plaçoit les espèces de ce genre parmi ses anomies ; Bruguières, d'après les planches de l'Encyclopédie, en faisoit une division du genre Huître. On n'en connoit encore qu'une seule espèce vivante, qui même, si je ne me trompe, n'a été ni figurée ni décrite. M. de Lamarck la nomme la gryphée anguleuse, *griphæa angulata*. Bruguières la cite, Encycl. méth., Vers., tom. 1, p. 567, d'après le célèbre amateur de coquilles, Hwass ; mais on ne sait aujourd'hui ce qu'elle est devenue et d'où elle provenoit. (De B.)

GRYPHÉE. (*Foss.*) Ce genre est un de ceux dont il est le plus difficile de signaler clairement les espèces, attendu qu'il paroit se fondre insensiblement avec d'autres genres qui en sont voisins.

M. de Lamarck ayant assigné pour caractères exclusifs des coquilles qui en dépendent, d'être terminées par un crochet saillant, courbé en spirale involute, qui s'avance, soit en dessus, soit latéralement, et de n'être adhérentes à quelque corps solide que par un point, nous rapporterons au genre Gryphée les coquilles qui portent ces caractères, joints à une valve inférieure, grande et concave, quoique leurs bords soient plissés ; mais il y aura toujours des espèces intermédiaires, qui le feront passer insensiblement à celui des huitres.

Les gryphées sont contemporaines des ammonites, et ne se trouvent que dans les couches anciennes où elles sont quelquefois très-communes, quoiqu'elles soient extrêmement rares à l'état vivant ; et il paroit même qu'on n'a jamais trouvé à cet état aucune espèce à sommet recourbé en dessus, qu'on peut regarder comme le type du genre dans celles qui sont fossiles.

Voici les espèces que l'on connoît.

GRYPHÉE COLOMBE : *Gryphœa colomba*, Lamk., Anim. sans vert., tom. 6, pag. 198 ; Encyclop., pl. 189, fig. 3 et 4 ; Knorr, part. 2, D. III, pl. 62, fig. 1 et 2. Coquille ronde-ovale, dilatée, glabre, à sommet disposé sur l'un des côtés. On voit sur la valve inférieure de quelques individus de cette espèce des couleurs fauves, disposées par bandes, qui s'étendent depuis le sommet jusqu'aux bords. Du côté opposé à l'inflexion du sommet, on voit à la charnière, sur chaque valve, une petite fossette, oblongue et arrondie, qui a servi à loger le ligament : diamètre, quatre pouces.

On trouve cette espèce aux environs du Mans, à Saumur, à la Roche-Corbon, près de Tours, à Neuville-sur-Sarthe, et, d'après Knorr, à Ratisbonne.

GRYPHÉE PLISSÉE : *Gryphœa plicata*, Lamk. ; Bourguet, Pétrif., pl. 15, fig. 89 et 90 (*mauvaise*). Coquille fortement contournée de droite à gauche, carénée et plissée en dessous, à crochet latéral par lequel elle adhère sur d'autres corps. La fossette du ligament est arquée et profonde ; le bord des valves est finement strié à l'intérieur : largeur, trois pouces.

On trouve cette espèce à Neuville - sur - Sarthe, aux environs du Mans, en Anjou, à Mirambeau (Charente - Inférieure.)

GRYPHÉE DE COULON : *Gryphœa Couloni*, Def. Cette espèce a quelques rapports avec la précédente ; elle porte une forte carène en dessous, et la valve inférieure est feuilletée comme celle des huitres. On voit des traces de son adhérence à celui des côtés sur lequel le sommet est un peu penché : longueur, trois pouces et demi.

On trouve cette espèce dans le Jura, aux environs de Neuchâtel.

GRYPHÉE DE DUMÉRIL; *Gryphæa Dumerillii*, Def. Cette grande espèce a encore beaucoup de rapports avec la précédente, dont elle n'est peut-être qu'une variété d'âge ; mais son sommet est beaucoup plus recourbé ; la carène inférieure n'est très-sensible que dans la jeune coquille, car elle s'efface à mesure qu'elle prend de l'étendue, au point que, dans ses derniers accroissemens, il n'en existe plus. Cette espèce s'attache, par son sommet, sur d'autres corps, dans son jeune âge, et devient libre en prenant de l'accroissement ; au moins je possède un individu qui semble le prouver. Cette coquille a cinq pouces et demi de largeur sur autant de longueur, et sur trois pouces d'épaisseur. En sortant de l'œuf, elle s'est attachée à un spondyle de la grosseur du pouce ; ensuite, elle l'a entouré en grande partie, et se l'est, pour ainsi dire, approprié, au point qu'on ne pourroit le détacher sans le briser ; en sorte qu'on peut dire que cette coquille est devenue libre, lorsque sa grosseur a excédé celle du spondyle, qui ne porte d'ailleurs aucune trace d'adhérence. Je possède deux coquilles pareilles de cette espèce, mais j'ignore où elles ont été trouvées ; elles sont remplies d'un calcaire gris jaunâtre.

GRYPHÉE BICARÉNÉE; *Gryphæa bicarinata*, Def. Coquille oblongue, cunéiforme, aplatie du côté où son sommet est penché, à valves feuilletées, et portant une double carène à l'inférieure : longueur, trois pouces ; largeur, un pouce et demi à la partie la plus large du bord antérieur. Elle paroît avoir les plus grands rapports avec l'unique, à l'état frais, qui se trouve dans les Galeries du Muséum d'Histoire naturelle.

J'ignore où cette espèce fossile a été trouvée.

GRYPHÉE A UN PLI; *Gryphæa uniplicata*, Def. Coquille rondeovale, glabre, à sommet retroussé en dessus, à valve supérieure un peu concave. Ce qui distingue essentiellement cette espèce, est un pli très-profond qu'elle porte à l'un des côtés de sa valve inférieure : largeur, quatre pouces.

J'ignore où elle a vécu.

Gryphée lame : Def. ; *Griphœa dilatata*, Sowerby, *Min. Couch.*, pl. 149, fig. A. Coquille ovale, un peu feuilletée, à sommet retroussé en dessus, à valve supérieure très-concave : longueur, trois pouces; largeur, quatre pouces.

On voit quelquefois des traces d'adhérence au sommet des coquilles inférieures de cette espèce; mais, en général, elles y sont si peu marquées, que l'on doit croire qu'elles sont devenues libres avant d'avoir pris tout leur accroissement.

On trouve cette espèce aux Vaches-Noires (Seine-Inférieure), dans le Cotentin (Manche), et à Saint-Cléments Oxfordshire, en Angleterre.

Gryphée esquif ; *Gryphœa scapha*, Def. Coquille oblongue, à sommet court et retroussé en dessus, à valve inférieure convexe et un peu feuilletée, à valve supérieure concave, et ornée de lignes concentriques assez régulières : longueur, quatre pouces et demi ; largeur, trois pouces. Cette espèce porte souvent au sommet de la valve inférieure un aplatissement qui indique qu'elle a adhéré par là sur un autre corps. En supposant que la valve adhérente soit toujours placée au-dessous de l'autre quand l'animal est vivant, on ne conçoit pas comment elle a pu être attachée par cet endroit, à moins de penser qu'elle a adhéré au bord de quelque rocher en dessous.

On trouve cette jolie espèce à Nevers.

Gryphée géante ; *Griphœa gigantea*, Def. Coquille orbiculaire, à valve inférieure convexe, et à valve supérieure concave, à sommet retroussé en dessus, mais peu élevé : longueur, six pouces; largeur, six pouces et demi.

J'ignore où a été trouvée cette grande espèce, dont je n'ai jamais vu que l'individu que je possède.

Gryphée arquée : *Gryphœa arcuata*, Lamck.; *Griphœa incurva*; Sow., pl. 112, fig. 1; Knorr, part. 2, D. iii, pl. 60, fig. 1 et 2; Parkinson, tom. 3, pl. 15, fig. 5. Coquille oblongue, à crochet recourbé en dessus, à valve inférieure arquée et chargée de cordons transverses, et à valve supérieure souvent concave. Si les coquilles de cette espèce ont adhéré sur d'autres corps, elles ont dû y rester pendant très-peu de temps, car elles ne portent aucune trace de leur adhérence. Leur sommet étant assez long et recourbé en dessus, on conçoit qu'il n'auroit pu prendre cette forme s'il avoit été fixé sur un corps qui n'auroit pas suivi sa direction. Longueur, trois à quatre pouces.

On trouve cette espèce dans le Jura, aux environs de Caen, de Dijon, de Nevers, de Carentan ; à Ribeauviller, près de Colmar, dans des montagnes calcaires très-rapprochées du gneiss et du granite ; à Wiéliska, en Pologne ; et en Angleterre, à Bristol, à Frelhem et à Bridbrook. Quoiqu'il paroisse très-probable que les coquilles qu'on trouve dans ces différentes localités appartiennent à la même espèce, on remarque cependant quelques différences entre celles de localités différentes, surtout pour le nombre et la grosseur des cordons dont les valves inférieures sont couvertes.

Gryphée grossière ; *Gryphœa rustica*, Def. Cette espèce a quelques rapports avec la précédente, mais elle est plus raccourcie et plus large. Son sommet est tronqué et porte de fortes marques d'adhérence. La valve inférieure est un peu feuilletée, et la supérieure est concave : longueur, deux pouces et demi.

On trouve cette espèce aux environs de Caen, et à Savigny. J'en ai trouvé qui étoient renfermées dans la dernière loge d'une grande ammonite.

Gryphée oblique ; *Gryphœa obliquata*, Sow., pl. 112, fig. 2 et 3. Coquille oblongue, à sommet tronqué et retroussé en dessus, et à valve supérieure concave : longueur, deux pouces et demi.

On la trouve à Mirambeau (Charente-Inférieure), et à Saint-Donats' Castle en Angleterre, dans le lias bleu.

Gryphée du Mans ; *Gryphœa cenomana*, Def. Coquille très-irrégulière, à sommet souvent tronqué et recourbé en dessus, auquel se trouvent encore attachés des serpules ou d'autres corps, et à valve supérieure retroussée sur ses bords : longueur, huit à dix lignes. La valve inférieure de quelques individus porte des traces d'adhérence, dans toute sa longueur, sur des coquilles dont la forme se rapproche de celle des cérites ou des turritelles. J'en possède un dont les deux valves sont réunies, et l'on voit exprimées en relief sur la supérieure toutes les stries qui se trouvoient sur la coquille univalve et qui se trouvent en creux sous la valve inférieure. Des exemples semblables se rencontrent souvent dans les huîtres, les anomies et certains balanes, sur lesquels se trouvent exprimées, dans les plus petits détails, toutes les formes et stries des coquilles ou autres corps sur lesquels ils ont adhéré; et, dans les coquilles à l'état frais, on voit quelquefois que les couleurs du corps recouvert se sont transmises à la coquille qui s'y trouve attachée.

Cette espèce se trouve aux environs du Mans.

GRYPHÉE DISTANTE: *Gryphæa distans*, Lamck.; *Chama canaliculata*, Sow., pl. 56, fig. 1? Coquille variable, oblongue, oblique, à sommet tourné sur le côté, portant des lames concentriques, distantes les unes des autres: longueur, dix-huit lignes.

On la trouve près du Mans, et à Halldown, près d'Exester, en Angleterre.

On rencontre, dans les couches de calcaire compacte à Vatan et dans d'autres endroits, de petites coquilles bivalves de la longueur de neuf à dix-huit lignes, qui paroissent devoir entrer dans le genre Gryphée: leur forme est alongée, leur sommet est latéral et contourné; il porte des traces de leur adhérence sur d'autres corps. J'en ai reconnu plusieurs espèces que j'ai nommées gryphée virgule, gryphée agrafe, gryphée blanche et gryphée lingule.

Toutes les espèces ci-dessus décrites sont dans ma collection.

M. de Lamarck a encore donné la description de la gryphée gondole, que l'on trouve au Breuille, près de Saint-Jean-d'Angély; de la gryphée unilatérale, de la gryphée lituole, que l'on trouve à Bar-sur-Aube; de la gryphée large, de la gryphée étroite, qui se trouvent aux environs de la Rochelle; de la gryphée à petits plis, des environs du Mans, et de la gryphée siliceuse, des environs de Rochefort. (D. F.)

GRYPHITE. (*Min.*) C'est le nom sous lequel on a désigné jusqu'à présent les différentes espèces de gryphées fossiles. Cette coquille bivalve est remarquable par l'inégalité et la dissemblance de ses deux parties. La valve inférieure est très-concave, et terminée par un crochet recourbé en forme de spire ou de griffe; la valve supérieure, au contraire, est plate, et semble destinée à la couvrir et à lui servir d'opercule: chacune d'elles offre une seule impression musculaire, et la charnière ne présente qu'une fossette cardinale et arquée, sans dents.

Les gryphites se trouvent dans le calcaire argileux qui avoisine les grès rouges et bigarrés, et qui recouvre quelquefois immédiatement le terrain primordial. Ce calcaire particulier, que l'on désigne souvent par la dénomination de calcaire des gryphites, se voit très-fréquemment sur les confins du terrain houiller, et s'il n'appartient point précisément à la même époque, je crois qu'il l'a suivie de très-près : c'est ainsi qu'on le voit précéder les grès rouges, en allant de Metz à Sarrebruck ; qu'on le rencontre en Bourgogne, aux environs de Couches, avant d'atteindre le terrain houiller du Creusot ; qu'il se montre en Normandie, au village de Pont-Rond, près de la houillère de Litry ; que je l'ai reconnu nouvellement en Périgord, sur la rive gauche de la Vezère, qui coule à travers un bassin houiller, etc. Ici, comme partout ailleurs, les gryphites sont excessivement nombreuses, et quelquefois tellement pressées et si peu adhérentes, qu'on en a fait usage pour ferrer les chemins vicinaux des environs de Chavagnac, près Terrasson, département de la Dordogne. Ces coquilles, qui sont voisines des huîtres, ont vécu comme elles en grande famille, car elles forment des bancs entiers de trois, quatre, et jusqu'à six pieds d'épaisseur ; elles sont souvent accompagnées d'autres coquilles, dont les analogues vivans ne sont point connus, telles que les bélemnites, les ammonites, etc. Des peignes, des térébratules, et quelques autres coquilles, leur sont également associés dans les différens lieux que j'ai cités plus haut, et probablement dans tous ceux qui leur sont analogues, en Angleterre, en Allemagne, en Belgique, etc. Le chouin noir taché de blanc, que l'on emploie avec profusion à Lyon, est un calcaire argileux qui renferme un très-grand nombre de gryphites, et l'on sait combien le terrain houiller est voisin de cette grande ville. Nous sommes donc portés à croire que les gryphées, qui sont si rares aujourd'hui à l'état frais, puisqu'on n'en cite qu'un ou deux individus, vivoient en très-grande abondance vers l'époque où les houillères se sont formées. On en connoît un assez grand nombre de variétés, parmi lesquelles on doit citer la gryphite recourbée, qui est ovale, et chargée de rides saillantes, qui sont les marques de son accroissement ; c'est elle que l'on rencontre en Bourgogne et en Normandie : la gryphite suborbiculaire, qui est de la grosseur d'un œuf, et très-renflée vers son milieu ; telle est celle qui se trouve en si grande abondance à Chavagnac, département de la Dordogne. Les autres sont ou moins connues, ou moins importantes. Voyez GRYPHIE. (BRARD.)

GRYPHITES. (*Foss.*) C'est le nom que l'on donne aux gryphées fossiles. (D. F.)

GRYPHON. (*Ornith.*) C'est, suivant Salerne, un des noms vulgaires du grand martinet, *hirundo apus*, Linn. (CH. D.)

GRYPHUS. (*Ornith.*) Ce nom, donné par Klein au condor ou *cuntur* de Ray, *vultur barbatus*, Linn., a été adopté par Brisson. (CH. D.)

GRYPS. (*Ornith.*) L'oiseau que Klein, *Ordo Avium*, p. 45, nomme *vultur gryps*, est le même que le *gryphus*. (CH. D.)

GRZEBIELUCHA. (*Ornith.*) C'est, selon Rzaczynski, le nom polonois de l'hirondelle de rivage, *hirundo riparia*, Linn. (CH. D.)

GRZYWAEZ. (*Ornith.*) Les Polonois nomment ainsi le ramier, *columba palumbus*, Linn. (CH. D.)

FIN DU DIX-NEUVIÈME VOLUME.

IMPRIMERIE DE LE NORMANT, RUE DE SEINE, N.° 8.